自适应信号处理

郭业才　胡国乐　著

合肥工業大學出版社

图书在版编目(CIP)数据

自适应信号处理/郭业才,胡国乐著. --合肥:合肥工业大学出版社,2024.12
ISBN 978-7-5650-6454-8

Ⅰ.①自… Ⅱ.①郭… ②胡… Ⅲ.①自适应控制-信号处理-高等学校-教材
Ⅳ.①TN911.7

中国国家版本馆 CIP 数据核字(2023)第 193220 号

自适应信号处理

ZISHIYING XINHAO CHULI

郭业才 胡国乐 著　　　　责任编辑 刘 露

出 版	合肥工业大学出版社	版 次	2024 年 12 月第 1 版
地 址	合肥市屯溪路 193 号	印 次	2024 年 12 月第 1 次印刷
邮 编	230009	开 本	787 毫米×1092 毫米 1/16
电 话	党 政 办 公 室:0551-62903005	印 张	21.75
	营销与储运管理中心:0551-62903198	字 数	476 千字
网 址	press.hfut.edu.cn	印 刷	安徽联众印刷有限公司
E-mail	hfutpress@163.com	发 行	全国新华书店

ISBN 978-7-5650-6454-8　　　　定价:50.00 元

如果有影响阅读的印装质量问题,请与出版社营销与储运管理中心联系调换。

内容提要

自适应信号处理是一种功能强大的现代信号处理方法。本书对自适应系统的基本理论进行了阐述,对自适应算法与结构、变换域自适应算法(包括Z域自适应滤波器、频域自适应滤波算法和小波域自适应滤波算法)和自适应递归(包括IIR LMS滤波器、超稳定自适应递归滤波器和IIR递归SER滤波器)和格型滤波器(包括LMS格型滤波器和SER格型滤波器)等进行了深入剖析,分析了自适应格型滤波器的一般结构和正交化自适应滤波器(包括基于离散傅里叶变换和基于格型正交化二阶Volterra的自适应滤波器),研究了自适应信道均衡算法(包括基于峰值失真准则和最小均方误差准则的均衡器、判决引导均衡器、判决反馈均衡器及调制解调器与自适应均衡器连接及基于LMS算法的OFDM系统均衡算法,研究了自适应盲源分离算法(包括盲源分离数学模型,盲源分离的约束条件、分离准则和评价准则及基于改进分离性能指标、融合动量项符号梯度及基于改进FastICA的盲源分离算法),阐释并研究了自适应阵列信号处理理论与算法(包括自适应天线阵列、基于常数模算法的波束形成、基于样本矩阵求逆法的分快自适应波束形成、近场线性约束最小方差自适应频率不变波束形成及基于混响环境下麦克风阵列分频波束形成等算法)。最后,研究了卷积神经网络磁共振成像算法(包括多尺度扩张残差网络压缩感知磁共振图像重建算法、基于图像域和梯度域卷积神经网络的压缩感知磁共振图像重建算法以及图像域和梯度域特征融合算法)。

本书内容由浅入深、条理清楚、层次分明,按内容递进规律安排篇章结构,论述严谨,既有理论分析又有对物理概念的阐释;既有前沿理论与成果又有基础理论作铺垫;既有复杂抽象概念又有直观形象的几何解释和生动案例。

本书可作为通信、雷达、控制、声呐、图像处理、计算机视觉、地震勘探、生物医学和振动工程等学科领域科研院所和工程技术人员解决工程实际问题的参考书,也可作为高等学校相关专业高年级本科生和研究生教材。

前　言

QIANYAN

自适应信号处理就是在信号处理中引入了某种最优准则，这种最优准则在任何时刻、任何环境下都是被满足的，因而其可增强期望信号、消除干扰信号。它在雷达、通信、声呐、图像处理、计算机视觉、地震勘探、生物医学和振动工程等领域有着极其重要、广泛而诱人的应用前景。目前，自适应信号处理理论与应用研究成果已相当丰富，但随着时间的推移还在发展，新的方法、理论和应用研究成果不断涌现。这些新理论、新方法和新应用正是本书的主要内容。

本书从理论和实践视角，以通用和灵活的方式提供了自适应信号处理概念、理论、模型、算法、仿真与实验结果，使读者更好地理解这些方法，并能帮助他们在具体应用中采用这些方法。

全书共分 8 章，第 1 章为自适应系统基本理论，涉及自适应与自适应系统概念、自适应系统的一般性质、分类及自适应线性组合器、二次型性能表面及其搜索方法、梯度估值及其对自适应过程影响等。第 2 章为自适应算法与结构，在牛顿法与最速下降法的基础上，分析了 LMS 算法性能及其改进、理想 LMS/Newton 算法、序贯回归算法、递推最小二乘（RLS）算法、样本矩阵求逆（SMI）算法及仿射组合自适应滤波算法等。第 3 章为变换域自适应滤波器，包括 Z 域自适应信号处理、频域自适应滤波器和小波域自适应滤波器。第 4 章为自适应递归与格型滤波器，讨论了 IIR LMS 滤波器、超稳定自适应递归滤波器和 IIR 递归 SER 滤波器；给出了自适应格型滤波器的结构，分析了 LMS 自适应格型预测器和 SER 自适应格型预测器、基于离散傅里叶变换的自适应滤波器和基于格型正交化的二阶 Volterra自适应滤波器。第 5 章为自适应均衡，从分析基带脉冲传输系统模型和码间干扰入手，讨论了基于峰值失真准则和最小均方误差准则的均衡器、判决引导自适应均衡器、自适应判决反馈均衡器及调制解调器与自适应均衡器连接，研究了基于 LMS 算法的 OFDM 系统均衡算法。第 6 章为自适应盲源分离，在盲源分离数学模型基础上，分析了盲源分离的约束条件、信号预处理方法，给出了盲源分离的分离准则和评价准则，研究了基于改进分离性能指标、融合动量项符号梯度及基于改进 Fast ICA 的卷积盲源分离算法。第 7 章为自适应阵列信号处理，在阵列原理的基础上，分析了自适应阵列天线权向量更新算法、基于最速下降常数模算法和最小二乘常数模算法的阵列波束形成算法、基于样本矩阵求逆法的分块自适应波束形成算法，研究了近场线性约束最小方差自适应频率不变波束形成算法和基于混响环境下麦克风阵列分频波束形成算法。第8章为卷积神经网络磁共振成像算法，为了加速磁共振成像并提升MR图像重建质量，研究了多尺度扩张残差网络压缩感知磁共振图像重建算法、基于图像域和梯度域卷积神经网络的压缩感知磁共振图像重建算法以及图像域和梯度域特征融合算法。

本书第1、2、4、5、7、8章由郭业才编写，第3、6章由南京信息工程大学研究生胡国乐编写，全书由郭业才统稿。

本书成果得到了江苏省"十四五"重点学科(电子科学与技术)、国家一流专业(电子信息工程)、江苏省集成电路可靠性技术及检测系统工程研究中心、江苏省教改课题(2022JSGJK053、2023JSJG375)及无锡学院教改课题(JGZD202101)等建设项目的支持。在编写过程中，参阅并吸收引用了国内外其他作者的相关论著，有的已标明出处；仝爽、孙久淞、张梦瑶等研究生参与了部分文字排版和绘图等工作；张冰龙、陈小燕、戴于翔、张政等研究生对本书内容作了有益贡献；合肥工业大学出版社对本书的出版给予了大力支持，在此一并表示感谢！

郭业才　胡国乐

2024年10月

目　录

第 1 章　自适应系统基本理论 / 1

1.1　自适应与自适应系统 / 1

1.1.1　自适应概念 / 1

1.1.2　自适应系统及其特性 / 2

1.1.3　开环与闭环自适应系统 / 3

1.2　自适应线性组合器 / 5

1.2.1　输入信号与权向量 / 6

1.2.2　期望响应与误差 / 7

1.2.3　性能函数 / 7

1.2.4　梯度与最小均方误差 / 9

1.2.5　误差与输入分量的去相关 / 11

1.3　二次型性能表面 / 11

1.3.1　输入相关矩阵的正则形式 / 11

1.3.2　输入相关矩阵的特征值与特征向量 / 12

1.3.3　特征向量与特征值的几何意义 / 14

1.4　性能表面的搜索方法 / 16

1.4.1　梯度搜索算法的基本思想 / 17

1.4.2　牛顿法梯度搜索 / 21

1.4.3　最速下降法梯度搜索 / 24

1.4.4　最速下降法与牛顿法的比较 / 27

1.5　梯度估值及其对自适应过程的影响 / 29

1.5.1　单权系统的微商与性能损失 / 29

1.5.2　多权向量系统的微商测量与性能损失 / 31

1.5.3　梯度估值的方差 / 32

1.5.4　对权向量解的影响 / 35

1.5.5 超量均方误差与时间常数 / 39
1.5.6 失调 / 44
1.5.7 牛顿法与最速下降法性能的比较 / 46
1.5.8 总失调及其他一些实际考虑 / 46

第 2 章 自适应算法与结构 / 48

2.1 LMS 算法 / 48
2.1.1 LMS 算法的导出 / 48
2.1.2 权向量的收敛 / 49
2.1.3 学习曲线 / 51
2.1.4 权向量解的噪声 / 52
2.1.5 失调 / 53
2.1.6 性能比较 / 54
2.1.7 改进的 LMS 算法 / 56
2.2 其他自适应算法 / 59
2.2.1 一种理想算法的 LMS/Newton 算法 / 59
2.2.2 序贯回归算法 / 63
2.2.3 递推最小二乘(RLS)算法 / 68
2.2.4 样本矩阵求逆(SMI)算法 / 72
2.2.5 仿射组合自适应滤波算法 / 76

第 3 章 变换域自适应滤波器 / 85

3.1 Z 域自适应信号处理 / 85
3.1.1 Z 变换 / 85
3.1.2 传输函数 / 87
3.1.3 频率响应 / 88
3.1.4 冲激响应 / 91
3.1.5 逆 Z 变换 / 92
3.1.6 相关函数与功率谱 / 94
3.1.7 性能函数 / 97
3.2 频域自适应滤波器 / 99
3.2.1 块自适应滤波算法及基本特性 / 99
3.2.2 频域自适应滤波算法 / 101
3.2.3 FAF 算法的性能分析 / 105

3.3 小波域自适应滤波器 / 111
3.3.1 正交小波变换理论 / 111
3.3.2 小波域自适应均衡理论 / 119

第4章 自适应递归与格型滤波器 / 125

4.1 自适应递归滤波器 / 125
4.2 自适应格型滤波器结构 / 131
4.3 自适应格型预测器 / 138
4.3.1 LMS 自适应格型预测器 / 138
4.3.2 SER 自适应格型预测器 / 142
4.4 正交信号的自适应滤波器 / 144
4.4.1 基于离散傅里叶变换的自适应滤波器 / 144
4.4.2 基于格型正交化的二阶 Volterra 自适应滤波器 / 146

第5章 自适应均衡 / 155

5.1 码间干扰 / 155
5.1.1 基带脉冲传输系统与码间干扰 / 155
5.1.2 无码间干扰基带传输特性 / 157
5.2 存在噪声和 ISI 时最佳接收机 / 161
5.2.1 误码率最小准则 / 161
5.2.2 信噪比最大准则 / 163
5.2.3 最佳检测器 / 165
5.3 信道均衡 / 166
5.3.1 基带传输系统的等效传输模型 / 167
5.3.2 置零条件 / 167
5.4 线性均衡 / 168
5.4.1 信道的离散时间模型 / 168
5.4.2 基于峰值失真准则的迫零均衡器 / 169
5.4.3 基于最小均方误差准则的均衡器 / 173
5.5 判决策略自适应均衡器 / 175
5.5.1 判决引导自适应均衡器 / 175
5.5.2 判决反馈自适应均衡器 / 177
5.6 调制解调器和自适应均衡器的连接 / 178
5.7 基于 LMS 算法的 OFDM 系统均衡算法 / 179

5.7.1 OFDM 通信系统基本模型 / 180
5.7.2 OFDM 频域均衡原理 / 181
5.7.3 基于 LMS 算法的 OFDM 系统均衡算法 / 182

第 6 章 自适应盲源分离 / 185

6.1 盲源分离的数学模型 / 185
6.1.1 线性瞬时混叠模型 / 185
6.1.2 线性卷积混叠模型 / 186
6.2 盲源分离的约束条件 / 187
6.3 信号预处理 / 188
6.3.1 去均值 / 188
6.3.2 白化 / 188
6.4 盲源分离准则 / 189
6.4.1 最小互信息准则 / 189
6.4.2 信息传输最大化或负熵最大化 / 190
6.4.3 最大似然准则 / 191
6.5 盲源分离算法的评价准则 / 192
6.6 基于改进分离性能指标的自适应盲源分离算法 / 192
6.6.1 常见的自适应盲源分离算法 / 193
6.6.2 基于改进分离性能指标参数的盲源分离算法 / 198
6.6.3 基于改进分离性能指标参数的自然梯度盲源分离算法 / 201
6.6.4 基于改进分离性能指标参数的 EASI 盲分离算法 / 205
6.7 基于融合动量项的符号梯度盲源分离算法 / 211
6.7.1 符号梯度盲源分离算法 / 211
6.7.2 融合动量项的符号自然梯度算法 / 216
6.8 基于改进 Fast ICA 的卷积盲源分离算法 / 219
6.8.1 基于瞬时混合 Fast ICA 算法的盲源分离算法 / 219
6.8.2 时域卷积混合信号分离算法 / 224
6.8.3 仿真实验及结果分析 / 226

第 7 章 自适应阵列信号处理 / 230

7.1 阵列原理 / 230
7.1.1 空间信号 / 231
7.1.2 调制解调 / 232

7.1.3 阵列信号模型 / 233
7.1.4 阵列天线接收信号向量 / 235
7.1.5 空间采样 / 237
7.2 波束形成 / 238
7.2.1 波束响应与波束模式 / 239
7.2.2 波束形成器增益 / 240
7.2.3 空间匹配滤波器 / 241
7.2.4 阵列孔径和波束形成分辨率 / 243
7.2.5 锥化截取波束形成 / 244
7.3 最佳阵列处理方法 / 245
7.3.1 最佳波束形成器 / 246
7.3.2 最佳波束形成器的特征根分析 / 247
7.3.3 干扰消除性能 / 249
7.3.4 锥化截取最佳波束形成 / 249
7.3.5 广义旁瓣消除器 / 250
7.4 自适应天线系统 / 252
7.4.1 自适应阵列的最佳权向量 / 252
7.4.2 自适应算法 / 254
7.5 基于常数模算法的阵列波束形成算法 / 255
7.5.1 最速下降常数模算法 / 255
7.5.2 最小二乘常数模算法 / 257
7.6 样本矩阵求逆自适应波束形成算法 / 260
7.6.1 样本矩阵求逆 / 260
7.6.2 SMI 波束形成器的对角线加载 / 264
7.6.3 基于最小二乘法的 SMI 波束形成算法 / 265
7.7 恒模阵列 / 267
7.7.1 自适应噪声对消 / 267
7.7.2 恒模阵列与对消器的组合 / 268
7.7.3 恒模阵列的性能分析 / 270
7.7.4 级联的恒模阵列与对消器组合 / 272
7.7.5 输出信干噪比和信噪比 / 273
7.8 近场线性约束最小方差自适应频率不变波束形成 / 274
7.8.1 问题描述 / 274
7.8.2 加权频率不变波束形成算法 / 277

7.8.3 自适应加权频率不变波束形成算法 / 277
7.8.4 实验与结果分析 / 278
7.9 基于混响环境下麦克风阵列分频波束形成算法 / 280
7.9.1 麦克风阵列波束形成算法 / 280
7.9.2 基于混响环境下分频维纳滤波器的 LCMV 波束形成算法 / 283
7.9.3 性能评价指标 / 285
7.9.4 实验与结果分析 / 285

第 8 章 卷积神经网络磁共振成像算法 / 289

8.1 压缩感知 MRI / 290
8.1.1 压缩感知理论 / 290
8.1.2 K 空间、采样模板和数据预处理 / 292
8.1.3 CSMRI 成像过程 / 293
8.2 卷积神经网络 / 295
8.2.1 卷积运算 / 295
8.2.2 卷积神经网络结构和训练流程 / 295
8.3 基于多尺度扩张残差网络的 CSMRI 算法 / 296
8.3.1 基于深度卷积神经网络的 CSMRI 模型 / 297
8.3.2 多尺度扩张残差网络 / 297
8.3.3 仿真实验与结果分析 / 301
8.4 基于图像域和梯度域卷积神经网络的 CSMRI 算法 / 314
8.4.1 梯度域 / 314
8.4.2 基于图像域和梯度域卷积神经网络的 CSMRI 算法 / 316
8.4.3 仿真实验与结果分析 / 318

参考文献 / 326

第 1 章　自适应系统基本理论

【内容导引】　在给出自适应与自适应系统概念的基础上，本章分析了自适应系统的一般性质、分类及自适应线性组合器（包括输入信号与权向量、期望响应与误差、性能函数及梯度、最小均方误差及误差与输入分量的去相关性）；分析了二次型性能表面，包括输入相关矩阵的正则形式、特征值与特征向量及其几何意义；分析了性能表面搜索法的基本思想、牛顿法梯度搜索及最速下降法梯度搜索；分析了梯度估值及其对自适应过程的影响，涉及单权系统与多权系统的微商测量与性能损失、梯度估值的方差、超量均方误差与失调等。

自适应信号处理就是在信号处理中引入了某种最优准则，这种最优准则在任何时刻、任何环境下都是被满足的，因而可增强期望信号、消除干扰信号。自适应信号处理技术在雷达、通信、声呐、图像处理、计算机视觉、地震勘探、生物医学和振动工程等领域有着极其重要的应用。在软件无线电中，自适应信号处理技术占据着十分重要的位置。

通信信号在采集和传输过程中，容易掺杂各种噪声和干扰。信号处理的主要任务就是在有噪声和干扰时确保有用信息能在信道中正确有效传输。通常情况下，通信信道是复杂的、时变的，只有系统自身有很强的自学习、自跟踪能力，才能够根据信道的变化而动态调整自身，以保持连续的、可靠的通信链路连接，这就是自适应信号处理的主要目的。

自适应技术的发展与自适应滤波技术的发展密不可分。20 世纪 40 年代，维纳建立了最小均方误差准则下的最优滤波理论，即维纳滤波理论，这个理论要求输入为平稳信号且已知其统计特性。20 世纪 60 年代，卡尔曼建立了非平稳信号处理的卡尔曼滤波理论，这个理论需要已知输入信号的统计特性，但实际信号的统计特性往往是未知的、变化的，无法满足最优滤波的要求。因而，人们开始研究自适应信号处理理论。目前，自适应信号处理理论与应用研究成果已相当丰富，但随着时间的推移还在不断发展，新的方法、理论和应用研究成果不断涌现。为了便于后面各章介绍自适应信号处理的新理论、新方法和新应用，本章先介绍自适应信号处理的基本理论与方法。

1.1　自适应与自适应系统

1.1.1　自适应概念

自适应 (adaptive) 概念包括两层含义：① 通过调整或修正去拟合或去适应某些需要或某些条件；② 针对不同的条件或环境等，去调节自身。

自适应的特点：① 适应性动作；② 被适应的状态或调整；③ 具有生物学特性。生物学特性包括以下几个方面：① 生物体或它的某些部分结构或功能，经自然选择发生改变，以更好地适应环境来生存与繁殖。② 一种组织或构造的修改，以适合环境的变化：或具有生理学特性，如感觉器官通过对视觉、触觉、冷热、味觉、听觉与痛觉等反应，以不断地去适应变化的环境条件；或具有社会学特性，如人或社会团体受周围环境文化的影响而产生一种缓慢的潜移默化。

1.1.2 自适应系统及其特性

1. 自适应系统

自适应系统属于控制系统，它能够修正自己的特性以适应对象和扰动的动特性的变化。这种自适应控制方法在系统运行中，依靠不断采集控制过程信息，确定被控对象的当前实际工作状态，优化性能准则，产生自适应控制规律，从而实时调整控制器结构或参数，使系统始终自动工作在最优或次最优的运行状态。

一个自适应信号处理的系统，通常具有下列全部或部分特性。

(1) 该系统能够自动适应(自最优) 变化(非平稳) 的环境与变化的系统要求。

(2) 该系统能够通过训练去完成特定的滤波或判决任务。也就是说，自适应系统具有被动学习能力。

(3) 该系统不需要精确的综合方法，而非自适应系统则是必需的。

(4) 该系统通常经过有限的、少量的训练信号或模式训练，就能够外推至一个新的性能模型，以应对新的环境。

(5) 该系统能适应于一定类型的内部故障。也就是说，在有限的范围内能够自我检测。

(6) 该系统通常被描述为一种具有时变参量的非线性系统。

(7) 与非自适应系统相比，自适应系统虽然通常更复杂、更难以分析，但是当输入信号特性是未知或时变时，可能会从本质上改善系统性能。

2. 自适应系统的一般性质

自适应系统最基本、最主要的特性是时变性、非线性与自调整性。对于这种系统，如果采用固定参数的设计方法去设计一种最优系统，就预示着设计者事先知道了一切可能的(至少在统计意义上) 输入条件，而且知道在这些条件下系统应该如何运行或怎样动作；然后，设计者选择了一个借以判断性能优劣的准则；最后，设计者按照性能准则选择了一个似乎是最优的系统。一般说来，这个系统是从预先加以约束的一类系统(如线性系统) 中选出来的。

当输入条件未知或者时变时，需采用一种有序的搜索过程，在一类允许的可能系统范围内不断寻找最优自适应系统。与固定设计的系统相比，该系统具有更优越的性能，而且一定是时变的非线性系统，其特性与其输入信号有关。在这种情况下，对于线性系统所满足的叠加原理一般不再成立。如果输入 x_1 加在自适应系统上，自适应系统将适应这个输入并产生相应的输出 y_1；如果再加上另一个输入信号 x_2，系统又将去适应第二个信号并再产

生一个输出 y_2。一般说来，这个自适应系统针对两个不同输入的形态或结构的调整是不同的。如果两个输入之和 x_1+x_2 加在自适应系统上，系统将适应这个新的输入，而且产生一个新的输出，这个输出一般也不同于 y_1+y_2，输出之和取决于输入值 x_1 和 x_2，如图 1-1 所示。如果将一个信号加在自适应系统的输入以测量其响应特性，则这个系统将适应这个特定的输入并将改变自身的特性。因此，用通常的方式去表达自适应系统的特性，从本质上说是困难的。

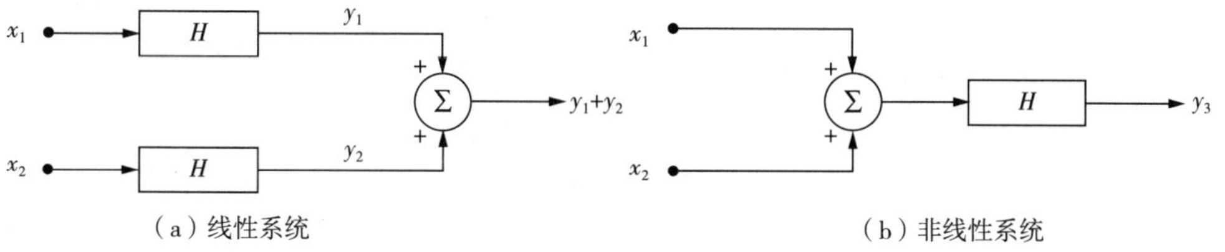

图 1-1　自适应系统

在非线性系统类型中，自适应系统并不明显地属于某一类。然而，它与其他形式的非线性系统相区分的两个特征为：① 自适应系统是可以调整的，而且它们的调整通常与有限长度信号的时间(统计) 平均特性有关，而不取决于信号或内部系统状态的瞬时值；② 自适应系统的调整目的，通常是优化某个确定的性能测度。

当自适应过程结束、调整不再进行时，有一类自适应系统成为线性系统，并称之为线性自适应系统。这类自适应系统易于进行数学处理，并且比其他形式的自适应系统更便于设计。

1.1.3　开环与闭环自适应系统

根据自适应方案的不同，可将自适应系统分为开环自适应系统与闭环自适应系统。

开环自适应系统的工作步骤：对输入或环境特性进行测量，用测量得到的信息形成一个公式或算法，用此结果去调整自适应系统，如图 1-2 所示。闭环自适应系统则包含将这些调整和结果的有关信息反馈到输入端，进一步优化一个可量度的系统性能，如图 1-3 所示。对于开环系统，性能准则只是输入信号或其他一些数据的函数；然而，对于闭环系统，

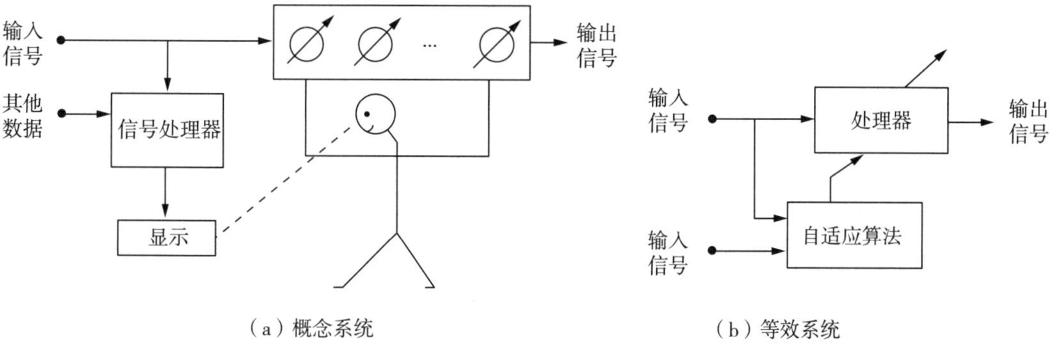

图 1-2　开环自适应系统

性能准则还与输出信号有关。在图 1－3 中，调整过程既不要求任何关于处理器内部结构的信息，也不必对输入过程进行任何处理，只需要按照预先确定的性能准则调整处理器以保持性能最优。在真正的自适应系统中，如图 1－2(b) 与图 1－3(b) 所示，采用自适应算法和其他数据(可以是自适应系统所处的环境或者是在闭环情况下对输出信号所期望的形式)去调整处理器结构以保持性能最优。

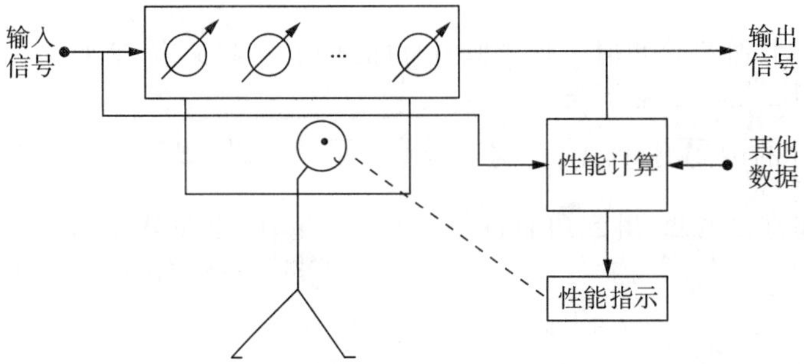

(a) 概念系统

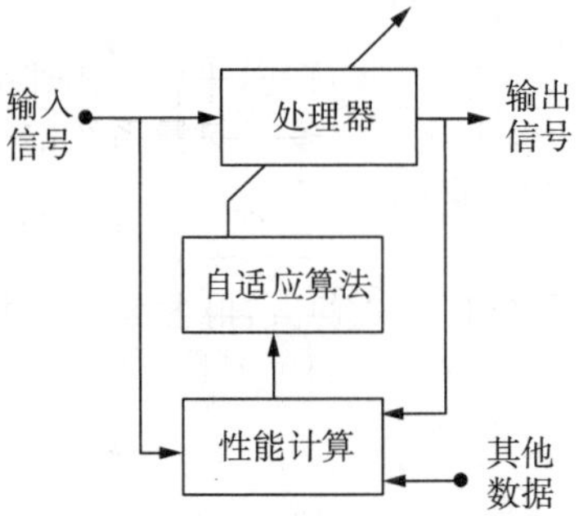

(b) 等效系统

图 1－3　闭环自适应系统

闭环自适应系统解析的综合方法或者不存在或者未知；系统是非线性的或时变的；信号是非平稳的；采用性能反馈的自适应方案，可以改善系统的可靠性。当然，闭环自适应过程在某些情况下，性能函数的最优值有多个且优化过程是不确定的。闭环自适应过程不稳定时，将会发散而不是收敛。因此，本书主要讨论性能反馈的闭环自适应过程。

在图 1－3(b) 中，当输入信号为 x，自适应系统输出的期望响应信号为 d，信号 d 就是图 1－3(b) 中的“其他数据”。设误差信号 e 为期望输出信号 d 与自适应系统真实输出信号 y 的差，采用此信号的闭合性能反馈环，按照某种准则采用自适应算法来调整自适应系统的结构，从而改变其响应特性，如图 1－4 所示。

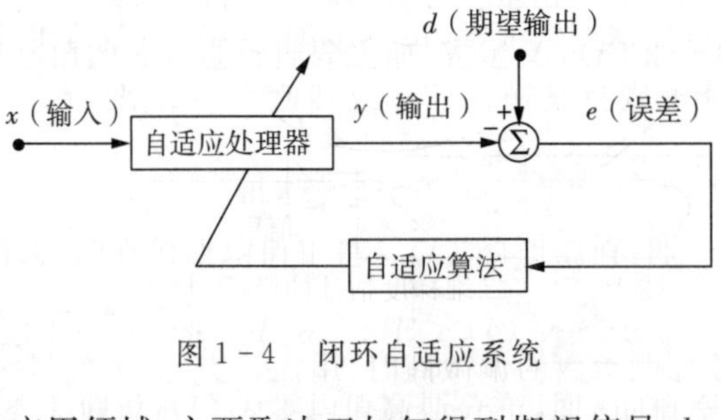

图 1－4　闭环自适应系统

闭环自适应系统的应用领域，主要取决于如何得到期望信号 d。

图 1－5(a) 为预测器，其期望信号就是输入信号 x，x 的延迟形式被送给自适应处理器，自适应处理器试图去“预测”现在的输入信号，从而让 y 去对消 d 并将 e 推向零。

图 1－5(b) 为系统辨识(模拟)，宽带信号 x 既作为自适应处理器的输入，也作为未知的被控系统的输入。为了减小误差 e，自适应处理器将学习被控系统的传输特性，以识别未知被控系统，即它的传输函数基本上与自适应处理器的传输函数是相同的。

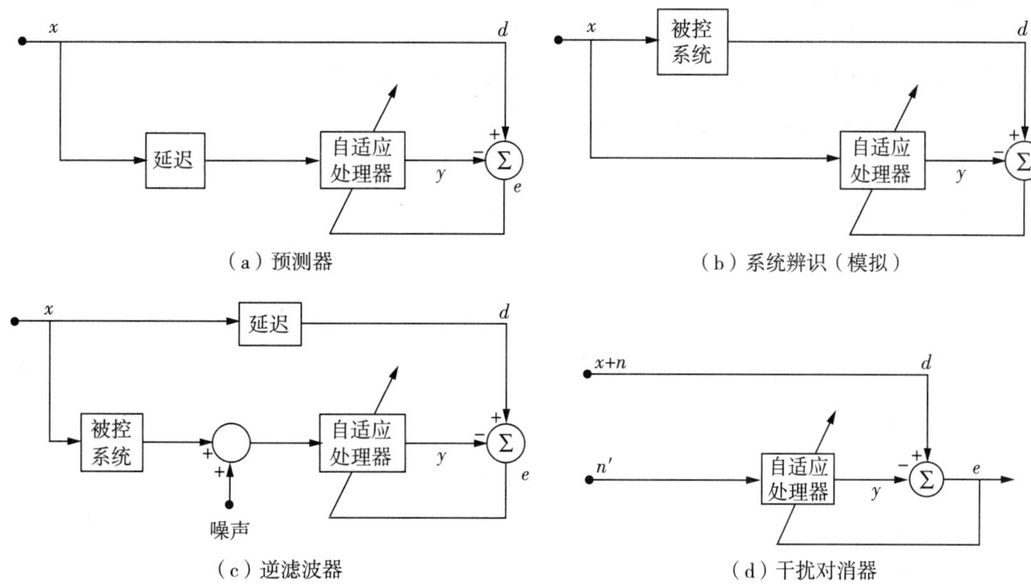

图 1－5　闭环自适应系统的应用

图 1－5(c) 为逆滤波器，自适应处理器能从信号的延迟形式中得到恢复，并从含有加性噪声的信号中，恢复出原始信号 x 的延迟形式；图中，延迟线是考虑到信号通过被控系统与自适应处理器的延迟或传播时间而设置的。自适应均衡可用于消除（解卷积）传感器、通信信道或其他一些系统的影响或产生一个未知被控系统的逆模型。

图 1－5(d) 为干扰对消器，信号 x 受到加性噪声 n 的污染，同时具有一个畸变了的但与 n 相关的噪声 n'。自适应处理器的目的是产生一个尽可能与 n 相近的 y。因此，总输出 e 将逼近于 x，一般情况下，最佳自适应处理器就是使 e 的均方值达到最小的处理器。

1.2　自适应线性组合器

自适应线性组合器或非递归自适应滤波器，是自适应信号处理的基础。本节介绍自适应线性组合器的特点、性质、自适应算法以及自适应速率等概念。

自适应线性组合器本质上是一个时变非递归数字滤波器，性能在某种意义上是“最优”的。

自适应线性组合器的结构如图 1－6 所示。图中，与输入分量 x_0，x_1，…，x_L 组成的信号向量相应的一组可调整权为 w_0，w_1，…，w_L 以及求和单元的单输出信号 y。用于

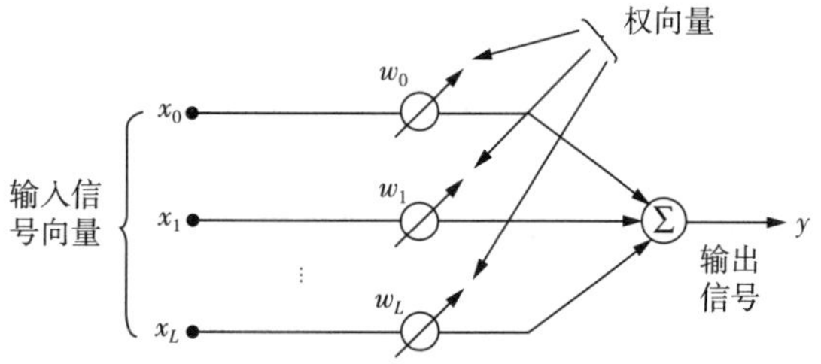

图 1－6　自适应线性组合器的结构

调整权或自适应权的方法称为权调整、增益调整或自适应算法。对于一组固定的权值，它的输出是输入分量的线性组合，因而这个组合器是线性的。然而，当这些权在调整过程时，也是输入分量的函数，因而组合器的输出已不是输入的线性函数，而是非线性的。

1.2.1 输入信号与权向量

图 1-6 中输入分量，有两种重要解释方法。第一种方法，它们可被当作同时从 $L+1$ 个不同信源来的瞬时输入；第二种方法，这些输入分量 $x_0, x_1, \cdots, x_L$ 可以被视为同一信源的 $L+1$ 个序贯 (sequential) 样本。这两种解释就对应于多输入与单输入的情况。

多输入向量

$$\boldsymbol{X}(k)=[x_0(k), x_1(k), \cdots, x_L(k)]^{\mathrm{T}} \tag{1-2-1}$$

单输入向量

$$\boldsymbol{X}(k)=[x(k), x(k-1), \cdots, x(k-L)]^{\mathrm{T}} \tag{1-2-2}$$

式中，T 表示转置，$\boldsymbol{X}(k)$ 为一个列向量输入，k 为时间序列。

多输入情况下，所有元素取自第 k 个抽样时刻；单输入情况下，各分量是序贯地取自时刻 $k, k-1, \cdots$，即按照数据样本序列在时间上反方向取值。

单输入情况下，自适应处理器可以用自适应线性组合器与单位延迟单元来实现，如图 1-7 所示。该自适应处理器的非递归结构称为自适应横向滤波器，$w_l(k)$ $(l=0,1,\cdots,L)$ 突出了其时变性。

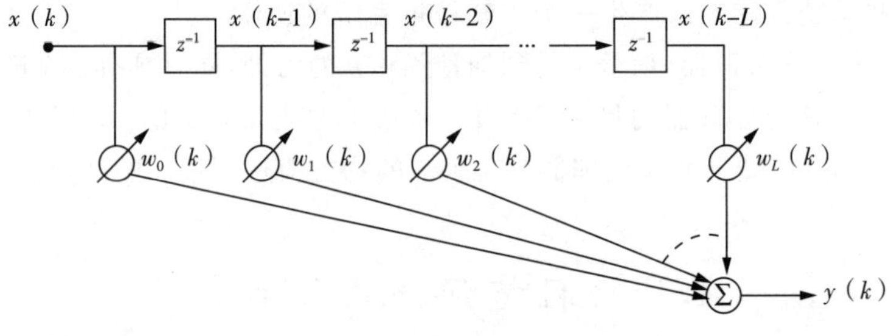

图 1-7 单输入的自适应线性组合器(横向)

在某些多输入系统里，需要一个能简单地在"和 $y(k)$"中加上可变偏置的偏置权。这个偏置权可在图 1-6 和式(1-2-1) 中让第一个输入分量 $x_0(k)$ 永远等于 1(或某个另外的常数)，如图 1-8 所示。在单输入系统中，通常并不需要偏置权。

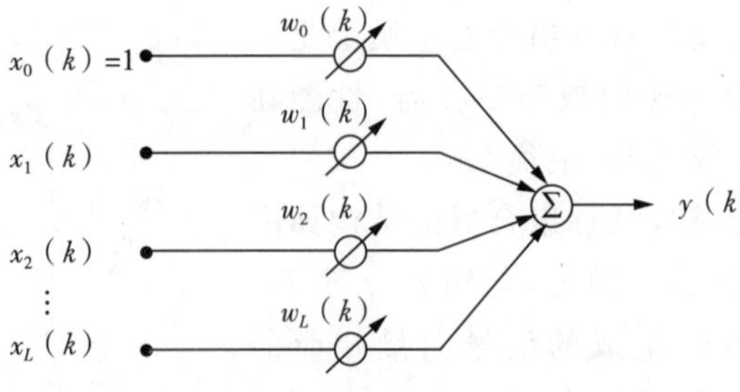

图 1-8 具有偏置权的多输入线性组合器

由式(1-2-1) 与式(1-2-2)，得图 1-7 和图 1-8 中输入输出的关

系为

单输入

$$y(k)=\sum_{l=0}^{L}w_l(k)x(k-l) \tag{1-2-3}$$

多输入

$$y(k)=\sum_{l=0}^{L}w_l(k)x_l(k) \tag{1-2-4}$$

当式(1-2-4)中的 $x_0(k)$ 恒等于 1 时，$w_0(k)$ 成为一个偏置权。

按式(1-2-1)与式(1-2-2)，将权向量定义为

$$\boldsymbol{W}(k)=[w_0(k),w_1(k),\cdots,w_L(k)]^{\mathrm{T}} \tag{1-2-5}$$

这时

$$y(k)=\boldsymbol{X}^{\mathrm{T}}(k)\boldsymbol{W}(k)=\boldsymbol{W}^{\mathrm{T}}(k)\boldsymbol{X}(k) \tag{1-2-6}$$

1.2.2　期望响应与误差

对于开环系统，权向量的调整并不明显地与输出特性有关，而仅仅取决于输入与环境的特性。对于闭环系统，权向量不仅取决于输出信号，也与其他数据有关。一般说来，在自适应线性组合器中，其他数据包含期望响应或训练信号。在性能反馈方式的自适应过程中，通过调整线性组合器的权向量，可以得到一个与期望响应信号尽可能接近的输出 $y(k)$。这需要用输出与期望响应之间的误差信号 $e(k)$ 来调整或优化权向量，使误差信号的均方差或平均功率达到最小，如图 1-9 所示。

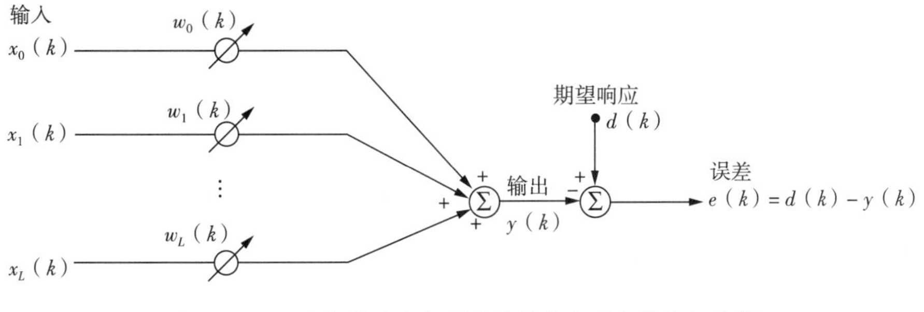

图 1-9　具有期待响应与误差信号的自适应线性组合器

期望响应信号 $d(k)$ 的形式，取决于自适应线性组合器的应用领域。当然，需要指出的是寻找一个适当的信号作为期望信号是具有相当创造性的工作。因为，若能够获得真正的期望信号，就不再需要任何自适应系统。

1.2.3　性能函数

在图 1-9 中，误差信号为

$$e(k)=d(k)-y(k) \tag{1-2-7}$$

将式(1-2-6)代入式(1-2-7)，得

$$e(k)=d(k)-\boldsymbol{X}^{\mathrm{T}}(k)\boldsymbol{W}(k)=d(k)-\boldsymbol{W}^{\mathrm{T}}(k)\boldsymbol{X}(k) \tag{1-2-8}$$

对式(1-2-8)进行平方，得瞬时平方误差为

$$e^2(k)=d^2(k)+\boldsymbol{W}^{\mathrm{T}}(k)\boldsymbol{X}(k)\boldsymbol{X}^{\mathrm{T}}(k)\boldsymbol{W}(k)-2d(k)\boldsymbol{X}^{\mathrm{T}}(k)\boldsymbol{W} \tag{1-2-9}$$

假设 $e(k)$、$d(k)$ 和 $\boldsymbol{X}(k)$ 是统计平稳的，对式(1-2-9)在时间序列 k 上取期望，得

$$E[e^2(k)]=E[d^2(k)]+\boldsymbol{W}^{\mathrm{T}}(k)E[\boldsymbol{X}(k)\boldsymbol{X}^{\mathrm{T}}(k)]\boldsymbol{W}(k)-2E[d(k)\boldsymbol{X}^{\mathrm{T}}(k)]\boldsymbol{W}(k) \tag{1-2-10}$$

注意：任何和的期望值等于期望值之和，而仅当随机变量不相关时，积的期望值才是期望值之积。

一般说来，信号 $x(k)$ 与 $d(k)$ 是相关的。

将输入相关矩阵 $\boldsymbol{R}$ 定义为

$$\boldsymbol{R}=E[X(k)X^{\mathrm{T}}(k)]=E\begin{bmatrix} x_0^2(k) & x_0(k)x_1(k) & x_0(k)x_2(k) & \cdots & x_0(k)x_L(k) \\ x_1(k)x_0(k) & x_1^2(k) & x_1(k)x_2(k) & \cdots & x_1(k)x_L(k) \\ \vdots & \vdots & \vdots & \vdots & \vdots \\ x_L(k)x_0(k) & x_L(k)x_1(k) & x_L(k)x_2(k) & \cdots & x_L^2(k) \end{bmatrix} \tag{1-2-11}$$

式中，主对角线元素是输入分量的均方值，交叉项是输入分量之间的互相关值。

类似地，令 $\boldsymbol{P}$ 为列向量，则

$$\boldsymbol{P}=E[d(k)\boldsymbol{X}(k)]=E[d(k)x_0(k),d(k)x_1(k),\cdots,d(k)x_L(k)]^{\mathrm{T}} \tag{1-2-12}$$

此向量为期望响应与输入分量之间的一组互相关值。当 $\boldsymbol{X}(k)$ 和 $d(k)$ 平稳时，$\boldsymbol{R}$ 和 $\boldsymbol{P}$ 的元素全是固定的二阶统计量。

注意：在式(1-2-11)和式(1-2-12)中，$\boldsymbol{X}(k)$ 为多输入向量形式。当然，$\boldsymbol{X}(k)$ 也可为单输入向量形式。

将均方误差(MSE) J 定义为

$$\mathrm{MSE} \triangleq J=E[e^2(k)]=E[d^2(k)]+\boldsymbol{W}^{\mathrm{T}}\boldsymbol{R}\boldsymbol{W}-2\boldsymbol{P}^{\mathrm{T}}\boldsymbol{W} \tag{1-2-13}$$

该式表明，当输入分量与期望响应输入是平稳随机过程时，均方误差 J 是权向量 $\boldsymbol{W}$ 的分量的二次函数，即将式(1-2-13)展开时，$\boldsymbol{W}$ 的元素仅以一次幂或二次幂出现。

一个典型的二维均方误差函数曲面，如图1-10所示。图中纵轴代表均方误差，水平轴分别代表两个权值 w_0 的范围是从 -3 到 4，w_1 的范围是 -4 到 0；最佳权向量 $\boldsymbol{W}^{\mathrm{opt}}=(0.65,-2.10)$，最小均方误差(MSE)为0.0，这种碗状二次型误差函数或性能表面是一个抛物面(如果权数大于2，则为超抛物面)。

注意:抛物面必须向上凹,否则总可以找到一些权值而得出负的均方误差,这对于实际的物理信号是不可能的。

对于恒定的均方误差,其等高线(等值线)为椭圆形。在式(1-2-13)中令 J 等于常数即可看出,将碗底那一点投影在权向量平面上可得 $\boldsymbol{W}^{opt}$,即最佳权向量或最小均方误差点。对于二次型性能函数,仅有一个整体最优值,而无局部最小值存在。

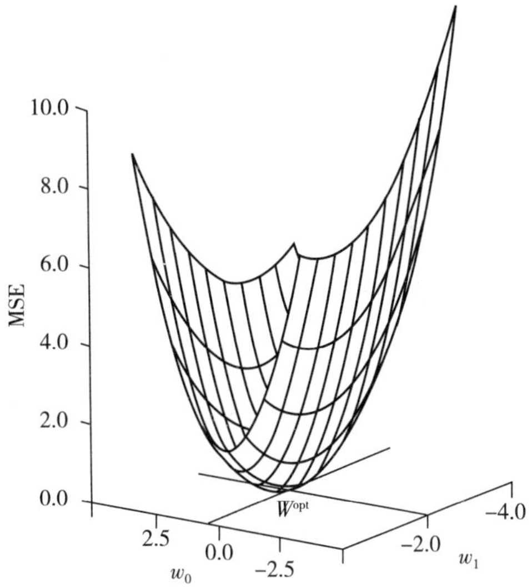

图1-10 典型的二维均方误差函数曲面

1.2.4 梯度与最小均方误差

1. 梯度的一般表示

大多情况下,权向量搜索性能表面最小值的自适应方法,都是梯度法。用 ∇_J 或更简单地就用 ∇ 表示均方误差性能表面的梯度,可由式(1-2-13)对 $\boldsymbol{W}$ 求微商来得到,这个列向量为

$$\nabla \triangleq \frac{\partial J}{\partial \boldsymbol{W}} = \left[\frac{\partial J}{\partial w_0} \quad \frac{\partial J}{\partial w_1} \quad \cdots \quad \frac{\partial J}{\partial w_L}\right]^{\mathrm{T}} \tag{1-2-14}$$

$$= 2\boldsymbol{R}\boldsymbol{W} - 2\boldsymbol{P} \tag{1-2-15}$$

式中,$\boldsymbol{R}$ 与 $\boldsymbol{P}$ 分别由式(1-2-11)与式(1-2-12)给出。式(1-2-14)可由式(1-2-13)的展开式对权向量的每一个分量求微商得到。$\boldsymbol{W}^{\mathrm{T}}\boldsymbol{R}\boldsymbol{W}$ 的微商可以当成求积$(\boldsymbol{W}^{\mathrm{T}})(\boldsymbol{R}\boldsymbol{W})$的微商。

为了求得最小均方误差,令权向量等于其最佳值 $\boldsymbol{W}^{opt}$,并注意在此点上梯度为零,即

$$\nabla = 0 = 2\boldsymbol{R}\boldsymbol{W}^{opt} - 2\boldsymbol{P} \tag{1-2-16}$$

假设 R 是非奇异的,则最优权向量 $\boldsymbol{W}^{opt}$ 也称为维纳权向量,且

$$\boldsymbol{W}^{opt} = \boldsymbol{R}^{-1}\boldsymbol{P} \tag{1-2-17}$$

此方程是维纳-霍普夫(Wiener-Hopf)方程的矩阵形式[8,9,12]。将式(1-2-17)代入

式(1-2-13)，得最小均方误差为

$$J_{\min}=E[d^2(k)]+\boldsymbol{W}^{\text{opt}\mathrm{T}}\boldsymbol{R}\boldsymbol{W}^{\text{opt}}-2\boldsymbol{P}^{\mathrm{T}}\boldsymbol{W}^{\text{opt}}$$
$$=E[d^2(k)]+[\boldsymbol{R}^{-1}\boldsymbol{P}]^{\mathrm{T}}\boldsymbol{R}\boldsymbol{R}^{-1}\boldsymbol{P}-2\boldsymbol{P}^{\mathrm{T}}\boldsymbol{R}^{-1}\boldsymbol{P} \qquad (1-2-18)$$

2. 梯度的另一种表示法

由于均方误差是$\boldsymbol{W}$的二次型函数，且当$\boldsymbol{W}=\boldsymbol{W}^{\text{opt}}$时达到它的最小值，因而它可以表示为

$$J=J_{\min}+(\boldsymbol{W}-\boldsymbol{W}^{\text{opt}})^{\mathrm{T}}\boldsymbol{R}(\boldsymbol{W}-\boldsymbol{W}^{\text{opt}}) \qquad (1-2-19)$$

下面将证明式(1-2-19)的正确性。注意：一般地，$(\boldsymbol{A}-\boldsymbol{B})^{\mathrm{T}}$可表示为$\boldsymbol{A}^{\mathrm{T}}-\boldsymbol{B}^{\mathrm{T}}$。将式(1-2-19)展开，有

$$J=J_{\min}+\boldsymbol{W}^{\text{opt}\mathrm{T}}\boldsymbol{R}\boldsymbol{W}^{\text{opt}}+\boldsymbol{W}^{\mathrm{T}}\boldsymbol{R}\boldsymbol{W}-\boldsymbol{W}^{\mathrm{T}}\boldsymbol{R}\boldsymbol{W}^{\text{opt}}-\boldsymbol{W}^{\text{opt}\mathrm{T}}\boldsymbol{R}\boldsymbol{W} \qquad (1-2-20)$$

式中，每一项都是标量，因而等于它的转置，并且最后两项是相等的，因此得

$$J=E[d^2(k)]-\boldsymbol{P}^{\mathrm{T}}\boldsymbol{W}^{\text{opt}}+\boldsymbol{W}^{\text{opt}\mathrm{T}}\boldsymbol{R}\boldsymbol{W}^{\text{opt}}+\boldsymbol{W}^{\mathrm{T}}\boldsymbol{R}\boldsymbol{W}-2\boldsymbol{W}^{\mathrm{T}}\boldsymbol{R}\boldsymbol{W}^{\text{opt}} \qquad (1-2-21)$$

将式(1-2-17)代入式(1-2-21)并注意到$\boldsymbol{R}$是对称的，则

$$J=E[d^2(k)]-\boldsymbol{P}^{\mathrm{T}}\boldsymbol{R}^{-1}\boldsymbol{P}+\boldsymbol{P}^{\mathrm{T}}\boldsymbol{R}^{-1}\boldsymbol{R}\boldsymbol{R}^{-1}\boldsymbol{P}+\boldsymbol{W}^{\mathrm{T}}\boldsymbol{R}\boldsymbol{W}-2\boldsymbol{W}^{\mathrm{T}}\boldsymbol{R}\boldsymbol{R}^{-1}\boldsymbol{P}$$
$$=E[d^2(k)]+\boldsymbol{W}^{\mathrm{T}}\boldsymbol{R}\boldsymbol{W}-2\boldsymbol{W}^{\mathrm{T}}\boldsymbol{P}$$
$$=E[d^2(k)]+\boldsymbol{W}^{\mathrm{T}}\boldsymbol{R}\boldsymbol{W}-2\boldsymbol{P}^{\mathrm{T}}\boldsymbol{W} \qquad (1-2-22)$$

该式与式(1-2-13)一致，因此证明了式(1-2-19)是有效的。

当将权向量偏差定义为

$$\boldsymbol{V}=\boldsymbol{W}-\boldsymbol{W}^{\text{opt}}=[v_0,v_1,\cdots,v_L]^{\mathrm{T}} \qquad (1-2-23)$$

时，式(1-2-19)的二次型函数可以表示为

$$J=J_{\min}+\boldsymbol{V}^{\mathrm{T}}\boldsymbol{R}\boldsymbol{V} \qquad (1-2-24)$$

式中，$\boldsymbol{V}$是权向量对维纳最佳权向量的偏差向量。$\boldsymbol{W}$对$\boldsymbol{W}^{\text{opt}}$的任何偏离，将按照二次型$\boldsymbol{V}^{\mathrm{T}}\boldsymbol{R}\boldsymbol{V}$引起一个超量均方误差。

为了对所有可能的$\boldsymbol{V}$使J为非负，必须满足$\boldsymbol{V}^{\mathrm{T}}\boldsymbol{R}\boldsymbol{V}\geqslant 0$。若对所有的$\boldsymbol{V}\neq 0$，$\boldsymbol{V}^{\mathrm{T}}\boldsymbol{R}\boldsymbol{V}>0$，则称矩阵$\boldsymbol{R}$是正定的。若对某一特定且有限的$\boldsymbol{V}$值或对所有$\boldsymbol{V}$，有$\boldsymbol{V}^{\mathrm{T}}\boldsymbol{R}\boldsymbol{V}=0$，则称$\boldsymbol{R}$是半正定的。在实际情况下，$\boldsymbol{R}$几乎总是正定的，但也可能是半正定的。

将式(1-2-24)对$\boldsymbol{V}$求导，得均方误差对$\boldsymbol{V}$的梯度为

$$\frac{\partial J}{\partial \boldsymbol{V}}=\begin{bmatrix}\dfrac{\partial J}{\partial v_0} & \dfrac{\partial J}{\partial v_1} & \cdots & \dfrac{\partial J}{\partial v_L}\end{bmatrix}=2\boldsymbol{R}\boldsymbol{V} \qquad (1-2-25)$$

因为$\boldsymbol{W}$与$\boldsymbol{V}$仅差一常数，因而式(1-2-25)与式(1-2-15)是相同的，则

$$\nabla=\frac{\partial J}{\partial \boldsymbol{W}}=\frac{\partial J}{\partial \boldsymbol{V}}=2\boldsymbol{R}\boldsymbol{V}=2(\boldsymbol{R}\boldsymbol{W}-\boldsymbol{P}) \qquad (1-2-26)$$

式(1-2-26)可以被用来推导和分析各种各样的自适应算法。

1.2.5 误差与输入分量的去相关

当 $\boldsymbol{W}=\boldsymbol{W}^{\text{opt}}$ 时,在误差信号与输入信号向量分量间存在一个重要而有用的统计条件。

$$e(k)=d(k)-\boldsymbol{X}^{\mathrm{T}}(k)\boldsymbol{W} \tag{1-2-27}$$

将此方程两端乘以 $\boldsymbol{X}(k)$,由于方程中每一项均为标量,把 $\boldsymbol{X}(k)$ 放在每一项前后均可,因而

$$e(k)\boldsymbol{X}(k)=d(k)\boldsymbol{X}(k)-\boldsymbol{X}(k)\boldsymbol{X}^{\mathrm{T}}(k)\boldsymbol{W} \tag{1-2-28}$$

然后,对式(1-2-28)两端取期望值运算,有

$$E[e(k)\boldsymbol{X}(k)]=\boldsymbol{P}-\boldsymbol{R}\boldsymbol{W} \tag{1-2-29}$$

最后,令 $\boldsymbol{W}$ 等于它的最优值,$\boldsymbol{W}^{\text{opt}}=\boldsymbol{R}^{-1}\boldsymbol{P}$,则

$$E\left[e(k)\boldsymbol{X}(k)\right]_{\boldsymbol{W}=\boldsymbol{W}^{\text{opt}}}=\boldsymbol{P}-\boldsymbol{P}=0 \tag{1-2-30}$$

式(1-2-30)与著名的维纳滤波器理论结果是相同的,即当滤波器的冲激响应是最优时,误差信号与输入信号是不相关(正交)的。

1.3 二次型性能表面

为了继续讨论调整权和如何在性能表面上下降到最小均方误差点的算法,需研究有关二次型性能表面的某些重要的性质。为了更好地理解搜索过程,弄清如何评价它、控制它是必要的。为了弄清性能表面的性质,需分析主要起因于输入信号自相关矩阵 $\boldsymbol{R}$ 的性质。

式(1-2-24)清楚表明,二次型均方误差性能表面是 $\boldsymbol{R}$ 的函数。用 $\boldsymbol{R}$ 的特征值与特征向量,将 $\boldsymbol{R}$ 表示成正则形式,可以更清楚地揭示性能表面的性质。

1.3.1 输入相关矩阵的正则形式

矩阵 $\boldsymbol{R}$ 的特征值满足的齐次方程为

$$[\boldsymbol{R}-\lambda\boldsymbol{I}]\boldsymbol{Q}_n=\boldsymbol{0} \tag{1-3-1}$$

式中,λ 是标量,$\boldsymbol{Q}_n$ 是列向量,$\boldsymbol{I}$ 为单位矩阵,$\boldsymbol{0}$ 是所有元素均为零的向量。齐次方程式(1-3-1)具有非平凡解的条件是当且仅当

$$\det[\boldsymbol{R}-\lambda\boldsymbol{I}]=0 \tag{1-3-2}$$

式(1-3-2)称为 $\boldsymbol{R}$ 的特征方程,是 λ 的 $L+1$ 次代数方程,其 $L+1$ 个解 $\lambda_0,\lambda_1,\cdots,\lambda_L$ 正是 $\boldsymbol{R}$ 的特征值,这 $L+1$ 个特征值可以不是彼此不同的。相应于任意一个特征值 λ_n,至少存在一个特征向量解 $\boldsymbol{Q}_n$,满足方程

$$\boldsymbol{R}\boldsymbol{Q}_n=\lambda_n\boldsymbol{Q}_n \tag{1-3-3}$$

推广式(1-3-3),得

$$\boldsymbol{R}[\boldsymbol{Q}_0,\boldsymbol{Q}_1,\cdots,\boldsymbol{Q}_L]=[\boldsymbol{Q}_0,\boldsymbol{Q}_1,\cdots,\boldsymbol{Q}_L]\begin{bmatrix}\lambda_0 & \cdots & & 0\\ & \lambda_1 & & \\ \vdots & & & \vdots\\ & & \ddots & \\ 0 & \cdots & & \lambda_L\end{bmatrix} \tag{1-3-4}$$

或写为

$$\boldsymbol{RQ}=\boldsymbol{Q\Lambda}\ \text{或}\ \boldsymbol{R}=\boldsymbol{Q\Lambda Q}^{-1} \tag{1-3-5}$$

式(1-3-5)称为$\boldsymbol{R}$的正则形式，其特征值明显地出现在$\boldsymbol{\Lambda}$之中。式(1-3-4)表明，特征值矩阵是对角阵，即除了主对角线由$\boldsymbol{R}$的特征值组成以外，其余的元素均为零。矩阵$\boldsymbol{Q}$的列是特征向量，因而称为$\boldsymbol{R}$的特征向量矩阵。与$\boldsymbol{R}$一样，$\boldsymbol{\Lambda}$和$\boldsymbol{Q}$都是$(L+1)\times(L+1)$维方阵。

1.3.2 输入相关矩阵的特征值与特征向量

式(1-2-11)表明，$\boldsymbol{R}$是对称矩阵，即$\boldsymbol{R}=\boldsymbol{R}^{\mathrm{T}}$。因而，对应于不同特征值的特征向量必须是正交的，即对于任意的一对向量，有$\boldsymbol{Q}_m^{\mathrm{T}}\boldsymbol{Q}_n=0$。现简要证明之。

设λ_1和λ_2是两个不同的特征值，则

$$\boldsymbol{RQ}_1=\lambda_1\boldsymbol{Q}_1 \tag{1-3-6}$$

故

$$\boldsymbol{RQ}_2=\lambda_2\boldsymbol{Q}_2 \tag{1-3-7}$$

将式(1-3-6)两端转置，并右乘以$\boldsymbol{Q}_2$，则

$$\boldsymbol{Q}_1^{\mathrm{T}}\boldsymbol{R}^{\mathrm{T}}\boldsymbol{Q}_2=\lambda_1\boldsymbol{Q}_1^{\mathrm{T}}\boldsymbol{Q}_2 \tag{1-3-8}$$

用$\boldsymbol{Q}_1^{\mathrm{T}}$左乘式(1-3-7)两端，得

$$\boldsymbol{Q}_1^{\mathrm{T}}\boldsymbol{R}^{\mathrm{T}}\boldsymbol{Q}_2=\lambda_2\boldsymbol{Q}_1^{\mathrm{T}}\boldsymbol{Q}_2 \tag{1-3-9}$$

$\boldsymbol{R}=\boldsymbol{R}^{\mathrm{T}}$，联系式(1-3-8)与式(1-3-9)，得

$$\lambda_1\boldsymbol{Q}_1^{\mathrm{T}}\boldsymbol{Q}_2=\lambda_2\boldsymbol{Q}_1^{\mathrm{T}}\boldsymbol{Q}_2 \tag{1-3-10}$$

由于假设$\lambda_1\neq\lambda_2$，得

$$\boldsymbol{Q}_1^{\mathrm{T}}\boldsymbol{Q}_2=0 \tag{1-3-11}$$

因而λ_1与λ_2的特征向量是正交的。

由于$\boldsymbol{R}$是实对称阵(即它的所有元素是实数)，因而它的所有特征值必须是实数。

这个事实也可以证明。

假设λ_1是$\boldsymbol{R}$的一个复特征值，$\boldsymbol{R}$的特征方程式(1-3-2)是λ的$(L+1)$次多项式，令其等于零。由于这样一个多项式的复根将以共轭对的形式出现，因而若λ_1是一个特征值，则它的复共轭λ_1^*也必定是一个特征值，而且如果λ_1是复数，由于$\boldsymbol{R}$是实矩阵[式(1-3-6)]，

它的特征向量 $\boldsymbol{Q}_1$ 必定是复矩阵。此外，λ_1^* 的特征向量必须是 $\boldsymbol{Q}_1$ 的共轭，即 $\boldsymbol{Q}_1^*$。由于 λ_1 是复数，它不可能等于它的共轭（即 $\lambda_1 \neq \lambda_1^*$），即 λ_1 与 λ_1^* 是不同的，则它们相应的特征向量必须是正交的（即 $\boldsymbol{Q}^{\mathrm{T}}\boldsymbol{Q}^* = 0$）。但是一个复向量与它的共轭的内积等于它的分量的平方和，必定是一个正数，因而上述结论是不可能成立的。因而与 λ_1 是复数的假设相矛盾，故输入相关矩阵 $\boldsymbol{R}$ 的所有特征值必定是实数。

矩阵理论的另一个重要结论是，如果特征值 λ_k 重复 m 次，则有 m 个相应的线性无关的特征向量；而且，这些特征向量可以构造得相互正交，并与其他所有的特征向量正交。

在形成矩阵 $\boldsymbol{Q}$ 时，调节特征向量使它们归一化为具有单位长度是方便的。上述证明了不同特征值的特征向量是正交的，若重复的特征值出现，也选取相应的特征向量互相正交，则构成 $\boldsymbol{Q}$ 的列的这 $(L+1)$ 个特征向量是相互正交并且归一化的。这样的 $\boldsymbol{Q}$ 称为正交归一化矩阵。以后总是假设 $\boldsymbol{Q}$ 矩阵是正交归一化的，即

$$\boldsymbol{Q}\boldsymbol{Q}^{\mathrm{T}} = \boldsymbol{I} \tag{1-3-12}$$

与

$$\boldsymbol{Q}^{-1} = \boldsymbol{Q}^{\mathrm{T}} \tag{1-3-13}$$

因此，$\boldsymbol{Q}$ 的逆阵总是存在的。

最后证明，输入相关矩阵的特征值总是大于或等于零的。根据式(1－2－33)，$\boldsymbol{R}$ 是半正定的，因而

$$\boldsymbol{V}^{\mathrm{T}}\boldsymbol{R}\boldsymbol{V} \geqslant 0 \tag{1-3-14}$$

将式(1－3－13)代入式(1－3－5)中，得

$$\boldsymbol{R} = \boldsymbol{Q}\boldsymbol{\Lambda}\boldsymbol{Q}^{-1} = \boldsymbol{Q}\boldsymbol{\Lambda}\boldsymbol{Q}^{\mathrm{T}} \tag{1-3-15}$$

式中，$\boldsymbol{V}$ 是权向量与其最佳权向量的偏差向量，可以视为任意向量，因而可以使 $\boldsymbol{V}$ 依次等于 $\boldsymbol{Q}$ 的每一列，即等于 $\boldsymbol{Q}_0, \boldsymbol{Q}_1, \cdots, \boldsymbol{Q}_L$。这样，式(1－3－14)对每一种情况均成立，若将 $(L+1)$ 个式子合起来，得

$$\boldsymbol{Q}^{\mathrm{T}}\boldsymbol{R}\boldsymbol{Q} \geqslant 0 \tag{1-3-16}$$

将式(1－3－15)代入式(1－3－16)，得

$$\boldsymbol{Q}^{\mathrm{T}}\boldsymbol{Q}\boldsymbol{\Lambda}\boldsymbol{Q}^{\mathrm{T}}\boldsymbol{Q} \geqslant 0 \tag{1-3-17}$$

由式(1－3－13)，得

$$\boldsymbol{\Lambda} \geqslant 0 \tag{1-3-18}$$

本节结论如下：

(1) 对应于 $\boldsymbol{R}$ 的不同特征值的特征向量，彼此相互正交。

(2) $\boldsymbol{R}$ 的所有特征值是大于或等于零的实数。

(3) 特征向量矩阵 $\boldsymbol{Q}$ 可以归一化（使其正交归一），即满足 $\boldsymbol{Q}\boldsymbol{Q}^{\mathrm{T}} = \boldsymbol{I}$。

1.3.3 特征向量与特征值的几何意义

特征向量和特征值与误差表面 J 的性质直接相关。由式(1-2-31)知，J 是在以 J，w_0，w_1，…，w_L 为相应坐标轴的 $(L+2)$ 维空间中的超抛物误差表面。对于两个权的系统，即三维误差空间，如图 1-10 所示，J 是一个抛物面。如果用一些平行于 w_0w_1 平面的平面去截取这个抛物面，则得到若干具有固定均方误差的同心椭圆，如图 1-11 所示。由式(1-2-13)知，投影在 w_0w_1 平面上的椭圆方程为

$$\boldsymbol{W}^{\mathrm{T}}\boldsymbol{R}\boldsymbol{W}-2\boldsymbol{P}^{\mathrm{T}}\boldsymbol{W}=C_1 \tag{1-3-19}$$

式中，C_1 为常数。如图 1-11 所示，可以将它们从 $\boldsymbol{W}$ 坐标系平移至以椭圆的中心为原点的 $\boldsymbol{V}$ 坐标系，图中也绘出了变换坐标轴 v_0 和 v_1，以及主轴 v_0' 和 v_1'，这些椭圆为图 1-10 所示性能表面的等高线。自然地，原点在最小均方误差所在坐标上。由式(1-2-17)，得

$$\boldsymbol{V}=\boldsymbol{W}-\boldsymbol{R}^{-1}\boldsymbol{P}=\boldsymbol{W}-\boldsymbol{W}^{\mathrm{opt}} \tag{1-3-20}$$

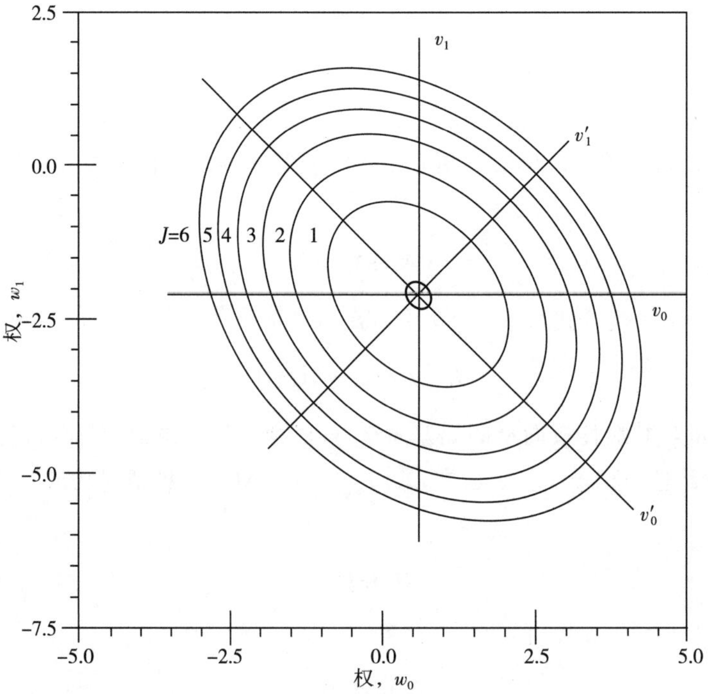

图 1-11 在 w_0w_1 平面上固定均方误差的椭圆[1]

则式(1-3-19)改写成

$$\boldsymbol{V}^{\mathrm{T}}\boldsymbol{R}\boldsymbol{V}=C_2 \tag{1-3-21}$$

式中，C_2 为常数。式(1-3-21)为中心在 v_0v_1 平面原点的椭圆(或一般地说为超椭圆)。在这个坐标系里，有两根直线[一般情况下有 $(L+1)$ 根直线]正交于椭圆，它们为所有椭圆或误差表面的主轴 v_0' 与 v_1'。

将这些椭圆视为 $F(\boldsymbol{V})=\boldsymbol{V}^{\mathrm{T}}\boldsymbol{R}\boldsymbol{V}$ 的等高线，则任何与椭圆正交的向量可以表示为 F 的梯度。由于 J 与 F 仅差一个常数，因而 F 的梯度即为 J 的梯度，即

$$\begin{aligned}\nabla &= \left[\frac{\partial F}{\partial v_0},\frac{\partial F}{\partial v_1},\cdots,\frac{\partial F}{\partial v_L}\right]^{\mathrm{T}} \\ &= 2\boldsymbol{R}\boldsymbol{V} \end{aligned} \tag{1-3-22}$$

另外，任何一个通过坐标原点的向量，必然具有 $\mu\boldsymbol{V}$ 的形式。但是主轴通过坐标原点而且与 $F(\boldsymbol{V})$ 正交，因而有

$$2\boldsymbol{R}\boldsymbol{V}'=\mu\boldsymbol{V}'$$

或

$$\left[\boldsymbol{R}-\frac{\mu}{2}\right]\boldsymbol{V}'=0 \tag{1-3-23}$$

式中，$\boldsymbol{V}'$ 代表主轴。式(1-3-23)与式(1-3-1)的形式相同，故而 $\boldsymbol{V}$ 必定是矩阵 $\boldsymbol{R}$ 的特征向量。因而，输入相关矩阵的特征向量确定了误差表面的主轴。

综上，从式(1-2-19)、式(1-2-24)和式(1-3-5)，有

$$J=J_{\min}+(\boldsymbol{W}-\boldsymbol{W}^{\mathrm{opt}})^{\mathrm{T}}\boldsymbol{R}(\boldsymbol{W}-\boldsymbol{W}^{\mathrm{opt}}) \tag{1-3-24}$$

$$=J_{\min}+\boldsymbol{V}^{\mathrm{T}}\boldsymbol{R}\boldsymbol{V} \tag{1-3-25}$$

$$\begin{aligned}&=J_{\min}+\boldsymbol{V}^{\mathrm{T}}(\boldsymbol{Q}\boldsymbol{\Lambda}\boldsymbol{Q}^{\mathrm{T}})\boldsymbol{V}\\ &=J_{\min}+(\boldsymbol{Q}^{\mathrm{T}}\boldsymbol{V})^{\mathrm{T}}\boldsymbol{\Lambda}(\boldsymbol{Q}^{\mathrm{T}}\boldsymbol{V})\\ &=J_{\min}+\boldsymbol{V}'^{\mathrm{T}}\boldsymbol{\Lambda}\boldsymbol{V}'\end{aligned} \tag{1-3-26}$$

式(1-3-24)、式(1-3-25)与式(1-3-26)分别给出了 J 在自然坐标系、平移坐标系及主轴坐标系中的表达式。再对式(1-3-26)取梯度，得

$$\begin{aligned}\nabla &= 2\boldsymbol{\Lambda}\boldsymbol{V}'\\ &= 2\left[\lambda_0 v_0',\lambda_1 v_1',\cdots,\lambda_L v_L'\right]^{\mathrm{T}}\end{aligned} \tag{1-3-27}$$

与式(1-3-22)比较知，若仅有一个分量 v_n' 不为零，则梯度向量将处在这根轴上。因而，式(1-3-26)中的 $\boldsymbol{V}'$ 代表主轴坐标系。对应于式(1-3-25)与式(1-3-26)的变换分别称为平移变换和旋转变换。

对于平移变换

$$\boldsymbol{V}=\boldsymbol{W}-\boldsymbol{W}^{\mathrm{opt}} \tag{1-3-28}$$

对于旋转变换

$$\boldsymbol{V}'=\boldsymbol{Q}^{\mathrm{T}}\boldsymbol{V}=\boldsymbol{Q}^{-1}\boldsymbol{V} \tag{1-3-29}$$

在图 1-11 中，能够直观地看出这些变换。

R 的特征值同样具有重要的几何意义。由式(1-3-27)知，J 沿着任何主轴 v'_n 的梯度可以写为

$$\frac{\partial J}{\partial v'_n}=2\lambda_n v'_n \tag{1-3-30}$$

而且

$$\frac{\partial^2 J}{\partial {v'_n}^2}=2\lambda_n, n=0,1,\cdots,L \tag{1-3-31}$$

可见，J 沿着任何一根主轴的二阶导数都是相应特征值的两倍。因此，输入相关矩阵 **R** 的特征值给出了误差 J 对它的主轴 v'_n 的二阶导数。对于单权系统 J 为抛物线，对于一个以 J、w_0、w_1 为坐标轴的三维空间，J 为抛物面。

在具有两个权的系统中，固定值 J 的等高线如图 1-12 所示。该图显示了平移坐标(v_0，v_1)与主轴坐标(v'_0，v'_1)，特征向量 $\boldsymbol{Q}_0$ 与 $\boldsymbol{Q}_1$，并指出了 v'_0 与 v'_1 的正方向。

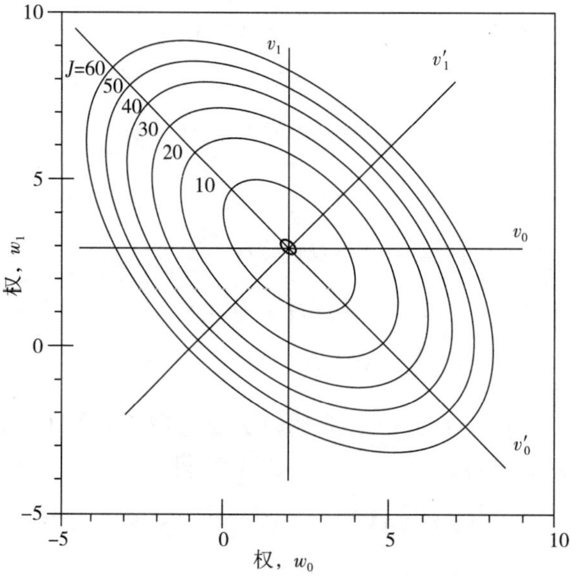

图 1-12　固定值 J 的等高线[1]

注意：$\boldsymbol{Q}$ 的两个列 Q_0 与 Q_1 分别为沿着主轴 V'_0 与 V'_1 两个正方向的单位向量。对于具有两个权的单输入自适应线性组合器，$\boldsymbol{Q}$ 矩阵总是具有这种形式。

1.4　性能表面的搜索方法

当输入信号与期望响应是统计平稳过程时，自适应线性组合器的均方误差性能表面是权向量的二次函数，这个二次型性能表面的参数在大多情况下是未知的，即得不到它的解析表达式。但可用误差平方的时间平均值表示或估计在误差表面上点的位置，并可通过设

计搜索性能表面并找寻最佳权向量的方法或算法来解决。在这类算法中，大多数实用的算法不是详尽无遗地去搜索最优解，而是通过测定一个是否接近性能表面最小点，来找寻最优解或准最优解。现从牛顿法与最速下降法出发，导出两种搜索算法，这两种算法都需要用梯度估值，以指明性能表面最小值所在方向。因此，它们均归属于“下降法”。这类算法既特别适用于二次型性能表面，也可用于其他类型的性能表面。

牛顿法是一种梯度搜索算法，该算法让权向量的所有分量在搜索过程的每一步(或以后所说的每一个迭代周期)都发生改变。而且，只要性能表面是二次型的，这种改变总是在指向性能表面最小点的方向上。

最速下降法是一种在每一迭代周期让权向量的所有分量发生改变的梯度搜索算法。然而，对于这种算法，权向量总是在性能表面的负梯度方向上变化。因为，只有当权向量坐标位于性能表面的主轴上，梯度的负方向才指向最小点。因而，一般情况下，权向量改变的方向不一定指向最小值的方向(如图 1-11 与图 1-12 所示)。

1.4.1　梯度搜索算法的基本思想

为了讨论梯度搜索算法、递归算法及收敛等的基本概念，首先考虑单个权的简单情况。

单个权(单变量)的性能表面是一条抛物线，如图 1-13 所示。

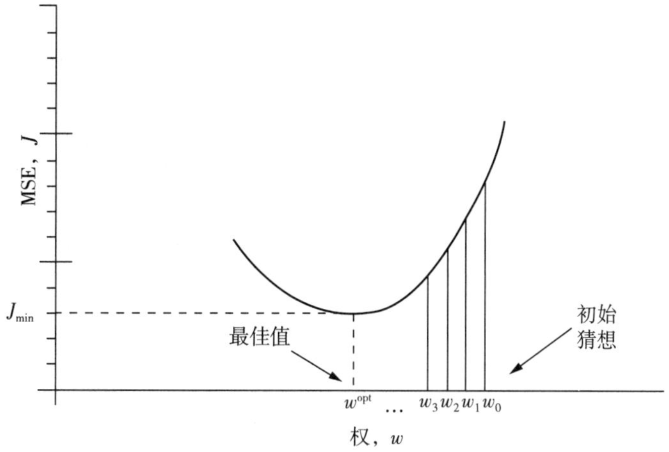

图 1-13　单变量性能表面

由式(1-3-24)，得

$$J = J_{\min} + \lambda\,(w - w^{\text{opt}})^2 \qquad (1-4-1)$$

在单变量情况下，特征值 λ 等于 r_{00}，一阶导数为

$$\frac{\mathrm{d}J}{\mathrm{d}w} = 2\lambda(w - w^{\text{opt}}) \qquad (1-4-2)$$

二阶导数为

$$\frac{d^2 J}{dw^2} = 2\lambda \tag{1-4-3}$$

说明它在整个曲线上为常数。

现在的问题是通过调整权向量以使均方误差达到最小来寻找 w^{opt}。由于并不知道这个性能表面，因而可以从任意初值 w_0 出发，并求曲线在此点的斜率，然后选一个新值 w_1，让它等于初值 w_0 加上一个正比于斜率负值的增量。w_2 是在 w_1 上加上一个正比于在 w_1 的斜率负值的增量，以此类推，直到最优权 w^{opt} 被找到才停止。在离散间隔 $w_0, w_1, w_2 \cdots$，求性能曲线的斜率所得到的值称为“梯度估值”。为使问题简化，假设具有精确的梯度值可以使用。

注意：为了向“山下”前进，用梯度的负值是必要的。

上述重复或迭代的梯度搜索算法可以表示为

$$w(k+1) = w(k) + \mu[-\nabla(k)] \tag{1-4-4}$$

式中，k 是步数或迭代次数。$w(k)$ 是现时刻 k 的调整值，$w(k+1)$ 是 $k+1$ 时调的新值。$\nabla(k)$ 为在 $w = w(k)$ 点的梯度，参数 μ 是一个控制稳定度与收敛率的常数。

由式(1-4-2)，得梯度为

$$\nabla(k) = \left.\frac{dJ}{dw}\right|_{w=w(k)} = 2\lambda[w(k) - w^{opt}] \tag{1-4-5}$$

从初值 w_0 到最优解 w^{opt} 的迭代过程的动态或瞬态行为，可将式(1-4-5)代入式(1-4-4)，得

$$w(k+1) = w(k) - 2\mu\lambda[w(k) - w^{opt}] \tag{1-4-6}$$

进一步，得

$$w(k+1) = (1-2\mu\lambda)w(k) + 2\mu\lambda w^{opt} \tag{1-4-7}$$

式(1-4-7)是一个一阶常系数线性差分方程，它可由前几次迭代后，通过归纳法求解。

由初始猜测 w_0 出发，式(1-4-7)的前三次迭代分别为

$$w_1 = (1-2\mu\lambda)w_0 + 2\mu\lambda w^{opt} \tag{1-4-8}$$

$$w_2 = (1-2\mu\lambda)^2 w_0 + 2\mu\lambda w^{opt}[(1-2\mu\lambda)+1] \tag{1-4-9}$$

$$w_3 = (1-2\mu\lambda)^3 w_0 + 2\mu\lambda w^{opt}[(1-2\mu\lambda)^2 + (1-2\mu\lambda)+1] \tag{1-4-10}$$

推广至第 k 次迭代

$$w(k) = (1-2\mu\lambda)^k w_0 + 2\mu\lambda w^{opt}\sum_{n=0}^{k-1}(1-2\mu\lambda)^n \tag{1-4-11}$$

$$= (1-2\mu\lambda)^k w_0 + 2\mu\lambda w^{opt}\frac{1-(1-2\mu\lambda)^k}{1-(1-2\mu\lambda)} \tag{1-4-12}$$

$$=w^{opt}+(1-2\mu\lambda)^k(w_0-w^{opt}) \tag{1-4-13}$$

这个结果清晰地给出在搜索过程中每一点的 $w(k)$，因而它就是梯度搜索算法的解。

1. 稳定性收敛

在式(1-4-11)的几何级数中，公比 $r=1-2\mu\lambda$。在一个权向量的迭代过程中是一个关键量。式(1-4-13)稳定的充要条件为

$$|r|=|1-2\mu\lambda|<1 \tag{1-4-14}$$

或表示为

$$0<\mu<\frac{1}{\lambda} \tag{1-4-15}$$

如果满足式(1-4-14)或式(1-4-15)中的条件，则式(1-4-13)中的算法稳定。算法收敛的最优解为

$$\lim_{k\to\infty}[w(k)]=w^{opt} \tag{1-4-16}$$

显然，收敛率取决于公比。

图 1-14 显示了不同公比对收敛产生的影响。图 1-14 表明，当 r 的绝对值小于 1 时，随着 r 减小，收敛速率增加；当 $r=0$ 时，收敛速率达到它的最大值，即仅用一步就能达到最优解；当 $0<r<1$ 时，瞬态权不会出现振荡，称为过阻尼；而对负值的 r，瞬态为欠阻尼，权向量将冲过最优权向量，然后以衰减振荡形式收敛。当 $r=0$ 时，权的瞬态过程等效于牛顿法，并称为临界阻尼；当 r 的绝对值大于或等于 1 时，迭代过程不稳定，或者说是不收敛。

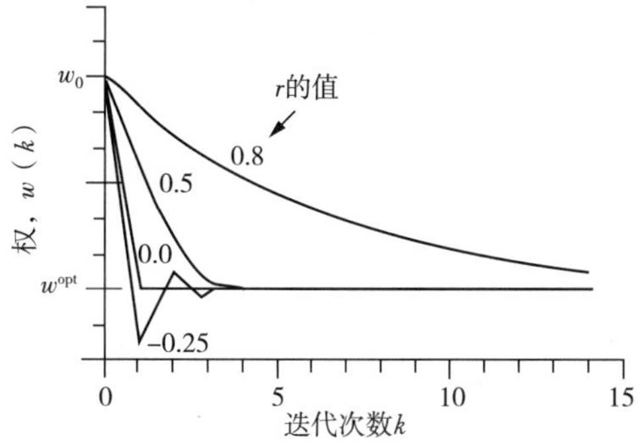

图 1-14　不同公比对收敛产生的影响

μ 对单权梯度搜索过程收敛性的影响，见表 1-1 所列。

表 1-1　μ 对单权梯度搜索过程收敛性的影响

稳定(收敛)	$0<\mu<\frac{1}{\lambda}$	$\|r\|<1$
过阻尼	$0<\mu<\frac{1}{2\lambda}$	$0<r<1$

（续表）

临界阻尼	$\mu=\frac{1}{2\lambda}$	$r=0$
欠阻尼	$\frac{1}{2\lambda}<\mu<\frac{1}{\lambda}$	$-1<r<0$
不稳定(不收敛)	$\mu\geqslant\frac{1}{\lambda}$ 及 $\mu\leqslant 0$	$\lvert r\rvert>1$

2. 学习曲线

式(1-4-1)表明，在权向量调整过程中，权值变化会对于均方误差有影响。令 J 表示权向量固定为 $w(k)$ 时均方误差的值，则由式(1-4-1)，得

$$J(k)=J_{\min}+\lambda\left[w(k)-w^{\text{opt}}\right]^2 \tag{1-4-17}$$

将式(1-4-13)代入式(1-4-17)，得

$$J(k)=J_{\min}+\lambda\left(w_0-w^{\text{opt}}\right)^2(1-2\mu\lambda)^{2k} \tag{1-4-18}$$

显然，由于 w_0 以几何级数的形式趋向于 w^{opt}，所以均方误差也以几何级数的形式收敛于 $J_{\min}$。由式(1-4-18)知，对于均方误差来说，公比为

$$r_{\text{MSE}}=r^2=(1-2\mu\lambda)^2 \tag{1-4-19}$$

式(1-4-19)是非负的，因而均方误差收敛过程将绝不会出现振荡。同理，只要满足式(1-4-14)的条件，稳定性就可以保证。

图1-15给出了单权系统均方误差从它的初值 J_0 到最佳值 J 的弛豫(relaxation)过程。在 $r_{\text{MSE}}=0.5$，即 $r=0.707$ 时，图中的学习曲线显示了在迭代过程中均方误差的减小过程。

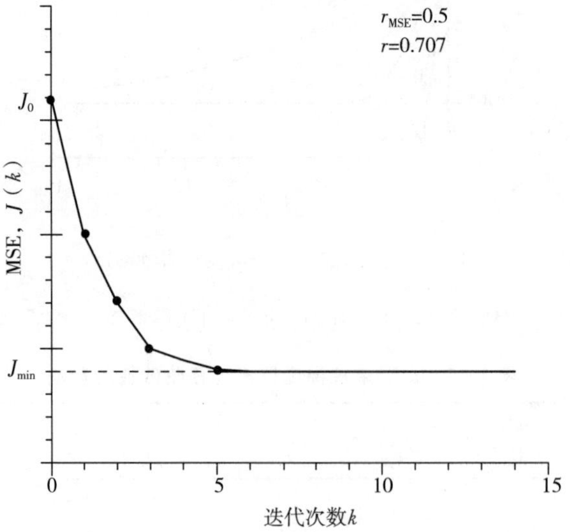

图1-15　单权系统均方误差 J 与 k 的关系曲线[1]

1.4.2 牛顿法梯度搜索

1. 单维空间中的牛顿法

前面已经指出，当 $r=0$，即

$$r=1-2\mu\lambda=0,\mu=\frac{1}{2\lambda} \tag{1-4-20}$$

时，单变量梯度搜索过程是临界阻尼的。此时，对二次型性能函数仅一步就收敛。由于它与求多项式根的方法有关，故称为牛顿法。

牛顿法最初是用来求一个函数，比如 $f(w)$ 的零点，或者求方程 $f(w)=0$ 的根的方法。求解过程从由初始猜测 w_0 开始，用一阶导数 $f'(w_0)$ 计算新的估值 w_1，如图 1-16 所示，w_1 由 $f(w_0)$ 的切线与 w 轴的交点确定。因此，由图 1-16 中的几何关系，得

$$f'(w_0)=\frac{f(w_0)}{w_0-w_1}$$

或者

$$w_1=w_0-\frac{f(w_0)}{f'(w_0)} \tag{1-4-21}$$

求点 w_2 时，是将 w_1 视为初始权向量，用同样的方法，得

$$w(k+1)=w(k)-\frac{f[w(k)]}{f'[w(k)]},k=0,1,\cdots \tag{1-4-22}$$

显然，牛顿法的收敛与初始权向量 w_0 及 $f(w)$ 的性质有关，但对于一大类函数，牛顿法的收敛是迅速的。

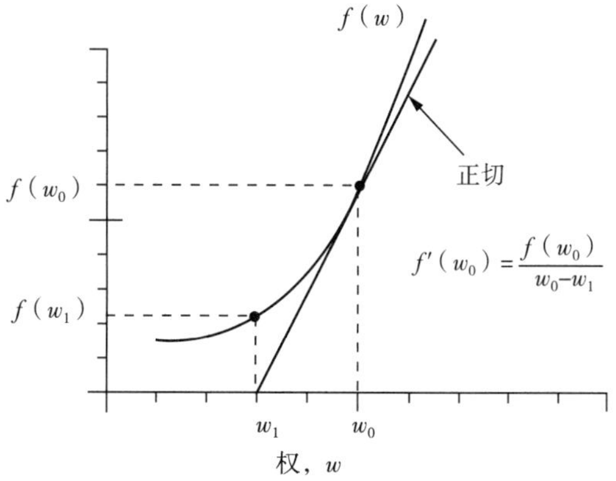

图 1-16 用 $f(w)$ 的切线，从 w_0 到 w_1 求 $f(w)$ 零点的牛顿法

式(1-4-22)为牛顿法的连续形式。如果 $f'(w)$ 用它的估值代替，就可以得到离散形式的牛顿法。假设 $f(w)$ 已知，或能精确估计，后向差分公式为

$$f'(w(k))\approx\frac{f[w(k)]-f[w(k-1)]}{w(k)-w(k-1)} \tag{1-4-23}$$

作为 $f'(w)$ 的估值，则牛顿法的离散形式为

$$w(k+1)=w(k)-\frac{f[w(k)][w(k)-w(k-1)]}{f[w(k)]-f(w(k-1))},k=0,1,\cdots \quad (1-4-24)$$

注意：式(1-4-24)与式(1-4-22)一样，步长必须取为保证在任何一次迭代中分母不会为零。

现在采用牛顿近似法的连续形式，求搜索性能表面。

为了用牛顿法来搜索性能表面，必须从方程式 $f(w)=0$ 出发。由于需要求 $J(w)$ 的最小点，自然从式(1-2-16)，有 $J'(w)=0$，或者一般地，有 $\nabla=0$。因而，对于单变量性能表面，有

$$f(w)=J'(w) \quad (1-4-25)$$

于是，式(1-4-22)的连续形式为

$$w(k+1)=w(k)-\frac{J'[w(k)]}{J''[w(k)]},k=0,1,\cdots \quad (1-4-26)$$

当性能表面是二次型时，牛顿法的一步求解如图1-14所示。在式(1-4-26)中使用式(1-4-2)并令 $k=0$，得

$$w_1=w_0-\frac{2\lambda(w_0-w^{\mathrm{opt}})}{2\lambda}=w^{\mathrm{opt}} \quad (1-4-27)$$

因此，当性能表面为二次型，并对所有 w 的值 $J(w)$ 都已知的单变量情况，牛顿法简单。

对于单变量情况，如果不能准确已知 $J(w)$，J' 与 J'' 必须估计。或者性能表面可能不是二次型但自适应线性组合器 J 是二次型的，牛顿法就变得复杂。一些自适应结构具有二次型性能表面。图1-17给出了一个特定的递归自适应滤波器性能表面。

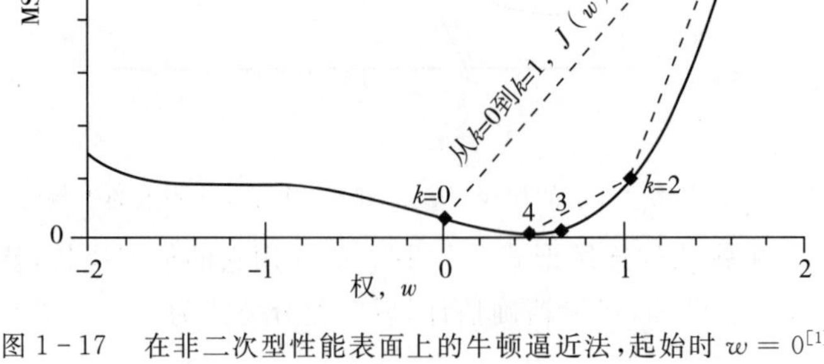

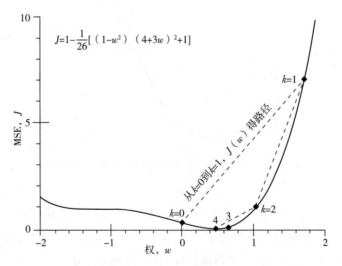

图1-17　在非二次型性能表面上的牛顿逼近法，起始时 $w=0$[1]

注意：虽然性能表面是非二次型的，当初始权设为 $w=0$ 时，则经4次迭代之后，牛顿法

几乎到达它的最佳值 $w^{\mathrm{opt}}=0.448$。然而，对于某些设定的初始权向量值，牛顿法可能找不到它的最佳值。

2. 多维空间中的牛顿法

当只有一个权向量，而且性能表面为二次型时，牛顿法仅用一步迭代，即可找到最佳的权向量 $\boldsymbol{W}^{\mathrm{opt}}$。现在定义能在多维二次型性能表面上一步到达最佳权向量的牛顿法，即把单权向量情况的牛顿法推广至具有多权向量的多变量情况。

在式(1-2-17)中，最佳权向量为

$$\boldsymbol{W}^{\mathrm{opt}}=\boldsymbol{R}^{-1}\boldsymbol{P} \tag{1-4-28}$$

并且，在式(1-2-15)中，梯度向量为

$$\nabla=2\boldsymbol{R}\boldsymbol{W}-2\boldsymbol{P} \tag{1-4-29}$$

用 $\frac{1}{2}\boldsymbol{R}^{-1}$ 左乘式(1-4-29)，并组合上面两个方程，得

$$\boldsymbol{W}^{\mathrm{opt}}=\boldsymbol{W}-\frac{1}{2}\boldsymbol{R}^{-1}\nabla \tag{1-4-30}$$

式(1-4-30)的自适应算法形式为

$$\boldsymbol{W}(k+1)=\boldsymbol{W}(k)-\frac{1}{2}\boldsymbol{R}^{-1}\nabla(k) \tag{1-4-31}$$

式中，$\boldsymbol{W}(k)$ 为第 k 步的权向量。

因此，式(1-4-31)是多变量情况下的牛顿法。当误差表面为二次型时，如同式(1-4-30)所示，这个方法一步到达最优解。对于两个权的二次型情况，在大步长情况下，如图 1-18 所示，在这种理想的调整下，权向量从任何初始位置 $\boldsymbol{W}_0=(w_{00},w_{10})$，在一步之后即跳到最佳位置 $\boldsymbol{W}^{\mathrm{opt}}=(w_0^{\mathrm{opt}},w_1^{\mathrm{opt}})$。

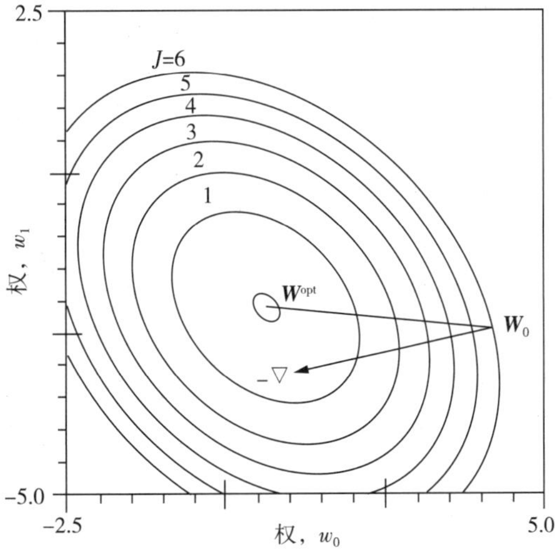

图 1-18　$\mu=1$ 的两个权的牛顿法二次型性能表面[1]

图 1-18 与式(1-4-31) 表明,牛顿法的前进并不是在梯度的方向上。如果在梯度方向上前进,就必须要求权向量移动的路径与每一根等高线正交。但仅当 $\boldsymbol{W}_0$ 是处于主轴上的点时,才可能是这种情况。

注意:若在式(1-4-31) 中重新引入一个调整收敛速率的常数 μ,则可将牛顿法推广。若将式(1-4-31) 改写为

$$\boldsymbol{W}(k+1)=\boldsymbol{W}(k)-\mu\boldsymbol{R}^{-1}\nabla(k) \tag{1-4-32}$$

当 $\mu=\frac{1}{2}$ 时,可得单步收敛公式;否则,可以在所规定的稳定区内选择一个其他的 μ 值,即

$$0<\mu<1 \tag{1-4-33}$$

然而,一般情况下,希望其为一过阻尼的收敛过程,因而选择小于 $\frac{1}{2}$ 的步长 μ 值。在式(1-4-32) 中,μ 是一个无量纲的量。

将式(1-4-29) 的梯度代入式(1-4-32),并利用式(1-4-28),得到式(1-4-32) 的解为

$$\boldsymbol{W}(k+1)=(1-2\mu)\boldsymbol{W}(k)+2\mu\boldsymbol{W}^{\mathrm{opt}} \tag{1-4-34}$$

由式(1-4-34),得

$$\boldsymbol{W}(k)=\boldsymbol{W}^{\mathrm{opt}}+(1-2\mu)^k(\boldsymbol{W}_0-\boldsymbol{W}^{\mathrm{opt}}) \tag{1-4-35}$$

当 $\mu=\frac{1}{2}$ 时,式(1-4-35) 就是单步收敛算法,$\boldsymbol{W}_1=\boldsymbol{W}^{\mathrm{opt}}$;当满足式(1-4-33) 的条件时,有 $\boldsymbol{W}_\infty=\boldsymbol{W}^{\mathrm{opt}}$。

1.4.3 最速下降法梯度搜索

与牛顿法不同,最速下降法每一步权向量的调整是在梯度的方向上。图 1-19 给出了小步长 $\mu=0.3$ 的情况下,最速下降法搜索的路径。显然,这与一大步到达收敛的图 1-18 不同。对于一个希望以尽可能少的迭代次数来完成性能表面搜索的数值分析者来说,一步达到收敛当然是令人满意的。然而,对于自适应系统设计者来说,一般并不希望一步收敛。这是因为在大多数实际的自适应系统应用中,性能表面是未知的,必须基于随机的输入数据进行估计,缓慢的自适应

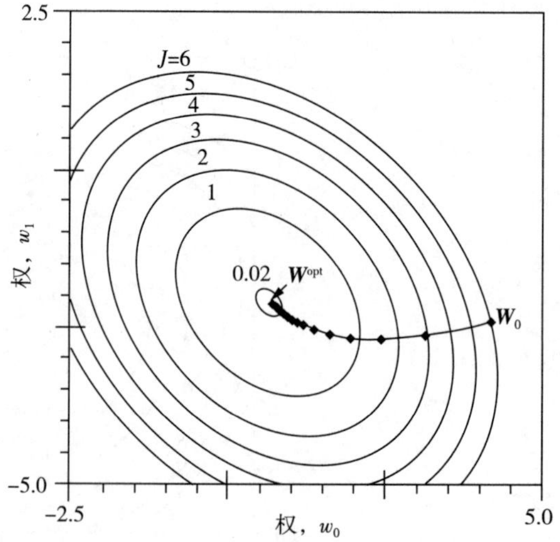

图 1-19 两个权的最速下降法示意图[1]

提供一个改善梯度估计噪声影响的滤波过程。因而，选择最速下降法比牛顿法更优。

由最速下降法的定义，得

$$\boldsymbol{W}(k+1)=\boldsymbol{W}(k)+\mu[-\nabla(k)] \tag{1-4-36}$$

式中，μ 是调整步长的常数，量纲为信号功率的倒数。式(1-4-4)是式(1-4-36)的一维形式。将式(1-4-29)代入并利用式(1-4-28)，就得到由该算法搜索二次型性能表面的弛豫过程，即

$$\begin{aligned}\boldsymbol{W}(k+1)&=\boldsymbol{W}(k)-2\mu\boldsymbol{R}\boldsymbol{V}(k)\\&=\boldsymbol{W}(k)-2\mu\boldsymbol{R}[\boldsymbol{W}^{\mathrm{opt}}-\boldsymbol{W}(k)]\end{aligned} \tag{1-4-37}$$

进一步，得

$$\boldsymbol{W}(k+1)=(1-2\mu\boldsymbol{R})\boldsymbol{W}(k)+2\mu\boldsymbol{R}\boldsymbol{W}^{\mathrm{opt}} \tag{1-4-38}$$

式中，由于 $\boldsymbol{W}(k)$ 的各个分量是互相耦合的，因而，这个方程的解是复杂的。由于 $\boldsymbol{W}(k)$ 的矩阵系数包含 $2\mu\boldsymbol{R}$，而 $\boldsymbol{R}$ 一般是非对角阵，式(1-4-38)是互耦的方程组，式(1-4-34)是退耦的。

也可以将式(1-4-38)变换至主轴坐标系加以求解。

首先，用 $\boldsymbol{V}=\boldsymbol{W}-\boldsymbol{W}^{\mathrm{opt}}$ 进行平移，将式(1-4-38)改写为

$$\boldsymbol{V}(k+1)=(\boldsymbol{I}-2\mu\boldsymbol{R})\boldsymbol{V}(k) \tag{1-4-39}$$

其次，用式(1-4-38)与式(1-3-13)对主轴坐标系进行旋转，即有 $\boldsymbol{V}=\boldsymbol{Q}\boldsymbol{V}'$，因而

$$\boldsymbol{Q}\boldsymbol{V}'(k+1)=(\boldsymbol{I}-2\mu\boldsymbol{R})\boldsymbol{Q}\boldsymbol{V}'(k) \tag{1-4-40}$$

用 $\boldsymbol{Q}^{-1}$ 左乘式(1-4-40)两端，得

$$\begin{aligned}\boldsymbol{V}'(k+1)&=\boldsymbol{Q}^{-1}(\boldsymbol{I}-2\mu\boldsymbol{R})\boldsymbol{Q}\boldsymbol{V}'(k)\\&=(\boldsymbol{Q}^{-1}\boldsymbol{I}\boldsymbol{Q}-2\mu\boldsymbol{Q}^{-1}\boldsymbol{R}\boldsymbol{Q})\boldsymbol{V}'(k)\\&=(\boldsymbol{I}-2\mu\boldsymbol{\Lambda})\boldsymbol{V}'(k)\end{aligned} \tag{1-4-41}$$

在主轴坐标系中，特征值矩阵是对角阵。因而，式(1-4-41)是一组具有形如式(1-4-7)那样的$(L+1)$个方程组。显然，在主轴坐标系中不存在互耦。从而，由归纳推理，得式(1-4-41)的解为

$$\boldsymbol{V}'(k)=(\boldsymbol{I}-2\mu\boldsymbol{\Lambda})^{k}\boldsymbol{V}'(0) \tag{1-4-42}$$

式(1-4-42)表明，当

$$\lim_{k\to\infty}(\boldsymbol{I}-2\mu\boldsymbol{\Lambda})^{k}=0 \tag{1-4-43}$$

时，最速下降法稳定收敛。

由于两个对角阵的积正好等于相对应元素积的矩阵，因而式(1-4-43)可以写为

$$\begin{bmatrix} \lim\limits_{k\to\infty}(1-2\mu\lambda_0)^k & & & \\ & \lim\limits_{k\to\infty}(1-2\mu\lambda_1)^k & & \\ & & \ddots & \\ & & & \lim\limits_{k\to\infty}(1-2\mu\lambda_L)^k \end{bmatrix} = \boldsymbol{0} \quad (1-4-44)$$

式(1-4-44)表明，当 μ 满足条件

$$0 < \mu < \frac{1}{\lambda_{max}} \quad (1-4-45)$$

时，即收敛。λ_{max} 是 $\boldsymbol{R}$ 的最大特征值。式(1-4-45)是将最速下降法用于二次型性能表面搜索的收敛性的必要充分条件。如果式(1-4-45)得到满足，则

$$\lim_{k\to\infty}\boldsymbol{V}'(k)=0 \quad (1-4-46)$$

若将 $\boldsymbol{V}'=\boldsymbol{Q}^{-1}\boldsymbol{V}=\boldsymbol{Q}^{-1}(\boldsymbol{W}-\boldsymbol{W}^{opt})$ 代入式(1-4-46)，即变回原始坐标系，有

$$\lim_{k\to\infty}\boldsymbol{W}(k)=\boldsymbol{W}^{opt} \quad (1-4-47)$$

因而，最速下降法当且仅当满足式(1-4-45)的条件时，才稳定收敛。

图1-20显示了具有二维二次型性能表面的最速下降法。图中画出了主轴 v_0' 与 v_1'。根据式(1-4-42)，沿着每一根主轴方向，收敛过程独立进行。在每一主轴上的收敛，是由一个单值的公比来控制的。由式(1-4-44)知，公比为

$$\begin{aligned} r_0 &= 1-2\mu\lambda_0 \\ r_1 &= 1-2\mu\lambda_1 \\ &\vdots \\ r_L &= 1-2\mu\lambda_L \end{aligned} \quad (1-4-48)$$

也就是说，当进行迭代时，$\boldsymbol{W}(k)$ 沿着各个主轴的投影序列是由相应特征值决定公比的纯几何级数；而 $\boldsymbol{W}(k)$ 沿着原始坐标的投影序列，为若干几何级数之和，因而更为复杂。

将式(1-4-42)重新用 $\boldsymbol{W}(k)$ 表示出来，可以得到在原始坐标系中迭代过程的动态特性描述。首先由 $\boldsymbol{Q}$ 左乘式(1-4-42)的两边，得

$$\boldsymbol{Q}\boldsymbol{V}'(k)=\boldsymbol{Q}(\boldsymbol{I}-2\mu\boldsymbol{\Lambda})^k\boldsymbol{V}'(0) \quad (1-4-49)$$

其次，用 $\boldsymbol{V}'=\boldsymbol{Q}^{-1}(\boldsymbol{W}-\boldsymbol{W}^{opt})$ 变换回原始坐标系，得

$$\boldsymbol{W}(k)=\boldsymbol{W}^{opt}+\boldsymbol{Q}(\boldsymbol{I}-2\mu\boldsymbol{\Lambda})^k\boldsymbol{Q}^{-1}(\boldsymbol{W}_0-\boldsymbol{W}^{opt}) \quad (1-4-50)$$

再次，利用关系

$$(\boldsymbol{Q}\boldsymbol{\Lambda}\boldsymbol{Q}^{-1})^k=\boldsymbol{Q}\boldsymbol{\Lambda}\boldsymbol{Q}^{-1}\boldsymbol{Q}\boldsymbol{\Lambda}\boldsymbol{Q}^{-1}\cdots\boldsymbol{Q}\boldsymbol{\Lambda}\boldsymbol{Q}^{-1}$$

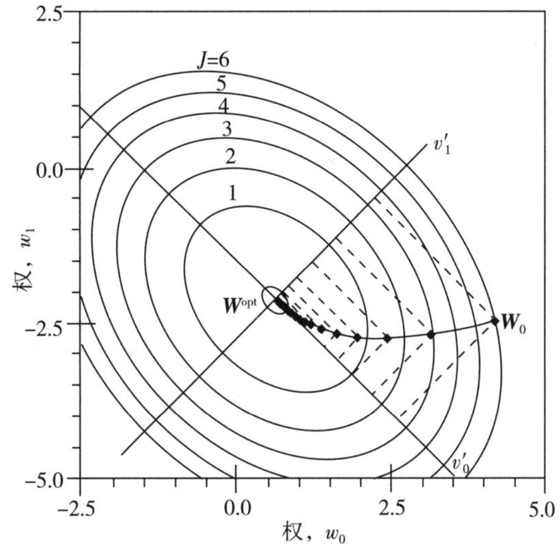

图 1-20　具有二维二次型性能表面的最速下降法

$$=\boldsymbol{Q}\boldsymbol{A}^k\boldsymbol{Q}^{-1} \tag{1-4-51}$$

式中，$\boldsymbol{A}$ 可以是任何一个使这些积存在的矩阵。在式(1-4-50)中，令 $\boldsymbol{A}=1-2\mu\boldsymbol{\Lambda}$，结合式(1-3-5)，有

$$\boldsymbol{W}(k)=\boldsymbol{W}^{\text{opt}}+(\boldsymbol{QIQ}^{-1}-2\mu\boldsymbol{Q\Lambda Q}^{-1})^k(\boldsymbol{W}_0-\boldsymbol{W}^{\text{opt}})$$

$$=\boldsymbol{W}^{\text{opt}}+(\boldsymbol{I}-2\mu\boldsymbol{R})^k(\boldsymbol{W}_0-\boldsymbol{W}^{\text{opt}}) \tag{1-4-52}$$

这就是在原始坐标系中最速下降法的解。

综上，最速下降法总是在性能表面负梯度方向上前进。其一般形式为式(1-4-36)，式(1-4-52)是它的一个变形，式(1-4-52)也称为解的形式。若满足式(1-4-45)的条件，则此算法稳定。

1.4.4　最速下降法与牛顿法的比较

现通过学习曲线，比较最速下降法与牛顿法。为了导出这两种算法的学习特性的公式，从二次型性能表面函数式(1-2-24)出发，即

$$J=J_{\min}+\boldsymbol{V}^{\mathrm{T}}\boldsymbol{RV} \tag{1-4-53}$$

将牛顿法的解式(1-4-35)按照式(1-3-37)进行平移，并代入式(1-4-53)，得

$$J(k)=J_{\min}+(1-2\mu)^{2k}\boldsymbol{V}_0^{\mathrm{T}}\boldsymbol{RV}_0 \tag{1-4-54}$$

这是一个单一几何级数，其公比为

$$r_{\text{MSE}}=r^2=(1-2\mu)^2 \tag{1-4-55}$$

多维二次型性能函数的牛顿法学习曲线如图 1-21 所示。图 1-21 中，每一相继坐标对的比值为 $(1-2\mu)^2$，误差表面由式(1-2-24)给出，其等高线如图 1-16 所示，$\mu=0.3$。图

1-21 表明,均方误差与迭代次数的函数关系是一条单一时间常数的指数函数曲线。

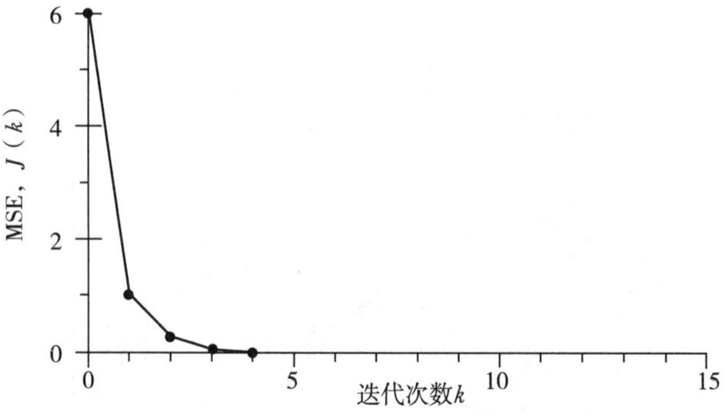

图 1-21　多维二次型性能函数的牛顿法学习曲线

对于最速下降法,在主轴坐标系中,有

$$J(k)=J_{\min}+\boldsymbol{V}'^{\mathrm{T}}\boldsymbol{\Lambda}\boldsymbol{V}' \tag{1-4-56}$$

将式(1-4-42)代入式(1-4-56),得

$$\begin{aligned}J(k)&=J_{\min}+[(\boldsymbol{I}-2\mu\boldsymbol{\Lambda})^{k}\boldsymbol{V}'_0]^{\mathrm{T}}\boldsymbol{\Lambda}(\boldsymbol{I}-2\mu\boldsymbol{\Lambda})^{k}\boldsymbol{V}'_0\\&=J_{\min}+\boldsymbol{V}'^{\mathrm{T}}_0[(\boldsymbol{I}-2\mu\boldsymbol{\Lambda})^{k}]^{\mathrm{T}}\boldsymbol{\Lambda}(\boldsymbol{I}-2\mu\boldsymbol{\Lambda})^{k}\boldsymbol{V}'_0\end{aligned} \tag{1-4-57}$$

由于$(1-2\mu\boldsymbol{\Lambda})$与$\boldsymbol{\Lambda}$是对角阵,并且对角阵的乘积是可互换的。因而

$$J(k)=J_{\min}+\boldsymbol{V}'^{\mathrm{T}}_0(\boldsymbol{I}-2\mu\boldsymbol{\Lambda})^{2k}\boldsymbol{\Lambda}\boldsymbol{V}'_0 \tag{1-4-58}$$

$$=J_{\min}+\sum_{n=0}^{L}v'^2_{0n}\lambda_n(1-2\mu\lambda_n)^{2k} \tag{1-4-59}$$

可见,最速下降法的学习曲线是具有式(1-4-60)所示公比的衰减几何级数之和,即

$$(r_{\mathrm{MSE}})_n=r_n^2=(1-2\mu\lambda_n)^2 \tag{1-4-60}$$

图 1-22 给出了将最速下降法用于二次型性能表面的一条学习曲线,这条曲线很像是具有权数那么多模的指数曲线之和。图 1-22 的等高线如图 1-17 所示,$\mu=0.3$。

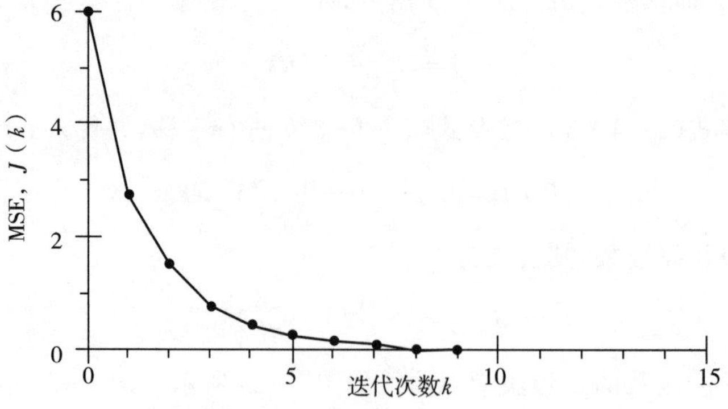

图 1-22　多维二次型性能函数的最速下降法的学习曲线

图 1-21 与图 1-22 表明，在给定 μ 及其他一些因素相同的情况下，牛顿法比最速下降法收敛更快。图 1-19 与图 1-20 表明，最速下降法一般是以一条更长的路径到达 $J_{\min}$。

1.5　梯度估值及其对自适应过程的影响

在自适应过程中，每次迭代所需要的梯度向量可精确测量。然而，在大多数实际应用场合，这个精确的测量值不可能得到，必须从有限个统计样本出发对它进行估值。通常，这种估值是带噪声的或有偏估计。为方便分析问题，可以等价地将这个估值视为真正的梯度值与一个加性噪声项之和。

现在讨论梯度向量估值的方法及估值噪声的存在对自适应过程的影响，并用微商测量法进行分析。

1.5.1　单权系统的微商与性能损失

1. 用微商法估计梯度

梯度向量的一个分量直接测量方法，如图 1-23 所示。式(1-3-41) 与式(1-4-1) 给出了单变量的抛物线型的均方误差函数。由 $v=w-w^{\text{opt}}$，得

$$J=J_{\min}+\lambda v^2 \tag{1-5-1}$$

与式(1-4-2) 与式(1-4-3) 相同，式(1-5-1) 的微商为

$$\frac{\mathrm{d}J}{\mathrm{d}v}=2\lambda v,\ \frac{\mathrm{d}^2 J}{\mathrm{d}v^2}=2\lambda \tag{1-5-2}$$

对于最速下降法，需要一阶微商；对于牛顿法，不仅要用一阶微商，还要用二阶微商。

如图 1-23 所示，式(1-5-2) 中的微商可由取中心差的方法进行估计，即

$$\frac{\mathrm{d}J}{\mathrm{d}v}\approx\frac{J(v+\Delta v)-J(v-\Delta v)}{2\Delta v} \tag{1-5-3}$$

$$\frac{\mathrm{d}^2 J}{\mathrm{d}v^2}\approx\frac{J(v+\Delta v)-2J(v)+J(v-\Delta v)}{\Delta v^2} \tag{1-5-4}$$

当 Δv 趋近于零时，这种近似相等才变成严格相等。但是对于性能函数是 v 的二次函数而言，即使是有限的 Δv，式(1-5-3) 与式(1-5-4) 也是严格相等的。

由式(1-5-1)，得

$$\begin{aligned}\frac{J(v+\Delta v)-J(v-\Delta v)}{2\Delta v}&=\frac{\lambda\,(v+\Delta v)^2-\lambda\,(v-\Delta v)^2}{2\Delta v}\\&=\frac{\lambda}{2\Delta v}(v^2+\Delta v^2+2v\Delta v-v^2-\Delta v^2+2v\Delta v)\\&=2\lambda v\\&=\frac{\mathrm{d}J}{\mathrm{d}v}\end{aligned} \tag{1-5-5}$$

$$\frac{J(v+\Delta v)-2J(v)+J(v-\Delta v)}{\Delta v^2}=\frac{\lambda\,(v+\Delta v)^2-2\lambda\,(v)^2+\lambda\,(v-\Delta v)^2}{\Delta v^2}$$

$$=\frac{2\lambda\Delta v^2}{\Delta v^2}$$

$$=2\lambda$$

$$=\frac{\mathrm{d}^2 J}{\mathrm{d}v^2} \qquad (1-5-6)$$

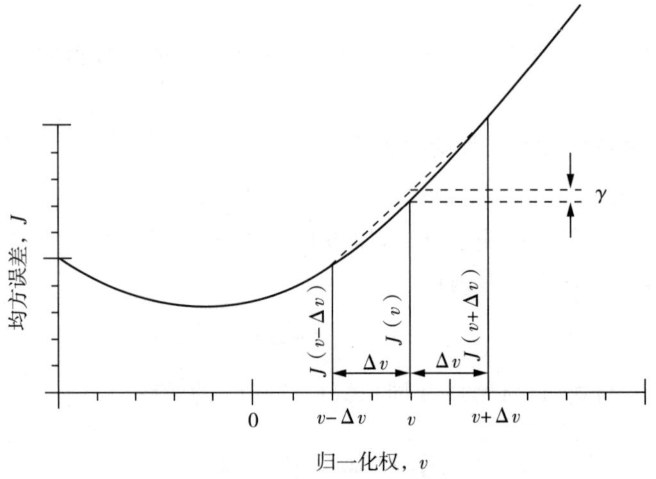

图 1-23　微商测量

2. 性能损失

图 1-23 表明，当估计梯度时，需要将权向量进行变动。为估计一阶微商，假设自适应系统花费一定的时间让权向量调到 $v-\Delta v$ 与 $v+\Delta v$ 的位置，用以估计 $J(v-\Delta v)$ 与 $J(v+\Delta v)$，从而收集误差样本。进一步假设在每一点积累 N 个误差样本，所以在 $v-\Delta v$ 点与 $v+\Delta v$ 点上花费了相同的时间，在 v 点却不花费时间。

性能损失定义为将权向量失调而不停留在 v 点上引起的误差的平均增量 γ（图 1-23），即

$$\gamma=\frac{1}{2}[J(v-\Delta v)+J(v+\Delta v)]-J(v) \qquad (1-5-7)$$

对于单权的二次型性能函数，将式(1-5-1) 代入式(1-5-7)，得

$$\gamma=\frac{1}{2}[2J_{\min}+\lambda\,(v-\Delta v)^2+\lambda\,(v+\Delta v)^2]-(J_{\min}+\lambda v^2)$$

$$=\lambda\Delta v^2 \qquad (1-5-8)$$

式(1-5-8) 表明，在给定的整个性能函数上 γ 是常数，即它不是 v 的函数。由 γ 出发，还可将梯度估值对自适应过程的影响定义为一个无量纲的量，称为扰动 P：

$$P=\frac{\gamma}{J_{\min}}=\frac{\lambda\Delta v^2}{J_{\min}} \tag{1-5-9}$$

式(1-5-9)给出了用最小均方误差归一化了均方误差的平均增量。

在牛顿法情况下，用式(1-5-4)求二阶导数，为了得到 $2J(v)$，需要系统停在 v 点上一段时间。显然，这样将减少平均扰动，从而也就减少了性能损失。然而，由于在二次型性能表面情况下，二阶导数是固定的，不需经常测量，因而对于实际应用来讲，它对扰动的影响可以忽略。

1.5.2 多权向量系统的微商测量与性能损失

图1-24显示了二维梯度估计的微商测量方法。对于两个权的情况，可以导出其二次型性能函数为[1]

$$\begin{aligned}J&=J_{\min}+\boldsymbol{V}^{\mathrm{T}}\boldsymbol{R}\boldsymbol{V}\\&=J_{\min}+[v_0\quad v_1]\begin{bmatrix}r_{00}&r_{01}\\r_{10}&r_{11}\end{bmatrix}\begin{bmatrix}v_0\\v_1\end{bmatrix}\\&=J_{\min}+r_{00}v_0^2+r_{11}v_1^2+2r_{01}v_0v_1\end{aligned} \tag{1-5-10}$$

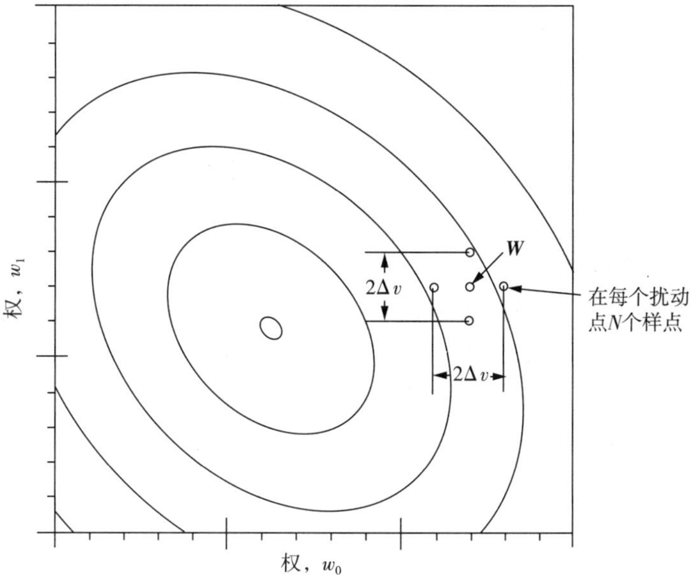

图1-24 二维梯度估计的微商测量方法[1]

当沿着坐标 v_0 估计性能函数的偏微商时，用扰动 P_0 表示的归一化性能损失为

$$P_0=\frac{r_{00}\,|\,\Delta v\,|^2}{J_{\min}} \tag{1-5-11}$$

类似地，沿着坐标 v_1 进行微商估计的扰动为

$$P=\frac{r_{11}\,|\,\Delta v\,|^2}{J_{\min}} \tag{1-5-12}$$

假设对每一个梯度分量,估计用去相同的时间(即,同前,每一点之梯度用 $2N$ 个数据去测量),因而每项估计的平均扰动为

$$P=\frac{1}{2}(P_0+P_1)$$

$$=\frac{|\Delta v|^2}{J_{\min}}\frac{r_{00}+r_{11}}{2} \tag{1-5-13}$$

现在,定义 $(L+1)$ 权的总扰动为每一梯度分量估计所带来扰动的平均值,即

$$P=\frac{|\Delta v|^2}{J_{\min}}\frac{\mathrm{trace}[\boldsymbol{R}]}{L+1} \tag{1-5-14}$$

由于 $\boldsymbol{R}$ 的迹 (trace) 等于它的特征值之和,也就是它的对角元素之和,式(1-5-14) 可重新表示为

$$P=\frac{|\Delta v|^2}{J_{\min}}\frac{\sum_{n=0}^{L}\lambda_n}{L+1} \tag{1-5-15}$$

进一步,因为特征值之和除以特征值的个数为平均特征值,则式(1-5-15) 可写为

$$P=\frac{|\Delta v^2|\lambda_{\mathrm{av}}}{J_{\min}} \tag{1-5-16}$$

当梯度用图 1-24 的方式估计时,式(1-5-16) 是对任意权数系统扰动的一个方便的表示式。

1.5.3　梯度估值的方差

图 1-23 与图 1-24 所示的梯度估值方法是基于对均方误差 J 之差的带噪估计,所以梯度估值也是带噪的。因而,要计算梯度估值的方差,首先应计算在式(1-2-13) 中定义的 $J=E[e^2(k)]$ 的估值方差。J 的估值记为 $\hat{J}$,并假定它是由 $e^2(k)$ 的 N 个样本估计得到的。

在开始对 $\hat{J}$ 及梯度估值的方差进行推导之前,先定义 $e(k)$ 的 r 阶矩的无偏估计为

$$\hat{\alpha}_r=\frac{1}{N}\sum_{k=1}^{N}[e(k)]^r \tag{1-5-17}$$

式(1-5-17) 表明,$\hat{\alpha}_r$ 的真值或均值正是 $e^2(k)$ 的期望值,即

$$\alpha_r=E[\hat{\alpha}_r]=E[e^r(k)] \tag{1-5-18}$$

现推导 α 的四阶矩 α_4。假设 $e(k)$ 为零均值高斯分布,即 e 的概率密度 $p(e)$ 是均值为零、标准差为 σ 的正态分布,则其四阶矩的真值为

$$\alpha_4=\int_{-\infty}^{\infty}\mathrm{e}^4p(e)\mathrm{d}e$$

$$=\int_{-\infty}^{\infty}\frac{\mathrm{e}^4}{\sigma\sqrt{2\pi}}\mathrm{e}^{-\mathrm{e}^2/2\sigma^2}\mathrm{d}e=3\sigma^4 \tag{1-5-19}$$

类似地，给定 $p(e)$ 后，当 $r=2$ 时，有

$$\alpha_2=E[e^2(k)]=J \tag{1-5-20}$$

方差估计为

$$\mathrm{var}[\hat{\alpha}_r]=E[(\hat{\alpha}_r-\alpha_r)^2] \tag{1-5-21}$$

将式(1-5-17)与式(1-5-18)代入式(1-5-21)，得

$$\begin{aligned}\mathrm{var}[\hat{\alpha}_r]&=E[\alpha_r^2+\hat{\alpha}_r^2-2\alpha_r\hat{\alpha}_r]\\&=E[\hat{\alpha}_r^2]-\alpha_r^2\\&=\frac{1}{N^2}\sum_{k=1}^{N}\sum_{l=1}^{N}E[(e_ke_l)^r]-\alpha_r^2\end{aligned} \tag{1-5-22}$$

为简化式(1-5-22)，需要从和式中将 $k=l$ 项分离出来。当 $k=l$ 时，每一项都具有 $E[e^{2r}(k)]$ 的形式；而当 $k\neq l$ 时，假设 $e(k)$ 与 e_l 是独立的样本，因而积的期望值是期望值之积，即有

$$E[(e(k)e_l)^r]=\begin{cases}E[e^{2r}(k)]=\alpha_{2r},k=l\\E[e^r(k)]E[e_l^r]=\alpha_r^2,k\neq l\end{cases} \tag{1-5-23}$$

将式(1-5-23)代入式(1-5-22)中，并注意和式 N^2 项中满足 $k=l$ 的项数为 N，得

$$\begin{aligned}\mathrm{var}[\hat{\alpha}_r]&=\frac{1}{N^2}[N_{\alpha_{2r}}+(N^2-N)\alpha_r^2]-\alpha_r^2\\&=\frac{\alpha_{2r}-\alpha_r^2}{N}\end{aligned} \tag{1-5-24}$$

由式(1-5-20)知 $\alpha_2=J$，则 $\hat{J}$ 的方差为

$$\mathrm{var}[J]=\mathrm{var}[\hat{\alpha}_2]=\frac{\alpha_4-\alpha_2^2}{N} \tag{1-5-25}$$

式(1-5-25)中 α 的值与 $e(k)$ 的值的分布有关。例如，当 $e(k)$ 满足均值为零、方差为 σ_e^2 的正态分布[3,5]时，四阶矩的均值 α_4 为 $3\alpha_e^4$，二阶矩的均值正好是 σ_e^2。此时，式(1-5-24)可写为

$$\mathrm{var}[J]=\frac{3\sigma_e^4-\sigma_e^4}{N}=\frac{2\sigma_e^4}{N}=\frac{2J^2}{N} \tag{1-5-26}$$

因此，当 $e(k)$ 的分布为零均值的正态分布时，$e^2(k)$ 估计量的方差是正比于 J^2 而反比于 N 的。

从上述有关 $e(k)$ 正态分布的结论可知，在一般情况下 $\hat{J}$ 的方差可以表示为

$$\mathrm{var}[\hat{J}]=\frac{KJ^2}{N} \tag{1-5-27}$$

已经证明，当 $e(k)$ 是零均值正态分布时，K 是 2。当正态分布是非零均值时，K 略小于 2。当分布为非正态分布时，一般说来 K 也略小于 2。对于非正态分布的 $e(k)$，若均值不为零，可能引起 K 增加或减少，取决于具体的分布。表 1-2 给出了几种不同分布的 $e(k)$ 提供的一个有关 $\mathrm{var}[\hat{J}]$ 与 K 值范围。

表 1-2　几种不同分布的 $e(k)$ 提供的一个有关 $\mathrm{var}[\hat{J}]$ 与 K 值范围

$e(k)$ 的概率密度	MSE 估值的方差，$\mathrm{var}[\hat{J}]$		式(1-5-27)中 K 的范围
	$E[e]=0$	$E[e]=\alpha_1$	
(a) 高斯 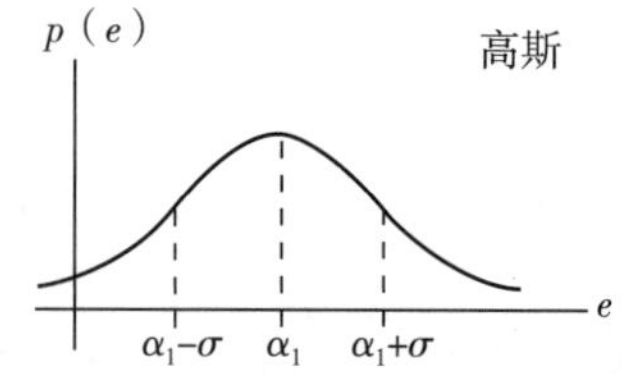	$\frac{2J^2}{N}$	$\frac{2+4\alpha_1^2/\sigma^2}{(1+\alpha_1^2/\sigma^2)}\frac{J^2}{N}$	$0<K\leqslant 2$
(b) 三角形 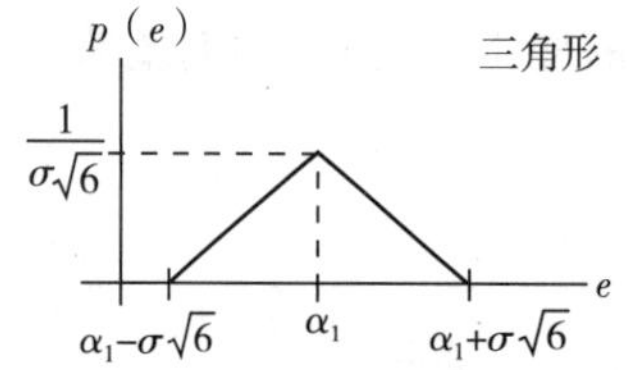	$\frac{7J^2}{5N}$	$\frac{7+20\alpha_1^2/\sigma^2}{5(1+\alpha_1^2/\sigma^2)}\frac{J^2}{N}$	$0<K\leqslant 1.54$
(c) 均匀 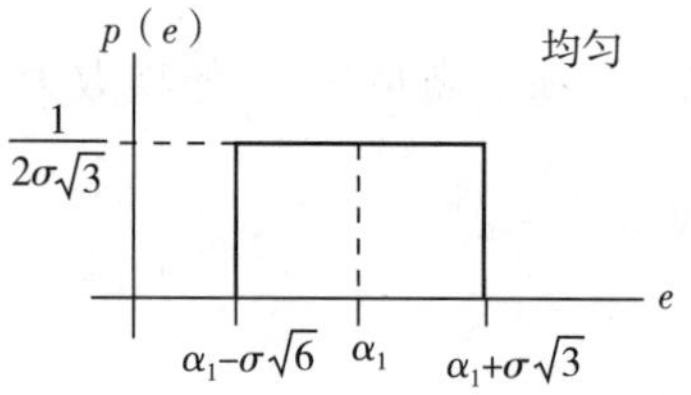	$\frac{4J^2}{5N}$	$\frac{4+20\alpha_1^2/\sigma^2}{5(1+\alpha_1^2/\sigma^2)}\frac{J^2}{N}$	$0<K\leqslant 1.25$
(d) 冲激 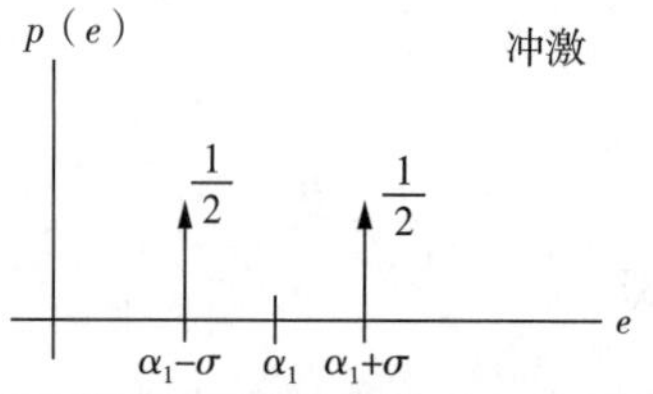	0	$\frac{4\alpha_1^2/\sigma^2}{(1+\alpha_1^2/\sigma^2)}\frac{J^2}{N}$	$0<K\leqslant 1$

有了 $\hat{J}$ 方差的计算公式，就可以计算梯度估值的方差。如果样本[$e(k)$ 的值]是独立的，则微商测量中的 $\hat{J}$ 值是独立的。同前面一样，假设 v 是 $\boldsymbol{V}=(\boldsymbol{W}-\boldsymbol{W}^{\mathrm{opt}})$ 的任一分量，则类似于式(1-5-3)，相应梯度的估值为

$$\frac{\partial\hat{J}}{\partial v}=\frac{1}{2\Delta v}\hat{J}(v+\Delta v)-\frac{1}{2\Delta v}\hat{J}(v-\Delta v) \tag{1-5-28}$$

在独立性假设下，估值方差正好是式(1-5-28)中两项方差之和，而且 $c\hat{J}$ 的方差是 $\hat{J}$ 方差的 c^2 倍(设 c 为常数)。因而，由式(1-5-27)与式(1-5-28)，令 $K=2$，得

$$\mathrm{var}\left[\frac{\partial\hat{J}}{\partial v}\right]=\frac{1}{4|\Delta v|^2}\mathrm{var}[J(v+\Delta v)]+\frac{1}{4|\Delta v|^2}\mathrm{var}[J(v-\Delta v)]$$

$$=\frac{1}{2N\mid\Delta v\mid^{2}}[J^{2}(v+\Delta v)+J^{2}(v-\Delta v)] \tag{1-5-29}$$

当 $e(k)$ 的各次测量相互独立时，式(1－5－29) 为梯度分量估值方差的一般(保守的)结果。

若偏移量即式(1－5－29) 中的 Δv 是一小量，且自适应过程已经收敛于接近权向量最优解 $\boldsymbol{W}^{\text{opt}}$，在式(1－5－29) 中 J 的两个值近似地等于 $J_{\min}$，这时，式(1－5－29) 简化为

$$\text{var}\left[\frac{\partial\hat{J}}{\partial v}\right]=\frac{J_{\min}^{2}}{N\mid\Delta v\mid^{2}} \tag{1-5-30}$$

由于 N 与 Δv 的值对梯度向量所有分量的估值相同，并且由于在所有估值中 $e(k)$ 的样本相互独立、所有估值的误差相互独立，并且有相同的方差，因而在第 k 次迭代时，梯度估值的协方差矩阵为

$$\begin{aligned}\text{cov}[\hat{\nabla}(k)] &\triangleq E\{[\hat{\nabla}(k)-\nabla(k)][\hat{\nabla}(k)-\nabla(k)]^{\text{T}}\}\\ &=\frac{J_{\min}^{2}}{N\mid\Delta v\mid^{2}}\boldsymbol{I}\end{aligned} \tag{1-5-31}$$

1.5.4　对权向量解的影响

有了梯度估值方差的公式，就可以分析在自适应过程中带噪声的梯度估值对权向量的影响。通过分析可知，带噪声的自适应梯度估值将导致权向量解存在噪声，从而导致性能降低。这些影响所带来的精确特性取决于所采用的自适应方法。本节将针对牛顿法与最速下降法讨论噪声向权向量的传递特性。为了方便分析，将第 k 次迭代 $\boldsymbol{W}=\boldsymbol{W}(k)$ 时的梯度估计所带来的噪声定义为 $\boldsymbol{N}(k)$。因此，$\boldsymbol{N}$ 是一个 $L+1$ 维向量。(注意，不要与上面标记的表示误差 $e(k)$ 的观测值个数的标量 N 相混)。则在第 k 次迭代时，梯度估值 $\hat{\nabla}(k)$ 等于在 $\boldsymbol{W}=\boldsymbol{W}(k)$ 时真实梯度值加梯度估值噪声，即

$$\hat{\nabla}(k)=\nabla(k)+\boldsymbol{N}(k) \tag{1-5-32}$$

现在考察带噪声的梯度估值对权向量解的影响。首先讨论牛顿法的情况，然后再讨论最速下降法。

1. 牛顿法

由式(1－4－30)，得牛顿法的标准形式为

$$\boldsymbol{W}(k+1)=\boldsymbol{W}(k)-\mu\boldsymbol{R}^{-1}\hat{\nabla}(k) \tag{1-5-33}$$

当梯度估计带噪声时，将式(1－5－33) 改写为

$$\begin{aligned}\boldsymbol{W}(k+1)&=\boldsymbol{W}(k)-\mu\boldsymbol{R}^{-1}\hat{\nabla}(k)\\ &=\boldsymbol{W}(k)-\mu\boldsymbol{R}^{-1}\nabla(k)-\mu\boldsymbol{R}^{-1}\boldsymbol{N}(k)\end{aligned} \tag{1-5-34}$$

用权向量的偏差 $\boldsymbol{V}$ 表示的权向量为

$$\boldsymbol{V}(k+1)=\boldsymbol{V}(k)-\mu\boldsymbol{R}^{-1}\nabla(k)-\mu\boldsymbol{R}^{-1}\boldsymbol{N}(k) \tag{1-5-35}$$

将 $\nabla = 2\boldsymbol{RV}$ 代入式(1-5-35)，得 $\boldsymbol{V}$ 的差分方程为

$$\begin{aligned}\boldsymbol{V}(k+1) &= \boldsymbol{V}(k) - 2\mu\boldsymbol{V}(k) - \mu\boldsymbol{R}^{-1}\boldsymbol{N}(k) \\ &= (1-2\mu)\boldsymbol{V}(k) - \mu\boldsymbol{R}^{-1}\boldsymbol{N}(k)\end{aligned} \tag{1-5-36}$$

因而，得到一组由梯度噪声向量 $\boldsymbol{N}$ 作为激励函数的偏差权向量 $\boldsymbol{V}$ 的差分方程。方程中，由于 $\boldsymbol{N}$ 是左乘了 $\boldsymbol{R}^{-1}$ 的，因而式(1-5-36)是互耦的，将其旋转至主轴坐标系，以使激励函数退耦。由式(1-5-36)与式(1-5-5)，将 $\boldsymbol{V}=\boldsymbol{QV}'$ 与 $\boldsymbol{R}^{-1}=\boldsymbol{Q\Lambda}^{-1}\boldsymbol{Q}^{-1}$ 代入式(1-5-36)，得

$$\boldsymbol{QV}'(k+1) = (1-2\mu)\boldsymbol{QV}'(k) - \mu\boldsymbol{Q\Lambda}^{-1}\boldsymbol{Q}^{-1}\boldsymbol{N}(k)$$

或

$$\boldsymbol{V}'(k+1) = (1-2\mu)\boldsymbol{V}'(k) - \mu\boldsymbol{\Lambda}^{-1}[\boldsymbol{Q}^{-1}\boldsymbol{N}'(k)] \tag{1-5-37}$$

若令 $\boldsymbol{Q}^{-1}\boldsymbol{N}=\boldsymbol{N}'$，则有

$$\boldsymbol{V}'(k+1) = (1-2\mu)\boldsymbol{V}'(k) - \mu\boldsymbol{\Lambda}^{-1}\boldsymbol{N}'(k) \tag{1-5-38}$$

式中，由于 $\boldsymbol{\Lambda}^{-1}$ 是对角阵，故式(1-5-38)代表 $\boldsymbol{V}'(k)$ 的一个退耦的差分方程组，由归纳法可得 $\boldsymbol{V}'(k)$ 的解。用式(1-5-38)的前三次迭代，由归纳法得

$$\begin{aligned}
&\boldsymbol{V}'(1) = (1-2\mu)\boldsymbol{V}'(0) - \mu\boldsymbol{\Lambda}^{-1}\boldsymbol{N}'(0) \\
&\boldsymbol{V}'(2) = (1-2\mu)^2\boldsymbol{V}'(0) - \mu\boldsymbol{\Lambda}^{-1}[(1-2\mu)\boldsymbol{N}'(0) + \boldsymbol{N}'(1)] \\
&\boldsymbol{V}'(3) = (1-2\mu)^3\boldsymbol{V}'(0) - \mu\boldsymbol{\Lambda}^{-1}[(1-2\mu)^2\boldsymbol{N}'(0) + (1-2\mu)\boldsymbol{N}'(1) + \boldsymbol{N}'(2)] \\
&\vdots \\
&\boldsymbol{V}'(k) = (1-2\mu)^k\boldsymbol{V}'(0) - \mu\boldsymbol{\Lambda}^{-1}\sum_{n=0}^{k-1}(1-2\mu)^n\boldsymbol{N}'(k-n-1)
\end{aligned} \tag{1-5-39}$$

因而，对于牛顿法，在主轴坐标系中得到了 $\boldsymbol{V}'(k)$ 的解，但方程中出现了 $\boldsymbol{N}'(k)$，令 k 趋近于无限大而得到最优解 $\boldsymbol{W}=\boldsymbol{W}^{\text{opt}}$，或 $\boldsymbol{V}'=0$，但是式(1-5-39)有一项是梯度噪声引起的剩余误差。若在式(1-5-39)中，令 k 趋向无穷大并假设 $0<\mu<\dfrac{1}{2}$，则 $(1-2\mu)^k$ 将被忽略，于是稳态解为

$$\boldsymbol{V}'(k) = -\mu\boldsymbol{\Lambda}^{-1}\sum_{n=0}^{\infty}(1-2\mu)^n\boldsymbol{N}'(k-n-1) \tag{1-5-40}$$

式(1-5-40)为对牛顿法权向量的稳态误差，它是用 $\boldsymbol{\Lambda}^{-1}$ 中输入特征值与 $\boldsymbol{N}'=\boldsymbol{Q}^{-1}\boldsymbol{N}$ 给出的一系列梯度噪声来表示的。注意，$\boldsymbol{\Lambda}^{-1}$ 为对角阵，其元素有 $1/\lambda_0, 1/\lambda_1, \cdots, 1/\lambda_L$。

2. 最速下降法

式(1-4-34)的差分方程为

$$\boldsymbol{W}(k+1)=\boldsymbol{W}(k)-\mu\nabla(k) \tag{1-5-41}$$

在式(1-5-41)中,用平移坐标向量 $\boldsymbol{V}=\boldsymbol{W}-\boldsymbol{W}^{\text{opt}}$ 表示并引入带噪声的梯度向量 $\hat{\nabla}=2\boldsymbol{RV}+\boldsymbol{N}$,得

$$\begin{aligned}\boldsymbol{V}(k+1)&=\boldsymbol{V}(k)-\mu[2\boldsymbol{RV}(k)+\boldsymbol{N}(k)]\\&=(\boldsymbol{I}-2\mu\boldsymbol{R})\boldsymbol{V}(k)-\mu\boldsymbol{N}(k)\end{aligned} \tag{1-5-42}$$

式(1-5-42)也是互耦的。

首先,用 $\boldsymbol{V}=\boldsymbol{QV}'$ 旋转至主轴坐标系,即

$$\boldsymbol{QV}'(k+1)=(\boldsymbol{I}-2\mu\boldsymbol{R})\boldsymbol{QV}'(k)-\mu\boldsymbol{N}(k)$$

因而

$$\begin{aligned}\boldsymbol{V}'(k+1)&=(\boldsymbol{I}-2\mu\boldsymbol{Q}^{-1}\boldsymbol{RQ})\boldsymbol{V}'(k)-\mu\boldsymbol{Q}^{-1}\boldsymbol{N}(k)\\&=(\boldsymbol{I}-2\mu\boldsymbol{\Lambda})\boldsymbol{V}'(k)-\mu\boldsymbol{N}'(k)\end{aligned} \tag{1-5-43}$$

其次,设 $\boldsymbol{N}'=\boldsymbol{Q}^{-1}\boldsymbol{N}$ 为投影于主轴坐标系的梯度噪声,于是采用归纳的方法得 $\boldsymbol{V}'(k)$ 的解为

$$\boldsymbol{V}'(k)=(\boldsymbol{I}-2\mu\boldsymbol{\Lambda})^k\boldsymbol{V}'(0)-\mu\sum_{n=0}^{k-1}(I-2\mu\boldsymbol{\Lambda})^n\boldsymbol{N}'(k-n-1) \tag{1-5-44}$$

再次,假设 μ 满足式(1-4-43)的条件,对于较大的 k,式(1-5-44)中第一项可忽略不计,则稳态解为

$$\boldsymbol{V}'(k)=-\mu\sum_{n=0}^{\infty}(\boldsymbol{I}-2\mu\boldsymbol{\Lambda})^n\boldsymbol{N}'(k-n-1) \tag{1-5-45}$$

3. 权向量的均方误差

现在讨论用协方差矩阵表示梯度噪声时,如何得到权向量的协方差公式。

权向量协方差矩阵为

$$\operatorname{cov}[\boldsymbol{V}'(k)]=E[\boldsymbol{V}'(k)\boldsymbol{V}'^{\mathrm{T}}(k)] \tag{1-5-46}$$

式中,期望运算取遍所有迭代数 k。

对于牛顿法,有

$$\begin{aligned}\boldsymbol{V}'(k)\boldsymbol{V}'^{\mathrm{T}}(k)=&(1-2\mu)^2\boldsymbol{V}'(k-1)\boldsymbol{V}'^{\mathrm{T}}(k-1)+\mu^2\boldsymbol{\Lambda}^{-1}\boldsymbol{N}'(k-1)\boldsymbol{N}'^{\mathrm{T}}(k-1)(\boldsymbol{\Lambda}^{-1})^{\mathrm{T}}\\&-\mu(1-2\mu)[\boldsymbol{V}'(k-1)\boldsymbol{N}'^{\mathrm{T}}(k-1)(\boldsymbol{\Lambda}^{-1})^{\mathrm{T}}+\boldsymbol{\Lambda}^{-1}\boldsymbol{N}'(k-1)\boldsymbol{V}'^{\mathrm{T}}(k-1)]\end{aligned} \tag{1-5-47}$$

式中,$\boldsymbol{\Lambda}^{-1}$ 是对角阵。假设权向量 $\boldsymbol{V}'^{\mathrm{T}}(k)$ 与噪声 $\boldsymbol{N}'(k)$ 彼此独立,且具有零均值,则式(1-5-47)的期望值为

$$\operatorname{cov}[\boldsymbol{V}'(k)]=(1-2\mu)^2\operatorname{cov}[\boldsymbol{V}'(k)]+\mu^2(\boldsymbol{\Lambda}^{-1})^2\operatorname{cov}[\boldsymbol{N}'(k)]$$

$$=\frac{\mu(\boldsymbol{\Lambda}^{-1})^2}{4(1-\mu)}\mathrm{cov}[\boldsymbol{N}'(k)] \tag{1-5-48}$$

对于最速下降法，有

$$\begin{aligned}\boldsymbol{V}'(k)\boldsymbol{V}'^{\mathrm{T}}(k)=&(\boldsymbol{I}-2\mu\boldsymbol{\Lambda})\boldsymbol{V}(k-1)\boldsymbol{V}'^{\mathrm{T}}(k-1)(\boldsymbol{I}-2\mu\boldsymbol{\Lambda})^{\mathrm{T}}+\mu^2\boldsymbol{N}'(k-1)\boldsymbol{N}'^{\mathrm{T}}(k-1)\\&-\mu[(\boldsymbol{I}-2\mu\boldsymbol{\Lambda})\boldsymbol{V}'(k-1)\boldsymbol{N}'^{\mathrm{T}}(k-1)+\boldsymbol{N}'(k-1)\boldsymbol{V}'^{\mathrm{T}}(k-1)(\boldsymbol{I}-2\mu\boldsymbol{\Lambda})^{\mathrm{T}}]\end{aligned} \tag{1-5-49}$$

式中，$\boldsymbol{I}-2\mu\boldsymbol{\Lambda}$ 也是对角阵，且式(1-5-49)中交叉乘积项的期望值将消失。因而，得

$$\begin{aligned}\mathrm{cov}[\boldsymbol{V}'(k)]&=(\boldsymbol{I}-2\mu\boldsymbol{\Lambda})^2\mathrm{cov}[\boldsymbol{V}'(k)]+\mu^2\mathrm{cov}[\boldsymbol{N}'(k)]\\&=\frac{\mu}{4}(\boldsymbol{\Lambda}-\mu\boldsymbol{\Lambda}^2)^{-1}\mathrm{cov}[\boldsymbol{N}'(k)]\end{aligned} \tag{1-5-50}$$

式(1-5-50)为用梯度噪声协方差表示的 $\boldsymbol{V}'(k)$ 的协方差公式。为将这些结果与微商法的结果联系起来，可从式(1-5-31)与式(1-5-32)出发，有

$$\begin{aligned}\mathrm{cov}[\boldsymbol{N}'(k)]&=E[\boldsymbol{N}'(k)\boldsymbol{N}'^{\mathrm{T}}(k)]=\boldsymbol{Q}^{-1}E[\boldsymbol{N}(k)\boldsymbol{N}^{\mathrm{T}}(k)]\boldsymbol{Q}\\&=\boldsymbol{Q}^{-1}E[(\hat{\nabla}(k)-\nabla(k))(\hat{\nabla}(k)-\nabla(k))^{\mathrm{T}}]\boldsymbol{Q}\\&=\boldsymbol{Q}^{-1}\mathrm{cov}[\hat{\nabla}(k)]\boldsymbol{Q}\\&=\frac{J_{\min}^2}{Nn\mid\Delta v\mid^2}\boldsymbol{Q}^{-1}\boldsymbol{I}\boldsymbol{Q}=\frac{J_{\min}^2}{Nn\mid\Delta v\mid^2}\boldsymbol{I}\end{aligned} \tag{1-5-51}$$

式中，Nn 为误差观测值的个数，向量 $\boldsymbol{N}$ 表示梯度噪声。结合式(1-5-51)、式(1-5-48)与式(1-5-50)知，$\mathrm{cov}[\boldsymbol{V}'(k)]$ 是对角阵。

对于牛顿法，有

$$\mathrm{cov}[\boldsymbol{V}'(k)]=\frac{\mu(\boldsymbol{\Lambda}^{-1})^2J_{\min}^2}{4N\mid\Delta v\mid^2(1-\mu)} \tag{1-5-52}$$

对于最速下降法，有

$$\mathrm{cov}[\boldsymbol{V}'(k)]=\frac{\mu(\boldsymbol{\Lambda}-\mu\boldsymbol{\Lambda}^2)^{-1}J_{\min}^2}{4N\mid\Delta v\mid^2} \tag{1-5-53}$$

现将这些结果映射至不带一撇的坐标系，并结合式(1-5-38)，得

$$\begin{aligned}\mathrm{cov}[\boldsymbol{V}(k)]&=E[\boldsymbol{V}(k)\boldsymbol{V}^{\mathrm{T}}(k)]\\&=\boldsymbol{Q}E[\boldsymbol{V}'(k)\boldsymbol{V}'^{\mathrm{T}}(k)]\boldsymbol{Q}^{-1}\\&=\boldsymbol{Q}\mathrm{cov}[\boldsymbol{V}'(k)]\boldsymbol{Q}^{-1}\end{aligned} \tag{1-5-54}$$

将式(1-5-54)用于式(1-5-52)与式(1-5-53)，就能导出 $\mathrm{cov}[\boldsymbol{V}(k)]$ 的表示式。

对于牛顿法，权向量协方差为

$$\mathrm{cov}[\boldsymbol{V}(k)]=\frac{\mu J_{\min}^{2}(\boldsymbol{R}^{-1})^{2}}{4N|\Delta v|^{2}(1-\mu)} \tag{1-5-55}$$

对于最速下降法，权向量协方差为

$$\mathrm{cov}[\boldsymbol{V}(k)]=\frac{\mu J_{\min}^{2}(\boldsymbol{R}-\mu\boldsymbol{R}^{2})^{-1}}{4N|\Delta v|^{2}} \tag{1-5-56}$$

式中，μ 为自适应增益常数，$J_{\min}^{2}$ 为最小均方误差，$\boldsymbol{R}$ 为输入相关矩阵，N 为在每一个扰动的权值上独立测量误差的数目，Δv 为用于梯度测量时权的偏移。

因此，权向量的协方差包含在误差测量中的变量。

1.5.5　超量均方误差与时间常数

如果在自适应过程中没有噪声，则牛顿法、最速下降法以及其他自适应方法将使权向量收敛于均方误差性能表面的最小点这个稳态解上，$\boldsymbol{V}$ 的协方差将为零、均方误差将等于 $J_{\min}$。然而，自适应过程中的噪声会引起稳态权向量解围绕最小点随机地变化，即为“在碗底附近徘徊”，就产生了“超量”的均方误差，即 J 的稳态值大于 $J_{\min}$。

前面将均方误差定义为权向量固定在 $\boldsymbol{W}$ 时误差的期望值。若权向量不固定，在第 k 次迭代的瞬时，均方误差定义为 $\boldsymbol{W}=\boldsymbol{W}(k)$ 时误差的期望值。为了导出超量均方误差，必须对 $J(k)$ 在 k 任意大时定义一个平均量。也就是说，必须允许权向量是“带噪声的”并且是统计变化的，以评价对 $J(k)$ 的影响。采用式(1-4-53)中 J 与 $\boldsymbol{V}$ 的关系，将超量均方误差定义为

$$\begin{aligned}\text{超量 MSE}&=E[J(k)-J_{\min}]\\&=E[\boldsymbol{V}^{\mathrm{T}}(k)\boldsymbol{R}\boldsymbol{V}(k)]\end{aligned} \tag{1-5-57}$$

显然，式(1-5-57)仅当 $\boldsymbol{V}(k)$ 对 k 是平稳过程，即当噪声 $\boldsymbol{N}(k)$、输入信号向量 $\boldsymbol{X}(k)$ 及期待响应 $\mathrm{d}(k)$ 均为统计平稳时，$\boldsymbol{V}(k)$ 对 k 才是平稳过程。因此，仅当自适应瞬态结束处于稳态时，上述定义才能应用。

图 1-25 显示了超量均方误差的物理意义。围绕最佳权向量的随机变化引起均方误差的增加，增量的平均值就是超量均方误差。

式(1-5-57)所示超量均方误差的公式与式(1-5-46)中 $\boldsymbol{V}(k)$ 的协方差类似。为了导出与式(1-5-55)和式(1-5-56)类似的结果，必须替换式(1-5-57)中 $\boldsymbol{V}(k)$。因此，必须对牛顿法与最速下降法分别进行推导。由于前面得到了 $\boldsymbol{V}'(k)$ 的解而不是 $\boldsymbol{V}(k)$ 的解，现用 $\boldsymbol{V}^{\mathrm{T}}\boldsymbol{R}\boldsymbol{V}=\boldsymbol{V}'^{\mathrm{T}}\boldsymbol{\Lambda}\boldsymbol{V}'$ 修改式(1-5-57)，得

$$\text{超量 MSE}=E[\boldsymbol{V}'^{\mathrm{T}}(k)\boldsymbol{\Lambda}\boldsymbol{V}'(k)] \tag{1-5-58}$$

1. 牛顿法

为简化表示式，用 r 表示公比，得

$$r=1-2\mu \tag{1-5-59}$$

将式(1-5-40)代入式(1-5-58)，得

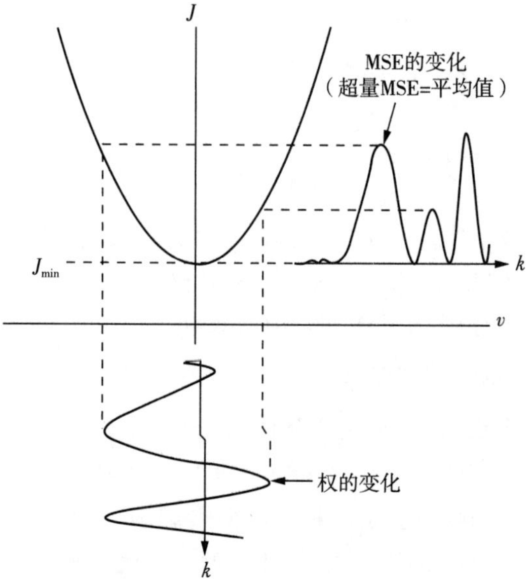

图 1-25 超量均方误差示意图

$$\begin{aligned}超量\ \mathrm{MSE}&=\mu^2E\Big[\sum_{n=0}^{\infty}r^n\boldsymbol{N}'^{\mathrm{T}}(k-n-1)\boldsymbol{\Lambda}^{-1}\boldsymbol{\Lambda}\boldsymbol{\Lambda}^{-1}\sum_{m=0}^{\infty}r^m\boldsymbol{N}'^{\mathrm{T}}(k-m-1)\Big]\\&=\mu^2\sum_{n=0}^{\infty}\sum_{m=0}^{\infty}r^{n+m}E[\boldsymbol{N}'^{\mathrm{T}}(k-n-1)\boldsymbol{\Lambda}^{-1}\boldsymbol{N}'(k-m-1)]\end{aligned}\tag{1-5-60}$$

继续认为梯度噪声 $\boldsymbol{N}$ 是在误差估计时从独立误差中得到的，因而它从一次迭代到下次迭代是独立的，则式(1-5-60) 中所有 $m\neq n$ 的项将消失，即

$$超量\ \mathrm{MSE}=\mu^2\sum_{n=0}^{\infty}r^{2n}E[\boldsymbol{N}'^{\mathrm{T}}(k-n-1)\boldsymbol{\Lambda}^{-1}\boldsymbol{N}'(k-m-1)]\tag{1-5-61}$$

继续假设梯度噪声是平稳过程的，则

$$\begin{aligned}超量\ \mathrm{MSE}&=\mu^2E[\boldsymbol{N}'^{\mathrm{T}}(k)\boldsymbol{\Lambda}^{-1}\boldsymbol{N}'(k)]\sum_{n=0}^{\infty}r^{2n}\\&=\frac{\mu^2}{1-r^2}E[\boldsymbol{N}'^{\mathrm{T}}(k)\boldsymbol{\Lambda}^{-1}\boldsymbol{N}'(k)]\end{aligned}\tag{1-5-62}$$

式中，r 小于 1，因而过程是稳定的。$\boldsymbol{N}'^{\mathrm{T}}(k)\boldsymbol{\Lambda}^{-1}\boldsymbol{N}'(k)$ 为

$$\begin{aligned}\boldsymbol{N}'^{\mathrm{T}}(k)\boldsymbol{\Lambda}^{-1}\boldsymbol{N}'(k)&=[n_0'(k)\quad\cdots\quad n_L'(k)]\begin{bmatrix}\lambda_0^{-1}&&0\\&\ddots&\\0&&\lambda_L^{-1}\end{bmatrix}\begin{bmatrix}n_0'(k)\\\vdots\\n_L'(k)\end{bmatrix}\\&=\sum_{m=0}^{L}\lambda_m^{-1}n_m'^2(k)\end{aligned}\tag{1-5-63}$$

式中，$n'_m(k)$ 是 $\mathbf{N}'(k)$ 的一个分量。由式(1-5-62)，得

$$超量\ \mathrm{MSE}=\frac{\mu^2}{1-r^2}\sum_{m=0}^{L}\lambda_m^{-1}E[n'^2_m(k)] \tag{1-5-64}$$

式中，$E[n'^2_m(k)]$ 是 $\mathbf{N}'$ 的协方差矩阵的一个对角元素，且值为 $J^2_{\min}/N\Delta v^2$，因而式(1-5-64)改为

$$超量\ \mathrm{MSE}=\frac{J^2_{\min}\mu^2}{N\Delta v^2(1-r^2)}\sum_{m=0}^{L}\frac{1}{\lambda_m} \tag{1-5-65}$$

再由 $r=1-2\mu$，得

$$超量\ \mathrm{MSE}=\frac{J^2_{\min}\mu}{4N\Delta v^2(1-\mu)}\sum_{m=0}^{L}\frac{1}{\lambda_m} \tag{1-5-66}$$

为便于实际应用，式(1-5-66)可用自适应时间常数表示。对于给定的公比值 r，为了决定时间常数，如图 1-26 所示，由样本的几何级数序列构造出一个指数包络，然后用 $\exp(-t/\tau)$ 去描述这个包络，t 表示时间，τ 表示时间常数。如果一个时间单元对应于一次迭代，则

$$\exp\left(-\frac{1}{\tau}\right)=r \tag{1-5-67}$$

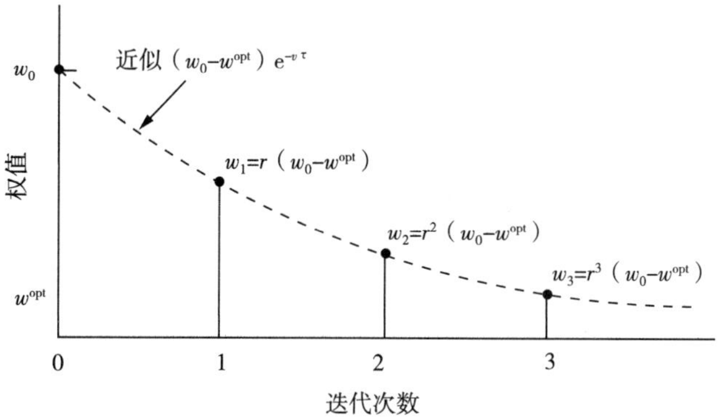

图 1-26　权值的几何级数序列的指数近似

将式(1-5-67)展开为

$$r=\exp\left(-\frac{1}{\tau}\right)=1-\frac{1}{\tau}+\frac{1}{2!\ \tau^2}-\frac{1}{3!\ \tau^3}+\cdots \tag{1-5-68}$$

在大多数应用中，τ 是较大的(10 或更大)而 r 是较小的(小于但接近于 1)，因而式(1-5-68)近似为

$$r\approx 1-\frac{1}{\tau}(较大的\ \tau) \tag{1-5-69}$$

根据牛顿法的关系 $r=1-2\mu$，有

$$\mu \approx \frac{1}{2\tau} \tag{1-5-70}$$

因而式(1-5-66)变为

$$\begin{aligned}超量\ \mathrm{MSE} &\approx \frac{J_{\min}^2}{4N\Delta v^2(2\tau-1)}\sum_{m=0}^{L}\frac{1}{\lambda_m} \\ &\approx \frac{J_{\min}^2}{8N\Delta v^2\tau}\sum_{m=0}^{L}\frac{1}{\lambda_m}(较大的\ \tau)\end{aligned} \tag{1-5-71}$$

式中，

$$\sum_{m=0}^{L}\frac{1}{\lambda_m} = (L+1)\left(\frac{1}{\lambda}\right)_{\mathrm{av}} \tag{1-5-72}$$

结合式(1-5-16)并使用扰动 $P=\Delta v^2\lambda_{\mathrm{av}}/J_{\min}$，则式(1-5-71)可写为

$$超量\ \mathrm{MSE} \approx \frac{(L+1)J_{\min}\lambda_{\mathrm{av}}(1/\lambda)_{\mathrm{av}}}{8NP\tau} \tag{1-5-73}$$

同理，可得最速下降法的超量均方误差表示式。将式(1-5-45)代入式(1-5-58)并且注意到 $\boldsymbol{\Lambda}$ 是对角阵，则

$$\begin{aligned}超量\ \mathrm{MSE} &= E[\boldsymbol{V}'^{\mathrm{T}}(k)\boldsymbol{\Lambda}\boldsymbol{V}'(k)] \\ &= \mu^2\sum_{n=0}^{\infty}\sum_{m=0}^{\infty}E[\boldsymbol{N}'^{\mathrm{T}}(k-n-1)\boldsymbol{\Lambda}(\boldsymbol{I}-2\mu\boldsymbol{\Lambda})^{n+m}\boldsymbol{N}'(k-m-1)]\end{aligned} \tag{1-5-74}$$

式中，求和式中的交叉项将消失，假设 $\boldsymbol{N}'$ 是统计平稳的，则式(1-5-74)改写为

$$\begin{aligned}超量\ \mathrm{MSE} &= \mu^2\sum_{n=0}^{\infty}E[\boldsymbol{N}'^{\mathrm{T}}(k)\boldsymbol{\Lambda}(\boldsymbol{I}-2\mu\boldsymbol{\Lambda})^{2n}\boldsymbol{N}'(k)] \\ &= \mu^2 E\left[\boldsymbol{N}'^{\mathrm{T}}(k)\boldsymbol{\Lambda}\left(\sum_{n=0}^{\infty}(\boldsymbol{I}-2\mu\boldsymbol{\Lambda})^{2n}\right)\boldsymbol{N}'(k)\right]\end{aligned} \tag{1-5-75}$$

式中，和式中每一元素可以当成幂级数加以计算，即

$$\sum_{n=0}^{\infty}(\boldsymbol{I}-2\mu\boldsymbol{\Lambda})^{2n} = \frac{1}{4\mu}(\boldsymbol{\Lambda}-\mu\boldsymbol{\Lambda}^2)^{-1} \tag{1-5-76}$$

将式(1-5-76)代入式(1-5-75)，得

$$\begin{aligned}超量\ \mathrm{MSE} &= \mu^2 E\left[\boldsymbol{N}'^{\mathrm{T}}(k)\boldsymbol{\Lambda}\frac{1}{4\mu}(\boldsymbol{\Lambda}-\mu\boldsymbol{\Lambda}^2)^{-1}\boldsymbol{N}'(k)\right] \\ &= \frac{\mu}{4}E[\boldsymbol{N}'^{\mathrm{T}}(k)(\boldsymbol{I}-\mu\boldsymbol{\Lambda})^{-1}\boldsymbol{N}'(k)]\end{aligned} \tag{1-5-77}$$

在式(1-5-64)中用 $\mu/4$ 代替 $\mu^2/(1-r^2)$、用 $(\boldsymbol{I}-\mu\boldsymbol{\Lambda})$ 代替 $\boldsymbol{\Lambda}$，则得到与式(1-5-77)相

同的结论。在式(1-5-65)中,采用类似的替换,式(1-5-77)改写为

$$\begin{aligned}超量\ \mathrm{MSE}&=\frac{\mu J_{\min}^{2}}{4N\Delta v^{2}}\sum_{m=0}^{L}\frac{1}{1-\mu\lambda_{m}}\\&=\frac{\mu J_{\min}\lambda_{\mathrm{av}}}{4NP}\sum_{m=0}^{L}\frac{1}{1-\mu\lambda_{m}}\end{aligned} \tag{1-5-78}$$

式中,P 是梯度估计引起的扰动,其值等于 $\Delta v^{2}\lambda_{\mathrm{av}}/J_{\min}$。

在牛顿法中,用时间常数表示超量均方误差是方便的,所定义的时间常数 τ 是一个与权向量弛豫过程有关的量。现在定义学习曲线时间常数 τ_{MSE} 与自适应时间常数 T_{MSE}。这两个时间常数对表征自适应过程的收敛率与效率是很有用的。它们都是与权向量弛豫时间常数成正比的。

由式(1-5-69)知,权弛豫时间常数 τ 是与权的公比 r 有关的。另外,由式(1-4-19),得学习曲线的公比为

$$r_{\mathrm{MSE}}=r^{2} \tag{1-5-79}$$

由式(1-5-68),得

$$\exp\left(-\frac{1}{\tau_{\mathrm{MSE}}}\right)=\exp\left(-\frac{2}{\tau}\right)=r^{2}=r_{\mathrm{MSE}}$$

进而,得

$$\tau_{\mathrm{MSE}}=\frac{\tau}{2} \tag{1-5-80}$$

这个时间常数对描述自适应系统的学习时间是有用的。

τ_{MSE} 的基本单位是迭代次数,而自适应时间常数 T_{MSE} 的基本单位是数据样本数。如图 1-24 所示,由于对每一个梯度分量估计需要 $2N$ 个样本,因而每次迭代需要 $2(L+1)N$ 个样本,相应的自适应时间常数定义为

$$T_{\mathrm{MSE}}\triangleq 2(L+1)N\tau_{\mathrm{MSE}}=N(L+1)\tau \tag{1-5-81}$$

采样率是已知的,则这个时间常数很容易与真实时间联系起来。

式(1-4-48)表明,最速下降法的第 n 个公比为

$$r_{n}=1-2\mu\lambda_{n} \tag{1-5-82}$$

将第 n 个公比与第 n 个权的弛豫时间常数通过式(1-5-69)联系起来,得

$$r_{n}\approx 1-\frac{1}{\tau_{n}}\quad(较大的\ \tau_{n}) \tag{1-5-83}$$

比较式(1-5-82)与式(1-5-83),得

$$\mu\lambda_{n}\approx\frac{1}{2\tau_{n}} \tag{1-5-84}$$

现将均方误差学习曲线的第 n 个时间常数定义为权弛豫过程时间的一半，即

$$(\tau_{\text{MSE}})_n = \frac{\tau_n}{2} \tag{1-5-85}$$

类似地定义$(T_{\text{MSE}})_n$，并将式(1-5-85)代入式(1-5-81)，得

$$\begin{aligned}(\tau_{\text{MSE}})_n &= N(L+1)\tau_n \\ &= 2N(L+1)(\tau_{\text{MSE}})_n\end{aligned} \tag{1-5-86}$$

将式(1-5-86)的第一行用于式(1-5-84)，得

$$\mu\lambda_{\text{av}} \approx \frac{N(L+1)}{2(T_{\text{MSE}})_n} \tag{1-5-87}$$

将式(1-5-87)两端对 n 取平均，得

$$\mu\lambda_{\text{av}} \approx \frac{N(L+1)}{2}\left(\frac{1}{T_{\text{MSE}}}\right)_{\text{av}} \tag{1-5-88}$$

将式(1-5-90)与式(1-5-86)代入式(1-5-80)，得最速下降法的超量均方误差为

$$\text{超量 MSE} \approx \frac{(L+1)J_{\min}}{8P}\left(\frac{1}{T_{\text{MSE}}}\right)_{\text{av}}\sum_{m=0}^{L}\frac{1}{1-1/(2\tau_m)} \tag{1-5-89}$$

按照假设稳态权向量保持在最优解附近(徘徊在碗底附近)，自适应过程采用小的 μ 值，从而收敛慢且具有较大的 τ_n 值，则

$$\frac{1}{1-1/(2\tau_n)} \approx 1, n=0,1,\cdots,L \tag{1-5-90}$$

于是，超量均方误差的近似公式可进一步化简为

$$\text{超量 MSE} \approx \frac{(L+1)^2 J_{\min}}{8P}\left(\frac{1}{T_{\text{MSE}}}\right)_{\text{av}} \tag{1-5-91}$$

综上，稳态超量均方误差的近似关系为

$$\begin{aligned}\underset{(\text{牛顿法})}{\text{超量 MSE}} &\approx \frac{(L+1)J_{\min}\lambda_{\text{av}}(1/\lambda)_{\text{av}}}{8NP\tau} \\ &\approx \frac{(L+1)^2 J_{\min}\lambda_{\text{av}}(1/\lambda)_{\text{av}}}{8PT_{\text{MSE}}}\end{aligned} \tag{1-5-92}$$

$$\underset{(\text{最速下降法})}{\text{超量 MSE}} \approx \frac{(L+1)^2 J_{\min}}{8P}\left(\frac{1}{T_{\text{MSE}}}\right)_{\text{av}} \tag{1-5-93}$$

式中，$L+1$ 为权的个数，$J_{\min}$ 为最小均方误差，N 为误差观测值个数(每一梯度分量估值用 $2N$ 个观测值)，P 为扰动(估计梯度时引起 J 的归一化增量)，τ 为权调整过程的时间常数，T_{MSE} 为自适应时间常数，λ 为输入相关矩阵的特征值。

1.5.6 失调

超量均方误差是均方误差减去最小均方误差后的平均值，它提供了真实的与最佳的性

能在时间平均上差别的量度。而失调是另一个量度真实性能与最佳性能差别的量度。将超量均方误差除以最小均方误差意义为失调 M，即

$$M \triangleq \frac{\text{超量 MSE}}{J_{\min}} \tag{1-5-94}$$

失调是一个无量纲的量，它表征了梯度估值噪声引起的自适应系统性能与最佳维纳解性能之间的差异。换句话说，它是自适应性所付出的代价的归一化量度。

1. 牛顿法

对于牛顿法，由式(1-5-92)，得

$$M \approx \frac{(L+1)\lambda_{\text{av}}(1/\lambda)_{\text{av}}}{8NP\tau} \tag{1-5-95}$$

或者为

$$M \approx \frac{(L+1)^2\lambda_{\text{av}}(1/\lambda)_{\text{av}}}{8PT_{\text{MSE}}} \tag{1-5-96}$$

式(1-5-96)是一个估算牛顿法性能的方便公式。该式表明，① 当扰动与时间常数增加时，失调减少。对于相同的数据量，较大的扰动可得到更精确的梯度。而大的时间常数，允许用更多的数据来平均，以达到其权向量解。② 失调随权个数的平方而增加，因而稍微增加一点自适应性，就要付出较大的代价。对于特征值来说，只有它们的值悬殊极大时，才会给失调带来明显的影响。后面将单独考察 λ_{av} 与 $(1/\lambda)_{\text{av}}$ 的问题。

式(1-5-92)表明，如果时间常数加倍，但同时 N 减半，则牛顿法的超量均方误差将保持不变。可以将 μ 减半来使 τ 加倍，而由每次迭代取较少的误差样本来减少 N。虽然，小的步长且每步用较少的数据量，等价于大的步长且每步用较多的数据量。如式(1-5-96)所示，重要的因素是每次自适应迭代的数据量。

将图1-23与图1-24的梯度估计法加以改变，则可使基于牛顿法的迭代算法更为有效，即首先对指定的权 $W=W(k)$ 估计 J，然后求这个共同的 J 与权偏离后估计的 J 之差，即每个梯度分量权仅偏离 Δv 一次。于是，对每一个梯度向量估值所花的数据量将减少一个因子 $(L+2)/2(L+1)\approx 1/2$。然而，这种方式由于各个梯度噪声分量是相关的，因而其理论分析是复杂的。但无论哪种方法，失调仍与权数的平方成正比。

2. 最速下降法

对于最速下降法，将式(1-5-93)代入式(1-5-94)，得

$$M \approx \frac{(L+1)^2}{8P}\left(\frac{1}{T_{\text{MSE}}}\right)_{\text{av}} \tag{1-5-97}$$

与式(1-5-96)相比，式(1-5-97)中没有 $\lambda_{\text{av}}(1/\lambda)_{\text{av}}$，而出现了 $(1/T_{\text{MSE}})_{\text{av}}$。牛顿法仅有一个自适应时间常数，而最速下降法则最多有 $(L+1)$ 个不同的 T_{MSE} 值。显然，如果 R 的所有特征值相等，则两个失调的表达式是一致的。在这个条件下，性能表面是圆周对称的，且负梯度总是指向最小点方向的。因而，牛顿法与最速下降法实际上是相同的。

1.5.7 牛顿法与最速下降法性能的比较

对于给定的扰动与权数,牛顿法与最速下降法的失调都随自适应速度的增加(即减小自适应时间常数)而增加。然而,对于相同的自适应速度,两种方法产生的失调并不一样。对于给定的环境,固定失调的大小、具有较快的自适应速度,或者固定自适应速度、具有较小失调的算法,都是比较好的算法。

为了用自适应速度与失调来比较两种方法,首先必须把式(1-5-97)表示为更为方便的形式。采用最速下降法的自适应算法包含多个时间常数,因而自适应速度受最慢速的瞬态模所控制。令这个最慢速模的自适应时间常数为$(T_{\text{MSE}})_{\max}$,由式(1-5-86),得

$$(T_{\text{MSE}})_{\max}=\frac{(L+1)N}{2\mu\lambda_{\min}} \tag{1-5-98}$$

类似地,平均特征值为

$$\lambda_{\text{av}}=\frac{(L+1)N}{2\mu}\left(\frac{1}{T_{\text{MSE}}}\right)_{\text{av}} \tag{1-5-99}$$

式中,$(1/T_{\text{MSE}})_{\text{av}}$为自适应时间常数倒数的平均值。将式(1-5-99)与式(1-5-98)相组合,得

$$\left(\frac{1}{T_{\text{MSE}}}\right)_{\text{av}}=\frac{\lambda_{\text{av}}}{\lambda_{\min}(T_{\text{MSE}})_{\max}} \tag{1-5-100}$$

因而,最速下降法的失调可以重写为

$$M\approx\frac{(L+1)^2\lambda_{\text{av}}}{8P\lambda_{\min}(T_{\text{MSE}})_{\max}} \tag{1-5-101}$$

现在,若令式(1-5-101)中的$(T_{\text{MSE}})_{\max}$等于式(1-5-96)中的T_{MSE}、L和P,则除了在牛顿法公式中的项$(1/\lambda)_{\text{av}}$与最速下降法公式中的项为$1/\lambda_{\min}$外,两者是完全相同的。因此,对一般情况下,有

$$\frac{1}{\lambda_{\min}}\geqslant\left(\frac{1}{\lambda}\right)_{\text{av}} \tag{1-5-102}$$

因而牛顿法的失调是较小的。若特征值分布于$1\sim10$,则$1/\lambda_{\min}$为1,$(1/\lambda)_{\text{av}}$大约为0.3,因此最速下降法的失调将是牛顿法的3倍左右。

当存在大量特征值时,可以将它们视为在$\lambda_{\min}$与$\lambda_{\max}$之间均匀分布。此时,$(1/\lambda)$的平均值为

$$\begin{aligned}\left(\frac{1}{\lambda}\right)_{\text{av}}&=\frac{1}{\lambda_{\max}-\lambda_{\min}}\int_{\lambda_{\min}}^{\lambda_{\max}}\frac{\mathrm{d}\lambda}{\lambda}\\&=\frac{\ln(\lambda_{\max}/\lambda_{\min})}{\lambda_{\max}-\lambda_{\min}}\end{aligned} \tag{1-5-103}$$

1.5.8 总失调及其他一些实际考虑

式(1-5-96)与式(1-5-97)表明,失调反比于扰动P,似乎是增加扰动可使失调任意

减小，然而无限增加扰动是不实际的。

扰动定义为由梯度分量估计引起均方误差增加多少的一个无量纲的量。式(1-5-16)表明，扰动是由最小均方误差归一化了超量均方误差。扰动很像失调，事实上它是在线(online)自适应系统梯度估计所引起的失调。因此，这类系统的总失调可定义为随机扰动与另一个由不相关的确定性围绕稳态权的扰动所引起的失调之和，即

$$M_{\text{tot}} \triangleq M + P \tag{1-5-104}$$

牛顿法的总失调为

$$M_{\text{tot}} \approx \frac{(L+1)^2 \lambda_{\text{av}} (1/\lambda)_{\text{av}}}{8PT_{\text{MSE}}} + P \tag{1-5-105}$$

最速下降法的总失调为

$$M_{\text{tot}} \approx \frac{(L+1)^2 (1/T_{\text{MSE}})_{\text{av}}}{8P} + P \tag{1-5-106}$$

式(1-5-105)与式(1-5-106)表明，M_{tot} 均具有 $P+A/P$ 的形式，而 A 不是 P 的函数。令这种形式对 P 的导数为零，则可求出使 M_{tot} 最小的 P^{opt}，即

$$P^{\text{opt}} \approx \frac{A}{P^{\text{opt}}} \approx M_{\text{tot}} - P^{\text{opt}} \approx \frac{1}{2} M_{\text{tot}} \tag{1-5-107}$$

因此，当扰动等于总失调的一半时，总失调达到最小值。

第 2 章　自适应算法与结构

【内容导引】　本章在牛顿法与最速下降法基础上，导出了最小均方算法(LMS 算法)，分析了 LMS 算法的收敛性与学习曲线、权向量解的噪声与失调，讨论了改进的 LMS 算法、理想 LMS/Newton 算法、序贯回归算法；在平稳信号输入的自适应系统中，采用一段时间内输出误差信号的平均功率(在时间上作平均)达到最小作为自适应系统性能评价准则，分析递推最小二乘(RLS)算法原理、收敛性与失调；为了解决闭环自适应中收敛速度对输入相关矩阵特征值的依赖性，分析了样本相关矩阵求逆(SMI)算法；在分析仿射组合自适应算法的瞬态过程和稳态过程基础上，提出一种可实现的更新组合参数的方法。

第 1 章介绍了牛顿法与最速下降法。为使下降方向趋向性能表面的最小点，两种算法在每次迭代时都需要对梯度进行估值，并讨论了一般的梯度估计方法，之所以说是一般的方法，是因为这种估计法是基于性能表面上的两个估值点，即 J 的两个估计值之差。

本章将引入另一种在性能表面上下降的算法，即最小均方算法(least mean square, LMS)。该算法采用一种特殊的梯度估计值，这对自适应线性组合器是有效的。因而，与第 1 章讨论的算法相比，LMS 算法的应用是有限制的。

另外，由于 LMS 算法不需要离线方式的梯度估计值或重复使用数据，简单易实现，是一种重要的算法。只要自适应系统是线性组合器且每次迭代均有输入向量 $\boldsymbol{X}(k)$ 和期望响应 $d(k)$，在自适应信号处理领域，使用 LMS 算法是最好的选择。

2.1　LMS 算法

2.1.1　LMS 算法的导出

自适应线性组合器的输入，有并联(多输入)或者串联(单输入)方式。由于输入方式的不同，自适应组合器的基本结构形式不同，如图 2-1 所示。它们的输出 $y(k)$ 都是输入样本的线性组合。由式(1-2-8)，得

$$e(k)=d(k)-\boldsymbol{X}^{\mathrm{T}}(k)\boldsymbol{W}(k) \tag{2-1-1}$$

式中，$\boldsymbol{X}(k)$ 为输入样本向量。

如果由 $J=E[e^2(k)]$ 的梯度估值来推导自适应算法，需要求 J 的梯度估值。这里，采用平方误差 $e^2(k)$ 作为 $J(k)$ 的估值。于是，在自适应过程的每次迭代时，其梯度估计值为

$$\hat{\nabla}(k)=\begin{bmatrix}\dfrac{\partial e^2(k)}{\partial w_0}\\ \vdots \\ \dfrac{\partial e^2(k)}{\partial w_L}\end{bmatrix}=2e(k)\begin{bmatrix}\dfrac{\partial e(k)}{\partial w_0}\\ \vdots \\ \dfrac{\partial e(k)}{\partial w_L}\end{bmatrix}=-2e(k)\boldsymbol{X}(k) \qquad (2-1-2)$$

式中，$e(k)$ 对权的导数是直接从式(2－1－1) 得出的，此梯度称为瞬时梯度。

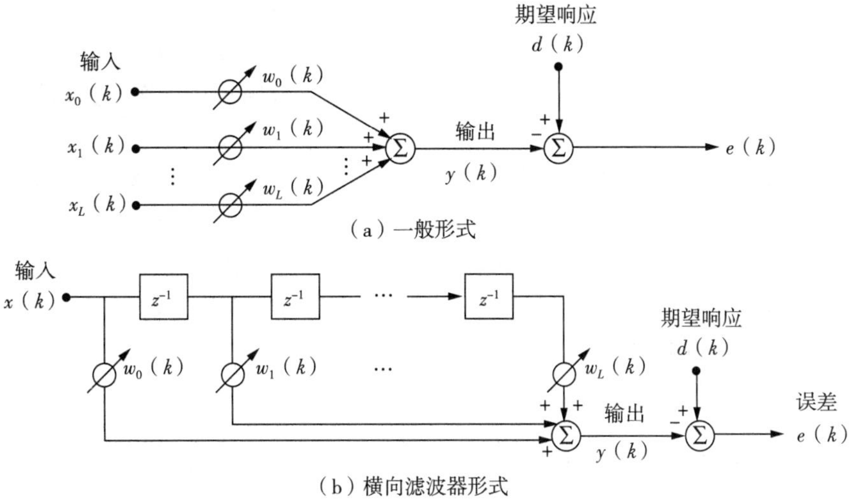

图 2－1　自适应线性组合器

由式(2－1－2)，可以导出一种最速下降法类型的自适应算法。由式(1－4－36)，得

$$\begin{aligned}\boldsymbol{W}(k+1)&=\boldsymbol{W}(k)-\mu\,\hat{\nabla}(k)\\&=\boldsymbol{W}(k)+2\mu e(k)X(k)\end{aligned} \qquad (2-1-3)$$

式中，μ 是一个控制自适应速度与稳定性的增益常数。

式(2－1－3) 就是 LMS 算法。由于在每次迭代中，权向量的改变是基于不准确的梯度估值，因此这个自适应过程是带噪声的。也就是说，它将不会严格地在性能表面上沿着真实的最速下降路径下降。

式(2－1－3) 表明，LMS 算法没有平方、平均或微分运算，也没有扰动向量，简易高效。这也表明，没有平均，梯度分量肯定包含一个大的噪声成分。然而，在自适应过程中，从某种意义上讲，自适应过程起着一个低通滤波的作用，因而随着时间的流逝，这个噪声是会衰减的。

2.1.2　权向量的收敛

对于 LMS 算法，主要关心的是它向着使 $E[e^2(k)]$ 达到最小值的最优权向量佳的收敛性问题。为分析 LMS 算法的收敛性，首先分析式(2－1－2) 所表示的梯度估值是否为无偏的。设 $\boldsymbol{W}(k)$ 等于 $\boldsymbol{W}$ 并保持不变，则式(2－1－2) 的期望值为

$$
\begin{aligned}
E[\hat{\nabla}(k)] &= -2E[e(k)\boldsymbol{X}(k)] \\
&= -2E[d(k)\boldsymbol{X}(k) - \boldsymbol{X}(k)X^{\mathrm{T}}(k)\boldsymbol{W}] \\
&= 2(\boldsymbol{RW} - \boldsymbol{P}) = \nabla
\end{aligned} \tag{2-1-4}
$$

式中，$e(k)$ 是标量，$\boldsymbol{P}$ 和 $\boldsymbol{R}$ 由式(1-2-15)得到。由于 $\hat{\nabla}(k)$ 的均值等于梯度 ∇ 的真值，所以 $\hat{\nabla}(k)$ 必然是一个无偏估计量。

由于梯度估值是无偏的，则在每一步按式(2-1-2)得到一个梯度估值，若干步之后才调整一次权向量，这样 $\hat{\nabla}(k)$ 将趋近 $\nabla(k)$，式(2-1-3)将逼近于式(1-4-36)。在此极限情况下，可以使 LMS 算法变成一个真正的最速下降法。当权向量在每次迭代都加以改变时，如何分析权向量的收敛性呢？

式(2-1-3)表明，权向量 $\boldsymbol{W}(k)$ 仅仅是过去的输入向量 $\boldsymbol{X}(k-1)$，$\boldsymbol{X}(k-2)$，…，$\boldsymbol{X}(0)$ 的函数。如果相继的输入向量在时间上是独立的，则 $\boldsymbol{W}(k)$ 与 $\boldsymbol{X}(k)$ 也是独立的。对于满足这个条件的平稳输入过程，经过多次充分迭代后，权向量的期望值 $E[\boldsymbol{W}(k)]$ 将收敛于由式(1-2-17)表示的维纳最优解，即收敛于 $\boldsymbol{W}^{\mathrm{opt}} = \boldsymbol{R}^{-1}\boldsymbol{P}$。现证明如下：

对式(2-1-3)两端取数学期望，得

$$
\begin{aligned}
E[\boldsymbol{W}(k+1)] &= E[\boldsymbol{W}(k)] + 2\mu E[e(k)X(k)] \\
&= E[\boldsymbol{W}(k)] + 2\mu(E[d(k)\boldsymbol{X}(k)] - E[\boldsymbol{X}(k)X^{\mathrm{T}}(k)\boldsymbol{W}(k)])
\end{aligned} \tag{2-1-5}
$$

由于假定 $\boldsymbol{W}(k)$ 与 $\boldsymbol{X}(k)$ 是独立的，因此可以求出式(2-1-4)中的乘积项的期望值，再由式(1-2-17)知，最佳权向量为 $\boldsymbol{W}^{\mathrm{opt}} = \boldsymbol{R}^{-1}\boldsymbol{P}$，因此式(2-1-5)可写为

$$
\begin{aligned}
E[\boldsymbol{W}(k+1)] &= E[\boldsymbol{W}(k)] + 2\mu E(\boldsymbol{P} - \boldsymbol{R}E[\boldsymbol{W}(k)]) \\
&= (I - 2\mu\boldsymbol{R})E[\boldsymbol{W}(k)] + 2\mu\boldsymbol{R}\boldsymbol{W}^{\mathrm{opt}}
\end{aligned} \tag{2-1-6}
$$

然而，到此时仅得到式(1-4-38)的期望值形式。同样，可以将它变化到主轴坐标系去求解(得到非递归解形式)。采用期望值，由式(1-4-42)，得

$$
E[\boldsymbol{V}'(k)] = (\boldsymbol{I} - 2\mu\boldsymbol{\Lambda})^{k}\boldsymbol{V}'(0) \tag{2-1-7}
$$

式中，$\boldsymbol{V}'$ 是 $\boldsymbol{W}$ 在主轴坐标系中的权向量，$\boldsymbol{\Lambda}$ 是 $\boldsymbol{R}$ 的对角化特征值矩阵，$\boldsymbol{V}'(0)$ 是在主轴坐标系中的初始权向量。

因此，当 k 无限增大时，仅当式(2-1-7)的右端收敛于零时，权向量的期望值才收敛于最佳权向量(即在主轴坐标系中的零向量)。由式(1-4-45)知，仅当

$$
0 < \mu < \frac{1}{\lambda_{\max}} \tag{2-1-8}
$$

满足时，上述收敛才能保证。式中，$\lambda_{\max}$ 是 $\boldsymbol{\Lambda}$ 中的最大对角元素，即最大特征值。

因此，式(2-1-8)给出了权向量均值收敛于最佳权向量的步长 μ 的范围。此范围内 μ 的大小决定了自适应速度，也决定了权向量解的噪声。由于 $\lambda_{\max}$ 不可能大于 $\boldsymbol{R}$ 的迹($\boldsymbol{R}$ 的对

角元素之和)，故有

$$\lambda_{\max} \leqslant \mathrm{tr}[\boldsymbol{\Lambda}] = \sum (\boldsymbol{\Lambda}\text{ 的对角元素})$$
$$= \sum (\boldsymbol{R}\text{ 的对角元素}) = \mathrm{tr}[\boldsymbol{R}] \tag{2-1-9}$$

此外，对于自适应横向滤波器，式(2-1-9) 给出的 tr($\boldsymbol{R}$) 正好是$(L+1)E[x^2(k)]$，或者是$(L+1)$ 倍输入信号功率。因此，权向量均值的收敛条件如下：

一般地，

$$0 < \mu < \frac{1}{\mathrm{tr}[\boldsymbol{R}]}$$

对横向滤波器，有

$$0 < \mu < \frac{1}{(L+1)(\text{信号功率})} \tag{2-1-10}$$

与式(2-1-8) 相比，虽然式(2-1-10) 是更为严格的限制，但是一般说来，$\boldsymbol{R}$ 的元素与信号功率比 $\boldsymbol{R}$ 的特征值更容易估计，因而式(2-1-10) 更便于应用。

需要说明的是输入向量去相关与平稳性的假设，并非 LMS 算法收敛的必要条件。对某些特定的相关与非平稳输入的收敛问题，分析是十分复杂的。至今尚没有一种关于 LMS 算法无条件收敛性的证明。

2.1.3　学习曲线

在第 1 章导出了一个对于最速下降法 J 与迭代次数关系的计算公式(1-4-59)，即学习曲线。由于在每次迭代过程中假设了准确已知梯度，因而，这条曲线是理论性的。可见，这条理论的学习曲线是按照$(L+1)$ 个公比的几何级数衰减的，即

$$r_n = 1 - 2\mu\lambda_n; n = 0,1,\cdots,L \tag{2-1-11}$$

由此，再利用式(1-5-84)，得到权向量的第 n 个成分(模) 向最佳值逼近的指数型弛豫时间常数为

$$\tau_n \approx \frac{1}{2\mu\lambda_n}; n = 0,1,\cdots,L \tag{2-1-12}$$

由式(1-5-85) 知，学习曲线与第 n 次模有关的时间常数为 $\tau_n/2$，即

$$(\tau_{\mathrm{MSE}})_n \approx \frac{1}{4\mu\lambda_n}; n = 0,1,\cdots,L \tag{2-1-13}$$

此外，由于 LMS 算法的每次梯度估值只需要利用单个观测数据，因而用输入样本数的时间常数 T_{MSE} 与算法迭代次数的时间常数 τ_{MSE} 是一样的。因此，对于 LMS 算法，有

$$(T_{\mathrm{MSE}})_n = (\tau_{\mathrm{MSE}})_n \approx \frac{1}{4\mu\lambda_n}; n = 0,1,\cdots,L \tag{2-1-14}$$

在某些情况下，使用 LMS 算法时，每次迭代过程中 $e^2(k)$ 给出 $E[e^2(k)]$ 一个比较好的

近似，则式(2-1-14)给出了学习曲线时间常数一个好的近似。一般情况下，式(2-1-14)并不严格成立，这是因为 $e^2(k)$ 一般并不是 $E[e^2(k)]$ 一个好的近似。图 2-2 给出了不同 T_{MSE} 的条件下，$J-J_{\min}$ 的学习曲线。由于 $E[e^2(k)]$ 的估值是带噪声的，因而实验观测的时间常数要稍大于理论时间常数。对于 LMS 算法，这个结果论是有代表性的。

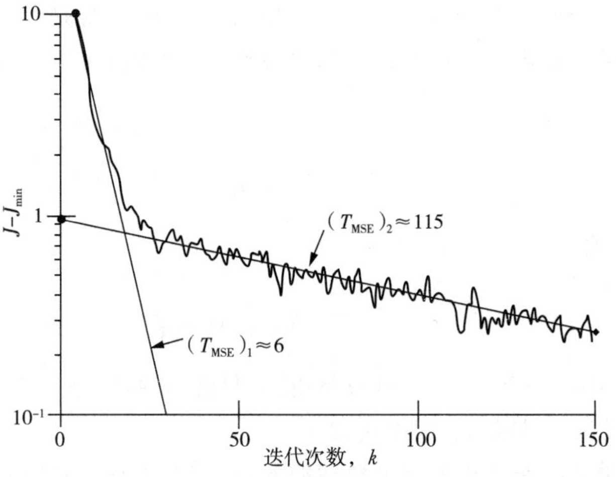

图 2-2　$\mu=0.05$ 对应的学习曲线[1]

2.1.4　权向量解的噪声

在第 1 章讨论了基于权扰动方式估计梯度的方法、梯度估值的方差与权向量解的噪声。对于 LMS 算法，梯度估值是基于式(2-1-2)而并非由权扰动得到，所以需要重新研究它的方差。

按式(1-5-32)，令 $\boldsymbol{N}(k)$ 表示在第 k 次迭代时梯度估值的噪声向量，因而

$$\hat{\nabla}(k)=\nabla(k)+\boldsymbol{N}(k) \tag{2-1-15}$$

如果 LMS 算法运行时采用一个小的自适应增益常数 μ，并且自适应过程已收敛到稳态权向量解 $\boldsymbol{W}^{\mathrm{opt}}$ 附近，则式(2-1-15)中的 $\nabla(k)$ 接近于零。按照式(2-1-2)，梯度噪声将逼近于

$$\boldsymbol{N}(k)=\hat{\nabla}(k)=-2e(k)\boldsymbol{X}(k) \tag{2-1-16}$$

噪声的协方差为

$$\mathrm{cov}[\boldsymbol{N}(k)]=E[\boldsymbol{N}(k)\boldsymbol{N}^{\mathrm{T}}(k)]=4E[e^2(k)\boldsymbol{X}(k)\boldsymbol{X}^{\mathrm{T}}(k)] \tag{2-1-17}$$

如果权向量 $\boldsymbol{W}(k)$ 保持在它们的最佳值 $\boldsymbol{W}^{\mathrm{opt}}$ 附近，由式(1-2-39)知，$e^2(k)$ 与输入信号向量近似不相关，因而式(2-1-27)改写为

$$\begin{aligned}\mathrm{cov}[\boldsymbol{N}(k)]&\approx 4E[e^2(k)]E[\boldsymbol{X}(k)\boldsymbol{X}^{\mathrm{T}}(k)]\\&\approx 4J_{\min}\boldsymbol{R}\end{aligned} \tag{2-1-18}$$

参照式(1-2-38)及式(1-5-40)的变换,转换至主轴坐标系分析。在主轴坐标系中,$\boldsymbol{N}'(k)$ 的均方差为

$$\begin{aligned}\operatorname{cov}[\boldsymbol{N}'(k)] &= \operatorname{cov}[\boldsymbol{Q}^{-1}\boldsymbol{N}(k)] \\ &= E[\boldsymbol{Q}^{-1}\boldsymbol{N}(k)\ (\boldsymbol{Q}^{-1}\boldsymbol{N}(k))^{\mathrm{T}}] \\ &= \boldsymbol{Q}^{-1}E[\boldsymbol{N}(k)\boldsymbol{N}^{\mathrm{T}}(k)]\boldsymbol{Q} \\ &= \boldsymbol{Q}^{-1}\operatorname{cov}[\boldsymbol{N}(k)]\boldsymbol{Q} \approx 4J_{\min}\boldsymbol{\Lambda}\end{aligned} \tag{2-1-19}$$

至此,可以用式(1-5-52)直接得到主抽坐标系中权向量的协方差为

$$\begin{aligned}\operatorname{cov}[\boldsymbol{V}'(k)] &= \frac{\mu}{4}(\boldsymbol{\Lambda}-\mu\boldsymbol{\Lambda}^2)^{-1}\operatorname{cov}[\boldsymbol{N}'(k)] \\ &= \mu J_{\min}(\boldsymbol{\Lambda}-\mu\boldsymbol{\Lambda}^2)^{-1}\boldsymbol{\Lambda}\end{aligned} \tag{2-1-20}$$

式中,$\mu\boldsymbol{\Lambda}$ 的元素一般远小于1,因而 $\mu\boldsymbol{\Lambda}^2$ 项无穷小,可以忽略。这时,式(2-1-30)可简化为

$$\begin{aligned}\operatorname{cov}[\boldsymbol{V}'(k)] &\approx \mu J_{\min}\boldsymbol{\Lambda}^{-1}\boldsymbol{\Lambda} \\ &\approx \mu J_{\min}\boldsymbol{I}\end{aligned} \tag{2-1-21}$$

因此,在原始坐标系,权向量解的噪声近似为

$$\begin{aligned}\operatorname{cov}[\boldsymbol{V}(k)] &= \boldsymbol{Q}\operatorname{cov}[\boldsymbol{V}'(k)]\boldsymbol{Q}^{-1} \\ &\approx \mu J_{\min}\boldsymbol{Q}\boldsymbol{I}\boldsymbol{Q}^{-1} \\ &\approx \mu J_{\min}\boldsymbol{I}\end{aligned} \tag{2-1-22}$$

2.1.5　失调

在自适应过程中,超量均方误差与最小均方误差之比定义为失调,它是自适应过程跟踪真正维纳解接近程度的量度,也就是自适应能力的代价的量度。由式(1-5-60),得

$$\text{超量 MSE} = E[\boldsymbol{V}'^{\mathrm{T}}(k)\boldsymbol{\Lambda}\boldsymbol{V}'(k)] \tag{2-1-23}$$

若 $\boldsymbol{V}'(k)$ 具有 $L+1$ 个元素,并且注意到 $\boldsymbol{\Lambda}$ 是一个对角阵,则式(2-1-23)可写为

$$\text{超量 MSE} = \sum_{n=0}^{L}\lambda_n E[v_n'^2(k)] \tag{2-1-24}$$

如果自适应暂态过程已经消失,因而均方误差已接近于碗底,且式(2-1-24)中的 $E[v_n'^2(k)]$ 就是式(2-1-21)中 $\operatorname{cov}[\boldsymbol{V}'(k)]$ 的一个元素,则得超量 MSE 的近似公式为

$$\begin{aligned}\text{超量 MSE} &\approx \mu J_{\min}\sum_{n=0}^{L}\lambda_n \\ &\approx \mu J_{\min}\operatorname{tr}[\boldsymbol{R}]\end{aligned} \tag{2-1-25}$$

由式(2-1-25)和式(1-5-99),得

$$M=\frac{\text{超量 MSE}}{J_{\min}}$$
$$\approx \mu \mathrm{tr}[\boldsymbol{R}] \tag{2-1-26}$$

式(2-1-26)表明,失调正比于自适应增益常数 μ。因而,失调与自适应速率必须折中考虑。为了更清楚地表示这种折衷关系,由式(2-1-13)知,学习曲线第 n 个模的时间常数为

$$(\tau_{\mathrm{MSE}})_n=\frac{1}{4\mu\lambda_n} \tag{2-1-27}$$

由此得 $\boldsymbol{R}$ 的迹为

$$\mathrm{tr}[\boldsymbol{R}]=\sum_{n=0}^{L}\lambda_n=\frac{1}{4\mu}\sum_{n=0}^{L}\frac{1}{(\tau_{\mathrm{MSE}})_n}=\frac{L+1}{4\mu}\left(\frac{1}{\tau_{\mathrm{MSE}}}\right)_{\mathrm{av}} \tag{2-1-28}$$

将式(2-1-28)代入式(2-1-26),得

$$M\approx\frac{L+1}{4}\left(\frac{1}{\tau_{\mathrm{MSE}}}\right)_{\mathrm{av}} \tag{2-1-29}$$

当所有特征值相等时,式(2-1-29)可简化为

$$M\approx\frac{L+1}{4\tau_{\mathrm{MSE}}} \tag{2-1-30}$$

经验证明,即使当各特征值不相等时,式(2-1-30)也是失调、学习曲线时间常数与权数之间一个好的近似表示式。当特征值未知时,需要利用这样一个关系来设计自适应系统。

由于 $\boldsymbol{R}$ 矩阵的迹就是输入各个权上信号的总功率,且一般是已知的,因而可用式(2-1-26)来选择一个合适的 μ 值,以满足对 M 提出的要求。结合式(2-1-30)与式(2-1-26),当各特征值相等时,学习曲线时间常数为

$$\tau_{\mathrm{MSE}}\approx\frac{1}{4\mu\ \mathrm{tr}[\boldsymbol{R}]} \tag{2-1-31}$$

由于一般可认为自适应暂态过程在4倍时间常数后近似消失而进入稳态,从式(2-1-30)得到的经验规则如下。

(1) 当各特征值相等时,失调等于权数除以建立时间。

(2) 在许多实际应用中,10%的失调是允许的。当让自适应的建立时间等于10倍跨过自适应横向滤波器的存储时间,就可满足这一要求。

2.1.6 性能比较

由上面的讨论知,LMS 算法与第1章所讨论算法的不同之处,主要在于每一时间步都对梯度 $\nabla(k)$ 进行估值。事实上,LMS 算法利用了性能表面为二次型这一先验信息,因而 LMS 算法的性能优于最速下降算法。最速下降算法与 LMS 算法的失调与时间常数见表 2-1 所列。

表 2-1　最速下降算法与 LMS 算法的失调与时间常数

参　数	最速下降法	LMS 算法
失调，M	$\frac{\mu(L+1)}{4N\Delta v^2}J_{\min}$ $=\frac{(L+1)^2}{8P}\left(\frac{1}{T_{\mathrm{MSE}}}\right)_{\mathrm{av}}$	$\mu\ \mathrm{tr}\boldsymbol{R}=\frac{L+1}{4}\left(\frac{1}{T_{\mathrm{MSE}}}\right)_{\mathrm{av}}$
扰动，P	$\frac{\Delta v^2\lambda_{\mathrm{av}}}{J_{\min}}$	
总失调，M_{tot} 第 n 个模的时间常数	$M+P$	M
自适应迭代数，τ_{MSE}	$\frac{1}{4\mu\lambda_n}$	$\frac{1}{4\mu\lambda_n}$
数据样点数，T_{MSE}	$\frac{N(L+1)}{2\mu\lambda_n}$	$\frac{1}{4\mu\lambda_n}$

表 2-1 表明，LMS 算法的性能优势十分明显。显然，对于最速下降法与 LMS 算法，慢的自适应将减少失调，这可由增大时间常数来实现。然而，如果给定时间常数，LMS 算法产生的失调将随着权数线性增加，而不是按权数的平方增加，因而在典型的环境下，可以得到更快的自适应速率。

图 2-3 给出了将自适应时间常数 T_{MSE} 作为权数的函数曲线图。为了比较，将 LMS 算法的失调固定为 10%，最速下降法总失调也固定为 10%，而扰动 P 按式(1-5-107)优选；再假定 $\boldsymbol{R}$ 矩阵的特征值相等。由表 2-1 得到图 2-3 中的曲线表示如下。

最速下降法：

$$T_{\mathrm{MSE}}=\frac{(L+1)^2}{8MP}=50\,(L+1)^2 \tag{2-1-32}$$

LMS 算法：

$$T_{\mathrm{MSE}}=\frac{L+1}{4M}=2.5(L+1) \tag{2-1-33}$$

图 2-3 表明，LMS 算法具有短得多的自适应时间，当权数较大时，这一趋势更为明显。

已经证明：当 $\boldsymbol{R}$ 矩阵的特征值相等或近似相等时，LMS 算法的效率已经逼近于一切自适应算法的理论极限[1]。然而，当特征值分散时，失调主要由自适应的最快模式决定，而建立时间受限于最慢模式。一种类似于 LMS 算法，即是基于牛顿法而不是最速下降法的一类算法，在上述条件下仍能保持其效率。在这些算法中，每次迭代时，将梯度估值右乘以矩阵 $\boldsymbol{R}$ 的逆，即

$$\boldsymbol{W}(k+1)=\boldsymbol{W}(k)+\mu\hat{\boldsymbol{R}}^{-1}\ \hat{\nabla}(k) \tag{2-1-34}$$

$$\boldsymbol{W}(k+1)=\boldsymbol{W}(k)+2\mu\hat{\boldsymbol{R}}^{-1}e(k)\boldsymbol{X}(k) \tag{2-1-35}$$

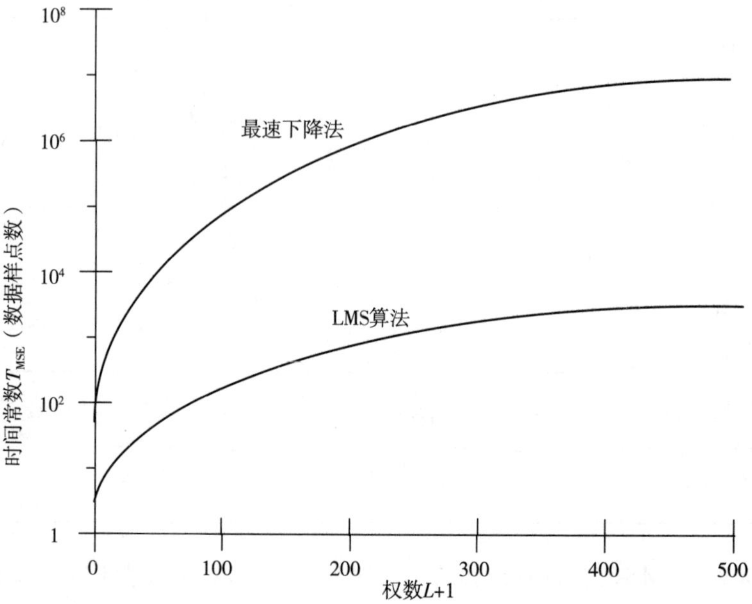

图 2-3　LMS 算法与最速下降法自适应时间常数与权数的关系[1]

这样处理后，所有自适应模式基本上具有相同的时间常数。这些算法可能比 LMS 算法更为有效，但是也特别难于实现。

2.1.7　改进的 LMS 算法

1. 归一化 LMS 算法

变步长 LMS 算法是典型 LMS 算法的一种改进。而归一化最小均方误差（NLMS）算法属于变步长 LMS 算法，能有效地减小传统 LMS 算法在收敛过程中对梯度噪声的放大作用，收敛速度也比 LMS 算法快。变步长 $\mu(k)$ 的更新公式为

$$\boldsymbol{w}(k+1)=\boldsymbol{w}(k)+\mu(k)e(k)\boldsymbol{X}(k) \tag{2-1-36}$$

式中，

$$\mu(k)=\frac{1}{\boldsymbol{X}^{T}(k)\boldsymbol{X}(k)} \tag{2-1-37}$$

为了确保式(2-1-37)的分母不为零，LMS 算法的更新迭代公式修改为

$$\boldsymbol{w}(k+1)=\boldsymbol{w}(k)+\frac{\mu}{\gamma+\boldsymbol{X}^{T}(k)\boldsymbol{X}(k)}e(k)\boldsymbol{X}(k) \tag{2-1-38}$$

式中，γ 是一个很小的正常数，为防止 $\boldsymbol{X}^{T}(k)\boldsymbol{X}(k)$ 过小而引起步长过大，从而导致算法发散。μ 为一固定的收敛因子，$0<\mu<2$。这就是所谓的归一化 LMS 算法（NLMS）。

在 NLMS 基础上，将式(2-1-38)中 μ 改变为

$$\mu(k)=\frac{\mu}{1+\mu\|e(k)\|^{2}} \tag{2-1-39}$$

式中，

$$\|e(k)\|^{2}=\sum_{n=0}^{k-1}e^{2}(k-n) \tag{2-1-40}$$

为误差函数 $e(k)$ 的欧式平方范数。固定值 μ 需要精心选择，以便能够在快的收敛速度和小的稳态误差之间达到一种平衡。式(2-1-38)与式(2-1-39)结合在一起，就构成归一化变步长 LMS 算法。

一种基于 Sigmoid 函数的变步长 LMS 算法（SVSLMS），步长函数解析式为

$$\mu(k)=\beta\left(\frac{1}{1+\exp(-\alpha|e(k)|)}-0.5\right) \tag{2-1-41}$$

式中，Sigmoid 函数简称 S 函数，$\mu(k)=f(e(k-1))$。其中 α 是控制 S 函数形状的常数，β 是控制 S 函数范围的常数。$\mu(k)$ 与 $e(k)$ 的函数曲线，如图 2-4 所示。当 $e(k)$ 较大时，$\mu(k)$ 也较大，但不会超出界限 $\beta/2$。这恰恰符合算法在自适应过程中，初始阶段预测误差大，其能量也大，需要大的步长；当快要达到稳态时，预测误差随之减小，为了保证较小失调量和算法稳定性，必须采用小步长。

然而，Sigmoid 函数形式较为复杂，而且在误差接近零时步长变化很大，会导致在算法稳态时微小的误差产生较大的步长。针对这一问题，将步长和估计误差的函数关系定义为

$$\mu(k)=\beta(1-\exp(-\alpha\,|e(k-1)|^{2})) \tag{2-1-42}$$

步长函数曲线，如图 2-4 所示。

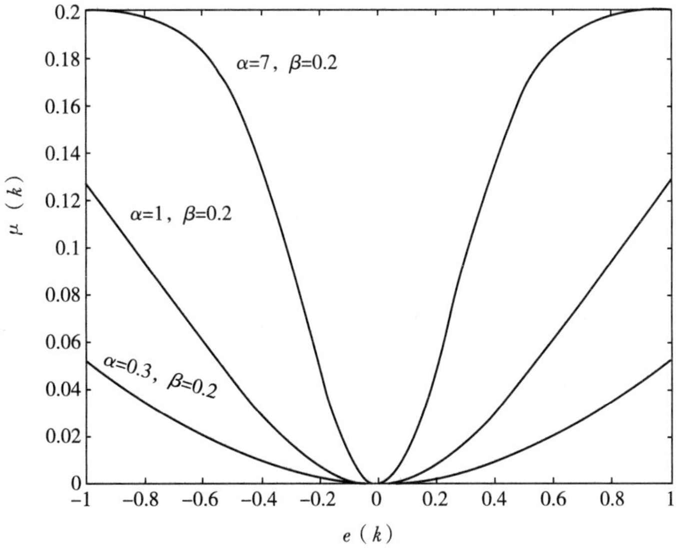

图 2-4　步长函数曲线[1]

2. 时域解相关 LMS 算法

在 LMS 算法中，当自适应滤波器的输入信号向量 $\boldsymbol{X}(k)$ 之间不满足统计独立的条件时，LMS 算法的性能将下降，尤其是收敛速度变慢。大量研究表明，解相关（解除各时刻输入向量之间的相关性，使它们尽可能地保持统计独立）能够显著加快 LMS 算法的收敛速度。解相关可以在时域和频域两种状态下进行。这里介绍时域解相关算法。

在 LMS 算法中，可以定义类似于投影系数的相关系数，即

$$\rho(k)=\frac{\boldsymbol{X}^{\mathrm{T}}(k)\boldsymbol{X}(k-1)}{\boldsymbol{X}^{\mathrm{T}}(k-1)\boldsymbol{X}(k-1)} \tag{2-1-43}$$

式中，$\rho(k)$ 是 $\boldsymbol{X}(k)$ 和 $\boldsymbol{X}(k-1)$ 在采样时刻 k 的相关系数。$\rho(k)$ 越大，它们之间的关联性越强。显然 $\rho(k)$ 代表了 $\boldsymbol{X}(k)$ 与 $\boldsymbol{X}(k-1)$ 相关部分。若从中减去该部分，则这一减法运算相当“解相关”，用解相关的结果作为更新方向向量为

$$\boldsymbol{d}_v(k)=\boldsymbol{X}(k)-\rho(k)\boldsymbol{X}(k-1) \tag{2-1-44}$$

即得到时域解相关算法。

3. 截断数据 LMS 算法

截断数据 LMS(CLMS，Cipped LMS) 算法的滤波权向量更新公式为

$$\boldsymbol{w}(k+1)=\boldsymbol{w}(k)+\mu e(k)\operatorname{sgn}[\boldsymbol{X}(k)] \tag{2-1-45}$$

式中

$$e(k)=d(k)-y(k) \tag{2-1-46}$$

$$y(k)=\boldsymbol{w}^{\mathrm{T}}(k)\boldsymbol{X}(k) \tag{2-1-47}$$

$$\operatorname{sgn}[x_i(k)]=\begin{cases}1, & x_i(k)\geqslant 0\\ -1, & x_i(k)<0\end{cases} \tag{2-1-48}$$

式(2-1-48)利用符号函数 sgn(·) 将滤波器的输入数据截断为 1 或 −1，减掉了部分乘法，故 CLMS 算法比一般的时域 LMS 算法的计算量减少了一半，从而改善了收敛性能。

4. 截断误差 LMS 算法

利用符号函数截断数据的 CLMS 算法也可用于其他混合算法，以减小计算复杂度。例如用截断误差项代替原有数据项，即将式(2-1-45) 的权向量更新公式改写成

$$\boldsymbol{w}(k+1)=\boldsymbol{w}(k)+\mu[\operatorname{sgn}e(k)]\boldsymbol{X}(k) \tag{2-1-49}$$

利用类似的快速块处理方法，则第 m 块误差项的自适应滤波权向量更新公式为

$$\boldsymbol{w}(m+1)=\boldsymbol{w}(\mathrm{m})+\mu\sum_{i=0}^{N-1}\{\operatorname{sgn}[e(mN+i)]\}\boldsymbol{X}(mN+i) \tag{2-1-50}$$

注意：不论是截断数据 CLMS 算法还是截断误差 CLMS 算法，对权系数矢量更新时都要进行 N 次符号校正。

2.2　其他自适应算法

虽然LMS算法简单有效，但是该算法最初是由非递归线性滤波器推导出来的，因而其应用受到限制。虽然LMS算法属于最速下降类算法，但是其下降路径并不是直接指向最小均方误差点的路径。

本节将分析LMS/Newton算法，作为牛顿法的一种近似的序贯回归(sequential regression，SER)算法；将LMS算法推广至递归滤波器；即具有极点的自适应滤波器，等等。

2.2.1　一种理想算法的LMS/Newton算法

所谓理想算法是算法性能不能被超越的算法。因此，这种算法可用作其他算法性能的比较标准。

1. LMS/Newton算法

为了导出LMS/Newton算法，首先从式(1-4-32)开始讨论，即

$$\boldsymbol{W}(k+1)=\boldsymbol{W}(k)-\mu\boldsymbol{R}^{-1}\nabla(k) \tag{2-2-1}$$

该式表明，在理想条件下，只需一次迭代就可收敛于最佳权向量$\boldsymbol{W}^{\mathrm{opt}}$，即从$\boldsymbol{W}(0)$开始，有$\boldsymbol{W}(1)=\boldsymbol{W}^{\mathrm{opt}}$。这些理想条件是：

(1) $\mu=\dfrac{1}{2}$。

(2) 每一步迭代时，准确已知梯度向量∇。

(3) 信号相关矩阵的逆$\boldsymbol{R}^{-1}$不变，且准确已知。

若第一个条件不满足，即μ取为0与1/2之间的一个数，如图2-4所示，算法需要若干步，但仍然沿着指向$\boldsymbol{W}^{\mathrm{opt}}$的直线前进。

若第二个条件也不满足，即采用带噪声的梯度估值$\hat{\nabla}$去替代∇，则

$$\boldsymbol{W}(k+1)=\boldsymbol{W}(k)-\mu\boldsymbol{R}^{-1}\hat{\nabla}(k) \tag{2-2-2}$$

若仅仅第三个条件满足，则这个算法仍然是理想化的，即算法仍然需要准确已知有关$\boldsymbol{R}^{-1}$。现暂时不放松这一条件，并在式(2-2-2)中采用$e^2(k)$作为J的估值，则此算法成为LMS类型的算法。由式(2-1-2)知，梯度估值为

$$\hat{\nabla}(k)=-2e(k)\boldsymbol{X}(k) \tag{2-2-3}$$

式中，$\boldsymbol{X}(k)$为第k次迭代时的输入向量。将式(2-2-3)代入式(2-2-2)，得

$$\boldsymbol{W}(k+1)=\boldsymbol{W}(k)+\mu\lambda_{\mathrm{av}}\boldsymbol{R}^{-1}e(k)\boldsymbol{X}(k) \tag{2-2-4}$$

式(2-2-4)除了在权的增量项存在$\boldsymbol{R}^{-1}$外，与式(2-1-3)的LMS算法相同。当$\boldsymbol{R}$为具有相等特征值的对角阵，即当$\lambda_{\mathrm{av}}\boldsymbol{R}^{-1}=\boldsymbol{I}$时，式(2-2-4)与式(2-1-3)更加接近。在式(2-2-4)中，将λ_{av}作为尺度因子，μ采用与第1章相同的取值范围，得

$$W(k+1)=W(k)+2\mu\lambda_{av}R^{-1}e(k)X(k) \quad (2-2-5)$$

因而，称算式(2-2-5)为LMS/Newton算法。

注意：①λ_{av}与$e(k)X(k)$的单位是功率，R^{-1}与μ的单位是功率的倒数，W是无量纲的。②μ的范围已被λ_{av}改变尺度。

因而，将式(2-2-5)与式(1-4-32)进行比较，由式(1-4-33)，得

收敛条件：

$$\frac{1}{\lambda_{max}}>\mu>0 \quad (2-2-6)$$

无噪声条件下，单步收敛条件：

$$\mu=\frac{1}{2\lambda_{av}} \quad (2-2-7)$$

由于假设准确已知R^{-1}，故式(2-2-5)所示的LMS/Newton算法是理想化的。由于在自适应系统中X通常是非平稳的，R是随时间以未知的方式缓慢变化着的，因而R并不是精确已知的。同时，这种算法在无噪声条件下，如图2-5所示在抛物面的误差面上，权的运动轨迹是直接指向W^{opt}的。因此，这种算法是理想的。图2-6给出了LMS/Newton算法与LMS算法的比较。

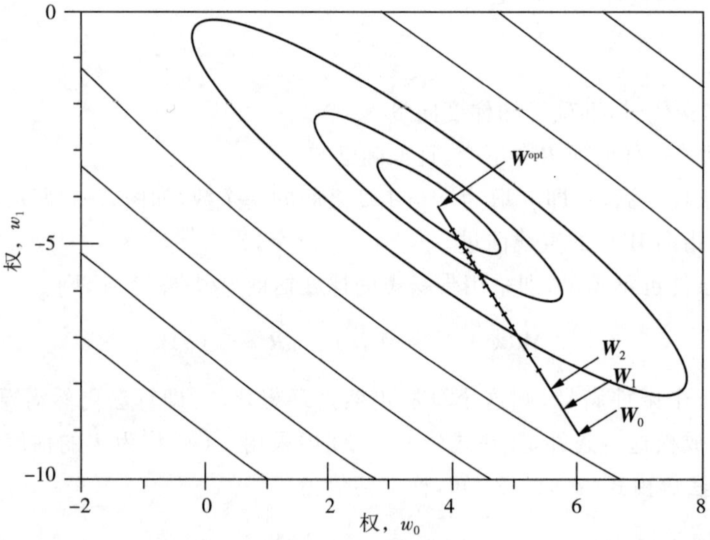

图2-5 两个权的Newton法[1]

图2-6表明，①即使存在噪声，LMS/Newton算法一般也优于LMS算法。图中，初始权向量(w_{00}, w_{10})选为(6，-9)。对LMS/Newton算法，R矩阵的逆假定是已知的。②LMS算法近似沿着最速下降的路径前进，最终将到达最优点(w_0^{opt}, w_1^{opt})，而LMS/Newton算法近似地沿着直接路径前进。③由于每次迭代中梯度估值是带噪声的，因而两根条轨迹均是带噪声的，显然LMS/Newton算法是优越的。

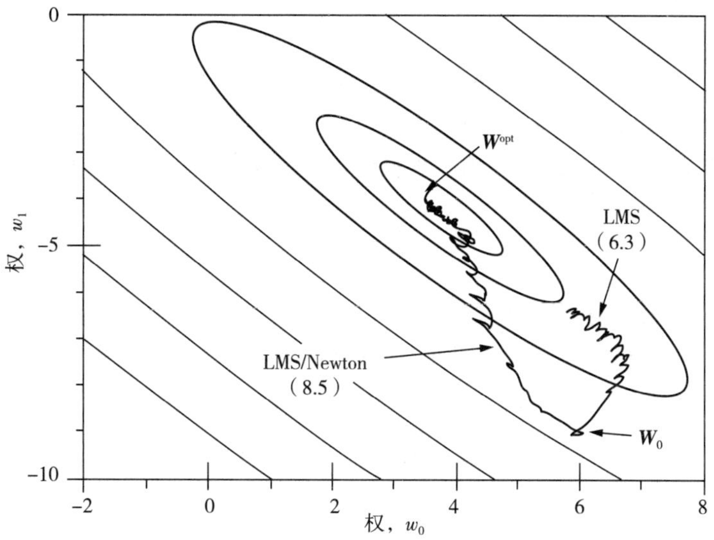

图 2-6　LMS/Newton 算法与 LMS 算法的比较[1]

2. LMS/Newton 算法的特性

LMS/Newton 算法是性能理想的算法，现讨论它的收敛特性与超量均方误差，并与 LMS 算法进行比较。

1) LMS/Newton 算法的收敛特性

在理想无噪声的条件下，LMS 算法的特性可由相应的最速下降法的有关公式来描述，而 LMS/Newton 法则由相应于牛顿法所导出的有关公式来描述。注意，在式(2-2-5)中，已将 μ 增大了 λ_{av} 倍(即用 $\mu\lambda_{av}$ 代替 μ)。由式(1-5-59)与式(1-5-82)知，可得第 n 个权的弛豫过程的公比。

对牛顿法，公比为

$$r = 1 - 2\mu\lambda_{av} \tag{2-2-8}$$

对最速下降法，公比为

$$r_n = 1 - 2\mu\lambda_n, 0 \leqslant n \leqslant L \tag{2-2-9}$$

当 $\boldsymbol{R}$ 的各特征值相等时，这两种方法是等价的。从这些比值出发，可以求得学习曲线第 n 个模的时间常数。

对牛顿法，时间常数为

$$T_{MSE} = \frac{1}{4\mu\lambda_{av}} \tag{2-2-10}$$

对最速下降法，时间常数为

$$(T_{MSE})_n = \frac{1}{4\mu\lambda_n}, 0 \leqslant n \leqslant L \tag{2-2-11}$$

图 2-6 表明，当特征值不等时，LMS 算法学习曲线的收敛慢于 LMS/Newton 算法。

2) 超量均方误差

现在推导 LMS/Newton 算法的超量均方误差。

为导出超量均方误差，需要得到主轴坐标系中权向量 $\boldsymbol{V}'(k)$ 的协方差矩阵。在式(1-5-48)中，由带噪声的梯度估值导出了牛顿法的 $\mathrm{cov}[\boldsymbol{V}'(k)]$，用 $\mu\lambda_{\mathrm{av}}$ 代替 μ，得

$$\mathrm{cov}[\boldsymbol{V}'(k)]=\frac{\mu\lambda_{\mathrm{av}}(\boldsymbol{\Lambda}^{-1})^2}{4(1-\mu\lambda_{\mathrm{av}})}\mathrm{cov}[\boldsymbol{N}'(k)] \tag{2-2-12}$$

式中，$\boldsymbol{N}'(k)$ 是在主轴坐标系中的梯度噪声。在式(2-2-3)中，由于采用了与在式(2-1-2)中 LMS 算法完全相同的梯度估值，因而 LMS/Newton 算法的梯度噪声必须与之相同，即式(2-1-19)中的 $\mathrm{cov}[\boldsymbol{N}'(k)]$ 对 LMS/Newton 算法也有效，即

$$\mathrm{cov}[\boldsymbol{N}'(k)]=4J_{\min}\boldsymbol{\Lambda} \tag{2-2-13}$$

将式(2-2-13)代入式(2-2-12)，得

$$\mathrm{cov}[\boldsymbol{V}'(k)]=\frac{\mu\lambda_{\mathrm{av}}J_{\min}}{1-\mu\lambda_{\mathrm{av}}}\boldsymbol{\Lambda}^{-1} \tag{2-2-14}$$

现在，由 $\mathrm{cov}[\boldsymbol{V}'(k)]$ 的对角元素，得超量均方误差为

$$\begin{aligned}\text{超量 MSE}&=\sum_{n=0}^{L}\lambda_n E[v_n'^2(k)]\\&=\sum_{n=0}^{L}\lambda_n\frac{\mu\lambda_{\mathrm{av}}J_{\min}\lambda_n^{-1}}{1-\mu\lambda_{\mathrm{av}}}\\&=\frac{(L+1)\mu\lambda_{\mathrm{av}}J_{\min}}{1-\mu\lambda_{\mathrm{av}}}\end{aligned} \tag{2-2-15}$$

注意：式(2-2-15)中 $L+1$ 倍 λ_{av} 与 $\boldsymbol{R}$ 的对角元素之和(即 $\boldsymbol{R}$ 的迹)相同。

在 $\mathrm{cov}[\boldsymbol{N}'(k)]$ 的推导中，假定与在式(2-2-7)的单步收敛因子相比 μ 是很小的，即

$$\mu\ll\frac{1}{2\lambda_{\mathrm{av}}} \tag{2-2-16}$$

这时，式(2-2-15)可简化为

$$\text{超量 MSE}\approx\mu J_{\min}\mathrm{tr}[\boldsymbol{R}] \tag{2-2-17}$$

由式(2-1-14)与式(2-2-10)知，对于 LMS 算法与 LMS/Newton 算法，它们的超量均方误差与失调相同，均为

$$\begin{aligned}M&=\frac{\text{超量 MSE}}{J_{\min}}\\&=\mu\,\mathrm{tr}[\boldsymbol{R}]\end{aligned} \tag{2-2-18}$$

LMS/Newton 算法与 LMS 算法的理论特性，见表 2-2 所列。

表 2-2　LMS/Newton 算法与 LMS 算法的理论特性比较

	LMS/Newton 算法	LMS 算法
最长的学习曲线时间常数,T_{MSE}	$\frac{1}{4\mu\lambda_{av}}$	$\frac{1}{4\mu\lambda_{min}}$
失调,M	$\mu\ \mathrm{tr}[\boldsymbol{R}]$	$\mu\ \mathrm{tr}[\boldsymbol{R}]$

即给定 μ 时,两种算法的失调相同。然而,LMS/Newton 算法比 LMS 算法收敛快一个比值 $\lambda_{av}/\lambda_{min}$。因此,当 $\boldsymbol{R}$ 的各特征值差异较大时,LMS 算法与其他一些最速下降类算法远远没有达到理想 LMS/Newton 算法的性能。然而,序贯回归算法的性能更接近于 LMS/Newton 算法的性能。

2.2.2　序贯回归算法

比较式(2-1-3)所示的 LMS 算法与式(2-2-5)所示的 LMS/Newton 算法知,利用 $\boldsymbol{R}^{-1}$ 可使 $\boldsymbol{W}$ 以直线方式搜索到 $\boldsymbol{W}^{opt}$。为了推导出一种更像 LMS/Newton 算法的实用算法,必须设法在每次迭代过程估计 $\boldsymbol{R}^{-1}$,以得到式(2-2-5)算法的近似。

序贯回归算法精确地体现了这种思想。它首先计算一个 $\boldsymbol{R}^{-1}$ 的估值,然后通过每次迭代加以改善,因而最终逼近于式(2-2-5)所示的算法。为导出 SER 算法,先讨论如何估计 $\boldsymbol{R}$。显然,估计 $\boldsymbol{R}$ 比估计 $\boldsymbol{R}^{-1}$ 简单。$\boldsymbol{R}$ 的元素为输入相关函数,即

$$r_{xx}(k)=E[x(n)x(n+k)] \tag{2-2-19}$$

而

$$\boldsymbol{R}=E[\boldsymbol{X}(k)\boldsymbol{X}^{\mathrm{T}}(k)] \tag{2-2-20}$$

式(2-2-20)既包括单输入自适应系统又包括多输入自适应系统。

现在假设仅有有限个 $\boldsymbol{X}$ 信号的观测值,即从 $\boldsymbol{X}(0)$ 到 $\boldsymbol{X}(k)$,因而式(2-2-20)中,期望平均运算并不是对所有的 k(即 k 不是无限大)。在平稳条件下,$\boldsymbol{R}$ 的无偏估值为

$$\hat{\boldsymbol{R}}(k)=\frac{1}{k+1}\sum_{l=0}^{k}\boldsymbol{X}(l)\boldsymbol{X}^{\mathrm{T}}(l) \tag{2-2-21}$$

在自适应系统中,一般 $\boldsymbol{X}$ 是非平稳的,式(2-2-21)是一个粗略的估值。由于它有无限的记忆性,当 k 非常大时,这样的估值对 $\boldsymbol{R}$ 的变化不灵敏。

为了使 $\boldsymbol{R}$ 的估值有一个短时间间隔的记忆性,令

$$\boldsymbol{Q}(k)=\sum_{l=0}^{k}\alpha^{k-l}\boldsymbol{X}(l)\boldsymbol{X}^{\mathrm{T}}(l) \tag{2-2-22}$$

与式(2-2-21)比较知,式(2-2-22)除了由于乘上了一个标量因子,从而加重了现时刻乘积项的贡献,并给估计量提供一个“消退”的记忆,这与 $\boldsymbol{R}(k)$ 类似。按照经验法则,一般 α 选择需使指数函数的半衰期等于 $\boldsymbol{X}(l)$ 的平稳区间长度,即

$$\alpha\approx 2^{-1/(X\text{的平移区间的长度})},0<\alpha<1 \tag{2-2-23}$$

经过 k 次迭代后，这个标量因子累积贡献为

$$\sum_{l=0}^{k}\alpha^{k-l}=\frac{1-\alpha^{k+1}}{1-\alpha} \tag{2-2-24}$$

因此，在第 k 次迭代 $\boldsymbol{R}$ 的修正估计为

$$\begin{aligned}\hat{\boldsymbol{R}}(k)&=\frac{1-\alpha}{1-\alpha^{k+1}}\boldsymbol{Q}(k)\\&=\frac{1-\alpha}{1-\alpha^{k+1}}\sum_{l=0}^{k}\alpha^{k-l}\boldsymbol{X}(l)\boldsymbol{X}^{\mathrm{T}}(l)\end{aligned} \tag{2-2-25}$$

对 $k\geqslant 0$，$\boldsymbol{X}(k)$ 为常数时，式(2-2-25)是严格成立的。式(2-2-25)表明，当 $\boldsymbol{X}(l)$ 一直平稳时，α 将趋近 1。若式(2-2-25)中 α 趋近于 1，则取极限后与式(2-2-21)一致。

有了估值量 $\hat{\boldsymbol{R}}(k)$，现推导 SER 算法。

首先，从式(1-2-16)给出的最优权向量开始，即

$$\hat{\boldsymbol{R}}(k)\boldsymbol{W}(k)=\hat{\boldsymbol{P}}(k) \tag{2-2-26}$$

这里，已用第 k 次迭代估值代替了真值。假定 $\boldsymbol{P}$ 采用式(2-2-25)中对 $\boldsymbol{R}$ 估值方法进行估计值，则有

$$\hat{\boldsymbol{P}}(k)=\frac{1-\alpha}{1-\alpha^{k+1}}\sum_{l=0}^{k}\alpha^{k-l}d(l)X(l) \tag{2-2-27}$$

在式(1-2-28)中使用式(2-2-25)与式(2-2-27)，则标量因子被消去，得

$$\boldsymbol{Q}(k)\boldsymbol{W}(k)=\sum_{l=0}^{k}\alpha^{k-l}d(l)\boldsymbol{X}(l) \tag{2-2-28}$$

现从式(2-2-28)出发，来推导 SER 算法。先假设 $\boldsymbol{W}(k+1)$[而不是 $\boldsymbol{W}(k)$]由 $\hat{\boldsymbol{R}}(k)$ 和 $\hat{\boldsymbol{P}}(k)$ 来计算，则从式(2-2-26)到式(2-2-28)，有

$$\begin{aligned}\boldsymbol{Q}(k)\boldsymbol{W}(k+1)&=\alpha\sum_{l=0}^{k-1}\alpha^{(k-1)-l}d(l)\boldsymbol{X}(l)+d(k)\boldsymbol{X}(k)\\&=\alpha\boldsymbol{Q}(k-1)\boldsymbol{W}(k)+d(k)\boldsymbol{X}(k)\\&=[\boldsymbol{Q}(k)-\boldsymbol{X}(k)\boldsymbol{X}^{\mathrm{T}}(k)]\boldsymbol{W}(k)+d(k)\boldsymbol{X}(k)\end{aligned} \tag{2-2-29}$$

式中，

$$\boldsymbol{Q}(k)=\alpha\boldsymbol{Q}(k-1)+\boldsymbol{X}(k)\boldsymbol{X}^{\mathrm{T}}(k) \tag{2-2-30}$$

下一步再用式(1-2-8)代替期望信号 $d(k)$，则

$$\boldsymbol{Q}(k)\boldsymbol{W}(k+1)=[\boldsymbol{Q}(k)-\boldsymbol{X}(k)X^{\mathrm{T}}(k)]\boldsymbol{W}(k)+[e(k)+\boldsymbol{X}^{\mathrm{T}}(k)\boldsymbol{W}(k)]\boldsymbol{X}(k)$$

$$=\boldsymbol{Q}(k)\boldsymbol{W}(k)+e(k)\boldsymbol{X}(k) \tag{2-2-31}$$

等式两端左乘以 $\boldsymbol{Q}^{-1}(k)$，得

$$\boldsymbol{W}(k+1)=\boldsymbol{W}(k)+\boldsymbol{Q}^{-1}(k)e(k)\boldsymbol{X}(k) \tag{2-2-32}$$

由于 $\boldsymbol{Q}^{-1}(k)$ 是 $\boldsymbol{R}^{-1}$ 的一个成比例的近似，因而式(2-2-32) 就是式(2-2-5) 所示的 LMS/Newton 算法。

事实上，由式(2-2-25)，得

$$\boldsymbol{Q}^{-1}(k)=\frac{1-\alpha}{1-\alpha^{k+1}}\hat{\boldsymbol{R}}^{-1}(k) \tag{2-2-33}$$

若 k 充分大到稳态，式(2-2-33) 中 α^{k+1} 可忽略，则式(2-2-32) 可写为

$$\boldsymbol{W}(k+1)=\boldsymbol{W}(k)+\frac{2\mu\lambda_{\mathrm{av}}}{1-\alpha}\boldsymbol{Q}^{-1}(k)e(k)\boldsymbol{X}(k) \tag{2-2-34}$$

注意：① 在非平稳条件下，λ_{av} 是一个变化量，也是必须加以调整的量。② 从式(2-2-34) 的后一项中略去因子$(1-\alpha^{k+1})$ 等效于首先在式(2-2-5) 中用一个大的 μ 值。

如果起始条件是重要的，可将此因子包括进去，并修改式(2-2-34)，得

$$\boldsymbol{W}(k+1)=\boldsymbol{W}(k)+\frac{2\mu\lambda_{\mathrm{av}}(1-\alpha^{k+1})}{1-\alpha}\boldsymbol{Q}^{-1}(k)e(k)\boldsymbol{X}(k) \tag{2-2-35}$$

在式(2-2-34) 与式(2-2-35) 中，需要用迭代方式计算 $\boldsymbol{Q}^{-1}(k)$。首先用 $\boldsymbol{Q}^{-1}(k)$ 左乘式(2-2-30) 的两端，再用 $\boldsymbol{Q}^{-1}(k-1)$ 右乘式(2-2-30) 的两端，得

$$\boldsymbol{Q}^{-1}(k-1)=\alpha\boldsymbol{Q}^{-1}(k)+\boldsymbol{Q}^{-1}(k)\boldsymbol{X}(k)\boldsymbol{X}^{\mathrm{T}}(k)\boldsymbol{Q}^{-1}(k-1) \tag{2-2-36}$$

再用 $\boldsymbol{X}(k)$ 右乘上式两端，得

$$\begin{aligned}\boldsymbol{Q}^{-1}(k-1)\boldsymbol{X}(k)&=\alpha\boldsymbol{Q}^{-1}(k)\boldsymbol{X}(k)+\boldsymbol{Q}^{-1}(k)\boldsymbol{X}(k)X^{\mathrm{T}}(k)\boldsymbol{Q}^{-1}(k-1)\boldsymbol{X}(k)\\&=\boldsymbol{Q}^{-1}(k)\boldsymbol{X}(k)[\alpha+\boldsymbol{X}^{\mathrm{T}}(k)\boldsymbol{Q}^{-1}(k-1)X(k)]\end{aligned} \tag{2-2-37}$$

现在用式(2-2-37) 括号中的标量因子除等式两端，并用 $\boldsymbol{X}^{\mathrm{T}}(k)\boldsymbol{Q}^{-1}(k-1)$ 去右乘等式两端，得

$$\frac{\boldsymbol{Q}^{-1}(k-1)\boldsymbol{X}(k)\boldsymbol{X}^{\mathrm{T}}(k)\boldsymbol{Q}^{-1}(k-1)}{\alpha+\boldsymbol{X}^{\mathrm{T}}(k)\boldsymbol{Q}^{-1}(k-1)\boldsymbol{X}(k)}=\boldsymbol{Q}^{-1}(k)\boldsymbol{X}(k)\boldsymbol{X}^{\mathrm{T}}(k)\boldsymbol{Q}^{-1}(k-1) \tag{2-2-38}$$

将式(2-2-36) 代入式(2-2-38)，得

$$\boldsymbol{Q}^{-1}(k)=\frac{1}{\alpha}\left[\boldsymbol{Q}^{-1}(k-1)-\frac{(\boldsymbol{Q}^{-1}(k-1)\boldsymbol{X}(k))\,(\boldsymbol{Q}^{-1}(k-1)\boldsymbol{X}(k))^{\mathrm{T}}}{\alpha+\boldsymbol{X}^{\mathrm{T}}(k)(\boldsymbol{Q}^{-1}(k-1)\boldsymbol{X}(k))}\right] \tag{2-2-39}$$

式中，

$$Q^{-1}(k-1)X(k)=S(k) \tag{2-2-40}$$

至于 $Q^{-1}(k)$ 的初值，对于平稳随机过程，令 $Q^{-1}(0)=q_0 I$，q_0 为较大值的常数。如果 $Q^{-1}(k)$ 的真值能预先估计，则让 $Q^{-1}(0)$ 尽可能选得接近它更为恰当。由不同的初值出发，$Q^{-1}(k)$ 的收敛过程示例，如图 2-7 所示。

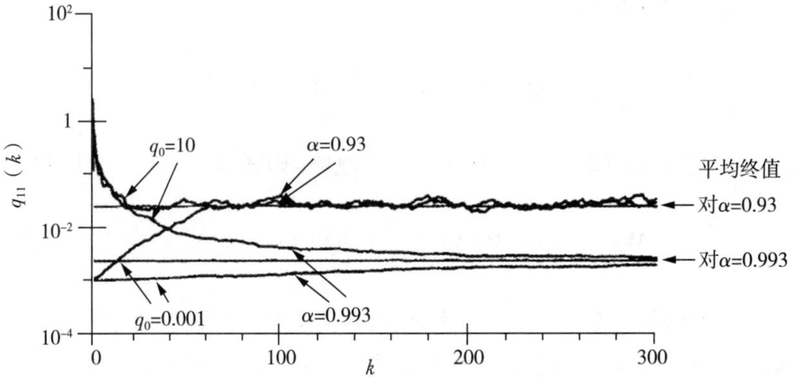

(a) $q_{11}(k)$

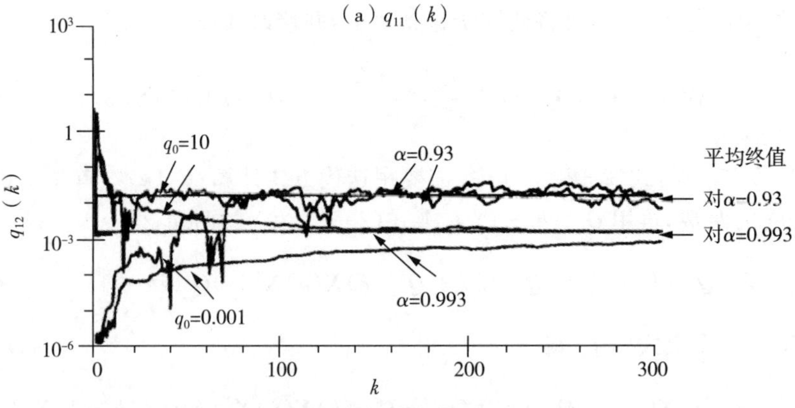

(b) $q_{12}(k)$

图 2-7　$Q^{-1}(k)$ 的收敛过程[1]

图 2-7 中，采用两种不同平稳序列长度(10 与 100) 的 α 值，以及两个不同的起始值 q_0 时，q_{11} 与 q_{12} 的收敛过程。

当 q_0 更接近于 q_{11} 的真值时，q_{11} 收敛较好，但 q_{12} 收敛稍差点(注意：纵轴为对数刻度)。这是图为估值是带噪声的，但对较小的 α 值收敛较快。式(2-2-39) 表明，只要 $Q^{-1}(0)$ 是对称的，$Q^{-1}(k)$ 也保持对称，图 2-7 也显示了这一特点。

对本节导出的有限记忆算法，λ_{av} 可以由真实数据加以估计。对非平稳情况，可能需要连续地调整，当完全不能利用信号统计特性时，$\mu\lambda_{av}$ 必须保持在 0 与 1 之间。

对 $k=1$，为"有限记忆"类型。这时

$$\alpha \approx 2^{-1/(X\text{平稳信号长度})}$$

$$\boldsymbol{Q}^{-1}(0)=(\text{较大的常数})\times \boldsymbol{I}$$

$$\boldsymbol{W}(0)=\text{起始权向量}$$

$$\boldsymbol{W}(1)=\boldsymbol{W}(0)+2\mu\lambda_{\text{av}}\boldsymbol{Q}^{-1}(0)e(0)\boldsymbol{X}(0)$$

$$\cdots$$

对于 $k\geqslant 1$，为 SER 算法。有

$$\boldsymbol{S}=\boldsymbol{Q}^{-1}(k-1)\boldsymbol{X}(k)$$

$$\gamma=\alpha+\boldsymbol{X}^{\mathrm{T}}(k)\boldsymbol{S}$$

$$\boldsymbol{Q}^{-1}(k)=\frac{1}{\alpha}\left(\boldsymbol{Q}^{-1}(k-1)-\frac{1}{\gamma}\boldsymbol{S}\boldsymbol{S}^{\mathrm{T}}\right)$$

$$\boldsymbol{W}(k+1)=\boldsymbol{W}(k)+\frac{2\mu\lambda_{\text{av}}(1-\alpha^{k+1})}{1-\alpha}\boldsymbol{Q}^{-1}(k)e(k)\boldsymbol{X}(k)$$

$$0<\mu<\frac{1}{\lambda_{\max}}，\text{或 }\mu\lambda_{\text{av}}\ll 1 \tag{2-2-41}$$

式中，$\boldsymbol{S}$ 由式(2-2-40)加以计算，而 $\boldsymbol{Q}^{-1}(k)$ 和 γ 由式(2-2-39)计算，由图 2-7，可以粗略估计 $\boldsymbol{Q}^{-1}(0)$ 和 α 的值，λ_{av} 的值可由输入信号功率近似计算。

在图 2-8 中，参数 $\mu=0.05$，$\alpha=0.93$，$q_0=1,10$，$\lambda_{\max}=0.97$，每根轨迹表示 100 次迭代时，对应于式(2-2-42)的第一行中平稳区间长度为10个样本，$\boldsymbol{Q}^{-1}(k)$ 在几次迭代后已很好地近似于 $\boldsymbol{R}^{-1}$，因而 SER 算法的性能优于 LMS 算法，在 100 次迭代之内已接近于最佳权 $\boldsymbol{W}^{\text{opt}}$。另外，图 2-8 表明，SER 算法的运动路径并不是直接指向最佳权，这是前几次迭代过程中 $\boldsymbol{Q}^{-1}(k)$ 的估计不精确造成的。这与 LMS/Newton 算法不同。

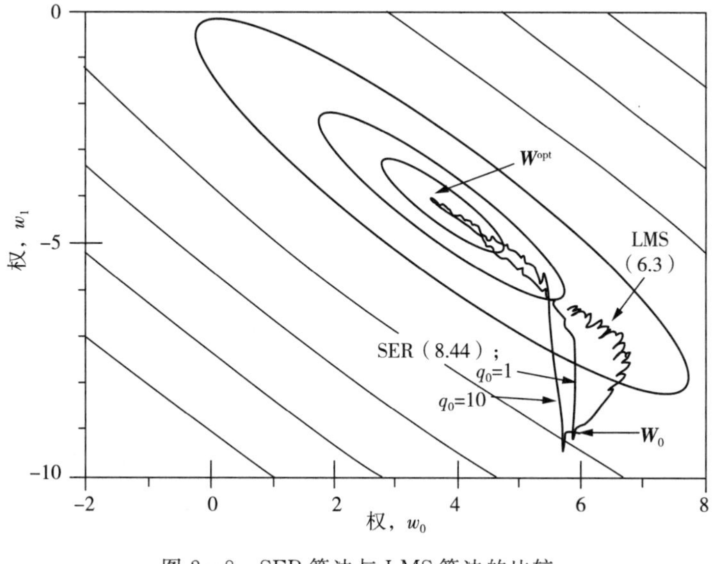

图 2-8　SER 算法与 LMS 算法的比较

2.2.3 递推最小二乘(RLS)算法

1. 算法原理

在 LMS 算法及 SER 算法中,用误差信号输出模块的瞬时平方值(即瞬时功率)$e^2(k)$ 的梯度来近似代替均方误差 $E[e^2(k)]$ 的梯度;也可在平稳信号输入的自适应系统中,采用一段时间内输出误差信号的平均功率(在时间上作平均)达到最小作为自适应系统性能评价准则,这就是递推最小二乘 (recursive least square,RLS) 算法的基本思想。

自适应前向预测滤波器,如图 2-9 所示。

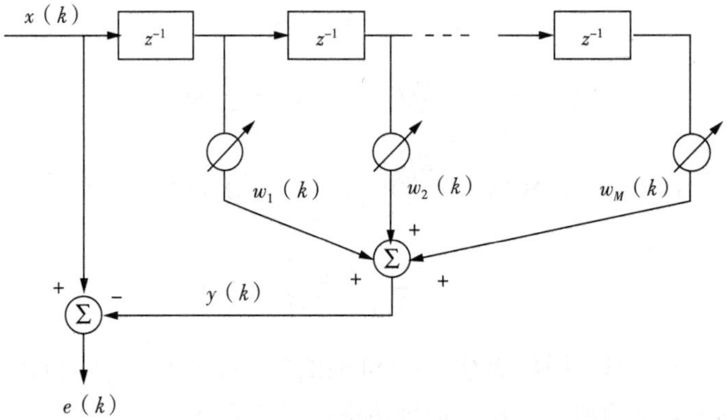

图 2-9 自适应前向预测滤波器

设由输入信号列向量组成的矩阵为

$$\boldsymbol{X}(k)=\begin{bmatrix} x(M-1) & x(M) & \cdots & x(k-1) \\ x(M-2) & x(M-1) & \cdots & x(k-2) \\ \vdots & \vdots & \ddots & \vdots \\ x(0) & x(1) & \cdots & x(k-M) \end{bmatrix} \tag{2-2-42}$$

该矩阵维数为 $M\times(k-M+1)$,而在第 k 时刻的权向量为

$$\boldsymbol{W}(k)=[w_1(k),\quad w_2(k),\quad \cdots \quad w_M(k)]^{\mathrm{T}} \tag{2-2-43}$$

输出信号向量为

$$\boldsymbol{Y}(k)=[y(M),\quad y(M+1),\quad \cdots \quad y(k)]^{\mathrm{T}} \tag{2-2-44}$$

期望预测的信号向量为

$$d(k)=[x(M),\quad x(M+1),\quad \cdots \quad x(k)]^{\mathrm{T}} \tag{2-2-45}$$

于是,在利用第 k 时刻的权向量加权时,系统的 $k-M+1$ 个输出误差功率加权之和,即

$$\begin{aligned} J&=[d(k)-\boldsymbol{Y}(k)]^{H}\boldsymbol{\Lambda}(k)[d(k)-\boldsymbol{Y}(k)] \\ &=[d(k)-\boldsymbol{X}^{H}(k)\boldsymbol{W}(k)]^{H}\boldsymbol{\Lambda}(k)[d(k)-\boldsymbol{X}^{H}(k)\boldsymbol{W}(k)] \end{aligned}$$

$$
\begin{aligned}
&= d^H(k)\boldsymbol{\Lambda}(k)\mathrm{d}(k) + \boldsymbol{W}^H(k)\boldsymbol{X}(k)\boldsymbol{\Lambda}(k)\boldsymbol{X}^H(k)\boldsymbol{W}(k) \\
&\quad - 2\mathrm{Re}[d^H[k]\boldsymbol{\Lambda}(k)\boldsymbol{X}^H(k)\boldsymbol{W}(k)]
\end{aligned} \tag{2-2-46}
$$

式中，

$$
\boldsymbol{\Lambda}(k) = \begin{bmatrix} a^{k-M} & 0 & \cdots & 0 \\ 0 & a^{k-M-1} & \cdots & 0 \\ \vdots & \vdots & \ddots & \vdots \\ 0 & 0 & \cdots & 1 \end{bmatrix}
$$

为$(k-M+1)\times(k-M+1)$维对角矩阵；而 a 为一个遗忘因子，且 $0 < a \leqslant 1$。

将性能函数式(2-2-46)对权向量 $\boldsymbol{W}(k)$ 求梯度，得

$$
\nabla_W J = 2\boldsymbol{X}(k)\boldsymbol{\Lambda}(k)\boldsymbol{X}^H(k)\boldsymbol{W}(k) - 2\boldsymbol{X}(k)\boldsymbol{\Lambda}(k)d(k) \tag{2-2-47}
$$

权向量的最小二乘解为

$$
\boldsymbol{W}^{\mathrm{opt}} = [\boldsymbol{X}(k)\boldsymbol{\Lambda}(k)\boldsymbol{X}^H(k)]^{-1}\boldsymbol{X}(k)\boldsymbol{\Lambda}(k)d(k) \tag{2-2-48}
$$

这个解与前面得到的最小均方误差解形式上有些相似，但这里没求统计平均的运算。对于图 2-9，可以采用协方差法加窗或前窗法加窗。对于前窗法，输入信号矩阵应改为

$$
\boldsymbol{X}(k) = \begin{bmatrix} 0 & x(0) & x(1) & x(2) & \cdots & \cdots & x(k-1) \\ 0 & 0 & x(0) & x(1) & \cdots & \cdots & x(k-2) \\ \vdots & \vdots & \vdots & \vdots & \ddots & \vdots & \vdots \\ 0 & 0 & \cdots & 0 & x(0) & \cdots & x(k-M) \end{bmatrix} \tag{2-2-49}
$$

其维数为 $M\times(k+1)$，而期望预测的信号向量 $d(k)$ 被扩展到含有$(k+1)$个分量，即

$$
d(k) = [x(0),\quad x(1),\quad \cdots,\quad x(k)]^{\mathrm{T}} \tag{2-2-50}
$$

而 $\boldsymbol{\Lambda}(k)$ 被扩展为$(k+1)\times(k+1)$维的矩阵，即

$$
\boldsymbol{\Lambda}(k) = \begin{bmatrix} a^{k} & 0 & \cdots & 0 \\ 0 & a^{k-1} & \cdots & 0 \\ \vdots & \vdots & \ddots & \vdots \\ 0 & 0 & \cdots & 1 \end{bmatrix} \tag{2-2-51}
$$

现从式(2-2-49)出发，推导出 RLS 算法。由式(2-2-43)、式(2-2-46)及式(2-2-49)、式(2-2-50)，得

$$d(k)=\begin{bmatrix} d(k-1) \\ \cdots \\ \boldsymbol{X}(k) \end{bmatrix},\boldsymbol{X}(k)=[X(k-1) \ \vdots \ \boldsymbol{T}(k)] \tag{2-2-52}$$

式中，

$$\boldsymbol{T}(k)=[\boldsymbol{X}(k-1),\quad \boldsymbol{X}(k-2),\quad \cdots,\quad \boldsymbol{X}(k-M)]^{\mathrm{T}} \tag{2-2-53}$$

令

$$\hat{\boldsymbol{R}}(k)=\boldsymbol{X}(k)\boldsymbol{\Lambda}(k)\boldsymbol{X}^{H}(k) \tag{2-2-54}$$

其递推形式为

$$\hat{\boldsymbol{R}}(k)=\boldsymbol{X}(k)\boldsymbol{\Lambda}(k)\boldsymbol{X}^{H}(k)=a\hat{\boldsymbol{R}}(k-1)+\boldsymbol{T}(k)\boldsymbol{T}^{H}(k) \tag{2-2-55}$$

此时

$$\begin{aligned}\boldsymbol{W}(k+1)&=\hat{\boldsymbol{R}}^{-1}\boldsymbol{X}(k)\boldsymbol{\Lambda}(k)\mathrm{d}(k)\\&=\hat{\boldsymbol{R}}^{-1}(k)[\alpha\boldsymbol{X}(k-1)\boldsymbol{\Lambda}(k-1)d(k-1)+\boldsymbol{T}(k)\boldsymbol{X}(k)]\\&=\hat{\boldsymbol{R}}^{-1}(k)\{[\hat{\boldsymbol{R}}(k)-\boldsymbol{T}(k)\boldsymbol{T}^{H}(k)]\ \boldsymbol{W}(k)+\boldsymbol{T}(k)\boldsymbol{X}(k)\}\\&=\boldsymbol{W}(k)+\hat{\boldsymbol{R}}^{-1}(k)\boldsymbol{T}(k)[\boldsymbol{X}(k)-\boldsymbol{T}^{H}(k)\boldsymbol{W}(k)]\end{aligned} \tag{2-2-56}$$

式中，等号右边括号里为第 k 时刻的误差输出，即

$$e(k)=x(k)-\sum_{i=0}^{M}w(\mathrm{i})x(k-i) \tag{2-2-57}$$

RLS 算法权向量迭代公式为

$$\boldsymbol{w}(k+1)=\boldsymbol{w}(k)+\boldsymbol{M}(k)e(k) \tag{2-2-58}$$

式中，$\boldsymbol{M}(k)$ 称为滤波增益向量，且

$$\boldsymbol{M}(k)=\hat{\boldsymbol{R}}^{-1}(k)\boldsymbol{T}(k) \tag{2-2-59}$$

式中，

$$\begin{aligned}\hat{\boldsymbol{R}}^{-1}(k)&=[a\hat{\boldsymbol{R}}(k-1)+\boldsymbol{T}(k)\boldsymbol{T}^{H}(k)]^{-1}\\&=\frac{1}{\alpha}\left[\boldsymbol{I}-\frac{1}{\alpha+\boldsymbol{T}^{H}(k)\hat{\boldsymbol{R}}^{-1}(k-1)\boldsymbol{T}(k)}\hat{\boldsymbol{R}}^{-1}(k-1)\boldsymbol{T}(k)\boldsymbol{T}^{H}(k)\right]\hat{\boldsymbol{R}}^{-1}(k-1)\end{aligned} \tag{2-2-60}$$

由此可知

$$\boldsymbol{M}(k)=\frac{\hat{\boldsymbol{R}}^{-1}(k-1)\boldsymbol{T}(k)}{\alpha+\boldsymbol{T}^{H}(k)\hat{\boldsymbol{R}}^{-1}(k-1)\boldsymbol{T}(k)} \tag{2-2-61}$$

等号右边分母为一个实标量，且大小与时刻 k 有关。

式(2-2-60)给出了矩阵$\hat{\boldsymbol{R}}^{-1}(k)$的递推表达式，从而使式(2-2-61)的算法实现递推运算，避免了直接计算矩阵$\hat{\boldsymbol{R}}^{-1}(k)$的困难。RLS 算法流程见表 2-3 所列。

表 2-3　RLS 算法的流程

步　骤	操作内容
参数选取	$0<\alpha<1$，遗忘因子
初始化	$\boldsymbol{W}(M+1)$ 为权向量初值
运算过程	对于 $k<M$ 程序返回 对于 $k=M$ 计算 $\boldsymbol{R}^{-1}(M)=[\boldsymbol{T}(M)\boldsymbol{T}^{H}(M)]^{-1}$ 对于 $k>M$ 计算 $e(k)=x(k)-\sum_{i=0}^{M}w(i)x(k-i)$ $\hat{\boldsymbol{R}}^{-1}(k)=\frac{1}{\alpha}\left[I-\frac{1}{\alpha+\boldsymbol{T}^{H}(k)\hat{\boldsymbol{R}}^{-1}(k-1)\boldsymbol{T}(k)}\cdot\hat{\boldsymbol{R}}^{-1}(k-1)\boldsymbol{T}(k)T^{H}(k)\right]\hat{\boldsymbol{R}}^{-1}(k-1)$ $\boldsymbol{M}(k)=\hat{\boldsymbol{R}}^{-1}(k)\boldsymbol{T}(k)$ $\boldsymbol{W}(k+1)=\boldsymbol{W}(k)+\boldsymbol{M}(k)e(k)$

2. RLS 算法的收敛性

对式(2-2-58)两边取期望值，得

$$\begin{aligned}E[\boldsymbol{W}(k+1)]&=E[\boldsymbol{W}(k)]+E[\boldsymbol{M}(k)e(k)]\\&=\alpha E[\hat{\boldsymbol{R}}^{-1}(k)\hat{\boldsymbol{R}}(k-1)\boldsymbol{W}(k)]+E[\hat{\boldsymbol{R}}^{-1}(k)\boldsymbol{T}(k)\boldsymbol{X}(k)]\end{aligned} \tag{2-2-62}$$

最佳权向量的期望值为

$$E[\boldsymbol{W}^{\text{opt}}(k+1)]=\alpha E[\hat{\boldsymbol{R}}^{-1}(k)\hat{\boldsymbol{R}}(k-1)\boldsymbol{W}^{\text{opt}}(k)]+E[\hat{\boldsymbol{R}}^{-1}(k)\boldsymbol{T}(k)\boldsymbol{X}(k)] \tag{2-2-63}$$

因此，权偏差向量为

$$E[\boldsymbol{V}(k+1)]=\alpha E[\hat{\boldsymbol{R}}^{-1}(k)\hat{\boldsymbol{R}}(k-1)\boldsymbol{V}(k)] \tag{2-2-64}$$

递推式(2-2-64)得

$$E[\boldsymbol{W}(k+1)]=E[\boldsymbol{W}(k)]+E[\boldsymbol{M}(k)e(k)]$$

$$=\alpha E[\hat{\boldsymbol{R}}^{-1}(k)\hat{\boldsymbol{R}}(k-1)\boldsymbol{W}(k)]+E[\hat{\boldsymbol{R}}^{-1}(k)\boldsymbol{T}(k)\boldsymbol{X}(k)] \quad (2-2-65)$$

当输入为平稳信号且 $n\rightarrow\infty$ 时,由时间平均代替统计平均,得

$$\hat{\boldsymbol{R}}(k)=\sum_{i=M}^{M}\alpha^{k-i}\boldsymbol{T}(k)\boldsymbol{T}^{H}(k)\approx\frac{1-\alpha^{k-M+1}}{1-\alpha}\boldsymbol{R}_{xx}(k)$$

式中,$\boldsymbol{R}_{xx}(k)$ 为输入相关矩阵。假定 $\boldsymbol{V}(M+1)$ 为权偏差向量的初值,于是式(2-2-65)可以改写为

$$E[\boldsymbol{V}(k+1)]\approx\frac{\alpha^{k-M}(1-\alpha)}{1-\alpha^{k-M+1}}\boldsymbol{R}_{xx}^{-1}E[\hat{\boldsymbol{R}}_{xd}^{-1}(M)]\boldsymbol{V}(M+1)$$

$$=\frac{\alpha^{k-M}(1-\alpha)}{1-\alpha^{k-M+1}}\boldsymbol{R}_{xx}^{-1}(k)\boldsymbol{R}_{xx}(k)\boldsymbol{V}(M+1)$$

$$=\frac{\alpha^{k-M}-\alpha^{k-M+1}}{1-\alpha^{k-M+1}}\boldsymbol{V}(M+1) \quad (2-2-66)$$

式中,相关矩阵 $\boldsymbol{R}_{xx}(k)$ 的估计是由前 $k-M+1$ 个时刻采样数据,对于前窗法是 $k+1$ 个加权产生的。由于遗忘因子 $0<\alpha<1$,故等号右边分数必是小于等于1的正数,且随着迭代次数 k 的不断增大,分母趋于1,而该分数将趋于零。当 $\alpha=1$(不作消退记忆)时,式中的分数为 $1/(k-M+1)$,将随 k 的增大以倒数关系趋于零。

由此可知,当权值迭代次数不断增加时,权偏差向量的均值 $E[\boldsymbol{V}(K)]$ 将趋于零,即权向量均值趋于最佳点。

需要说明的是,理论上能一步收敛到最优权向量。但是由于递推估计噪声,特别在开始作权系数递推时对相关矩阵的估计误差大,故权系数不可能一步收敛。

另外,从式(2-2-63)知,RLS算法的自适应增益系数在每一步递推时都做自动调整。

进一步分析,得

$$J=\frac{k-1}{k-M-1}J_{\min},k>M+1 \quad (2-2-67)$$

所以,RLS算法的失调系数为

$$M_{\mathrm{RLS}}=\frac{J-J_{\min}}{J_{\min}}=\frac{M}{M-1} \quad (2-2-68)$$

2.2.4 样本矩阵求逆(SMI)算法

1. 算法原理

经典的闭环自适应算法,如LMS算法或LMS/Newton算法等,收敛速度均依赖于输入相关矩阵的特征值离散情况;若其中最大的特征值与最小的特征值相差很多,则由于小特征值的影响,权向量的自适应收敛速度将变得很慢,影响算法的实现。而样本相关矩阵求

逆（simple matrix inversion，SMI）算法可以完成对自适应过程的开环控制，它利用直接计算自适应权向量的办法解决了闭环自适应中收敛速度对输入相关矩阵特征值的依赖性。

由前面的分析知，自适应系统输出均方误差最小的权向量维纳解为

$$\boldsymbol{W}^{\text{opt}}=\boldsymbol{R}_{xx}^{-1}(k)\boldsymbol{R}_{xx}(k) \tag{2-2-69}$$

式中，$\boldsymbol{R}_{xx}(k)$ 为输入相关矩阵，即

$$\boldsymbol{R}_{xx}(k)=E[\boldsymbol{X}(k)\boldsymbol{X}^{H}(k)] \tag{2-2-70}$$

而 $\boldsymbol{R}_{xd}(k)$ 为期望响应 $d(k)$ 和输入响应 $\boldsymbol{X}(k)$ 的互相关向量为

$$\boldsymbol{R}_{xd}(k)=E[d^{*}(k)\boldsymbol{X}(k)] \tag{2-2-71}$$

若信号、杂波和干扰环境及它们的统计特性是先验已知的，则可直接将式(2-2-68)、式(2-2-69)代入式(2-2-70)得最佳权向量解。然而，信号、杂波和干扰环境以及它们的统计特性是未知的，且由于存在运动的近场散射体和干扰及天线的自身运动，常常需自适应信号处理器不断修改权向量以满足环境改变的要求。由此可知，自相关矩阵 $\boldsymbol{R}_{xx}$ 和互相关向量$\boldsymbol{R}_{xd}$ 一般不能直接由式(2-2-68)和式(2-2-70)计算，而需要进行估计。假定信号、杂波和干扰均为统计平稳或局部平稳的，则可分别用样本的自相关矩阵和互相关矩阵来作为 $\boldsymbol{R}_{xx}$ 和 $\boldsymbol{R}_{xd}$ 的估计。可以证明，这种估计是基于最大似然原理（maximum likelihood，ML）的具有最小方差的无偏估计。样本自相关矩阵为

$$\hat{\boldsymbol{R}}_{xx}=\frac{1}{N}\sum_{k=1}^{N}\boldsymbol{x}(k)\ \boldsymbol{x}^{H}(k) \tag{2-2-72}$$

样本互相关矩阵为

$$\hat{\boldsymbol{R}}_{xd}=\frac{1}{N}\sum_{K=1}^{N}d^{*}(k)\boldsymbol{x}(k) \tag{2-2-73}$$

于是，直接矩阵求逆法的权向量为

$$\hat{\boldsymbol{W}}=\hat{\boldsymbol{R}}_{xx}^{-1}\hat{\boldsymbol{R}}_{xd} \tag{2-2-74}$$

显然，由于式(2-2-74)所确定的SMI算法仅利用了输入和期望响应的信息，并未引入输出信息的反馈，因而不会产生输出误差的发散，即自适应系统是一个稳定系统。但由于权向量的估计是一个随机量，它的均值与真实值 $\boldsymbol{W}^{\text{opt}}$ 的接近程度及估计方差的大小和样本数 K 有关，因此，也需要一定的时间使输出达到使输出均方误差最小。

在图 2-10 所示的自适应系统中，假定期望响应 $d(k)$ 为参考输入，方差为 σ_d^2，则由估计的权向量 $\hat{\boldsymbol{W}}$ 所确定的系统输出均方误差为

$$J(\hat{\boldsymbol{W}})=\sigma_d^2+\hat{\boldsymbol{W}}^{H}\boldsymbol{R}_{xx}\hat{\boldsymbol{W}}-2\text{Re}(\hat{W}^{H}\text{R}_{xd}) \tag{2-2-75}$$

均方误差(或样本采均方误差）估值为

$$J(\hat{\boldsymbol{W}})=\hat{\sigma}_d^2+\hat{\boldsymbol{W}}^{H}\boldsymbol{R}_{xx}\hat{\boldsymbol{W}}-2\text{Re}(\hat{\boldsymbol{W}}^{H}\text{R}_{xd}) \tag{2-2-76}$$

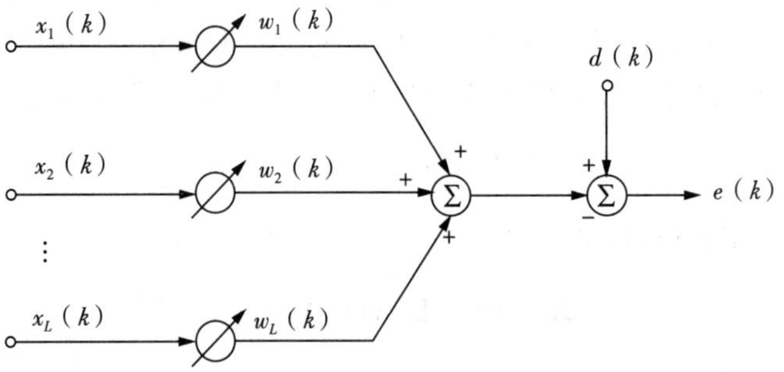

图 2-10　为考虑 $\hat{w}$ 暂态性能的自适应系统结构

式中，

$$\hat{\sigma}_d^2 = \frac{1}{N}\sum_{k-1}^{N} d^*(k)d(k) \tag{2-2-77}$$

假设自适应系统的输入 $x_i(k)(i=1,2,\cdots,L)$ 和参考输入 $d(k)$ 均为零均值、高斯分布的随机变量样本值。令随机变量

$$\boldsymbol{X}' = \begin{bmatrix} \boldsymbol{X}(k) \\ \cdots \\ d(k) \end{bmatrix} = [x_1(k),\quad x_2(k),\quad \cdots,\quad x_L(k),\quad d(k)]^{\mathrm{T}} \tag{2-2-78}$$

其概率密度函数为

$$p(\boldsymbol{X}') = \pi^{-(L+1)}\det[\boldsymbol{R}']^{-1}\exp\{-\boldsymbol{X}'^H\boldsymbol{R}'^{-1}\boldsymbol{X}'\} \tag{2-2-79}$$

式中，$\boldsymbol{R}'$ 是一个 $(L+1)\times(L+1)$ 维的相关矩阵，即

$$\boldsymbol{R}' = E\left\{\begin{bmatrix} \boldsymbol{X}(k) \\ \cdots \\ d(k) \end{bmatrix} [\boldsymbol{X}^H(k) \quad \vdots \quad d^*(k)]\right\}$$

$$= \begin{bmatrix} \boldsymbol{R}_{xx} & \vdots & \boldsymbol{R}_{xd} \\ \cdots & \vdots & \cdots \\ \boldsymbol{R}_{xd}^H & \vdots & \sigma_d^2 \end{bmatrix} \tag{2-2-80}$$

由此可知，样本的相关矩阵 $\boldsymbol{R}'$ 是通过估计 $\boldsymbol{R}_{xx}$、$\boldsymbol{R}_{xd}$ 及 σ_d^2 得到的，具有如下的重要性质。

(1) $\hat{\boldsymbol{R}}'$ 各元素间的联合概率分布符合 Wisphart 概率密度，即

$$p(A) = \frac{\det[\boldsymbol{A}]^{N-L-1}\exp[-\mathrm{tr}(\boldsymbol{R}'^{-1}\boldsymbol{A})]}{\pi^{-(L+1)L/2}\Gamma(N-1)\cdots\Gamma(N-L)\det[\boldsymbol{R}']^N} \tag{2-2-81}$$

式中，

$$A = N\hat{R}'$$

且

$$\Gamma(k) = (k-1)!$$

(2) $\hat{R}'$ 和 R' 的 ML 估计，进而$\hat{R}_{xx}$、$\hat{R}_{xd}$ 和$\hat{\sigma}_d^2$ 分别是 R_{xx}、R_{xd} 及 σ_d^2 的 ML 估计。

2. 性能参数

对式(2-2-80)中的分块矩阵$\hat{R}'$ 作一定变换，以得到的能参数如下。

样本均方误差 $\hat{J}$ 的均值和方差分别为

$$E[\hat{J}] = \left(1-\frac{L}{N}\right)J_{\min} \tag{2-2-82}$$

$$D[\hat{J}] = \frac{1}{N}\left(1-\frac{L}{N}\right)J_{\min}^2 \tag{2-2-83}$$

式中，

$$J_{\min} = \sigma_d^2 - R_{xd}^{\mathrm{T}} R_{xx}^{-1} R_{xd}.$$

自适应系统的失调 M 为

$$M_{\mathrm{SMI}} = r^2 = \frac{J(\hat{W}) - J_{\min}}{J_{\min}} \tag{2-2-84}$$

式中，r 是一个具有如下概率密度函数的随机变量，即

$$p(r) = \frac{2N!\ r^{2L-1}}{(L-1)!\ (N-L)!\ (1+r^2)^{N+1}} \tag{2-2-85}$$

式中，$N > L$，$0 < r < +\infty$。

随机变量 r 的均值与方差分别为

$$E[r^2] = \frac{L}{(N-L)} \tag{2-2-86}$$

及

$$D(r^2) = \frac{NL}{(N-L)^2(N-L-1)} \tag{2-2-87}$$

式(2-2-86)、式(2-2-87)和式(2-2-84)表明，自适应系统输出均方误差的均值随样本数的增加而减小，并趋于最小值；而它的估计方差也随之快速减小，并趋于零。式(2-2-86)表明，样本矩阵求逆法的自适应暂态性能仅与样本次数 N 有关，当 $N=2L$ 时，输出均方误差的均值为最小均方误差值的 2 倍(即为 3 dB)；当 $N=5L$ 时，输出均方误差已到达最小均方误差值的 1 dB 以内。

式(2-2-84)表明，在 SMI 算法中，利用了对样本相关矩阵 R_{xx} 的求逆，于是就要求该矩阵必须是满秩的。

SMI算法的优点:SMI算法是一种开环算法,它通过相关矩阵 $\boldsymbol{R}_{xx}$ 的估值代替真实值来估计权向量,从而使收敛速度对相关矩阵 $\boldsymbol{R}_{xx}$ 的特征值离散程度在某个确定值的范围内是不敏感的。当有新的样本数据时,对 $\boldsymbol{R}_{xx}$ 进行更新,相应得到一个新的权向量。当样本数越多,这种估计就越接近真实值。

SMI 算法的缺点:①SMI 的计算量随着矩阵维数的增加而增大;② 由于使用了有限精度和高阶矩阵求逆,数值计算不稳定。

2.2.5 仿射组合自适应滤波算法

在自适应算法中,收敛速度和稳态误差是两个重要的指标,然而这两个指标往往不能同时达到最优值,即快的收敛速度会引起大的稳态误差,而收敛速度慢稳态误差小。采用变步长自适应算法可以在一定程度上调节收敛速度和稳态误差之间的矛盾。为了进一步解决这个矛盾,研究人员提出了自适应滤波算法的组合方案[2-3]。在这种方案中,两个固定步长的自适应滤波器的凸组合算法引起了人们的关注,这种组合算法有效地缓解了一般自适应算法的收敛速度和稳态误差之间的矛盾。这种方案的优点在于它的组成结构相对简单,并且在稳态和非稳态情况下均有良好的性能[4]。

最近,自适应算法的仿射组合算法[5~10]是凸组合算法的推广。在凸组合算法中,采用 Sigmoid 函数作为组合参数 $\lambda(k)$,因此 $\lambda(k)$ 的取值范围为[0,1],而在仿射组合算法中,组合参数 $\lambda(k)$ 的取值不受区间[0,1]的限制,它的取值在稳态下为负值[11]。组合参数 $\lambda(k)$ 是仿射组合算法中重要的控制因子,通过对组合参数的调整,可以实现每个子自适应算法的切换,组合参数与输入信号和权向量有关,在不同的输入信号情况下,组合参数 $\lambda(k)$ 根据输入信号的不同自动调整。虽然最优仿射组合自适应算法不能实现,但是它对可实现方案的设计有重要的作用。从理论上讲,该仿射组合算法可以获得每个子自适应滤波算法的优点,即同时具有快的收敛速度和小的稳态误差。

本节分析仿射组合自适应算法的瞬态过程和稳态过程,并提出一种可实现的更新组合参数的方法。

1. *仿射组合自适应滤波算法*

仿射组合自适应滤波算法原理如图 2-11 所示。

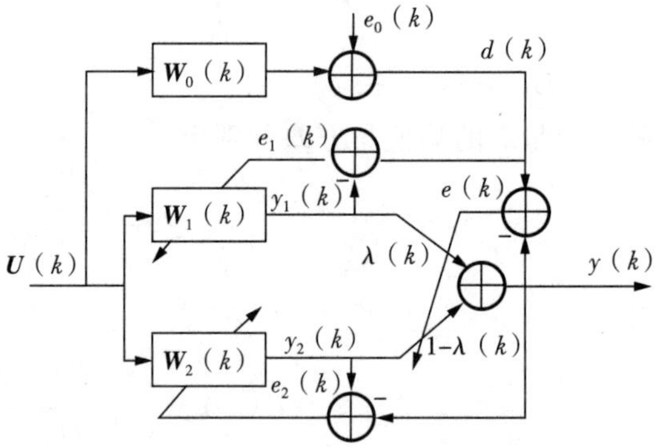

图 2-11 仿射组合自适应滤波算法原理

图 2-11 中,每个滤波器均采用 LMS 算法,滤波器1采用 LMS 算法的步长为 μ_1,滤波器2采用 LMS 算法的步长为 μ_2,假设 $\mu_2=\delta\mu_1$,$0<\delta<1$。

LMS 自适应算法滤波器权向量 $\boldsymbol{W}_i(k)$ 更新公式为

$$\boldsymbol{W}_i(k+1)=\boldsymbol{W}_i(k)+\mu_i e_i(k)\boldsymbol{U}(k) \tag{2-2-88}$$

式中,$i=1,2$,且

$$e_i(k)=d(k)-\boldsymbol{W}_i^{\mathrm{T}}(k)\boldsymbol{U}(k) \tag{2-2-89}$$

$$d(k)=e_0(k)+\boldsymbol{W}_0^{\mathrm{T}}\boldsymbol{U}(k) \tag{2-2-90}$$

$\boldsymbol{W}_1(k)$ 为滤波器 1 的 N 阶权向量，$\boldsymbol{W}_2(k)$ 为滤波器 2 的 N 阶权向量。假设 $e_0(k)$ 是均值为 0、方差为 σ_0^2 的噪声信号，并且与其他信号统计独立。$\boldsymbol{U}(k)$ 为广义平稳输入信号，$\boldsymbol{U}(k)=[u(k),\cdots,u(k-N+1)]^{\mathrm{T}}$。

组合后的输出信号为

$$y(k)=\lambda(k)y_1(k)+[1-\lambda(k)]y_2(k) \tag{2-2-91}$$

式中，$y_i(k)=\boldsymbol{W}_i^{\mathrm{T}}(k)\boldsymbol{U}(k)$，$\lambda(k)$ 为组合参数。系统误差为

$$e(k)=d(k)-y(k) \tag{2-2-92}$$

将 $y_i(k)$ 代入式(2-2-91)，得

$$\begin{aligned}y(k)&=\lambda(k)\boldsymbol{W}_1^{\mathrm{T}}(k)\boldsymbol{U}(k)+[1-\lambda(k)]\boldsymbol{W}_2^{\mathrm{T}}(k)\boldsymbol{U}(k)\\&=\{\lambda(k)[\boldsymbol{W}_1(k)-\boldsymbol{W}_2(k)]+\boldsymbol{W}_2(k)\}T\boldsymbol{U}(k)\\&=\{\lambda(k)\boldsymbol{W}_{12}(k)+\boldsymbol{W}_2(k)\}^{\mathrm{T}}\boldsymbol{U}(k)\end{aligned} \tag{2-2-93}$$

式中，$\boldsymbol{W}_{12}(k)=\boldsymbol{W}_1(k)-\boldsymbol{W}_2(k)$。

式(2-2-93)表明，$y(k)$ 可等效为通过差分滤波器 $\boldsymbol{W}_{12}(k)$ 和滤波器 $\boldsymbol{W}_2(k)$ 组合后的输出，即

$$\boldsymbol{W}_{eq}(k)=\lambda(k)\boldsymbol{W}_{12}(k)+\boldsymbol{W}_2(k) \tag{2-2-94}$$

由式(2-2-88)至式(2-2-90)，得

$$\begin{aligned}\boldsymbol{W}_{12}(k)&=\boldsymbol{W}_1(k)-\boldsymbol{W}_2(k)\\&=[\boldsymbol{I}-\mu_1\boldsymbol{U}(k)\boldsymbol{U}^{\mathrm{T}}(k)]\boldsymbol{W}_{12}(k)\\&\quad+(\mu_1-\mu_2)e_2(k)\boldsymbol{U}(k)\end{aligned} \tag{2-2-95}$$

下面求组合参数 $\lambda(k)$ 的最优表达式 $\lambda_0(k)$。

由式(2-2-90)、式(2-2-92)及式(2-2-93)，得

$$e(k)=e_0(k)+[\boldsymbol{W}_{02}(k)-\lambda(k)\boldsymbol{W}_{12}(k)]^{\mathrm{T}}\boldsymbol{U}(k) \tag{2-2-96}$$

式中，$\boldsymbol{W}_{02}(k)=\boldsymbol{W}_0(k)-\boldsymbol{W}_2(k)$。

令 $\boldsymbol{R}_u=E[\boldsymbol{U}(k)\boldsymbol{U}^{\mathrm{T}}(k)\,|\,\boldsymbol{W}_2(k),\boldsymbol{W}_{12}(k)]$，由式(2-2-96)，对 $\boldsymbol{U}(k)$ 取期望，得

$$[\boldsymbol{W}_{02}(k)-\lambda(k)\boldsymbol{W}_{12}(k)]^{\mathrm{T}}\boldsymbol{R}_u\boldsymbol{W}_{12}(k)=0 \tag{2-2-97}$$

解方程式(2-2-97)，得 $\lambda(k)$ 的最佳表达式为

$$\lambda_0(k)=\frac{\boldsymbol{W}_{02}^{\mathrm{T}}(k)\boldsymbol{R}_u\boldsymbol{W}_{12}(k)}{\boldsymbol{W}_{12}^{\mathrm{T}}(k)\boldsymbol{R}_u\boldsymbol{W}_{12}(k)} \tag{2-2-98}$$

2. 最优仿射组合算法分析

为了便于分析，假设 $\boldsymbol{U}(k)$ 是高斯白信号，其均值为 0、方差为 σ_u^2，并且输入信号与滤波器权重向量相互统计独立，因此

$$\boldsymbol{R}_u = E[\boldsymbol{U}(k)\boldsymbol{U}^{\mathrm{T}}(k) \mid \boldsymbol{W}_2(k), \boldsymbol{W}_{12}(k)] = E[\boldsymbol{U}(k)\boldsymbol{U}^{\mathrm{T}}(k)] = \sigma_u^2 \boldsymbol{I}。$$

假设步长 $\mu_2 = \delta\mu_1$，其中 $0 < \delta < 1$。

1）起始阶段状态分析

在这个阶段中，滤波器 1 逐渐收敛至稳态，而滤波器 2 还未收敛，同时包括组合滤波器的性能从滤波器 1 到滤波器 2 的过渡过程。令

$$\boldsymbol{W}_1(k) = \boldsymbol{W}_0(k) + \boldsymbol{v}(k) \tag{2-2-99}$$

式中，$\boldsymbol{v}(k)$ 是均值为 0 的白随机过程。

由式(2-2-98)，得

$$E[\lambda_0(k)] \approx \frac{E[\boldsymbol{W}_{02}^{\mathrm{T}}(k)\boldsymbol{W}_{12}(k)]}{E[\boldsymbol{W}_{12}^{\mathrm{T}}(k)\boldsymbol{W}_{12}(k)]} \tag{2-2-100}$$

将式(2-2-95)代入式(2-2-100)，得

$$E[\lambda_0(k)] \approx \frac{\boldsymbol{W}_0^{\mathrm{T}}(k)\{\boldsymbol{W}_0(k) - 2E[\boldsymbol{W}_2(k)]\} + E[\boldsymbol{W}_2^{\mathrm{T}}(k)W_2(k)]}{D(k)} \tag{2-2-101}$$

式中，

$$D(k) = \boldsymbol{W}_0^{\mathrm{T}}(k)\{\boldsymbol{W}_0(k) - 2E[\boldsymbol{W}_2(k)]\} + E[\boldsymbol{W}_2^{\mathrm{T}}(k)\boldsymbol{W}_2(k)] + E[\boldsymbol{v}(k)^{\mathrm{T}}\boldsymbol{v}(k)]$$

令 $\boldsymbol{W}_1(0) = \boldsymbol{W}_2(0) = 0$，计算式(2-2-101)，得

$$E[\lambda_o(k)] \approx \frac{1}{1 + A(k)} \tag{2-2-102}$$

式中，

$$A(k) = \frac{\dfrac{\mu_1 N\sigma_o^2}{2 - \mu_1\sigma_u^2(N+2)}}{\left[\boldsymbol{W}_0^{\mathrm{T}}(k)\boldsymbol{W}_0(k) - \dfrac{\mu_2 N\sigma_o^2}{2 - \mu_2\sigma_u^2(N+2)}\right]\rho^n + \dfrac{\mu_2 N\sigma_o^2}{2 - \mu_2\sigma_u^2(N+2)}}$$

$$\rho = 1 - 2\mu_2\sigma_u^2 + \mu_2^2\sigma_u^4(N+2)$$

此时组合滤波器的性能逐渐由靠近滤波器 1 的性能过渡到靠近滤波器 2 的性能。

2）稳态分析

由于 $\mu_1 > \mu_2$，因此滤波器 1 稳态误差曲线收敛速度较快，但是有较大的稳态误差。在起始阶段，组合滤波器的性能跟随滤波器 1 的性能变化，其收敛速度比较快。在稳态阶段，

组合滤波器性能跟随滤波器2的性能变化，稳态误差较小。

在输入信号为高斯白信号情况下，由式(2-2-100)，得

$$\lim_{k\to\infty}E[\lambda_0(k)]\approx\lim_{k\to\infty}\frac{E[\boldsymbol{W}_{02}^{\mathrm{T}}(k)\boldsymbol{W}_{12}(k)]}{E[\boldsymbol{W}_{12}^{\mathrm{T}}(k)\boldsymbol{W}_{12}(k)]} \tag{2-2-103}$$

由于$\lim\limits_{k\to\infty}E[\boldsymbol{W}_1(k)]=\lim\limits_{k\to\infty}E[\boldsymbol{W}_2(k)]=\boldsymbol{W}_0(k)$，因此

$$\lim_{k\to\infty}E[\boldsymbol{W}_{02}^{\mathrm{T}}(k)\boldsymbol{W}_{12}(k)]=E[\boldsymbol{W}_2^{\mathrm{T}}(k)\boldsymbol{W}_2(k)]-E[\boldsymbol{W}_2^{\mathrm{T}}(k)\boldsymbol{W}_1(k)] \tag{2-2-104}$$

假设输入信号与权向量统计独立，并用高斯矩分解定理，得

$$\begin{aligned}E[\boldsymbol{W}_2^{\mathrm{T}}(k+1)\boldsymbol{W}_1(k+1)]=&[1-(\mu_1+\mu_2)\sigma_u^2+(N+2)\mu_1\mu_2\sigma_u^4]E[\boldsymbol{W}_2^{\mathrm{T}}(k)\boldsymbol{W}_1(k)]\\&+\mu_2\sigma_u^2[1-(N+2)\mu_1\sigma_u^2]\boldsymbol{W}_0^{\mathrm{T}}(k)E[\boldsymbol{W}_1(k)]\\&+\mu_1\sigma_u^2[1-(N+2)\mu_2\sigma_u^2]\boldsymbol{W}_0^{\mathrm{T}}(k)E[\boldsymbol{W}_2(k)]\\&+\mu_1\mu_2\sigma_u^4[N(\frac{\sigma_o^2}{\sigma_u^2})+(N+2)\boldsymbol{W}_0^{\mathrm{T}}(k)\boldsymbol{W}_0(k)]\end{aligned} \tag{2-2-105}$$

令$\boldsymbol{W}_1(0)=\boldsymbol{W}_2(k)=0$，对式(2-2-105)进行适当运算，得

$$\lim_{k\to\infty}E[\boldsymbol{W}_2^{\mathrm{T}}(k)\boldsymbol{W}_1(k)]=\boldsymbol{W}_0^{\mathrm{T}}(k)\boldsymbol{W}_0(k)+\frac{\mu_1\mu_2N\sigma_o^2}{(\mu_1+\mu_2)-\mu_1\mu_2(N+2)\sigma_u^2} \tag{2-2-106}$$

同样，有

$$\lim_{k\to\infty}E[\boldsymbol{W}_2^{\mathrm{T}}(k)\boldsymbol{W}_2(k)]=\boldsymbol{W}_0^{\mathrm{T}}(k)\boldsymbol{W}_0(k)+\frac{\mu_2N\sigma_o^2}{2-\mu_2(N+2)\sigma_u^2}$$

因此，式(2-2-104)可以写为

$$\lim_{n\to\infty}E[\boldsymbol{W}_{02}^{\mathrm{T}}(k)\boldsymbol{W}_{12}(k)]=\frac{\mu_2N\sigma_o^2}{2-\mu_2(N+2)\sigma_u^2}-\frac{\mu_1\mu_2N\sigma_o^2}{(\mu_1+\mu_2)-\mu_1\mu_2(N+2)\sigma_u^2} \tag{2-2-107}$$

由$\mu_2=\delta\mu_1$并经过适当的运算，得

$$\lim_{k\to\infty}E[\boldsymbol{W}_{02}^{\mathrm{T}}(k)\boldsymbol{W}_{12}(k)]=\frac{\delta N\sigma_o^2(\delta-1)}{(2-\delta)(N+2)\sigma_u^2} \tag{2-2-108}$$

同理，得

$$\lim_{k\to\infty}E[\boldsymbol{W}_{12}^{\mathrm{T}}(k)\boldsymbol{W}_{12}(k)]=\frac{2N\sigma_o^2(\delta-1)^2}{(2-\delta)(N+2)\sigma_u^2} \tag{2-2-109}$$

将式(2-2-108)、式(2-2-109)代入式(2-2-103)，得

$$\lim_{k\to\infty}E[\lambda_o(k)]\approx\frac{\delta}{2(\delta-1)},0<\delta<1 \tag{2-2-110}$$

式(2-2-110)表明，当系统处于稳态时，$\lambda_0(k)<0$。

3. 均方偏差

为了计算方便，这里采用均方偏差（mean square deviation，MSD）来分析仿射组合算法的性能。

在过渡阶段，有

$$\begin{aligned} MSD_c(k) &= E\{[\boldsymbol{W}_0(k)-\boldsymbol{W}_{eq}(k)]^{\mathrm{T}}[\boldsymbol{W}_0(k)-\boldsymbol{W}_{eq}(k)]\} \\ &= E\{[\boldsymbol{W}_{02}(k)-\lambda_0(k)\boldsymbol{W}_{12}(k)]^{\mathrm{T}}[\boldsymbol{W}_{02}(k)-\lambda_0(k)\boldsymbol{W}_{12}(k)]\} \\ &= E[\boldsymbol{W}_{02}^{\mathrm{T}}(k)\boldsymbol{W}_{02}(k)]-2E[\lambda_0(k)\boldsymbol{W}_{02}^{\mathrm{T}}(k)\boldsymbol{W}_{12}(k) \\ &\quad + E[\lambda_0^2(k)\boldsymbol{W}_{12}^{\mathrm{T}}(k)\boldsymbol{W}_{12}(k)] \end{aligned} \tag{2-2-111}$$

将式(2-2-98)代入式(2-2-111)，得

$$MSD_c(k)=E[\boldsymbol{W}_{02}^{\mathrm{T}}(k)\boldsymbol{W}_{02}(k)]-E\left\{\frac{[\boldsymbol{W}_{02}^{\mathrm{T}}(k)\boldsymbol{W}_{12}(k)]^2}{\boldsymbol{W}_{12}^{\mathrm{T}}(k)\boldsymbol{W}_{12}(k)}\right\} \tag{2-2-112}$$

式中，第一项是滤波器 2 的均方误差 $MSD_2(k)$，由于均方偏差和式(2-2-112)中的第二项都为正值，因此式(2-2-112)所示组合滤波器的均方偏差小于滤波器 2 的均方偏差。

由式(2-2-94)和式(2-2-98)，得

$$\boldsymbol{W}_{eq}(k)=\boldsymbol{W}_1(k)-[1-\lambda(k)]\boldsymbol{W}_{12}(k) \tag{2-2-113}$$

$$1-\lambda_0(k)=-\frac{\boldsymbol{W}_{01}^{\mathrm{T}}(k)\boldsymbol{W}_{12}(k)}{\boldsymbol{W}_{12}^{\mathrm{T}}(k)\boldsymbol{W}_{12}(k)} \tag{2-2-114}$$

式中，$\boldsymbol{W}_{01}(k)=\boldsymbol{W}_0(k)-\boldsymbol{W}_1(k)$

将式(2-2-113)和式(2-2-114)代入式(2-2-111)，得

$$MSD_c(k)=E[\boldsymbol{W}_{01}^{\mathrm{T}}(k)\boldsymbol{W}_{01}(k)]-E\left\{\frac{[\boldsymbol{W}_{01}^{\mathrm{T}}(k)\boldsymbol{W}_{12}(k)]^2}{\boldsymbol{W}_{12}^{\mathrm{T}}(k)\boldsymbol{W}_{12}(k)}\right\} \tag{2-2-115}$$

式(2-2-112)和式(2-2-115)表明，在过渡阶段理想组合滤波器的均方偏差小于滤波器 1 和滤波器 2 的均方偏差。因此，最佳仿射组合滤波器的性能比任何一个单独滤波器的性能都好。

在滤波器 2 收敛的情况下，有

$$MSD_c(k)=MSD_2(k)-E\left\{\frac{\boldsymbol{W}_{02}^{\mathrm{T}}(k)\boldsymbol{W}_{12}(k)\boldsymbol{W}_{12}^{\mathrm{T}}(k)\boldsymbol{W}_{02}(k)}{\boldsymbol{W}_{12}^{\mathrm{T}}(k)\boldsymbol{W}_{12}(k)}\right\}\approx MSD_2(k)-C(k) \tag{2-2-116}$$

式中，

$$C(k)=\frac{E[\boldsymbol{W}_{02}^{\mathrm{T}}(k)\boldsymbol{W}_{12}(k)\boldsymbol{W}_{12}^{\mathrm{T}}(k)\boldsymbol{W}_{02}(k)]}{E[\boldsymbol{W}_{12}^{\mathrm{T}}(k)\boldsymbol{W}_{12}(k)]}$$

$$\approx \frac{\frac{\mu_1\sigma_o^2}{2-\mu_1(N+2)\sigma_u^2}MSD_2(k)+E\{[\boldsymbol{W}_{02}^{\mathrm{T}}(k)\boldsymbol{W}_{02}(k)]^2\}}{MSD_2(k)+\frac{\mu_1 N\sigma_o^2}{2-\mu_1(N+2)\sigma_u^2}}$$

假设 $\boldsymbol{W}_{02}^{\mathrm{T}}(k)\boldsymbol{W}_{02}(k)$ 变化很小且 $\sigma_u^2=1$，则

$$E\{[\boldsymbol{W}_{02}^{\mathrm{T}}(k)\boldsymbol{W}_{02}(k)]^2\}\approx E^2[\boldsymbol{W}_{02}^{\mathrm{T}}(k)\boldsymbol{W}_{02}(k)] \tag{2-2-117}$$

由式(2-7-29)、式(2-7-30)，得

$$MSD_c(k)=\frac{MSD_2(k)\frac{\mu_1\sigma_o^2(N-1)}{2-\mu_1(N+2)}}{MSD_2(k)+\frac{\mu_1\sigma_o^2 N}{2-\mu_1(N+2)}} \tag{2-2-118}$$

式(2-2-118)表明，当滤波器1、滤波器2均达到稳态收敛时，有 $MSD_c(k)\approx MSD_2(k)$。

4. 归一化组合参数 $\lambda(k)$ 的更新公式

由于式(2-2-99)是在理想情况下得出的，在实际应用中难以实现。因此，本节提出一种可实现的归一化组合参数 $\lambda(k)$ 的更新公式。

对 $E[e^2(k)\,|\,\boldsymbol{W}_2(k),\boldsymbol{W}_{12}(k)]$ 求偏导并使它等于0，得

$$\frac{\partial E[e^2(k)\,|\,\boldsymbol{W}_2(k),\boldsymbol{W}_{12}(k)]}{\partial\lambda(k)}=-2E[e(k)\boldsymbol{W}_{12}^{\mathrm{T}}(k)\boldsymbol{U}(k)\,|\,\boldsymbol{W}_2(k),\boldsymbol{W}_{12}(k)]=0 \tag{2-2-119}$$

由于条件均方误差的随机梯度与 $e(k)\boldsymbol{W}_{12}^{\mathrm{T}}(k)\boldsymbol{U}(k)$ 成正比，因此将式(2-2-97)代入式(2-2-119)，解方程得

$$\lambda(k+1)=\lambda(k)+\mu_\lambda[d(k)-\widetilde{\boldsymbol{W}}_{12}^{\mathrm{T}}(k)\boldsymbol{U}(k)]\boldsymbol{W}_{12}^{\mathrm{T}}(k)\boldsymbol{U}(k) \tag{2-2-120}$$

式中，$\widetilde{\boldsymbol{W}}_{12}(k)=\lambda(k)\boldsymbol{W}_1(k)+[1-\lambda(k)]\boldsymbol{W}_2(k)$，$\mu_\lambda$ 为系数。

由式(2-2-94)及式(2-2-95)，得

$$\begin{aligned}e(k)&=d(k)-y(k)\\&=d(k)-\{\lambda(k)\boldsymbol{W}_1^{\mathrm{T}}(k)+[1-\lambda(k)]\boldsymbol{W}_2^{\mathrm{T}}(k)\}U(k)\\&=d(k)-\widetilde{\boldsymbol{W}}_{12}^{\mathrm{T}}(k)\boldsymbol{U}(k)\end{aligned}$$

$$\begin{aligned}y_1(k)-y_2(k)&=\boldsymbol{W}_1^{\mathrm{T}}(k)\boldsymbol{U}(k)-\boldsymbol{W}_2^{\mathrm{T}}(k)U(k)\\&=\boldsymbol{W}_{12}^{\mathrm{T}}(k)\boldsymbol{U}(k)\end{aligned}$$

因此，可得

$$\lambda(k+1)=\lambda(k)+\mu_\lambda e(k)[y_1(k)-y_2(k)] \tag{2-2-121}$$

令

$$\mu_\lambda=\frac{\varphi}{\sqrt{p^2(k)+\varepsilon}}$$

式中，$p(k+1)=\alpha p(k)+\beta[y_1(k)-y_2(k)]^2$，$\varphi,\varepsilon,\alpha,\beta$ 为参数，$0<\alpha,\beta<1$。

因此式(2-2-121)可写为

$$\lambda(k+1)=\lambda(k)+\frac{\varphi}{\sqrt{p^2(k)+\varepsilon}}e(k)[y_1(k)-y_2(k)] \tag{2-2-122}$$

由 $p(k)$ 递归表达式，得

$$E[p(k+1)]=\alpha E[p(k)]+\beta E\{[y_1(k)-y_2(k)]^2\}$$

因此，在稳态时，有

$$\lim_{k\to\infty}E[p(k)]=\lim_{k\to\infty}E[y_1(k)-y_2(k)]$$

5. 仿真实验与结果分析

假设未知系统为7阶FIR滤波器模型，自适应滤波器的阶次与未知模型阶次相同，并且每次仿真均采用100次循环，$\delta=0.2$，$\boldsymbol{W}_1(0)=0$，$\boldsymbol{W}_2(0)=0$，$\alpha=0.99$，$\beta=0.01$，$\varphi=3\times10^{-3}$，$\varepsilon=0.8\times10^{-3}$，$\sigma_u^2=1$，$\sigma_o^2=10^{-3}$，$\mu_\lambda=0.002$。系统输入信号是均值为0，方差为1的高斯白噪声信号。

图2-12和图2-13给出了仿射组合滤波算法组合参数 $\lambda(k)$ 曲线。虚线表示由式(2-2-98)得出的最佳组合参数 $\lambda_0(k)$ 的曲线，图2-12中实线表示由式(2-2-121)所得的曲线。图2-13中实线表示采用式(2-2-122)得到的曲线。图2-13表明，本节所提出的组合参数 $\lambda(k)$ 的曲线和最优组合参数 $\lambda(k)$ 的曲线几乎一致。在稳态时，组合参数 $\lambda(k)$ 的值小于零。

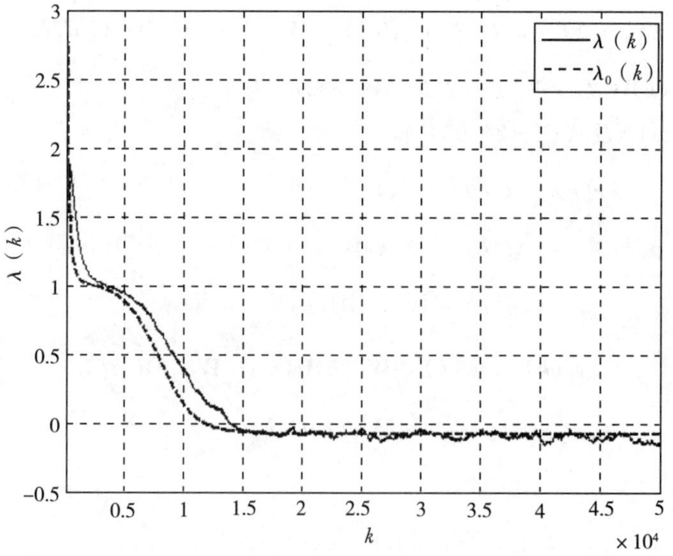

图2-12　采用式(2-2-122)得出的组合参数 $\lambda(k)$ 曲线

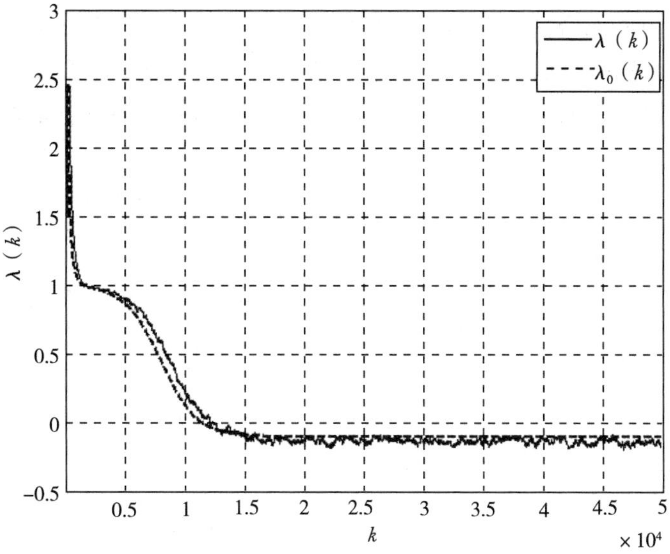

图 2-13　采用式(2-2-122)得出的组合参数 λ(k) 曲线

图 2-14 显示了在理想情况下仿射组合自适应滤波算法的均方偏差性能曲线。图 2-14 中收敛较快的曲线是滤波器 1 的收敛曲线，收敛较慢的曲线是滤波器 2 的收敛曲线，由于 $\mu_1 > \mu_2$，滤波器 1 的收敛速度比滤波器 2 的收敛速度快。虚线表示根据理论推导所得出的理想组合算法的均方误差曲线。图 2-15 和图 2-16 显示了采用式(2-2-122)作为组合参数得出的仿射组合滤波算法稳态偏差性能曲线。两个组成滤波器的步长是固定的，图 2-15 中，滤波器 1 的步长 $\mu_1 = 0.1$，滤波器 2 的步长 $\mu_2 = 0.02$。图 2-16 中，$\mu_1 = 0.1$，$\mu_2 = 0.03$。

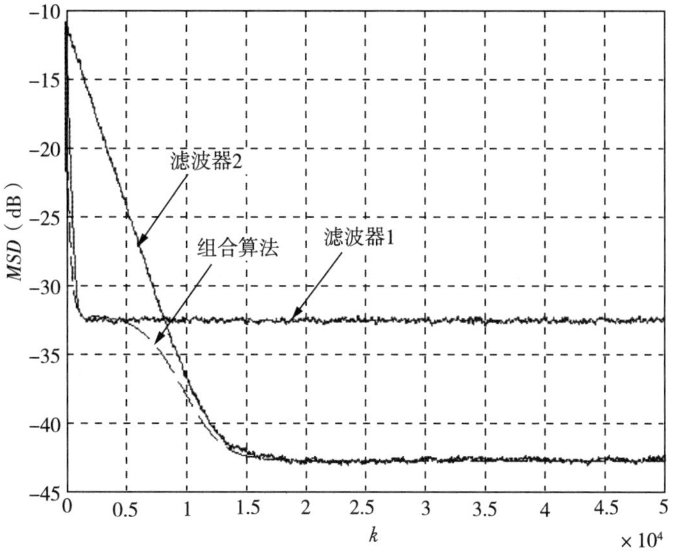

图 2-14　最佳仿射组合算法的 *MSD* 性能曲线

图 2-15 和图 2-16 表明，组合后的均方偏差 MSD_c 随着滤波器 1 和滤波器 2 的均方偏差变化而变化。在初始阶段，组合滤波器的性能曲线跟随滤波器 1 的性能曲线；在过渡阶段，组合滤波器的性能曲线逐渐由滤波器 1 过渡到滤波器 2；在稳态阶段，组合滤波器的性能曲线跟随滤波器 2 的性能曲线，改变组成滤波算法的步长值，组合后的算法性能曲线仍然具有良好的跟踪性能。

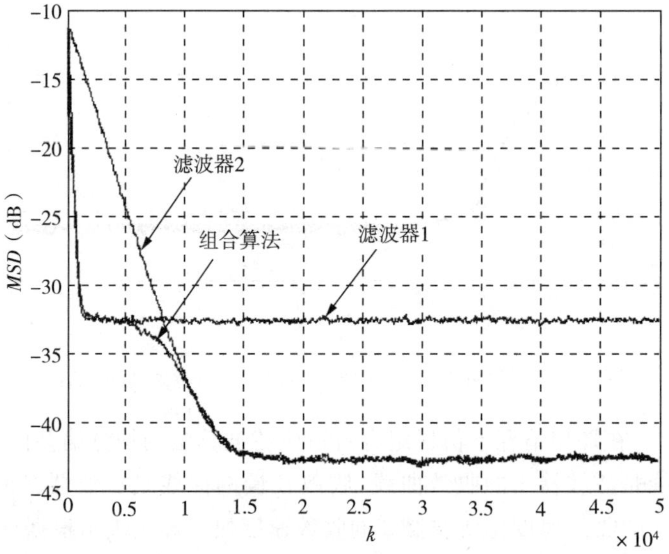

图 2-15　仿射组合自适应滤波算法的 MSD 性能曲线

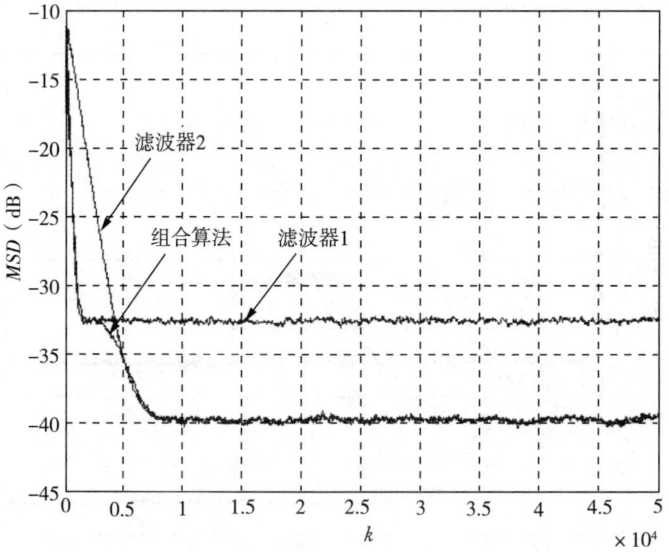

图 2-16　仿射组合自适应滤波算法的 MSD 性能曲线

第 3 章　变换域自适应滤波器

【内容导引】 从 Z 变换定义出发，讨论了传输函数、频率响应、冲激响应、逆 Z 变换及其相互关系，分析了相关函数与功率谱性质与关系，进一步分析了 Z 域自适应滤波器；从块自适应滤波算法及基本特性入手，分析了频域自适应滤波算法及其性能；从正交小波变换理论出发，研究了小波域自适应滤波器结构与性能。

前面两章讨论了自适应线性组合器以及它的性质，自适应算法及其结构实际上都是在时域里分析的。本章将讨论自适应滤波器包括在 Z 域、频域、小波域等变换域中进行分析的方法。

3.1 Z 域自适应信号处理

3.1.1 Z 变换

1. Z 变换概念

在自适应系统，如自适应线性组合器的分析中，需要采用样本集合，即样本的有序排列。这些样本集合包括各种各样的时间序列，如输入信号、期望信号、误差信号以及权值。

设数据序列为

$$[x(k)]=\{\cdots,\quad x(-1),x(0),x(1),x(2),x(3)\quad,\cdots\}$$

其 Z 变换定义为

$$X(z)=\sum_{k=-\infty}^{\infty}x(k)z^{-k} \tag{3-1-1}$$

式中，z 是一个连续的复变量。由于式(3-1-1)中，既包含标号 k 的正值，也包含 k 的负值，因而 $X(z)$ 叫作双边 Z 变换。事实上，k 取整数值，且已知 $x(k)$ 时才能得到 $X(z)$。因而可以简单地假设 k 小于零，$x(k)$ 等于零，得到 $x(k)$ 的单边 Z 变换。

例如，令 $\{x(k)\}$ 为指数函数的抽样，即

$$x(k)=\begin{cases}0,k<0\\ e^{\alpha k},k\geqslant 0,\alpha>0\end{cases} \tag{3-1-2}$$

则 Z 变换为 α 与 z 的简单有理函数，如图 3-1 所示。k 小于零，$x(k)$ 等于零，这种情况是一个

单边Z变换，此变换在 $z=0$ 处有一个零点（即有一个零值），在 $z=e^{-\alpha}$ 处有一个极点，即 $X(z)$ 变为无限大。

图 3-1 表明，一个无穷项（或有限项）的几何级数和总可以写成闭合的有理函数形式，因而 Z 变换总是可以将样本序列表示为一个简单的形式，通过相应的对照表 3-1，就可以方便地进行变换。

注意，原始样本序列的所有信息都转移到它的 Z 变换之中。在式(3-1-1)中，每一个样本与 z 的唯一的某次幂相联系，因而从 Z 变换可以恢复整个样本集合。换句话说，逆 Z 变换显然存在。

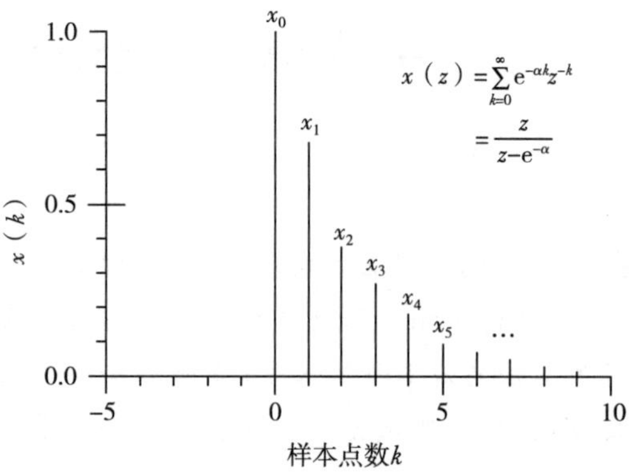

图 3-1　样本函数 $x(k)=e^{-\alpha k}$ 与它的 Z 变换，该 z 变换在 $z=0$ 有一个零点，在 $z=e^{-\alpha}$ 有一个极点

表 3-1　样本序列与其 Z 变换

样本序列	Z 变换
$x(k)=e^{-\alpha k},k\geqslant 0,\alpha>0$	$\sum_{k=0}^{\infty}(e^{-\alpha}z^{-1})^k=\frac{z}{z-e^{-\alpha}}$
$x(k)=e^{\alpha k},k\leqslant 0,\alpha>0$	$\sum_{k=-\infty}^{0}(e^{\alpha}z^{-1})^k=\frac{1}{1-ze^{-\alpha}}$
$x(k)=\cos\alpha k,k\geqslant 0$	$\sum_{k=0}^{\infty}\cos\alpha k z^{-k}=\frac{z(z-\cos\alpha)}{z^2-2z\cos\alpha+1}$

2. 右序列与左序列

式(3-1-2)所示的样本序列，从 $k=0$ 开始随着 k 的增加向右延伸，故称为右序列；若从 $k=0$ 开始随着 k 的减少而继续延伸，则称为左序列。从 $k=0$ 开始序列向两个方向延伸，则为双边序列。自然，所有这些序列均可进行Z变换，但能保证式(3-1-1)收敛的 z 的区域则各不相同。

表 3-1 中，在第一个变换中，仅当 $|z|>e^{-\alpha}$，和式才收敛。因而和式中的项随着 k 增大而减少。类似地，第二个变换仅当 $|z|<e^{-\alpha}$ 才收敛；而第三个变换仅当 $|z|>1$ 才收敛。因此，任何左序列与右序列的收敛规则如下。

(1) 如果 $x(k)$ 是左序列，$X(z)$ 对 $|z|<1$ 收敛，极点位于单位圆 $|z|=1$ 之上或之外。

(2) 如果 $x(k)$ 是右序列，$X(z)$ 对 $|z|>1$ 收敛，极点位于单位圆 $|z|=1$ 之上或之内。

这些规则具有一般性，但是它们不能给出 $X(z)$ 在 z 平面上准确的收敛区域。例如，对 $k>0$，$x(k)=e^{-\alpha k}$ 的情况，收敛区域与 α 有关，但它总是包含由 $|z|=1$ 定义的单位圆外的区域。对所有的序列，均假定样本 $\{x(k)\}$ 是有限的，且当 $|k|$ 增加时，不会无界限地增长。

有时，需要对一个双边序列进行变换，但其收敛域不一定存在。例如，相关函数或非因果滤波器，就可能如此。在这种情况下，可以只对双边级数求和，而对于其左序列部分与右序列部分分别加以处理。例如，当 $k<0$ 时，$x(k)=\cos\alpha k$ 的 Z 变换为 $k\geqslant 0$ 时的情况，$x(k)=\cos\alpha k$ 的 Z 变换加上一个负号，因而整个双边 Z 变换不存在。然而，依然可用双边级数来代表整个序列。

3.1.2　传输函数

传输函数这一概念对所有类型的线性系统(连续的及数字的)均适用，其定义为系统输出的变换除以系统输入的变换。对连续系统，采用拉普拉斯变换；对数字系统，则采用 Z 变换。

图 3-2 给出了一般的线性数字处理系统(或算法)。若令反馈系数($b_1,b_2,\cdots,b_L$)均等于零，则图 3-2 就是一个单输入自适应线性组合器。然而，在图 3-2 中，权上没有调整箭头，表示权是固定的，不是变化的。然而，因为当权被自适应调整时，等价于时变滤波器一般不具有传输函数的概念。引入传输函数，本身就暗示系统具有固定的权。

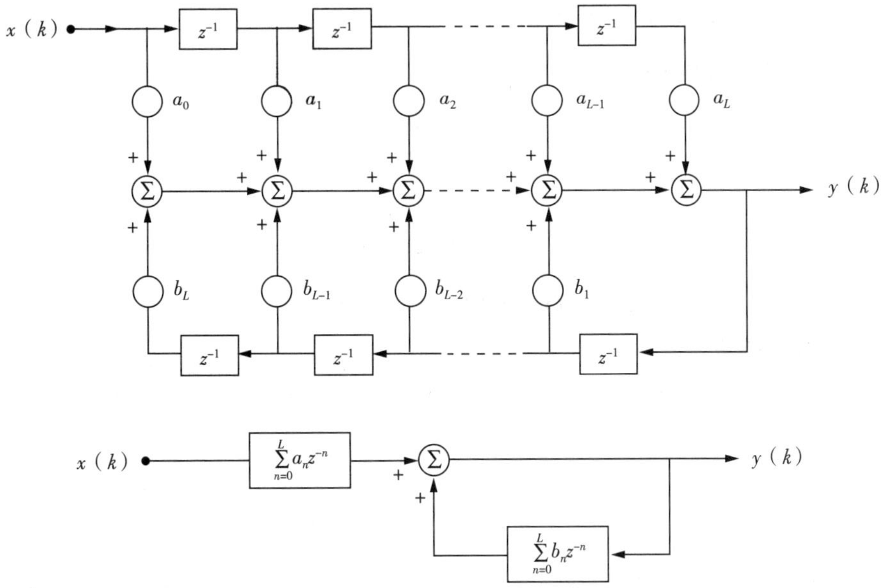

图 3-2　等效的数字信号处理框图

因而，图 3-2 表示普通的单输入线性组合器或者说数字滤波器。若没有反馈部分，就是非递归滤波器；若带有反馈部分，则称为递归滤波器。两种情况的输出 $y(k)$ 均可表示为

$$y(k)=\sum_{n=0}^{L}a_n x(k-n)+\sum_{n=1}^{L}b_n y(k-n) \tag{3-1-3}$$

式中，若没有各个 b_n，则式(3-1-3)与式(1-2-3)本质上相同，即非递归形式。这个滤波器仅对正整数 n，a_n 才不为零，因而它是因果的。

为了求传输函数，对式(3-1-3)两端做 Z 变换，得

$$Y(z)=\sum_{k=-\infty}^{\infty}\sum_{n=0}^{L}a_n x(k-n)z^{-k}+\sum_{k=-\infty}^{\infty}\sum_{n=1}^{L}b_n y(k-n)z^{-k} \tag{3-1-4}$$

如果将右端表示成变换函数，则必须对所有的n确定出a_n与b_n。如上所述，这可按下列办法简单地完成。当n处于“滤波器之外”时，令$a_n=0$与$b_n=0$，即

$$\{a_n\}=\{\cdots\quad 000a_0a_1\quad\cdots\quad a_L000\quad\cdots\}$$

$$\{b_n\}=\{\cdots\quad 000b_1\quad\cdots\quad b_L000\quad\cdots\} \tag{3-1-5}$$

现在将式(3-1-4)求和的上下限改写为正负无限大，并交换求和次序，得

$$Y(z)=\sum_{n=-\infty}^{\infty}a_n\sum_{k=-\infty}^{\infty}x(k-n)z^{-k}+\sum_{n=-\infty}^{\infty}b_n\sum_{k=-\infty}^{\infty}y(k-n)z^{-k} \tag{3-1-6}$$

令$m=k-n$，m的上下限仍为正负无穷大，式(3-1-6)改写为

$$\begin{aligned}Y(z)&=\Big(\sum_{n=-\infty}^{\infty}a_n z^{-n}\Big)\Big(\sum_{m=-\infty}^{\infty}x(m)z^{-m}\Big)+\Big(\sum_{n=-\infty}^{\infty}b_n z^{-n}\Big)\Big(\sum_{m=-\infty}^{\infty}y(m)z^{-m}\Big)\\&=A(z)X(z)+Y(z)B(z)\end{aligned} \tag{3-1-7}$$

由式(3-1-7)，得传输函数为

$$\begin{aligned}H(z)&=\frac{Y(z)}{X(z)}\\&=\frac{A(z)}{1-B(z)}\end{aligned} \tag{3-1-8}$$

因此，当$B(z)=0$，即非递归情况，有$Y(z)=A(z)X(z)$。

3.1.3 频率响应

由传输函数容易求得滤波器的频率响应，为此首先在式(3-1-8)中用$1-B(z)$去除$A(z)$，得

$$H(z)=\sum_{n=0}^{\infty}h(n)z^{-n}=\frac{A(z)}{1-B(z)} \tag{3-1-9}$$

注意：这里因为a_n仅对正n是非零的，从而$h(n)$也仅对正n为非零。因此，任何因果递归滤波器等效于一个因果的、具有无限长冲激响应的非递归滤波器。

由式(3-1-3)与式(3-1-9)，得

$$y(k)=\sum_{n=0}^{\infty}h(n)x(k-n) \tag{3-1-10}$$

式(3-1-10)可用来描述任何一种因果线性滤波器。

如果希望从式(3-1-10)给出的$h(k)$出发，求滤波器的频率响应，则令$\{x(k)\}$是某个固定频率ω的单位正弦波的样本集合，并计算$\{y(k)\}$，即令

$$x(k)=e^{j\omega k} \tag{3-1-11}$$

将式(3－1－11)代入式(3－1－10)，得

$$y(k)=\sum_{n=0}^{\infty}h(n)e^{j\omega(k-n)}$$
$$=\Big(\sum_{n=0}^{\infty}h(n)e^{-j\omega n}\Big)x(k) \tag{3-1-12}$$

因此，由于正弦信号 $x(k)$ 乘以括号的量得到正弦信号 $y(k)$，则这个量必然表示滤波器的频率响应，即在频率 ω 上的增益和相移。

然而，括号中的量可由式(3－1－9)与式(3－1－8)中的 z 代换成 $e^{j\omega}$ 得到。因此，对任何如图 3－2 所示的线性滤波器，有

$$H(e^{j\omega})=\frac{Y(e^{j\omega})}{X(e^{j\omega})}$$
$$=\frac{A(e^{j\omega})}{1-B(e^{j\omega})} \tag{3-1-13}$$

由于 $e^{j\omega}$ 为一个以 2π 为周期的周期函数，因而频率响应也是 ω 的周期函数，即若用 $2\pi-\omega$ 代替 ω，有

$$e^{j(2\pi-\omega)}=e^{-j\omega} \tag{3-1-14}$$

因此，由于 $A(z)$ 和 $B(z)$ 的系数是实数，因而有

$$\frac{Y(e^{j(2\pi-\omega)})}{X(e^{j(2\pi-\omega)})}=\frac{Y(e^{-j\omega})}{X(e^{-j\omega})} \tag{3-1-15}$$

注意：传输函数仅在区间 $0\leqslant\omega<\pi$ 是唯一的。这个频率范围称为奈奎斯特间隔，$\omega=\pi$ 为折叠频率，$\omega=2\pi$ 为取样频率。

如果需要将式(3－1－11)中的 $x(k)$ 写成时间函数而不只是取样数 k 的函数，则令

$$\omega=\Omega T$$
$$=2\pi fT \tag{3-1-16}$$

式中，T 是时间步长(样点之间的距离)，单位为 s，(f 的单位为 Hz)；(Ω 的单位为 rad/s)。因而 $t=kT$ 将出现在指数中，折叠频率将是 π/T(rad/s)，或 $1/2T$(Hz)，即取样频率的一半。

例如，设有一个传输函数为

$$H(z)=\frac{Y(z)}{X(z)}=\frac{0.27(z^2+1)}{z^2-1.27z+0.81} \tag{3-1-17}$$

则频率响应为

$$H(e^{j\omega})=\frac{0.27(e^{2j\omega}+1)}{e^{2j\omega}-1.27e^{j\omega}+0.81}$$
$$=\frac{0.54\cos\omega(1.81\cos\omega-1.27-j0.19\sin\omega)}{(1.81\cos\omega-1.27)^2+(0.19\sin\omega)^2} \tag{3-1-18}$$

$H(e^{j\omega})$ 的振幅和相位称为滤波器的幅度增益与相移。在式(3-1-18)中,有

$$H(e^{j\omega}) = H_{Re}(e^{j\omega}) + jH_{Im}(e^{j\omega})$$

$$|H(e^{j\omega})| = [H_{Re}^2(e^{j\omega}) + H_{Im}^2(e^{j\omega})]^{\frac{1}{2}}$$

$$\varphi = \cot^{-1}[H_{Im}(e^{j\omega})/H_{Re}(e^{j\omega})] \tag{3-1-19}$$

该频率响应的幅度增益 $H(e^{j\omega})$ 与相移 φ 如图 3-3 所示。除了幅度增益外,也常常用到滤波器的功率增益。功率增益为幅度增益的平方,并常以分贝(dB)表示,因而

功率增益

$$|H(e^{j\omega})|^2 = H_{Re}^2(e^{j\omega}) + H_{Im}^2(e^{j\omega})$$

分贝功率增益

$$10\log_{10}|H(e^{j\omega})|^2 \tag{3-1-20}$$

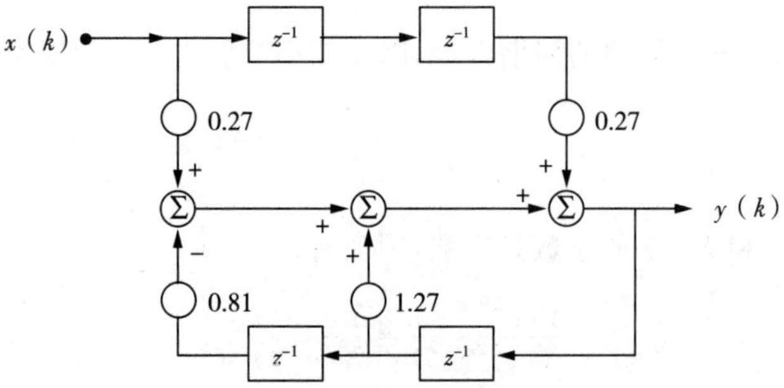

(a) 滤波器

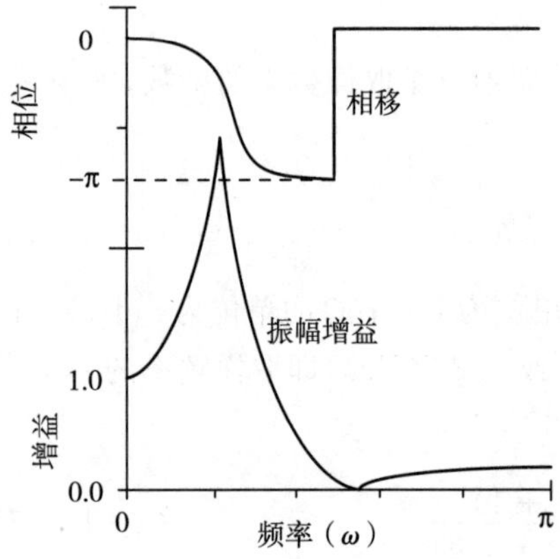

(b) 响应

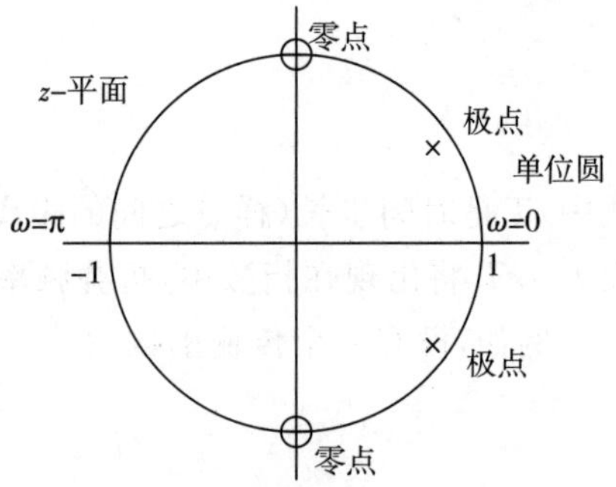

(c) 零极点图

图 3-3　数字滤波器频率响应

图 3-3 表明,$H(z)$ 的零点与极点对增益与相移有影响。为了得到式(3-1-13),设 $z=e^{j\omega}$,因此当频率 ω 从零向折叠频率 π 改变时,z 沿着 z 平面上单位圆的上半部分移动。当 ω

变得使 z 接近 $H(z)$ 的极点时，即在图 3-3 中当 $\omega=\pi/4$ 时，增益变大。当 z 接近 $H(z)$ 的零点时，即 $\omega=\pi/2$ 时，增益变小。当 z 在单位圆上靠近或通过零点或极点时，相位特性有尖锐的变化。

3.1.4　冲激响应

1. 冲激响应

假定有一个在 $k=0$ 时样本值为 1，其余均为零的序列组成的冲激样本集合，即

$$\{x(k)\}=\{\cdots\quad 00100\quad \cdots\} \tag{3-1-21}$$

按照式(3-1-1)的定义，冲激样本集合的 Z 变换为

$$X(z)=1$$

因而，若 $\{x(k)\}$ 是传输函数为 $H(z)$ 的滤波器的输入，则由式(3-1-8)知，其输出响应(冲激响应)为

$$h(k)=Z^{-1}[H(z)] \tag{3-1-22}$$

式中，Z^{-1} 表示逆 Z 变换。

2. 稳定性

从冲激响应的定义知，对非递归滤波器，如自适应线性组合器，只要滤波器的权值是有限的，则其冲激响应有界且为有限长度，即自适应线性组合器是稳定的。

对递归滤波器具有无限长的冲激响应，仅当所有的极点都在单位圆内时，因果递归滤波器才是稳定的，如图 3-3 所示。现在证明这个条件。

令传输函数是 z^{-1} 的多项式之比，即式(3-1-8)的形式。若将 $H(z)$ 展开成部分分式，则 $H(z)$ 仅包含形如 $z^{-n}/(1-z_0z^{-1})$ 的项，z_0 则为极点位置。因而，将 $H(z)$ 写为

$$H(z)=\frac{Az^{-n}}{1-z_0z^{-1}}+G(z) \tag{3-1-23}$$

式中，$G(z)$ 代表 $H(z)$ 的剩余项，A 为常数。由于输入出现在 $k=0$ 时，而且其响应[即式 $H(z)$ 的逆变换]必须是右序列。于是，可将式(3-1-23)中的第一项表示成右序列，即重写 $H(z)$ 为

$$H(z)=A\sum_{k=n}^{\infty}z_0^{k-n}z^{-k}+G(z) \tag{3-1-24}$$

由此，得冲激响应函数为

$$\begin{aligned}h(k)&=Z^{-1}[H(z)]\\&=Az_0^{k-n}+Z^{-1}[G(z)],k\geqslant n\end{aligned} \tag{3-1-25}$$

虽然极点位置一般是复数，但是除非 z_0 的模小于 1，否则冲激响应函数将无界限地增大。换句话说，z_0 必须位于单位圆之内(定义极点在单位圆之上的滤波器是有条件稳定的)。

有限长线性滤波器的冲激响应与稳定性冲激响应见表 3－2 所列。

表 3－2　有限长线性滤波器的冲激响应与稳定性冲激响应

滤波器类型	冲激响应	稳定性条件
非递归	有限(FIR)	系数值有限
递　归	无限(IIR)	系数值有限，对因果滤波器，极点位于 $\lvert z \rvert = 1$ 之内

注："无限"是指响应长度无限。

3.1.5　逆 Z 变换

式(3－1－24) 与式(3－1－25) 表明，任何有理函数的逆 Z 变换可以采用部分分式展开，并变换成几何级数的方法求得。然而，对于最小均方系统，需要更为方便求逆 Z 变换的方法。

根据复变函数理论，得

$$x(k) = \frac{1}{2\pi j}\oint X(z) z^{k-1} \mathrm{d}z \tag{3-1-26}$$

积分路径是在 z 平面 $X(z)$ 的收敛域内、以原点为中心的、按逆时针方向旋转的圆周上。

将式(3－1－1) 代入式(3－1－26)，得

$$\begin{aligned} x(k) &= \frac{1}{2\pi j}\oint \sum_{n=-\infty}^{\infty} x(n) z^{k-n-1} \mathrm{d}z \\ &= \sum_{n=-\infty}^{\infty} \frac{1}{2\pi j}\oint x(n) z^{k-n-1} \mathrm{d}z \end{aligned} \tag{3-1-27}$$

由柯西 (Cauchy) 积分定理，得

$$\frac{1}{2\pi j}\oint z^m \mathrm{d}z = \begin{cases} 0, m \neq -1 \\ 1, m = -1 \end{cases} \tag{3-1-28}$$

在式(3－1－27) 中，积分号下 $x(n)$ 为一常数，因而和式中仅有 $n=k$ 一项不为零，这项正是 $x(k)$。因此，式(3－1－27) 成为一个恒等式，式(3－1－26) 的正确性得以证明。

注意：在式(3－1－26) 中引入代换

$$z = \mathrm{e}^{j\omega} \tag{3-1-29}$$

后，积分变量由 z 变为 ω，积分路径是在单位圆上从 $z=\mathrm{e}^{-j\pi}$ 逆时针旋转至 $z=\mathrm{e}^{j\pi}$(即沿单位圆旋转一周)。

此时，式(3－1－26) 可写为

$$x(k) = \frac{1}{2\pi}\int_{-\pi}^{\pi} X(\mathrm{e}^{j\omega}) \mathrm{e}^{jk\omega} \mathrm{d}\omega \tag{3-1-30}$$

式(3－1－30) 本质上是一个傅里叶 (Fourier) 逆变换公式。

如何计算式(3-1-26)或式(3-1-30)中的积分呢？如果 $X(z)$ 是一个 z 的多项式，则由式(3-1-26)知，在多项式中 z^{-k} 项前面的系数即是 $x(k)$。但是，若 $X(z)$ 是两个多项式之比，则可用留数定理计算。留数定理可表示为

$$x(k)=\frac{1}{2\pi j}\oint X(z)z^{k-1}\mathrm{d}z$$

$$=\sum_{n}\mathrm{Res}[X(z)z^{k-1}]\text{，在极点 } z_n \text{ 处} \tag{3-1-31}$$

也就是说，$x(k)$ 为积分路径之内被积函数所有极点的留数之和。假定 $X(z)z^{k-1}$ 为 z 的有理函数，z_n 为 $X(z)z^{k-1}$ 的 r 重极点，则 $X(z)z^{k-1}$ 可写为

$$X(z)z^{k-1}=\frac{V(z)}{(z-z_n)'} \tag{3-1-32}$$

z_n 的留数为

$$\mathrm{Res}[X(z)z^{k-1}]\Big|_{z=z(n)}=\frac{1}{(r-1)!}\left[\frac{\mathrm{d}^{r-1}V(z)}{\mathrm{d}z^{r-1}}\right]_{z=z(n)} \tag{3-1-33}$$

当 $r=1$ 时，有

$$\text{单极点：}\mathrm{Res}[X(z)z^{k-1}]\big|_{z=z(n)}=V[z(n)] \tag{3-1-34}$$

因此，式(3-1-31) ～ 式(3-1-34)，就是一个求有理函数逆Z变换的方法。

注意，在式(3-1-31)中，当 $k=0$ 时，通常在 $z=0$ 有一个额外的极点。

为方便起见，再次考察图3-1。在该图中，$X(z)=z/(z-\mathrm{e}^{-a})$，$x(k)$ 对 $k\geqslant 0$ 有定义，则式(3-1-31)写为

$$x(k)=\frac{1}{2\pi j}\oint X(z)z^{k-1}\mathrm{d}z,k\geqslant 0$$

$$=\frac{1}{2\pi j}\oint\frac{z^k\mathrm{d}z}{z-\mathrm{e}^{-a}},k\geqslant 0$$

$$=\mathrm{Res}\left[\frac{z^k}{z-\mathrm{e}^{-a}}\right]\Big|_{z=e^{-a}} \tag{3-1-35}$$

这种情况下，对单极点，由式(3-1-34)，得

$$x(k)=V(\mathrm{e}^{-a})=e^{-ak},k\geqslant 0 \tag{3-1-36}$$

与图3-1所示情况相同。

注意，由于使逆Z变换有效的 k 的取值范围并未包含在积分公式之中，因而必须另外加以指明。

在图3-1中，$\{x(k)\}$ 是右序列，并假定 $k\geqslant 0$。对于左序列，式(3-1-26)中的 z^{k-1} 用式(3-1-33)求 $z=0$ 的留数时会很难。最简单的解决办法是，在正、逆Z变换式(3-1-1)与(3-1-26)中，令 $u=z^{-1}$，这种替换逆转了任何序列的走向。例如，对于 $k\leqslant 0$，$x(k)=\mathrm{e}^{ak}$ 的

u 变换是 $u/(u-\mathrm{e}^{-a})$，则其逆变换可按类似于式(3-1-35)与式(3-1-36)的方法求得，最后，由时间反演为左序列。

3.1.6 相关函数与功率谱

在分析自适应滤波器时，都假设了输入信号在分析期间其统计特性不变。尽管这种假设可能不完全正确，但能使问题简化。对于周期的或平稳随机抽样序列，可按式(3-1-11)与式(3-1-12)定义的相关函数加以描述。

对单输入自适应线性组合器，

互相关为

$$R_{xy}(k)=E[x(n)y(n+k)] \tag{3-1-37}$$

自相关为

$$R_{xx}(k)=E[x(n)x(n+k)],\ -\infty<k<\infty \tag{3-1-38}$$

若平均值不随 k 而变，则 $x(n)y(n+k)$ 与 $x(n-k)y(n)$ 表示 x 与 y 之间有相同的相对移动，即

$$\begin{aligned}R_{yx}(k)&=E[y(n)x(n+k)]\\&=E[y(n-k)x(n)]=R_{xy}(-k)\end{aligned} \tag{3-1-39}$$

由此可知，自相关函数是偶函数，即

$$R_{xx}(k)=R_{xx}(-k) \tag{3-1-40}$$

将离散功率谱定义为式(3-1-37)或式(3-1-38)所示相关函数的Z变换，则互功率谱为

$$G_{xy}(z)=\sum_{k=-\infty}^{\infty}R_{xy}(k)z^{-k} \tag{3-1-41}$$

自功率谱为

$$G_{xx}(z)=\sum_{k=-\infty}^{\infty}R_{xx}(k)z^{-k} \tag{3-1-42}$$

同样，$G_{xx}(z)$ 正好是 $G_{xy}(z)$ 在 $y=x$ 时的特殊情况。在式(3-1-41)中用 $\mathrm{e}^{j\omega}$ 替换 z，就得到功率谱为

$$G_{xy}(\mathrm{e}^{j\omega})=\sum_{k=-\infty}^{\infty}R_{xy}(k)\mathrm{e}^{-jk\omega} \tag{3-1-43}$$

此式(3-1-43)本质上是 $R_{xy}(k)$ 的离散傅里叶变换，它给出了样本积$\{x(n)y(n+k)\}$在频率范围 $\omega=\pi$(抽样率一半的频率范围)上的分布。

功率谱的一个重要性质是其对称性。由式(3-1-39)知，交换 x 和 y 的顺序，就等效于时间反转，故

$$G_{yx}(z)=\sum_{k=-\infty}^{\infty}R_{xy}(-k)z^{-k}$$

$$=\sum_{m=-\infty}^{\infty}R_{xy}(m)z^{m}=G_{xy}(z^{-1}) \tag{3-1-44}$$

当 z 位于单位圆上时，用 z^{-1} 替换 z，利用这一共轭特性，就可以讨论频率响应。

现讨论功率谱与传输函数之间的关系。假设$\{y(k)\}$与$\{x(k)\}$之间由一个线性传输函数 $H(z)$ 发生联系，如图 3－4 所示。图 3－4 可以视为图 3－2 的等效模型。

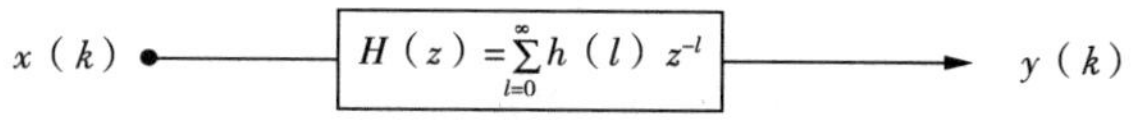

图 3－4　图 3－2 的等效模型

图 3－4 中，$H(z)$ 可以是递归的，也可以是非递归的。将式(3－1－41) 代入式(3－1－37)，再代入式(3－1－10)，得

$$G_{xy}(z)=\sum_{k=-\infty}^{\infty}E[x(n)y(n+k)]z^{-k}$$

$$=\sum_{k=-\infty}^{\infty}E\left[x(n)\sum_{l=0}^{\infty}h(l)x(n+k-l)\right]z^{-k} \tag{3-1-45}$$

因为任何和式取期望等于相应的各项期望之和，所以式(3－1－45) 中的求平均算子与求和号次序加以交换，得

$$G_{xy}(z)=\sum_{l=0}^{\infty}h(l)\sum_{k=-\infty}^{\infty}E[x(n)x(n+k-l)]z^{-k} \tag{3-1-46}$$

令 $m=k-1$，得传输函数关系为

$$G_{xy}(z)=\sum_{l=0}^{\infty}h(l)z^{-l}\sum_{m=-\infty}^{\infty}E[x(n)x(n+m)]z^{-m}$$

$$=\sum_{0}^{\infty}h(l)z^{-l}\sum_{m=-\infty}^{\infty}R_{xx}(m)z^{-m}$$

$$=H(z)G_{xx}(z) \tag{3-1-47}$$

同理，得 G_{xx} 与 G_{xy} 之间的传输函数关系为

$$G_{yy}(z)=\sum_{k=-\infty}^{\infty}R_{yy}(k)z^{-k}$$

$$=\sum_{k=-\infty}^{\infty}E[y(n)y(n+k)]z^{-k}$$

$$=\sum_{k=-\infty}^{\infty}E\left[\sum_{l=0}^{\infty}h(l)x(n-l)\sum_{m=0}^{\infty}h(m)x(n+k-m)\right]z^{-k}$$

$$=\sum_{l=0}^{\infty}h(l)z^{l}\sum_{m=0}^{\infty}h(m)z^{-m}\sum_{k=-\infty}^{\infty}E[x(n-l)x(n+k-m)]z^{-(k-m+l)}$$

$$=\sum_{l=0}^{\infty}h(l)z^{l}\sum_{m=0}^{\infty}h(m)z^{-m}\sum_{k=-\infty}^{\infty}R_{xx}(k-m+l)z^{-(k-m+l)}$$

$$=H(z^{-1})H(z)G_{xx}(z)$$

$$=|H(z)|^{2}G_{xx}(z) \tag{3-1-48}$$

互功率谱为

$$G_{dy}(z)=\sum_{k=-\infty}^{\infty}E[d(n)y(n+k)]z^{-k}$$

$$=\sum_{l=0}^{\infty}h(l)z^{-l}\sum_{m=-\infty}^{\infty}R_{dx}(z)z^{-m}$$

$$=H(z)G_{dx}(z) \tag{3-1-49}$$

式中，用 x 代替 d，就得到式(3-1-47)。

除了这些传输函数关系，应用式(3-1-26)的逆变换公式，也可从功率谱得到相关函数。按式(3-1-41)，G_{xy} 是 R_{xy} 的变换，从而得

$$E[x(n)y(n+k)]=R_{xy}(k)=\frac{1}{2\pi j}\oint G_{xy}(z)z^{k-1}\mathrm{d}z \tag{3-1-50}$$

$$E[x(n)x(n+k)]=R_{xx}(k)=\frac{1}{2\pi j}\oint G_{xx}(z)z^{k-1}\mathrm{d}z \tag{3-1-51}$$

特别对 $k=0$，有

$$E[x(k)y(k)]=R_{xy}(0)=\frac{1}{2\pi j}\oint G_{xy}(z)\frac{\mathrm{d}z}{z} \tag{3-1-52}$$

$$E[x^{2}(k)]=G_{xx}(0)=\frac{1}{2\pi j}\oint G_{xx}(z)\frac{\mathrm{d}z}{z} \tag{3-1-53}$$

式(3-1-53)为 $x(k)$ 的均方值，称为序列 $\{x(k)\}$ 的总功率(平均功率)。在式(3-1-26)中用频率做自变量，得到式(3-1-53)，再由式(3-1-53)，得

$$E[x^{2}(n)]=\frac{1}{2\pi}\int_{-\pi}^{\pi}G_{xx}(\mathrm{e}^{j\omega})\mathrm{d}\omega \tag{3-1-54}$$

因此，总功率 $E[x^{2}(k)]$ 是离散功率谱之积分。

综上，重要关系式如下：

如果 x、y 与 d 的平稳信号，且 $Y(z)=H(z)X(z)$，z 位于单位圆上，得

$$G_{xy}(z)=H(z)G_{xx}(z) \tag{3-1-55}$$

$$G_{dy}(z)=H(z)G_{dx}(z) \tag{3-1-56}$$

$$G_{yy}(z)=|H(z)|^2G_{xx}(z) \tag{3-1-57}$$

$$R_{xy}(k)=\frac{1}{2\pi j}\oint G_{xy}(z)z^{k-1}\mathrm{d}z \tag{3-1-58}$$

$$E[x^2(k)]=R_{xx}(0)=\frac{1}{2\pi j}\oint G_{xx}(z)\frac{\mathrm{d}z}{z} \tag{3-1-59}$$

3.1.7　性能函数

前面两章均采用性能函数J(均方误差)讨论了自适应线性组合器的特性。现将性能函数用自适应系统的传输函数与信号功率谱加以表示。

在单输入自适应横向滤波器中,非递归单输入系统(即单输入线性组合器)如图1-7所示。这里再次将期望输出$d(k)$与误差$e(k)$合在一起,如图3-5所示。图中,略去了权值的下标k,因为在这里不讨论系统的动态特性。

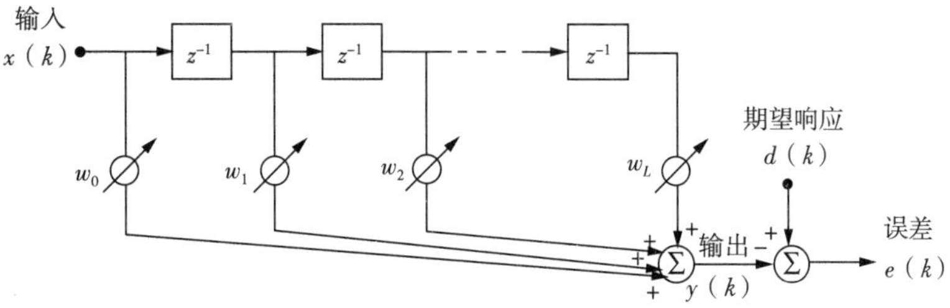

图3-5　单输入自适应横向滤波器

非递归滤波器的性能表面,即作为权向量的函数的均方误差,由式(1-2-13)给出:

$$J=R_{dd}(0)+\boldsymbol{W}^{\mathrm{T}}\boldsymbol{R}\boldsymbol{W}-2\boldsymbol{P}^{\mathrm{T}}\boldsymbol{W} \tag{3-1-60}$$

式中,

$$\boldsymbol{W}=[w_0,w_1,\cdots,w_L]^{\mathrm{T}} \tag{3-1-61}$$

$$\boldsymbol{R}=\begin{bmatrix} R_{xx}(0) & R_{xx}(1) & R_{xx}(2) & \cdots & R_{xx}(L) \\ R_{xx}(1) & R_{xx}(0) & R_{xx}(1) & \cdots & R_{xx}(L-1) \\ R_{xx}(2) & R_{xx}(1) & R_{xx}(0) & \cdots & R_{xx}(L-2) \\ \vdots & & & & \\ R_{xx}(L) & R_{xx}(L-1) & R_{xx}(L-2) & \cdots & R_{xx}(0) \end{bmatrix} \tag{3-1-62}$$

$$\boldsymbol{P}=[R_{dx}(0),R_{dx}(-1),\cdots,R_{dx}(-L)]^{\mathrm{T}} \tag{3-1-63}$$

式中,矩阵元素为相关函数R。由式(3-1-61)～式(3-1-63),得

$$J = R_{dd}(0) + \sum_{l=0}^{L}\sum_{m=0}^{L} w(l)w(m)R_{xx}(l-m) - 2\sum_{l=0}^{L} w(l)R_{dx}(-l) \quad (3-1-64)$$

式(3-1-64)为非递归自适应滤波器性能函数的又一种表示式。对于图3-6所示的一般情况,假设传输函数$H(z)$为图3-2所示的数字滤波器,且该滤波器的权向量可调,J是这些权向量的函数。若递归系数(各个b)全为零,则图3-5与图3-6是等效的。由式(3-1-56)、式(3-1-57)与式(3-1-59),得

$$\begin{aligned} J &= E[e^2(k)] = E\{[d(k)-y(k)]^2\} \\ &= R_{dd}(0) + R_{yy}(0) - 2R_{dy}(0) \\ &= R_{dd}(0) + \frac{1}{2\pi j}\oint[G_{yy}(z) - 2G_{dy}(z)]\frac{\mathrm{d}z}{z} \\ &= R_{dd}(0) + \frac{1}{2\pi j}\oint[H(z^{-1})G_{xx}(z) - 2G_{dx}(z)]H(z)\frac{\mathrm{d}z}{z} \end{aligned} \quad (3-1-65)$$

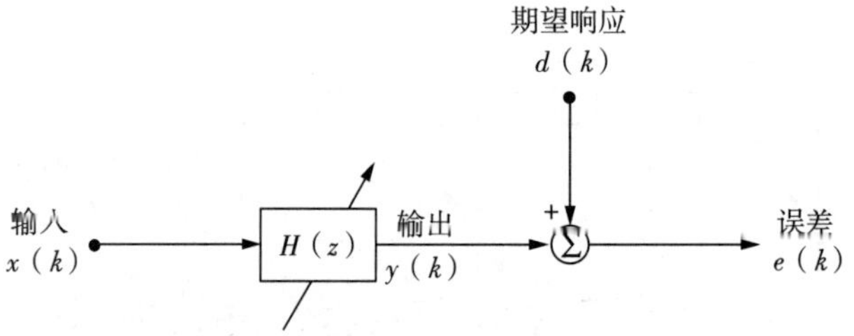

图3-6 单输入自适应滤波器

这是单输入自适应系统函数的一般表示式。

可以证明:式(3-1-65)与非递归自适应横向滤波器式(3-1-64)是等价的。利用图3-5中的符号表示,有

$$H(z) = \sum_{l=0}^{L} w(l)z^{-l} \quad (3-1-66)$$

将式(3-1-66)代入式(3-1-65),得

$$\begin{aligned} J &= R_{dd}(0) + \frac{1}{2\pi j}\oint\left[\sum_{l=0}^{L} w(l)z^{l}G_{xx}(z) - 2G_{dx}(z)\right]\sum_{m=0}^{L} w(m)z^{-m}\frac{\mathrm{d}z}{z} \\ &= R_{dd}(0) + \sum_{l=0}^{L}\sum_{m=0}^{L} w(l)w(m)\left[\frac{1}{2\pi j}\oint G_{xx}(z)z^{l-m-1}\mathrm{d}z\right] \\ &\quad - 2\sum_{m=0}^{L} w(m)\left[\frac{1}{2\pi j}\oint G_{dx}(z)z^{-m-1}\mathrm{d}z\right] \\ &= R_{dd}(0) + \sum_{l=0}^{L}\sum_{m=0}^{L} w(l)w(m)R_{xx}(l-m) - 2\sum_{m=0}^{L} w(m)R_{dx}(-m) \end{aligned} \quad (3-1-67)$$

因此,式(3-1-65)与描述自适应线性组合器性能函数的式(3-1-64)等价,同时表明,式(3-1-65)是任何单输入自适应系统性能表面的一般表示式。

3.2　频域自适应滤波器

3.2.1　块自适应滤波算法及基本特性

块 LMS(Block LMS,BLMS) 自适应滤波算法[12-14]是通过一个块输入数据计算一个块或一组有限滤波器的输出。数字滤波器的模块输出允许有效使用并行处理器以提高速度。根据广义 LMS 算法,在块自适应滤波器中,每输出一个数据块调整一次滤波器系数。根据自适应滤波器的收敛性和计算复杂度,块自适应滤波器允许一定程度的快速实现,并有效提高滤波器的估计精度。

1. BLMS 自适应滤波算法

块自适应滤波器原理如图 3-7 所示。基于 BLMS 算法的滤波器对输入数据进行分块处理,必须允许在不修改滤波器参数的情况下对每个数据块进行计算。与传统的 LMS 滤波器在每一个数据样本中都调整一次权重向量的方式不同,BLMS 滤波器应该在每个数据块中调整一次权重向量。换句话说,从某个角度分析,传统的 LMS 滤波器是 BLMS 滤波器中块密度为 1 的一个特例。

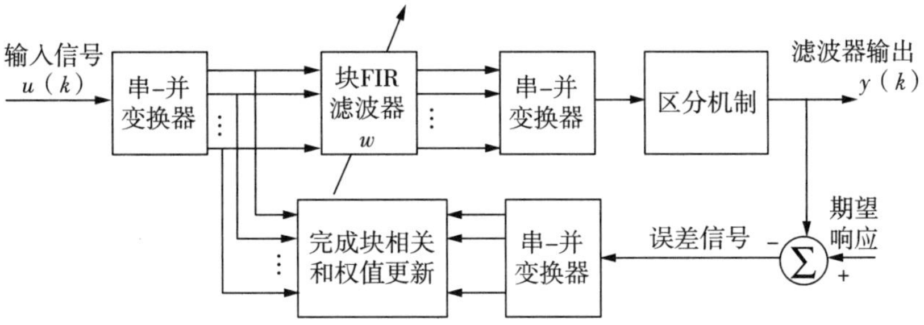

图 3-7　块自适应滤波器原理

假设 LMS 算法在 k 时刻的输入信号向量为

$$\boldsymbol{X}(k)=[x(k),x(k-1),\cdots,x(k-M+1)]^{\mathrm{T}} \tag{3-2-1}$$

第 k 时刻自适应滤波器的权向量为

$$\boldsymbol{W}(k)=[w_0(k),w_1(k),\cdots,w_{M-1}(k)]^{\mathrm{T}} \tag{3-2-2}$$

用 n 表示输入数据的块下标,与 LMS 算法中时刻 k 的关系为

$$k=nM+i \tag{3-2-3}$$

式中,$i=0,1,\cdots,L-1$,$n=1,2,\cdots,L$ 表示输入数据块的块长。第 n 块输入信号矩阵为

$$\boldsymbol{A}^{\mathrm{T}}(n)=[x(nL),x(nL+1),\cdots,x(nL+L-1)] \tag{3-2-4}$$

在每个数据块输入的时间内，滤波器的权向量 $\boldsymbol{w}(n)$ 保持不变，则块滤波器的输出响应为

$$
\begin{aligned}
y(nL+i) &= \boldsymbol{w}^{\mathrm{T}}(n)x(nL+i) \\
&= \sum_{j=0}^{M-1} w_j(n)x(nL+i-j)
\end{aligned} \tag{3-2-5}
$$

已知期望信号为 $d(nL+i)$，则误差信号为

$$
e(nL+i) = d(nL+i) - y(nL+i) \tag{3-2-6}
$$

根据式(2-1-3)，在 LMS 算法中，每次接收新的样本 $\{x(nL+i), d(nL+i)\}$，式(2-1-3) 都会进行一次递归操作。在 BLMS 算法中，误差信号随抽样速率而变，在每个数据块中，误差信号值不同。因此，在每个输入数据块中，保持权重固定，通过求 L 个 $x(nL+i)e(nL+i)$ 乘积并对它们求和，可以得到下一个输入数据块的权向量。基于上述过程，BLMS 算法的权向量更新公式为

$$
\boldsymbol{w}(n+1) = \boldsymbol{w}(n) + \mu \sum_{i=0}^{L-1} \boldsymbol{x}(nL+i)e(nL+i) \tag{3-2-7}
$$

为了方便起见，将式(3-2-7) 重写为

$$
\boldsymbol{w}(n+1) = \boldsymbol{w}(n) + \mu \boldsymbol{R}(n) \tag{3-2-8}
$$

式中，$M \times 1$ 维列向量 $\boldsymbol{R}(n)$ 是互相关的，定义为

$$
\begin{aligned}
\boldsymbol{R}(n) &= \sum_{i=0}^{L-1} x(nL+i)e(nL+i) \\
&= \boldsymbol{A}^{\mathrm{T}}(n)\boldsymbol{e}(k)
\end{aligned} \tag{3-2-9}
$$

式中，误差信号向量为

$$
\boldsymbol{e}(n) = [e(nL), e(nL+1), \cdots, \mathrm{e}(nL+L-1)]^{\mathrm{T}} \tag{3-2-10}
$$

在 BLMS 算法中，一个显著的特点就是在算法设计中结合了梯度向量的估计为

$$
\begin{aligned}
\nabla(n) &= -\frac{2}{L} \sum_{i=0}^{L-1} \boldsymbol{x}(nL+i)e(nL+i) \\
&= -\frac{2}{L}\boldsymbol{A}^{\mathrm{T}}(n)\boldsymbol{e}(n) = -\frac{2}{L}\boldsymbol{R}(n)
\end{aligned} \tag{3-2-11}
$$

引入因子 2 是为了与传统 LMS 算法中式(2-1-3) 相对应，而引入因子 $1/L$ 是为了将 $\nabla(k)$ 作为无偏时间估计。因此，式(3-2-8) 可以改写为

$$
\boldsymbol{w}(k+1) = \boldsymbol{w}(k) - \frac{1}{2}\mu_B \nabla(k) \tag{3-2-12}
$$

式中，

$$\mu_B = L\mu \tag{3-2-13}$$

为 BLMS 滤波器的有效步长参数。

2. 块 LMS 算法的基本性质

BLMS 算法是在传统 LMS 算法的基础上得到的,两者有异同。

(1) 由于两种算法对梯度向量的估计方法不相同,BLMS 算法得到的滤波器估计更加准确。在时间平均意义上,BLMS 算法的估计精度将随块长的增加而提高。

(2) 对于平稳信号,BLMS 算法的稳态权向量(Wiener 解)、失调和时间常数与传统 LMS 算法相同,而区别在于 BLMS 算法的稳定步长为 LMS 算法稳定步长的 L 倍。当输入信号相关矩阵的特征值离散较大时,BLMS 滤波算法的收敛速度可能比 LMS 滤波算法的收敛速度慢,这就需要解决快速收敛与较大步长值之间矛盾的问题。

上述 BLMS 算法,并未对块长 L 的选择施加任何约束条件。通常认为 L 的选择存在三种可能,每一种选择都对应不同的实际应用场景。

(1) $L = M$,若只涉及滤波器的计算复杂度问题,是最好的选择。

(2) $L < M$,这一选择最适合于需要降低处理时延的场景。此外,因为输入数据块的长度小于滤波器长度,与传统的 LMS 滤波器相比,BLMS 滤波器在计算效率方面具有显著优势。

(3) $L > M$,由于梯度向量估计的信息超过了滤波器本身所具有的信息,此时滤波器将存在冗余计算。

因此,在实际应用中,通常会选择 $L = M$。

3.2.2　频域自适应滤波算法

由上面的讨论知,在滤波器的权重系数较大时,BLMS 算法虽然可以有效地提高算法的估计精度,但是无法实现有效地快速自适应。因此,当权重系数增大时,LMS 算法和 BLMS 算法的计算复杂度均高,影响它们的实际应用。与时域实现方式相比,频域实现方式所需的计算量要小很多,特别是当滤波器长度超过或者等于 64 个采样点时,快速 LMS(fast LMS,FLMS) 自适应滤波器计算量大大减少[15]。然而,频域实现方式采用了滤波器输入响应和脉冲响应的圆形卷积[16],而传统的时域 LMS 滤波器采用线性卷积,这使频域实现方式无法收敛到常规自适应滤波器所获得的最优横向滤波器。为解决这一不足,一种频域自适应滤波(frequency domain adaptive filter,FAF)算法,直接替代传统的 LMS 滤波算法后,得到计算复杂度低、收敛速度最快的最佳横向滤波器[17]。

1. FAF 算法基本原理

BLMS 算法没有有效解决收敛速度与步长之间的矛盾。如果 BLMS 算法能有效实现快速运算,就可以大大拓展自适应信号处理的应用领域。

由于式(3-2-11)中的块梯度是误差信号和输入信号矩阵的线性相关,而式(3-2-9)实现了权向量与输入信号矩阵之间的线性卷积,均可以通过执行 FFT 计算其乘积,再对计算结果进行逆变换实现。因此,使用 FFT 算法,可以在频域上快速实现 BLMS 算法,即 FDAF 算法[29]。

在数字信号处理理论中，FFT执行线性卷积技术，包括重叠保留和重叠相加。通过重叠数据序列中的元素并仅保留最终DFT乘积的子集，真正实现了一个有限长序列和一个无限长序列之间的线性卷积。虽然滤波器可以用任意数量的重叠来实现快速计算，但根据快速傅里叶变换的性质，50%重叠时运算效率最高，即$N=2M$。因此，在FAF算法中，大都选择$2M$点FFT来实现时域向频域的转换。

重叠保留FAF自适应滤波器原理如图3-8所示。在该图中，采用相同数量的零对滤波器的M个抽头权值进行增补，再按照$2M$点FFT进行计算。相对应的频域权向量为

$$\boldsymbol{W}(n)=\boldsymbol{F}\left[\boldsymbol{w}^{\mathrm{T}}(n),\boldsymbol{0}_{1\times M}\right]^{\mathrm{T}} \tag{3-2-14}$$

式中，$\boldsymbol{F}$代表$2M\times 2M$阶矩阵，元素$[\boldsymbol{F}]_{p,q}=\exp[-j(2\pi/2M)pq]$，$p,q=0,1,\cdots,2M$，$j=\sqrt{-1}$。频域输入信号矩阵为

$$\boldsymbol{X}(n)=\mathrm{diag}\{\boldsymbol{F}[x(nM-M),\cdots,x(nM),x(nM+1),\cdots,x(nM+M)]\} \tag{3-2-15}$$

式(3-2-15)是通过对输入数据的两个相邻子块进行FFT运算得到的一个$2M\times 2M$维的对角阵。频域输出信号向量为

$$\boldsymbol{Y}(n)=\boldsymbol{X}(n)\boldsymbol{W}(n) \tag{3-2-16}$$

根据重叠保留方法，第n块时域输出数据由$\boldsymbol{y}^{\mathrm{T}}(n)=\boldsymbol{F}^{-1}[\boldsymbol{X}(n)\boldsymbol{W}(n)]$的后$M$个元素计算得到。由于$M$个元素是循环卷积的结果，所以式(3-2-16)中只保留了最后M个元素。

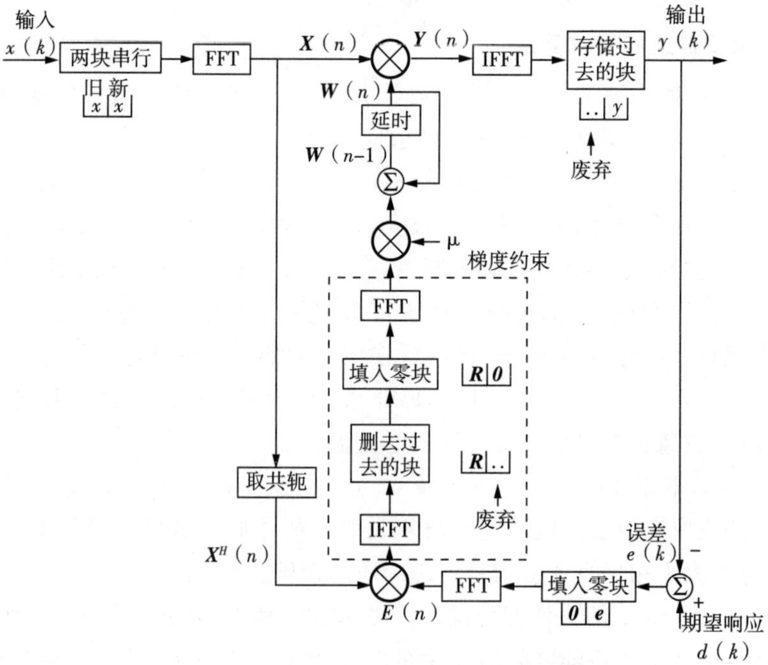

图3-8　重叠保留FAF自适应滤波器原理

在 FAF 算法中，对于无约束重叠保留 FAF 算法的更新公式为

$$\boldsymbol{W}(n+1)=\boldsymbol{W}(n)+2\mu\boldsymbol{P}_f^{-1}(n)\boldsymbol{X}^H(n)\boldsymbol{E}(n) \tag{3-2-17}$$

式中，上标 H 表示共轭转置。$\boldsymbol{E}(n)$ 表示相对应的频域误差信号向量，且

$$\boldsymbol{E}(n)=\boldsymbol{D}(n)-\boldsymbol{GX}(n)\boldsymbol{W}(n) \tag{3-2-18}$$

式中，

$$\boldsymbol{D}(n)=\boldsymbol{F}\left[0_{1\times M},d(nM),\cdots,d(nM+M-1)\right]^{\mathrm{T}} \tag{3-2-19}$$

为频域误差信号向量，$\boldsymbol{G}=\boldsymbol{FgF}^{-1}$ 是一个窗口矩阵，其目的是使时域信号向量的前 M 个元素为零，其中 $\boldsymbol{g}=\begin{bmatrix}0_M & 0_M\\ 0_M & \boldsymbol{I}_M\end{bmatrix}$。对角矩阵 $\boldsymbol{P}_f(n)$ 的选择决定了步长是否在每个频点进行了归一化处理。现将 $\boldsymbol{P}_f(n)$ 定义为

$$\begin{aligned}\boldsymbol{P}_f(n)&=\mathrm{diag}\{[^{P}_{f,0}(n),P_{f,1}(n),\cdots,P_{f,2L-1}(n)]T\}\\&=E[\boldsymbol{X}^H(n)\boldsymbol{X}(n)]\end{aligned} \tag{3-2-20}$$

这时，算法根据每个频域点处能量的估计值对步长 μ 进行了归一化处理，这样的自适应滤波算法称为步长归一化的无约束 FDAF 算法。如果选择矩阵 $\boldsymbol{P}_f(n)$ 为单位矩阵 $\boldsymbol{P}_f(n)=\boldsymbol{I}_{2M}$，则步长 μ 没有归一化。在实际应用中，一般需要通过递归平滑 DFT 系数估算式(3-2-20) 中 $\boldsymbol{P}_{f,i}(n)$ 的功率谱密度，即

$$\boldsymbol{P}_{f,i}(n)=\beta\boldsymbol{P}_{f,i}(n-1)+(1-\beta)\mid\boldsymbol{X}_i(n)\mid^2 \tag{3-2-21}$$

式中，β 为平滑因子，$0<\beta<1$。

对于约束重叠保留 FDAF 算法，权向量的更新公式为

$$\boldsymbol{W}(n+1)=\boldsymbol{W}(n)+2\mu\boldsymbol{F}\hat{\boldsymbol{g}}\boldsymbol{F}^{-1}\boldsymbol{P}_f^{-1}(n)\boldsymbol{X}^H(n)\boldsymbol{E}(n) \tag{3-2-22}$$

$$\boldsymbol{W}(n+1)=\boldsymbol{F}\hat{\boldsymbol{g}}\boldsymbol{F}^{-1}[\boldsymbol{W}(n)+2\mu\boldsymbol{P}_f^{-1}(n)\boldsymbol{X}^H(n)\boldsymbol{E}(n)] \tag{3-2-23}$$

式中，$\hat{g}$ 是将最后 M 个时域信号元素强制为零的约束矩阵，$\hat{\boldsymbol{g}}=\boldsymbol{I}_{2M}-\boldsymbol{g}$。$\boldsymbol{P}_f(k)$ 可以选择为单位矩阵或式(3-2-21) 中的形式。在式(3-2-22) 中，约束条件仅施加在随机梯度向量部分，而在式(3-2-23) 中，递归约束施加在整个随机梯度向量上。实际上，如果初始值 $\boldsymbol{W}(0)$ 满足约束条件

$$\boldsymbol{W}(0)=\boldsymbol{F}\hat{\boldsymbol{g}}\boldsymbol{F}^{-1}\boldsymbol{W}(0) \tag{3-2-24}$$

则式(3-2-22) 与式(3-2-23) 在数学上是等效的。

实验表明，只有将 $\boldsymbol{W}(0)$ 选择为式(3-2-24) 时，式(3-2-22) 所示的约束 FDAF 算法才能收敛到最优 Wiener 解，而式(3-2-23) 中的 FDAF 算法都可以收敛到最优 Wiener 解不受 $\boldsymbol{W}(0)$ 选择的影响。

现在使用式(3-2-22)收敛到Wiener解的情况来分析约束FDAF算法的性能。将式(3-2-22)中的约束FDAF算法和式(3-2-17)中的无约束FDAF算法的更新公式统一表示为

$$\boldsymbol{W}(n+1)=\boldsymbol{W}(n)+2\mu\hat{\boldsymbol{G}}\boldsymbol{P}_f^{-1}(n)\boldsymbol{X}^H(n)\boldsymbol{E}(n) \tag{3-2-25}$$

式中，对于无约束，$\hat{\boldsymbol{G}}=\boldsymbol{I}_{2M}$；对于约束，$\hat{\boldsymbol{G}}=\boldsymbol{F}\hat{\boldsymbol{g}}\boldsymbol{F}^{-1}$。虽然约束FAF算法比无约束FAF算法多计算两个$2M$点FFT，但是约束算法要比无约束算法具有更快的收敛速度。表3-3是四种FAF算法对照表。

表3-3　四种FAF算法对照表

算　法	$\hat{\boldsymbol{G}}$	$\boldsymbol{P}_f(k)$
步长归一化约束FAF算法	$\boldsymbol{F}\hat{\boldsymbol{g}}\boldsymbol{F}^{-1}$	$E[\boldsymbol{X}^H(k)\boldsymbol{X}(k)]$
无步长归一化约束FAF算法	$\boldsymbol{F}\hat{\boldsymbol{g}}\boldsymbol{F}^{-1}$	$\boldsymbol{I}_{2M}$
步长归一化无约束FAF算法	$\boldsymbol{I}_{2M}$	$E[\boldsymbol{X}^H(k)\boldsymbol{X}(k)]$
无步长归一化无约束FAF算法	$\boldsymbol{I}_{2M}$	$\boldsymbol{I}_{2M}$

2. 计算复杂度

现用实现FAF算法和LMS算法的乘法总数来分析计算复杂度。

在含有M个数据抽头权重的传统LMS滤波器中，输出一个样本会用到M次乘法运算，此外还需要进行M次乘法才能更新一次抽头权值，所以每次迭代共用到$2M$次乘法。因此，若要输出M个信号样值，将会用到$2M^2$次乘法运算。

在FAF算法中，每个N点FFT(或IFFT)需要大约$N\log_2(2N)$次乘法运算，其中$N=2M$。此外，计算频域输出信号向量和计算梯度向量估计有关的互相关运算还需要$4N$次乘法运算。因此，FAF算法总的计算复杂度为$N_D N\log_2(N)+8N$，其中N_D是DFT的使用数量。因此，FAF算法和LMS算法的复杂度比为

$$复杂度比=\frac{N_D M\log_2 M+8M}{2M^2} \tag{3-2-26}$$

对于约束重叠保留FAF算法，$N_D=5$，即实际乘法运算的总数为$10M\log_2(2M)+16M$。而对于无约束FAF算法，则少使用2个FFT运算，其复杂度为$6M\log_2(2M)+16M$。表3-3给出了不同的权向量抽头个数时FAF算法与传统的时域LMS算法的计算复杂度比值。表3-4表明，随着滤波器抽头系数的增大，特别是当滤波器的权重系数个数大于或者等于64时，其复杂度比值越小，即FAF算法的计算复杂度明显低于传统LMS算法。

表3-4　FAF算法与LMS算法的计算复杂度比值

抽头系数	约束FAF算法	无约束FAF算法
16	2.063	0.625
32	1.188	0.359

（续表）

抽头系数	约束 FAF 算法	无约束 FAF 算法
64	0.672	0.203
128	0.375	0.113
256	0.207	0.062
512	0.062	0.019

3.2.3　FAF 算法的性能分析

在自适应滤波器的性能分析过程中，一般会考虑自适应滤波器达到稳态后的均方误差稳态行为，及滤波器的稳定性能和收敛性能瞬态行为。而对非平稳情况，分析自适应滤波器有两种方法：① 通过计算平均权重误差向量和权重误差协方差矩阵的状态递归方程，进而得到自适应滤波算法的瞬态性能，此时稳态性能是根据瞬态性能的极限假设得到的，这是比较严格的简化假设，计算量较大。② 运用自适应滤波器的能量守恒关系，进而利用稳态条件和分离假设，得到自适应滤波算法的稳态以及瞬态性能。第二种方法的计算量明显小于第一种方法，而且稳态误差表达式更加简化。

先通过第二种方法，推导自适应滤波器的频域能量守恒表达式，对 FAF 算法的性能进行详细分析。

1. FAF 滤波器的稳态性能分析

为了比较不同自适应滤波器的性能，以滤波器的稳态均方误差为评价标准。将稳态 MSE 定义为

$$J_{\mathrm{MSE}} \triangleq \lim_{k\to\infty} E[\,|e(k)|^2\,] \tag{3-2-27}$$

式中，$e(k)$ 为先验输出估计误差

$$e(k)=d(k)-\boldsymbol{x}^{\mathrm{T}}(k)\,\boldsymbol{w}\,(k-1) \tag{3-2-28}$$

将自适应滤波器的 EMSE 定义为

$$J_{\mathrm{MSE}} \triangleq J_{\mathrm{EMSE}}-J_{\min} \tag{3-2-29}$$

式中，J_{MSE} 表超量均方误差，$J_{\min}$为检测噪声方差，且

$$J_{\min}=E[v^2(n)] \tag{3-2-30}$$

将失调 M (Misadjustment) 定义为

$$M \triangleq \frac{J_{\mathrm{EMSE}}}{J_{\min}} \tag{3-2-31}$$

频域能量守恒关系

在 FAF 算法中，每输入 M 个样本，频域权向量 $\boldsymbol{W}(n)$ 才更新一次，因此将 FDAF 滤波器第 n 个数据块的 MSE 定义为

$$J(n)=\frac{1}{M}E\left[\sum_{i=0}^{M-1}e^2(nM+i)\right] \tag{3-2-32}$$

根据 Parseval's 定理，得

$$J(n)=\frac{1}{2M^2}E[\boldsymbol{E}^H(n)\boldsymbol{E}(n)] \tag{3-2-33}$$

若系统的期望响应 $\boldsymbol{W}^{\text{opt}}$ 满足

$$d(k)=\boldsymbol{x}(k)\boldsymbol{W}^{\text{opt}}+\boldsymbol{V}(k) \tag{3-2-34}$$

式中，$\boldsymbol{W}^{\text{opt}}$ 为期望响应，$\boldsymbol{V}(k)$ 为噪声信号。

将式(3-2-32)转换到频域，得

$$\boldsymbol{D}(n)=\boldsymbol{GX}(n)\boldsymbol{W}^{\text{opt}}+\boldsymbol{V}(n) \tag{3-2-35}$$

式中，

$$\boldsymbol{W}^{\text{opt}}=F[w^{\text{optT}},0_{1\times M}]^{\text{T}} \tag{3-2-36}$$

$$\boldsymbol{V}(n)=F[\boldsymbol{0}_{1\times M},\boldsymbol{v}(nM),\cdots,\boldsymbol{v}(nM+M-1)] \tag{3-2-37}$$

将式(3-2-32)代入式(3-2-18)，得

$$\begin{aligned}\boldsymbol{E}(n)&=\boldsymbol{D}(n)-\boldsymbol{GX}(n)\boldsymbol{W}(n)\\&=\boldsymbol{GX}(n)\boldsymbol{W}^{\text{opt}}+\boldsymbol{V}(n)-\boldsymbol{GX}(n)\boldsymbol{W}(n)\\&=\boldsymbol{GX}(n)\widetilde{\boldsymbol{W}}(n)+\boldsymbol{V}(n)\end{aligned} \tag{3-2-38}$$

式中，频域权误差向量为

$$\widetilde{\boldsymbol{W}}(n)=\boldsymbol{W}^{\text{opt}}-\boldsymbol{W}(n) \tag{3-2-39}$$

为了便于分析，假设如下[18-20]：

【假设3-1】 频域噪声信号向量 $\boldsymbol{V}(n)$ 是零均值的平稳随机过程，且与频域输入信号矩阵 $\boldsymbol{X}(n)$ 相互统计独立。

由此假设，得

$$\begin{aligned}J(n)&=\frac{1}{2M^2}E\{[\widetilde{\boldsymbol{W}}^H(n)\boldsymbol{X}^H(n)\boldsymbol{G}+\boldsymbol{V}^H(n)]\times[\boldsymbol{GX}(n)\widetilde{\boldsymbol{W}}(n)+\boldsymbol{V}(n)]\}\\&=J_{ex}(n)+J_{\min}\end{aligned} \tag{3-2-40}$$

式中，

$$J_{ex}(n)=\frac{1}{2M^2}E[\widetilde{\boldsymbol{W}}^H(n)\boldsymbol{X}^H(n)\boldsymbol{GX}(n)\widetilde{\boldsymbol{W}}(n)] \tag{3-2-41}$$

为 FAF 滤波器第 n 个数据块的 EMSE，此时

$$J_{\min}=\frac{1}{2M^2}E[\boldsymbol{V}^H(n)\boldsymbol{V}(n)]=E[v^2(k)] \tag{3-2-42}$$

基于式(3-2-40)，频域先验误差信号向量 $\boldsymbol{E}_a(n)$ 定义为

$$\boldsymbol{E}_a(n)=\boldsymbol{GX}(n)\widetilde{\boldsymbol{W}}(n) \tag{3-2-43}$$

据此，频域误差信号向量 $\boldsymbol{E}(n)$ 与频域先验误差信号向量 $\boldsymbol{E}_a(n)$ 的关系为

$$\boldsymbol{E}(n)=\boldsymbol{E}_a(n)+\boldsymbol{V}(n) \tag{3-2-44}$$

将式(3-2-44)代入式(3-2-29)中，得

$$J_{ex}(n)=\frac{1}{2M^2}E[\boldsymbol{E}_a^H(n)\boldsymbol{E}_a(n)] \tag{3-2-45}$$

针对频域先验误差信号向量 $\boldsymbol{E}_a(n)$ 以及 $\boldsymbol{E}_a(n)$ 与 $\boldsymbol{V}(n)$ 之间的关系，假设[18-20]如下：

【假设 3-2】 频域先验误差信号向量 $\boldsymbol{E}_a(n)$ 是均值为零，且与 $\boldsymbol{V}(n)$ 互相统计独立的平稳随机信号。

根据假设 3-2，由频域误差信号向量 $\boldsymbol{E}(n)$ 表示的稳态均方误差 J_{MSE} 和由频域先验误差信号向量 $\boldsymbol{E}_a(n)$ 表示的稳态超量均方误差 J_{EMSE} 间的关系为

$$J_{\text{MSE}}=\lim_{n\to\infty}\frac{1}{2M^2}E[\boldsymbol{E}^H(n)\boldsymbol{E}(n)] \tag{3-2-46}$$

$$J_{\text{EMSE}}=\lim_{n\to\infty}\frac{1}{2M^2}E[\boldsymbol{E}_a^H(n)\boldsymbol{E}_a(n)] \tag{3-2-47}$$

$$J_{\text{MSE}}=J_{\text{EMSE}}+\sigma_v^2 \tag{3-2-48}$$

根据式(3-2-48)，已知噪声方差时，只要求出滤波器的稳态超量均方误差 J_{EMSE}，便可求得相应的稳态均方误差 J_{MSE}。

将引入频域后验误差信号向量 $\boldsymbol{E}_p(n)$ 定义为

$$\boldsymbol{E}_p(n)=\boldsymbol{GX}(n)\widetilde{\boldsymbol{W}}(n+1) \tag{3-2-49}$$

根据频域权误差向量 $\widetilde{\boldsymbol{W}}(n)$ 的定义以及式(3-2-36)，用 $\boldsymbol{W}_0$ 减去式(3-2-36)两边，得

$$\widetilde{\boldsymbol{W}}(n+1)=\widetilde{\boldsymbol{W}}(n)-2\mu\hat{\boldsymbol{G}}\boldsymbol{P}_f^{-1}(n)\boldsymbol{X}^H(n)\boldsymbol{E}(n) \tag{3-2-50}$$

式(3-2-50)两侧同时左乘 $\boldsymbol{GX}(n)$，得 $\boldsymbol{E}_a(n)$ 和 $\boldsymbol{E}_p(n)$ 的关系式为

$$\boldsymbol{E}_p(n)=\boldsymbol{E}_a(n)-2\mu\boldsymbol{GX}(n)\hat{\boldsymbol{G}}\boldsymbol{P}_f^{-1}(n)\boldsymbol{X}^H(n)\boldsymbol{E}(n) \tag{3-2-51}$$

此时，$\boldsymbol{E}(n)$ 可以重新写为

$$\boldsymbol{E}(n)=\frac{1}{2\mu}[\boldsymbol{GX}(n)\hat{\boldsymbol{G}}\boldsymbol{P}_f^{-1}(n)\boldsymbol{X}^H(n)]^{-1}[\boldsymbol{E}_a(n)-\boldsymbol{E}_p(n)] \tag{3-2-52}$$

式中，当 $\hat{\boldsymbol{G}}=\boldsymbol{F}\hat{\boldsymbol{g}}\boldsymbol{F}^{-1}$ 时，$\hat{\boldsymbol{G}}\approx(1/2)\boldsymbol{I}_{2M}$[21,22]。

对式(3-2-49)两边同时求范数，并把式(3-2-25)代入化简，得频域能量守恒关系为

$$\begin{aligned}&\|\widetilde{\boldsymbol{W}}(n+1)\|^2+\boldsymbol{E}_a^H(n)[\boldsymbol{X}(n)\boldsymbol{GX}^H(n)]^{-1}\boldsymbol{E}_a(n)\\&=\|\widetilde{\boldsymbol{W}}(n)\|^2+\boldsymbol{E}_p^H(n)[\boldsymbol{X}(n)\boldsymbol{GX}^H(n)]^{-1}\boldsymbol{E}_p(n)\end{aligned} \tag{3-2-53}$$

2. FAF 滤波器的稳态 MSE

稳态时，自适应滤波器满足条件为

$$E[\|\tilde{\boldsymbol{W}}(n+1)\|^2]=[E\|\tilde{\boldsymbol{W}}(n)\|^2] \tag{3-2-54}$$

对频域能量守恒关系式(3-2-53)两边求期望，并将式(3-2-54)的稳态条件代入，得

$$E\{\boldsymbol{E}_a^H(n)[\boldsymbol{X}(n)\boldsymbol{G}\boldsymbol{X}^H(n)]\boldsymbol{E}_a(n)\}=E\{\boldsymbol{E}_p^H(n)[\boldsymbol{X}(n)\boldsymbol{G}\boldsymbol{X}^H(n)]^{-1}\boldsymbol{E}_p(n)\} \tag{3-2-55}$$

此时，将式(3-2-51)代入式(3-2-55)，得

$$\begin{aligned}
&E\{\boldsymbol{E}_a^H(n)[\boldsymbol{X}(n)\boldsymbol{G}\boldsymbol{X}^H(n)]^{-1}\boldsymbol{E}_a(n)\}\\
&=E\{[\boldsymbol{E}_a(n)-2\mu\boldsymbol{G}\boldsymbol{X}(n)\hat{\boldsymbol{G}}\boldsymbol{P}_f^{-1}(n)\boldsymbol{X}^H(n)\boldsymbol{E}(n)]^H[\boldsymbol{X}(n)\boldsymbol{G}\boldsymbol{X}^H(n)]^{-1}[\boldsymbol{E}_a(n)\\
&\quad-2\mu\boldsymbol{G}\boldsymbol{X}(n)\hat{\boldsymbol{G}}\boldsymbol{P}_f^{-1}(n)\boldsymbol{X}^H(n)\boldsymbol{E}(n)]\}\\
&=E\{\boldsymbol{E}_a^H(n)[\boldsymbol{X}(n)\boldsymbol{G}\boldsymbol{X}^H(n)]^{-1}\boldsymbol{E}_a(n)\}-2\mu E\{\boldsymbol{E}_a^H(n)[\hat{\boldsymbol{G}}\boldsymbol{P}_f^{-1}(n)]\boldsymbol{E}(n)\}\\
&\quad-2\mu E\{\boldsymbol{E}^H(n)[\hat{\boldsymbol{G}}\boldsymbol{P}_f^{-1}(n)]\boldsymbol{E}_a(n)\}\\
&\quad+4\mu^2E\{\boldsymbol{E}^H(n)[\boldsymbol{X}(n)\hat{\boldsymbol{G}}^2\boldsymbol{P}_f^{-2}(n)\boldsymbol{X}^H(n)]\boldsymbol{E}(n)\}
\end{aligned} \tag{3-2-56}$$

化简，得

$$\begin{aligned}
&E\{\boldsymbol{E}_a^H(n)[\hat{\boldsymbol{G}}\boldsymbol{P}_f^{-1}(n)]\boldsymbol{E}(n)\}+E\{\boldsymbol{E}^H(n)[\hat{\boldsymbol{G}}\boldsymbol{P}_f^{-1}(n)]\boldsymbol{E}_a(n)\}\\
&\quad=2\mu E\{\boldsymbol{E}^H(n)[\boldsymbol{X}(n)\hat{\boldsymbol{G}}^2\boldsymbol{P}_f^{-2}(n)\boldsymbol{X}^H(n)]\boldsymbol{E}(n)\}
\end{aligned} \tag{3-2-57}$$

将式(3-2-44)代入式(3-2-57)，得

$$\begin{aligned}
&E\{\boldsymbol{E}_a^H(n)[\hat{\boldsymbol{G}}\boldsymbol{P}_f^{-1}(n)]\boldsymbol{E}(n)\}\\
&=\mu E\{\boldsymbol{E}_a^H(n)[\boldsymbol{X}(n)\hat{\boldsymbol{G}}^2\boldsymbol{P}_f^{-2}(n)\boldsymbol{X}^H(n)]\boldsymbol{E}_a(n)\}\\
&\quad+\mu E\{\boldsymbol{V}^H(n)[\boldsymbol{X}(n)\hat{\boldsymbol{G}}^2\boldsymbol{P}_f^{-2}(n)\boldsymbol{X}^H(n)]\boldsymbol{V}(n)\}
\end{aligned} \tag{3-2-58}$$

根据文献[55]，稳态自适应滤波器存在由时域误差信号表示的稳态条件为

$$E[|e_a(nM)|^2]=E[|e_a(nM+1)|^2]=\cdots=E[|e_a(nM+M-1)|^2],n\to\infty \tag{3-2-59}$$

对式(3-2-59)的稳态条件进行 $2M$ 点 FFT 运算，得由频域误差信号表示的稳态条件为

$$E[|e_a(1)|^2]=E[|e_a(2)|^2]=\cdots=E[|e_a(2M)|^2],n\to\infty \tag{3-2-60}$$

式中，$E_a(\mathrm{j})$ 表示频域误差信号向量 $\boldsymbol{E}_a(n)$，$n\to\infty$ 中的元素。

为了得到 FAF 算法的稳态 MSE，假设[19-20][22] 如下：

【假设 3-3】 频域输入信号矩阵的相关矩阵 $\boldsymbol{X}(n)\boldsymbol{X}^H(n)$ 统计独立于频域先验误差信

号矩阵 $\boldsymbol{E}_a(n)$，这是分离假设。

【假设 3－4】 当自适应滤波器在稳态时，频域输入信号矩阵 $\boldsymbol{X}(n)$ 统计独立于先验误差信号向量 $\boldsymbol{E}_a(n)$。且 $E[\boldsymbol{E}_a^H(n)\boldsymbol{E}_a(n)]=E[\boldsymbol{E}_a(\mathrm{j})]^2\triangleq\boldsymbol{S}$，其中 $\boldsymbol{S}\approx\boldsymbol{I}_{2M}$。

已知式(3－2－59)中的矩阵均为对角矩阵，由性质 $\mathrm{Tr}(AB)=\mathrm{Tr}(BA)$ 和假设 3－3 及假设 3－4，式(3－2－59)可以重新写为

$$
\begin{aligned}
&E[\,|E_a(\mathrm{j})|\,\mathrm{Tr}(E[\hat{\boldsymbol{G}}\boldsymbol{P}_f^{-1}(n)])\,]\\
&=\mu[E\,|E_a(\mathrm{j})|\,\mathrm{Tr}(E[\boldsymbol{X}(n)\hat{\boldsymbol{G}}^2\boldsymbol{P}_f^{-2}(n)\boldsymbol{X}^H(n)])\,]\\
&\quad+\mu E[\,|V(j)|\,\mathrm{Tr}(E[\boldsymbol{X}(n)\hat{\boldsymbol{G}}^2\boldsymbol{P}_f^{-2}(n)\boldsymbol{X}^H(n)])\,]
\end{aligned}
\tag{3-2-61}
$$

式中，$V(j)$ 表示频域向量 $\mathbf{V}(n)$，$n\to\infty$ 中的元素根据 J_{EMSE} 在(3－2－47)中的定义，并对式(3－2－61)化简整理得 FAF 算法的稳态超量均方误差 J_{EMSE} 为

$$
J_{\mathrm{EMSE}}=\frac{1}{M}\,\frac{\mu E[\,|V(j)|^2\,\mathrm{Tr}(E[X(n)\hat{\boldsymbol{G}}^2\boldsymbol{P}_f^{-2}(n)X^H(n)])\,]}{\mathrm{Tr}\{E[\hat{\boldsymbol{G}}\boldsymbol{P}_f^{-1}(n)]\}-\mu\,\mathrm{Tr}\{E[\boldsymbol{X}(n)\boldsymbol{X}^H(n)\hat{\boldsymbol{G}}^2\boldsymbol{P}_f^{-2}(n)]\}}
\tag{3-2-62}
$$

3. FAF 滤波器的跟踪性能分析

1）随机漫步模型

在非平稳环境下，期望信号序列 $\{d(k)\}$ 可由线性模型(3－2－34)的变式得到：

$$
d(nM+j)=\boldsymbol{x}(nM+j)\,\boldsymbol{w}^{\mathrm{opt}}(n)+v(nM+j)
\tag{3-2-63}
$$

式中，$j=0,1,2,\cdots,M-1$，$\boldsymbol{w}^{\mathrm{opt}}(n)$ 是 nM 时刻系统需要估计的未知列向量，是随时间变化的。以一阶随机漫步模型为参考，结合 FAF 算法每输入 M 个样本，权向量才更新一次的特点，假设此时的 $\boldsymbol{w}^{\mathrm{opt}}(n)$ 满足方程

$$
\boldsymbol{w}^{\mathrm{opt}}(n+1)=\boldsymbol{w}^{\mathrm{opt}}(n)+\boldsymbol{q}(n)
\tag{3-2-64}
$$

式中，$\boldsymbol{q}(n)$ 表示随机信号干扰，为 $M\times1$ 阶列向量。针对 $\boldsymbol{q}(n)$，假设[16,24]如下：

【假设 3－5】 平稳信号序列 $\{\boldsymbol{q}(n)\}$ 是独立同分布的，且与输入信号回归序列 $\{x(n)\}$ 统计独立，其协方差矩阵为 $E\{\boldsymbol{q}(n)\boldsymbol{q}^*(n)\}=\boldsymbol{O}$。

2）FAF 算法的稳态跟踪 MSE

将式(3－2－63)变换到频域，得

$$
\boldsymbol{W}^{\mathrm{opt}}(n+1)=\boldsymbol{W}^{\mathrm{opt}}(n)+\boldsymbol{Q}(n)
\tag{3-2-65}
$$

由于 $\boldsymbol{W}^{\mathrm{opt}}(n)$ 是时变的，根据频域权误差向量定义，式(3－2－50)可以重新表示为

$$
\widetilde{\boldsymbol{W}}(n+1)=\widetilde{\boldsymbol{W}}(n)-2\mu\hat{\boldsymbol{G}}\boldsymbol{P}_f^{-1}(n)\boldsymbol{X}^H(n)\boldsymbol{E}(n)+\boldsymbol{Q}(n)
\tag{3-2-66}
$$

接着，将式(3－2－66)两边同时乘以 $\boldsymbol{GX}(n)$，得

$$
\boldsymbol{E}_p(n)=\boldsymbol{E}_a(n)-2\mu\boldsymbol{GX}(n)\hat{\boldsymbol{G}}\boldsymbol{P}_f^{-1}(n)\boldsymbol{X}^H(n)\boldsymbol{E}(n)+\boldsymbol{GX}(n)\boldsymbol{Q}(n)
\tag{3-2-67}
$$

对式(3-2-66)两边同时求范数，得随机漫步模型下的频域能量守恒关系为

$$\begin{aligned}&\|\widetilde{\boldsymbol{W}}(n+1)\|^2+\boldsymbol{E}_a^H(n)[\boldsymbol{X}(n)\boldsymbol{G}\boldsymbol{X}^H(n)]^{-1}\boldsymbol{E}_a(n)\\&=\|\widetilde{\boldsymbol{W}}(n)\|^2+\boldsymbol{E}_p^H(n)[\boldsymbol{X}(n)\boldsymbol{G}\boldsymbol{X}^H(n)]^{-1}\boldsymbol{E}_p(n)+\|\boldsymbol{Q}\|^2\end{aligned}\tag{3-2-68}$$

对式(3-2-68)两边求范数，利用式(3-2-55)，将式(3-2-68)代入式(3-2-69)，化简得

$$\begin{aligned}&E\{\boldsymbol{E}_a^H(n)[\hat{\boldsymbol{G}}\boldsymbol{P}_f^{-1}(n)]\boldsymbol{E}(n)\}+E\{\boldsymbol{E}^H(n)[\hat{\boldsymbol{G}}\boldsymbol{P}_f^{-1}(n)]\boldsymbol{E}_a(n)\}\\&=2\mu E\{\boldsymbol{E}^H(n)[\boldsymbol{X}(n)\hat{\boldsymbol{G}}^2\boldsymbol{P}_f^{-2}(n)\boldsymbol{X}^H(n)]\boldsymbol{E}(n)\}+(2\mu)^{-1}\|\boldsymbol{Q}\|\end{aligned}\tag{3-2-69}$$

将式(3-2-44)代入式(3-2-69)继续化简，得

$$\begin{aligned}&E\{\boldsymbol{E}_a^H(n)[\hat{\boldsymbol{G}}\boldsymbol{P}_f^{-1}(n)]\boldsymbol{E}_a(n)\}\\&=\mu E\{\boldsymbol{E}_a^H(n)[\boldsymbol{X}(n)\hat{\boldsymbol{G}}^2\boldsymbol{P}_f^{-2}(n)\boldsymbol{X}^H(n)]\boldsymbol{E}_a(n)\}\\&\quad+\mu E\{\boldsymbol{V}^H(n)[\boldsymbol{X}(n)\hat{\boldsymbol{G}}^2\boldsymbol{P}_f^{-2}(n)\boldsymbol{X}^H(n)]\boldsymbol{V}(n)\}+(2\mu)^{-1}E[\|\boldsymbol{Q}\|^2]\end{aligned}\tag{3-2-70}$$

参考式(3-2-31)至式(3-2-35)的化简过程，得

$$J_{\text{TEMSE}}=\frac{1}{M}\frac{\mu E[|\boldsymbol{V}(j)|^2\operatorname{Tr}(E[\boldsymbol{X}(n)\hat{\boldsymbol{G}}^2\boldsymbol{P}_f^{-2}(n)\boldsymbol{X}^H(n)])]+(4\mu)^{-1}\boldsymbol{E}[\|\boldsymbol{Q}\|^2]}{\operatorname{Tr}[\hat{\boldsymbol{G}}\boldsymbol{P}_f^{-1}(n)]-\mu\operatorname{Tr}(E[\boldsymbol{X}(n)\hat{\boldsymbol{G}}^2\boldsymbol{P}_f^{-2}(n)\boldsymbol{X}^H(n)])}\tag{3-2-71}$$

式(3-2-71)表明，非平稳环境下的 J_{TEMSE} 与平稳环境下 J_{EMSE} 有着极大的相似性，主要不同在于附加项 $(4\mu)^{-1}E\|\boldsymbol{Q}\|^2$，这一附加项决定了随机漫步模型中的随机噪声对 FAF 算法稳态性能的影响。由附加项中的 $(4\mu)^{-1}$ 知，步长越大，模型中的随机噪声对滤波器的影响就越小。步长比较小时稳态 EMSE 也相对较小，附加项的影响变大从而导致滤波器的稳态性能变差。据此，在非平稳的条件下，滤波器步长存在折中选择，令 J_{TEMSE} 的导数为零，即

$$\begin{aligned}&\frac{\partial}{\partial\mu}J_{\text{TEMSE}}\big|_{\mu=\mu^{\text{opt}}}\\&=\frac{1}{M}\frac{\partial}{\partial\mu}\left[\frac{\mu E[|V(j)|^2\operatorname{Tr}(E[\boldsymbol{X}(n)\hat{\boldsymbol{G}}^2\boldsymbol{P}_f^{-2}(n)\boldsymbol{X}^H(n)])]+(4\mu)^{-1}E[\|\boldsymbol{Q}\|^2]}{\operatorname{Tr}[\hat{\boldsymbol{G}}\boldsymbol{P}_f^{-1}(n)]-\mu\operatorname{Tr}(E[\boldsymbol{X}(n)\hat{\boldsymbol{G}}^2\boldsymbol{P}_f^{-2}(n)\boldsymbol{X}^H(n)])}\right]\end{aligned}\tag{3-2-72}$$

令 $A=\operatorname{Tr}(E[\boldsymbol{X}(n)\hat{\boldsymbol{G}}^2\boldsymbol{P}_f^{-2}(n)\boldsymbol{X}^H(n)])$，$B\approx\operatorname{Tr}[\hat{\boldsymbol{G}}\boldsymbol{P}_f^{-1}(n)]$，简化式(3-2-72)，得

$$4\mu^{\text{opt}2}E[|V(j)|^2]AB+2\mu^{\text{opt}}AE[\|\boldsymbol{Q}\|^2]-BE[\|\boldsymbol{Q}\|^2]=0\tag{3-2-73}$$

对式(3-2-72)求解，得跟踪条件下 FDAF 算法的最优步长为

$$\mu^{\text{opt}}=\sqrt{\frac{(E[\|\boldsymbol{Q}\|^2])^2}{16B^2(E[|\boldsymbol{V}(j)^2|])^2}+\frac{E[\|\boldsymbol{Q}\|^2]}{4AE[|\boldsymbol{V}(j)^2|]}}-\frac{E[\|\boldsymbol{Q}\|^2]}{4BE[|\boldsymbol{V}(j)^2|]}\tag{3-2-74}$$

3.3　小波域自适应滤波器

小波分析是在短时傅里叶变换的基础上发展起来的一种具有多分辨率分析特点的时频分析方法[25−27]，具有良好的时频局部特性。通过小波分析，可以将各种交织在一起的由不同频率组成的混合信号分解成不同频率的信号块信号，从而有利于进行各方面的信号处理。

3.3.1　正交小波变换理论

1. 连续小波变换

小波是函数空间 $L^2(\mathbb{R})$ 中满足下述条件的一个函数或者信号 $\varphi(t)$：

$$C_\varphi = \int_{\mathbb{R}} \frac{|\hat{\varphi}(\omega)|^2}{|\omega|} \mathrm{d}\omega < \infty \tag{3-3-1}$$

$\varphi(t)$ 也称为基本小波或母小波函数，而式(3-3-1)称为小波函数的可容许条件。通常 $\varphi(t)$ 在时域和频域都是一个有限长或近似有限长的信号。

将函数 $\varphi(t)$ 进行伸缩和平移，就可得到函数

$$\varphi_{a,b}(t) = \frac{1}{\sqrt{a}} \varphi\left(\frac{t-b}{a}\right) \quad a,b \in R; a > 0 \tag{3-3-2}$$

式中，$\varphi_{a,b}(t)$ 为分析小波或连续小波。a 为伸缩因子(尺度参数)且 $a > 0$，b 为平移因子(位移参数)，由于伸缩因子 a 和平移因子 b 是连续变化的值。

将 $L^2(\mathbb{R})$ 空间中的任意信号 $f(t)$ 在小波基函数 $\varphi_{a,b}(t)$ 下展开，这种展开称为信号 $f(t)$ 的连续小波变换(continue wavelet transform，CWT)，其表达式为

$$WT_f(a,b) = \frac{1}{\sqrt{a}} \int_{-\infty}^{+\infty} f(t) \varphi^* \left(\frac{t-b}{a}\right) \mathrm{d}t = < f(t), \varphi_{a,b}(t) > \tag{3-3-3}$$

频域表示为

$$WT_f(a,b) = \frac{\sqrt{a}}{2\pi} \int_{-\infty}^{+\infty} \hat{f}(\omega) \hat{\varphi}^*(a\omega) \mathrm{e}^{j\omega b} \mathrm{d}\omega \tag{3-3-4}$$

式中，$\hat{f}(\omega)$、$\hat{\varphi}(\omega)$ 分别为 $f(t)$、$\varphi(t)$ 的傅里叶变换，“*”表示复共轭，$WT_f(a,b)$ 称为小波变换系数。

可以证明，若采用的小波满足式(3-3-1)的容许条件，则连续小波变换存在着逆变换，逆变换公式为

$$\begin{aligned} f(t) &= \frac{1}{C_\varphi} \int_0^{+\infty} \frac{\mathrm{d}a}{a^2} \int_{-\infty}^{+\infty} WT_f(a,b) \varphi_{a,b}(t) \mathrm{d}b \\ &= \frac{1}{C_\varphi} \int_0^{+\infty} \frac{\mathrm{d}a}{a^2} \int_{-\infty}^{+\infty} WT_f(a,b) \frac{1}{\sqrt{a}} \varphi\left(\frac{t-b}{a}\right) \mathrm{d}b \end{aligned} \tag{3-3-5}$$

通常粗略地将小波变换（wavelet transform，WT）的作用比喻为用镜头观察目标 $f(t)$（即待分析的信号），$\varphi(t)$ 代表镜头所起的作用（如滤波和卷积），b 相当于使镜头相对于目标平行移动，a 的作用相当于镜头向目标推进和远离，即小波具有类似于调焦距的伸缩能力。从这个意义上讲，小波变换是一架“变焦镜头”，既是“望远镜”，又是“显微镜”，而 a 是“变焦旋钮”。

由于母小波函数 $\varphi(t)$ 及其傅里叶变换 $\hat{\varphi}(\omega)$ 都是窗函数，设其窗口中心分别为 t_0、ω_0，窗口半径分别为 Δt、$\Delta\omega$。

由于 $\varphi(t)$ 是一个窗函数，经伸缩和平移后小波基函数 $\varphi_{a,b}(t)$ 也是一个窗函数，其窗口中心为 at_0+b，窗口半径为 $a\Delta t$，则式(3-3-3)表明，$WT_f(a,b)$ 给出了信号 $f(t)$ 在一个“时间窗”$[b+at_0-a\Delta t,b+at_0+a\Delta t]$ 内的局部信息，其窗口中心为 at_0+b，窗口宽度为 $2a\Delta t$，即小波变换具有“时间局部化”。

令

$$\eta(\omega)=\hat{\varphi}(\omega+\omega_0) \tag{3-3-6}$$

则 η 也是一个窗函数，其窗口中心为 0，半径为 $\Delta\omega$。由 Parseval 恒等式，可得积分小波变换为

$$WT_f(a,b)=\frac{a\mid a\mid^{-1/2}}{2\pi}\int_{-\infty}^{\infty}\hat{f}(\omega)e^{i\omega b}\eta_0\left[a\left(\omega-\frac{\omega_0}{a}\right)\right]\mathrm{d}\omega \tag{3-3-7}$$

因为

$$\eta_0\left[a\left(\omega-\frac{\omega_0}{a}\right)\right]=\eta_0(a\omega-\omega_0)=\hat{\varphi}_0(a\omega) \tag{3-3-8}$$

显然，$\eta_0\left[a\left(\omega-\frac{\omega_0}{a}\right)\right]$ 是一个窗口中心在 $\frac{\omega_0}{a}$，窗口半径为 $\frac{\Delta\omega}{a}$ 的窗函数。式(3-3-7)表明，除了具有一个倍数 $a\mid a\mid^{-1/2}/2\pi$ 与线性相位位移 $e^{i\omega b}$ 之外，$WT_f(a,b)$ 还给出了信号 $f(t)$ 的频谱 $\hat{f}(\omega)$ 在“频率窗”$\left[\frac{\omega_0}{a}-\frac{1}{a}\Delta\omega,\frac{\omega_0}{a}+\frac{1}{a}\Delta\omega\right]$ 内的局部信息，其窗口中心在 $\frac{\omega_0}{a}$，窗口宽度为 $\frac{2}{a}\Delta\omega$，即小波变换具有“频率局部化”。

综合可知，$WT_f(a,b)$ 给出了信号 $f(t)$ 在时间-频率平面（$t-\omega$ 平面）中一个矩形的时间-频率窗 $[b+at_0-a\Delta t,b+at_0+a\Delta t]\times\left[\frac{\omega_0}{a}-\frac{1}{a}\Delta\omega,\frac{\omega_0}{a}+\frac{1}{a}\Delta\omega\right]$ 上的局部信息，即小波变换具有时-频局部化特性。此外

$$\text{时间宽度}\times\text{频率宽度}=2a\Delta t\times\frac{2\Delta\omega}{a}=4\Delta t\Delta\omega \tag{3-3-9}$$

即时间-频率窗的“窗口面积”是恒定的，而与时间和频率无关。

式(3-3-9)所示时间-频率窗公式的重要性是，当检测高频信息时（即对于小的 $a>0$），

时间窗会自动变窄；而当检测低频信息时(即对于大的 $a>0$)，时间窗会自动变宽。而窗的面积是固定不变的，如图 3-9 所示。

图 3-9 表明，“扁平”状的时-频窗是符合信号低频成分的局部时-频特性的，而“瘦窄”状的时-频窗是符合信号高频成分的局部时-频特性的。

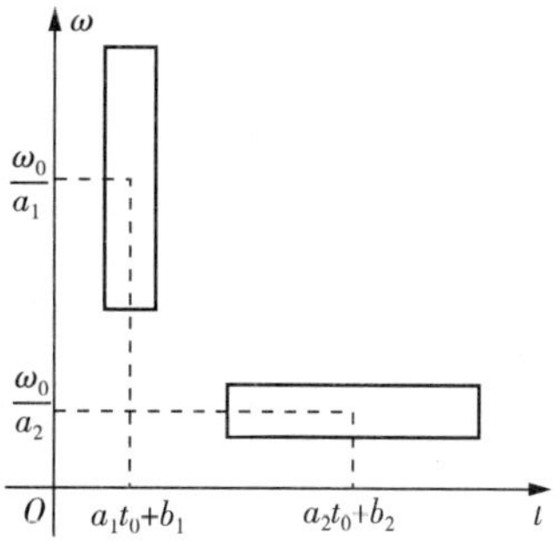

图 3-9　时间-频率窗($0<a_1<a_2$)

2. *离散小波变换*

在信号处理中，特别是在数字信号处理和数值计算等方面，为了计算机实现的方便，连续小波必须进行离散化，通常的方法是将式(3-3-2)中的参数 a、b 都取离散值，取 $a=a_0^j$，$b=kb_0a_0^j$，$k\in\mathbb{Z}$，固定尺度参数 $a_0>1$，位移参数 $b_0\neq 0$，从而把连续小波变成离散小波，即 $\varphi_{a,b}(t)$ 改成

$$\varphi_{j,k}(t)=a_0^{-j/2}\varphi[a_0^{-j}(t-ka_0^jb_0)]=a_0^{-j/2}\varphi(a_0^{-j}t-kb_0)j,k\in\mathbb{Z} \qquad (3-3-10)$$

离散小波变换为

$$WT_f(j,k)=<f(t),\varphi_{j,k}(t)>=\int f(t)\varphi_{j,k}^*(t)\mathrm{d}t \quad j=0,1,2,\cdots,k\in\mathbb{Z} \qquad (3-3-11)$$

式中，待分析信号 $f(t)$ 和分析小波 $\varphi_{j,k}(t)$ 中的时间变量 t 并没有被离散化，所以称此变换为离散 a，b 栅格下的小波变换。通常取 $a_0=2$，$b_0=1$，则有

$$\varphi_{j,k}(t)=2^{-\frac{j}{2}}\varphi(2^{-j}t-k) \quad j=0,1,2,\cdots;k\in\mathbb{Z} \qquad (3-3-12)$$

与之对应的小波变换 $WT_f(j,k)$ 也称为二进小波变换，相应的小波为二进小波。

3. *多分辨率分析*

多分辨分析是构造小波基函数的理论基础，也是 Mallat 信号分解与重构塔形算法的基础。其基本思想是把 $L^2(\mathbb{R})$ 中的函数 $f(t)$ 表示成一个逐级逼近的极限，每一个逼近都具有不同的分辨率和尺度，因此称为多分辨分析。

设 $\{U_j\mid j\in\mathbb{Z}\}$ 为空间 $L^2(\mathbb{R})$ 中一列闭子空间列，如果 $\{U_j\mid j\in\mathbb{Z}\}$ 满足以下条件，则称 $\{U_j\mid j\in\mathbb{Z}\}$ 为多分辨率分析，又称多尺度分析。

(1) 一致单调性：$$\cdots\subset U_{j-1}\subset U_j\subset U_{j+1}\subset\cdots \qquad (3-3-13)$$

(2) 渐进完全性：$$\bigcap_{j\in\mathbb{Z}}U_j=\{0\};\overline{\bigcap_{j\in\mathbb{Z}}U_j}=L^2(\mathbb{R}) \qquad (3-3-14)$$

(3) 伸缩规则性：$$f(t)\in U_j\Leftrightarrow f(2t)\in U_{j+1} \quad (\forall j\in\mathbb{Z}) \qquad (3-3-15)$$

(4) 平移不变性：$$f(t)\in U_0\Rightarrow f(t-k)\in U_0,\text{对所有 } k\in\mathbb{Z} \qquad (3-3-16)$$

(5) Riesz 基存在性：存在 $\varphi(t)\in U_0$，使得 $\{\varphi(t-k)\mid k\in\mathbb{Z}\}$ 构成 U_0 的 Riesz 基，其中，$\varphi(t)$ 称为尺度函数。

4. 尺度函数与小波函数

1) 尺度函数与尺度空间

由于 $\varphi(t) \in U_0$，且 $\{\varphi(t-k) \mid k \in \mathbb{Z}\}$ 构成 U_0 的一个 Riesz 基，则由多分辨分析定义，$\varphi(t)$ 经过伸缩和平移后的函数集合为

$$\varphi_{j,k}(t) = \{2^{-\frac{j}{2}}(2^{-j}t - k) \mid k \in \mathbb{Z}\} \tag{3-3-17}$$

必构成子空间 U_j 的 Riesz 基。$\varphi_{j,k}(t)$ 是尺度为 j、平移为 k 的尺度函数，U_j 是尺度为 j 的尺度空间。

2) 小波函数与小波空间

定义 W_j 为 U_j 在 U_{j-1} 中的直交补空间(又称小波空间)，即

$$U_{j-1} = W_j \oplus U_j \tag{3-3-18}$$

式中，$\oplus$ 表示直和运算。式(3-3-18) 也可写为

$$W_j = U_{j-1} - U_j \tag{3-3-19}$$

该式表明，小波空间 W_j 是两个相邻尺度空间的差，即 W_j 代表了空间 U_j 与 U_{j-1} 之间的细节信息，因此也称小波空间为细节空间。

若函数 $\varphi(t) \in V_0$，且 $\{\varphi(t-k) \mid k \in \mathbb{Z}\}$ 构成 W_0 的 Riesz 基，则称 $\varphi(t)$ 为小波函数。显然，有

$$\varphi_{j,k}(t) = \{2^{j/2}\varphi(2^{-j}t - k) \mid k \in \mathbb{Z}\} \tag{3-3-20}$$

构成 W_j 的 Riesz 基。$\varphi_{j,k}(t)$ 是尺度为 j、平移为 k 的小波函数，W_j 是尺度为 j 的小波空间。

如果 $W_j \perp U_j$($\perp$ 代表正交)，则相应的多分辨率分析称为正交多分辨率分析。如果尺度函数 $\varphi(t)$ 满足 $<\varphi(t), \varphi(t-l)> = \delta(l), l \in \mathbb{Z}$，即 $\{\varphi(t-l) \mid l \in \mathbb{Z}\}$ 是 U_0 一个正交基，则称 $\varphi(t)$ 为正交尺度函数。

由于 $U_j \subset U_{j-1}, W_j \perp U_j$，因而有 $W_j \perp W_i$(当 $j \neq i$ 且 $j, i \in \mathbb{Z}$)，即对任意子空间 W_j 与 W_i 是相互正交的(空间不相交)。结合式(3-3-13) 及式(3-3-14) 知

$$L^2(\mathbb{R}) = \bigoplus_{j \in \mathbb{Z}} W_j \tag{3-3-21}$$

即 $\{W_j\}$ 构成了 $L^2(\mathbb{R})$ 的一系列正交子空间。如果小波函数 $<\varphi(t), \varphi(t-l)> = \delta(l), l \in \mathbb{Z}$，即 $\{\varphi(t-l) \mid l \in \mathbb{Z}\}$ 构成 W_0 的一个正交基，则称 $\varphi(t)$ 为正交小波函数。

如果 $\varphi(t)$ 为正交小波函数，$\varphi(t)$ 为正交尺度函数，则 $\{\varphi(t), \varphi(t)\}$ 构成了一个正交小波系统。

5. 两尺度方程

由于 $\varphi(t) \in U_0 \subset U_{-1}$，且 $\{\varphi(t-k) \mid k \in \mathbb{Z}\}$ 是 U_0 的一个正交基，所以，必存在唯一的序列 $\{h(k) \mid k \in \mathbb{Z}\} \in l^2(\mathbb{Z})$，使 $\varphi(t)$ 满足的双尺度方程为

$$\varphi(t) = \sum_{k \in \mathbb{Z}} h(k) \cdot \sqrt{2}\varphi(2t - k) \tag{3-3-22}$$

通常称它为尺度方程。其中，展开系数 $h(k)$ 为

$$h(k) = < \varphi(t), \varphi_{-1,k}(t) > \tag{3-3-23}$$

称 $h(k)$ 为低通滤波器系数，由尺度函数 $\varphi(t)$ 和小波函数 $\varphi(t)$ 决定，与具体尺度无关。

另外，由于小波函数 $\varphi(t) \in W_0 \subset U_{-1}$，且 $\varphi(t)$ 为小波空间 W_0 的一个正交基函数，所以，必存在唯一序列 $\{g(k) \mid k \in \mathbb{Z}\} \in l^2(\mathbb{Z})$，使 $\varphi(t)$ 满足的双尺度方程为

$$\varphi(t) = \sum_k g(k) \cdot \sqrt{2}\varphi(2t-k) \tag{3-3-24}$$

式(3-3-24) 称之为构造方程或小波方程。其中，展开系数 $g(k)$ 为

$$g(k) = < \varphi(t), \varphi_{-1,k}(t) > \tag{3-3-25}$$

$g(k)$ 为高通滤波器系数，也仅由尺度函数 $\varphi(t)$ 和小波函数 $\varphi(t)$ 决定，与具体尺度无关。

$\{\varphi(t), \varphi(t)\}$ 构成了一个正交小波系统，可以从正交尺度函数构造出正交小波函数，其方法是令

$$g(k) = (-1)^k h^*(1-k) \tag{3-3-26}$$

由于式(3-3-22) 与式(3-3-24) 的双尺度方程是描述相邻二尺度空间基函数之间的关系，所以称为二尺度方程，并且二尺度差分关系存在于任意两个相邻尺度 j 和 $j-1$ 之间，则上述二尺度方程可写为

$$\varphi_{j,0}(t) = \sqrt{2}\sum_k h(k)\varphi_{j-1,k}(t) \tag{3-3-27}$$

$$\varphi_{j,0}(t) = \sqrt{2}\sum_k g(k)\varphi_{j-1,k}(t) \tag{3-3-28}$$

6. 正交小波变换的快速算法

1) 正交小波变换的小波级数表示

由多分辨分析定义，知

$$U_0 = U_1 \oplus W_1 = U_2 \oplus W_2 \oplus W_1 = U_3 \oplus W_3 \oplus W_2 \oplus W_1 = \cdots \tag{3-3-29}$$

即对于任意信号或函数 $f(t) \in U_0$，可以将它分解为细节部分 W_1 和大尺度逼近部分 U_1，然后将大尺度逼近部分 U_1 进一步分解，如此重复即可得到任意尺度(分辨率) 上的逼近部分和细节部分，这就是多分辨分析的框架。

设 $P_j w(t)$ 代表函数 $w(t)$ 在尺度空间 U_j 上的投影，则

$$P_j f(t) = \sum_k v_{j,k}\varphi_{j,k}(t) \tag{3-3-30}$$

式中，

$$v_{j,k} = < f(t), \varphi_{j,k}(t) > \tag{3-3-31}$$

称为尺度系数。

$D_j f(t)$ 代表函数 $w(t)$ 在小波空间 W_j 上的投影，则

$$D_j f(t) = \sum_k d_{j,k} \varphi_{j,k}(t) \tag{3-3-32}$$

式中，

$$d_{j,k} = \langle w(t), \varphi_{j,k}(t) \rangle \tag{3-3-33}$$

称为小波系数。容易看出，小波系数 $d_{j,k}$ 正好是信号 $w(t)$ 的连续小波变换 $WT_f(a,b)$ 在尺度参数 a 的二进制离散点 $a_j = 2^{-j}$ 和平移参数 b 的二进整数倍数的离散点 $b_k = 2^{-j}k$ 所构成的点 $(2^{-j}, 2^{-j}k)$ 上的取值，即小波系数 $d_{j,k}$ 实际上是信号 $w(t)$ 的离散二进小波变换。

若将空间 $L^2(\mathbb{R})$ 按

$$L^2(\mathbb{R}) = \sum_{j=-\infty}^{J} W_j \oplus V_j \tag{3-3-34}$$

展开（式中，J 为任意设定的尺度），则

$$w(t) = \sum_{j=-\infty}^{J} \sum_{k=-\infty}^{\infty} d_{j,k} \varphi_{j,k}(t) + \sum_{k=-\infty}^{\infty} v_{J,k} \varphi_{J,k}(t) \tag{3-3-35}$$

式中，

$$d_{j,k} = \langle w(t), \varphi_{j,k}(t) \rangle, v_{J,k} = \langle w(t), \varphi_{J,k}(t) \rangle \tag{3-3-36}$$

称式(3-3-31)及式(3-3-33)为正交小波变换的分解公式。但由于实际中尺度函数和小波函数往往没有明确的解析表达式，故式(3-3-36)通常难以直接计算。针对这一问题，Mallat 在多分辨分析的框架和双尺度方程的基础上，提出了一种快速算法，即 Mallat 算法。

2) Mallat 算法

为了说明此问题，现重新考虑式(3-3-22)与式(3-3-24)的二尺度方程，将尺度方程重写为

$$\varphi(t) = \sum_k h(k) \cdot \sqrt{2}\, \varphi(2t-k) \tag{3-3-37}$$

对式(3-3-37)进行伸缩和平移，得

$$\varphi(2^{-j}t - l) = \sum_k h(k) \cdot \sqrt{2}\, \varphi[2^{-(j-1)}t - 2l - k] \tag{3-3-38}$$

令 $m = 2l + k$，则

$$\varphi(2^{-j}t - l) = \sum_m h(m-2l) \cdot \sqrt{2}\, \varphi[2^{-(j-1)}t - m] \tag{3-3-39}$$

由多分辨率分析，任意信号 $f(t) \in U_{j-1}$ 在 U_{j-1} 空间的展开式为

$$f(t) = \sum_l v_{j-1,l} 2^{-(j-1)/2} \varphi[2^{-(j-1)}t - l] \tag{3-3-40}$$

式中，变量 l 用 k 来代替，则式(3－3－40) 可写为

$$f(t)=\sum_{k}v_{j-1,k}2^{-(j-1)/2}\varphi[2^{-(j-1)}t-k] \tag{3-3-41}$$

将 $f(t)$ 分解一次(即分别投影到 U_j，W_j 空间)，则由式(3－3－31) 与式(3－3－33) 知，其分解系数分别为

$$v_{j,k}=<f(t),\varphi_{j,k}(t)>=\int_{\mathbb{R}}f(t)2^{-j/2}\varphi^{*}(2^{-j}t-k)\mathrm{d}t \tag{3-3-42}$$

$$d_{j,k}=<f(t),\varphi_{j,k}(t)>=\int_{\mathbb{R}}f(t)2^{-j/2}\varphi^{*}(2^{-j}t-k)\mathrm{d}t \tag{3-3-43}$$

将式(3－3－41) 代入式(3－3－42)，得

$$v_{j,k}=\sum_{m}h(m-2k)\int_{\mathbb{R}}f(t)2^{-(j-1)/2}\varphi^{*}(2^{-(j-1)}t-m)\mathrm{d}t \tag{3-3-44}$$

由于 $\int_{\mathbb{R}}f(t)2^{-(j-1)/2}\varphi^{*}(2^{-(j-1)}t-m)\mathrm{d}t=<f(t),\varphi_{j-1,m}>=v_{j-1,m}$，则式(3－3－44) 变为

$$v_{j,k}=\sum_{m}h(m-2k)v_{j-1,m} \tag{3-3-45}$$

同理，得

$$d_{j,k}=\sum_{m}g(m-2k)v_{j-1,m} \tag{3-3-46}$$

上式表明，j 尺度空间的尺度系数和小波系数可以由 $j-1$ 尺度空间的尺度系数经滤波器系数 $h(k)$ 和 $g(k)$ 进行加权求和得到。将空间 U_j 的尺度系数进一步分解，即可得到 U_{j+1} 与 W_{j+1} 空间的尺度系数和小波系数，并且上述过程可以进一步持续下去，可到任意尺度空间，上述即为 Mallat 分解算法基本思想，式(3－3－45) 及式(3－3－46) 称为 Mallat 分解公式。其分解结构如图 3－10 所示，这种分解又称为塔式分解。

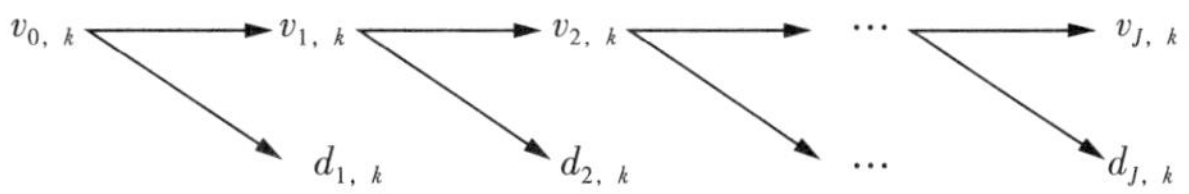

图 3－10　Mallat 分解结构

显然，在分解时，我们会自然而然想到一个问题，即如何获得初始输入序列，严格地说，该序列应该采用内积方式求解，但由于计算过程复杂，实际计算中一般不采用。由于当尺度足够小时，尺度函数可近似为一个 δ 函数，所以可以把内积近似为原函数的采样。当采样频率大于 Nyquist 频率时，采样数据在该尺度上可以很好地近似原函数，而不再需要任何小波系数来描述该尺度的细节，因此，为了简单起见，常常直接采用原始信号的采样序列作为初始输入序列。

如果引入无穷矩阵 $H_{l,k}=h(l-2k)$，$G_{l,k}=g(l-2k)l,k\in\mathbb{Z}$，则 Mallat 塔式分解算法矩

阵表示为

$$\boldsymbol{V}_j = \boldsymbol{H}\boldsymbol{V}_{j-1} \tag{3-3-47}$$

$$\boldsymbol{D}_j = \boldsymbol{G}\boldsymbol{V}_{j-1} \tag{3-3-48}$$

下面从数字滤波器的角度来考虑 Mallat 分解算法，设

$$v' = v'_{j-1,k} \otimes h'_{j-1,k} = \sum_m h'_{j-1}(k-m) v_{j-1,m} \tag{3-3-49}$$

式中，$\otimes$ 表示卷积。

经二抽取后，得

$$v''_k = v'_{2k} = \sum_m h'_{j-1}(2k-m) v_{j-1,m} \tag{3-3-50}$$

若令 $h'_0(k) = h_0(-k)$，代入式(3-3-50)，并与式(3-3-45) 比较，得

$$v''_k = v'_k = \sum_m h'_{j-1}(2k-m) v_{j-1,m} = \sum_m h_{j-1}(m-2k) v_{j-1,m} = v_{j,m} \tag{3-3-51}$$

类似地，

$$d_{j,k} = \sum_m g(m-2k) v_{j-1,m} \tag{3-3-52}$$

式(3-3-51)与式(3-3-52)表明，Mallat 算法可以看成是分解尺度系数经过一组滤波器 $h(k)$ 和 $g(k)$ 之后，再进行二抽取，而 $h(k)$ 和 $g(k)$ 是由尺度函数 $\varphi(t)$ 和小波函数 $\varphi(t)$ 决定的，与具体尺度无关，无论对哪两个相邻级其值都相同，所以可得到如图 3-11 所示的分解算法网络结构。

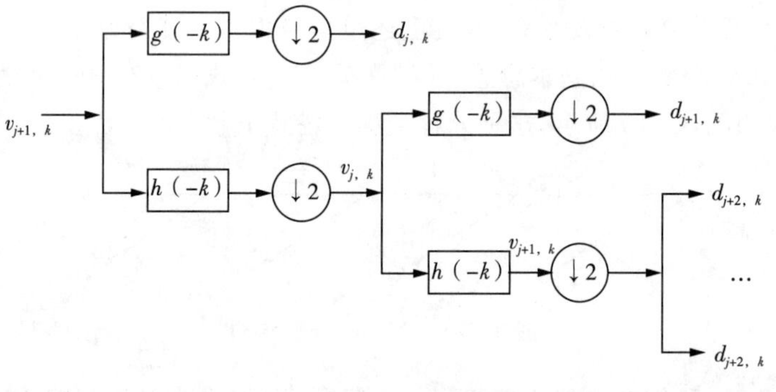

图 3-11　Mallat 分解算法网络结构

该算法可以直接给出函数的分解系数而无须写出基函数，因而对数字信号的分解来说，Mallat 算法可以方便地用计算机实现，因而实用性很强。

图 3-11 表明，信号经过小波(高通)滤波器 $g(k)$ 和尺度(低通)滤波器 $h(k)$ 被分解为高频分量和低频分量，低频分量再经高通滤波器 $g(k)$ 和低通滤波器 $h(k)$ 分解，低频分量被分解为更低的频率分量。从工程解角度可见，正是由于高通滤波器 $g(k)$ 和低通滤波器 $h(k)$

的高频和低频特性，才使得信号通过滤波后分量间的相关性减小；另外，由于在滤波后又进一步经过了下采样，因此，同一尺度下的不同平移间的信号相关性也会迅速减小，这些都使经过小波分解后的信号自相关阵呈现对角化趋势，可以加快信号处理的速度，这是小波变换可用于均衡技术的理论基础。

与 Mallat 分解相反的过程是 Mallat 重构算法，相应的重构公式为

$$v_{j-1,k}=\sum_m g^*(m-2k)d_{j,m}+\sum_m h^*(m-2k)v_{j,m} \tag{3-3-53}$$

$$\boldsymbol{V}_{j-1}=\boldsymbol{H}^*\boldsymbol{V}_{j-1}+\boldsymbol{G}^*\boldsymbol{D}_j \tag{3-3-54}$$

且当 $\boldsymbol{H}$，$\boldsymbol{G}$ 满足 $\boldsymbol{HH}^*+\boldsymbol{GG}^*=\boldsymbol{I}$ 时，可实现精确重构。

3.3.2　小波域自适应均衡理论

均衡器输入信号自相关矩阵特征值的分散程度 $\lambda_{\max}/\lambda_{\min}$ 是影响最小均方(LMS) 自适应算法收敛速度的主要因素[28]（$\lambda_{\max}$ 和 $\lambda_{\min}$ 分别为输入自相关矩阵的最大、最小特征值）。也就是说，均衡器收敛速度与输入信号自相关矩阵的最大、最小特征值比值有关，且 $\lambda_{\max}/\lambda_{\min}$ 越大，收敛速度越慢[29-30]；否则，正好相反。

为了提高 LMS 自适应算法的收敛速度，研究人员通过对信号进行归一化正交小波变换，能使其自相关阵接近对角阵，即降低输入信号的自相关，这在一定程度上能够加快收敛速度。

本节将小波变换引入自适应均衡器中，研究了基于正交小波变换的自适应均衡算法，希望该算法获得更好的收敛性能。

1. 均衡器的正交小波表示[31-37]

根据 Mallat 塔形算法思想，在有限尺度下，有限冲激响应均衡器 $w(k)$ 可由一族正交小波函数及尺度函数来表示，即

$$w(k)=\sum_{j=1}^{J}\sum_{n=0}^{k_j}d_{j,n}\cdot\varphi_{j,n}(k)+\sum_{n=0}^{n_J}v_{J,n}\cdot\varphi_{J,n}(k) \tag{3-3-55}$$

式中，$k=0,1,\cdots,N-1$，N 为均衡器长度；J 为最大尺度；$n_j=N/2^j-1(j=1,2,\cdots,J)$ 为尺度 j 下小波函数的最大平移。其中，$d_{j,n}$ 和 $v_{J,n}$ 分别为

$$\begin{cases}d_{j,n}=<w(k),\varphi_{j,n}(k)>\\ v_{J,n}=<w(k),\varphi_{J,n}(k)>\end{cases} \tag{3-3-56}$$

由于 $w(k)$ 的特性由 $d_{j,n}$ 和 $v_{J,n}$ 反映出来，故称 $d_{j,n}$ 和 $v_{J,n}$ 为均衡器的权系数。根据信号传输理论，均衡器的输出为

$$\begin{aligned}z(k)&=\sum_{i=0}^{N-1}w_i(k)\cdot y(k-i)\\&=\sum_{i=0}^{N-1}y(k-i)\Big[\sum_{j=1}^{J}\sum_{n=0}^{n_j}d_{j,n}(k)\cdot\varphi_{j,n}(\mathrm{i})+\sum_{n=0}^{n_J}v_{J,n}(k)\cdot\varphi_{J,n}(\mathrm{i})\Big]\end{aligned}$$

$$= \sum_{j=1}^{J}\sum_{n=0}^{n_j} d_{j,n}(k)\left[\sum_{i=0}^{N-1} y(k-i)\cdot \varphi_{j,n}(\mathrm{i})\right] + \sum_{n=0}^{n_J} v_{J,n}(k)\left[\sum_{i=0}^{N-1} y(k-i)\cdot \varphi_{J,n}(\mathrm{i})\right]$$

$$= \sum_{j=1}^{J}\sum_{n=0}^{n_j} d_{j,n}(k)\cdot r_{j,n}(k) + \sum_{n=0}^{n_J} v_{J,n}(k)\cdot s_{J,n}(k) \tag{3-3-57}$$

式中，

$$\begin{cases} r_{j,n}(k) = \sum_i y(k-i)\varphi_{j,n}(i) \\ s_{J,n}(k) = \sum_i y(k-i)\varphi_{J,n}(i) \end{cases} \tag{3-3-58}$$

式(3-3-57)实质上相当于对输入 $y(k)$ 作离散正交小波变换，$r_{j,n}(k)$ 为尺度为 j、平移为 n 的小波变换系数，$s_{J,n}(k)$ 为尺度为 J、平移为 n 的尺度变换系数。而式(3-3-57)表明，均衡器 k 时刻输出 $z(k)$ 等于输入 $y(k)$ 经小波变换后的相应变换系数 $r_{j,n}(k)$ 和 $s_{J,n}(k)$ 与均衡器系数 $d_{j,n}$ 和 $v_{J,n}$ 的加权和。也就是说，将小波引入均衡器实质是将输入信号进行正交变换，从而改变了均衡器结构。

由式(3-3-58)知，小波系数 $r_{j,n}(k)$ 与尺度系数 $s_{J,n}(k)$ 的值依赖于小波函数 $\varphi(k)$ 与尺度函数 $\varphi(k)$，而在实际中除了 Harr 小波外，小波函数 $\varphi(k)$ 与尺度函数 $\varphi(k)$ 并没有明确的表达式，因而利用 Mallat 算法则能够解决这一问题。

由 Mallat 塔形分解算法，对于长度为 N 的离散信号 $S_0 = [s_{0,1}, s_{0,2}, \cdots, s_{0,N-1}]^{\mathrm{T}}$，可得到如图 3-12 所示分解结构。

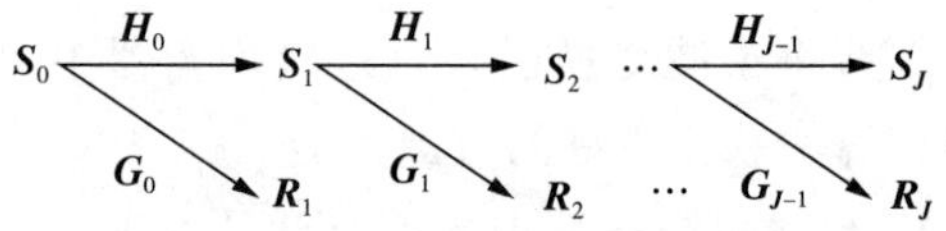

图 3-12　Mallat 分解结构

图 3-12 中，$S_j = [s_{j,0}, s_{j,2}, \cdots, s_{j,n_j}]^{\mathrm{T}}$，$\boldsymbol{R}_j = [r_{j,0}, r_{j,2}, \cdots, r_{j,n_j}]^{\mathrm{T}}$，$n_j$ 定义同上，H_j 和 G_j 分别为由小波滤波器系数 $h(k)$ 和尺度滤波器系数 $g(k)$ 所构成的矩阵，且 H_j 和 G_j 中每个元素分别为 $H_j(l,n) = h(n-2l)$，$G_j(l,n) = g(n-2l)$，($l = 1 \sim N/2^{j+1}$，$n = 1 \sim N/2^j$)。若令 $\boldsymbol{R} = [\boldsymbol{R}_1, \boldsymbol{R}_2, \cdots, \boldsymbol{R}_J, \boldsymbol{S}_J]^{\mathrm{T}}$，$\boldsymbol{V} = [\boldsymbol{G}_0; \boldsymbol{G}_1\boldsymbol{H}_0; \boldsymbol{G}_2\boldsymbol{H}_1\boldsymbol{H}_0; \boldsymbol{G}_{J-1}\boldsymbol{G}_{J-2}\cdots\boldsymbol{H}_1\boldsymbol{H}_0; \boldsymbol{H}_{J-1}\boldsymbol{H}_{J-2}\cdots\boldsymbol{H}_1\boldsymbol{H}_0]$，$\boldsymbol{V}$ 为正交小波变换矩阵且为一正交阵($\boldsymbol{V}\cdot\boldsymbol{V}^{\mathrm{T}} = I$)，且有

$$\boldsymbol{R} = \boldsymbol{V}\boldsymbol{S}_0 \tag{3-3-59}$$

这样就实现了信号的正交小波变换。也就是说，要求 $\boldsymbol{R}$ 的值，只需知道 $h(k)$ 和 $g(k)$ 的值即可[通常实际中 $h(k)$ 和 $g(k)$ 的值都是已知的]，而不必再求 $\varphi_{j,n}(k)$ 与 $\varphi_{J,n}(k)$。

若令式(3-3-59)中

$$\boldsymbol{S}_0 = \boldsymbol{y}(k) = [y(k), y(k-1), \cdots, y(k-M+1)]^{\mathrm{T}}$$

$$\boldsymbol{R}(k) = [r_{1,0}(k), r_{1,1}(k), \cdots, r_{J,n_J}(k), s_{J,0}(k), \cdots, s_{J,n_J}(k)]^{\mathrm{T}}$$

且均衡器未知权系数

$$w(k)=[d_{1,0}(k),d_{1,1}(k),\cdots,d_{J,n_J}(k),v_{J,0}(k),\cdots,v_{J,n_J}(k)]^{\mathrm{T}}$$

则可以得到引入正交小波变换的自适应均衡器结构,如图 3-13 所示。

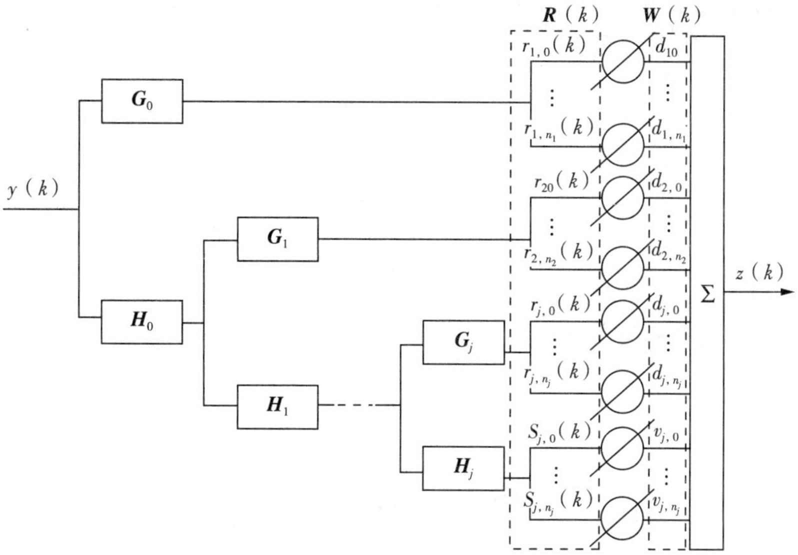

图 3-13　基于正交小波变换的自适应均衡器结构

图 3-13 可以简化为图 3-14 所示的框图。

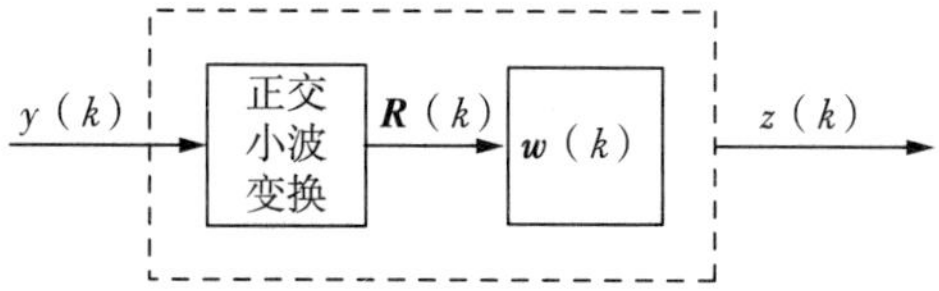

图 3-14　基于正交小波变换的自适应均衡器结构简化框图

2. 基于正交小波变换的最小均方(LMS) 算法

1) 算法原理

图 3-15 中,如果采用 LMS 算法更新权向量,则构成基于正交小波变换的自适应均衡算法。

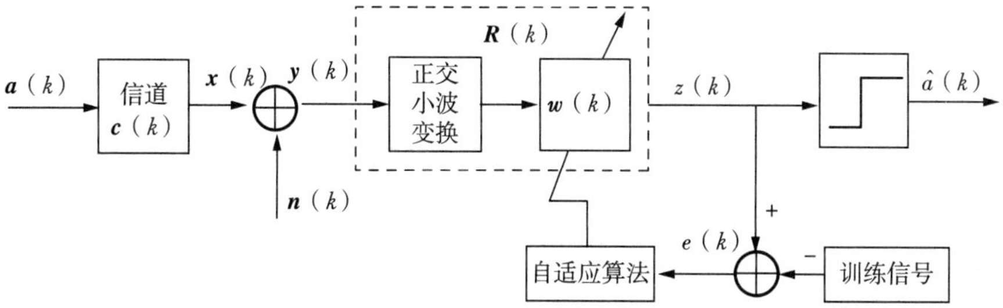

图 3-15　引入正交小波变换的自适应均衡原理

由图 3-15 知,经过小波变换后均衡器输出

$$\boldsymbol{R}(k)=\boldsymbol{V}\boldsymbol{y}(k) \tag{3-3-60}$$

在最小均方误差准则下,自适应算法采用 LMS 算法来调整均衡器未知权系数,则基于正交小波变换的 LMS 算法的权向量表示式为

$$z(k)=\boldsymbol{R}^{\mathrm{T}}(k)\boldsymbol{w}(k) \tag{3-3-61}$$

$$e(k)=z(k)-d(k) \tag{3-3-62}$$

这时,代价函数为

$$J(k)=E[e^2(k)] \tag{3-3-63}$$

这时,均衡器权向量迭代公式为

$$\boldsymbol{w}(k+1)=\boldsymbol{w}(k)+\frac{\mu}{2}\frac{\partial J(k)}{\partial \boldsymbol{w}(k)} \tag{3-3-64}$$

式中,μ 为迭代步长,$\frac{\partial J(k)}{\partial \boldsymbol{w}(k)}$ 为代价函数对权向量的梯度,而

$$\frac{\partial J(k)}{\partial \boldsymbol{w}(k)}=E\left[2e(k)\frac{\partial e(k)}{\partial \boldsymbol{w}(k)}\right]=E\left\{2e(k)\frac{\partial[\boldsymbol{w}^{\mathrm{T}}(k)\boldsymbol{R}(k)-d(k)]}{\partial \boldsymbol{w}(k)}\right\}=E[2e(k)\boldsymbol{R}(k)]$$

对$\frac{\partial J(k)}{\partial \boldsymbol{w}(k)}$取瞬时值后,并代入式(2-2-10),得

$$\boldsymbol{w}(k+1)=\boldsymbol{w}(k)-\mu e(k)\boldsymbol{R}(k) \tag{3-3-65}$$

由于在同一尺度下,对不同的平移 n,$r_{j,n}(k)$ 间的相关性很小,$s_{J,n}(k)$ 间的相关性也很小,因此,可对变换后的信号能量作归一化处理,这时,式(3-3-64) 修改为

$$\boldsymbol{w}(k+1)=\boldsymbol{w}(k)-\mu\hat{\boldsymbol{R}}^{-1}(k)e(k)\boldsymbol{R}(k) \tag{3-3-66}$$

式中, $\hat{\boldsymbol{R}}^{-1}(k)=\mathrm{diag}[\sigma_{j,0}^2(k),\sigma_{j,1}^2(k),\cdots,\sigma_{J,n_J}^2(k),\sigma_{J+1,0}^2(k),\cdots,\sigma_{J+1,n_J}^2(k)]$,$\sigma_{j,n}^2(k)$ 与 $\sigma_{J+1,n_j}^2(k)$ 分别表示对 $r_{j,n}(k)$ 与 $s_{J,n}(k)$ 平均功率估计,其递推公式为

$$\hat{\sigma}_{j,n}^2(k+1)=\beta_\sigma\hat{\sigma}_{j,n}^2(k)+(1-\beta_\sigma)\,|\,r_{j,n}(k)\,|^2 \tag{3-3-67}$$

$$\hat{\sigma}_{J+1,n}^2(k+1)=\beta_\sigma\hat{\sigma}_{J+1,n}^2(k)+(1-\beta_\sigma)\,|\,s_{J,n}(k)\,|^2 \tag{3-3-68}$$

式中,β_σ 为平滑因子,且$0<\beta_\sigma<1$,一般取β_σ 值比较接近于1,$R^2=E(|\,a(k)\,|^4)/E(|\,a(k)\,|^2)$,式(3-3-60) 至式(3-3-68) 构成了基于正交小波变换的最小均方算法 (orthogonal Wavelet Transform based Least Mean Square,WT-LMS)。

2) 性能分析

由前面分析可知,LMS 算法的收敛速度取决于输入信号自相关矩阵最大、最小特征值比值,即矩阵 $\boldsymbol{R}$ 的条件数

$$\mathrm{cond}(\boldsymbol{R})=\frac{\lambda_{\max}}{\lambda_{\min}} \tag{3-3-69}$$

该值越小，收敛越快，因而引入小波变换则可以加快算法收敛速度。下面我们从理论上来给予证明。

设输入信号为实信号 $\boldsymbol{y}(k)$，其输入自相关矩阵为$\boldsymbol{R}_{yy}$；设信号经小波变换后的自相关矩阵为$\boldsymbol{R}_{rr}$，则$\boldsymbol{R}_{yy}$ 与$\boldsymbol{R}_{rr}$ 均为实对称矩阵，因而存在正交阵$\boldsymbol{Q}_y$ 和$\boldsymbol{Q}_r$，使得

$$\boldsymbol{R}_{yy}=\boldsymbol{Q}_y\boldsymbol{\Lambda}_y\boldsymbol{Q}_y^{-1} \tag{3-3-70}$$

$$\boldsymbol{R}_{rr}=\boldsymbol{Q}_r\boldsymbol{\Lambda}_r\boldsymbol{Q}_r^{-1} \tag{3-3-71}$$

式中，$\boldsymbol{\Lambda}_y$ 和 $\boldsymbol{\Lambda}_r$ 分别是$\boldsymbol{R}_{yy}$ 和$\boldsymbol{R}_{rr}$ 的特征值对角阵，即

$$\boldsymbol{\Lambda}_y=\mathrm{diag}[\lambda_1^y,\lambda_2^y,\cdots,\lambda_N^y] \tag{3-3-72}$$

$$\boldsymbol{\Lambda}_r=\mathrm{diag}[\lambda_1^r,\lambda_2^r,\cdots,\lambda_N^r] \tag{3-3-73}$$

且其特征值均为正数。

由式(3-3-60) 与式(3-3-70)，得

$$\boldsymbol{R}_{rr}=\boldsymbol{Q}_r\boldsymbol{\Lambda}_r\boldsymbol{Q}_r^{-1}=E[\boldsymbol{R}(k)\boldsymbol{R}^{\mathrm{T}}(k)]=E\{\boldsymbol{V}\boldsymbol{y}(k)[\boldsymbol{V}\boldsymbol{y}(k)]^{\mathrm{T}}\}=E\{\boldsymbol{V}\boldsymbol{y}(k)\boldsymbol{y}(k)^{\mathrm{T}}\boldsymbol{V}^{\mathrm{T}}\}=\boldsymbol{V}\boldsymbol{R}_{yy}\boldsymbol{V}^{\mathrm{T}} \tag{3-3-74}$$

又由式(3-3-70) 及式(3-3-71)，得

$$\boldsymbol{R}_{rr}=\boldsymbol{Q}_r\boldsymbol{\Lambda}_r\boldsymbol{Q}_r^{-1}=\boldsymbol{V}\boldsymbol{Q}_y\boldsymbol{\Lambda}_y\boldsymbol{Q}_y^{-1}\boldsymbol{V}^{\mathrm{T}} \tag{3-3-75}$$

所以，有

$$\boldsymbol{\Lambda}_r=\boldsymbol{Q}_r^{\mathrm{T}}\boldsymbol{V}\boldsymbol{Q}_y\boldsymbol{\Lambda}_y\boldsymbol{Q}_y^{-1}\boldsymbol{V}^{\mathrm{T}}\boldsymbol{Q}_r=\boldsymbol{P}\boldsymbol{\Lambda}_y\boldsymbol{P}^{\mathrm{T}} \tag{3-3-76}$$

式中，$\boldsymbol{P}=\boldsymbol{Q}_r^{\mathrm{T}}\boldsymbol{V}\boldsymbol{Q}_y$，而由式(3-3-76)，得

$$\lambda_m^r=\sum_{i=1}^{M}p_{mi}^2\lambda_m^y,m=1,2,\cdots,M \tag{3-3-77}$$

式中，p_{mi} 为矩阵 $\boldsymbol{P}$ 中的第(m,i) 个元素，又因各特征值均为正数，故由式(3-3-76) 得[73]

$$0<\lambda_{\min}^y\min_m\Big(\sum_{i=1}^{M}p_{mi}^2\Big)\leqslant\lambda_{\min}^r\leqslant\lambda_{\max}^r\leqslant\lambda_{\max}^r\max\Big(\sum_{i=1}^{M}p_{mi}^2\Big) \tag{3-3-78}$$

对于一般情况下，有$\min\limits_m\Big(\sum\limits_{i=1}^{N}p_{mi}^2\Big)\approx\max\limits_m\Big(\sum\limits_{i=1}^{N}p_{mi}^2\Big)$。这样，式(3-3-77) 意味着

$$\frac{\lambda_{\max}^r}{\lambda_{\min}^r}\leqslant\frac{\lambda_{\max}^y}{\lambda_{\min}^y} \tag{3-3-79}$$

由此可见，经小波变换后矩阵$\boldsymbol{R}_{rr}$ 的最大、最小特征值之比小于$\boldsymbol{R}_{yy}$ 的最大、最小特征值之比，即引入小波变换后，性能得到改善。

3）仿真实验及性能分析

为了验证 WT-LMS 的有效性，进行仿真实验并与自适应 LMS 进行比较。在仿真中，采用 Db2 小波，$J=2$，均衡器权长为 16，信噪比为 20 dB，步长 $\mu=0.01$。信道[75] 为 $C(z)=0.3487+0.8z^{-1}+0.3487z^{-2}$，发射信号为 2PAM，4000 次蒙特卡诺仿真结果如图 3-16 所示。

图 3-16(a) 可知，WT-LMS 的收敛速度比 LMS 算法要快 2 倍多。图 3-16(b) 为均衡器输入信号。图 3-16(c)、(d) 分别为 LMS 和 WT-LMS 均衡后输出信号，显然，WT-LMS 均衡后的效果比 LMS 均衡后效果要好。图 3-16(e)、(f) 表明，与信号未经小波变换时相比，信号经小波变换后能量主要集中在自相关矩阵的对角元素附近，远离对角线处的能量迅速下降，即经过小波变换后信号的相关性变小了。

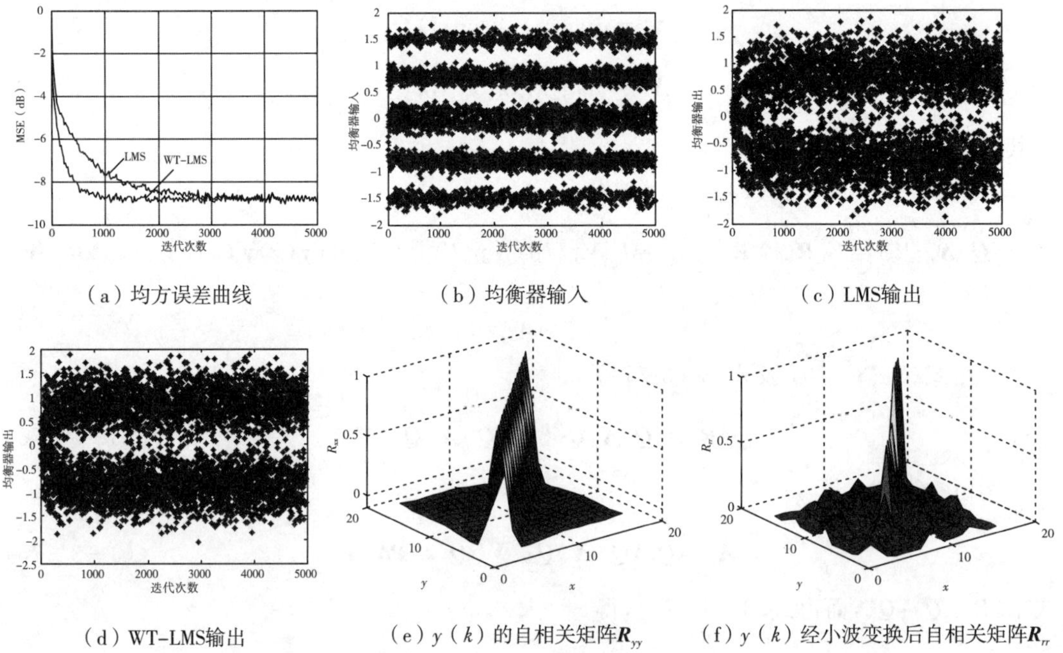

（a）均方误差曲线　（b）均衡器输入　（c）LMS输出

（d）WT-LMS输出　（e）$y(k)$ 的自相关矩阵 $\boldsymbol{R}_{yy}$　（f）$y(k)$ 经小波变换后自相关矩阵 $\boldsymbol{R}_{rr}$

图 3-16　仿真结果

第 4 章　自适应递归与格型滤波器

【内容导引】　在分析自适应递归滤波器结构特点的基础上，本章讨论了 IIR LMS 滤波器、超稳定自适应递归滤波器和 IIR 递归 SER 滤波器；从单输入递归滤波器传输函数入手，引出了自适应格型滤波器，并给出了格雷(Gray) 与马克尔(Markel) 算法，画出了更为一般的 L 格型结构；针对格型滤波器在信号预测中的应用，分析了 LMS 格型滤波器和 SER 格型滤波器原理；基于自适应格型滤波器中信号相互正交的特点，分析了基于离散傅里叶变换的自适应滤波器和基于格型正交化的二阶 Volterra 自适应滤波器。

自适应有限冲激响应 FIR 滤波器具有相当完善的自适应算法，其收敛性能和稳定性十分简单，应用十分广泛。然而，由于其非递归结构和有限长冲激响应，在应用于有较高精度匹配的实际物理系统时，需要相当高的阶次，这会导致其结构复杂、运算量大。而自适应 IIR 滤波器是一个具有无限冲激响应的递归滤波器，与相同系数个数的自适应 FIR 滤波器相比，其具有更好性能，这是因为输出的反馈使有限数量的系数产生了无限的冲激响应，使零点和极点模型滤波器的输出比仅有零点的滤波器输出能更有效地逼近期望响应信号。

自适应格型滤波器，其算法有最小均方误差与最小二乘误差两种准则，对应用于两种不同的算法及实现结构，特别是递归最小二乘格型滤波器具有非常好的数值特性并能跟踪时变信号。格型滤波器最突出的特点是局部相关联的模化块结构，格型系数对于数值扰动的低灵敏性，以及格型算法对于信号协方差矩阵特征值扩散的相对惰性，使其具有快速收敛和优良数值特性，在信号预测和滤波处理中有广泛应用。在估计和预测理论中，格型结果往往是与 Levinson 和 Durbin 递推算法相关联的，这种算法是针对在有限观察间隔内的平稳随机过程的一步预测值来设计的，格型预测器已成功地用于语音分析和合成等领域。

本章将讨论自适应递归滤波器结构和算法，包括 IIR LMS 滤波器和递归 SER 滤波器；自适应格型滤波器结构原理、自适应格型预测器包括 LMS 格型滤波器和 SER 格型滤波器；采用正交信号的自适应滤波器，包括基于离散傅里叶变换的自适应滤波器和基于格型正交化的二阶 Volterra 自适应滤波器。

4.1　自适应递归滤波器

在第 3 章讨论了在自适应系统中用递归滤波器代替自适应线性组合器的可能性。递归滤波器除了零点还有极点，因而在时不变系统具有独特的优点(谐振、锐截止特性等)。然而，自适应递归滤波器也存在自适应线性组合器不存在的缺点。

(1) 在自适应过程中,如果其极点移动出单位圆,滤波器就变得不稳定。

(2) 它们的性能表面一般是非二次型的,并且可能具有局部极小值。

自适应递归滤波器的这些缺点导致了系统不稳定。而无论其最速下降法还是牛顿法,均可能局部收敛。

然而,研究表明,当自适应递归滤波器有充分多个零点与极点时,误差性能表面是单峰的[38]。因而,增加滤波器权个数可消除局部极小值。为了导出自适应递归滤波器算法,将图 3-2 所示的递归滤波器改成自适应的标准形式,如图 4-1 所示。

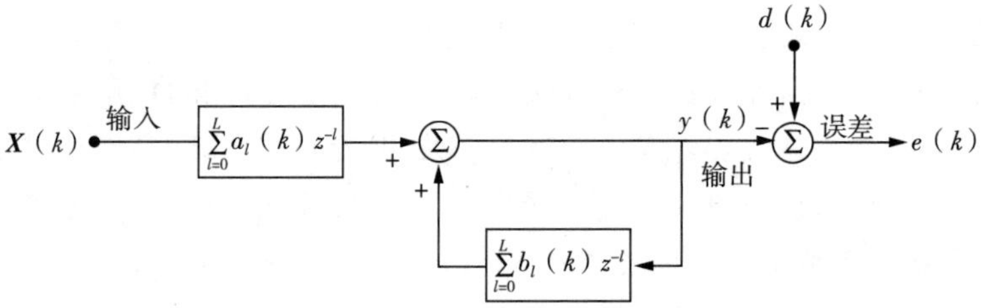

图 4-1　自适应递归滤波器

图 4-1 中,向量 $\boldsymbol{X}(k)$ 既可表示多输入情况,也可表示单输入情况,$y(k)$ 是标量,且

$$y(k)=\sum_{n=0}^{L}a_n x(k-n)+\sum_{n=1}^{L}b_n y(k-n) \tag{4-1-1}$$

此式适用于单输入情况。为方便起见,只讨论单输入情况。现将一个时变的权向量与一个新的信号向量 $\boldsymbol{W}(k)$ 与 $\boldsymbol{U}(k)$ 定义为

$$\boldsymbol{W}(k)=[a_0(k)a_1(k),\cdots,a_L(k)b_1(k),\cdots,b_L(k)]^{\mathrm{T}} \tag{4-1-2}$$

$$\boldsymbol{U}(k)=[x(k)x(k-1),\cdots,x(k-L)y(k-1),\cdots,y(k-L)]^{\mathrm{T}} \tag{4-1-3}$$

由图 4-1 与式(4-1-1),得

$$\begin{aligned}e(k)&=d(k)-y(k)\\&=d(k)-\boldsymbol{W}^{\mathrm{T}}(k)\boldsymbol{U}(k)\end{aligned} \tag{4-1-4}$$

与非递归情况[式(1-2-8)等]相比,主要区别是 $\boldsymbol{U}(k)$ 不仅包含 x 还包含 y。

对 LMS 算法,再次采用式(2-1-2)的梯度近似公式

$$\begin{aligned}\hat{\nabla}(k)&=\frac{\partial e^2}{\partial \boldsymbol{W}(k)}=2e\frac{\partial e}{\partial \boldsymbol{W}(k)}\\&=2e(k)\left[\frac{\partial e(k)}{\partial a_0(k)},\cdots,\frac{\partial e(k)}{\partial a_L(k)}\frac{\partial e(k)}{\partial b_1(k)},\cdots,\frac{\partial e(k)}{\partial b_L(k)}\right]^{\mathrm{T}}\\&=-2e(k)\left[\frac{\partial y(k)}{\partial a_0(k)},\cdots,\frac{\partial y(k)}{\partial a_L(k)}\frac{\partial y(k)}{\partial b_1(k)},\cdots,\frac{\partial y(k)}{\partial b_L(k)}\right]^{\mathrm{T}}\end{aligned} \tag{4-1-5}$$

由于 $y(k)$ 是一个递归函数,所以计算式(4-1-5)中的导数,可以先定义

$$\alpha_n(k) \triangleq \frac{\partial y(k)}{\partial a_n} = x(k-n) + \sum_{l=1}^{L} b_l \frac{\partial y(k-l)}{\partial a_n}$$

$$= x(k-n) + \sum_{l=1}^{L} b_l \alpha_n(k-l) \tag{4-1-6}$$

$$\beta_n(k) \triangleq \frac{\partial y(k)}{\partial b_n} = y(k-n) + \sum_{l=1}^{L} b_l \frac{\partial y(k-l)}{\partial b_n}$$

$$= y(k-n) + \sum_{l=1}^{L} b_l \beta_n(k-l) \tag{4-1-7}$$

则有

$$\hat{\nabla}(k) = -2e(k)\left[\alpha_0(k), \cdots, \alpha_L(k)\beta_1(k), \cdots, \beta_L(k)\right]^{\mathrm{T}} \tag{4-1-8}$$

类似于式(2-1-3)，LMS 算法可写为

$$\boldsymbol{W}(k+1) = \boldsymbol{W}(k) - \boldsymbol{M}\hat{\nabla}(k) \tag{4-1-9}$$

式中，

$$\boldsymbol{M} = \mathrm{diag}[\mu, \cdots, \mu v_1, \cdots, v_L] \tag{4-1-10}$$

对非二次型性能表面，对每一个 a 有一个共同的收敛参数，而对每一个 b 有不同收敛因子。当然，也可以采用随时间变化的收敛因子。将现时刻的各个 b 代入式(4-1-6)与式(4-1-7)，则自适应递归滤波器的 LMS 算法为

$$y(k) = \boldsymbol{W}^{\mathrm{T}}(k)\boldsymbol{U}(k)$$

$$\alpha_n(k) = x(k-n) + \sum_{l=1}^{L} b_l(k)\alpha_n(k-l), 0 \leqslant n \leqslant L$$

$$\beta_n(k) = y(k-n) + \sum_{l=1}^{L} b_l(k)\beta_n(k-l), 1 \leqslant n \leqslant L$$

对 IIR LMS，有

$$\hat{\nabla}(k) = -2[d(k) - y(k)]\left[\alpha_0(k), \cdots, \alpha_L(k)\beta_1(k), \cdots, \beta_L(k)\right]^{\mathrm{T}}$$

$$\boldsymbol{W}(k+1) = \boldsymbol{W}(k) - \boldsymbol{M}\hat{\nabla}(k) \tag{4-1-11}$$

$\hat{\nabla}(k)$ 中各个 α 与 β 的初值除非已知，否则一般取为零，其他量的初值与以前的讨论相同。

注意：现在的信号向量 $\boldsymbol{U}(k)$ 是由式(4-1-3) 所定义，$b_l(k)$ 是式(4-1-4) 中的反馈权之一。

令

$$A_k(z)=\sum_{l=0}^{L}a_l(k)z^{-l}$$
$$B_k(z)=\sum_{l=0}^{L}b_l(k)z^{-l} \tag{4-1-12}$$

则式(4-1-11)中第2行与第3行对应的传输函数可写为

$$H(z)=\frac{z^{-n}}{1-B_k(z)} \tag{4-1-13}$$

例如，$\alpha_n(k)$的计算过程如图4-2所示。

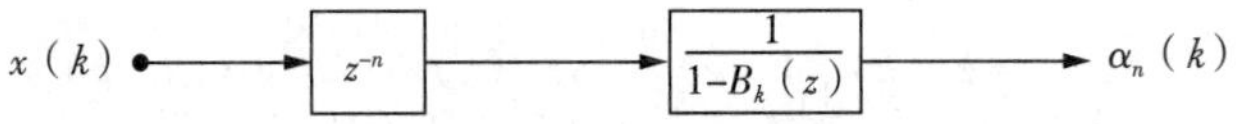

图4-2 $\alpha_n(k)$的计算过程

整个自适应滤波器如图4-3所示。

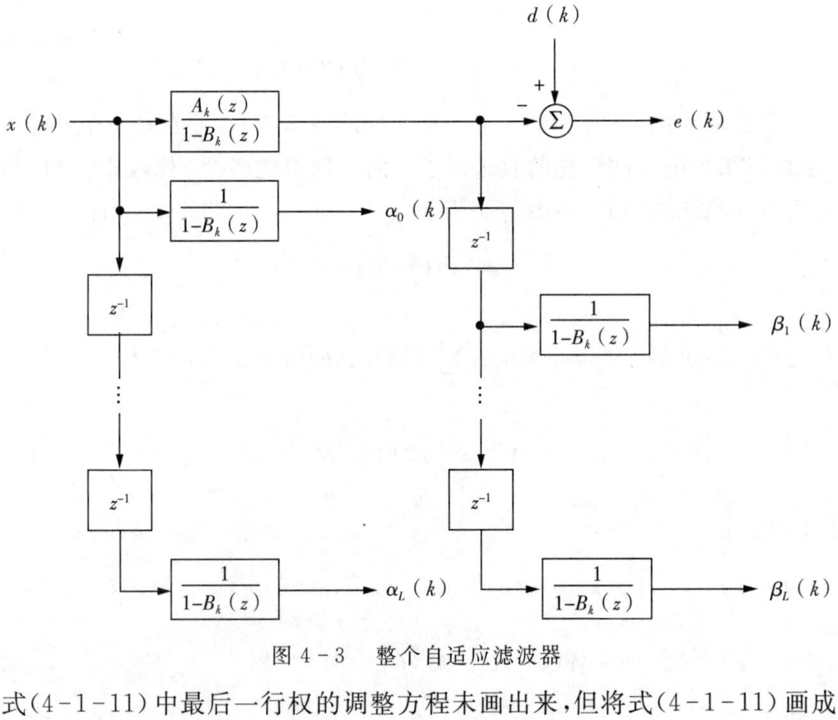

图4-3 整个自适应滤波器

虽然式(4-1-11)中最后一行权的调整方程未画出来，但将式(4-1-11)画成这种形式是有趣的。而最初的滤波器LMS算法[39,40]也有类似的方框图。自适应递归滤波器LMS算法的各种简化与改进方案[39,41,42]也相继被提出。

例如，超稳定自适应递归滤波器(hyperstable adaptive recursive filter，HARF)，其中最简单的一种算法称为SHARF[43~46]。在式(4-1-11)中，先用$x(k-n)$、$y(k-n)$分别近似代替$\alpha_n(k)$与$\beta_n(k)$；再将$e(k)$经过一个滤波器做平滑处理后的输出代替$e(k)=d(k)-$

$y(k)$ 用于梯度估值，这是 SHARF 算法的关键特征。SHARF 算法归纳为

IIR SHARF

$$
\boxed{\begin{aligned}
&y(k)=\boldsymbol{W}^{\mathrm{T}}(k)\boldsymbol{U}(k)\\
&e(k)=d(k)-y(k)\\
&v(k)=e(k)+\sum_{n=1}^{N}c(n)e(k-n)\\
&\hat{\nabla}(k)=-2v(k)\left[x(k),\cdots,x(k-L)y(k-1),\cdots,y(k-L)\right]^{\mathrm{T}}\\
&\boldsymbol{W}(k+1)=\boldsymbol{W}(k)-\boldsymbol{M}\hat{\nabla}(k)
\end{aligned}}
\tag{4-1-14}
$$

式中，$c(n)$ 为常系数，是用来平滑 $e(k)$ 以得到 $v(k)$。式(4-1-14)所示的 SHARF 算法比式(4-1-11)所示的算法简单。在某些情况下，其是收敛的[43]。该算法在噪声对消[47]、预测[46]有成功应用。平滑系数 $[c(k)]$ 的选择，仍然是当今值得研究的一个课题。

由于一般情况下，对于非二次型 IIR 误差表面，用 LMS 算法与牛顿法均受到限制。当在 SER 算法中，用 IIR 的信号向量 $\boldsymbol{U}$ 代替 $\boldsymbol{X}$ 后，采用 IIR 梯度估值很容易得到一个对递归滤波器的 SER 类型的算法，见表 4-1 所列。

表 4-1　对递归滤波器的 SER 类型的算法

结　构	非递归	递　归
算法公式	$e(k)=d(k)-\boldsymbol{W}^{\mathrm{T}}(k)\boldsymbol{X}(k)$	$e(k)=d(k)-\boldsymbol{W}^{\mathrm{T}}(k)\boldsymbol{U}(k)$
	$\hat{\nabla}(k)=-2e(k)\boldsymbol{X}(k)$	$\hat{\nabla}(k)=-2e(k)\left[\alpha_0(k),\cdots,\alpha_L(k)\beta_1(k),\cdots,\beta_L(k)\right]^{\mathrm{T}}$

如何快捷得到递归 SER 算法？首先，在式(1-2-11)与式(1-2-12)中用 $\boldsymbol{U}$ 代替 $\boldsymbol{X}$，并重新定义 $\boldsymbol{R}$ 与 $\boldsymbol{P}$。

注意：这里它们的维数已从 $L+1$ 增加到 $2L+1$。于是，IIR 误差性能表面仍然由式(1-2-13)给出。

为了得到 SER 算法，最简单的方式是直接取式(1-2-13)的梯度，并假设 $\boldsymbol{R}$ 和 $\boldsymbol{P}$ 不是 $\boldsymbol{W}$ 的函数。显然，对 FIR 滤波器，这个假设是有效的，而易导出式(1-2-16)；对 IIR 滤波器，在收敛过程当中，无论 $\boldsymbol{R}$ 或者 $\boldsymbol{P}$ 都包含与 $y(k)$ 乘积项的期望值，因而这个假设不成立。然而，当平稳过程输入且滤波器收敛之后，在 IIR 中，$\boldsymbol{R}$ 与 $\boldsymbol{P}$ 也是不变的。因而，在 $\boldsymbol{W}=\boldsymbol{W}^{\mathrm{opt}}$ 附近时，可以认为式(1-2-16)是正确的。

采用修改后的 $\boldsymbol{R}$ 和 $\boldsymbol{P}$，并假定式(1-2-16)与式(2-2-12)仍表示权向量解，在式(2-2-36)中用 $\boldsymbol{U}(k)$ 代替 $\boldsymbol{X}(k)$，从而所有的导数同于 FIR 情况，这样就得到 IIR SER 算法。同时，还必须在式(2-2-37)中采用上述的递归梯度估值。这时式(2-2-37)变为

$$
\boldsymbol{W}(k+1)=\boldsymbol{W}(k)-\frac{\boldsymbol{M}\lambda_{\mathrm{av}}(1-\alpha^{k+1})}{1-\alpha}\boldsymbol{Q}^{-1}(k)\hat{\nabla}(k)
\tag{4-1-15}
$$

与递归 LMS 算法一样，在式(4-1-10)中用 M 代替 μ，以便对各个 b 使用不同的收敛因子。完整的递归 SER 算法归纳如下：

IIR SER

$$
\boxed{
\begin{aligned}
&\boldsymbol{S}=\boldsymbol{Q}^{-1}(k-1)\boldsymbol{U}(k)\\
&\gamma=\alpha+\boldsymbol{U}^{\mathrm{T}}(k)\boldsymbol{S}\\
&\boldsymbol{Q}^{-1}(k)=\frac{1}{\alpha}\left(\boldsymbol{Q}^{-1}(k-1)-\frac{1}{\gamma}\boldsymbol{S}\boldsymbol{S}^{\mathrm{T}}\right)\\
&\alpha_n(k)=x(k-n)+\sum_{l-1}^{L}b_l(k)\alpha_n(k-l),0\leqslant n\leqslant L\\
&\beta_n(k)=y(k-n)+\sum_{l=1}^{L}b_l(k)\beta_n(k-l),1\leqslant n\leqslant L\\
&\hat{\nabla}(k)=-2[d(k)-y(k)][\alpha_0(k),\cdots,\alpha_L(k)\beta_l(k),\cdots,\beta_L(k)]^{\mathrm{T}}\\
&\quad\boldsymbol{W}(k+1)=\boldsymbol{W}(k)-\frac{\boldsymbol{M}\lambda_{\mathrm{av}}(1-\alpha^{k+1})}{1-\alpha}\boldsymbol{Q}^{-1}(k)\,\hat{\nabla}(k)
\end{aligned}
}
\tag{4-1-16}
$$

式中，α 表示式(2-2-25)中的记忆常数，$\alpha_n(k)$ 为式(4-1-6)中 λ_{av} 满足式(2-2-44)的初始条件。再次指出，由式(4-1-2)与式(4-1-3)知，$\boldsymbol{S}$ 与 $\boldsymbol{Q}^{-1}$ 为 $2L+1$ 维。收敛性与稳定性问题在不同的实际应用中均属潜在问题，需要加以考虑。

例如，在图 4-4 所示系统辨识中，由 $a_0=b_1=b_2=0$ 开始，自适应递归滤波器要去搜索误差表面上的一个特殊点，其坐标为 $a_0=1,b_1=1.2,b_2=-0.6$，从而识别未知系统。用白噪声输入，这三个系数必须收敛于这些准确值，以使误差功率 $J=E[e^2(k)]$ 减少到零。典型的 IIR LMS 算法[式(4-1-9)]与 SER 算法[式(4-1-16)]的收敛曲线轨迹，如图 4-5 所示。

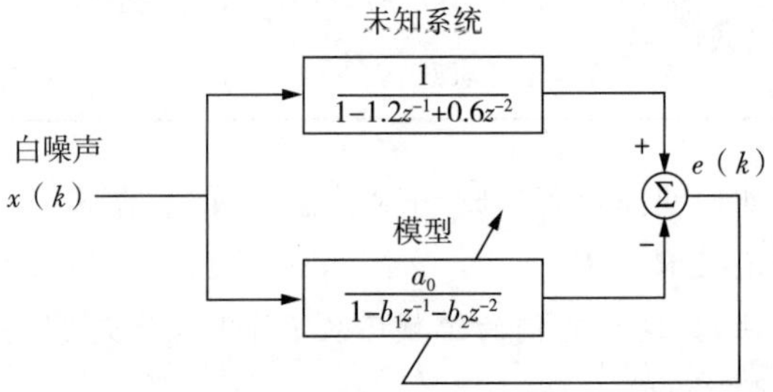

图 4-4　未知系统的自适应递归结构示例

图 4-5 中，这些等高线是在每一对(b_1b_2)让 a_0 为最优值情况下绘出来的，轨迹既包括对 b_1 和 b_2 的自适应也包括对 a_0 的自适应。

权值虽然均从 $a_0=b_1=b_2=0$ 开始，但是 LMS 算法和 SER 算法的收敛参数 M 选取不同。

IIR LMS 算法大致按最速下降路径，但是以漂游的方式在非二次型误差表面的谷底上通向 $J_{\min}$。

而当接近最优点时，SER 算法的轨迹比 LMS 的轨迹平滑，SER 算法需要较少的迭代次数便达到 $b_1=1.2$、$b_2=-0.6$ 的最优点，即 $E[e^2(k)]=0$。

图 4-5 表明，算法的轨迹既对 q_0、α 及初始权值的选择敏感，也对 $\boldsymbol{M}$ 的选择敏感。$\boldsymbol{M}$ 的选择以及整个算法的最优形式，仍然是 IIR 自适应滤波器理论中的研究课题。

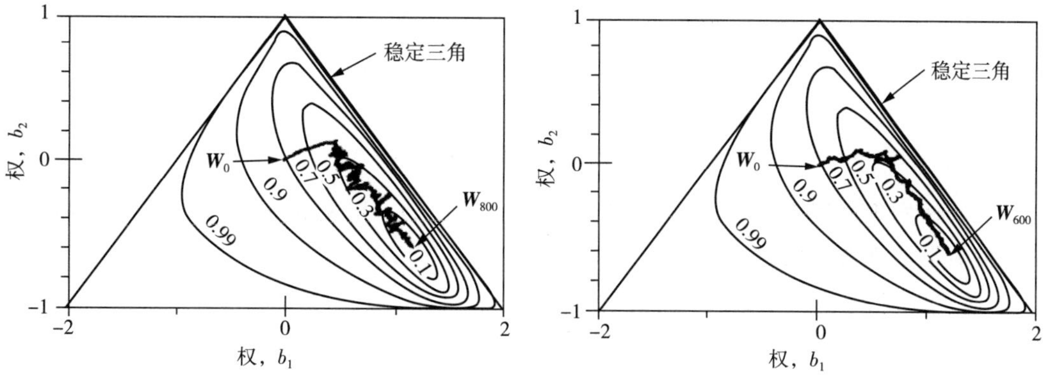

（a）800次迭代　　　　（b）600次迭代

图 4-5　IIR LMS 算法的收敛

4.2　自适应格型滤波器结构

前面分析了有关自适应算法，并给出了自适应系统的直接实现方法。对非递归系统，这就是第 2 章介绍的自适应横向滤波器；对递归系统，如图 3-2 所示为直接递归形式。更一般地，对自适应处理器的潜在结构或实现，至少存在四种类型：直接形式、级联形式、并联形式以及格型结构。

设有单输入递归滤波器，其传输函数为

$$H(z)=\frac{A(z)}{1+B(z)}=\frac{a_0+a_1z^{-1}+\cdots+a_Lz^{-L}}{b_0+b_1z^{-1}+\cdots+b_Lz^{-L}} \tag{4-2-1}$$

这就是直接形式。将 $A(z)$ 与 $1+B(z)$ 分解成因式，可从直接形式得到级联形式；采用部分分式展开，可从级联形式变为并联形式[48,49]。

如何将式(4-2-1)变换成格型结构，并由此出发引出自适应格型滤波器？现介绍格雷与马克尔[50]算法。将式(4-2-1)改写为

$$H(z)=\frac{Y(z)}{X(z)}=\frac{A_L(z)}{B_L(z)} \tag{4-2-2}$$

$$=\frac{a_{L0}+a_{L1}z^{-1}+\cdots+a_{LL}z^{-L}}{b_{L0}+b_{L1}z^{-1}+\cdots+b_{LL}z^{-L}} \tag{4-2-3}$$

式中，X 与 Y 是输入与输出信号的 Z 变换。下标 L 表示滤波器的长度，b_{L0} 总是等于 1。由式(4-2-3)开始，可形成一个接一个的短多项式。

对 $l=L,L-1,\cdots,1$，有

$$zC_l(z)=z^{-1}B_l(z^{-1}) \tag{4-2-4}$$

$$\kappa_{l-1}=b_{ll} \tag{4-2-5}$$

$$B_{l-1}(z)=\frac{B_l(z)-\kappa_{l-1}zC_l(z)}{1-\kappa_{l-1}^2} \tag{4-2-6}$$

$$v_l=a_{ll} \tag{4-2-7}$$

$$A_{l-1}(z)=A_l(z)-v_1 zC_l(z) \tag{4-2-8}$$

在算法实现过程中，可求得 κ_{l-1} 与 $v_l(l=1,2,\cdots,L)$。定义 $v_0 \triangleq a_{00}$，κ 和 v 的值将成为格型滤波器的系数。根据式(4-2-8)，得

$$\begin{aligned}A_L(z)&=A_{L-1}(z)+v_L zC_L(z)\\&=A_{L-2}(z)+v_{L-1}zC_{L-1}(z)+v_L zC_L(z)\\&\quad\vdots\\&=A_0(z)+v_1 zC_1(z)+\cdots+v_L zC_L(z)\end{aligned} \tag{4-2-9}$$

依据 v_0 的定义，$A_0(z)$ 为 a_{00} 或 v_0，由式(4-2-4)，得

$$zC_0(z)=B_0(z^{-1})=B_0(z)=b_{00}=1 \tag{4-2-10}$$

因而，式(4-2-9)可写为

$$A_L(z)=\sum_{l=0}^{L}v_l zC_l(z) \tag{4-2-11}$$

由式(4-2-2)的信号 Z 变换，得

$$Y(z)=\sum_{l=0}^{L}X(z)v_l\frac{zC_l(z)}{B_L(z)} \tag{4-2-12}$$

根据 $B(z)$ 与 $C_l(z)$ 的定义，得

$$\begin{bmatrix}B_l(z)\\C_l(z)\end{bmatrix}=\begin{bmatrix}1 & \kappa_{l-1}\\z^{-1}\kappa_{l-1} & z^{-1}\end{bmatrix}\begin{bmatrix}B_{l-1}(z)\\C_{l-1}(z)\end{bmatrix} \tag{4-2-13}$$

由式(4-2-13)，得

$$B_l(z)=B_{l-1}(z)+\kappa_{l-1}C_{l-1}(z)$$

或

$$B_{l-1}(z)=B_l(z)-\kappa_{l-1}z^{-1}[zC_{l-1}(z)], \tag{4-2-14}$$

$$C_l(z)=z^{-1}\kappa_{l-1}B_{l-1}(z)+z^{-1}C_{l-1}(z)$$

或

$$zC_l(z)=\kappa_{l-1}B_{l-1}(z)+z^{-1}[zC_{l-1}(z)] \tag{4-2-15}$$

用 $X(z)/B_L(z)$ 作为输入信号的 Z 变换式，则式(4-2-12) 与式(4-2-15) 可用图 4-6 所示的格型单元来实现。

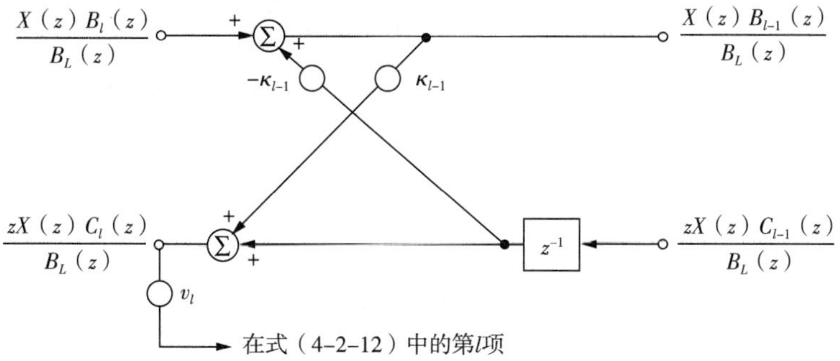

图 4-6　由式(4-2-14) 与式(4-2-15) 导出的两个乘法器的格型单元

注意：所有求和输入都是正的，箭头符号表示信号的方向。

将这些格型单元级联就得到滤波器的格型结构。图 4-7 是 L 个滤波器的格型结构。在此结构的右端，有一对结点，它们相应于图 4-7 中 $l-1=0$，即

$$\text{右上边信号}=\frac{X(z)B_0(z)}{B_L(z)}=\frac{X(z)}{B_L(z)} \tag{4-2-16}$$

$$\text{右下边信号}=\frac{zX(z)C_0(z)}{B_L(z)}=\frac{X(z)}{B_L(z)} \tag{4-2-17}$$

这些结果是由式(4-2-10) 得出的。由于这些结果是相同的，因而，图 4-7 中的右边结点总是联结在一起的。

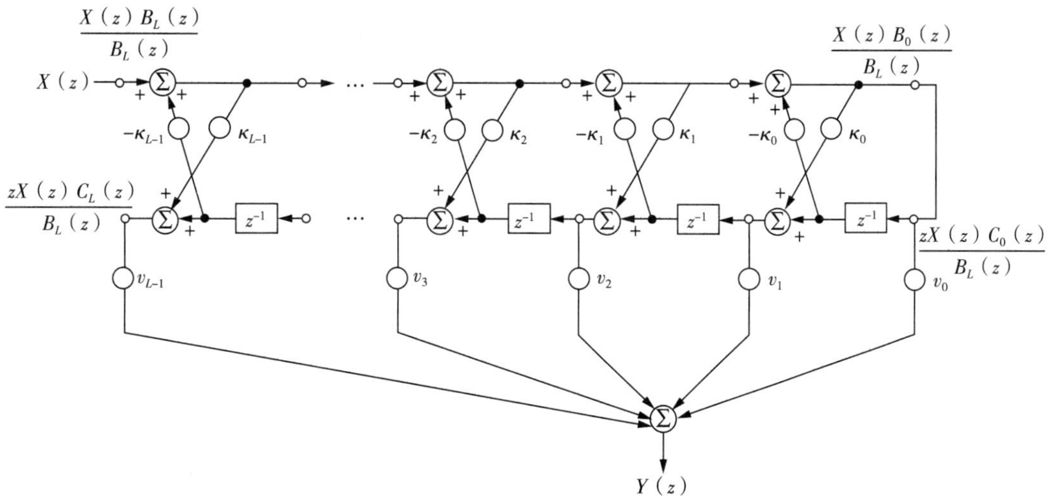

图 4-7　用 $L-1$ 个乘法器格型单元构成的 L 格型结构

在结构的左边结点对，对于图 4-7 中 $l=L-1$，因而

$$左上边信号 = \frac{X(z)B_L(z)}{B_L(z)} = X(z) \tag{4-2-18}$$

由此证明输入信号 $x(k)$ 是由图 4-7 所示结构的左上边进入的。图 4-6 表明，每一结点产生式(4-2-12) 和式中的一项，因而格型结构等效于直接形式[式(4-2-1)]。

只要对所有的 l，$|\kappa_l|<1$，则式(4-2-1) 的极点将在单位圆之内，这时就得到一个稳定的格型结构。

现给出一种等效于图 4-6 的梯形结构。首先将式(4-2-14) 代入式(4-2-15)，得

$$zC_l(z) = \kappa_{l-1}B_l(z) + z^{-1}(1-\kappa_{l-1}^2)[zC_{l-1}(z)] \tag{4-2-19}$$

于是从式(4-2-14) 与式(4-2-19) 可以得出一种等效于图 4-6 的梯形单元，如图 4-8 所示。

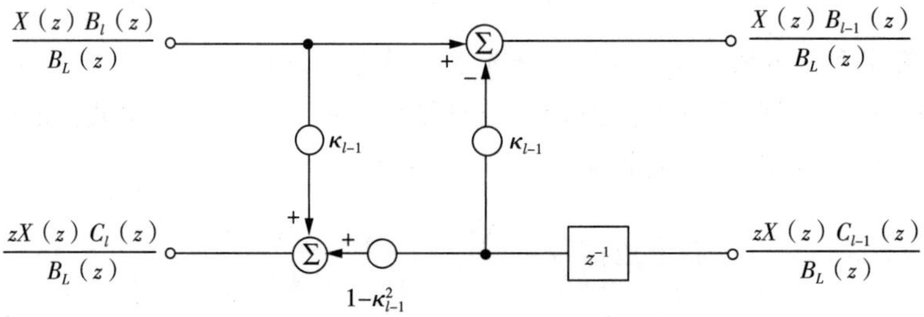

图 4-8　与图 4-6 等效的具有三个乘法器的梯形单元

作为格型滤波结构特例，将一个一般的二阶滤波器转换成格型结构。变换算法[由式(4-2-4) 到式(4-2-8)] 为

$$zC_2(z) = z^{-2} + b_1z^{-1} + b_2$$

$$\kappa_1 = b_2 \tag{4-2-20}$$

$$B_1(z) = 1 + \frac{b_1z^{-1}}{1+b_2}$$

$$v_2 = a_2 \tag{4-2-21}$$

$$A_1(z) = a_0 - a_2b_2 + (a_1 - a_2b_1)z^{-1}$$

与

$$zC_1(z) = z^{-1} + \frac{b_1}{1+b_2}$$

$$\kappa_0 = \frac{b_1}{1+b_2} \tag{4-2-22}$$

$$B_0(z) = 1$$

$$v_1 = a_1 - a_2b_1 \tag{4-2-23}$$

$$v_0 = A_0(z) = a_0 - a_2 b_2 - \frac{b_1(a_1 - a_2 b_1)}{1 + b_2} \tag{4-2-24}$$

由式(4-2-20)到式(4-2-24)，可解出直接形式的系数，见表 4-2 所列。

注意：为了稳定，$|b_2|$ 必须小于 1。

表 4-2　L = 2 时的变换表

直接到格型	$v_0 = a_0 - \frac{b_1(a_1 - a_2 b_1)}{1 + b_2} - a_2 b_2$ $v_1 = a_1 - a_2 b_1$ $v_2 = a_2$ $\kappa_0 = \frac{b_1}{1 + b_2}$ $\kappa_1 = b_2$
格型到直接	$a_0 = v_0 + v_1 \kappa_0 + v_2 \kappa_1$ $a_1 = v_1 + v_2 \kappa_0 (1 + \kappa_1)$ $a_2 = v_2$ $b_1 = \kappa_0 (1 + \kappa_1)$ $b_2 = \kappa_1$

下面讨论一般格型结构的两种特殊情况。

1. 全极点形式

图 4-9 为图 4-7 的全极点形式。若在式(4-2-1)中，令

$$a_0 = 1$$

$$a_1 = a_2 = \cdots = a_L = 0 \tag{4-2-25}$$

则有一个全极点的传输函数。若将式(4-2-25)用于式(4-2-7)与式(4-2-8)之中，得

$$v_L = v_{L-1} = \cdots = v_1 = 0$$

$$v_0 = 1 \tag{4-2-26}$$

由式(4-2-10)知，右边的输出正好为 $Y(z) = X(z)/B(z)$。全极点形式正是一般格型结构的特例，如图 4-7 所示。

注意：在图 4-7 中，若对所有 l，有 $|\kappa_l| < 1$，则图 4-9 所示的结构是稳定的。

2. 全零点形式

第二种特殊情况是全极点的变形。它可由全极点格型结构通过变换得到。将式(4-2-14)与式(4-2-15)重写为

$$B_l(z) = B_{l-1}(z) + \kappa_{l-1} z^{-1}[zC_{l-1}(z)] \tag{4-2-27}$$

$$zC_l(z) = \kappa_{l-1} B_{l-1}(z) + z^{-1}[zC_{l-1}(z)] \tag{4-2-28}$$

图 4-6 的变形形式如图 4-10 所示，图中 $X(z)$ 为输入信号的 Z 变换。将这些基本单元

拼接成格型结构，如图 4-11 所示。由式(4-2-10)知，在格型的左端，$X(z)$ 加在两个输入结点上，在右上边则有所要求的全零点输出。为简化起见，将 b_{LL} 写为 b_L，这时有

$$Y(z)=B_L(z)X(z)$$

$$H_f(z)=\sum_{l=0}^{L}b_l z^{-l};b_0=1 \tag{4-2-29}$$

因而，在图 4-11 中得到了第 1 章的横向滤波器，或第 2 章所述的非递归滤波器(令第一个权为 1)的格型滤波器形式。而在图 4-11 的右下方，得到与下列传输函数相应的第二个输出：

$$\begin{aligned}H_b(z)&=z^{-L}B_L(z^{-1})\\&=\sum_{l=0}^{L}b_{L-l}z^{-1}\\b_0&=1\end{aligned} \tag{4-2-30}$$

在图 4-11 中，式(4-2-29)与式(4-2-30)的传输函数可以视为具有单步预测器的功能。图 4-12 为等效单步预测器。在图 4-12(a)中，延迟 $\boldsymbol{M}$ 等于 1，而预测滤波器是权为 $\{-b_l\}$ 的线性组合器，$l=1,2,\cdots$，图 4-12(a)为单步预测器；而图 4-12(a)的第二个图所示的传输函数正好为式(4-2-28)所述的 $H_f(z)$，因而图 4-12(a)的输出称为前向预测误差 $E_f(z)$。也就是说，是用刚过去的 L 个样本 $x(k-1)$ 到 $x(k-L)$ 共 L 个样本去预测现在的样本 $x(k)$ 所带来的误差。

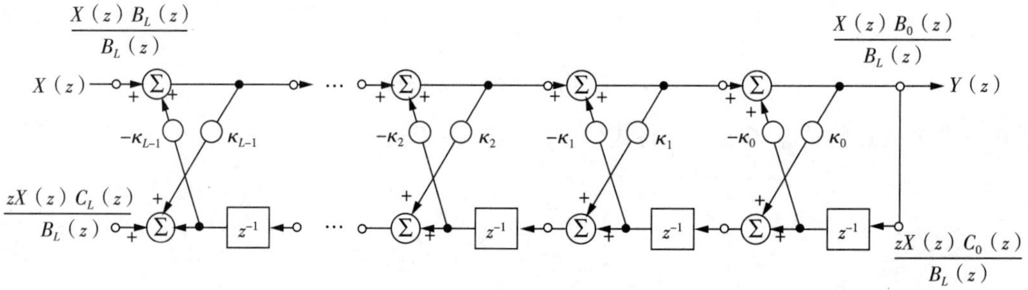

图 4-9　图 4-7 的全极点变形

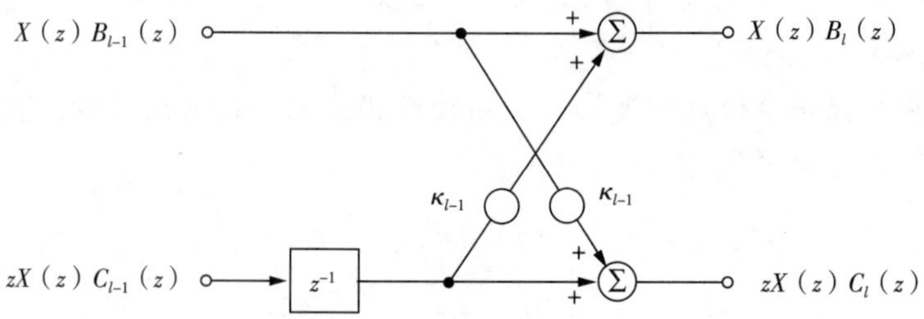

图 4-10　图 4-8 为两个乘法器的格型单元的变形

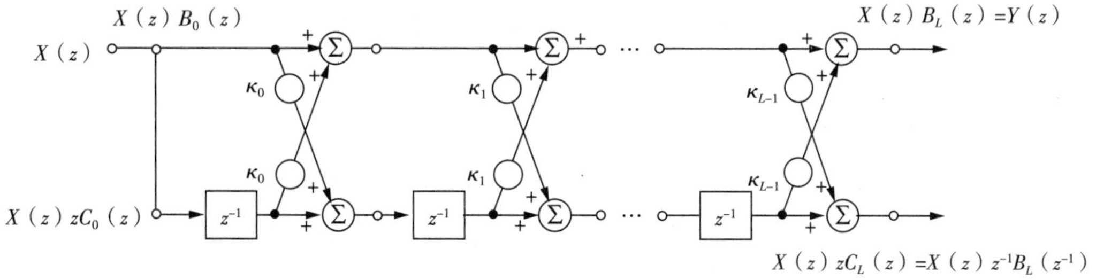

图 4 - 11　用图 4 - 10 的格型单元,图 4 - 9 的全零点形式

同理,图 4 - 12(b) 的输出称为后向预测误差,即用 $x(k)$ 到 $x(k-L+1)$ 去预测 $x(k-L)$ 的误差,此时图 4 - 12 中权为 $\{-b_{L-l}\}$。图 4 - 12(b) 中的下图正好表示式(4 - 2 - 30)。

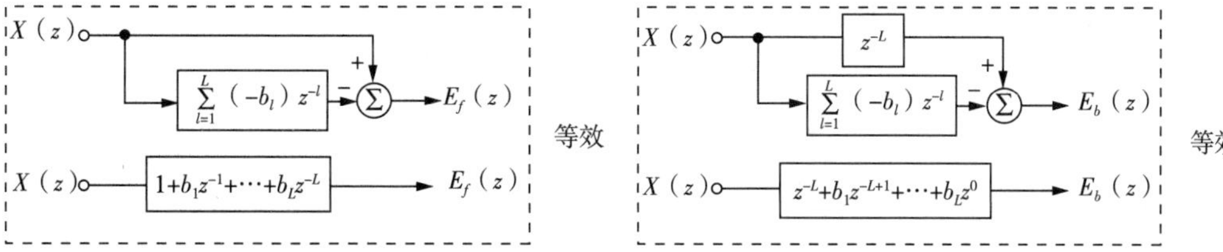

(a) 单步前向预测　　(b) 单步后向预测

图 4 - 12　预测器

图 4 - 13 给出了前向、后向预测误差 $e_f(k)$ 与 $e_b(k)$ 的全部情况。图中,权值 κ_0 到 κ_L 表示为变化的,因而预测器也许是自适应的。中间的前向、后向信号分别记为 $s_l(k)$ 与 $s'_l(k)$,这时有

$$s_0(k)=s'_0(k)=x(k)$$

$$S_{l+1}(k)=s_l(k)+\kappa_l s'_l(k-1),0\leqslant l\leqslant L-1$$

$$s'_{l+1}(k)=\kappa_l s_l(k)+s'_l(k-1),0\leqslant l\leqslant L-1$$

$$e_f(k)=s_L(k)$$

$$e_b(k)=s'_L(k) \tag{4-2-31}$$

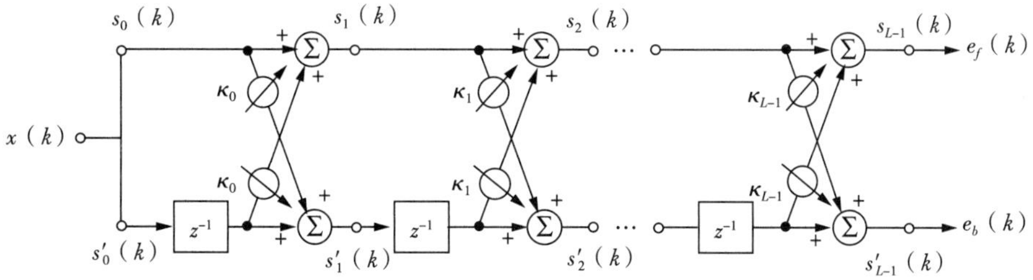

图 4 - 13　单步自适应格型预测器

4.3 自适应格型预测器

4.3.1 LMS 自适应格型预测器

图 4-13 所示的单步预测器格型结构中，系数$\{\kappa_l\}$可以做成时变的或者自适应的。

为了自适应调节图 4-13 所示的格型结构，通过调整所有的κ，以使前向误差平方的期望值即$E[e_f^2(k)]$达到最小值。然而，代之以最好的方法[51,52]是调整每一级的κ_l，使每一级的均方误差$E[s_{l+1}^2(k)]$均达到最小，且利用关系$E[e_f^2(k)]=E[s_L^2(k)]$，按式(4-2-31)将导出一个调整每一个κ_l的 LMS 类型的算法。这种方法是否合适呢？

图 4-13 与式(4-2-31)已经表明，在每一级的前、后向预测误差由$s_l(k)$与$s_l'(k)$表示。为了表示误差的各种均方值，将相关函数定义为

$$
\begin{aligned}
R_l(k) &\triangleq E[s_l(n)s_l(n+k)] \\
R_l'(k) &\triangleq E[s_l'(n)s_l(n+k)] \\
R_l''(k) &\triangleq E[s_l'(n)s_l'(n+k)]
\end{aligned}
\tag{4-3-1}
$$

式(4-3-1)暗含了在格型滤波器中的信号是平稳的。

首先考察$R_l(k)$与$R_l'(k)$。取式(4-2-31)的均方值，有

$$
\begin{aligned}
R_{l+1}(k) &= E\{[s_l(n)+\kappa_l s_l'(n-1)][s_l(n+k)+\kappa_l s_l'(n+k-1)]\} \\
&= \kappa_l^2 R_l''(k)+\kappa_l[R_l'(1-k)+R_l'(1+k)]+R_l(k)
\end{aligned}
\tag{4-3-2}
$$

$$
\begin{aligned}
R_{l+1}''(k) &= E\{[\kappa_l s_l(n)+s_l'(n-1)][\kappa_l s_l(n+k)+s_l'(n+k-1)]\} \\
&= \kappa_l^2 R_l(k)+\kappa_l[R_l'(1-k)+R_l'(1+k)]+R_l''(k)
\end{aligned}
\tag{4-3-3}
$$

在格型结构的左端，有

$$
R_0(k)=R_0''(k)=E[x(n)x(n+k)] \tag{4-3-4}
$$

将式(4-3-4)代入式(4-3-2)与式(4-3-3)，得到$R_1(k)=R_1''(k)$，从而$R_2(k)=R_2''(k)$，等等。因而，有

$$
\begin{aligned}
R_{l+1}(k) &= R_{l+1}''(k) \\
&= (\kappa_l^2+1)R_l(k)+\kappa_l[R_l'(1-k)+R_l'(1+k)]
\end{aligned}
\tag{4-3-5}
$$

若调节κ_l，使每一级的前向预测误差$E[s_{l+1}^2(k)]=R_{l+1}(0)$达到最小，则由式(4-3-5)得

$$
\frac{\partial R_{l+1}(0)}{\partial \kappa_l}=2\kappa_l R_l(0)+2R_l'(1)=0
$$

或

$$\kappa_l^{\text{opt}}=-\frac{R_l'(1)}{R_l(0)} \tag{4-3-6}$$

为了证明 κ_l^{opt} 是真正的佳值，即不仅是使 $R_{l+1}(0)$ 达到最小，而且是使最后的均方误差 $R_L(0)$ 达到最小的 κ_l 的最佳值，必须利用递推公式(4-2-13)，并求每一级的最优值 $B_l(z)$。这里，以一个仅有二级，从而只有两个参数 κ_0 与 κ_1 的格形结构为例，进行证明。

对二级格型结构，式(4-3-5)给出的输出均方误差为

$$R_2(0)=(\kappa_1^2+1)R_1(0)+2\kappa_1R_1'(1) \tag{4-3-7}$$

由式(4-3-5)、式(4-3-7)及式(4-2-22)，得

$$\begin{aligned}R_{l+1}'(k)&=E\{[\kappa_ls_l(n)+s_l'(n-1)][s_l(n+k)+\kappa_ls_l'(n+k-1)]\}\\&=\kappa_l^2R_l'(1-k)+2\kappa_lR_l(k)+R_l'(k+1)\end{aligned} \tag{4-3-8}$$

由此可得 R_1'的表示式。无论 $R_1(0)$ 或者 $R_1'(1)$ 均不是 κ_1 的函数，因而，由式(2-2-10)可求得使 $R_2(0)$ 最小的 κ_1。用 $\kappa_1=\kappa_1^{\text{opt}}=-R_1'(1)/R_1(0)$，有

$$\begin{aligned}[R_2(0)]_{\min}&=\left(\frac{R_1'(1)}{R_1^2(0)}+1\right)R_1(0)-2\frac{R_1'^2(1)}{R_1(0)}\\&=R_1(0)-\frac{R_1'^2(1)}{R_1(0)}\end{aligned} \tag{4-3-9}$$

现在必须求出$[R_2(0)]_{\min}$ 对应的 κ_0。如果求得的 κ_0 与式(4-3-6)一致，则在式(4-3-9)中的$R_1(0)$是最小值，它对κ_0 的导数必须为零。因而，可以求使$[R_2(0)]$最小的κ_0，即让式(4-3-9)的剩余项对 κ_0 的导数为零(由于最大值是无界的，因而其结果必然导出最小值)。由式(4-3-8)，得

$$\frac{\partial R_1'(1)}{\partial\kappa_0}=2\kappa_0R_0'(0)+2R_0(1)=0$$

$$\kappa_0=-\frac{R_0(1)}{R_0'(0)}=-\frac{E[x(k)x(k+1)]}{E[x^2(k)]}=-\frac{R_0'(1)}{R_0(0)}=\kappa_0^{\text{opt}} \tag{4-3-10}$$

因此，式(4-3-5)中的 κ_0^{opt} 不仅使 $R_1(0)$ 达到最小，也使 $R_2(0)$ 达到最小。在这个意义下，称 κ_0^{opt} 为真正的最佳权。如果先求最佳自适应线性组合器的权，然后用表 4-2 的公式从 $\{b_l\}$ 变换至 $\{\kappa_l\}$，可得同样的结果。

注意，在上述讨论中，仅当 κ_0 与 κ_1 都达到它们的最优值之后，才能整体达到最小值。

因此，在自适应格型结构中，收敛过程被认为是一级一级地进行，即 κ_l 使 $R_{l+1}(0)$ 最小化的调整过程是从 $l=0$，然后 $l=1$，如此类推。而在自适应线性组合器中，收敛过程是不同的。

现由式(4-3-6)推导用于自适应格型预测器的 LMS 算法。同理，可用误差平方本身的梯度作为均方误差 $R_{l+1}(0)$ 的梯度估值，即

$$\frac{\partial\hat{R}_{l+1}(0)}{\partial\kappa_l}=\frac{\partial s_{l+1}^2(k)}{\partial\kappa_l}=2s_{l+1}(k)\frac{\partial s_{l+1}(k)}{\partial\kappa_l}=2s_{l+1}(k)s_l'(k-1) \tag{4-3-11}$$

最后一步是将式(4-2-31)中的 $s_{l+1}(k)$ 对 κ_l 求导得到的。然后，采用梯度估值得到格型的 LMS 算法

对格型 LMS，有

$$\kappa_l(k+1)=\kappa_l(k)-\mu_l\frac{\partial\hat{R}_{l+1}(0)}{\partial\kappa_l}$$

$$=\kappa_l(k)-2\mu_l s_{l+1}(k)s_l'(k-1),0<l\leqslant L-1 \tag{4-3-12}$$

自然，信号值是按照式(4-2-31)进行计算的。对于时不变收敛参数 μ_l，按照格里菲思的思想，级与级应该取不同的值[51]。

在讨论式(4-3-12)之前，先简要分析格型结构中每一级 μ_l 的取值范围。设有一个准确的梯度估值，即在式(4-3-12)中将式(4-3-5)的导数代入，得

$$\kappa_l(k+1)=\kappa_l(k)-\mu_l[2\kappa_l(k)R_l(0)+2R_l'(1)] \tag{4-3-13}$$

现在定义一个偏移权 $\Delta\kappa_l$，为

$$\Delta\kappa_l(k)=\kappa_l(k)-\kappa_l^{\text{opt}} \tag{4-3-14}$$

由式(4-3-14)、式(4-3-13)及式(4-3-6)，得

$$\Delta\kappa_l(k+1)=\Delta\kappa_l(k)-2\mu_l\{[\Delta\kappa_l(k)+\kappa_l^{\text{opt}}]R_l(0)+R_l'(1)\}$$

$$=\Delta\kappa_l(k)-2\mu_l\left[\left(\Delta\kappa_l(k)-\frac{R_l'(1)}{R_l(0)}\right)R_l(0)+R_l'(1)\right]$$

$$=\Delta\kappa_l(k)[1-2\mu_lR_l(0)]$$

$$=[1-2\mu_lR_l(0)]^{k+1}\Delta\kappa_l(0) \tag{4-3-15}$$

由于 $\Delta\kappa_l(k)$ 必须收敛到零，因此

$$0<\mu_l<\frac{1}{2R_l(0)} \tag{4-3-16}$$

与自适应线性组合器一样，收敛参数既影响学习曲线，也对超量均方误差或失调产生影响。

图 4-14 和图 4-15 是描述自适应格型预测器性能。预测器待预测的信号是正弦波加噪声 $x(k)$，要求预测器从 $x(k)$ 中消除正弦波，而留下不可预测的白噪声分量 $r(k)$，即要求输出功率 $E[e^2(k)]$ 等于噪声功率 $E[r_k^2]$。具体参数为滤波器长度 $N=16$，$E[r^2(k)]=0.01$。这时，两级自适应格型预测器的误差等高线与 LMS 权的收敛路径，如图 4-14 所示，$\mu_0=0.05$，$\mu_1=0.05$，权轨迹是由 200 次迭代组成的。用自适应横向滤波器代替自适应格型结构的误差等高线与 LMS 权向量的收敛路径，如图 4-15 所示，权轨迹由 300 次迭代组成，$\mu=0.1$，初始权在(0,0)。

图 4-14 中的轨迹近似地与最速下降法一致，这正是用式(4-3-14)的 LMS 算法所预计的。

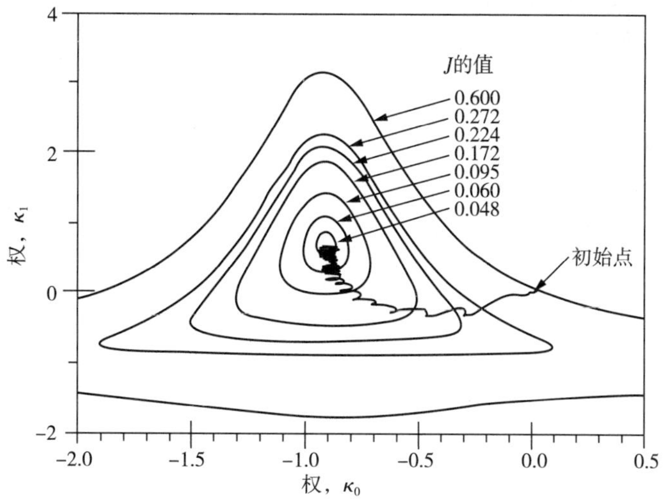

图 4－14　自适应格型预测器的误差等高线与 LMS 权的收敛路径

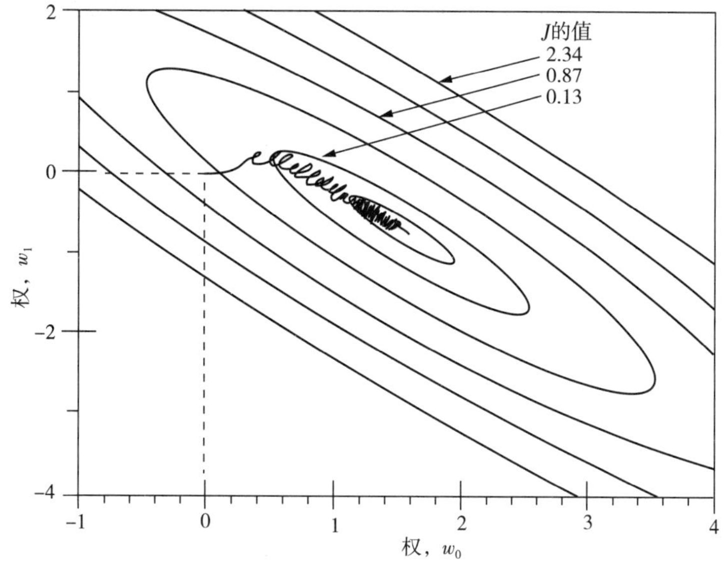

图 4－15　自适应横向滤波器结构误差等高线与 LMS 权向量的收敛路径

为了与图 4－14 进行比较，图 4－15 给出了自适应横向滤波器结构的同一自适应过程。该图表明，误差等高线有为大家熟悉的椭圆形。然而，在 $J_{\min}$ 的邻域内，碗底是十分平坦的，用 $\mu=1$ 大约需要 300 次迭代才能达到 $J_{\min}$ 的邻域。通过比较可知，格型滤波器每一级采用不同的收敛参数，能达到比用普通 LMS 算法快的收敛速度（在图 4－14 与图 4－15 中，采用相同的随机序列）。

两种类型预测器学习曲线的比较，如图 4－16 所示，所用的参数与图 4－14、图 4－15 所用参数一样。均方误差由用 10 个最近的“邻居”的 $e^2(k)$ 平均得到。采用这两种方法中的参

数 μ_0、μ_1 与 μ 的设定值，对相同的随机序列输入，两种类型预测器学习曲线是十分接近的。注意，J 的稳态值出现在 0.05 周围。由于 $E[r^2(k)]=0.01$ 以及正弦波是可预测的，则知 $J_{\min}=0.01$，因而这时失调 $M=4$。

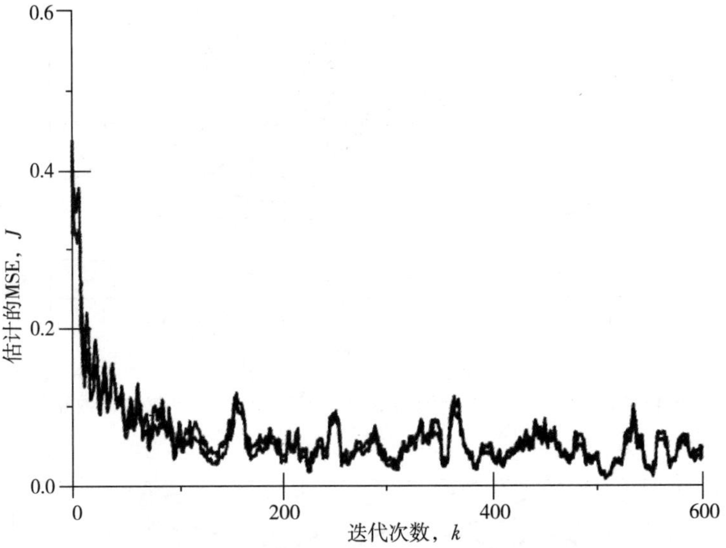

图 4-16　基于 LMS 算法的两种预测器的学习曲线

4.3.2　SER 自适应格型预测器

由式(4-3-5) 得第 l 级格型滤波器输出的均方误差为

$$R_{l+1}(0)=(\kappa_l^2+1)R_l(0)+2\kappa_l R'_l(1) \tag{4-3-17}$$

求式(4-3-17) 的导数，得

$$\frac{\partial R_{l+1}(0)}{\partial \kappa_l}=2\kappa_l R_l(0)+2R'_l(1) \tag{4-3-18}$$

由式(4-3-18) 解出 $R'_l(1)$ 后，代入式(4-3-6)，得

$$\begin{aligned}\kappa_l^{\text{opt}}&=-\frac{1}{R_l(0)}\left[-\kappa_l R_l(0)+\frac{1}{2}\frac{\partial R_{l+1}(0)}{\partial \kappa_l}\right]\\&=\kappa_l-\frac{1}{2}\frac{1}{R_l(0)}\frac{\partial R_{l+1}(0)}{\partial \kappa_l}\end{aligned} \tag{4-3-19}$$

式(4-3-19) 为单步牛顿公式。基于式(4-3-19) 的 SER 算法，得

$$\begin{aligned}\kappa_l(k+1)&=\kappa_l(k)-\frac{\mu}{2}\frac{1}{R_l(0)}\frac{\partial R_{l+1}(0)}{\partial \kappa_l}\\&=\kappa_l(k)-\frac{\mu}{R_l(0)}s_{l+1}(k)s'_l(k-1)\end{aligned} \tag{4-3-20}$$

式中，$R_l(0)=E[s_l^2(k)]$。对于非平稳情况，有

$$P_l(k) \triangleq \frac{1-\alpha}{1-\alpha^{k+1}}\sum_{i=0}^{k}\alpha^{k-i}s_l^2(i) \tag{4-3-21}$$

递归地求解式(4-3-21)，得

$$P_l(k)=\frac{1}{1-\alpha^{k+1}}[(1-\alpha)s_l^2(k)+\alpha(1-\alpha^k)P_l(k-1)] \tag{4-3-22}$$

假设为零初始条件，并按式(2-2-44)选取 α，则整个 SER 算法为

整个 SER 算法

初始时：　$\alpha \approx 2^{-1/平稳信号长度}$

$$0<\mu<1.0$$

$$P_l(0)=估计的信号功率,0\leqslant l<L$$

$$\kappa_l(0)=0,0\leqslant l<L$$

对于 $0\leqslant l<L$：

$$P_l(k)=\frac{1}{1-\alpha^{k+1}}[(1-\alpha)s_l^2(k)+\alpha(1-\alpha^k)P_l(k-1)],k>0$$

$$\kappa_l(k+1)=\kappa_l(k)-\frac{\mu}{P_l(k)}s_{l+1}(k)s_l'(k-1),k\geqslant 0$$

(4-3-23)

比较式(4-3-12)与式(4-3-23)知，LMS 算法与 SER 算法对格型结构本质上是相同的，差别在于式(4-3-23)中，$R_1(0)$ 每一步都需要估计。将 SER 算法用图 4-14 到图 4-16 所示的条件与参数：$N=16$，$E[r^2(k)]=0.01$，$\mu=0.02$，$\alpha=0.9$ 进行仿真。权轨迹与误差等高线由 200 次迭代组成，如图 4-17 所示。与图 4-14 的权运动轨迹，SER 算法权的轨迹略有改善。

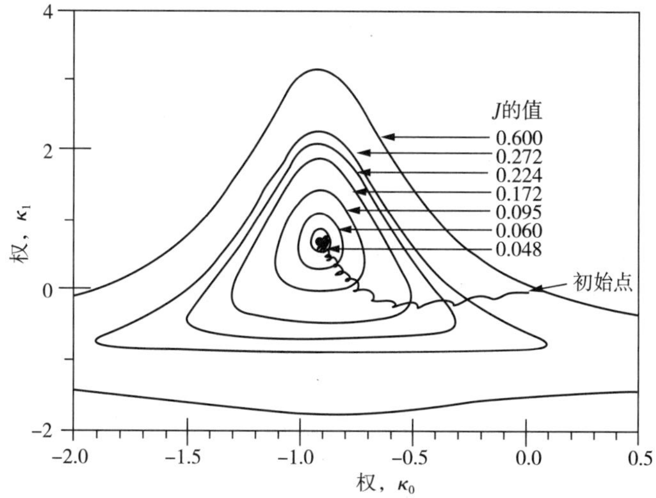

图 4-17　两级自适应格型预测器 SER 算法的权轨迹与误差等高线

4.4　正交信号的自适应滤波器

由4.3节分析知，为了达到自适应格型预测器最终预测误差的极小值，其权向量可用局部信号独立加以调节，如式(4-3-12)所示。这是因为在格型结构中，这些信号是相互正交的。每级的误差信号与其他级的信号是不相关的。本节将讨论采用正交信号的自适应滤波器形式。

讨论的目的在于既能保持LMS算法等具有的简单性，又能利用诸如LMS/Newton算法与SER算法的优势。在所有的算法中，LMS算法在每次迭代中计算量最小、占用存储空间最少、最容易硬件实现，以及最易于调试和理解。然而，当特征值高度分散时，LMS算法收敛速度慢。在给定的失调水平情况下，当特征值有较大的分散性时，用牛顿法或对自适应滤波器的输入进行正交变换时，可以得到比单纯用LMS算法更快的自适应。

现介绍在最后的加权求和之前对信号进行预处理，以实现正交化的方法，并给出实例。

4.4.1　基于离散傅里叶变换的自适应滤波器

基于离散傅里叶变换(discrete fourier transform，DFT)正交化的自适应滤波器，如图4-18所示。输入信号加入一系列延迟单元，其抽头与一个多输入多输出DFT装置相联结。随着每一个新的输入样本，在延迟线上的数据滑动一步，计算一次新的DFT。DFT的每一个输出与一个确定的频带有关。按这种方式使用的DFT，可以视为在零与取样频率之中的频率范围内、中心频率均匀相间的带通滤波器组的实现。

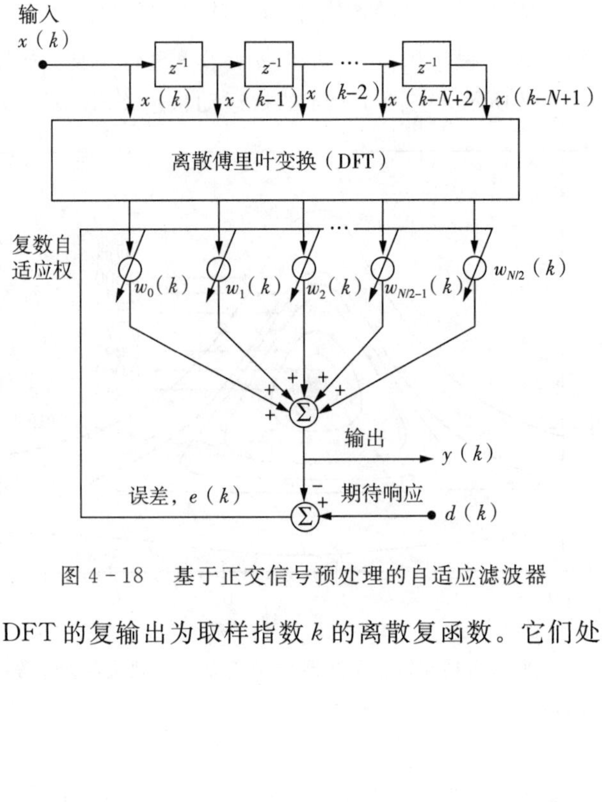

图4-18　基于正交信号预处理的自适应滤波器

在图4-18中，DFT的复输出为取样指数k的离散复函数。它们处在不同的频带，因而是近似不相关的。由于 DFT 带通滤波器彼此稍有重叠[53]，从而引起信号成分从一个通带到另一个通带的“泄漏”，因此它们之间不是完全的不相关。

在图 4－18 中，DFT 的复输出信号采用复的自适应权值加权，以产生复输出 $y(k)$。对实值期望响应，可视为虚部为零的复信号。在自适应过程中，误差信号自然也是复信号。虽然 $y(k)$ 是复信号，由于期望响应是实值的，因而 $y(k)$ 的虚部一般是小的。权向量将按照“复 LMS 算法”[54] 加以调整，即

$$\boldsymbol{W}(k+1)=\boldsymbol{W}(k)+2ue(k)\boldsymbol{X}^{*}(k) \tag{4-4-1}$$

式中，$\boldsymbol{X}^{*}(k)$ 是 $\boldsymbol{X}(k)$ 的复共轭。这个算法将使复权向量 $\boldsymbol{W}(k)$ 的均值收敛于复数最小均方误差解，即让误差实部的均方值与虚部的均方值之和达到最小值的解。

在图 4－18 中，设输入信号 $x(k)$ 是严格满足每一周期抽取 N 个样值的纯正弦波，则唯一的 DFT 非零输出[也是对 $w_l(k)$ 的输入] 将是一个具有固定振幅与线性变化相位的复正弦信号。假设期望输出 $d(k)$ 也是正弦波，并具有与输入信号一样的频率，则为了使 $e(k)$ 为零，$w_l(k)$ 将收敛于一个恒定的复值，将这个值与它的输入相乘，得到一个实的、振幅及相位与 $d(k)$ 的振幅及相位相等的输出信号 $y(k)$，而其他的权值将收敛于零。

将图 4－18 中 DFT 的每个输出归一化至同一功率电平，则该系统的自适应过程可以改善。可将一个反比于各自 DFT 输出平均功率的平方根的系数与各自的输入信号相结合，这个功率电平可由指数时间平均、均匀等权时间平均或其他加权公式求出。这是在大的特征值分散环境中使用的一种高度有效的实用算法。

采用传统的自适应横向滤波器时，抽头权值直接决定了滤波器的冲激响应；另外，当采用频域正交化方案如图 4－18 所示时，权值直接决定了滤波器的振幅与相位的频率响应。

图 4－18 所示的正交化方案，使用了一个由离散傅里叶变换组成的固定处理器。图 4－19 所示的正交化方案，则采用了一个自适应格型滤波器。有趣的是，格型滤波器权向量（即各 κ_l）的自适应调整仅与输入信号有关，而与期望响应无关，而输出权（各 w_l）的自适应调整与输入信号及期望响应两者均有关。所有的权均可按 LMS 算法进行调整[49]。

当格型滤波器权（各 κ_l）达到收敛时，相应的误差信号在均方意义上达到最小，格型滤波器的输出（对权 w_l 的输入）是正交的，且是不相关的。

用 LMS 算法使系统输出 $y(k)$ 作为期望响应 $d(k)$ 的最好的、最小均方拟合，各 w_l 的自适应收敛速度快。

理论上，在图 4－19 的格型结构中权应匹配，如图 4－13 所示，有 $\kappa_1=\kappa_1'$，$\kappa_2=\kappa_2'$，等等。然而，由于自适应过程在权向量引起噪声，这种匹配并不理想。由权匹配的自适应过程开始，在每一个自适应周期取相应校正量的平均，则可以维持理想匹配。

图 4－19 中，w_l 与 κ_l 也可用其他算法，如严格的最小二乘算法进行调整。这些算法如同采用统计输入数据作为牛顿法的输入一样有效。对 LMS 算法，功率归一化（或选择对 κ_l 与 w_l 自适应合适的 μ 值）很重要。在格型结构中，由于权向量在前后两个格型级中的差异，即使输入 $x(k)$ 与期望信号 $d(k)$ 是平稳信号，信号也是非平稳的。因此，必须用某种滑动平均技术，如式(4－3－27) 所示的指数滑窗对各级权向量输入信号的功率进行估值[55]。当要求

快速瞬态自适应，而输入信号特征值又是高度分散时，对信号进行正交预处理特别有用。然而，在很多情况下，自适应格型结构对于LMS算法的横向滤波器并不能提供实质性的性能改善，如某些确定的非平稳输入情况[56]。

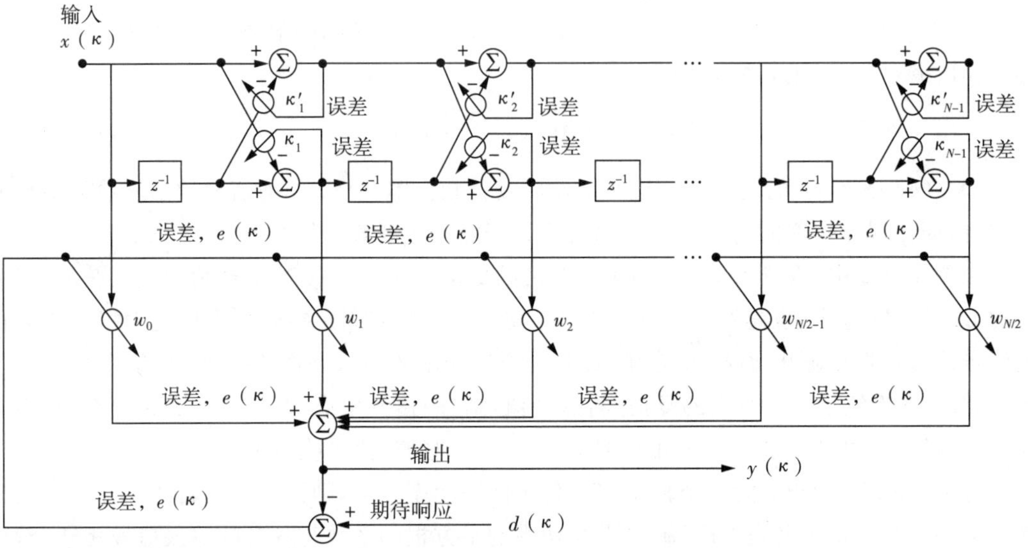

图 4-19　基于正交信号预处理的格里菲思LMS自适应横向滤波器

4.4.2　基于格型正交化的二阶Volterra自适应滤波器

Volterra级数模型能够描述一大类非线性系统的传递特性，已被广泛地应用于噪声对消、系统辨识、自适应信道均衡等方面[57]。Volterra自适应滤波器综合利用了线性项和非线性项，较之其他非线性滤波模型具有更好的性能[58]。然而，随着输入信号相关性或附加的非线性畸变增强，Volterra自适应滤波器各项间的耦合随之增强，使滤波性能下降。对于具有较强相关性的输入信号，参考文献[59]提出的基于格型预处理的Volterra自适应滤波算法(LPVLMS)对二阶Volterra自适应滤波器输入信号的线性项和二次平方项分别进行格型处理，一定程度上去除了输入信号的相关性、加快了收敛速度；然而，二次交叉乘积项仍具有较强的耦合性，使收敛性能没有得到显著改善。由高斯随机过程的高阶矩性质[60]知，格型滤波器后向预测误差信号的交叉乘积项彼此正交。而Voterra LMS(VLMS)算法对二阶Volterra自适应滤波器的线性项和非线性项的权向量调整获得了较快的收敛速度[61]。参考文献[62]提出一种新的基于格型正交化的二阶VLMS算法，该算法先对输入信号进行格型处理得到后向预测误差，再用后向预测误差的平方项、交叉相乘项及其本身分别代替输入信号的平方项、交叉相乘项及信号本身，采用变步调整权向量，从而大大降低了Volterra自适应滤波器各项间的耦合性，改善了算法的收敛性能。高斯噪声背景下的有源噪声对消仿真结果表明，在输入噪声强相关和附加较强非线性畸变的情况下，参考文献[62]提出的算法比参考文献[61]的VLMS算法和参考文献[59]的LPVLMS算法具有更好的消噪性能。下面介绍参考文献[62]中的算法。

1. 滤波器原理

输入信号为 $u(k)$ 的二阶离散 Volterra 自适应滤波器的线性项、平方项和二次交叉乘积项的权向量分别为 $\boldsymbol{H}_1(k)=[h_0(k),h_1(k),\cdots,h_{N-1}(k)]^{\mathrm{T}}$，$\boldsymbol{H}_2(k)=[h_{0,0}(k),h_{1,1}(k),\cdots,h_{N-1,N-1}(k)]^{\mathrm{T}}$，$\boldsymbol{H}_3(k)=[h_{0,1}(k),h_{0,2}(k),\cdots,h_{N-2,N-1}(k)]^{\mathrm{T}}$，$N$ 为滤波器的记忆长度，则滤波器输出信号为

$$y(k)=\boldsymbol{U}_1^{\mathrm{T}}(k)\boldsymbol{H}_1(k)+\boldsymbol{U}_2^{\mathrm{T}}(k)\boldsymbol{H}_2(k)+\boldsymbol{U}_3^{\mathrm{T}}(k)\boldsymbol{H}_3(k) \tag{4-4-2}$$

式中，$\boldsymbol{U}_1(k)=[u(k),u(k-1),\cdots,u(k-N+1)]^{\mathrm{T}}$，$\boldsymbol{U}_2(k)=[u^2(k),u^2(k-1),\cdots,u^2(k-N+1)]^{\mathrm{T}}$，$\boldsymbol{U}_3(n)=[u(k)u(k-1),u(k)u(k-2),\cdots,u(k-N+2)u(k-N+1)]^{\mathrm{T}}$。

由 Gram - Schmidt 正交原理知，输入序列$\{u(k),u(k-1),\cdots,u(k-N+1)\}$经格型预测滤波后可以得到相互正交的后向预测误差序列$\{e_0^b(k),e_1^b(k),\cdots,e_{N-1}^b(k)\}$[63]，即

$$E\{e_i^b(k)e_j^b(k)\}=\begin{cases}E\{[e_i^b(n)]^2\} & i=j\\ 0 & i\neq j\end{cases} \tag{4-4-3}$$

由高斯过程的三阶矩性质[60]知：

$$E\{e_i^b(k)e_j^b(k)e_m^b(k)\}=0 \tag{4-4-4}$$

当 x_1、x_2、x_3 和 x_4 为四个零均值的高斯变量时，有

$$E\{x_1x_2x_3x_4\}=E\{x_1x_2\}E\{x_3x_4\}+E\{x_1x_3\}E\{x_2x_4\}+E\{x_1x_4\}E\{x_2x_3\} \tag{4-4-5}$$

若 u 服从均值为 0、方差为 σ^2 的高斯分布，则其后向预测误差 $e_i^b(k)$ 服从均值为 0、方差为 σ'^2 的高斯分布[64]，那么后向预测误差的交叉乘积项 $e_i^b(k)e_j^b(k)$ 也是彼此正交的，有

$$E\{e_i^b(k)e_j^b(k)e_m^b(k)e_l^b(k)\}=\begin{cases}E\{[e_i^b(n)]^2\}E\{[e_j^b(n)]^2\} & i=m,j=l,i\neq j\\ 0 & i=m,j\neq l,i\neq j\\ 0 & i\neq m,j=l,i\neq j\\ 0 & i\neq m,j\neq l,i\neq j\end{cases} \tag{4-4-6}$$

由式(4-4-3)、式(4-4-4)和式(4-4-6)知，经格型滤波器所得到的后向预测误差的一次项信号、二次项信号和二次交叉相乘项信号是彼此正交的，从而去除了阶次间的耦合性。

自适应线性滤波器算法研究表明，正交化输入信号可以提高算法性能[64]，将这一思想应用于 Volterra 自适应滤波算法中。令

$$\boldsymbol{E}_1(k)=[e_0^b(k),e_1^b(k),\cdots,e_{N-1}^b(k)]^{\mathrm{T}}$$

$$\boldsymbol{E}_2(k)=\{[e_0^b(k)]^2,[e_1^b(k)]^2,\cdots,[e_{N-1}^b(k)]^2\}^{\mathrm{T}}$$

$$\boldsymbol{E}_3(k)=[e_0^b(k)e_1^b(k),e_0^b(k)e_2^b(k),\cdots,e_{N-2}^b(k)e_{N-1}^b(k)]^{\mathrm{T}}$$

$$\boldsymbol{W}_1(k)=[w_0(k),w_1(k),\cdots,w_{N-1}(k)]^{\mathrm{T}}$$

$$\boldsymbol{W}_1(k)=[w_{0,0}(k),w_{1,1}(k),\cdots,w_{N-1,N-1}(k)]^{\mathrm{T}}$$

$$\boldsymbol{W}_1(k)=[w_{0,1}(k),w_{0,2}(k),\cdots,w_{N-2,N-1}(k)]^{\mathrm{T}}$$

用$\boldsymbol{E}_1(k)$、$\boldsymbol{E}_2(k)$和$\boldsymbol{E}_3(k)$分别代替$\boldsymbol{U}_1(k)$、$\boldsymbol{U}_2(k)$和$\boldsymbol{U}_3(k)$，其相应的权系数向量分别为$\boldsymbol{W}_1(k)$、$\boldsymbol{W}_2(k)$和$\boldsymbol{W}_3(k)$，且与权系数向量$\boldsymbol{H}_1(k)$、$\boldsymbol{H}_2(k)$和$\boldsymbol{H}_3(k)$存在对应关系，则式(4-4-2)可写为

$$y(k)=\boldsymbol{E}_1^{\mathrm{T}}(k)\boldsymbol{W}_1(k)+\boldsymbol{E}_2^{\mathrm{T}}(k)\boldsymbol{W}_2(k)+\boldsymbol{E}_3^{\mathrm{T}}(k)\boldsymbol{W}_3(k) \tag{4-4-7}$$

误差信号为

$$e(k)=d(k)-\boldsymbol{E}_1^{\mathrm{T}}(k)\boldsymbol{W}_1(k)-\boldsymbol{E}_2^{\mathrm{T}}(k)\boldsymbol{W}_2(k)-\boldsymbol{E}_3^{\mathrm{T}}(k)\boldsymbol{W}_3(k) \tag{4-4-8}$$

高斯噪声背景下，采用不同步长因子的权向量$\boldsymbol{W}_i(n)$更新公式为

$$\boldsymbol{W}_1(k+1)=\boldsymbol{W}_1(k)+\mu_1 e(k)\boldsymbol{E}_1(k) \tag{4-4-9}$$

$$\boldsymbol{W}_2(k+1)=\boldsymbol{W}_2(k)+\mu_2 e(k)\boldsymbol{E}_2(k) \tag{4-4-10}$$

$$\boldsymbol{W}_3(k+1)=\boldsymbol{W}_3(k)+\mu_3 e(k)\boldsymbol{E}_3(k) \tag{4-4-11}$$

式中，μ_1、μ_2和μ_3为大于0的步长因子。式(4-4-7)～式(4-4-11)构成了基于格型正交化的二阶 Volterra 自适应滤波算法(LPQVLMS)。

2. 算法性能分析

令代价函数$J(\boldsymbol{W})=E\{|e(k)|^2\}$对权向量的导数$\dfrac{\partial J(\boldsymbol{W})}{\partial \boldsymbol{W}_i}=0$，得到最佳权向量$\boldsymbol{W}_i^{\mathrm{opt}}(i=1,2,3)$应满足的方程组为

$$\begin{aligned}E\{\boldsymbol{E}_i(k)d(k)\}=&\boldsymbol{E}\{\boldsymbol{E}_i(k)E_1^{\mathrm{T}}(k)\}\boldsymbol{W}_1^{\mathrm{opt}}\\&+E\{\boldsymbol{E}_i(k)\boldsymbol{E}_2^{\mathrm{T}}(k)\}\boldsymbol{W}_2^{\mathrm{opt}}+E\{\boldsymbol{E}_i(k)\boldsymbol{E}_3^{\mathrm{T}}(k)\}\boldsymbol{W}_3^{\mathrm{opt}}\end{aligned} \tag{4-4-12}$$

式中，$i=1,2,3$。将式(4-4-8)代入式(4-4-9)，得

$$\boldsymbol{W}_1(k+1)=\boldsymbol{W}_1(k)+\mu_1\boldsymbol{E}_1(k)d(k)-\mu_1\sum_{i=1}^{3}\boldsymbol{E}_1(k)\boldsymbol{E}_i^{\mathrm{T}}(k)\boldsymbol{W}_i(k) \tag{4-4-13}$$

假设$\boldsymbol{W}_i(k)$与$\boldsymbol{E}_j(k)$统计独立，对式(4-4-13)两边取统计平均，得

$$E\{\boldsymbol{W}_1(k+1)\}=E\{\boldsymbol{W}_1(k)\}+\mu_1 E\{\boldsymbol{E}_1(k)d(k)\}-\mu_1\sum_{i=1}^{3}E\{\boldsymbol{E}_1(k)\boldsymbol{E}_i^{\mathrm{T}}(k)\}E\{\boldsymbol{W}_i(k)\} \tag{4-4-14}$$

将式(4-4-12)代入式(4-4-14)，等式两边同时减去 $\boldsymbol{W}_1^{\text{opt}}$，并令 $\boldsymbol{V}_i(k)=\boldsymbol{W}_i(k)-\boldsymbol{W}_i^{\text{opt}}$，得

$$E\{\boldsymbol{V}_1(k+1)\}=[\boldsymbol{I}-\mu_1\boldsymbol{R}_{11}]E\{\boldsymbol{V}_1(k)\}-\mu_1\boldsymbol{R}_{12}E\{\boldsymbol{V}_2(k)\}-\mu_1\boldsymbol{R}_{13}E\{\boldsymbol{V}_3(k)\} \tag{4-4-15}$$

同理，得

$$E\{\boldsymbol{V}_2(k+1)\}=[\boldsymbol{I}-\mu_2\boldsymbol{R}_{22}]E\{\boldsymbol{V}_2(k)\}-\mu_2\boldsymbol{R}_{21}E\{\boldsymbol{V}_2(k)\}-\mu_2\boldsymbol{R}_{23}E\{\boldsymbol{V}_3(k)\} \tag{4-4-16}$$

$$E\{\boldsymbol{V}_3(k+1)\}=[\boldsymbol{I}-\mu_3\boldsymbol{R}_{33}]E\{\boldsymbol{V}_3(k)\}-\mu_3\boldsymbol{R}_{31}E\{\boldsymbol{V}_1(k)\}-\mu_3\boldsymbol{R}_{32}E\{\boldsymbol{V}_2(k)\} \tag{4-4-17}$$

式中，

$$\boldsymbol{R}_{11}=E\{\boldsymbol{E}_1(k)\boldsymbol{E}_1^{\mathrm{T}}(k)\}$$

$$\boldsymbol{R}_{22}=E\{\boldsymbol{E}_2(k)\boldsymbol{E}_2^{\mathrm{T}}(k)\}$$

$$\boldsymbol{R}_{33}=E\{\boldsymbol{E}_3(k)\boldsymbol{E}_3^{\mathrm{T}}(k)\}$$

$$\boldsymbol{R}_{12}=E\{\boldsymbol{E}_1(k)\boldsymbol{E}_2^{\mathrm{T}}(k)\}$$

$$\boldsymbol{R}_{13}=E\{\boldsymbol{E}_1(k)\boldsymbol{E}_3^{\mathrm{T}}(k)\}$$

$$\boldsymbol{R}_{21}=E\{\boldsymbol{E}_2(k)\boldsymbol{E}_1^{\mathrm{T}}(k)\}$$

$$\boldsymbol{R}_{23}=E\{\boldsymbol{E}_2(k)\boldsymbol{E}_3^{\mathrm{T}}(k)\}$$

$$\boldsymbol{R}_{31}=E\{\boldsymbol{E}_3(k)\boldsymbol{E}_1^{\mathrm{T}}(k)\}$$

$$\boldsymbol{R}_{32}=E\{\boldsymbol{E}_3(k)\boldsymbol{E}_2^{\mathrm{T}}(k)\}$$

由式(4-4-3)，得

$$\boldsymbol{R}_{11}=\operatorname{diag}[E\{[e_i^b(k)]^2\}]\triangleq\operatorname{diag}[\lambda_{11},\lambda_{12},\cdots,\lambda_{1N}]=\boldsymbol{\Lambda}_1 \tag{4-4-18}$$

根据式(4-4-5)及实对称矩阵对角化性质，得

$$\boldsymbol{R}_{22}=\begin{bmatrix} 3E\{[e_0^b(k)]^4\} & \cdots & E\{[e_0^b(k)]^2\}E\{[e_{N-1}^b(k)]^2\} \\ \vdots & \ddots & \vdots \\ E\{[e_{N-1}^b(k)]^2\}E\{[e_0^b(k)]^2\} & \cdots & 3E\{[e_{N-1}^b(k)]^4\} \end{bmatrix}=\boldsymbol{Q}\boldsymbol{\Lambda}_2\boldsymbol{Q}^{-1} \tag{4-4-19}$$

式中，酉矩阵 $\boldsymbol{Q}$ 满足 $\boldsymbol{Q}\boldsymbol{Q}^{\mathrm{T}}=\boldsymbol{Q}\boldsymbol{Q}^{-1}=\boldsymbol{I}$，$\boldsymbol{\Lambda}_2=\mathrm{diag}[\lambda_{21},\lambda_{22},\cdots,\lambda_{2N}]$。利用式(4-4-6)，得

$$\boldsymbol{R}_{33}=\mathrm{diag}[E\{[e_i^b(k)e_j^b(k)]^2\}]\triangleq\mathrm{diag}[\lambda_{31},\lambda_{32},\cdots,\lambda_{2N}]=\boldsymbol{\Lambda}_3 \tag{4-4-20}$$

式中，$M=N(N-1)/2$。由式(4-4-4)，得

$$\boldsymbol{R}_{12}=\boldsymbol{R}_{13}=\boldsymbol{R}_{21}=\boldsymbol{R}_{31}=0 \tag{4-4-21}$$

再次利用式(4-4-5)，得

$$\boldsymbol{R}_{23}=\boldsymbol{R}_{32}=0 \tag{4-4-22}$$

令 $\boldsymbol{V}_1'(k)=\boldsymbol{V}_1(k)$，$\boldsymbol{V}_2'(k)=\boldsymbol{Q}^{-1}\boldsymbol{V}_2(k)$，$\boldsymbol{V}_3'(k)=\boldsymbol{V}_3(k)$，式(4-4-15)～式(4-4-17)可简化为统一公式为

$$E\{\boldsymbol{V}_i'(k+1)\}=[\boldsymbol{I}-\mu_i\boldsymbol{\Lambda}]E\{\boldsymbol{V}_i'(k)\} \tag{4-4-23}$$

进一步递推，得

$$E\{\boldsymbol{V}_i'(k)\}=[\boldsymbol{I}-\mu_i\boldsymbol{\Lambda}_i]^n\boldsymbol{V}_i'(0) \tag{4-4-24}$$

只要满足 $0<\mu_1<\dfrac{1}{\lambda_{1j\max}}$，$0<\mu_2<\dfrac{1}{\lambda_{2k\max}}$，$0<\mu_3<\dfrac{1}{\lambda_{3l\max}}$，$j,k=1\sim N$，$l=1\sim M$，则有 $\lim\limits_{n\to\infty}E\{\boldsymbol{V}_i'(k)\}=0$，即 $\lim\limits_{n\to\infty}E\{\boldsymbol{W}_i(k)\}=\boldsymbol{W}_i^{\mathrm{opt}}$，$i=1,2,3$。由权向量 $\boldsymbol{H}$ 和 $\boldsymbol{W}$ 间存在对应的关系，故可得 $\lim\limits_{n\to\infty}E\{\boldsymbol{H}_i(k)\}=\boldsymbol{H}_i^{\mathrm{opt}}$。因此，基于格型正交化的 Volterra 自适应滤波算法的收敛性得到证明。

3. 仿真实验与结果分析

以 Volterra 自适应有源噪声对消为例，以 LPQVLMS 算法、VLMS 算法[61] 和 LPVLMS 算法[59] 为比较对象，进行仿真实验。图 4-20 所示的 Volterra 自适应有源噪声对消器[65,66] 有主通道和辅助通道，主通道接收从信号源发射的信号 s 和经过噪声滤波器的噪声 $n(k)$；辅助通道接收噪声 $u(k)$，并通过 Volterra 自适应滤波器调整其输出 $y(k)$，使 $y(k)$ 接近主通道噪声 $n(k)$，于是系统输出 $e(k)$ 接近于信号 $s(k)$，达到消除噪声的目的。

假设有用信号 $s(k)=0$，噪声 $u(k)$ 经噪声滤波器输出 $d(k)=-0.8u(k)+1.2u(k-1)0.6u(k-2)+0.8u^2(k)+0.5u^2(k-1)+0.7u^2(k-2)+u(k)u(k-1)-0.25u(k)u(k-2)+0.3u(k-1)u(k-2)$。用对消器输出信号曲线分析算法性能，每种算法的步长因子都取算法达到最优性能时的值，每条曲线由 20 次独立实验平均得到。

1) 输入噪声具有不同相关性时，比较三种算法的噪声对消性能[62]

噪声 $u(k)$ 由均值为 0、方差为 1 的高斯白噪声 v 经 $AR(1)$ 信道模型 $u(k)=au(k-1)+v(k)$ 产生。输入噪声具有不同相关性($r=0.3$、0.6 和 0.9，r 为相关系数)时，分别采用基于 LPQVLMS、VLMS 和 LPVLMS 的对消器输出曲线，如图 4-21～图 4-23 所示。由图可见，当输入噪声弱相关即 $r=0.3$ 时，三种算法的消噪性能大致相同；当输入噪声相关性增强

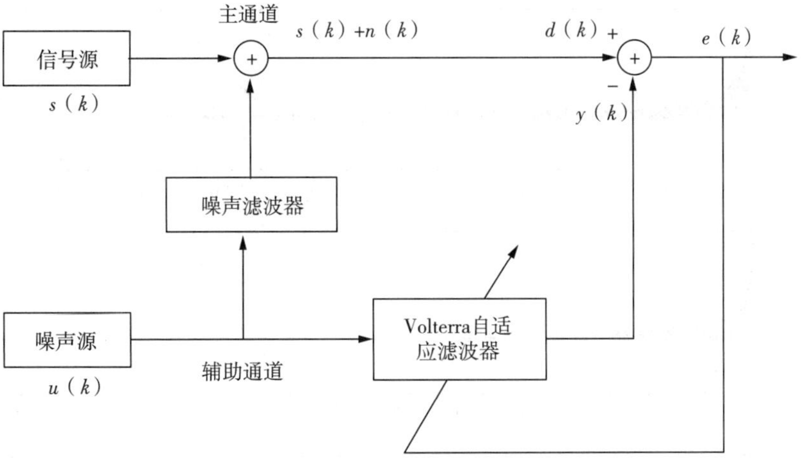

图 4-20　Volterra 自适应有源噪声对消原理

到 $r=0.6$ 时，基于 VLMS 算法的对消器消噪性能变弱，而基于 LPVLMS 算法和 LPQVLMS 算法的对消器仍具有较好的对消噪声性能；当输入噪声强相关即 $r=0.9$，迭代 3500 次时，基于 LPQVLMS 算法的对消器输出趋于零，而基于 VLMS 算法和 LPVLMS 算法的对消器输出仍较大。

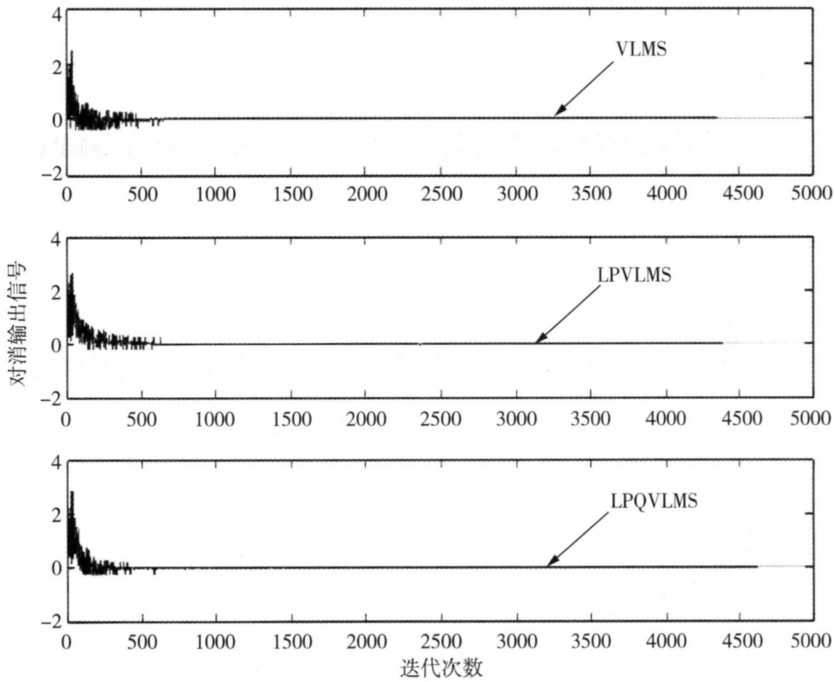

图 4-21　$r=0.3$ 时，对消器的输出[62]

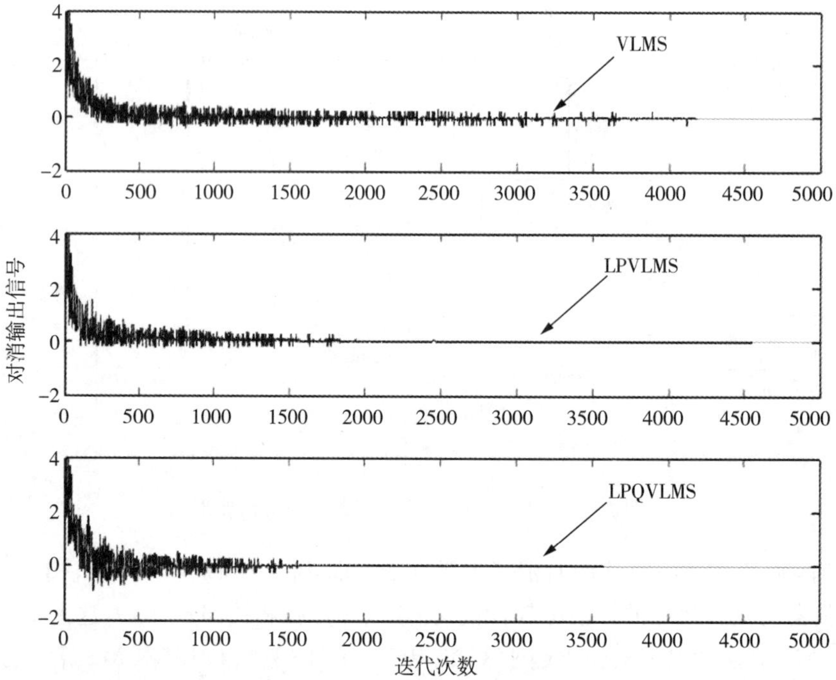

图 4-22　$r=0.6$ 时，对消器的输出[62]

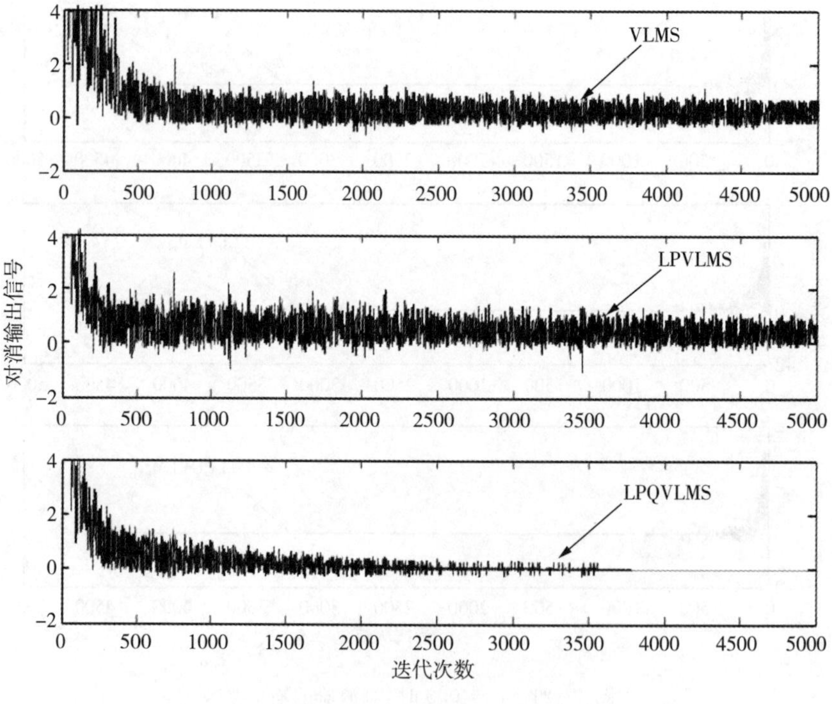

图 4-23　$r=0.9$ 时，对消器的输出[62]

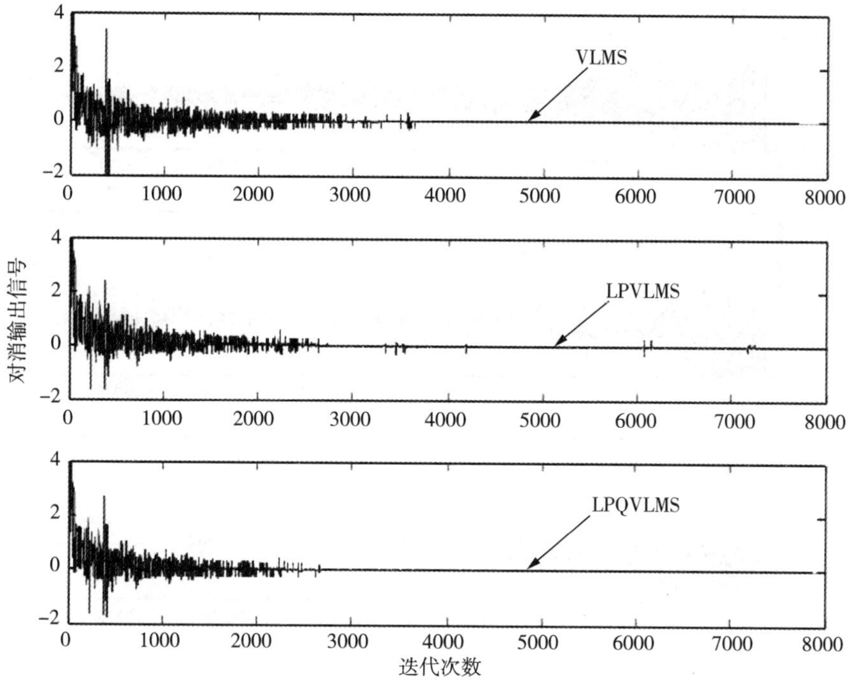

图 4-24　$b=0.3$ 时，对消器的输出[62]

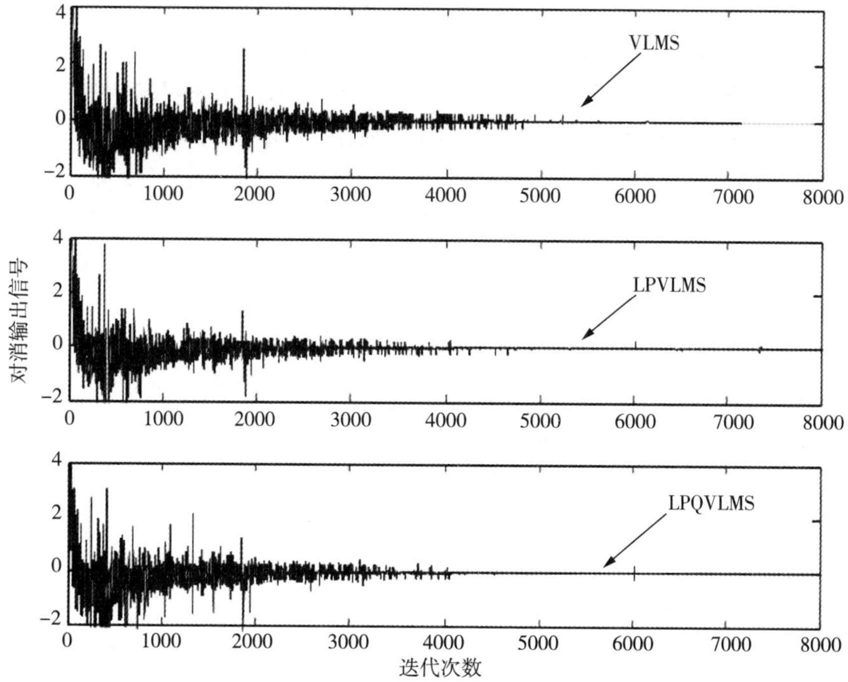

图 4-25　$b=0.6$ 时，对消器的输出[62]

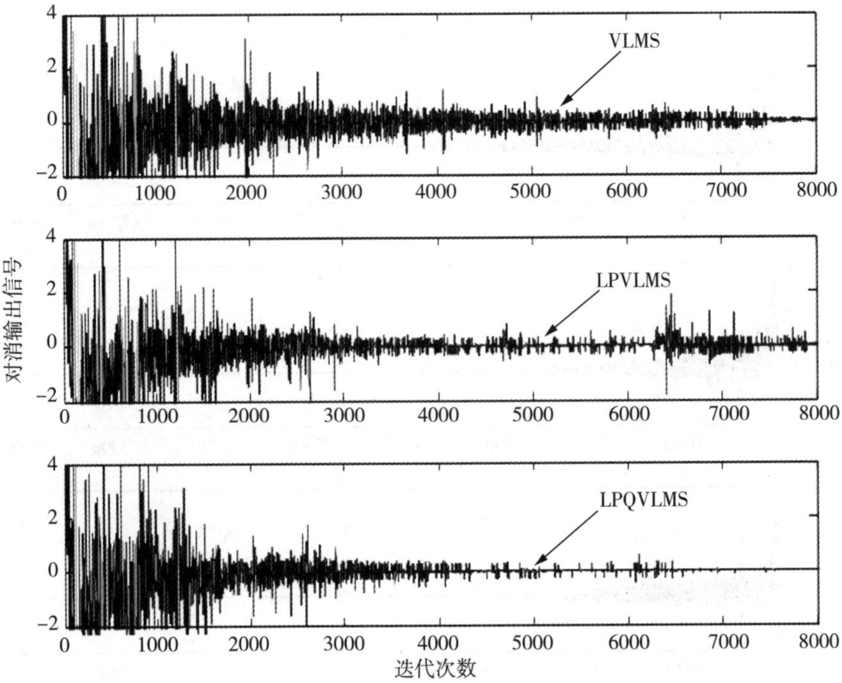

图 4-26　$b=0.9$ 时，对消器的输出[62]

2）输入噪声附加不同非线性畸变时，比较三种算法的噪声对消性能[62]

噪声 $u(k)$ 由均值为 0、方差为 1 的高斯白噪声 v 经非线性信道模型 $u(k)=bv^2(k)+v(k)$ 产生。输入噪声附加不同非线性畸变（b=0.3、0.6 和 0.9）时，基于 LPQVLMS、VLMS 和 LPVLMS 的对消器输出曲线，如图 4-24～图 4-26 所示。由图可知，在输入噪声附加非线性畸变后，三种算法对消噪声性能都有所下降，而基于 LPQVLMS 算法的对消器性能优于基于其他两种算法的对消器性能。当输入噪声附加较大的非线性畸变即 b=0.9 时，迭代 7000 次后，基于 LPQVLMS 算法的对消器输出抖动已经很小，而基于 VLMS 算法和 LPVLMS 算法的对消器输出仍有较大抖动。这也说明，基于 LPQVLMS 算法的对消器比基于 VLMS 和 LPVLMS 算法的对消器更稳健。

图 4-21～图 4-26 表明，输入噪声附加的非线性畸变对基于 Volterra 自适应滤波算法的对消器性能影响大于输入噪声线性相关对基于 Volterra 自适应滤波算法的对消器性能的影响。同时，基于 VLMS 算法的对消器直接将信号输入 Volterra 自适应滤波器，LPVLMS 算法采用两个格型滤波器进行预处理，然后再输入 Volterra 自适应滤波器，而参考文献[62]提出的 LPQVLMS 算法只采用一个格型滤波器进行预处理。所以，在一次迭代中，VLMS 计算复杂度最低，LPQVLMS 算法次之，LPVLMS 算法最高。在输入信号具有中等相关性和非线性情况下，LPQVLMS 算法收敛速度比 VLMS 算法快，与 LPVLMS 算法相当；在输入信号具有强相关性和非线性情况下，LPQVLMS 算法收敛速度比 VLMS 算法和 LPVLMS 算法快得多。所以，算法达到收敛时，LPQVLMS 算法所需的计算复杂度比 VLMS 算法和 LPVLMS 算法都低。

第 5 章　自适应均衡

【内容导引】 从数字 PAM 基带传输系统入手，定量讨论了码间干扰的来源及消除码干扰的奈奎斯特准；分析了存在噪声和码间干扰时获得最佳接收机的误码率最小准则和信噪比最大准则；给出了具有均衡器结构的数字基带传输系统模型，对基于峰值失真准则和最小均方误差准则的均衡器进行了讨论；给出了判决引导自适应均衡器、自适应判决反馈均衡器及调制解调器与自适应均衡器连接的基本思想；研究了基于 LMS 自适应均衡器的 OFDM 系统均衡算法，包括 OFDM 通信系统模型、OFDM 频域均衡原理及 LMS OFDM 均衡算法。

通信信道的相频特性与频率之间的关系只有是线性关系即群时延为常数时，才能保证无失真传输。然而，实际信道的传输特性不理想会产生传输特性失真，从而引起码间干扰(inter - symbol interference，ISI)。另外，实际的信道可能存在噪声干扰，因此实际信道的传输性能下降。所以本章主要讨论噪声和码间干扰同时存在时，提高通信质量的基本方法。

在图 5 - 1 中，发射端滤波器与接收滤波器级联系统的 ISI 是由发射和接收端使用的非线性相位滤波器造成的。

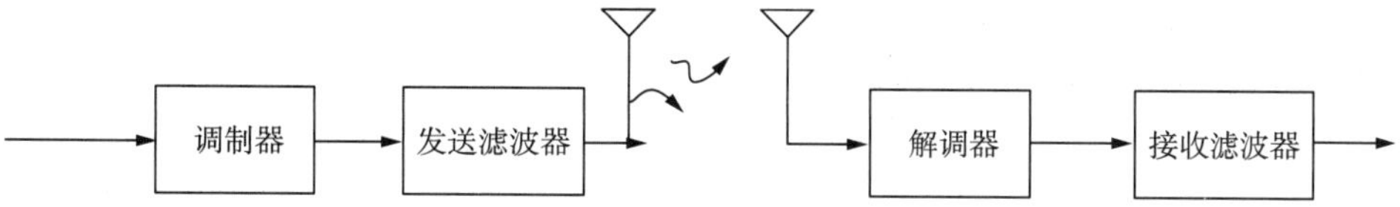

图 5 - 1　调制解调系统框图

5.1　码间干扰

5.1.1　基带脉冲传输系统与码间干扰

基带脉冲传输系统如图 5 - 2 所示。

该系统由发送滤波器、信道、接收滤波器及抽样、判决器组成。其中，信道由限带线性非时变滤波器及加性高斯白噪声表示。

$\{a(k)\}$ 是发送滤波器的输入二进制字码元序列，码元宽度(或码元周期) 为 T_B，$\{a(k)\}$ 的取值为 0 和 1(单极性脉冲) 或 －1 和 ＋1(双极性脉冲)，$\{a(k)\}$ 对应的基带信号为

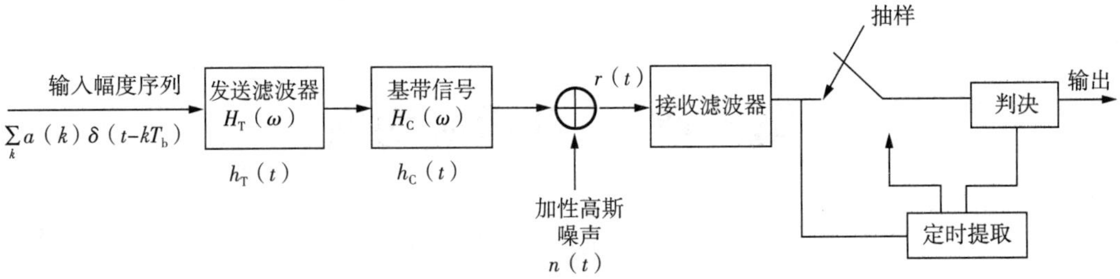

图 5-2　基带脉冲传输系统

$$d(t)=\sum_{-\infty}^{+\infty}a(k)\delta(t-kT_B) \tag{5-1-1}$$

发送滤波器的输出为

$$x(t)=\sum_{-\infty}^{+\infty}a(k)h_T(t-kT_B) \tag{5-1-2}$$

式中，$h_T(\cdot)$ 表示发送滤波器的冲激响应。设发送滤波器的频率响应为 $H_T(w)$，信道的频率响应为 $H_C(w)$，信道叠加的噪声 $n(t)$ 是零均值的高斯分布（Additive white Gaussian noise，AWGN），接收滤波器的频率响应为 $H_R(w)$，其输出为

$$y(t)=\sum_{k=-\infty}^{+\infty}a(k)Ah_T(t-kT_B)+n_R(t) \tag{5-1-3}$$

式中，A 是常数，表示幅度，$n_R(t)$ 是信道加性噪声 $n(t)$ 经过接收滤波器后的时域波形，即

$$n_R(t)=n(t)\otimes h_R(t) \tag{5-1-4}$$

式中，$\otimes$ 表示卷积，$h_R(\cdot)$ 是接收滤波器的冲激响应。$h(t)$ 是发送滤波器、信道和接收滤波器三者级联形成的等效系统的冲激响应，即

$$h(t)=Ah(t-t_0)=h_T(t)\otimes h_C(t)\otimes h_R(t) \tag{5-1-5}$$

式(5-1-5)的傅里叶变换为

$$AH(\omega)\exp(-j\omega t_0)=H_T(\omega)H_C(\omega)H_R(\omega) \tag{5-1-6}$$

接收滤波器的输出 $y(t)$ 被送入采样判决器进行判决，设第 m 个码元对应的采样时刻为 $t=mT_b+t_0$，t_0 为常数，表示系统的延时。暂设 $t_0=0$，则该码元的取值取决于采样时刻判决器的输入电压值 $y(mT_B+t_0)$，即

$$\begin{aligned}y(mT_B)&=\sum_{k=-\infty}^{\infty}a(k)Ah(mT_B-kT_B)+n_R(mT_B)\\&=a(m)Ah(0)+\sum_{k\neq m}^{\infty}a(k)Ah(mT_B-kT_B)+n_R(mT_B)\end{aligned} \tag{5-1-7}$$

式中，第一项 $a(m)Ah(0)$ 是第 m 个码元波形经过发送滤波器、信道和接收滤波器后的信号电压，是判决器进行码元判决的有效部分；第三项是信道叠加的高斯噪声在判决时刻的幅值，噪声过大会使码元判决错误，产生误码。第二项 $\sum\limits_{k \neq m}^{\infty} a(k)Ah(mT_B - kT_B) + n_R(mT_B)$ 表示除了第 m 个码元以外的所有其他码元通过系统传输后在当前判决时刻 $t = mT_B$ 的响应值之和，称为码间干扰，产生码间干扰的时域波形如图 5-3 所示。

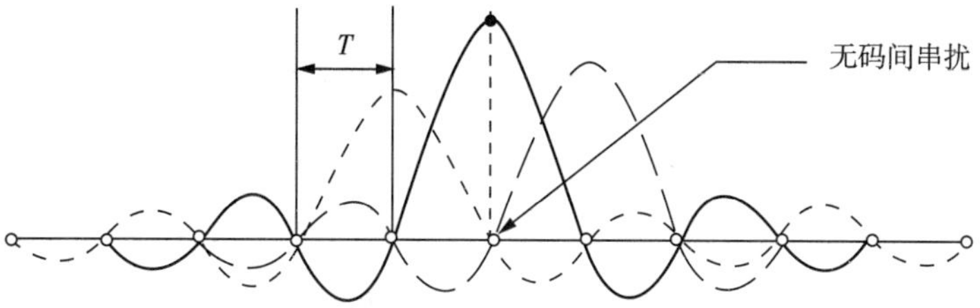

（a）传输信号无码间干扰情况

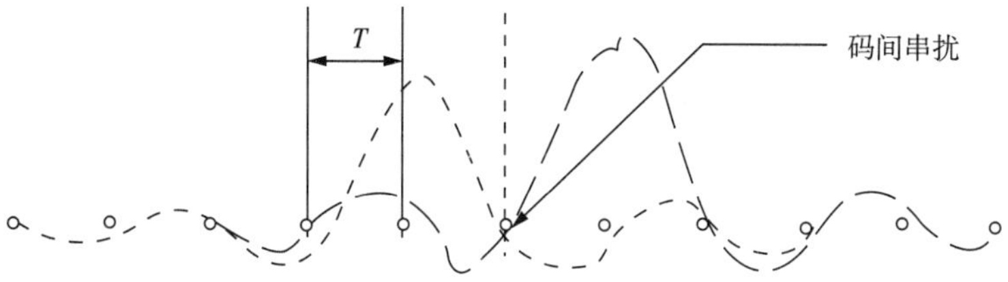

（b）传输信号有码间干扰情况

图 5-3　码间干扰的时域波形

5.1.2　无码间干扰基带传输特性

数字传输系统的通信质量取决于接收端的判决器输出误码率(BER 或 Pe)，由式(5-1-7)知，产生误码的原因有两点：一是信道加性噪声，二是码间干扰。它们分别为式(5-1-7)的第三项和第二项。设信道加性噪声和码间干扰对误码率的影响是统计独立的，可以把这两个问题分开处理，这里主要讨论如何减小码间干扰。

在数字基带传输系统中对接收滤波输出信号 $y(t)$ 在 $t=mT_B$ 时刻进行采样的抽样值如式(5-1-7)所示；式中的 $n_R(t)$，如式(5-1-4)所示。对式(5-1-5)作傅里叶变换，得

$$H(\omega) = H_T(\omega)H_C(\omega)H_R(\omega) \tag{5-1-8}$$

设基带信道是理想信道，即

$$H_C(\omega) = \begin{cases} H_0 e^{-j\omega t_0} & |\omega| \leqslant \pi/T_b \\ 0 & |\omega| > \pi/T_b \end{cases} \tag{5-1-9}$$

式中，t_0 表示某个时延，暂设 $t_0 = 0$，$H_0 = 1$，T_b 为码元宽度或码元周期。

整个系统的频率响应可视为一个理想矩形滤波器，奈奎斯特无 ISI 传输如图 5-4 所示。

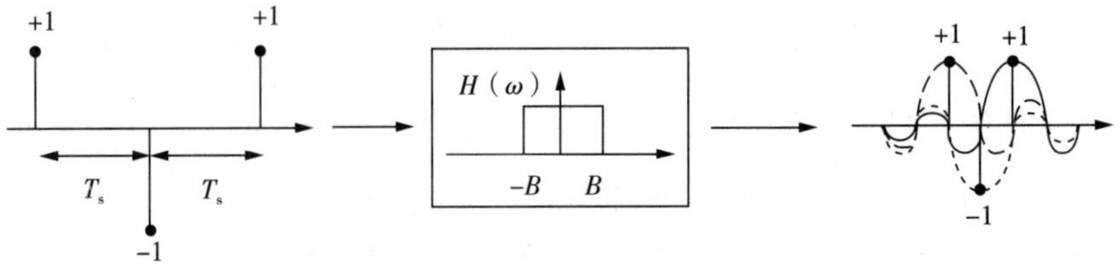

图 5-4　奈奎斯特无 ISI 传输

为使式(5-1-7) 的第二项码间干扰为零,必须满足的条件为

$$\begin{cases} h(mT_B - kT_B) = 0 & k \neq m \\ h(mT_B - kT_B) \neq 0 & k = m \end{cases} \tag{5-1-10}$$

这就意味着,基带传输系统的合成冲激响应必须满足的条件为

$$h(kT_B) = \begin{cases} 1 & k = 0 \\ 0 & k \neq 0 \end{cases} \tag{5-1-11}$$

即

$$h(t) = \delta(t) \tag{5-1-12}$$

或

$$h(t) = \delta(t - t_0) \tag{5-1-13}$$

式(5-1-11) 表明,基带系统接收波形满足抽样值无失真传输的充要条件是在某抽样时刻上,仅有本码元取值不为零,而其他码元取值均为零。

这里有两个问题本质上与奈奎斯特滤波器和定理有关。

第一个问题是理想矩形滤波器(奈奎斯特) 实际上是不可能实现的,因为带限信号的时域脉冲响应是无限长的。采用升余弦滤波器 (raised - cosine filter,RC) 可以解决这个问题。升余弦滤波器的频率响应为

$$H(\omega) = \begin{cases} 1, 0 \leqslant \omega \leqslant \dfrac{\pi}{T_B}(1-\alpha) \\ \cos^2\left(\dfrac{T_B}{4\alpha}\right), \dfrac{\pi}{T_B}(1-\alpha) \leqslant \omega \leqslant \dfrac{\pi}{T_B}(1+\alpha) \\ 0, \omega > \dfrac{\pi}{T_B}(1+\alpha) \end{cases} \tag{5-1-14}$$

式中,α 代表滚降因子。

图 5-5 分别给出了 $\alpha = 0$(理想矩形)、$\alpha = 0.1$、$\alpha = 0.5$ 和 $\alpha = 1.0$ 时的升余弦频率响应。该图表明,滚降因子不仅反映了过渡带的频率响应,还反映了超过奈奎斯特带宽 B 的带宽扩展。例如,当 $\alpha = 0.5$ 时,占用的带宽是奈奎斯特带宽的 1.5 倍。

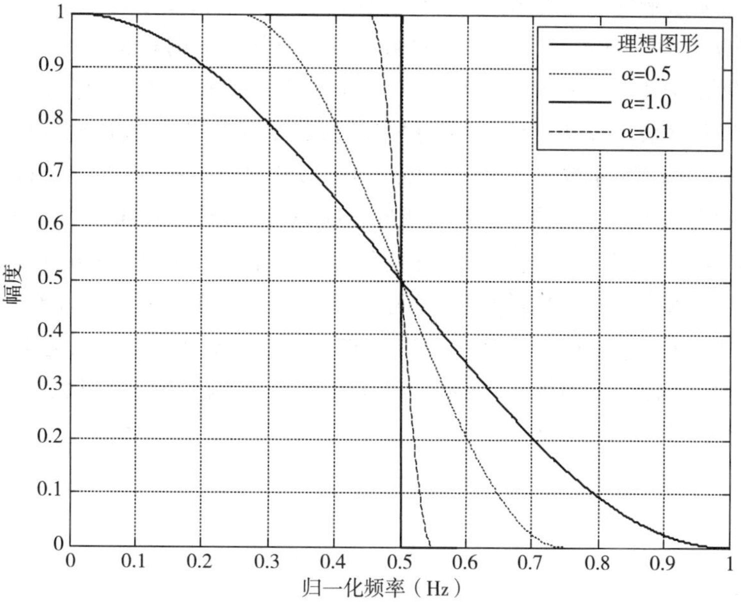

图 5-5　升余弦频率响应

零 ISI 或无 ISI 定义为混叠后的脉冲在符号采样点处[$h(kT_B)=0, k=\pm1, \pm2, \cdots$]会产生干扰。图 5-6 是信号通过滚降因子 $\alpha=0.2$ 时信号通过升余弦滤波器后的眼图，该图表明，满足在符号采样点处无 ISI 的条件。

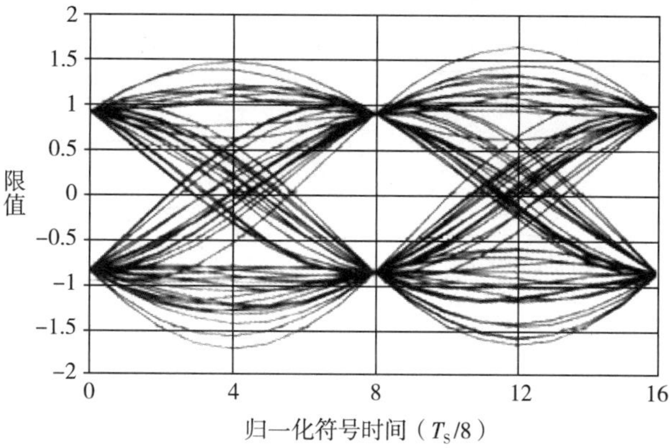

图 5-6　滚降因子 $\alpha=0$ 时信号通过升余弦滤波器后的眼图

升余弦频率响应对应的时域冲激响应为

$$h(t)=\frac{\cos\left(\frac{\alpha\pi t}{T}\right)}{1-\frac{4\alpha^2 t^2}{T^2}}\cdot\frac{\sin\left(\frac{\pi t}{T}\right)}{\frac{\pi t}{T}} \tag{5-1-15}$$

显然，当 $\alpha=0$ 时，$h(t)$ 是理想矩形滤波器，即其冲激响应是一种慢衰减的脉冲响应。同样，当 $\alpha=1$ 时，冲激响应衰减最快，但这种特性以占用 2 倍奈奎斯特带宽为代价。

第二个问题与输入奈奎斯特滤波器的携带信息的脉冲序列有关。

例如，假设信号源是一个不归零（non - return - to - zero，NRZ）的脉冲流，如果仅仅简单地通过奈奎斯特滤波器发送这些 NRZ 脉冲流，那么在发送信号中就会出现 ISI，这一现象如图 5-7 所示，图中 NRZ 脉冲被送入奈奎斯特理想矩形滤波器。而 NRZ 冲流可以用一个脉冲流和不归零脉冲的卷积来表示。接着进行傅里叶变换，于是得到一个 sin x/x 对函数的采样。

图 5 - 7 表明，不归零数据流基本上可被分解成脉冲流与滤波器 sin x/x 的卷积。将此信号与奈奎斯特准则所要求的信号相比较可知，sin x/x 运算模块是附加的。为了得到奈奎斯特定理所要求的信号，一种方法就是使用只有 sin x/x 函数形式的补偿模块或均衡器来去除不归零信号。因此，将均衡器、升余弦滤波器和不归零信号响应级联起来，就能满足无 ISI 的奈奎斯特定理。

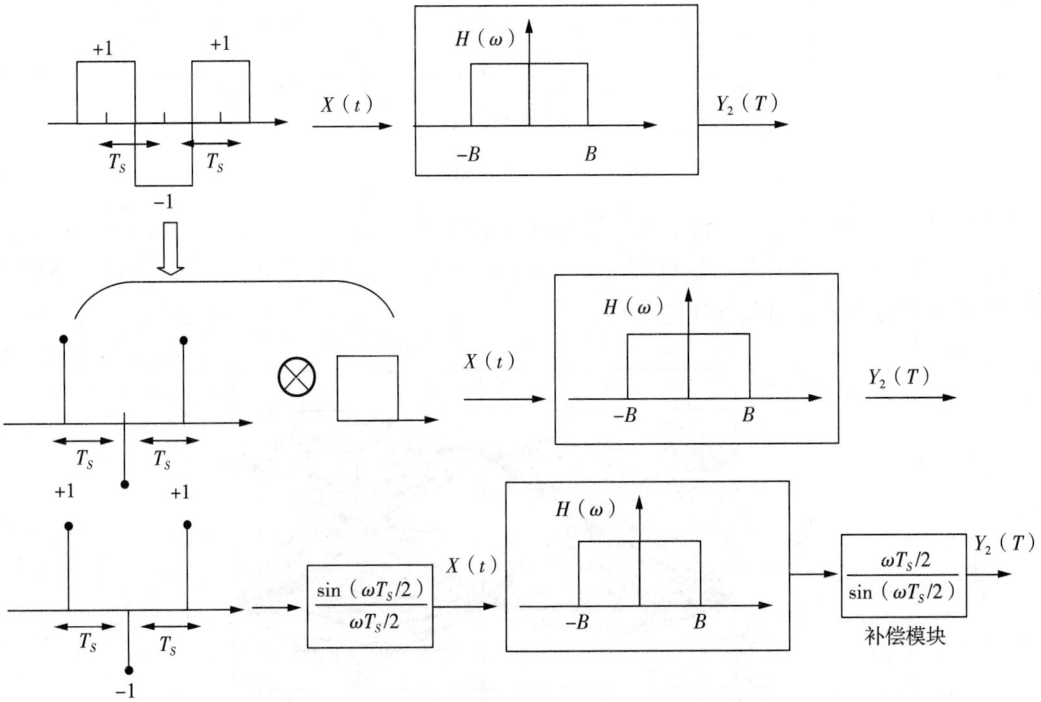

图 5 - 7　奈奎斯特无 ISI 情况下 NRZ 脉冲流分解

同样，希望接收机中也保持无 ISI 准则。现在讨论在接收机中使用发射脉冲成形滤波器的可能性。一种方法是假设在发射端使用升余弦滤波器，如果在接收机中再使用一个相同的滤波器，则进入检测器（判决器）的信号中就会出现符号间干扰，有可能极大降低系统性能。另一种方法是将 RC 滤波器分成两部分：发射机使用平方根升余弦（square root raised cosine，SRC）滤波器，而接收机也使用 SRC 滤波器。这时，接收信号相当于一个匹配滤波器，与发射器中形成的脉冲相匹配。事实上，当发射机和接收机都采用 SRC 滤波器时，很容易提取出最大的能量（即获得最大输出信噪比）。

平方根升余弦滤波器的冲激响应为

$$h(t)=\frac{\sin\left[\frac{(1-\alpha)\pi t}{T}\right]+\frac{4\alpha t}{T}\cdot\cos\left[\frac{(1+\alpha)\pi t}{T}\right]}{\frac{\pi t}{T}\left[1-\left(\frac{4\alpha t}{T}\right)^{2}\right]} \tag{5-1-16}$$

5.2　存在噪声和 ISI 时最佳接收机

对于模拟通信系统，衡量通信质量的指标是信噪比 SNR；对于数字系统，衡量通信质量的指标是接收机输出的误码率（bit error rate，BER），通信质量最佳的接收机就是指输出 BER 最小的接收机，如果保证判决器输入端的 $ISI=0$，并使输入信噪比 SNR 最大，也一定能保证判决器输出的 BER 最小。

在考虑最佳接收机时，假设 ISI 和信道加性噪声统计独立。因此，在接收机设计时，可以将信道均衡（即消除 ISI）和抗加性噪声干扰分开处理。

5.2.1　误码率最小准则

接收滤波器输出的 m 个码元的电压 $V(m)$ 由式(5-1-7)描述，重写为

$$V(m)=y(mT_B)=a(m)Ag_R(0)+\sum_{k\neq m}a(k)Ag_R(mT_B-kT_B)+n_R(mT_B) \tag{5-2-1}$$

设码间干扰为 0，则式(5-2-1)中的 $g_R(mT_s)$ 满足式(5-1-12)，即

$$V(m)=a(m)A+n_R(m)m \tag{5-2-2}$$

式中，$n_R(m)=n_R(mT_B)$ 是式(5-2-1)中的第三项，表示噪声电压。设发送数字脉冲信号 $a(m)$ 为二进制双极性波形，取 -1 或 $+1$ 分别表示数字信号 0 或 1，并且设 0 或 1 的取值等概率，即 $p(0)=p(1)=1/2$。设判决器的判决电压为 0，判决规则为

$$V(m)>0\quad 判为数字 1 或 V(m)=+1$$

$$V(m)<0\quad 判为数字 0 或 V(m)=-1$$

差错概率为

$$\begin{aligned}p_e&=p(0)p[V(m)>0\mid a(m)=-1]+p(1)p[V(m)<0\mid a(m)=1]\\&=\frac{1}{2}p(-A+n_R(m)>0)+\frac{1}{2}p(A+n_R(m)<0)\\&=p[n_R(m)>A]\end{aligned} \tag{5-2-3}$$

信道加性噪声 $n(t)$ 是零均值高斯噪声，功率谱密度为 $G_n(\omega)$，经过接收滤波器 $H_R(\omega)$ 后的噪声 $n_R(m)$ 的均值不变，功率谱密度为 $G_n(\omega)\mid H_R(\omega)\mid^2$，即

$$E[n_R(m)]=0 \tag{5-2-4}$$

$$D[n_R(m)]=\sigma_{n_R}^2=\frac{1}{2\pi}\int_{-\infty}^{\infty}G_n(\omega)\mid H_R(\omega)\mid^2\mathrm{d}\omega \tag{5-2-5}$$

式(5-2-3)可写为

$$p_e=\int_A^{\infty}\frac{\exp(-n_R^2/2\sigma_{n_R}^2)}{\sqrt{2\pi\sigma_{n_R}^2}}\mathrm{d}n_R=Q\left(\frac{A}{\sigma_{n_R}}\right) \tag{5-2-6}$$

根据式(5-2-6),求出的 BER 最小值 $p_{e\min}$ 就是求 A/σ_{n_R} 的最大值。式中,σ_{n_R} 可由式(5-2-5)得到,故只需求出 A 即可。根据式(5-1-12),发送滤波器输出第 m 个码元的能量为

$$E_b=E[a^2(m)]\int_{-\infty}^{\infty}h_T^2(t-mT_B)\mathrm{d}t=\frac{1}{2\pi}A^2\int_{-\infty}^{\infty}\mid H_T(\omega)\mid^2\mathrm{d}\omega \tag{5-2-7}$$

式(5-2-7)考虑了 $E[a^2(m)]=1$ 并利用了帕塞瓦尔(Parseval)定理,由式(5-2-7),得

$$E_b=\frac{1}{2\pi}A^2\int_{-\infty}^{\infty}\frac{\mid H_T(\omega)\mid^2}{\mid H_C(\omega)\mid^2\mid H_R(\omega)\mid^2}\mathrm{d}\omega \tag{5-2-8}$$

结合式(5-2-5),有

$$\frac{\sigma^2}{A^2}=\frac{1}{E_b}\frac{1}{4\pi}\int_{-\infty}^{\infty}\frac{\mid H_T(\omega)\mid^2}{\mid H_C(\omega)\mid^2\mid H_R(\omega)\mid^2}\mathrm{d}\omega\int_{-\infty}^{\infty}G_n(\omega)\mid H_R(\omega)\mid^2\mathrm{d}\omega \tag{5-2-9}$$

只要得到满足式(5-2-9)最小值的条件,就可以得到使 BER 最小的最佳接收机,求式(5-2-9)的最小值,可以利用施瓦茨(Schwarz)不等式

$$\left|\int_{-\infty}^{\infty}X(u)Y^*(u)\mathrm{d}\omega\right|^2\leqslant\int_{-\infty}^{\infty}\mid X(u)\mid^2\mathrm{d}u\int_{-\infty}^{\infty}\mid Y(u)\mid^2\mathrm{d}u \tag{5-2-10}$$

式中,“*”表示取共轭,施瓦茨不等式等号成立的条件是 $X(u)=cY^*(u)$,为常数。对式(5-2-9)应用施瓦茨不等式,设

$$X(\omega)=G_n^{1/2}(\omega)\mid H_R(\omega)\mid^2 \tag{5-2-11}$$

$$Y(\omega)=\frac{\mid H(\omega)\mid}{\mid H_C(\omega)\|H_R(\omega)\mid^2} \tag{5-2-12}$$

则

$$\int_{-\infty}^{\infty}\frac{\mid H(\omega)\mid^2}{\mid H_C(\omega)\|H_R(\omega)\mid^2}\mathrm{d}\omega\int_{-\infty}^{\infty}G_n(\omega)\mid H_R(\omega)\mid^2\mathrm{d}\omega\geqslant\left[\int_{-\infty}^{\infty}\frac{G_n^{1/2}(\omega)\mid H_R(\omega)\mid^2}{\mid H_C(\omega)\mid^2}\mathrm{d}\omega\right]^2 \tag{5-2-13}$$

利用施瓦茨不等式等号成立的条件有

$$\mid H_R(\omega)\mid=\frac{c\mid H(\omega)\mid^{1/2}}{G_n^{1/4}(\omega)\mid G_C(\omega)\mid^{1/2}} \tag{5-2-14}$$

式(5-2-14)为接收滤波器的幅频特性函数。发送滤波器的幅频特性函数为

$$|H_T(\omega)|=\frac{(A/c)\,|H(\omega)|^{1/2}G_n^{1/4}(\omega)}{|H_C(\omega)|^{1/2}} \tag{5-2-15}$$

将式(5-2-13)等号成立时的结果代入式(5-2-12),再应用到式(5-2-9)中,得最小差错概率为

$$p_{emin}=Q\left\{\sqrt{E_b}\left[\int_{-\infty}^{\infty}\frac{G_n^{1/2}(\omega)\,|H(\omega)|}{|H_C(\omega)|^2}\mathrm{d}\omega\right]^{-1}\right\} \tag{5-2-16}$$

通常,信道AWGN的双边功率谱为常数,$G_n(\omega)=G_0/2$,分别代入式(5-2-14)和式(5-2-15),得

$$|H_R(\omega)|=\eta_1\sqrt{\frac{|H(\omega)|}{|H_C(\omega)|}} \tag{5-2-17a}$$

$$|H_T(\omega)|=\eta_2\sqrt{\frac{|H(\omega)|}{|H_C(\omega)|}} \tag{5-2-17b}$$

式中,η_1 和 η_2 是常数。在已知信道特性 $H_C(\omega)$ 的条件下,可以根据式(5-2-17)设计发送接收滤波器,以达到最佳抗噪能力。要保证码间干扰为0,可以通过设计 $H(\omega)$ 满足奈奎斯特准则实现。例如,发送滤波器和接收滤波器满足关系为

$$H_{RC}(\omega)=H_T(\omega)H_R(\omega) \tag{5-2-18}$$

通常发送滤波器 $H_T(\omega)$ 和接收滤波器 $H_R(\omega)$ 取平方根升余弦函数,可以保证 $ISI=0$。而信道频率特性 $H_C(\omega)$ 可以通过各种信道估计方法获得(如通过训练序列),可以在接收端再设计一个均衡器,其特性 $H_E(\omega)$ 等于信道特性 $H_C(\omega)$ 的倒数,即 $H_E(\omega)=[H_C(\omega)]^{-1}$,这样整个传输系统的码间干扰为0,同时根据式(5-2-17),误码率 BER 最小,故抗噪性能最佳,这种接收机是最佳接收机。

5.2.2　信噪比最大准则

传统意义上的匹配滤波器是用在模拟通信系统中,匹配滤波器是指输出信噪比最大的线性滤波器。对于数字通信系统,匹配滤波器可以处在数字接收机判决器前面的任何一个位置,以保证输入判决器的信噪比最大。

注意:这里定义的匹配滤波器不进行信道均衡。

现从普通的线性滤波器推导匹配滤波器的特性。

设线性滤波器输入为

$$x(t)=s(t)+n(t) \tag{5-2-19}$$

式中,$s(t)$ 表示一个码元的时域波形,为实信号。$0\leqslant t\leqslant T_B$,$T_B$ 为码元宽度,$s(t)$ 频谱函数为 $S(\omega)$;$n(t)$ 是0均值,双边功率谱密度为 $G_0/2$ 的 $AWGN$。线性滤波器的输出为

$$y(t)=h(t)\otimes x(t)=h(t)\otimes[s(t)+n(t)]=s'(t)+n'(t) \tag{5-2-20}$$

设线性滤波器的频率传输函数为 $H(\omega)$，则

$$S'(t)=\frac{1}{2\pi}\int_{-\infty}^{\infty}H(\omega)S(\omega)e^{-j\omega t}\mathrm{d}\omega \tag{5-2-21}$$

下面求线性滤波器输出的信噪比SNR_0，输出信号功率可由式(5-2-21)求出。输出噪声功率可根据输出噪声功率谱求得。对于线性滤波器，根据其输入输出噪声功率谱之间的关系，得输出噪声功率为

$$G_0=\frac{1}{2\pi}\int_{-\infty}^{\infty}|H(\omega)|^2\frac{G_0}{2}\mathrm{d}\omega \tag{5-2-22}$$

滤波器在 $t=T_b$ 时刻(对应于码元判决时刻)输出的SNR_0 为

$$SNR_0=\frac{|S'(T_b)|^2}{G_0}=\frac{\left[\frac{1}{2\pi}\int_{-\infty}^{\infty}|S(\omega)\|H(\omega)|\mathrm{e}^{j\omega T_b}\mathrm{d}\omega\right]^2}{\frac{1}{2\pi}\int_{-\infty}^{\infty}|H(\omega)|^2\frac{G_0}{2}\mathrm{d}\omega} \tag{5-2-23}$$

要获得最大SNR_0，必须求式(5-2-23)的最大值。同样，根据式(5-2-13)所示的施瓦茨不等式，令施瓦茨不等式中 $X(u)$ 和 $Y(u)$ 分别为

$$X(\omega)=Y(\omega) \tag{5-2-24}$$

$$Y(\omega)=S(\omega)\mathrm{e}^{j\omega T_B} \tag{5-2-25}$$

则输出信噪比为

$$SNR_0\leqslant\frac{\frac{1}{\pi}\int_{-\infty}^{\infty}|S(\omega)|^2\mathrm{d}\omega}{G_0/2}=\frac{2E_b}{G_0} \tag{5-2-26}$$

式中，E_b 为码元能量，且

$$E_b=\frac{1}{2\pi}\int_{-\infty}^{\infty}|S(\omega)|^2\mathrm{d}\omega=\int_0^{T_B}|s(t)|^2\mathrm{d}t \tag{5-2-27}$$

式中，第二个等号利用了帕塞瓦尔定理，则当式(5-2-25)的等号成立时，线性滤波器所能给出的最大信噪比为

$$SNR_{\max}=2E_b/G_0 \tag{5-2-28}$$

滤波器输出最大信噪比条件为$X(\omega)=cY^*(\omega)$，根据式(5-2-24)与式(5-2-25)，可得对应的最佳滤波器频率响应为

$$H(\omega)=cS^*(\omega)\mathrm{e}^{-j\omega T_B} \tag{5-2-29}$$

对(5-2-29)作傅里叶逆变换，并考虑到码元的时域波形 $s(t)$ 为实信号，则最佳滤波器的冲激响应为

$$h(t)=cs(T_B-t) \tag{5-2-30}$$

式(5-2-30)表明，最佳滤波器的冲激响应是输入信号在时间轴上反褶再延时 T_B，这种输出信噪比最大的滤波器称为匹配滤波器。显然，在设计匹配滤波器时，必须了解接收信号的时域表示形式，也就是说，$s(t)$ 是设计匹配滤波器的先验知识。

这里先不考虑噪声问题，设式(5-2-20)中的噪声为 0，则滤波器输出为

$$y(t)=h(t)\otimes s(t)=\int_0^{T_B} s(\tau)h(t-\tau)\mathrm{d}\tau \tag{5-2-31}$$

将式(5-2-30)代入式(5-2-31)，得

$$y(t)=\int_{-\infty}^{\infty} s(t-\tau)h(\tau)\mathrm{d}\tau=c\int_{-\infty}^{\infty} s(t-\tau)s(T_b-\tau)\mathrm{d}\tau=cR_{ss}(t-T_b) \tag{5-2-32}$$

式(5-2-32)表明，匹配滤波器实际上是在求输入信号的相关运算。所以，匹配滤波器可以视为相关器。

5.2.3 最佳检测器

检测器是根据向量 $\boldsymbol{r}$ 在 M 个可能信号波形中判定哪一个波形被发送，从而实现最佳接收。检测器主要有最大后验概率准则（maximum a posteriori, MAP）和最大似然准则（maximum likelihood, ML），以及由这两大准则衍生的判断规则：最小距离检测和最大相关度量。

1. 最大后验概率准则

根据接收向量 $\boldsymbol{r}$ 同时计算 M 个后验概率 $p(\boldsymbol{s}_m/\boldsymbol{r}), m=1,2,\cdots,M$，选择使 $p(\boldsymbol{s}_m/\boldsymbol{r})$ 最大的 s_m 作为判决输出，使错误判决概率最小。

2. 最大似然准则

利用贝叶斯(Bayes)规则，后验概率为

$$p(\boldsymbol{s}_m/\boldsymbol{r})=\frac{p(\boldsymbol{r}/\boldsymbol{s}_m)p(\boldsymbol{s}_m)}{p(\boldsymbol{r})} \tag{5-2-33}$$

可以定义 $PM(\boldsymbol{r},\boldsymbol{s}_m)=p(\boldsymbol{r}/\boldsymbol{s}_m)p(\boldsymbol{s}_m)$ 为后验概率度量，$p(\boldsymbol{r}/\boldsymbol{s}_m)$ 为似然函数。

MAP 准则等价于选择将 $PM(\boldsymbol{r},\boldsymbol{s}_m)$ 最大的 $\boldsymbol{s}_m$ 作为判决输出。

ML 准则：根据接收向量 $\boldsymbol{r}$ 同时计算 M 个似然函数$\{p(\boldsymbol{r}/s_m), m=1,2,\cdots,M\}$，选择使 $p(\boldsymbol{r}/s_m)$ 最大的 s_m 作为判决输出。

3. 最小距离检测

在 AWGN 信道情况下，有

$$p(r/s_m)=\prod_{k=1}^{N} p[r(k)/s_m(k)]=\frac{1}{(\pi N_0)^{N/2}}\exp\left\{-\sum_{k=1}^{N}\frac{[r(k)-s_m(k)]^2}{N_0}\right\} \tag{5-2-34}$$

$$\ln p(r/s_m)=-\frac{1}{2}N\ln(\pi N_0)-\frac{1}{N}\sum_{k=1}^{N}[r(k)-s_m(k)]^2 \tag{5-2-35}$$

$\ln p(r/s_m)$ 在 s_m 上的最大化等价于使下列欧氏距离最小的信号 s_m

$$D(r,s_m)=\sum_{k=1}^{N}[r(k)-s_m(k)]^2 \tag{5-2-36}$$

为距离度量。

对于加性高斯白噪声，基于 ML 准则的判决规则等价于寻求在距离上最接近于接收信号矢量 $\boldsymbol{r}$ 的信号 s_m。

4. 最大相关度量

$$\begin{aligned}D(\boldsymbol{r},s_m)&=\sum_{k=1}^{N}[r(k)-s_m(k)]^2=\sum_{n=1}^{N}r^2(n)-2\sum_{n=1}^{N}r(n)s_m(k)+\sum_{n=1}^{N}s_m^2(n)\\&=\|\boldsymbol{r}\|^2-2\boldsymbol{r}\cdot\boldsymbol{s}_m+\|\boldsymbol{s}_m\|^2\end{aligned} \tag{5-2-37}$$

式中，$\|\boldsymbol{r}\|^2$ 项对所有距离是公共的，定义

$$D'(\boldsymbol{r},\boldsymbol{s}_m)=-2\boldsymbol{r}\cdot\boldsymbol{s}_m+\|s_m\|^2 \tag{5-2-38}$$

使 $D'(\boldsymbol{r},\boldsymbol{s}_m)$ 最小的信号向量 $\boldsymbol{s}_m$ 等价于使 $C(\boldsymbol{r},\boldsymbol{s}_m)=-D'(\boldsymbol{r},\boldsymbol{s}_m)$ 最大的信号，即相关度量为

$$C(\boldsymbol{r},\boldsymbol{s}_m)=2\boldsymbol{r},\boldsymbol{s}_m-\|\boldsymbol{s}_m\|^2 \tag{5-2-39}$$

对于加性高斯白噪声信道，基于 ML 准则的判决规则等价于计算一组 M 个相关度量 $C(\boldsymbol{r},\boldsymbol{s}_m)$，并选择对应于最大度量的信号 $\boldsymbol{s}_m$。

在所有信号是等概率的情况下，最大后验概率准则(MAP) 等价于最大似然准则(ML)。当信号不等概时，最佳 MAP 检测判决的概率为 $p(\boldsymbol{s}_m/\boldsymbol{r})(m=1,2,\cdots,M)$ 或等价为度量为

$$PM(\boldsymbol{r},\boldsymbol{s}_m)=p(\boldsymbol{r}\mid\boldsymbol{s}_m)p(\boldsymbol{s}_m) \tag{5-2-40}$$

基于 ML 准则的最佳判决主要由最小距离检测和最大相关度量来实现。

5.3 信道均衡

实际限带信道的传递函数往往是非理想的、时变的、未知的，系统特性不符合奈奎斯特准则，导致在接收端抽样时刻存在码间干扰，使得系统误码性能下降，而且信号在信道传输中会受到加性高斯白噪声干扰。为了清除或减缓这些影响，在限带数字通信系统中所采取的技术之一是在接收端抽样、判决之前加一均衡器，如图 5-8 所示。

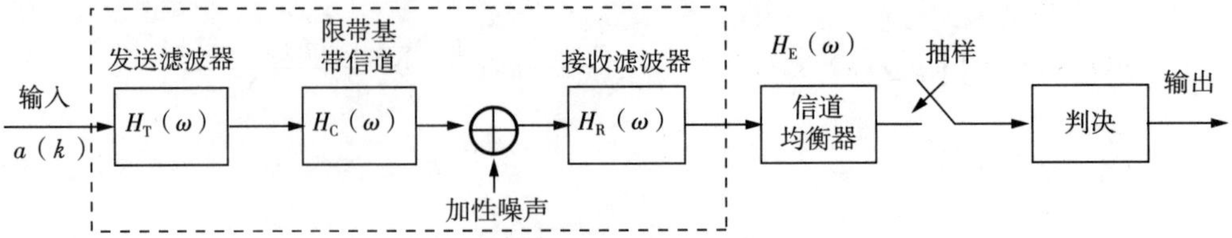

图 5-8　具有均衡器的数字基带传输系统

图中，$H_T(\omega)$、$H_R(\omega)$ 分别为发送滤波器及接收滤波器的频率响应，$H_C(\omega)$ 表示信道的频率响应。发送滤波器、限带信道及接收滤波器的合成频率响应为

$$H(\omega)=H_T(\omega)\cdot H_C(\omega)\cdot H_R(\omega) \tag{5-3-1}$$

式中，接收滤波器与发送滤波器共轭匹配，并具有升余弦滤波器的频率响应特性，即

$$|H_T(\omega)|\cdot|H_R(\omega)|=|H(\omega)|,\ |\omega|\leqslant \pi/T_b \tag{5-3-2}$$

$$|H_T(\omega)|=|H_R(\omega)|=\sqrt{|H(\omega)|},\ |\omega|\leqslant \pi/T_b \tag{5-3-3}$$

当信道特性 $G_C(\omega)$ 不理想时，该数字基带传输系统的传输函数 $H(\omega)$ 不符合奈奎斯特准则，会引起收端时刻抽样的码间干扰。为此，在收端抽样前可加一信道均衡器。

5.3.1　基带传输系统的等效传输模型

图 5-9 所示为图 5-8 的等效模型。

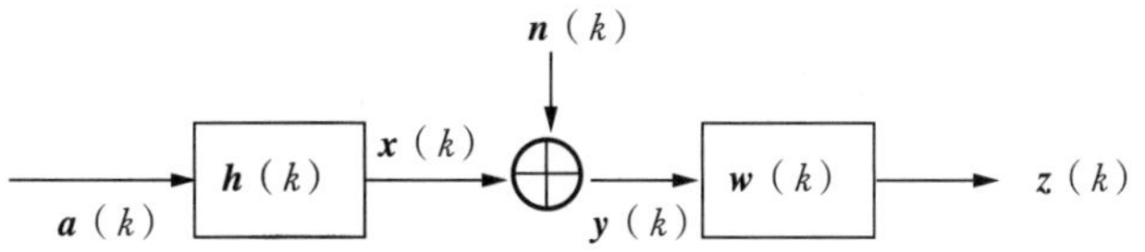

图 5-9　信道均衡结构

$$\boldsymbol{x}(k)=\boldsymbol{h}(k)\otimes \boldsymbol{a}(k)=\sum_i h_i(k)a(k-i) \tag{5-3-4}$$

式中，$\{h_i(k)\}$ 为 k 时刻传输信道权向量。

5.3.2　置零条件

现在的问题是根据观测的接收序列 $y(k)$ 恢复 $a(k)$，或等价辨识信道的逆滤波器（即均衡器）$\boldsymbol{W}(k)$。

从图 5-9 知，均衡器 $w(k)$ 的输出序列为

$$z(k)=\boldsymbol{w}(k)\otimes \boldsymbol{y}(k)=\boldsymbol{w}(k)\otimes \boldsymbol{h}(k)\otimes \boldsymbol{a}(k) \tag{5-3-5}$$

式中，$w(k)$ 为 k 时刻均衡器权向量。

反卷积的目的为

$$z(k)=a(k-d)\mathrm{e}^{j\varphi} \tag{5-3-6}$$

式中，d 为整数时延；φ 为常数相移。

为了实现式(5-3-6)，要求

$$\boldsymbol{w}(k)\otimes \boldsymbol{h}(k)=\delta(k-d)\mathrm{e}^{j\varphi} \tag{5-3-7}$$

式中，$\delta(k)$ 为 Kronecker δ 函数。

对式(5-3-7)做傅里叶变换，得

$$\boldsymbol{w}(\omega)\boldsymbol{H}(\omega)=\mathrm{e}^{j(\varphi-d\omega)} \tag{5-3-8}$$

或

$$\boldsymbol{w}(\omega)=\frac{1}{\boldsymbol{H}(\omega)}\mathrm{e}^{j(\varphi-d\omega)} \tag{5-3-9}$$

即均衡器的目标是实现式(5-3-9)的频谱响应$\boldsymbol{w}(\omega)$。

一般说来,d和φ是未知的。但恒定的时延d并不影响原输入信号$a(k)$的恢复质量,而常数相移φ则可以利用锁相环跟踪。

综上所述,我们希望设计均衡器的抽头系数$\boldsymbol{w}(k)$,使$z(k)$与$a(k)$满足式(5-3-6)。若令$h(k)$代表k时刻原信道(滤波器)与均衡器(逆滤波器)的组合系统的抽头系数,并且$\boldsymbol{C}(\omega)=\boldsymbol{w}(\omega)\boldsymbol{H}(\omega)$,则

$$c(k)=\boldsymbol{h}(k)\otimes\boldsymbol{w}(k) \tag{5-3-10}$$

由于

$$z(k)=\sum_i c_i(k)a(k-i)=a(k-d)\mathrm{e}^{j\varphi} \tag{5-3-11}$$

显然,向量$\boldsymbol{C}=[\boldsymbol{C}(\mathrm{i})]^{\mathrm{T}}$是一个只有一个非零元素(其模等于1)的向量,即

$$\boldsymbol{C}=[\underbrace{0,\cdots,0}_{d-1个},\mathrm{e}^{j\varphi},0,\cdots,0]^{\mathrm{T}} \tag{5-3-12}$$

这就是信道均衡中所谓的置零条件。

5.4 线性均衡

5.4.1 信道的离散时间模型

为了便于研究信道均衡器,先定义一个离散时间信道模型,如图5-10所示。

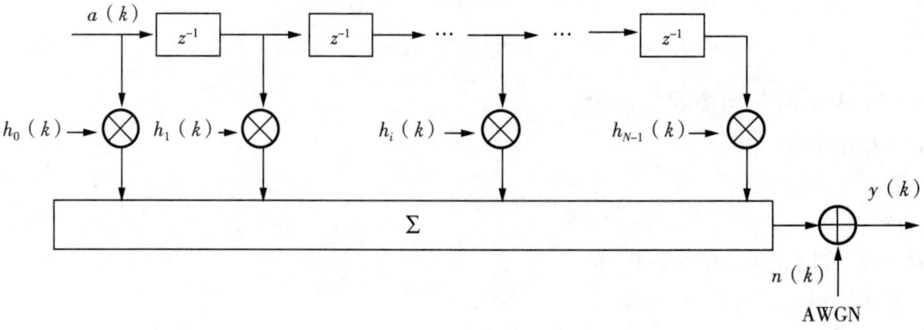

图5-10 ISI+AWGN信道模型

该模型既考虑了码间干扰又考虑了信道噪声。在图5-9中,将信道等效为L个延时器和$L+1$个抽头的线性滤波器,各延时单元的延迟时间相等,通常等于码元宽度T_B;抽头系

数序列为$\{h_0(k), h_1(k), \cdots, h_{N-1}(k)\}$，该线性滤波器用来模拟信道产生的码间干扰；信道噪声用 AWGN 序列 n(k) 表示。在接收机前端往往有匹配滤波器等抗噪接收滤波器，如图 5-8 所示。为了方便起见，往往把接收滤波器合到图 5-10 的等效信道模型中一起考虑。将图 5-7 中的虚线框部分等效为图 5-9 表示的信道模型。在接收端，信道的输出序列 $y(k)$ 输入均衡器中进行均衡处理，其表达式为

$$y(k) = \sum_{i=0}^{N} h_i(k) a(k-i) + n(k) \qquad (5-4-1)$$

5.4.2　基于峰值失真准则的迫零均衡器

1. 横向均衡器

图 5-8 中接收端的接收滤波器 $H_R(\omega)$ 后面加上了一个均衡器 $H_E(\omega)$，整个系统等效的频率响应为

$$H(\omega) = H_T(\omega) H_C(\omega) H_R(\omega) H_E(\omega) \qquad (5-4-2)$$

设判决器的采样判决周期为 T_B，要求系统 $ISI=0$，$H(\omega)$ 必须满足奈奎斯特准则，即

$$\sum_{m=-\infty}^{\infty} H\left(\omega + \frac{2m\pi}{T_B}\right) = \text{常数}, \ |\omega| \leqslant \pi/T_B \qquad (5-4-3)$$

均衡器可以用一个 FIR 滤波器或横向滤波器实现。线性横向滤波器均衡器如图 5-11 所示。

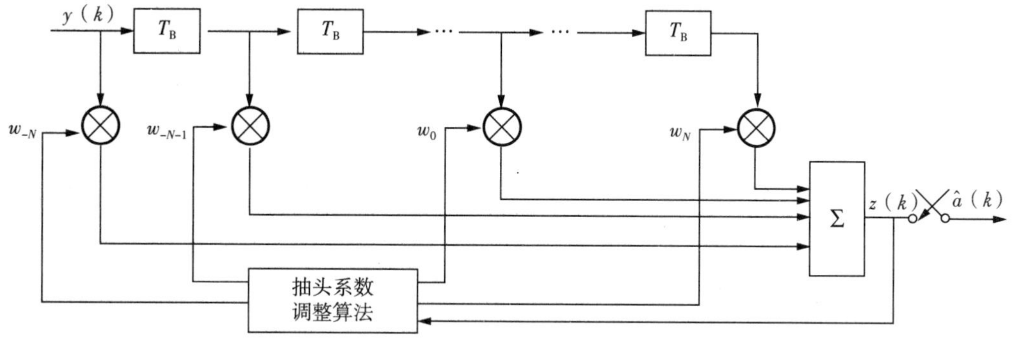

图 5-11　线性横向滤波器(均衡器)

滤波器共有 $2N+1$ 个抽头，其抽头系数为 $w_{-N}, w_{-N+1}, \cdots, w_0, \cdots, w_N$，其冲激响应为

$$w(t) = \sum_{n=-N}^{N} w_n \delta(t - nT_b) \qquad (5-4-4)$$

均衡器的频率响应即式(5-4-4)的傅立叶变换：

$$F(\omega) = \sum_{n=-N}^{N} w_n \exp(-jn\omega T_b) \qquad (5-4-5)$$

对于横向滤波器，可以证明：如果滤波器阶数为有限长度，那么均衡器不能保证 $ISI=0$

严格实现。所以,求出有限长横向滤波器的 $2N+1$ 个抽头系数 $\{w_i\}$,可得到逼近奈奎斯特无码间干扰的条件。

这时横向滤波器的输出为

$$z(k)=\sum_{i=-N}^{N} w_i y(k-i) \tag{5-4-6}$$

式(5-4-6)说明,均衡器在第 k 个抽样时刻上得到的样值 $z(k)$ 由 $2N+1$ 个 $\{W_i\}$ 与 $y(k-i)$ 乘积之和来确定。显然,除 $z(0)$ 以外的所有 $z(k)$ 都属于波形失真引起的码间干扰。当输入波形 $y(t)$ 给定,即各种可能的 $y(k-i)$ 确定时,通过调整 $\{W_i\}$ 使指定的 $z(k)$ 等于零是易实现的,但同时要求所有的 $z(k)(k=0)$ 都等于零却是一件很难的事。

2. 峰值失真准则

在权向量长度有限的情况下,均衡器输出有剩余失真,即除 $z(0)$ 以外的所有 $z(k)$ 都属于波形失真引起的码间干扰。为了反映这些失真的大小,一般采用所谓峰值失真准则和均方失真准则作为衡量标准。峰值失真准则定义为

$$D=\frac{1}{z(0)}\sum_{\infty} |z(k)| \tag{5-4-7}$$

式中,$z(0)$ 是有用信号样值;$\sum_{\infty} |z(k)|$ 是各样值绝对值之和,反映了码间干扰的最大值,它与有用信号样值之比就是峰值失真。显然,对于完全消除码间干扰的均衡器,D 为零;否则,D 应为最小。

均方失真准则定义为

$$e^2=\frac{1}{z^2(0)}\sum_{\infty} |z(k)|^2 \tag{5-4-8}$$

按这两个准则确定的均衡器权向量均可使失真最小,获得最佳的均衡效果。

注意:这两个准则是根据均衡器输出的单脉冲响应来规定的。另外,还需要指出,在分析横向滤波器时,均把时间原点假设在滤波器中心点处,如果时间参考点选择在别处,则滤波器输出的波形形状是相同的,所不同的仅仅是整个波形的提前或推迟。

下面以最小峰值失真准则为基础,指出在该准则意义下时域均衡器的工作原理。

与式(5-4-7)相应,均衡前的输入峰值失真(称为初始失真)为

$$D_0=\frac{1}{y(0)}\sum_{\infty} |y(k)| \tag{5-4-9}$$

若 $y(k)$ 是归一化的,且令 $y(0)=1$,则式(5-4-9)变为

$$D_0=\sum_{\infty} |y(k)| \tag{5-4-10}$$

为方便计算,将样值 $z(k)$ 也归一化,且令 $z(0)=1$,根据式(5-4-6),得

$$z(0)=\sum_{i=-N}^{N} w_i y(-i)=1 \tag{5-4-11}$$

或有

$$w_0 y(0) + \sum_N w_i y(-i) = 1$$

于是

$$w_0 = 1 - \sum_N w_i y(-i) \tag{5-4-12}$$

将式(5-4-12)代入式(5-4-6)，得

$$z(k) = \sum_N w_i [y(k-i) - y(k)y(-i)] + y(k) \tag{5-4-13}$$

再将式(5-4-13)代入式(5-4-7)，得

$$D = \sum_\infty \left| \sum_N w_i [y(k-i) - y(k)y(-i)] + y(k) \right| \tag{5-4-14}$$

可见，在输入序列$\{y(k)\}$给定的情况下，峰值畸变 D 是各抽头增益 w_i(除 f_0 外)的函数。显然，求解使 D 最小的 w_i 是我们所关心的。Lucky 曾证明：如果初始失真 $D_0<1$，则 D 的最小值必然发生在 $z(0)$ 前后的 $z(k)(|k| \leqslant N, k \neq 0)$ 都等于零的情况下。这一定理的数学意义是，所求的各抽头系数$\{w_i\}$应是

$$z(k) = \begin{cases} 0, & 1 \leqslant |k| \leqslant N \\ 1, & k = 0 \end{cases} \tag{5-4-15}$$

时的 $2N+1$ 个联立方程的解。由条件式(5-4-15)、式(5-4-11)和式(5-4-6)可列出抽头系数必须满足的这 $2N+1$ 个线性方程，即

$$\begin{cases} \sum_{i=-N}^{N} w_i y(k-i) = 0, & k = \pm 1, \pm 2, \cdots, \pm N \\ \sum_{i=-N}^{N} w_i y(-i) = 1, & k = 0 \end{cases} \tag{5-4-16}$$

其成矩阵形式，为

$$\begin{bmatrix} y(0) & y(-1) & \cdots & y(-2N) \\ \vdots & \vdots & \cdots & \vdots \\ y(N) & y(N-1) & \cdots & y(-N) \\ \vdots & \vdots & \cdots & \vdots \\ y(2N) & y(2N-1) & \cdots & y(0) \end{bmatrix} \begin{bmatrix} w_{-N} \\ w_{-N+1} \\ \vdots \\ w_0 \\ \vdots \\ w_{N-1} \\ w_N \end{bmatrix} = \begin{bmatrix} 0 \\ \vdots \\ 0 \\ 1 \\ 0 \\ \vdots \\ 0 \end{bmatrix} \tag{5-4-17}$$

这就是说，在输入序列$\{y(k)\}$给定时，如果方程组(5-4-17)调整或设计各抽头系数w_i，可迫使$z(0)$前后各有N个取样点上的零值。这种调整叫作“迫零”调整，所设计的均衡器称为“迫零”均衡器。它能保证在$D_0<1$(这个条件等效于在均衡之前有一个睁开的眼图，即码间串扰不足以严重到闭合眼图)时，调整出w_0外的$2N$个抽头增益，并迫使$z(0)$前后各有N个取样点上无码间串扰，此时D取最小值，均衡效果达到最佳。

现以设计3个抽头的迫零均衡器减少码间串扰为例，分析均衡效果。

已知，$y(-2)=0$，$y(-1)=0.1$，$y(0)=1$，$y(1)=-0.2$，$y(2)=0.1$，求3个抽头的系数，并计算均衡前后的峰值失真。

根据式(5-4-17)和$2N+1=3$，列出矩阵方程为

$$\begin{bmatrix} y(0) & y(-1) & y(-2) \\ y(1) & y(0) & y(-1) \\ y(2) & y(1) & y(0) \end{bmatrix}\begin{bmatrix} w_{-1} \\ w_0 \\ w_1 \end{bmatrix}=\begin{bmatrix} 0 \\ 1 \\ 0 \end{bmatrix}$$

将样值代入式(5-4-17)，列出方程组为

$$\begin{cases} w_{-1}+0.1w_0=0 \\ -0.2w_{-1}+w_0+0.1w_1=1 \\ 0.1w_{-1}-0.2w_0+w_1=0 \end{cases}$$

解联立方程，得

$$w_{-1}=-0.09606,\quad w_0=0.9606,\quad w_1=0.2017$$

然后由式(5-4-6)可算得

$$z(-1)=0,\quad z(0)=1,\quad z(1)=0$$

$$z(-3)=0,\quad z(-2)=0.0096, z(2)=0.0557, z(3)=0.02016$$

输入峰值失真为

$$D_0=0.4$$

输出峰值失真为

$$D=0.0869$$

均衡后的峰值失真为$0.21725D$。

可见，3个抽头均衡器可以使$z(0)$两侧各有一个零点，但在远离$z(0)$的一些抽样点上仍会有码间串扰。这就是说抽头有限时，不能完全消除码间串扰，但适当增加抽头数可以将码间串扰减小到相当小的程度。也可见，均衡后的峰值畸变值比均衡前小，从而减小了均衡后抽样值的码间干扰，但仍有残留码间干扰。

迫零算法的关键是先要估计原系统冲激响应，然后联立方程，求出有限长度横向滤波

器的抽头系数。

迫零算法是有缺点的，这是由于在设计迫零均衡器时忽略了加性噪声，而在实际通信中存在加性噪声，这就引起了以下问题：在实际通信系统中，当信道传递函数的幅频特性在某频率有很大衰减（出现传输零点）时，由于均衡器特性与信道特性互逆，所以迫零均衡器在此频点有很大的幅度增益，在实际信道存在加性噪声时，系统的输出噪声会增大，导致系统的输出信噪比下降。

5.4.3　基于最小均方误差准则的均衡器

线性均方误差（mean square error，MSE）均衡器的工作原理是通过调整均衡器权向量，使期望值和估计值的均方误差最小化。设 $a(k)$ 为发送端在第 k 个码元间隔发出的信息码元值，期望值取为 $d(k)=a(k)$，$a(k)$ 的估计值为 $\hat{a}(k)$，则误差信号为

$$e(k)=d(k)-\hat{a}(k) \tag{5-4-18}$$

式中，

$$\hat{a}(k)=\sum_{j=-N}^{N} w_j(k)y(k-j) \tag{5-4-19}$$

式中，$y(k)$ 为均衡器的输入序列。这时，代价函数为

$$J=E[|d(k)-\hat{a}(k)|^2]=E[|d(k)-\sum_{j=-N}^{N} w_j(k)y(k-j)|^2] \tag{5-4-20}$$

要使式(5-4-20)最小，需要调整 $w_j(k)$ 的大小。根据均方估计的正交性原理，等价于使误差函数 $e(k)=d(k)-\hat{a}(k)$ 与输入信号 $y^*(k-l)$ 正交，$|l|\leqslant N$，即

$$E[e(k)y^*(k-l)]=E\left\{\left[d(k)-\sum_{j=-N}^{N} w_j(k)y(k-l)\right]y^*(k-l)\right\}=0 \tag{5-4-21}$$

或等价于

$$\sum_{j=-N}^{N} w_j(k)E[y(k-l)y^*(k-l)]=E[d(k)y^*(k-l)] \tag{5-4-22}$$

将式(5-4-1)代入式(5-4-21)，得

$$\begin{aligned}E[y(k-l)y^*(k-l)]=&E\left\{\left[\sum_{i=0}^{N} h_i(k)a(k-j-i)+n(k-j)\right]\cdot\right.\\&\left.\left[\left(\sum_{i'=0}^{N} h_{i'}^*(k)a^*(k-l-i')+n^*(k-l)\right]\right\}\\=&\sum_{i=0}^{N}\sum_{i'=0}^{N} h_i(k)h_{i'}^*(k)E[a(k-j-i)a^*(k-l-i')]+\\&E[n(k-j)n^*(k-l)]\end{aligned}$$

$$
\begin{aligned}
&= \sum_{i=0}^{N} \sum_{i'=0}^{N} h_i(k) h_{i'}^*(k) \delta(i+j-l-i') + G^0 \delta_{1j} \\
&= \sum_{i=0}^{N} h_i(k) h_{i+j-l}^*(k) + G^0 \delta_{lj} \\
&= \Gamma_{lj}
\end{aligned}
\tag{5-4-23}
$$

式中，$l, j = -N, \cdots, -1, 0$；G_0 为信道 AWGN 的单边带功率谱。

$$
\begin{aligned}
E[d(k) y^*(k-l)] &= E\left[d(k) \sum_{i=0}^{N} h_i^*(i) d^*(k-l-i) + n^*(k-l)\right] \\
&= \sum_{i=0}^{N} h_i^*(k) E[d(k) d^*(k-l-i)] \\
&= \sum_{i=0}^{N} h_i^*(k) \delta(l+i) \\
&= h_{-l}^*(k)
\end{aligned}
\tag{5-4-24}
$$

式中，$l = -L, \cdots, -1, 0$。

根据式(5-4-23)和式(5-4-24)，将式(5-4-22)简化为

$$
\sum_{j=-N}^{N} w_j(k) \Gamma_{lj} = h_{-l}^*(k) \tag{5-4-25}
$$

其矩阵形式为

$$
\boldsymbol{\Gamma W} = \boldsymbol{h} \tag{5-4-26}
$$

式中，$\boldsymbol{W}$ 是均衡器权向量，$\boldsymbol{\Gamma}$ 为 $(2N+1) \times (2N+1)$ 协方差矩阵，$\boldsymbol{h}$ 是 $N+1$ 维列向量，其元素为 $h_{-l}^*(k)$。由式(5-4-24)，得最优权向量矩阵为

$$
W^{\text{opt}} = \boldsymbol{\Gamma}^{-1} \boldsymbol{h} \tag{5-4-27}
$$

可以根据式(5-4-27)调整均衡器权向量使代价函数最小，实现 MSE 均衡。

可以使用代价函数的最小值 $J_{\min}$ 作为衡量均衡器在信道噪声和码间干扰共同影响之下的均衡效果。由式(5-4-20)，得

$$
J = E[|d(k) - \hat{a}(k)|^2] = E[e(k) d^*(k)] - E[e(k) \hat{a}^*(k)] \tag{5-4-28}
$$

根据式(5-4-19)和式(5-4-21)，可知 $E[e(k)\hat{a}^*(k)] = 0$，则有

$$
\begin{aligned}
J_{\min} = E[e(k) d^*(k)] &= E[|I_k|^2] - \sum_{j=-\infty}^{\infty} f_j(k) E[y(k-j) d^*(k)] \\
&= 1 - \sum_{j=-\infty}^{\infty} f_j(k) h_{-j}(k)
\end{aligned}
\tag{5-4-29}
$$

均衡器输出的噪信比(SNR)定义为

$$SNR = (1 - J_{\min}) / J_{\min} \tag{5-4-30}$$

虽然线性MSE均衡器的性能比迫零均衡器有所改善，但是在克服严重的码间干扰方面具有较大的局限性，所以，实际的高速数字通信系统中很少采用，取而代之的是可以动态调整均衡器抽头系数的自适应均衡器。另外，还需要说明的是，基于峰值失真的迫零均衡器和基于最小均方误差(MMSE)的均衡器减小或消除码间干扰的准则并不是奈奎斯特准则，所以是次最优均衡器。

5.5 判决策略自适应均衡器

5.5.1 判决引导自适应均衡器

自适应均衡器可以采用LMS、RLS、LS以及前面各章讨论过的各种自适应算，但是采用LMS及其他自适应算法均要求知道期望信号 $d(k)$。为了得到期望要信号 $d(k)$，一种办法是定期由发送端向接收端传送已知的信号，又称为训练(training)信号、导引信号或导频(pilot)信号。另一种方法是采用判决检测器，直接由滤波器输出 $y(k)$ 产生 $d(k)$，这个方法是由贝尔实验室的Lucky首先提出的，称为判决引导法。

在信道上传输的数字信息可能是双电平量化，也可能是多电平量化。判决检测器应与之对应。采用量化检测器的自适应均衡器如图5-12所示。

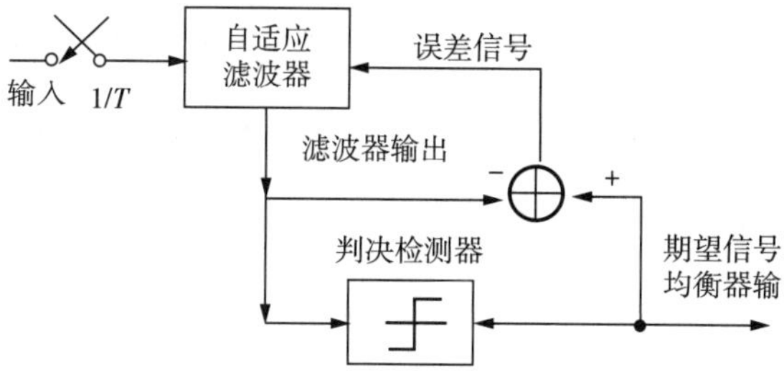

图5-12 采用量化检测器的自适应均衡器

其原理如下：

双电平判决检测器为一门限为零的判决器。当其输入为零或正时，判决输出为 $+A$；当输入为负时，判决输出为 $-A$。双电平量化的数字信息可能为 $+A$ 或 $-A$(相当于数据为1或0)。如果线路没有失真或者噪声，或者失真和噪声很小，则当数据为1时(其电平为 $+A$)，滤波器输出大于零的概率相当大，判决输出为 $+A$，即为1；而当数据为0时(其电平为 $-A$)，滤波器输出小于零的概率相当大，判决输出为 $-A$，即为0；这时判决正确的概率相当大。当有一定的失真和噪声时，判决正确和错误均有一定的概率。只有判决正确，均衡器才能工作。实验证明，即使最初有25%的量化判决是错误的，自适应滤波器也能沿着正确的方向调整自己的参数并收敛到最优解。这种方法的一个问题是当失真较大时，收敛前的高差错率可能使滤波器虚假收敛到局部极值点，而不是总体极值点。图5-13给出了更详细的LMS自适应均衡器框图。

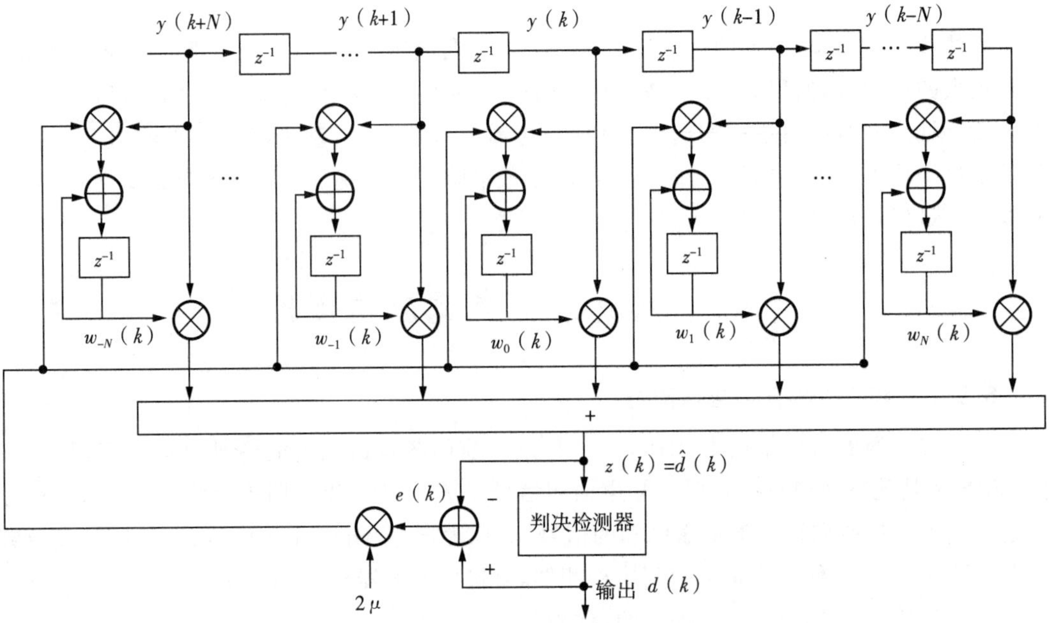

图 5-13　更详细的 LMS 自适应均衡器框图

这种结构称为前馈式。相应的均衡器称为线性自适应均衡器。

$$\boldsymbol{w}(k)=[w_{-N}(k),\cdots,w_{-1}(k),w_0(k),w_1(k),\cdots,w_N(k)]^{\mathrm{T}} \tag{5-5-1}$$

$$\boldsymbol{y}(k)=[y(k+N),\cdots,y(k+1),y(k),y(k-1),\cdots,y(k-N)]^{\mathrm{T}} \tag{5-5-2}$$

LMS 算法权向量的递推公式为

$$\boldsymbol{w}(k+1)=\boldsymbol{w}(k)+2\mu e(k)\boldsymbol{y}(k) \tag{5-5-3}$$

第 i 支路权向量的递推公式为

$$w_i(k+1)=w_i(k)+2\mu e(k)y(k-i) \tag{5-5-4}$$

因为自适应调整方向取决于 $e(k)y(k-i)$ 的符号，所以式(5-5-4) 可简化为以下几种形式：

$$w_i(k+1)=w_i(k)+2\mu sign[e(k)]y(k-i) \tag{5-5-5}$$

$$w_i(k+1)=w_i(k)+2\mu e(k)sign[y(k-i)] \tag{5-5-6}$$

$$w_i(k+1)=w_i(k)+2\mu sign[e(k)]sign[y(k-i)] \tag{5-5-7}$$

权向量可采用中心抽头初始化，即

$$\boldsymbol{w}(0)=[0,\cdots,0,1,0,\cdots,0]^{\mathrm{T}} \tag{5-5-8}$$

此时均衡器具有单位增益。然后随着自适应调整进行，w 将逐渐收敛到最优解(当然是在一定的条件范围才能实现)。

5.5.2　判决反馈自适应均衡器

判决反馈均衡器(DFE) 的基本结构如图 5 - 14 所示。

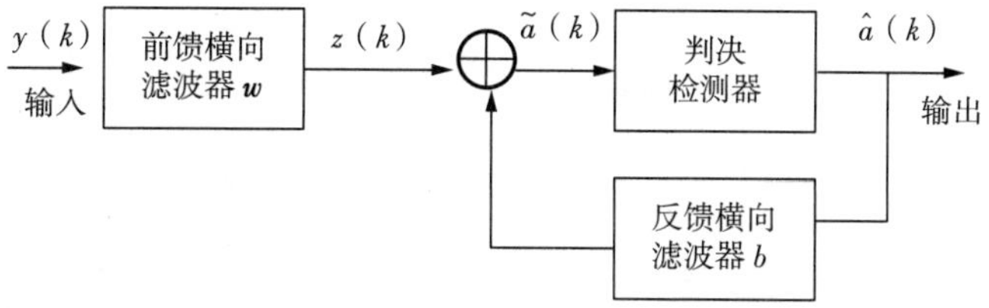

图 5 - 14　判决反馈均衡器的基本结构

这种均衡器包括前馈和反馈两个横向滤波器。横向滤波器的抽头延时均等于输入符号 $y(k)$ 的采样间隔 T。前馈横向滤波器就是均衡器。反馈横向滤波器用于进一步抑制当前时刻之前的信息符号所产生的 ISI。虽然前馈和反馈均采用线性横向 FIR 滤波器，但前馈和反馈滤波器的输入取自判决检测器，而且判决检测器是非线性结构，也就是说，判决反馈均衡器是非线性均衡器。判决反馈均衡器是一种应用广泛的均衡器。自适应均衡器有各种自适应算法。采用 LMS 算法的判决反馈均衡器 (decision feedback equalizer，DFE) 结构，如图 5 - 15 所示。

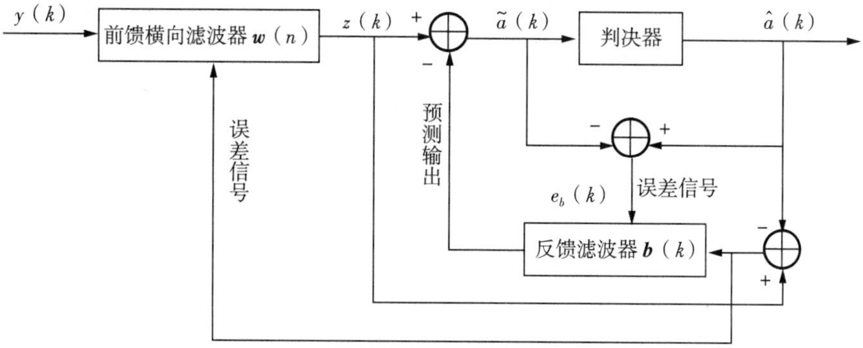

图 5 - 15　LMS 自适应判决反馈均衡器

在图 5 - 15 中，均衡器的输出为

$$\tilde{a}(k) = \boldsymbol{w}(k)\boldsymbol{y}(k) - \boldsymbol{b}(k)\hat{\boldsymbol{a}}(k) = \sum_{i=-N}^{N} w_i(k)y(k-i) - \sum_{i=-M}^{M} b_i(k)\hat{a}(k-i) \tag{5-5-9}$$

式中，

$$\boldsymbol{y}(k) = [y(k+N), \cdots, y(k-N)]^{\mathrm{T}} \tag{5-5-10}$$

$$\hat{\boldsymbol{a}}(k)=[\hat{a}(k+M),\cdots,\hat{a}(k-M)]^{\mathrm{T}} \tag{5-5-11}$$

$$\boldsymbol{w}(k)=[w_{-N}(k),\cdots,w_{-1}(k),w_1(k),\cdots,w_N(k)]^{\mathrm{T}} \tag{5-5-12}$$

$$\boldsymbol{b}(k)=[b_{-M}(k),\cdots,b_{-1}(k),b_0(k),b_1(k)\cdots,b_M(k)]^{\mathrm{T}} \tag{5-5-13}$$

LMS 算法权向量的更新公式为

$$\boldsymbol{w}(k+1)=\boldsymbol{w}(k)+2\mu e_f(k)\,\boldsymbol{y}^*(k) \tag{5-5-14}$$

$$\boldsymbol{b}(k+1)=\boldsymbol{b}(k)+2\mu e_b(k)\,\hat{\boldsymbol{a}}^*(k) \tag{5-5-15}$$

式中，$e_w(k)=z(k)-\hat{a}(k)$ 为前馈误差；$e_b(k)=\tilde{a}(k)-\hat{a}(k)$ 为反馈误差。

同样地，关于 LMS 算法的性能及其各种改进算法均可用于自适应判决反馈均衡器。

判决反馈均衡器可以有多种形式：

(1) 普通的前馈滤波器＋普通的反馈滤波器；

(2) 普通的前馈滤波器＋预测反馈滤波器；

(3) 分数间隔前馈滤波器＋普通的反馈滤波器；

(4) 分数间隔前馈滤波器＋预测反馈滤波器。

5.6 调制解调器和自适应均衡器的连接

语音通信系统是模拟系统，要利用它传输数字信号，就必须有将数字信号变为模拟信号和将模拟信号变为数字信号的装置。这种接口装置称为调制解调器(MODEM)。广泛使用的一种 MODEM 是采用正交调幅(4QAM) 方式，其原理框图如图 5-16 所示。配合 QAM 的自适应均衡器应采用复数算法。

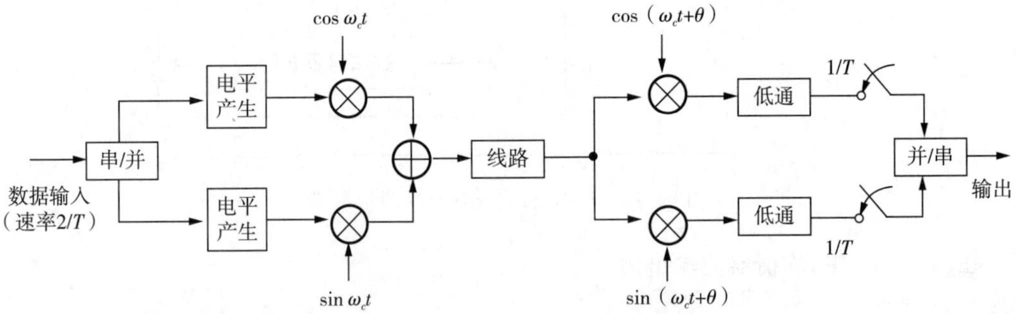

图 5-16　QAM 数据传输系统的原理框图

通常，自适应均衡器是与 MODEM 连接在一起的。自适应均衡器与 MODEM 的连接方式有两种，如图 5-17 所示。图 5-17(a) 为基带均衡，其特点是信号解调为基带之后再进行复数自适应均衡。图 5-17(b) 为频带均衡，均衡在载波(或中频) 频率进行，均衡后再进行解调。频带均衡时，为了实现在频带上的自适应滤波，由判决检测器得到的误差应再次调制到载波(或中频)上去。频带-基带变化所需要的载波(或中频)信号由 MODEM 的数字锁相环得到。判决检测器还产生所需的相位误差信号。

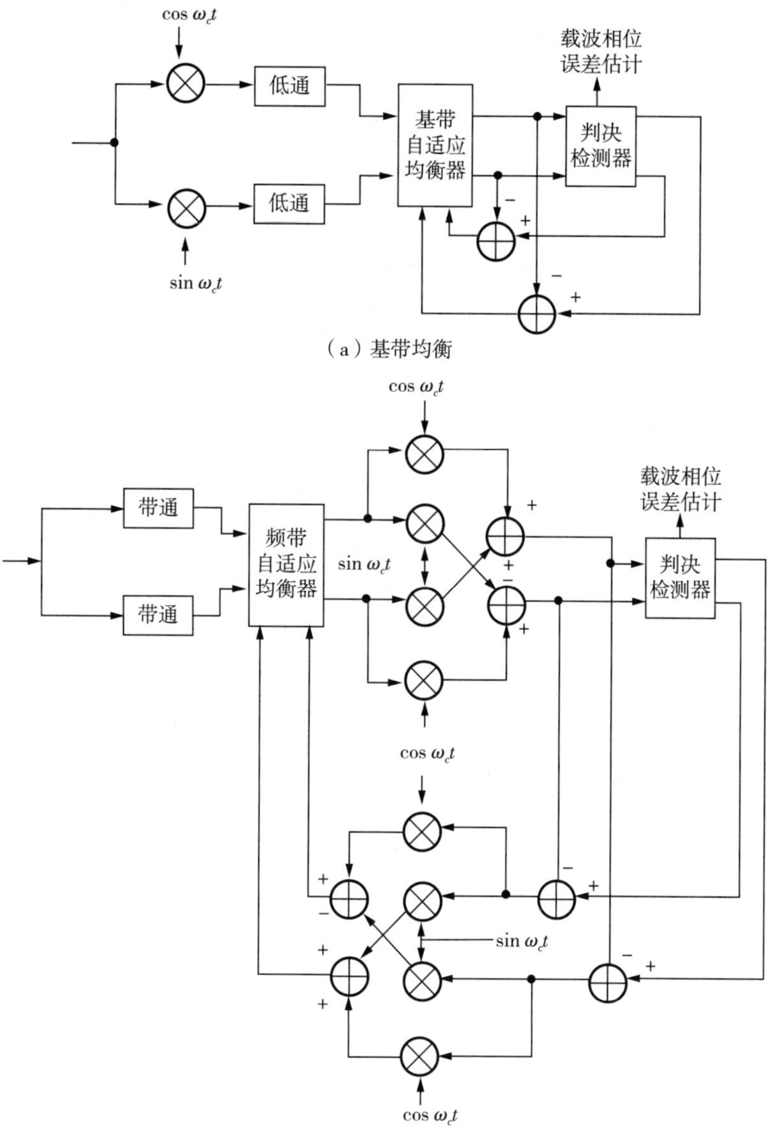

(a) 基带均衡

(b) 频带均衡

图 5-17　自适应均衡器与 MODEM 的连接方式

5.7　基于 LMS 算法的 OFDM 系统均衡算法

在以往的单载波传输系统中,码间干扰的削弱一般是通过自适应技术来完成的。自适应技术具有自动跟踪信道变化的优势。因此,研究自适应 OFDM 系统具有一定的实际意义[67-69]。本节将传统的自适应技术与OFDM技术相结合,研究基于LMS算法的OFDM系统均衡算法。

5.7.1 OFDM通信系统基本模型

OFDM通信数字系统基带模型如图5-18所示。

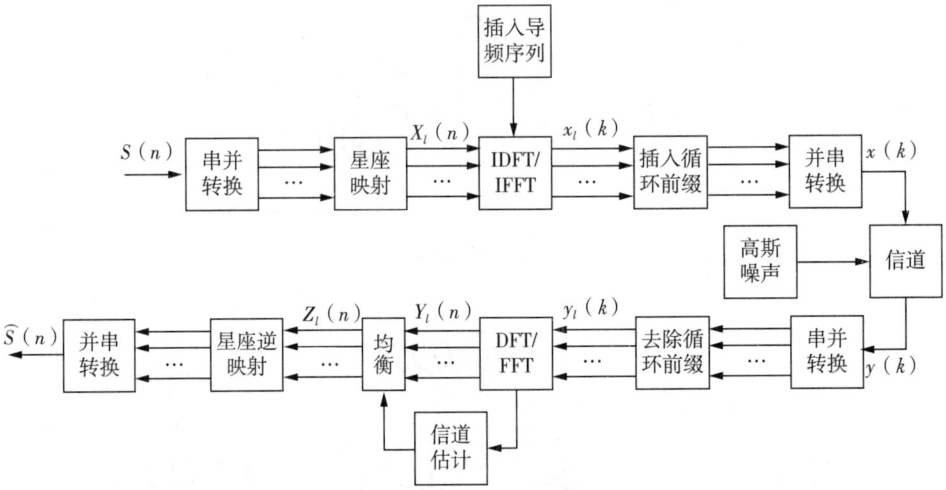

图5-18 OFDM通信数字系统基带模型

图5-18中,假设原始信号$S(n)$为一串连续发送的高速数据流,经过串并变换和星座映射后,形成复数形式的发送信号$X_l(n)$,随后该复数信号被调制到N个相互正交的子载波上并行传输,其调制过程的数学表达式为

$$x_l(k)=\sum_{n=0}^{N-1}X_l(n)\exp\left(j\frac{2\pi nk}{N}\right) \tag{5-7-1}$$

式中,l为载波的序号,k为采样时刻,$0\leqslant l\leqslant N-1$,$N$为载波的个数,$0\leqslant k\leqslant M-1$,$M$为每个载波发送的码元数。式(5-7-1)表明,载波序号为l、采样时刻为k的调制后信号是由相同采样时刻的所有载波信号叠加而成的。若考虑离散傅里叶逆变换,则

$$x(k)=\frac{1}{N}\sum_{n=0}^{N-1}X(n)\exp\left(j\frac{2\pi nk}{N}\right) \tag{5-7-2}$$

比较式(5-7-1)和式(5-7-2)知,如果忽略离散傅里叶逆变换中的系数,则OFDM系统的载波调制过程可以通过离散傅里叶逆变换实现,并且由于离散傅里叶变换具有FFT快速的特点,使得OFDM系统在载波调制上的复杂度大大简化。OFDM系统的载波解调也必然通过傅里叶变换DFT实现,即

$$Y_l(n)=\sum_{k=0}^{N-1}y_l(k)\exp\left(-j\frac{2\pi kn}{N}\right) \tag{5-7-3}$$

由于OFDM系统首先对信号进行了傅里叶逆变换,这里一般将$X_l(n)$看作频域信号,

而将 $x_l(k)$ 认为是对应的时域信号。再将 $x_l(k)$ 经过并串变换和加入循环前缀后送入信道传输，以上就是 OFDM 系统发送端的主要流程。

接收端接收信号经过串并变换和去除循环前缀后得到并行的每个子载波上的时域信号 $y_l(k)$，随后通过傅里叶变换 DFT 得到频域信号 $Y_l(n)$。紧接着，将 $Y_l(n)$ 作为均衡器的输入并结合信道估计技术得到均衡器的输出信号 $Z_l(n)$。由于均衡器的输入是傅里叶变换后的输出，因此，OFDM 中的均衡一般认为是一种频域均衡方式。故而要求均衡器的引入能够使得系统的总传输函数满足无失真的条件。最后，对 $Z_l(n)$ 进行星座解映射和并串变换得到最初的发送信号估计值 $\hat{S}(n)$。若不考虑均衡和信道估计部分，整个系统用数学表达式等效为

$$\boldsymbol{Y}_l = \mathrm{FFT}(\boldsymbol{y}_l) = \mathrm{FFT}(\boldsymbol{x}_l \otimes \boldsymbol{h} + \boldsymbol{g}_l) = \boldsymbol{X}_l \boldsymbol{H}_l + \boldsymbol{G}_l \tag{5-7-4}$$

式中，$\boldsymbol{h}$ 为信道的冲激响应，$\boldsymbol{H}_l$ 为信道的频域响应，$\boldsymbol{g}_l$ 为第 l 个子载波上的时域加性高斯白噪声序列，$\boldsymbol{G}_l$ 为每个载波上叠加的频域复高斯白噪声序列。

式(5-7-4)表明，任一载波上的接收信号 $\boldsymbol{Y}_l(n)$ 可由对应的发送信号 $\boldsymbol{X}_l(n)$ 与 $\boldsymbol{H}_l$ 的乘积并叠加复高斯白噪声得到，这就是 OFDM 技术核心思想的直接数学表示，也是其最根本的理念。

5.7.2　OFDM 频域均衡原理

OFDM 技术通过串并变换来扩展每个码元的时间长度，这在一定程度上减少了相邻码元间的交叠部分。但在实际信道中，在时间选择性衰落和多普勒频移比较严重，或者进行傅里叶变换的调制解调设备无法实现载波间的完全正交导致了频率间的偏移时不可避免地存在着一定的码间干扰和载波间干扰。接收信号经过傅里叶变换后，频域信号为式(5-7-4)。

某一时刻某子载波输出信号只是输入信号与该子载波对应的子信道频率响应的简单乘积，因而其均衡的目的主要是消除了每个子信道的频率响应，而符号间干扰也不再是 OFDM 系统的主要影响因素，并且载波间的偏移需要通过同步技术来解决，这里本书不讨论。对于具有 N 个子载波的 OFDM 系统，当信道的最大时延扩展小于循环前缀的长度时，频域均衡已经能够实现信号的恢复工作，也就是利用信道响应的逆来削弱信道对输入信号的影响，这里信道响应的逆主要采用信道估计算法求得。由于 OFDM 系统利用了多个子信道，其频域均衡通常是在每个子信道中都添加一个均衡器。其原理框图如图 5-19 所示。

图中，$\hat{H}_l$ 表示每一路子信道频率响应的估计值，其用来辅助均衡器完成对发送信号的估计。$\boldsymbol{Y}_l$ 是均衡器的输入，$\boldsymbol{Z}_l$ 是均衡器的输出。若假设均衡器的系数是 W_l，则 Z_l 可表示为

$$\boldsymbol{Z}_l = \boldsymbol{W}_l \boldsymbol{Y}_l \tag{5-7-5}$$

比较式(5-7-5)和式(5-7-6)知，当信号噪声比(SNR)较大时，若不考虑噪声的影响，W_l 满足

$$W_l = \frac{1}{H_l} \tag{5-7-6}$$

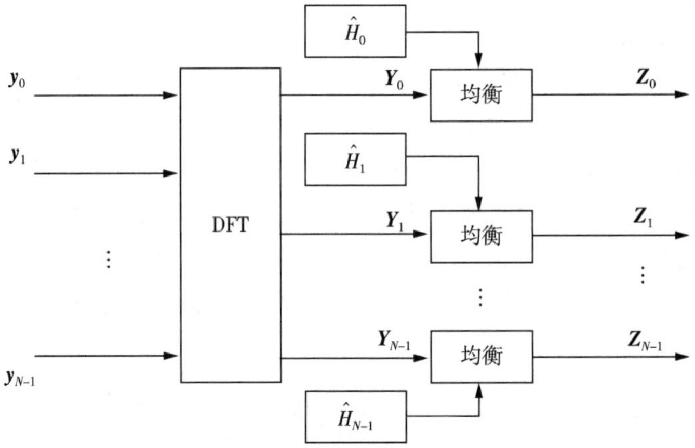

图 5-19 OFDM 频域均衡原理框图

时，系统能够实现最佳的均衡。当然在噪声影响较大时，W_l 作为信道的逆时需要考虑噪声因素，否则其偏差较大，均衡的效果也将会有明显的下降。

5.7.3 基于 LMS 算法的 OFDM 系统均衡算法

信道时域表示可以等效为一个抽头延时线模型，而 OFDM 系统通过接收端的傅里叶变换将这种横向模型变换为频域内一个个相互独立的并行子信道，将每个子信道简化为单抽头模型。所以，将 LMS 算法与 OFDM 系统相结合以后，每个子信道完全可以通过一个单抽头滤波器完成对信号的恢复。当然，多抽头滤波器结构也同样有效，但计算复杂度高。对于 OFDM 系统，并不是一种最好的选择。因此，目前自适应算法在 OFDM 系统中大都采用单抽头滤波器结构。基于 LMS 算法的 OFDM 系统均衡结构如图 5-20 所示[70-73]。

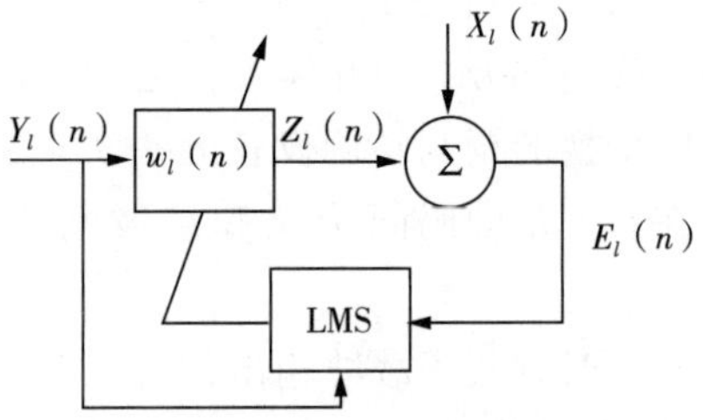

图 5-20 基于 LMS 算法的 OFDM 系统均衡结构

图中给出了某一子载波采用 LMS 滤波的系统框图，其中，$\boldsymbol{W}_l(n)$ 为均衡器权系数，$E_l(n)$ 为均衡器的输出 $Z_l(n)$ 与原始的发送信号$\boldsymbol{Y}_l(n)$ 的差值。此时，$Z_l(n)$ 为

$$Z_l(n) = \boldsymbol{W}_l^*(n)\boldsymbol{Y}_l(n) \tag{5-7-7}$$

式中，

$$E_l(n) = Z_l(n) - X_l(n) = \boldsymbol{W}_l^*(n)\boldsymbol{Y}_l(n) - X_l(n) \tag{5-7-8}$$

在单载波系统中，自适应算法的性能一般都是从收敛速度和均方误差两个方面来考虑的。而多载波系统由于每个子载波均采用了一个均衡器，单一地考察某个子载波均衡算法的性能则显得有失合理，故这里重新定义系统性能测度方法，即均方误差（MSE）性能测度

的数学表达式修正如下：

$$\mathrm{MSE}(k)=\frac{1}{N}\sum_{l=0}^{N-1}\mathrm{MSE}_l(n)=\frac{1}{N}\sum_{l=0}^{N-1}10\lg\left[E_l^2(n)\right] \tag{5-7-9}$$

式(5-7-9)表明，OFDM 系统中 LMS 算法的性能由所有子载波的 LMS 算法共同决定，其收敛曲线为每个支路各自收敛曲线的数学平均。为了获得最佳性能，需要代价函数 $J_l(n)$ 收敛到一个最小值。当均衡器的输入无噪声时，$J_l(n)$ 的最小值趋于零；而当输入含有噪声时，$J_l(n)$ 的最小值趋于一个非零的常数。$J_l(n)$ 对 $\boldsymbol{W}_l(n)$ 求梯度可得到 $W_l(n)$ 的递归关系修正为

$$\boldsymbol{W}_l(n)=\boldsymbol{W}_l(n-1)-\mu E^*(n)\boldsymbol{Y}_l(n) \tag{5-7-10}$$

式(5-7-8)～式(5-7-11)构成了基于LMS算法的 OFDM 系统均衡具体实现算法。

为了验证基于单抽头 LMS 算法的 OFDM 系统均衡性能，将其与 OFDM 系统下的多抽头 LMS、单载波时域 LMS 进行仿真实验比较。在此，为了简化系统的复杂度，各个子信道对应的 μ 值均取相同值。

【实验 5-1】　三个系统均采用 4QAM 星座映射，噪声环境为加性高斯白噪声，信噪比为 20 dB。信道为最小相位水声信道，其冲激响应 $\boldsymbol{h}=[0.3132\ -0.1040\ 0.8908\ 0.3134]$。OFDM 系统采用 64 个子载波，循环前缀的长度取为 16。OFDM 系统下单抽头 LMS 算法步长因子 $\mu=0.02$，30 次蒙特卡洛仿真。OFDM 系统下多抽头 LMS 算法权向量长度为 7，中心抽头初始化为 1，$\mu=0.005$，30 次蒙特卡洛仿真。单载波时域 LMS 算法权向量长度为 16，第 8 个抽头初始化为 1，$\mu=0.003$。1000 次蒙特卡洛仿真结果，如图 5-21(a) 所示。

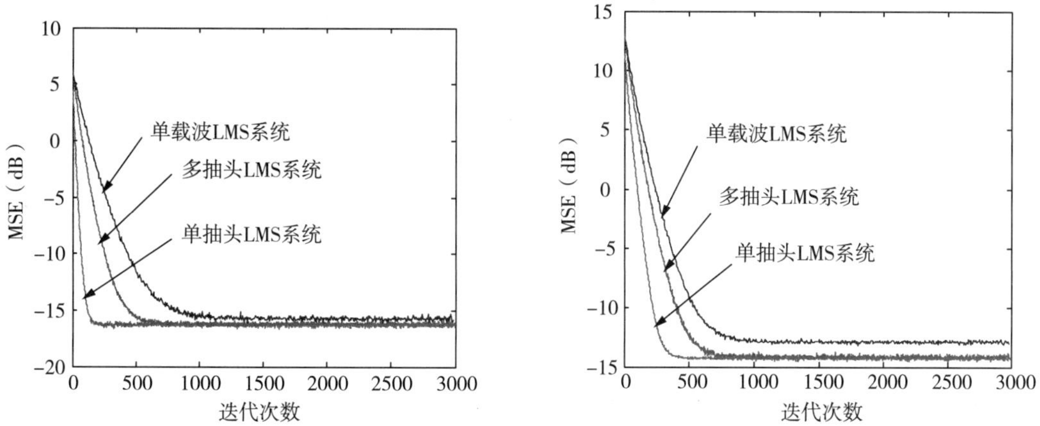

（a）4QAM　　（b）16QAM

图 5-21　均方误差曲线

3 个系统均采用 16QAM 星座映射，噪声为高斯噪声，信噪比 25 dB。OFDM 系统下单抽头 LMS 算法 $\mu=0.0015$，30 次蒙特卡洛仿真。多抽头 LMS 算法权向量长度为 7，中心抽头初始化为 1，$\mu=0.001$，100 次蒙特卡洛仿真。单载波时域 LMS 算法权向量长度为 16，第

8 个抽头初始化为 1，$\mu=0.001$，其余参数同实验一。1000 次蒙特卡洛仿真结果，如图 5-21(b) 所示。

图 5-21(a) 表明，3 个系统的 LMS 算法达到稳定后，输出星座图几乎没有区别，均能实现对信号的良好恢复，但收敛速度却有着明显的差异。OFDM 系统下单抽头 LMS 大约 200 步即可收敛，比多抽头 LMS 以及单载波中 LMS 分别快了 500 步和 1000 步，因此具有最好的性能。

图 5-21(b) 表明，算法达到稳定后，OFDM 系统下单抽头 LMS 大约 500 步即可收敛，比多抽头 LMS 以及单载波中 LMS 分别快了 300 步和 700 步，且 OFDM 系统下单抽头 LMS 均方误差与多抽头 LMS 相同，比单载波中 LMS 下降了大约 1 dB，输出星座图更为紧凑、集中。因此，OFDM 系统下单抽头 LMS 具有更好的性能。

第 6 章　自适应盲源分离

【内容导引】　在盲源分离数学模型基础上，分析了盲源分离的约束条件、信号的预处理，给出了盲源分离的主要分离准则和评价准则，研究了基于改进分离性能指标的自适应盲源分离算法、基于融合动量项的符号梯度盲源分离算法及基于改进 Fast ICA 的卷积盲源分离算法，并进行了仿真分析。

在信号传输中，当源信号及其混合方式未知时，需用盲源分离算法来解决。盲源分离算法的基本任务是在源信号仅知少量先验知识甚至完全未知的情况下，从一组接收的观测信号中恢复出源信号。盲源分离算法在人脸识别、语音信号处理、生物医学信号处理、卫星及微波通信等方面都体现出了巨大的潜力，是目前热点研究领域之一。盲源分离涉及统计论、信息论、神经网络等理论，本章主要讨论盲源分离算法。

6.1　盲源分离的数学模型

随着研究的不断深入，盲源分离的理论体系也越发完备。根据混合方式，将盲源分离算法分为线性混合模型以及非线性混合模型，由于非线性混合盲源分离模型相当复杂，所以本章以基于线性混合模型的盲源分离问题为研究对象。在线性混合模型下，根据混合方式是否有延迟，又可以将其分为线性瞬时混叠（linear instantaneous mixture model，LIMM）模型以及线性卷积混叠（linear convolution mixture model，LCMM）模型[74]。

6.1.1　线性瞬时混叠模型

在盲源分离算法中，线性瞬时混叠模型是一种比较理想的理论模型，对于研究盲源分离算法具有非常重要的理论意义，其他一些研究都是以线性瞬时混叠模型为基础的。线性瞬时混叠模型原理如图 6 - 1 所示。

图中，$s_1(t)$，$s_2(t)$，…，$s_N(t)$ 表示 N 个信号源发出的信号，$x_1(t)$，$x_2(t)$，…，$x_M(t)$ 表示 M 个传感器接收的观察信号。在理想状态下，信号源到各个传感器的时延可以忽略不计且不考虑噪声的影响，并且混合的方式是线性混合，传感器接收的信号为

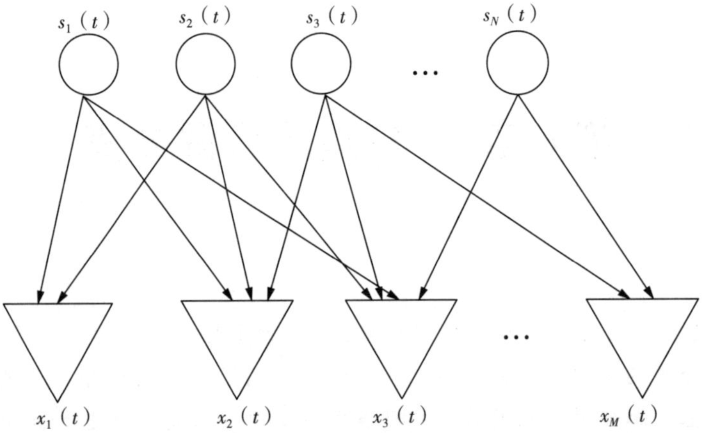

图 6-1　线性瞬时混叠模型原理

$$\begin{cases} x_1(t)=a_{11}s_1(t)+a_{12}s_2(t)+a_{13}s_3(t)+\cdots+a_{1N}s_N(t) \\ x_2(t)=a_{21}s_1(t)+a_{22}s_2(t)+a_{23}s_3(t)+\cdots+a_{2N}s_N(t) \\ x_3(t)=a_{31}s_1(t)+a_{32}s_2(t)+a_{33}s_3(t)+\cdots+a_{3N}s_N(t) \\ \vdots \\ x_M(t)=a_{M1}s_1(t)+a_{M2}s_2(t)+a_{M3}s_3(t)+\cdots+a_{MN}s_N(t) \end{cases} \tag{6-1-1}$$

式中，$a_{ij}(i=1,2,\cdots,M,j=1,2,\cdots,N)$ 表示理想状态下源信号到传感器接收信号之间的混合参数。式(6-1-1)的矩阵形式为

$$\boldsymbol{x}(t)=\boldsymbol{As}(t) \tag{6-1-2}$$

式中，$\boldsymbol{x}(t)=[x_1(t),x_2(t),\cdots,x_M(t)]^{\mathrm{T}}$ 是 $M\times 1$ 维混合信号列向量，$\boldsymbol{s}(t)=[s_1(t),s_2(t),\cdots,s_N(t)]^{\mathrm{T}}$ 是 $N\times 1$ 维源信号列向量，$\boldsymbol{A}$ 是一个 $M\times N$ 维混合矩阵。线性瞬时混合盲分离的问题就是在原信号 $s(t)$ 以及混合矩阵 $\boldsymbol{A}$ 的情况下，由估计的 $N\times M$ 维矩阵 $\boldsymbol{W}$，对 $\boldsymbol{x}(t)$ 作线性变换，即

$$\boldsymbol{y}(t)=\boldsymbol{Wx}(t) \tag{6-1-3}$$

式中，$\boldsymbol{y}(t)=[y_1(t),y_2(t),\cdots,y_N(t)]^{\mathrm{T}}$ 是对源信号 $\boldsymbol{s}(t)$ 的一个近似估计，$\boldsymbol{W}$ 被称为分离矩阵。

6.1.2　线性卷积混叠模型

随着对盲源分离算法的深入研究，在理想环境下盲源分离算法被进一步推广，但学者发现信号传输过程中往往伴有时间延迟及多径效应。针对这一问题，学者提出了线性卷积混叠模型[75]。线性卷积混叠模型的混合过程如图 6-2 所示。

假设 N 个源信号 $\boldsymbol{s}(t)$ 经过线性卷积混合后被 M 个传感器接收，则传感器接收的混叠信号为

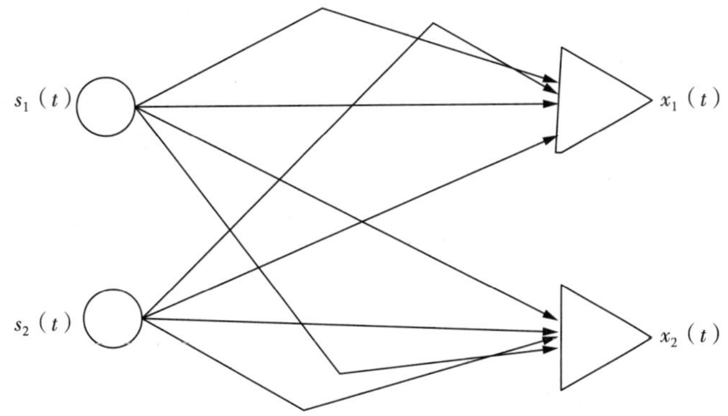

图 6-2　线性卷积混叠模型的混合过程

$$x_j(t)=\sum_{i=1}^{N}a_{ji}\otimes s_i(t)=\sum_{i=1}^{N}\sum_{\tau=0}^{L-1}a_{ji}(\tau)s_i(t-\tau),j=1,2,\cdots,M \quad (6-1-4)$$

式中，$\otimes$ 表示卷积符号，$a_{ji}(\tau)$ 表示第 i 个源信号到第 j 个传感器的冲激响应，可以由一个有限的脉冲响应滤波器（FIR）来近似表示，L 表示滤波器的阶数。式(6-1-4)的向量形式为

$$\boldsymbol{x}(t)=\sum_{\tau=0}^{N-1}\boldsymbol{A}(\tau)\boldsymbol{s}(t-\tau) \quad (6-1-5)$$

式中，$\boldsymbol{A}(\tau)$ 是一个延迟为 τ 大小的 $M\times N$ 维混合滤波器矩阵。线性卷积混合盲源分离的目的是寻找 L 个 $N\times M$ 维分离滤波器 $\boldsymbol{W}(\tau)$，根据

$$\boldsymbol{y}(t)=\sum_{\tau=0}^{L-1}\boldsymbol{W}(\tau)\boldsymbol{x}(t-\tau) \quad (6-1-6)$$

分离出源信号，式(6-1-6)中，$\boldsymbol{y}(t)=[y_1(t),y_2(t),\cdots,y_N(t)]^{\mathrm{T}}$ 是源信号 $\boldsymbol{s}(t)$ 的一个近似估计，$\boldsymbol{W}(\tau)$ 是大小为 $N\times M\times L$ 的分离矩阵。

6.2　盲源分离的约束条件

在盲源分离算法中，由于源信号以及混合矩阵都是未知的，因此，需对盲源分离算法做出一些假设[76]：

(1) 信号源的各个分量之间是统计独立的，这是盲源分离的最重要条件；

(2) 最多有一个信号源满足高斯分布，独立分量必须具有非高斯分布，因为高斯分布的所有高阶累积量为零，如果观测信号中有高斯分布，就不能实现独立分量分析；

(3) 观测信号的个数要大于等于源信号的个数，即 $M\geqslant N$，并且混合矩阵 $\boldsymbol{A}$ 必须满秩，也即 $\det\boldsymbol{A}\neq 0$。

上述假设是实现信号盲源分离算法中独立分量分析方法的先决条件，盲源分离算法的核心思想就是求解分离矩阵，由于信号盲源分离算法一般借助独立分量分析来解决，因此通常情况下盲源分离与独立分量分析两者等价。

6.3 信号预处理

在对观测信号进行盲源分离时，为了在一定程度上简化分离过程，观测信号需要满足一些条件，如观测信号需要是零均值信号，但是通常情况下，观测信号并不满足零均值的条件，因此对观测信号进行分离前，需要对观测信号进行预处理。常见的预处理方法有去均值及白化两种方式。

6.3.1 去均值

去均值又称为中心化，是独立分量分析中的一种信号预处理方式，其操作过程是对观测混合信号 $\boldsymbol{x}(t)$ 进行预处理，即

$$\overline{\boldsymbol{x}(t)}=\boldsymbol{x}(t)-E[\boldsymbol{x}(t)] \tag{6-3-1}$$

处理后的源信号$\overline{\boldsymbol{x}(t)}$是零均值的，这时

$$E[\boldsymbol{s}(t)]=\boldsymbol{A}^{-1}E[\overline{\boldsymbol{x}(t)}] \tag{6-3-2}$$

这种变换对混合矩阵没有影响，因而对分离矩阵 $\boldsymbol{W}$ 也没有影响。

6.3.2 白化

信号白化也是信号的一种预处理方式，白化的本质是信号解相关。在盲源分离算法中，白化操作是为了去除信号在空间上的二阶相关性，保证传感器接收的各观测信号在空间上不相关，降低算法的复杂程度。

观测信号的白化过程可以表示为一个零均值的观测信号$\overline{\boldsymbol{x}(t)}$，对其做线性变换，即左乘一个 $M\times M$ 维矩阵，得到一个新的 M 维向量为

$$\boldsymbol{z}(t)=\boldsymbol{B}\,\overline{\boldsymbol{x}(t)} \tag{6-3-3}$$

使

$$E[\boldsymbol{z}(t)\,\boldsymbol{z}^{\mathrm{T}}(t)]=\boldsymbol{I} \tag{6-3-4}$$

式(6-3-4)中的元素为

$$E[x_i(t)x_j(t)]=\begin{cases}1, & i=j\\ 0, & i\neq j\end{cases} \tag{6-3-5}$$

由式(6-3-3)至式(6-3-5)知，$\boldsymbol{B}$ 为一个 $M\times M$ 维白化矩阵，白化后的 $\boldsymbol{z}(t)$ 中各分量之间不相关，并且方差为 1。为了求式(6-3-3)中白化矩阵 $\boldsymbol{B}$，根据式(6-1-2)和式(6-3-1)，得白化后的信号为

$$\boldsymbol{z}(t)=\boldsymbol{B}\,\overline{\boldsymbol{x}(t)}=\boldsymbol{BAs}(t) \tag{6-3-6}$$

混合信号去均值后的相关矩阵为

$$\boldsymbol{R}_{xx}=E[\bar{\boldsymbol{x}}t\bar{\boldsymbol{x}}^{\mathrm{T}}t] \tag{6-3-7}$$

经过白化处理后的信号的相关矩阵为

$$\boldsymbol{R}_{zz}=E[\boldsymbol{z}t\,\boldsymbol{z}^{\mathrm{T}}t]=E[\boldsymbol{B}\bar{\boldsymbol{x}}t\bar{\boldsymbol{x}}^{\mathrm{T}}t\,\boldsymbol{B}^{\mathrm{T}}]=\boldsymbol{B}\boldsymbol{R}_{xx}\boldsymbol{B}^{\mathrm{T}}=\boldsymbol{I} \tag{6-3-8}$$

设$\boldsymbol{Q}$为相关矩阵$\boldsymbol{R}_{xx}$的特征向量组成的矩阵并且是正交的，而$\boldsymbol{\Lambda}^2$是相关矩阵$\boldsymbol{R}_{xx}$所对应的特征值矩阵，是对角矩阵，这时有

$$\boldsymbol{R}_{xx}=\boldsymbol{Q}\boldsymbol{\Lambda}^2\boldsymbol{Q}^{\mathrm{T}} \tag{6-3-9}$$

式(6-3-9)及式(6-3-8)，得白化矩阵为

$$\boldsymbol{B}=\boldsymbol{\Lambda}^{-1}\boldsymbol{Q}^{\mathrm{T}} \tag{6-3-10}$$

白化后信号的自相关矩阵为

$$\begin{aligned}\boldsymbol{R}_{zz}&=\boldsymbol{B}\boldsymbol{R}_{xx}\boldsymbol{B}^{\mathrm{T}}\\&=(\boldsymbol{\Lambda}^{-1}\boldsymbol{Q}^{\mathrm{T}})(\boldsymbol{Q}\boldsymbol{\Lambda}^2\boldsymbol{Q}^{\mathrm{T}})(\boldsymbol{\Lambda}^{-1}\boldsymbol{Q}^{\mathrm{T}})T\\&=\boldsymbol{\Lambda}^{-1}\boldsymbol{Q}^{\mathrm{T}}\boldsymbol{Q}\boldsymbol{\Lambda}^2\boldsymbol{Q}^{\mathrm{T}}\boldsymbol{Q}\boldsymbol{\Lambda}^{-1}=\boldsymbol{I}\end{aligned} \tag{6-3-11}$$

白化处理是盲源分离中常见的预处理工作，可以有效降低盲源分离算法的复杂度。虽然预处理过程并不能保证观测信号完全分离，但是由于能够有效去除观测信号在空间中的相关性，确实可以改善盲源分离算法的复杂度并且改善算法的分离性能，因此成为盲源分离算法中不可缺少的一个组成部分。

6.4　盲源分离准则

独立分量分析是由盲信号分离技术发展起来的多通道信号处理方法，主要应用于盲信号分离以及特征提取领域，独立分量就是将传感器接收的混合信号按照统计独立原则优化算法后分解成为若干独立分量，从而实现信号分离。由此可见，独立分量分析是盲源分离的核心技术。独立分量分析主要包括分离准则和优化算法两个方面。对于不同的盲源分离算法研究，主要集中于不同的独立性度量的选取以及不同代价函数的优化准则。现对盲源分离算法的一些分离准则作系统阐述。

6.4.1　最小互信息准则

互信息（Mutual Information）是信息论里一种有用的信息度量，它可以看成是一个随机变量x中包含的关于另一个随机变量y的信息量，或者说是一个随机变量x由于已知另一个随机变量y而减少的不肯定性。

$$\begin{aligned}I(x;y)&=\sum_{x\in X}\sum_{y\in Y}p(x,y)\log\{p(x,y)/[p(x)*p(y)]\}\\&=K[p(\boldsymbol{x},\boldsymbol{y})\mid p(\boldsymbol{x})p(\boldsymbol{y})]\end{aligned} \tag{6-4-1}$$

式中，log表示以2为底的对数(也可以用其他底数)。可以看出，互信息量的大小取决于两个随机变量之间的关联程度。当两个随机变量独立时，它们之间的互信息量为0；当它们之

间存在完美的正(负)相关时,互信息量达到最大值。由式(6-4-1)可知,互信息量可以与KL(Kullback-Libler)散度等价表示[77],由此可见,KL散度也是表示统计独立性的参数。独立分量分析的目的就是使N个输出信号$\boldsymbol{y}(t)$尽可能地独立,因此要分离多路混合信号自然可以使用KL散度或互信息作为分离准则来建立目标函数。

假设有两个N维列向量$\boldsymbol{x}$和$\boldsymbol{y}$,概率密度函数分别为$p_x(\boldsymbol{x})$和$p_y(\boldsymbol{y})$,两者间的互相独立性用KL散度表示为

$$K[p_x(\boldsymbol{x})\,|\,p_y(\boldsymbol{y})]=\int p_x(\boldsymbol{x})\log\left[\frac{p_x(\boldsymbol{x})}{p_y(\boldsymbol{y})}\right]\mathrm{d}\boldsymbol{x} \tag{6-4-2}$$

KL散度的性质为

$$K[p_x(\boldsymbol{x})\,|\,p_y(\boldsymbol{y})]\geqslant 0 \tag{6-4-3}$$

由式(6-4-2)和式(6-4-3)知,KL散度具有非负性。当$p_x(\boldsymbol{x})$和$p_y(\boldsymbol{y})$差异性越大,KL散度的值越大,当且仅当$p_x(\boldsymbol{x})=p_y(\boldsymbol{y})$时,式(6-4-3)的值为零。

N维输出向量各分量的联合概率密度函数为$p_y(\boldsymbol{y})$,其各分量的边缘概率密度函数表示为$p_i(y_i)$,$i=1,2,\cdots,N$。最小互信息准则就是使用KL散度,即

$$I(\boldsymbol{y})=K\left[p_y(\boldsymbol{y})\,\Big|\,\prod_{i=1}^{N}p_i(y_i)\right]=\int_y p_y(y)\log\left[\frac{p_y(y)}{\prod\limits_{i=1}^{N}p_i(y_i)}\right]\mathrm{d}\boldsymbol{y} \tag{6-4-4}$$

由此可知,作为一个目标函数,最小化目标函数$I(\boldsymbol{y})$就可以增强$\boldsymbol{y}$各分量之间的独立性。当$I(\boldsymbol{y})=0$,各分量完全独立。$\boldsymbol{y}$的各分量统计独立与$I(\boldsymbol{y})=0$、$p_y(y)=\prod\limits_{i=1}^{N}p_i(y_i)$三者是完全等价的。

也可以应用信息量的熵作为目标函数,熵可以用来度量随机变量无序性以及信息量的大小。根据联合熵与互信息量的关系,熵可以写为

$$H(\boldsymbol{y})=H(y_1)+H(y_2)+\cdots+H(y_N)-I(\boldsymbol{y}) \tag{6-4-5}$$

式中,$H(y_i)$是各输出信号的边缘熵,$H(\boldsymbol{y})$是联合熵,最大联合熵包括最大化边缘熵和最小化互信息量两项,y各分量的独立性越强,y的熵也大,包含的信息量也越多。

6.4.2 信息传输最大化或负熵最大化

在高信噪比情况下,输入信号与输出信号之间的互信息量最大化就表示输出信号与输入信号之间的信息冗余量最小,也即各输出信号之间的互信息量最小、各输出分量相互独立。由式(6-4-5)知,$I(\boldsymbol{x}\mid\boldsymbol{y})$是系统的输出信号$\boldsymbol{y}$与输入信号$\boldsymbol{x}$的互信息量,当两者的冗余信息量最小时,$I(\boldsymbol{x}\mid\boldsymbol{y})$达到最大值。

负熵是独立分量分析中的一个重要概念,也是度量信号非高斯性的有效准则。将高斯变量的分布熵与输出信号变量$\boldsymbol{y}$的熵差定义为

$$J(\boldsymbol{y})=H(\boldsymbol{y}_g)-H(\boldsymbol{y}) \tag{6-4-6}$$

式中，$\boldsymbol{y}_g$ 是与 $\boldsymbol{y}$ 方差相同的高斯随机变量。当且仅当 $\boldsymbol{y}$ 是高斯分布时，$J(\boldsymbol{y})=0$。将负熵作为一个目标函数，当系统输出信号的负熵最大时，信号可以分离。负熵与互信息量的关系式为

$$I(\boldsymbol{y})=J(\boldsymbol{y})-\sum_{i=1}^{N}J_i(y_i)+\frac{1}{2}\log\frac{\prod_{i=1}^{N}\boldsymbol{C}_{ii}}{\det(\boldsymbol{C})} \tag{6-4-7}$$

式中，$\boldsymbol{C}$ 为 $\boldsymbol{y}$ 的协方差矩阵，$\boldsymbol{C}_{ii}$ 为矩阵的对角元素。当 $\boldsymbol{y}$ 的各分量不相关时，$\frac{1}{2}\log\frac{\prod_{i=1}^{N}\boldsymbol{C}_{ii}}{\det(\boldsymbol{C})}=0$，因此式(6-4-7)可简化为

$$I(\boldsymbol{y})=J(\boldsymbol{y})-\sum_{i=1}^{n}J_i(y_i) \tag{6-4-8}$$

式(6-4-8)表明，最小化输出信号 $\boldsymbol{y}$ 各分量之间的互信息量 $I(\boldsymbol{y})$ 等价于最大化各分量的负熵和 $\sum_{i=1}^{n}J_i(y_i)$。因此，基于负熵的目标函数可写为

$$\rho(\boldsymbol{y})=\sum_{i=1}^{n}J_i(y_i) \tag{6-4-9}$$

6.4.3　最大似然准则

现以最大似然估计为目标函数，来分析盲源分离问题。

设 $\hat{p}_x(\boldsymbol{x})$ 是混合信号 x 的概率密度函数 $p_x(\boldsymbol{x})$ 的近似估计值，$p_s(\boldsymbol{s})$ 是源信号的概率密度函数。根据线性变换下概率密度函数不变特点，混合信号的概率密度估计 $\hat{p}_x(\boldsymbol{x})$ 与源信号的概率密度函数 $p_s(\boldsymbol{s})$ 的关系为

$$\hat{p}_x(\boldsymbol{x})=\frac{p_s(\boldsymbol{A}^{-1}\boldsymbol{x})}{|\det\boldsymbol{A}|} \tag{6-4-10}$$

对于在线性瞬时混合情况下，由式(6-1-2)进一步得观测信号的对数似然函数为

$$L(\boldsymbol{A})=E\{\log\hat{p}_x(\boldsymbol{x})\}=\int p_x(\boldsymbol{x})\log p_s(\boldsymbol{A}^{-1}\boldsymbol{x})\mathrm{d}\boldsymbol{x}-\log|\det\boldsymbol{A}| \tag{6-4-11}$$

式(6-4-11)是混合矩阵 $\boldsymbol{A}$ 的函数。当分离矩阵 $\boldsymbol{W}=\boldsymbol{A}^{-1}$ 时，式(6-4-11)的对数似然函数为

$$L(\boldsymbol{W})\approx\frac{1}{N}\sum_{i=1}^{N}\{\log p_s(\boldsymbol{W}\boldsymbol{x})\}+\log|\det\boldsymbol{W}| \tag{6-4-12}$$

式中，N 为独立同分布的混合信号数据样本数。通过 $L(\boldsymbol{W})$ 的最大化就能获得分离矩阵 $\boldsymbol{W}$ 的最佳估计。

6.5 盲源分离算法的评价准则

分离的信号质量好坏，除了可以通过观测分离后的信号与源信号的形状外，对于语音信号还可以使用听觉的主观评测。在盲源分离算法中，一般也会给出一些比较客观的评价准则，如串音误差及信噪比。其中，串音误差是基于全局矩阵进行评测的，而信噪比是基于信号自身进行评测的[78]。

在盲源分离算法中，串音误差（performance index，PI）可以表示为

$$PI(\boldsymbol{T})=\sum_{i=1}^{N}\left[\left(\sum_{k=1}^{N}\frac{|T_{ik}|}{\max\limits_{j}(T_{ij})}-1\right)\right]+\sum_{j=1}^{N}\left[\left(\sum_{k=1}^{N}\frac{|T_{ki}|}{\max\limits_{j}(T_{ji})}-1\right)\right] \quad (6-5-1)$$

由式(6－1－2)和式(6－1－3)可得，$\boldsymbol{T}=\boldsymbol{WA}=\boldsymbol{P\Lambda}$；$\boldsymbol{T}$是整个系统的全局矩阵，$T_{ik}$为全局矩阵$\boldsymbol{T}$第$i$行第$k$列的元素；$\boldsymbol{P}$和$\boldsymbol{\Lambda}$分别为置换矩阵和对角矩阵，它们表示盲源分离后的信号在幅度以及顺序上存在的不确定性，当且仅当$\boldsymbol{P\Lambda}=\boldsymbol{I}$时，分离后的信号才等于源信号。在评价分离信号时，$PI(\boldsymbol{T})$值越小，分离信号的独立性越好，也即盲源分离算法的性能越好。

信噪比（SNR）也是衡量盲源分离算法的一个重要性能指标，其表达式为

$$SNR=10\lg\frac{\sum\limits_{i=1}^{N}s_i^2(t)}{\sum\limits_{i=1}^{N}[s_i(t)-y_i(t)]^2} \quad (6-5-2)$$

式中，$s_i(t)$为第i路源信号，$y_i(t)$为第i路源信号的估计，也即分离出来的信号。由式(6－5－2)知，信噪比越大，原信号与分离信号之间的差值就越小，也即分离信号越接近源信号，盲源分离算法性能越好。

6.6 基于改进分离性能指标的自适应盲源分离算法

盲源分离算法的基本任务是在源信号未知以及源信号的混合方式也未知的情况下，从一组接收的观测信号中恢复源信号。根据信号的处理方式，盲源分离算法可分为批处理算法以及自适应处算法。常见的自适应盲分离算法有自然梯度算法、信息最大化算法、EASI算法等[79,80]。

常见的自适应算法存在收敛速度与稳态误差之间的矛盾，可通过选择合适的步长因子得到缓解。在分离信号初期，采用比较大的步长因子，使算法具有较快的收敛速度，但具有较大的误差；在分离性能后期，采用较小的步长因子，使算法具有较小的稳态误差，但具有较慢的收敛速度。为了较好解决收敛速度与稳态误差之间的矛盾，国内外学者提出了一些变步长算法。参考文献[81]和[82]提出了基于自然梯度算法和EASI算法的自适应迭代算法，而参考文献[83]构造了步长因子的自适应迭代。现根据参考文献[84]提出的分离性能指标算法改进方法，提出了一种改进分离结构的盲分离算法。该算法在单系统基础上，结

合一个并行系统改进分离性能指标参数，并根据该参数与步长的对应关系，将改进的分离性能指标作为瑞利分布函数的自变量来控制瑞利分布函数形式的变步长。将改进结构与自然梯度盲分离算法及 EASI 算法结合，可以有效进行信号分离，并在一定程度上解决盲源分离中的矛盾问题。

6.6.1　常见的自适应盲源分离算法

1. 基于自然梯度的盲源分离算法

基于自然梯度的盲源分离算法的结构原理如图 6－3 所示，该算法的学习规则是在 1994 年由 Cichocki 等人提出的，之后又经 Amari 等人进行了验证。

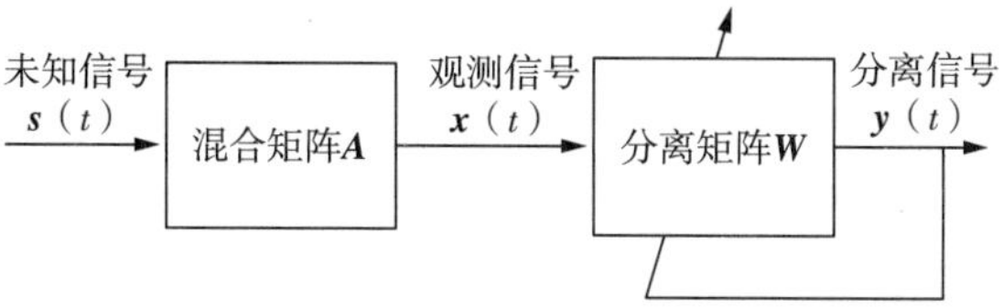

图 6－3　基于自然梯度的盲源分离算法结构原理

基于自然梯度的盲源分离算法是在随机梯度上的一种改进算法，该算法将参数空间由欧式空间扩展到黎曼空间，避免了算法中的逆矩阵计算，降低了复杂度。该算法可以理解为由平面空间扩展到曲面空间的算法，可以描述为将平面空间的简单的梯度切线方向作为最速下降方向转变为空间范围内的穿越方向作为最速下降方向。

在基于自然梯度的盲分离算法中，引入一个损失函数 $\rho(\boldsymbol{y},\boldsymbol{W})$，并将目标函数定义为

$$J(\boldsymbol{W})=E[\rho(\boldsymbol{y},\boldsymbol{W})] \tag{6-6-1}$$

式中，$J(\boldsymbol{W})$ 为目标函数，为对输出信号 $\boldsymbol{y}$ 的相互独立性的测度。当输出信号 $\boldsymbol{y}$ 的各分量相互独立时，该目标函数达到最小值。前面已分析 KL 散度是信号之间的相互独立性的测度之一。因此，在自然梯度算法中，可以将 KL 散度作为目标函数，即

$$\begin{aligned}J(\boldsymbol{W})&=E[\rho(\boldsymbol{y},\boldsymbol{W})]=K_{pq}(\boldsymbol{W})=K[p_y(\boldsymbol{y},\boldsymbol{W})\parallel q(y)]\\&=\int p_y(\boldsymbol{y},\boldsymbol{W})\log\frac{p_y(\boldsymbol{y},\boldsymbol{W})}{q(\boldsymbol{y})}\mathrm{d}\boldsymbol{y}\end{aligned} \tag{6-6-2}$$

式中，$p_y(\boldsymbol{y},\boldsymbol{W})$ 是分离信号的联合概率密度函数，是关于 $\boldsymbol{y}=\boldsymbol{W}\boldsymbol{x}$ 的实际分布；$q(\boldsymbol{y})=\prod_{i=1}^{n}q_i(y_i)$ 是分离信号 $\boldsymbol{y}$ 各分量 y_i 的联合概率密度函数，作为参考分布，表示两种分布的相似程度的测度。对于独立分量分析问题，可以将 $q(\boldsymbol{y})$ 视为 $\boldsymbol{y}$ 的各分量的边缘概率密度函数的乘积，即

$$q(\boldsymbol{y})=\hat{p}(\boldsymbol{y})=\prod_{i=1}^{n}p_i(y_i) \tag{6-6-3}$$

式中，$p_i(y_i)$ 是 $\boldsymbol{y}$ 的各分量 $y_i(i=1,2,\cdots,n)$ 的边缘概率密度函数，且

$$p_i(y_i)=\int_{-\infty}^{\infty} p_y(\mathbf{y})\mathrm{d}\,\hat{\mathbf{y}}^i \tag{6-6-4}$$

式中，$\hat{\mathbf{y}}^i=[y_1,\cdots,y_{i-1},y_{i+1},\cdots,y_N]^{\mathrm{T}}$ 是从 $\mathbf{y}$ 中去掉 y_i 后的其他分量。根据式(6-6-3)和式(6-6-4)，式(6-6-2)可写为

$$\begin{aligned}J(\mathbf{W})&=E[\rho(\mathbf{y},\mathbf{W})]=\int p_y(\mathbf{y},\mathbf{W})\log\frac{p_y(\mathbf{y},\mathbf{W})}{q(\mathbf{y})}\mathrm{d}\mathbf{y}\\&=\int_{-\infty}^{\infty} p_y(\mathbf{y})\log\frac{p_y(\mathbf{y})}{\prod\limits_{i=1}^{N}q_i(y_i)}\mathrm{d}\mathbf{y}\end{aligned} \tag{6-6-5}$$

KL 散度由互信息量表示为

$$\begin{aligned}K_{pq}(\mathbf{W})&=-H(\mathbf{y})-\sum_{i=1}^{N}\int_{-\infty}^{\infty} p_y(\mathbf{y})\log q_i(y_i)\mathrm{d}\mathbf{y}\\&=\int_{-\infty}^{\infty} p_y(\mathbf{y})\log p_y(\mathbf{y})\mathrm{d}\mathbf{y}-\sum_{i=1}^{N}\int_{-\infty}^{\infty} p_y(\mathbf{y})\log q_i(y_i)\mathrm{d}\mathbf{y}\end{aligned} \tag{6-6-6}$$

由于 $q(y_i)=\hat{p}(y_i)$，$\mathrm{d}\mathbf{y}=\mathrm{d}\,\hat{\mathbf{y}}^i\mathrm{d}y_i$，式(6-6-6)右侧第二项被积函数可写为

$$\begin{aligned}\int_{-\infty}^{\infty} p_y(\mathbf{y})\log q_i(y_i)\mathrm{d}\mathbf{y}&=\int_{-\infty}^{\infty} p_y(\mathbf{y})\log\hat{p}_i(y_i)\mathrm{d}\mathbf{y}=\int_{-\infty}^{\infty}\log\hat{p}_i(y_i)\int_{-\infty}^{\infty} p_y(\mathbf{y})\mathrm{d}\,\hat{\mathbf{y}}^i\mathrm{d}y_i\\&=\int_{-\infty}^{\infty}\hat{p}_i(y_i)\log\hat{p}_i(y_i)\mathrm{d}y_i=E\{\log\hat{p}_i(y_i)\}=-H_i(y_i)\end{aligned} \tag{6-6-7}$$

因此，式(6-6-2)可以写成微分熵 $H(\mathbf{y})$ 与边缘熵 $H_i(y_i)$ 之差，即

$$J(\mathbf{W})=E[\rho(\mathbf{y},\mathbf{W})]=K_{pq}(\mathbf{W})=-H(\mathbf{y})+\sum_{i=1}^{N}H_i(y_i) \tag{6-6-8}$$

由 $\mathbf{y}=\mathbf{W}\mathbf{x}$，得

$$H(y)=H(\mathbf{x})+\log|\det\mathbf{W}| \tag{6-6-9}$$

式中，$H(\mathbf{x})=-\int_{-\infty}^{\infty} p_x(\mathbf{x})\log p_x(\mathbf{x})\mathrm{d}\mathbf{x}$，因此式(6-6-9)可以写为

$$J(\mathbf{W})=-H(\mathbf{y})+\sum_{i=1}^{N}H_i(y_i)=-H(\mathbf{x})-\log|\det\mathbf{W}|-\sum_{i=1}^{n}E\{\log[q_i(y_i)]\} \tag{6-6-10}$$

该式就是在欧式空间中使用随机梯度方法中用到的代价函数，由于 $H(x)$ 与分离矩阵

无关,所以代价函数中第一项可以省略掉。独立分量分析就是使目标函数式(6－6－10)最小化,即利用梯度法寻找最佳分离矩阵进行寻优。由目标函数对分离矩阵 $\boldsymbol{W}$ 进行微分运算,得

$$\frac{\partial J(\boldsymbol{W})}{\partial \boldsymbol{W}}=\left[\frac{\partial J}{\partial W_1},\frac{\partial J}{\partial W_2},\cdots,\frac{\partial J}{\partial W_N}\right] \tag{6-6-11}$$

一般情况下,目标函数的随机梯度在欧式空间中被认为是函数最快的上升方向,因此取该梯度的反方向为梯度的最速下降方向,此时代价函数的梯度为

$$\begin{aligned}\frac{\partial J(\boldsymbol{W})}{\partial \boldsymbol{W}}&=-\frac{\partial \sum_{i=1}^{N} E\{\log[q_i(y_i)]\}}{\partial \boldsymbol{W}}-\frac{\partial \log|\det \boldsymbol{W}|}{\partial \boldsymbol{W}}\\&=-\frac{\partial \sum_{i=1}^{n}\log[q_i(y_i)]}{\partial \boldsymbol{W}}-\boldsymbol{W}^{-T}\\&=f(\boldsymbol{y})\,\boldsymbol{x}^{\mathrm{T}}-\boldsymbol{W}^{-T}\end{aligned} \tag{6-6-12}$$

式中,$\boldsymbol{W}^{-T}$ 是分离矩阵 $\boldsymbol{W}$ 的转置逆矩阵,$f(\boldsymbol{y})=[f_1(y_1),f_2(y_2),\cdots,f_N(y_N)]^{\mathrm{T}}$ 为列向量。第 i 个分量为

$$f_i(y_i)=-\frac{\partial \log q_i(y_i)}{\partial y_i}=-\frac{\partial q_i(y_i)/\partial y_i}{q_i(y_i)}=-\frac{q'_i(y_i)}{q_i(y_i)} \tag{6-6-13}$$

式中,$f_i(y_i)$ 是一个非线性的激活函数,$q_i(y_i)$ 是源信号 s_i 的近似概率密度函数。

常见的空间一般可以被分为欧式空间和黎曼空间,而欧式空间又可视为一个特殊的黎曼空间,系数向量在欧式空间的增量长度表示为

$$\|\mathrm{d}\boldsymbol{W}\|=\sqrt{\sum_{i=1}^{N}(\mathrm{d}W_i^2)} \tag{6-6-14}$$

如果参数的空间坐标系不正交,那么长度的增量为

$$\|\mathrm{d}\boldsymbol{W}\|=\sqrt{\sum_{i=1}^{N}\sum_{j=1}^{N}u_{ij}(\boldsymbol{W})\mathrm{d}W_i^2\mathrm{d}W_j^2} \tag{6-6-15}$$

式中,$u_{ij}(\boldsymbol{W})$ 是 $N\times N$ 矩阵 $\boldsymbol{U}$ 的第 i 行第 j 列元素,矩阵 $\boldsymbol{U}$ 被称为黎曼矩阵,它只与参数的空间相关,这样的空间也即是黎曼空间。当黎曼矩阵为单位矩阵时,黎曼空间就转变为欧式空间,长度增量可表示为

$$\|\mathrm{d}\boldsymbol{W}\|=\sqrt{\sum_{i=1}^{N}(\mathrm{d}\boldsymbol{W}_i^2)}=\sqrt{\sum_{i=1}^{N}\sum_{j=1}^{N}u_{ij}(W)\mathrm{d}W_i^2\mathrm{d}W_j^2} \tag{6-6-16}$$

可见,随机梯度方法在黎曼空间并非最速下降的,经过 Amari 等人不断深入研究发现,

黎曼空间中最快下降方向用数学形式表达为

$$Q(\boldsymbol{W})=\boldsymbol{U}^{-1}(\boldsymbol{W})\frac{\partial J(\boldsymbol{W})}{\partial \boldsymbol{W}} \tag{6-6-17}$$

式中，$\boldsymbol{U}^{-1}(\boldsymbol{W})$ 表示黎曼矩阵的逆矩阵。该式表示在黎曼空间中的最快下降方向，即自然梯度。式(6-6-17)表明，自然梯度必须要求黎曼矩阵的逆矩阵，而黎曼矩阵只有在已知具体的黎曼空间时才能求得，条件非常苛刻而且计算量非常大。为了简化这一过程，Amari 等人经过深入研究发现，可以使用$\boldsymbol{W}^{\mathrm{T}}\boldsymbol{W}$ 来近似替代 $\boldsymbol{U}^{-1}(\boldsymbol{W})$。因此，利用自然梯度与随机梯度的关系，得自然梯度为

$$\begin{aligned}\Delta J(\boldsymbol{W})&=\frac{\partial J(\boldsymbol{W})}{\partial \boldsymbol{W}}\boldsymbol{W}^{\mathrm{T}}\boldsymbol{W}=[f(\boldsymbol{y})\boldsymbol{x}^{\mathrm{T}}-\boldsymbol{W}^{-T}]\boldsymbol{W}^{\mathrm{T}}\boldsymbol{W}\\&=-[\boldsymbol{I}-f(\boldsymbol{y})\boldsymbol{y}^{\mathrm{T}}]\boldsymbol{W}\end{aligned} \tag{6-6-18}$$

因此，在自然梯度准则下，分离矩阵 $\boldsymbol{W}$ 的更新公式为

$$\boldsymbol{W}(t+1)=\boldsymbol{W}(t)-\mu\Delta \boldsymbol{J}=\boldsymbol{W}(t)+\mu[\boldsymbol{I}-f(\boldsymbol{y}(t))\boldsymbol{y}^{\mathrm{T}}(t)]\boldsymbol{W}(t) \tag{6-6-19}$$

式中，μ 为迭代步长，$f(\boldsymbol{y}(t))$ 表示一个非线性的激活函数。根据参考文献[85]，针对不同情况，可以选用不同的非线性激活函数。这里，选用 $f(\boldsymbol{y}(t))=\boldsymbol{y}^3(t)$ 作为非线性激活函数。

2. EASI 算法

EASI 算法是由 Cardoson 和 Laheld 等人于 1996 年提出的一种等变化性自适应算法，这种算法的最主要特点就在于等变化性。当算法具有这一特点时，分离算法能够不受混合矩阵影响，因此可以说该算法对外界的影响有很强的抵抗力。EASI[82] 算法也是基于独立分量分析的思想提出的一种自适应盲源分离算法，因而 EASI 算法同样可以使用独立分量分析过程进行分析研究。在混合分离的过程中，EASI 算法是将对观测信号的白化处理以及高阶的去相关结合起来一次完成，因而能够省去盲源分离算法对观测混合信号的预处理过程，可以对观测的混合信号直接进行信号分离操作。EASI 盲分离算法原理如图 6-4 所示。

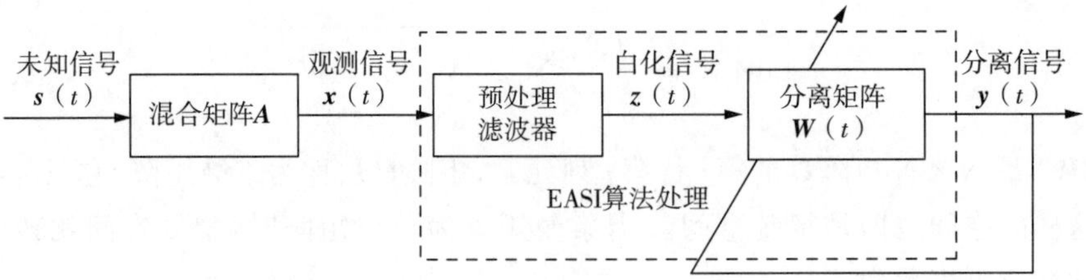

图 6-4　盲源分离中 EASI 原理

在已知信号概率密度函数条件下，由参考文献[86] 参考文献[87] 知，代价函数在最小互信息、最大似然以及信息最大化等准则下都是等价的，EASI 算法的代价函数是从最小互

信息准则下推导出来的，通常用 KL 散度表示。利用随机梯度最速下降法，可以得到分离矩阵 $\boldsymbol{W}$ 随机梯度由公式(6-6-12)，式(6-6-12)中需要计算逆矩阵，因此计算量大。为了减小计算量，将梯度算法从欧式空间推广到黎曼空间，就得到了自然梯度的更新公式(6-6-19)。

在线性瞬时混合的情况下，观察到的混合信号为 $\boldsymbol{x}(t)=\boldsymbol{Ax}(t)$。对源信号以及观测得到的混合信号进行预处理和归一化操作，得

$$\boldsymbol{R}_{ss}=E[\boldsymbol{s}(t)\,\boldsymbol{s}^{\mathrm{T}}(t)]=\boldsymbol{I}_N \tag{6-6-20}$$

$$\boldsymbol{R}_{xx}=E[\boldsymbol{x}(t)\,\boldsymbol{x}^{\mathrm{T}}(t)]=\boldsymbol{I}_M \tag{6-6-21}$$

假设源信号与接收信号的传感器数量相等，即 $M=N$，这时

$$E[\boldsymbol{x}(t)\,\boldsymbol{x}^{\mathrm{T}}(t)]=E[\boldsymbol{As}(t)\,\boldsymbol{s}^{\mathrm{T}}(t)\,\boldsymbol{A}^{\mathrm{T}}]=\boldsymbol{A}E[\boldsymbol{s}(t)\,\boldsymbol{s}^{\mathrm{T}}(t)]\,\boldsymbol{A}^{\mathrm{T}}=\boldsymbol{I} \tag{6-6-22}$$

由式(6-6-22)，得 $\boldsymbol{AA}^{\mathrm{T}}=\boldsymbol{I}$。如果要从观测信号中分离源信号，分离矩阵必须是正交矩阵即，$\boldsymbol{WW}^{\mathrm{T}}=\boldsymbol{I}$，它在空间中非完整基可以写为

$$d\boldsymbol{x}=d\boldsymbol{WW}^{\mathrm{T}}=d\boldsymbol{WW}^{-1} \tag{6-6-23}$$

对式(6-6-23)进行扩展，得

$$d\boldsymbol{I}=d\boldsymbol{x}=d\boldsymbol{WW}^{\mathrm{T}}=d\boldsymbol{WW}^{-1}=d\boldsymbol{x}+d\,\boldsymbol{x}^{\mathrm{T}} \tag{6-6-24}$$

由式(6-6-24)知，$\dfrac{\partial J(\boldsymbol{W})}{\partial x}=\dfrac{\partial J(\boldsymbol{W})}{\partial \boldsymbol{W}}\boldsymbol{W}^{\mathrm{T}}$ 是斜对称的，且

$$\Delta J(\boldsymbol{W})=\frac{\partial J(\boldsymbol{W})}{\partial \boldsymbol{W}}\boldsymbol{W}^{\mathrm{T}}=[\boldsymbol{y}(t)f^{\mathrm{T}}(\boldsymbol{y}(t))-f(\boldsymbol{y}(t))\,\boldsymbol{y}^{\mathrm{T}}(t)]\boldsymbol{W}(t) \tag{6-6-25}$$

式中，$\dfrac{\partial R(\boldsymbol{W})}{\partial \boldsymbol{W}}\boldsymbol{W}^{\mathrm{T}}$ 是斜对称的。因此，可以将白化和分离信号同时进行。由式 $\boldsymbol{z}(t)=\boldsymbol{Bx}(t)$ 作为白化后的信号，将观测到的混合信号进行白化后，得到的白化信号满足 $E[\boldsymbol{zz}^{\mathrm{T}}]=\boldsymbol{I}$。由此可得，白化矩阵的更新公式为

$$\Delta\boldsymbol{B}=[\boldsymbol{I}-\boldsymbol{z}(t)\,\boldsymbol{z}^{\mathrm{T}}(t)]\boldsymbol{B}(t) \tag{6-6-26}$$

在 EASI 盲源分离算法中，分离矩阵为 $\boldsymbol{W}$，分离信号 $\boldsymbol{y}(t)=\boldsymbol{Wz}(t)=\boldsymbol{WBx}(t)$，由此得

$$\Delta\boldsymbol{W}=\Delta J(\boldsymbol{W})\boldsymbol{B}+J(\boldsymbol{W})\Delta\boldsymbol{B}+\boldsymbol{o}(t) \tag{6-6-27}$$

式中，$\boldsymbol{o}(t)$ 是 EASI 盲分离算法中的高阶无穷小，可以忽略，并且将瞬时值用其均值来代替，将式(6-6-26)代入式(6-6-27)中，得到 EASI 盲源分离算法的更新公式为

$$\boldsymbol{W}(t+1)=\boldsymbol{W}(t)+\mu[\boldsymbol{I}-\boldsymbol{y}(t)\,\boldsymbol{y}^{\mathrm{T}}(t)+\boldsymbol{y}(t)f^{\mathrm{T}}(\boldsymbol{y}(t))-\boldsymbol{y}^{\mathrm{T}}(t)f(\boldsymbol{y}(t))]\boldsymbol{W}(t) \tag{6-6-28}$$

式中，μ 为算法的步长，$f(\boldsymbol{y}(t))$ 表示非线性的激活函数。这里，用 $f(\boldsymbol{y}(t))=2\times\tanh(\boldsymbol{y}(t))$ 作为非线性激活函数。

6.6.2 基于改进分离性能指标参数的盲源分离算法

1. 改进的系统结构

传统的盲源分离算法原理如图 6-3 和图 6-4 所示。盲源分离结构是由混合矩阵 $\boldsymbol{A}$ 与分离矩阵 $\boldsymbol{W}$ 依次串联构成。本节提出的改进盲源分离结构如图 6-5 所示。该结构是在传统盲源分离结构单系统的分离矩阵 $\boldsymbol{W}$ 基础上，并联了一个混合矩阵逆矩阵的近似矩阵 $\boldsymbol{W}_a$。在改进盲源分离结构的同时也改进了分离性能指标参数，并且根据该改进参数与步长的对应关系，将改进的分离性能指标参数作为步长函数的自变量，以控制更新公式中的步长变化。

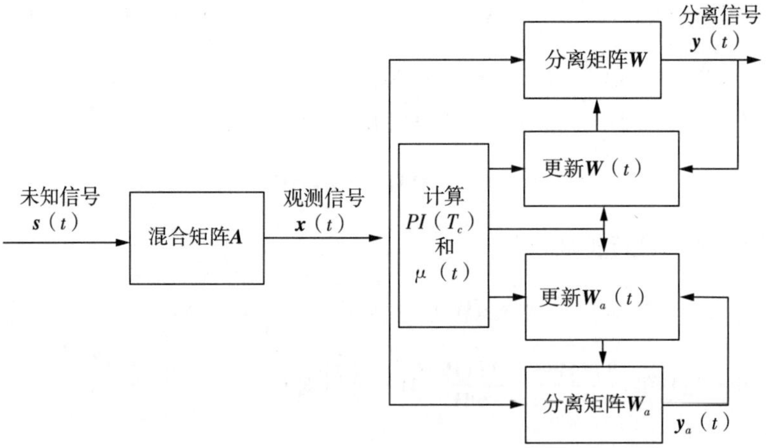

图 6-5 改进的盲源分离结构原理

2. 改进的分离性能指标

在前一节中已经阐述了串音误差作为盲源分离算法性能的评判标准，串音误差如式 (6-5-1) 所示。根据前面分析知，$\boldsymbol{T}=\boldsymbol{W}\boldsymbol{A}$ 是整个系统的全局矩阵。从盲源分离的整个过程来看，在分离过程的初期，串音误差 PI 的值很大，而分离过程的末期，串音误差 PI 的值会变得很小并且趋于稳定，从而能够达到很好的分离效果。从整体上来看，串音误差 PI 在整个分离过程中呈下降趋势，这与步长因子相对应，因此可将 PI 值与步长因子结合起来，构建了一个瑞利分布函数的变步长[87-90]，即

$$\mu(t)=\beta\{[|PI(\boldsymbol{T})|/\alpha^2]\exp[-PI(\boldsymbol{T})^2/(2\alpha^2)]\} \tag{6-6-29}$$

步长因子与串音误差的对应关系如图 6-6 所示。式(6-6-29) 中，α 和 β 是步长因子 $\mu(t)$ 的控制参数，其值由实验确定。

结合基于自然梯度的盲源分离算法以及 EASI 算法，将这两种盲源分离算法的更新公式统一写为

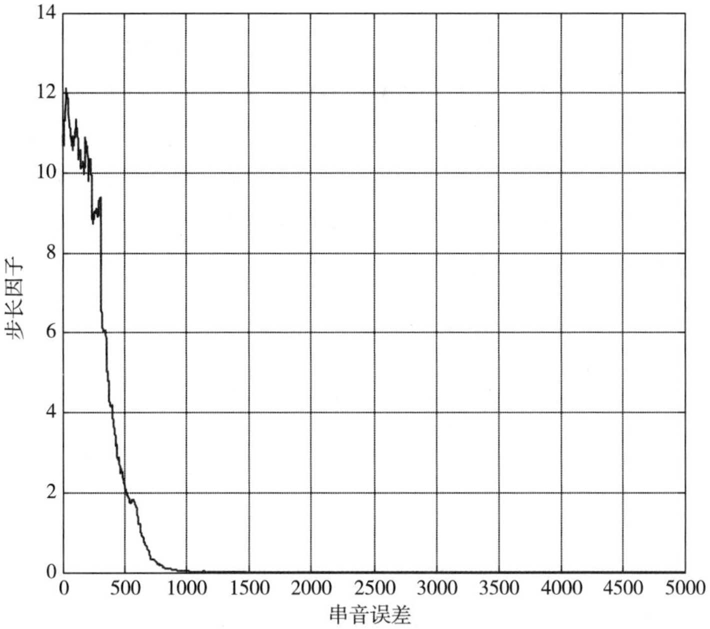

图 6－6　串音误差 *PI* 与步长因子 $\mu(t)$ 的对应关系

$$\boldsymbol{W}(t+1)=\boldsymbol{W}(t)+\mu[\boldsymbol{I}-\boldsymbol{Q}(t)]\boldsymbol{W}(t) \tag{6-6-30}$$

当 $\boldsymbol{Q}(t)=f(\boldsymbol{y}(t))\,\boldsymbol{y}^{\mathrm{T}}(t)$ 时，式(6－6－30) 为基于自然梯度的盲源分离算法，当 $\boldsymbol{Q}(t)=\boldsymbol{y}(t)\,\boldsymbol{y}^{\mathrm{T}}(t)+\boldsymbol{y}(t)f^{\mathrm{T}}(\boldsymbol{y}(t))-\boldsymbol{y}^{\mathrm{T}}(t)f(\boldsymbol{y}(t))$ 时，式(6－6－30) 为 EASI 盲源分离算法。

然而，在实际的盲源分离算法中，混合系统是未知的，因此不能通过盲源分离算法的更新公式直接得到 *PI* 值。为了解决这个问题，现在原来单系统结构的分离系统基础上并行连接一个新的分离系统，如图 6－5 所示。新的并行系统分离系统的更新公式为

$$\boldsymbol{W}_a(t+1)=\boldsymbol{W}_a(t)+\mu[\boldsymbol{I}-\boldsymbol{Q}(t)]\,\boldsymbol{W}_a(t) \tag{6-6-31}$$

与原分离系统相比，新增的并行分离系统除初始化矩阵不同，其余都相同。

根据并行系统$\boldsymbol{W}_a(t)$ 的更新公式，当运行并行分离系统得到分离矩阵$\boldsymbol{W}_a$ 时，并行分离系统的全局矩阵$\boldsymbol{T}_a=\boldsymbol{W}_a\boldsymbol{A}=\boldsymbol{P}_a\boldsymbol{\Lambda}_a$，$\boldsymbol{P}_a$ 和$\boldsymbol{\Lambda}_a$ 分别表示一个置换矩阵和对角矩阵，对并行分离系统的分离矩阵$\boldsymbol{W}_a$ 求逆矩阵可得$\boldsymbol{W}_a^{-1}=\boldsymbol{A}\boldsymbol{\Lambda}_a^{-1}\boldsymbol{P}_a^{-1}$。当由并行分离系统得到最佳的分离矩阵$\boldsymbol{W}_a$ 时，可以近似把$\boldsymbol{W}_a^{-1}$ 作为整个盲源分离系统的混合矩阵。因此，根据改进的盲源分离算法，可以得到一个最优的分离矩阵。由上述知，$\boldsymbol{W}_a^{-1}$ 是混合系统 $\boldsymbol{A}$ 的一个近似。将全局矩阵$\boldsymbol{T}_c=\boldsymbol{W}\boldsymbol{W}_a^{-1}\approx\boldsymbol{W}\boldsymbol{A}$，代入串音误差公式(6－6－31)，可以定义一个新的分离性能指标参数，即

$$PI(\boldsymbol{T}_c)=PI(\boldsymbol{W}\boldsymbol{W}_a^{-1}) \tag{6-6-32}$$

这时，改进盲源分离算法的步长因子可以表示为

$$\mu(t)=\beta\{[|PI(\boldsymbol{T}_c)|/\alpha^2]\exp[-PI(\boldsymbol{T}_c)^2/(2\alpha^2)]\} \quad (6-6-33)$$

现以 4 路相互独立的仿真信号进行试验，将一个 4×4 随机矩阵 **A** 作为混合矩阵，将 3 种不同的全局矩阵 $\boldsymbol{T}=\boldsymbol{WA}$、$\boldsymbol{T}_a=\boldsymbol{W}_a\mathbf{A}$、$\boldsymbol{T}_c=\boldsymbol{WA}\approx\boldsymbol{WW}_a^{-1}$ 分别代入式(6-6-32)，构成不同的分离性能指标，再将这 3 种指标代入式(6-6-33)的步长因子更新公式后对分离系统进行迭代运算。图 6-7 为采用这 3 种分离性能指标的收敛图。图 6-7 表明，① 采用改进分离性能指标 $PI(\boldsymbol{T}_c)$ 比采用 $PI(\boldsymbol{T})$ 和 $PI(\boldsymbol{T}_a)$ 的盲源分离算法具有更快的收敛速度和更小的串音误差；② 采用 $PI(\boldsymbol{T})$ 和 $PI(\boldsymbol{T}_a)$ 指标参数作为步长因子的自变量，两种有源分离算法的收敛曲线在收敛阶段基本重合。

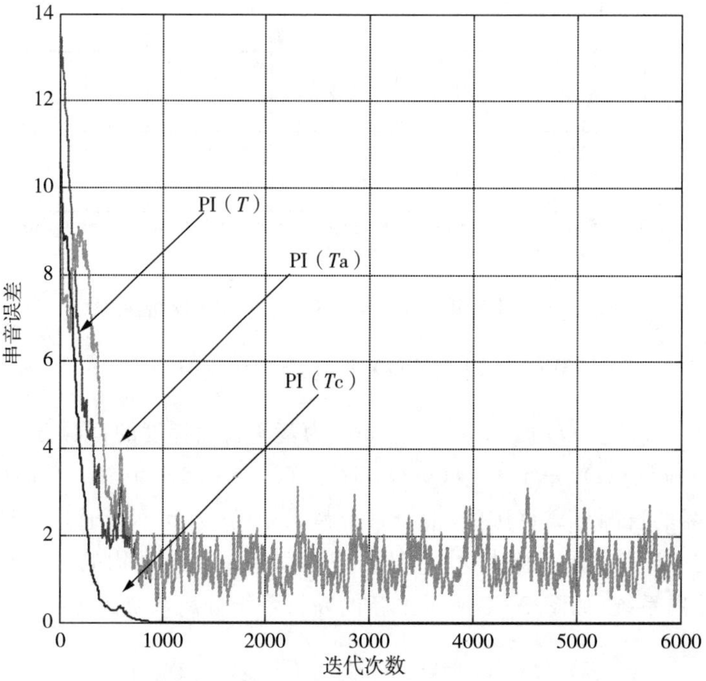

图 6-7　3 种分离性能指标的收敛曲线

本节改进的盲源分离算法实现步骤如下。

步骤 1：对改进的系统进行初始化，包括给出系统的初始化矩阵 $\boldsymbol{W}(0)$、$\boldsymbol{W}_a(0)$，α 和 β 由实验确定。

步骤 2：根据 $\boldsymbol{y}(t)=\boldsymbol{Wx}(t)$、$\boldsymbol{y}_a(t)=\boldsymbol{W}_a\boldsymbol{x}(t)$，计算源信号的估计。

步骤 3：定义一个新的全局矩阵 $\boldsymbol{T}_c=\boldsymbol{WW}_a^{-1}$ 并结合瑞利分布函数，将该全局矩阵作为瑞利分布函数的一个自变量，得步长因子为

$$\mu(t)=\beta\{[|PI(\boldsymbol{T}_c)|/\alpha^2]\exp[-PI(\boldsymbol{T}_c)^2/(2\alpha^2)]\}。$$

步骤 4：根据改进盲源分离系统结构，对

$$\boldsymbol{W}(t+1)=\boldsymbol{W}(t)+\mu[\boldsymbol{I}-\boldsymbol{Q}(t)]\boldsymbol{W}(t),$$

$$\boldsymbol{W}_a(t+1)=\boldsymbol{W}_a(t)+\mu[\boldsymbol{I}-\boldsymbol{Q}(t)]\boldsymbol{W}_a(t)$$

进行迭代计算。当改进分离系统进入稳定状态时，可以得到最佳分离矩阵。

注意：由于新定义的分离性能指标参数值随迭代次数的增加而减小，若在初始阶段 $PI(\boldsymbol{T}_c)$ 值太小，那么势必会造成步长因子在初始阶段也很小，从而降低整个算法的收敛速度，甚至导致盲源分离算法不会收敛。因此，对于并行系统的初始化矩阵就存在一定的限制条件。这里，采用 $\boldsymbol{W}_a(0)=\mathrm{rand}(n)$ 作为并行分离系统的初始矩阵，每次进行分离实验前必须满足条件 $PI[\boldsymbol{W}_a^{-1}(0)]>1$，否则 $\boldsymbol{W}_a(0)$ 应重新取值。

6.6.3　基于改进分离性能指标参数的自然梯度盲源分离算法

1. 算法原理

前面已经讨论了基于改进分离性能指标参数的盲源分离算法，现给出基于改进分离性能指标参数的自然梯度盲源分离算法（new variable step natural gradient algorithm，NVS-NGA），实现步骤如下。

步骤1：对改进的系统进行初始化，包括给出系统的初始化矩阵 $\boldsymbol{W}(0)$、$\boldsymbol{W}_a(0)$，α 和 β 由实验确定。

步骤2：根据 $\boldsymbol{y}(t)=\boldsymbol{W}\boldsymbol{x}(t)$、$\boldsymbol{y}_a(t)=\boldsymbol{W}_a\boldsymbol{x}(t)$，计算出源信号的估计。

步骤3：定义一个新的全局矩阵 $\boldsymbol{T}_c=\boldsymbol{W}\boldsymbol{W}_a^{-1}$，并且结合瑞利分布函数，将该全局矩阵作为瑞利分布函数的一个自变量，得步长因子为

$$\mu(t)=\beta\{[|PI(\boldsymbol{T}_c)|/\alpha^2]\exp[-PI(\boldsymbol{T}_c)^2/(2\alpha^2)]\}。$$

步骤4：根据改进盲源分离系统结构，对

$$\boldsymbol{W}(t+1)=\boldsymbol{W}(t)+\mu[\boldsymbol{I}-f(\boldsymbol{y}(t))\,y^{\mathrm{T}}(t)]\boldsymbol{W}(t),$$

$$\boldsymbol{W}_a(t+1)=\boldsymbol{W}_a(t)+\mu[\boldsymbol{I}-f(\boldsymbol{y}(t))\,\boldsymbol{y}^{\mathrm{T}}(t)]\boldsymbol{W}_a(t)$$

进行迭代计算。当该改进分离系统进入稳定状态时，可以得到最佳分离矩阵。

2. 仿真实验及结果分析

【实验6-1】　平稳环境下的仿真。

为了验证基于改进分离性能指标参数的自然梯度盲源分离算法有效性，用Matlab程序进行仿真实验。实验中，采用外置声卡ESU1808作为采集器，通过自制的BNC接口导线将麦克风与外置声卡的ANALOG INPUTS端相连接，采用音频软件CUBASE控制设备进采集数据，将采集的3路相互独立的语音信号作为源信号，语音信号保存为.WAV文件，其采样频率为16000 Hz，共采用26000点作为采样点，将矩阵

$$\boldsymbol{A}=\begin{bmatrix}0.9891 & 0.4114 & 0.8014\\ 0.4899 & 0.0347 & 0.3465\\ 0.6948 & 0.2983 & 0.0833\end{bmatrix} \qquad (6-6-34)$$

作为混合矩阵，运行程序得到的源信号以及混合信号，分别如图 6－8 和图 6－9 所示。

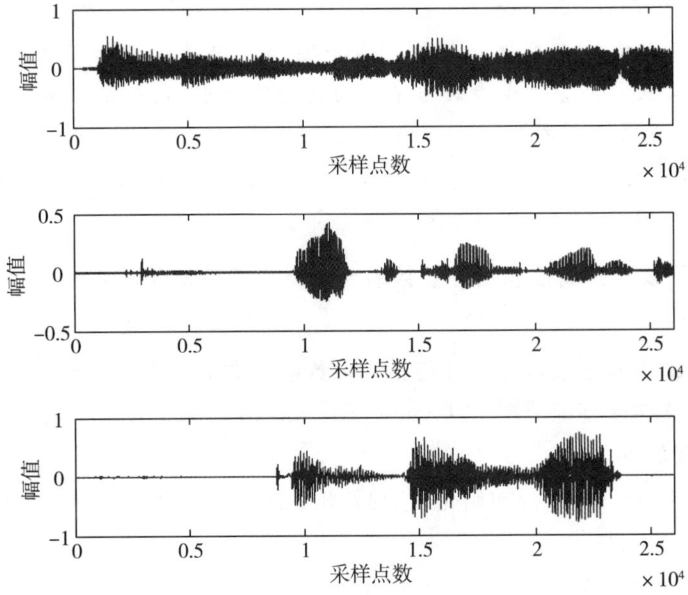

图 6－8　源信号

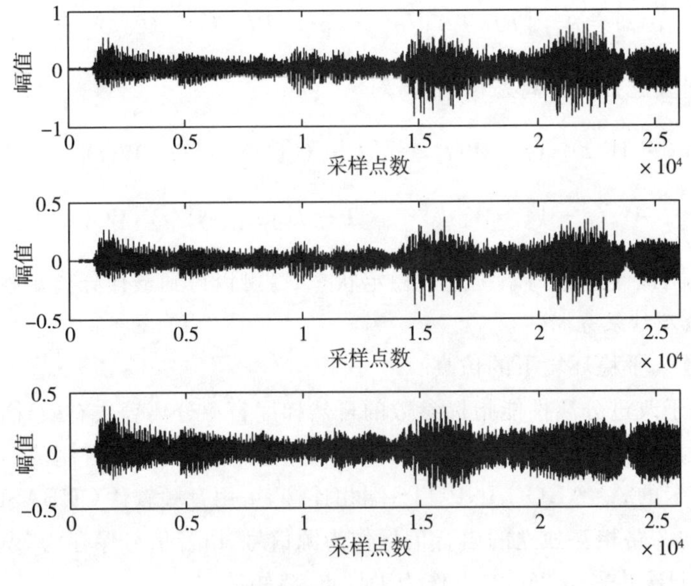

图 6－9　混合信号

对混合语音信号分别用固定步长的自然梯度盲源分离算法（NGA）、利用 Sigmoid 函数作为步长因子变步长的自然梯度算法[91]（variable step natural gradient algorithm，VS－NGA）和本节提出的算法（NVS－NGA）进行分离实验。在分离开始前，对混合后的语音信号进行零均值及白化预处理。对 NGA 算法，固定步长为 $\mu=0.003$；对 VS-NGA 盲源分离算法，$\alpha=10$ 和 $\beta=0.004$；对 NVS-NGA 盲分离算法，$\alpha=3$ 和 $\beta=0.011$。100 次蒙特卡罗实验，得到如图 6-10、图 6-11 以及图 6-12 所示。

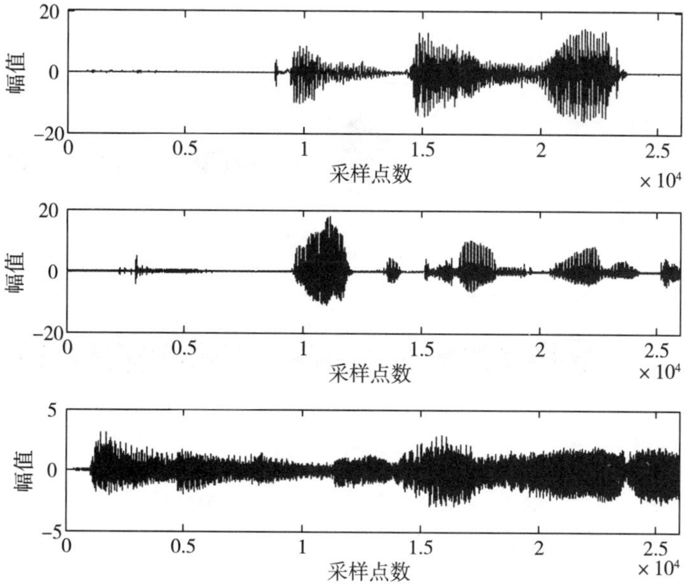

图 6-10　采用 NGA 分离信号

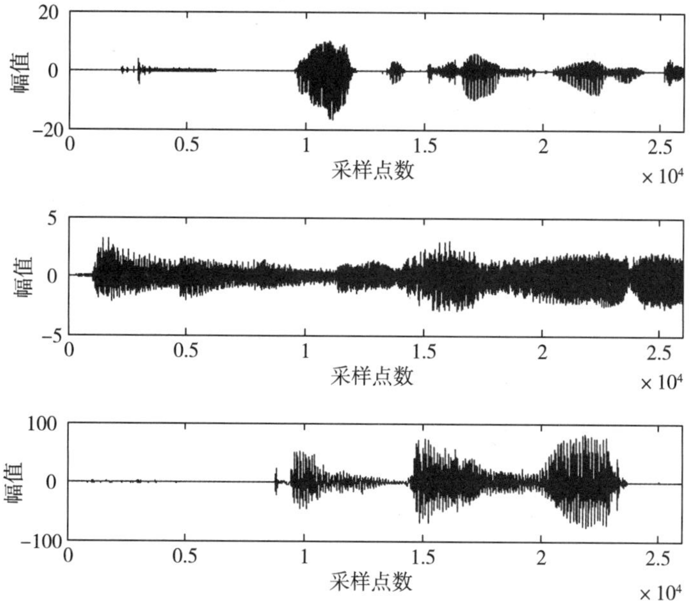

图 6-11　采用 VS-NGA 分离信号

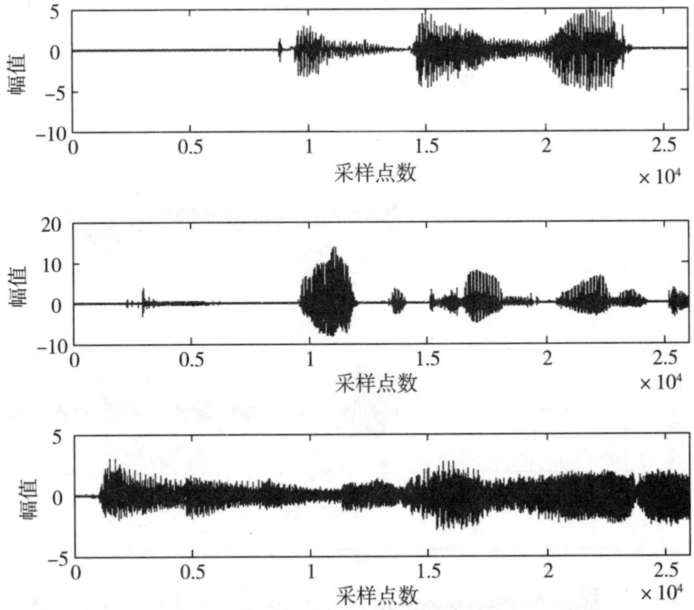

图 6-12　采用 NVS-NGA 分离信号

图 6-13 显示了 3 种分离算法在平稳环境下进行 100 次蒙特卡罗实验后串音误差 *PI* 值的平均值。图 6-13 表明，NGA 盲源分离算法大概在迭代 12000 步收敛；VS-NGA 盲源分离算法收敛，则需迭代 10000 步左右；而 NVS-NGA 盲源分离算法大约需迭代 5000 步就已经收敛，收敛速度比 NGA 盲源分离算法和 VS-NGA 盲源分离算法都快。图 6-13 还表明，

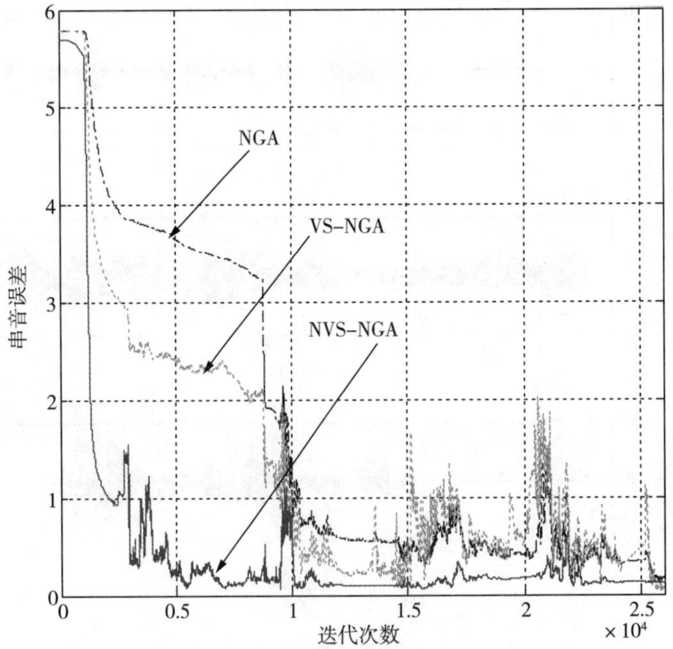

图 6-13　3 种算法在平稳环境下的分离性能曲线

提出的NVS-NGA算法具有更小的串音误差，能够在一定程度上解决收敛速度与串音误差之间矛盾的问题。

【实验 6-2】 非平稳环境中的仿真实验(图 6-14)。

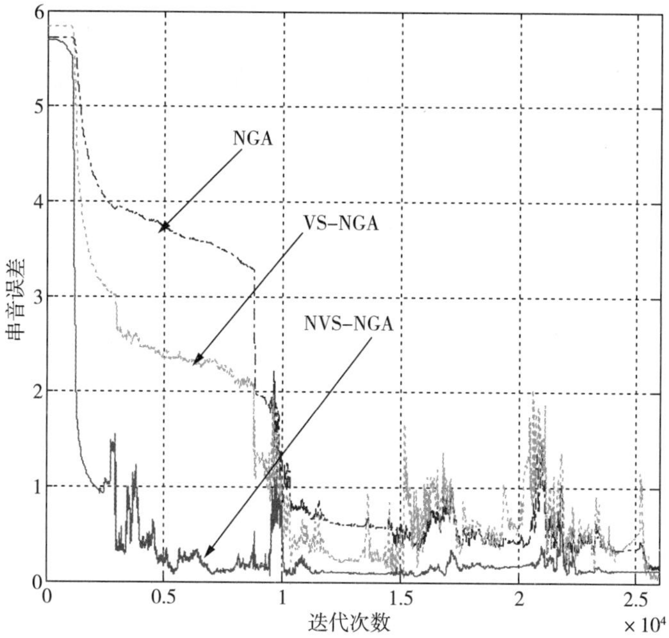

图 6-14　3 种算法在非平稳环境下的分离性能曲线

在平稳环境中有效的盲源分离算法在非平稳环境中是否也有效呢？在 NGA、VS-NGA、NVS-NGA 中各参数均保持不变，在非平稳环境下同样进行了 100 次蒙特卡罗仿真实验。非平稳环境下混合矩阵的更新公式为

$$\boldsymbol{A}(t)=\boldsymbol{A}_0+\boldsymbol{B}(t) \tag{6-6-35}$$

$$\boldsymbol{B}(t)=\rho\boldsymbol{B}(t-1)+\tau\cdot \mathrm{randn}(3) \tag{6-6-36}$$

式中，$\boldsymbol{A}_0=\begin{bmatrix}0.9891 & 0.4114 & 0.8014\\ 0.4899 & 0.0347 & 0.3465\\ 0.6948 & 0.2983 & 0.0833\end{bmatrix}$，$\boldsymbol{B}(0)$ 是一个 3×3 零矩阵，$\rho=0.9$，$\tau=0.0001$，randn(3) 是一个 3 阶随机矩阵。在非平稳环境下，100 次分离实验后串音误差 PI 值的平均值如图 6-14 所示。图 6-14 表明，NGA 盲源分离算法和 VS-NGA 盲源分离算法大概都迭代 11000 步时收敛；而 NVS-NGA 盲分离算法大约只需迭代 4000 步就收敛，并且与 NGA、VS-NGA 盲源分离算法相比，NVS-NGA 盲源分离算法的串音误差更小，更适用于非平稳环境场合。

6.6.4　基于改进分离性能指标参数的 EASI 盲分离算法

1. 算法原理

与基于改进分离性能指标参数的自然梯度盲源分离算法相似，基于改进分离性能指标

参数的 EASI 盲源分离算法(new variable step equivarant adaptive separation via independence,NVS - EASI)实现步骤如下:

步骤 1:对改进的系统进行初始化,包括给出系统的初始化矩阵 $\boldsymbol{W}(0)$、$\boldsymbol{W}_a(0)$、α 和 β,其中,α 和 β 由实验确定。

步骤 2:根据 $\boldsymbol{y}(t)=\boldsymbol{W}x(t)$、$\boldsymbol{y}_a(t)=\boldsymbol{W}_a x(t)$,计算源信号的估计。

步骤 3:定义一个新的全局矩阵 $\boldsymbol{T}_c=\boldsymbol{W}\boldsymbol{W}_a^{-1}$,并且结合瑞利分布函数,将该全局矩阵作为瑞利分布函数的一个自变量,得步长因子为

$$\mu(t)=\beta\{[|PI(\boldsymbol{T}_c)|/\alpha^2]\exp[-PI(\boldsymbol{T}_c)^2/(2\alpha^2)]\}。$$

步骤 4:根据改进盲源分离系统的结构,按

$$\boldsymbol{W}(t+1)=\boldsymbol{W}(t)+\mu[\boldsymbol{I}-\boldsymbol{y}(t)\boldsymbol{y}^{\mathrm{T}}(t)+\boldsymbol{y}(t)f^{\mathrm{T}}(\boldsymbol{y}(t))-\boldsymbol{y}^{\mathrm{T}}(t)f(\boldsymbol{y}(t))]\boldsymbol{W}(t),$$

$$\boldsymbol{W}_a(t+1)=\boldsymbol{W}_a(t)+\mu[\boldsymbol{I}-\boldsymbol{y}(t)\boldsymbol{y}^{\mathrm{T}}(t)+\boldsymbol{y}(t)f^{\mathrm{T}}(\boldsymbol{y}(t))-\boldsymbol{y}^{\mathrm{T}}(t)f(\boldsymbol{y}(t))]\boldsymbol{W}_a(t)$$

进行迭代计算。当该改进分离系统进入稳定状态时,可以得到最佳分离矩阵。

2. 仿真实验及结果分析

【实验 6 - 3】 平稳环境中的仿真。

为了验证基于改进分离性能指标参数的 EASI 盲源分离算法有效性,用 Matlab 程序进行仿真实验。在实验中,采用 4 路仿真信号,其采样频率为 16000 Hz,共采样 6000 点。这 4 路仿真信号为

$$\begin{aligned}
s_1&=\mathrm{sgn}(\cos(2\times pi\times 155\times t/fs))\\
s_2&=\mathrm{sgn}(2\times pi\times 800\times t/fs)\\
s_3&=\mathrm{sgn}(2\times pi\times 90\times t/fs)\\
s_4&=\mathrm{sgn}(2\times pi\times 9\times t/fs)\times\sin(2\times pi\times 300\times t/fs)
\end{aligned}\tag{6-6-37}$$

选取矩阵

$$\boldsymbol{A}=\begin{bmatrix}0.3702 & 0.7143 & -0.6188 & -0.3002\\ 0.0965 & 0.7408 & 0.9365 & 0.0443\\ 0.3732 & -0.3762 & -0.2500 & -0.6735\\ -0.6674 & 0.6747 & 0.9162 & -0.7381\end{bmatrix}\tag{6-6-38}$$

作为混合矩阵,源信号以及混合信号的仿真结果,分别如图 6 - 15 和图 6 - 16 所示。

对这 4 路仿真信号分别采用固定步长的 EASI 盲源分离算法、利用 Sigmoid 函数作为步长因子的变步长 EASI 算法[91](variable step equivarant adaptive separation via independence, VS - EASI)和本节提出的 NVS - EASI 进行分离实验。其中,EASI 算法采用固定步长 $\mu=0.005$;对 VS - EASI 盲分离算法,$\alpha=0.2$ 和 $\beta=0.025$;而对 NVS - EASI 盲源分离算法,$\alpha=38$ 和 $\beta=0.8$。对这 3 种盲源分离算法分别进行 100 次蒙特卡罗实验。仿真结果如图 6 - 17、

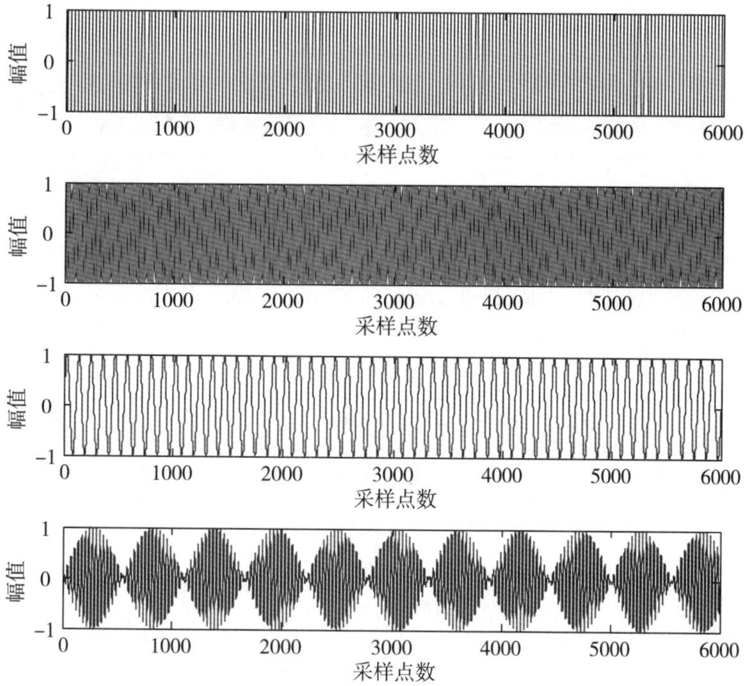

图 6-15　源信号

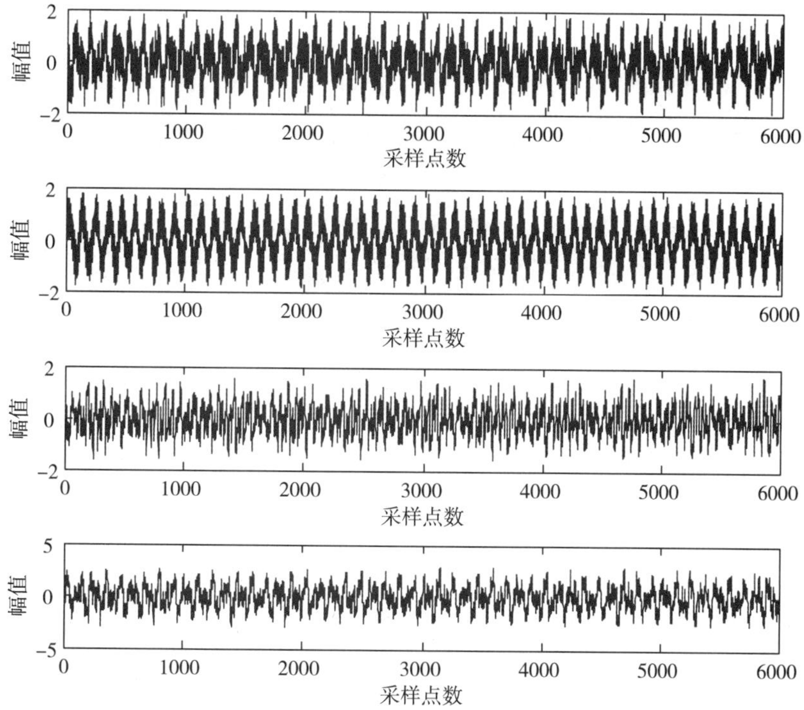

图 6-16　混合信号

图 6 - 18 以及图 6 - 19 所示。

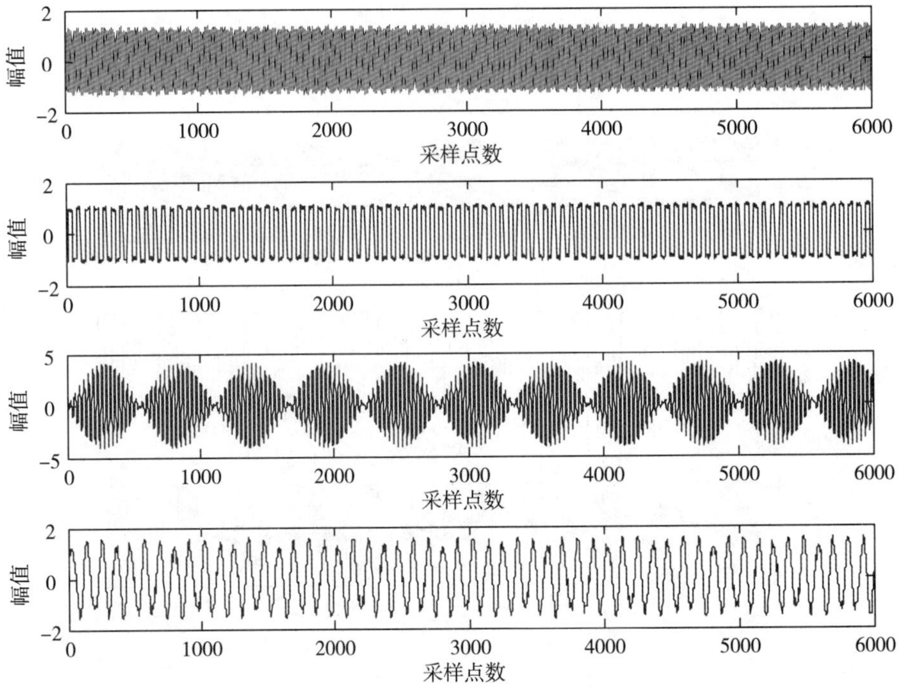

图 6 - 17　采用 EASI 的分离信号

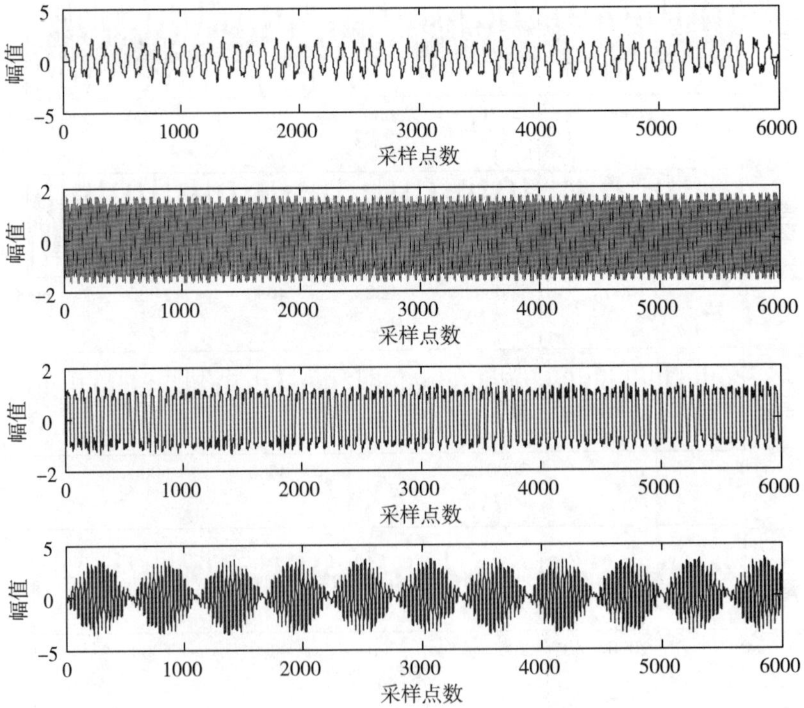

图 6 - 18　采用 VS - EASI 的分离信号

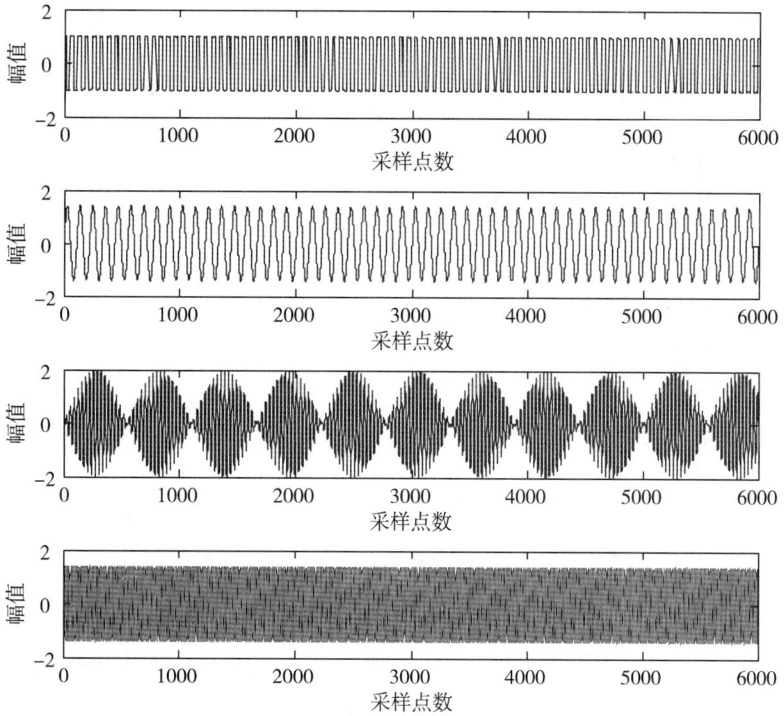

图 6－19 采用 NVS－EASI 的分离信号

图 6－20 显示了三种分离算法在平稳环境下 100 次蒙特卡罗实验后串音误差 *PI* 值的平均值。图 6－20 表明，EASI 盲分离算法大概迭代 1400 步时收敛；VS－EASI 盲源分离算法的收敛，在 950 步左右收敛；而 NVS－EASI 盲源分离 NVS－EASI 算法，大约只需迭代 800 步就收敛，在 3 种算法中收敛速度最快；图 6－20 还表明，本节提出的算法比其余两种算法具有更小的串音误差，能够在一定程度上解决收敛度与串音误差之间矛盾的问题。

【实验 6－4】 非平稳环境中的仿真实验。

同样，为了验证基于改进分离指标的 EASI 算法在非平稳环境中的有效性，在各参数保持不变时，进行 100 次蒙特卡罗仿真实验。非平稳环境下的混合矩阵更新公式如式(6－6－35)和式(6－6－36)所示，其中

$$\boldsymbol{A}_0=\begin{bmatrix}0.3702 & 0.7143 & -0.6188 & -0.3002\\ 0.0965 & 0.7408 & 0.9365 & 0.0443\\ 0.3732 & -0.3762 & -0.2500 & -0.6735\\ -0.6674 & 0.6747 & 0.9162 & -0.7381\end{bmatrix}$$

$\boldsymbol{B}(0)$ 是一个 4×4 零矩阵，$\rho=0.9$，$\tau=0.0001$，randn(4) 是一个 4×4 随机矩阵。在非平稳环境下，3 种分离算法 100 次分离实验后串音误差 PI 值的平均值如图 6－21 所示。图 6－21 表明，EASI 盲分离算法迭代 1600 步时收敛，VS－EASI 盲源分离算法大约迭代 1300 步时收敛；而 NVS－EASI 盲源分离算法大约只需迭代 1000 步就收敛，并且与 EASI、VS－EASI 盲源分离算

法相比，NVS－EASI 盲分离算法的串音误差明显更小，也很适用非平稳环境场合。

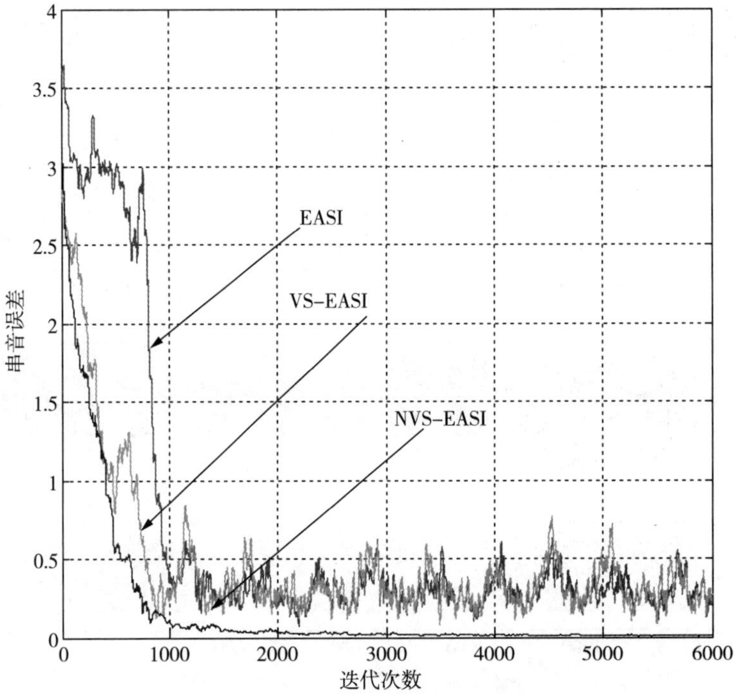

图 6－20　三种算法在平稳环境下的分离性能曲线

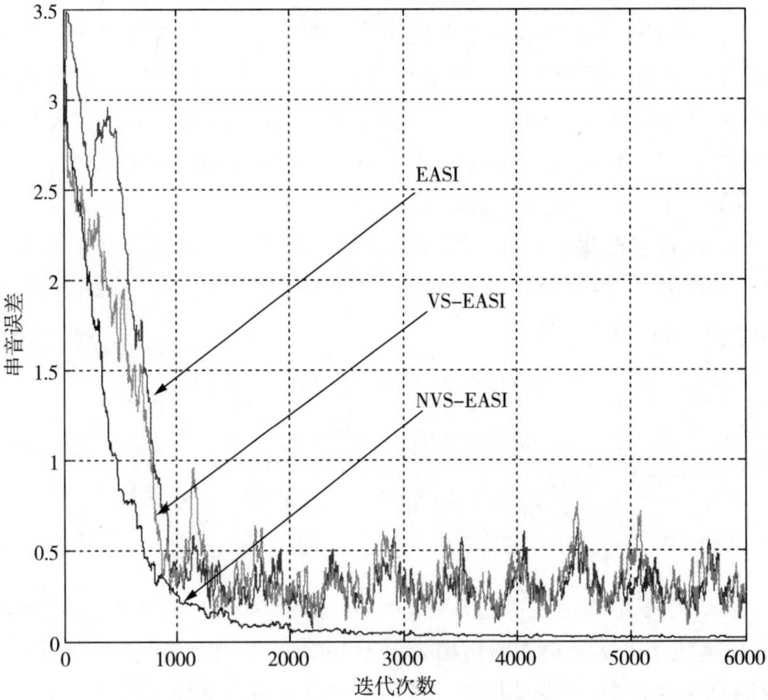

图 6－21　3 种算法在非平稳环境下的分离性能曲线

6.7 基于融合动量项的符号梯度盲源分离算法

6.7.1 符号梯度盲源分离算法

为了进一步提升盲源分离的性能，在自然梯度盲源分离算法中引入符号函数，能进一步简化计算、提高收敛速度[92]。现讨论基于符号自然梯度的盲源分离算法（sign natural gradient algorithm，SNGA）。

1. 符号自然梯度算法

为了统一自然梯度盲源分离算法和 EASI 盲源分离算法，将两种算法的更新公式统一为

$$\boldsymbol{W}(t+1)=\boldsymbol{W}(t)+\mu[\boldsymbol{I}-\boldsymbol{Q}(t)]\boldsymbol{W}(t) \tag{6-7-1}$$

式中，$\boldsymbol{Q}(t)=f(\boldsymbol{y}(t))\,\boldsymbol{y}^{\mathrm{T}}(t)$，$f[\boldsymbol{y}(t)]$ 是非线性的函数，$\boldsymbol{y}(t)$ 为分离后输出的信号，μ 是步长因子，$\boldsymbol{I}$ 为单位矩阵。

符号自然梯度盲分离算法[93]是自然梯度算法的一种改进，它是将分离的输出信号 $\boldsymbol{y}(t)$ 进行归一化处理，即对由 $\boldsymbol{Q}(t)=f[\boldsymbol{y}(t)]\,\boldsymbol{y}^{\mathrm{T}}(t)$ 计算的矩阵中非对角线元素进行归一化，利用归一化 $\boldsymbol{Q}(t)$ 的非对角线元素来限制分离矩阵 $\boldsymbol{W}$ 的范数，这样的盲源分离算法在分离过程中具有较好稳定性。与此同时，盲源分离算法的计算量也大大降低，收敛速度比自然梯度盲源分离算法更快。为了通过归一化 $\boldsymbol{Q}(t)$ 推导出符号自然梯度盲源分离算法，现引入一个连续的动态矩阵，即

$$\frac{\mathrm{d}}{\mathrm{d}t}\boldsymbol{W}(t)=-\mu\frac{\partial J[\boldsymbol{W}(t)]}{\partial\boldsymbol{W}(t)}\boldsymbol{W}^{\mathrm{T}}(t)\prod(\boldsymbol{y}(t))\boldsymbol{W}(t) \tag{6-7-2}$$

式中，μ 是步长因子；$J[\boldsymbol{W}(t)]$ 是盲源分离自然梯度算法的代价函数；$\prod[\boldsymbol{y}(t)]$ 为对角矩阵，矩阵中的各个元素都是正数，当 $\prod(\boldsymbol{y}(t))=\boldsymbol{I}$ 时，式(6-7-2)可视为自然梯度算法的代价函数对分离矩阵的求导。为了将式(6-7-2)求导展开，结合式(6-6-18)，将式(6-7-2)写为

$$\begin{aligned}\frac{\mathrm{d}}{\mathrm{d}t}\boldsymbol{W}(t)&=-\mu\frac{\partial J[\boldsymbol{W}(t)]}{\partial\boldsymbol{W}(t)}\boldsymbol{W}^{\mathrm{T}}(t)\prod[\boldsymbol{y}(t)]\boldsymbol{W}(t)\\&=-\mu[f(\boldsymbol{y})\,\boldsymbol{x}^{\mathrm{T}}-\boldsymbol{W}^{-T}]\boldsymbol{W}^{\mathrm{T}}\prod[\boldsymbol{y}(t)]\boldsymbol{W}\\&=-\mu\prod[\boldsymbol{y}(t)]\{\boldsymbol{I}-\prod^{-1}[\boldsymbol{y}(t)]f(\boldsymbol{y}(t))\,\boldsymbol{y}^{\mathrm{T}}(t)\prod[\boldsymbol{y}(t)]\}\boldsymbol{W}(t)\end{aligned} \tag{6-7-3}$$

式中，$\boldsymbol{f}[\boldsymbol{y}(t)]$ 是一个包含非线性函数的向量。令

$$\mu\prod[\boldsymbol{y}(t)]=\mu(t) \tag{6-7-4}$$

$$\prod^{-1}[\boldsymbol{y}(t)]f[\boldsymbol{y}(t)]=f[\boldsymbol{y}(t)] \tag{6-7-5}$$

将式(6-7-4)和式(6-7-5)代入式(6-7-3),得

$$\frac{\mathrm{d}}{\mathrm{d}t}\boldsymbol{W}(t)=-\mu(t)[\boldsymbol{I}-f(\boldsymbol{y}(t))\,\boldsymbol{y}^{\mathrm{T}}(t)\prod(\boldsymbol{y}(t))]\boldsymbol{W}(t) \tag{6-7-6}$$

与式(6-7-1)比较,得

$$\boldsymbol{Q}(t)=f(\boldsymbol{y}(t))\,\boldsymbol{y}^{\mathrm{T}}(t)\prod(\boldsymbol{y}(t)) \tag{6-7-7}$$

用 $f_i(y_i)$,y_i,$i=1,2,\cdots,N$ 分别表示矩阵 $f(\boldsymbol{y}(t))$,$\boldsymbol{y}(t)$ 的元素;π_{ij} 表示矩阵 $\prod$ 的元素,$\boldsymbol{Q}(t)$ 的元素可写为

$$q_{ij}=f_i(y_i)y_i\pi_{ij} \tag{6-7-8}$$

利用 π_{ij} 对 y_j 进行归一化处理,即 $\pi_{ij}=|y_j|^{-1}$,则式(6-7-7)可写为

$$\boldsymbol{Q}(t)=f[\boldsymbol{y}(t)]\{\mathrm{sgn}[\boldsymbol{y}(t)]\}^{\mathrm{T}} \tag{6-7-9}$$

式中,$\mathrm{sgn}[y(t)]=\{\mathrm{sgn}[y_1(t)],\mathrm{sgn}[y_2(t)],\cdots,\mathrm{sgn}[y_n(t)]\}^{\mathrm{T}}$,符号函数为

$$\mathrm{sgn}(M)=\begin{cases}1,M>0\\0,M=0\\-1,M<0\end{cases} \tag{6-7-10}$$

用符号函数值代替输出信号 $\boldsymbol{y}(t)$ 在$(-1,1)$的值,大大简化了计算、加快了收敛速度,但是这种简化以牺牲分离算法性能为代价。为了使盲源分离算法的收敛速度和分离性能达到比较理想的状态,可以对矩阵 $\boldsymbol{Q}(t)$ 的元素采用不同的盲源分离算法进行标准化,将式(6-7-8)的 q_{ij} 元素写为离散的形式,即

$$q_{ij}=\begin{cases}f_i(y_i(t))y_i(t),i=j\\f_i(y_i(t))\mathrm{sgn}(y_i(t),i\neq j\end{cases} \tag{6-7-11}$$

此时,式(6-7-8)的直积形式为

$$\boldsymbol{Q}(t)=f[\boldsymbol{y}(t)]\,\boldsymbol{y}^{\mathrm{T}}(t)\odot\boldsymbol{\Phi}[\boldsymbol{y}(t)] \tag{6-7-12}$$

式中,$\odot$ 表示直积符号,矩阵 $\boldsymbol{\Phi}[\boldsymbol{y}(t)]$ 中的元素为

$$\Phi_{ij}=\begin{cases}1,i=j\\|\boldsymbol{y}_j|^{-1},i\neq j\end{cases} \tag{6-7-13}$$

由此,得

$$\boldsymbol{Q}(t)=\mathrm{diag}\{f[\boldsymbol{y}(t)]\,\boldsymbol{y}^{\mathrm{T}}(t)\}+off\{f[\boldsymbol{y}(t)]sign[\boldsymbol{y}^{\mathrm{T}}(t)]\} \tag{6-7-14}$$

式中,$off(\cdot)$ 表示取矩阵的副对角线上的元素运算。结合式(6-7-1)和式(6-7-14),基于符号自然梯度的盲源分离算法更新公式为

$$\boldsymbol{W}(t+1)=\boldsymbol{W}(t)+\mu[\boldsymbol{I}-\mathrm{diag}(f(\boldsymbol{y}(t))\ \boldsymbol{y}^{\mathrm{T}}(t))+off(f(\boldsymbol{y}(t))\mathrm{sgn}(\boldsymbol{y}^{\mathrm{T}}(t)))]\boldsymbol{W}(t) \tag{6-7-15}$$

与原来基于自然梯度的盲分离算法相比，基于符号自然梯度的盲源分离算法简化了计算，也就是说，在原来基于自然梯度的盲源分离算法中 $N\times(N-1)$ 次乘方计算被符号函数代替，加快了收敛速度。

2. 仿真实验与结果分析

为了验证基于符号自然梯度盲源分离算法的有效性，采用3路仿真信号进行实验，采样频率为1000 Hz，采样点为6000，三路仿真信号分别为

$$\begin{aligned} s_1 &= \sin(2\times pi\times 200\times t/fs) \\ s_2 &= \mathrm{sawtooth}(2\times pi\times 10\times t/fs) \\ s_3 &= \mathrm{sgn}[\sin(2\times pi\times 100\times t/fs)] \end{aligned} \tag{6-7-16}$$

选取矩阵

$$\boldsymbol{A}=\begin{bmatrix} 1 & 0.6 & 0.5 \\ 0.6 & 0.8 & -0.7 \\ 0.3 & 0.5 & 0.8 \end{bmatrix} \tag{6-7-17}$$

作为混合矩阵。仿真结果如图6-22和图6-23所示。图6-24和图6-25分别表示基于自然梯度的盲源分离算法以及基于符号自然梯度的盲源分离算法的分离信号图。

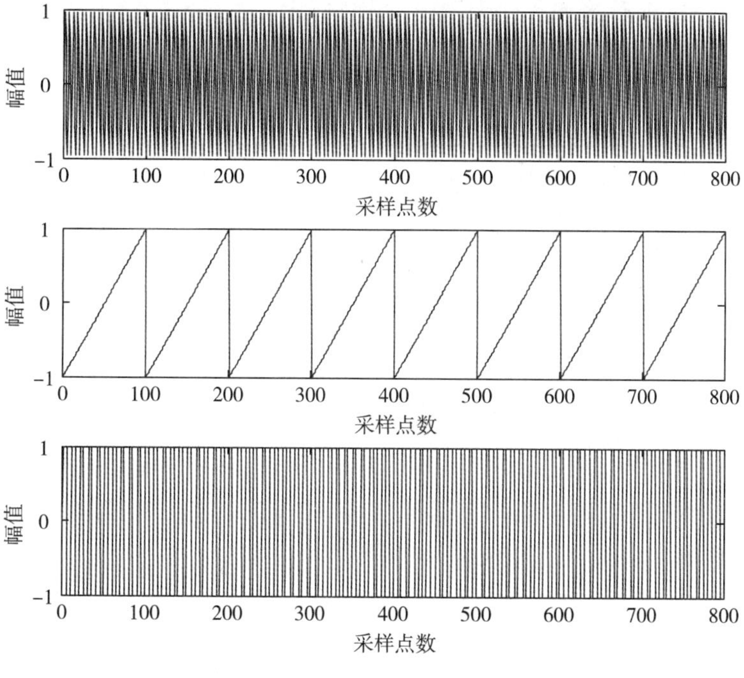

图6-22　源信号

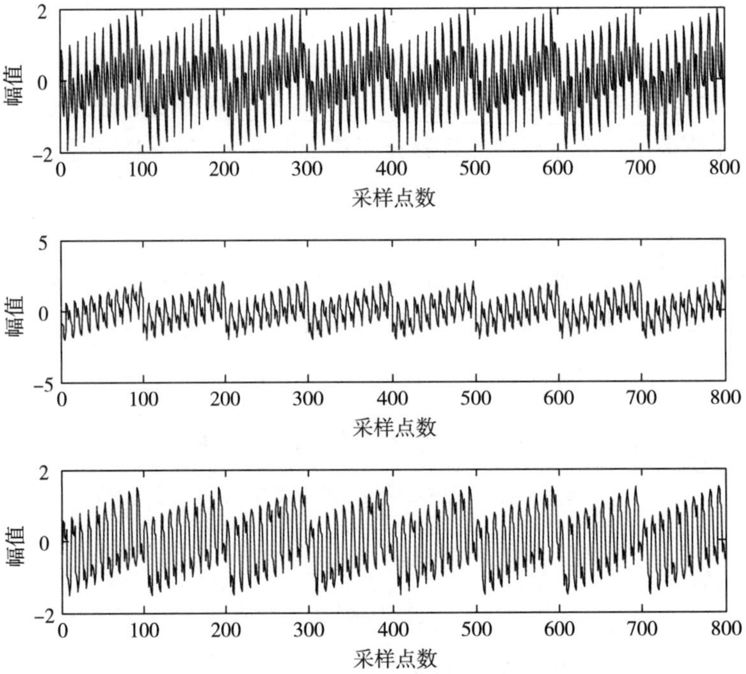

图 6-23　混合信号

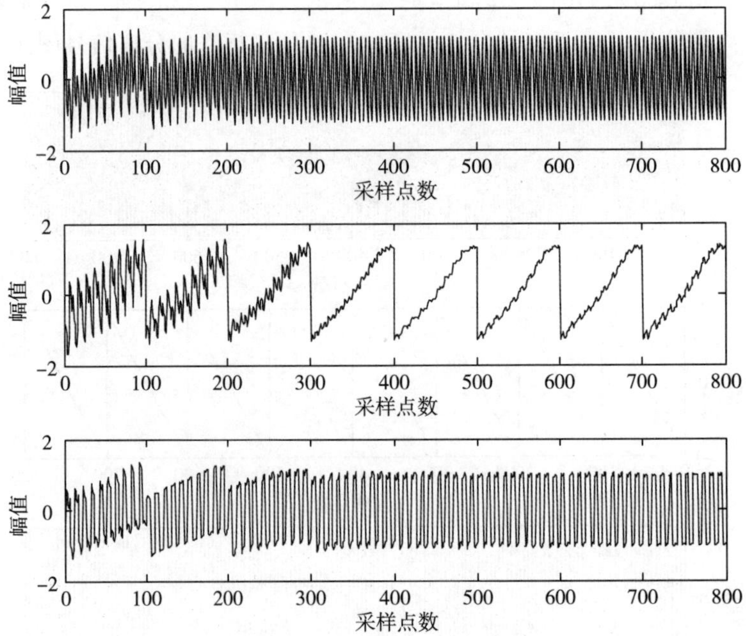

图 6-24　采用 NGA 的分离信号

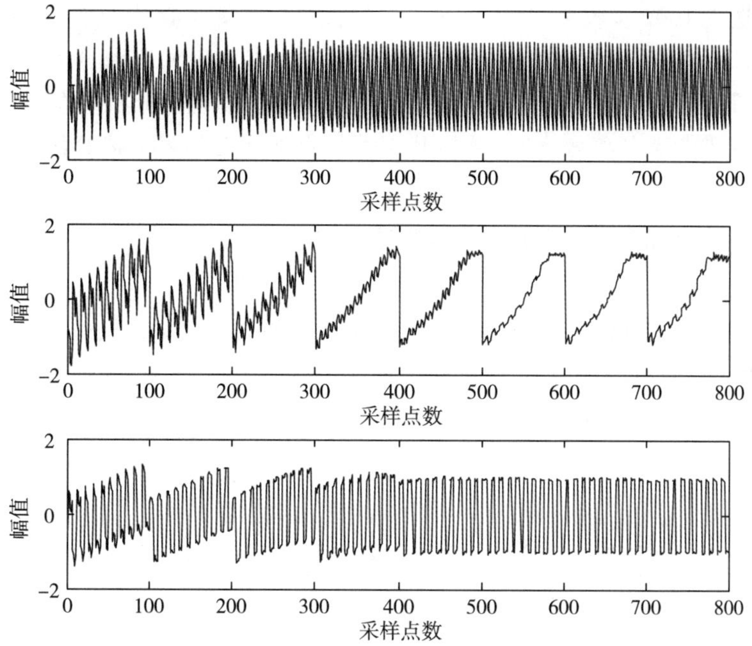

图 6-25　采用 SNGA 的分离信号

图 6-26 为基于自然梯度以及符号自然梯度的盲源分离算的串音误差 *PI* 曲线。图 6-26 表明,基于符号自然梯度的盲源分离算法比基于自然梯度的盲源分离算法的收敛速

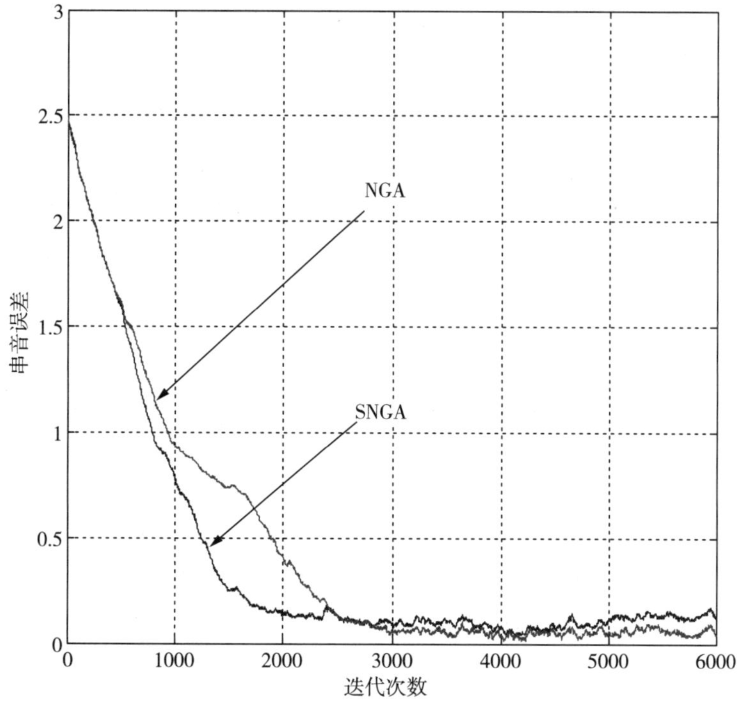

图 6-26　基于自然梯度以及符号自然梯度的盲源分离算的串音误差 *PI* 曲线

度更快，大概迭代 1600 步收敛；基于自然梯度的盲源分离算法迭代 3000 步左右收敛，而基于符号自然梯度的盲源分离算法在串音误差比基于自然梯度的盲源分离算法的串音误差稍大，但分离后的信号和原来的信号比较相似。这些结果与理论分析基本一致。

因此，当需要考虑分离效率时，采用基于符号自然梯度的盲分离算法是一个比较好的选择。

6.7.2 融合动量项的符号自然梯度算法

1. 算法原理

现在基于符号自然梯度的盲源分离算法，引入动量项（momentum item，MI）[94,95]，得到基于融合动量项的符号自然梯度盲源分离算法（momentum item sign natural gradient algorithm，MISNGA）。其原理如图 6-27 所示。

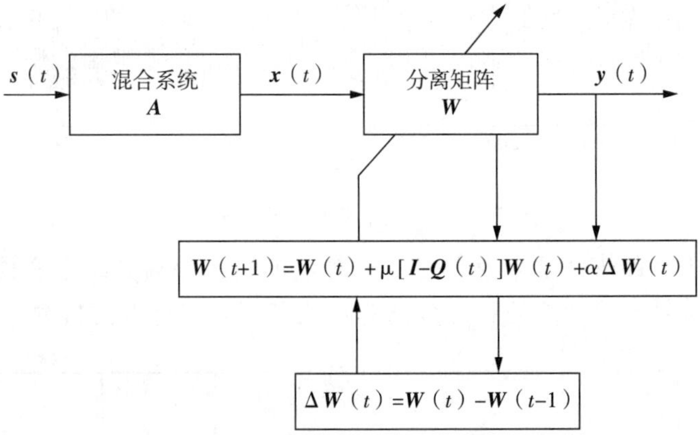

图 6-27 融合动量项的符号自然梯度盲源分离算法原理

图 6-27 中，基于融合动量项的符号自然梯度盲源分离算法是在符号自然梯度的盲分离算法基础上增添一项动量项。由于基于自然梯度的盲源分离算法的代价函数在黎曼空间中呈现为一种光滑的凹型结构，因此分离矩阵的更新是沿着代价函数在这个凹形结构最速方向下降。此时，融合动量项的更新公式为

$$\Delta\boldsymbol{W}(t)=\boldsymbol{W}(t)-\boldsymbol{W}(t-1) \tag{6-7-18}$$

基于融合动量项的符号自然梯度盲源分离算法的分离矩阵更新公式为

$$\boldsymbol{W}(t+1)=\boldsymbol{W}(t)+\mu[\boldsymbol{I}-\boldsymbol{Q}(t)]\boldsymbol{W}(t)+\alpha\Delta\boldsymbol{W}(t) \tag{6-7-19}$$

式中，$\boldsymbol{Q}(t)=\mathrm{diag}[f(\boldsymbol{y}(t))\,\boldsymbol{y}^{\mathrm{T}}(t)]+off\{f[\boldsymbol{y}(t)]\mathrm{sgn}[\boldsymbol{y}^{\mathrm{T}}(t)]\}$，$\Delta\boldsymbol{W}(t)$ 充分利用了分离矩阵相邻时刻间的相关性，当 $\Delta\boldsymbol{W}(t)>0$ 时，与分离矩阵的寻优方向一致，能够提高代价函数寻优的下降速度，从而进一步加快收敛速度；当 $\Delta\boldsymbol{W}(t)<0$ 时，动量项的方向与代价函数寻优方向相反，降低了代价函数寻优的下降速度，这在一定程度上避免算法陷入局部最优。因此，基于融入动量项的符号自然梯度盲源分离算法具有研究价值。式(6-7-19)中，α 为动量项的步长因子，其大小对算法有一定的影响，当 $\alpha=0$ 时，式(6-7-19)就是普通的符号自

然梯度盲源分离算法。

2. 仿真实验与结果分析

为了分析基于融合动量项的符号自然梯度盲源分离算法性能，采用 Matlab 程序进行仿真实验。实验中，继续采用 3 路信号进行实验，采样频率为 1000 Hz，采样点为 5000。3 路仿真信号分别为

$$\begin{aligned} s_1 &= \sin(2 \times pi \times 200 \times t/f) \\ s_2 &= \mathrm{rand}[1, length(t/fs)] - 0.5 \\ s_3 &= \mathrm{sgn}[\sin(2 \times pi \times 100 \times t/fs)] \end{aligned} \tag{6-7-20}$$

选取矩阵

$$\boldsymbol{A} = \begin{bmatrix} 1 & 0.6 & 0.5 \\ 0.6 & 0.8 & -0.7 \\ 0.3 & 0.5 & 0.8 \end{bmatrix} \tag{6-7-21}$$

作为混合矩阵。由于动量项的步长因子是影响算法性能的一个重要因素，这里选用 3 种不同大小的步长因子 $\alpha=0.5$，$\alpha=0.7$，$\alpha=0.9$ 进行仿真。仿真结果如图 6-28、图 6-29 及图 6-30 所示。

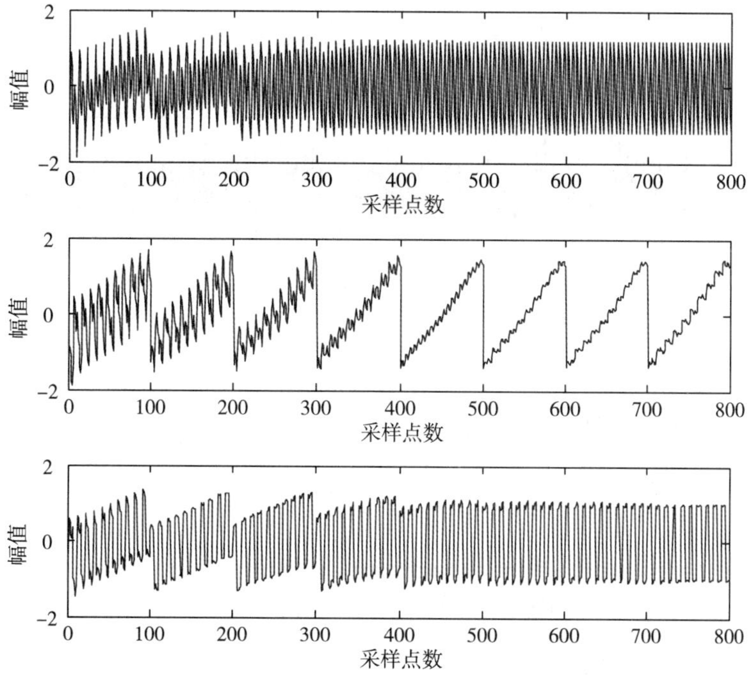

图 6-28　$\alpha=0.5$ 时分离信号

图 6-31 为 $\alpha=0$，$\alpha=0.5$，$\alpha=0.7$，$\alpha=0.9$ 时串音误差图。图 6-31 表明，当 $\alpha=0$，即为普通的基于符号自然梯度的盲源分离算法时，迭代 2000 步左右收敛；当 $\alpha=0.5$ 时，迭代 1200

步左右收敛；当 $\alpha=0.7$ 时，迭代 600 步左右收敛；当 $\alpha=0.9$ 时，迭代 200 步左右收敛，但串音误差 PI 随着动量步长因子增大而增大，也就是说，该盲源分离算法的分离性能稍微变差。

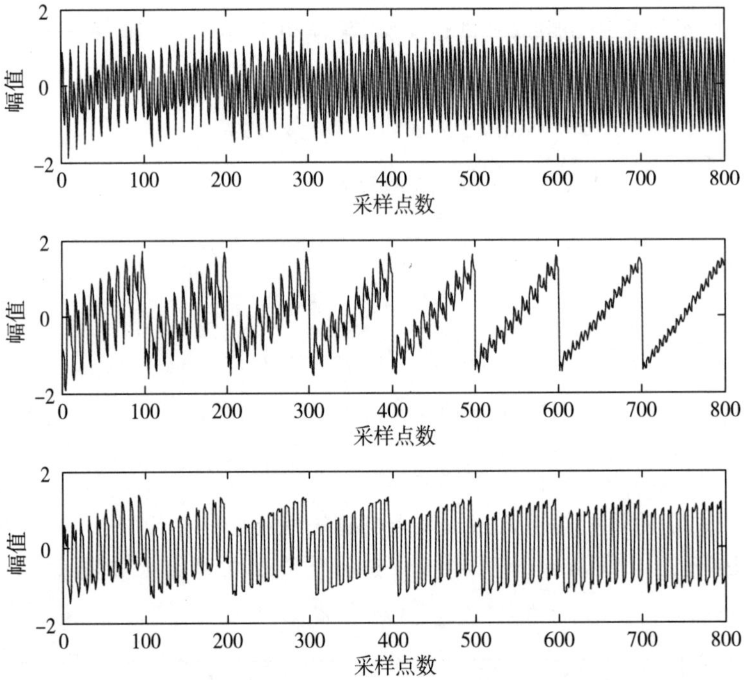

图 6-29　$\alpha=0.7$ 时分离信号

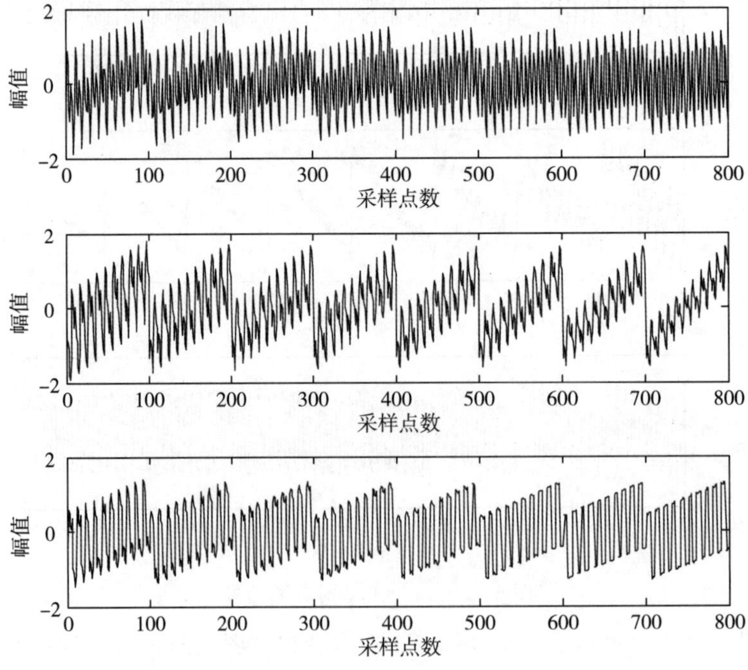

图 6-30　$\alpha=0.9$ 时分离信号

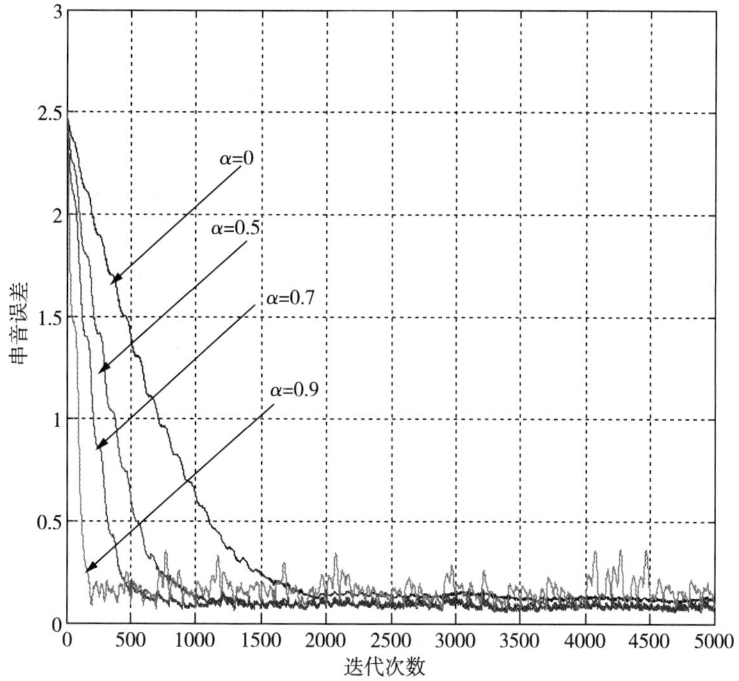

图 6 - 31　不同 α 的分离性能曲线

6.8　基于改进 Fast ICA 的卷积盲源分离算法

本节在 Fast ICA 算法基础上，研究卷积混合盲源分离算法。Fast ICA 算法，又称为固定点(Fixed - Point)算法，由 Hyvärinen 等人于 1997 年在芬兰的赫尔辛基大学提出来的。Fast ICA 算法是一种能够进行快速可靠寻找最优解的神经网络算法，与传统的神经网络算法相比，其最大的特点是采用了数据批处理方式。也就是说，算法每进行一步迭代都会处理大批量的样本数据。

6.8.1　基于瞬时混合 Fast ICA 算法的盲源分离算法

在研究利用 Fast ICA 算法对在卷积混合情况下的混合信号盲源分离之前，首先研究在瞬时混合环境下基于 Fast ICA 算法的盲源分离算法，再对基于传统 Fast ICA 算法的盲源分离算法进行优化。

1. 基于传统 Fast ICA 算法的盲源分离算法

根据代价函数的不同，可将传统 Fast ICA 算法分为基于最大负熵的 Fast ICA 算法、基于峭度的 Fast ICA 算法和基于最大似然的 Fast ICA 算法。现讨论基于最大负熵的 Fast ICA 算法，该算法利用最大负熵进行寻优以从混合信号中提取源信号。此外，Fast ICA 算法采用了定点迭代的方式，其收敛速度更快并且收敛结果更可靠。

由于 Fast ICA 算法将最大负熵作为算法的搜寻方向，所以先讨论负熵的判决准则。由信息论知：在所有等方差的随机变量中，高斯随机变量的熵最大，因此可用熵度量信号的非高斯性。实际应用中，常用负熵度量信号的非高斯性。由中心极限定理知，如果一个随机向量 $\boldsymbol{x}$ 由几个彼此独立的随机向量 $s_i(i=1,2,3,\cdots,N)$ 之和构成，当 s_i 具有有限均值和方差时，无论其如何分布，随机向量 $\boldsymbol{x}$ 更接近高斯分布。换句话说，与随机向量 $\boldsymbol{x}$ 相比，$\boldsymbol{s}_i$ 具有更强的非高斯性。因此，在混合信号分离过程中，可以用 $\boldsymbol{s}_i$ 度量分离信号的非高斯性，用 $\boldsymbol{s}_i$ 表示各分离分量之间的相互独立性，当各分量的非高斯性具有最大值时，就表明各独立分量正被成功分离。

这里，将负熵定义为

$$J(\boldsymbol{y})=H(\boldsymbol{y}_g)-H(\boldsymbol{y}) \tag{6-8-1}$$

式中，$\boldsymbol{y}_g$ 是一个与 $\boldsymbol{y}$ 有相同方差的高斯随机向量，$H(\cdot)$ 表示随机向量的微分熵。由信息论知，当随机向量的方差相同时，随机向量是高斯分布的，其微分熵最大。当 $\boldsymbol{y}$ 为高斯分布时，$J(\boldsymbol{y})=0$；$\boldsymbol{y}$ 的非高斯性越强，它的微分熵就越小，也就是说，$J(\boldsymbol{y})$ 值就越大，可见，可以用 $J(\boldsymbol{y})$ 度量随机变量 $\boldsymbol{y}$ 的非高斯性。根据式(6-8-1)，计算微分熵必须给出 $\boldsymbol{y}$ 的概率密度函数，这在实际中是不太可能的。因此，就必须采用一个近似公式作为代价函数，定义为

$$J(\boldsymbol{y})=\{E[f(\boldsymbol{y})]-E[f(\boldsymbol{y}_g)]\}^2 \tag{6-8-2}$$

式中，$f(\boldsymbol{y})$ 为非线性函数。根据参考文献[91]，可取 $f(\boldsymbol{y})=\tanh(a_1\boldsymbol{y})f(\boldsymbol{y})=\boldsymbol{y}\exp(-\boldsymbol{y}^2/2)$ 或者 $f(\boldsymbol{y})=\boldsymbol{y}^3$ 等非线性函数。这里，取 $f(\boldsymbol{y})=\tanh(2\boldsymbol{y})$。

基于传统 Fast ICA 算法的盲源分离算法学习规则是找到一个方向使 $\boldsymbol{W}^{\mathrm{T}}\boldsymbol{x}(\boldsymbol{y}=\boldsymbol{W}^{\mathrm{T}}\boldsymbol{x})$ 有最强的非高斯性。这里，可以由式(6-8-2)中给出的负熵 $J(\boldsymbol{y})$ 的近似值来度量非高斯性，将 $\boldsymbol{W}^{\mathrm{T}}\boldsymbol{x}$ 的方差约束为 1，对白化信号来说，就相当于约束 $\boldsymbol{W}$ 的范数为 1。快速独立分量分析方法就是使 $J(\boldsymbol{y})$ 具有最大值，也即是说，$\boldsymbol{W}^{\mathrm{T}}\boldsymbol{x}$ 的负熵的最大近似值可以通过优化 $E[f(\boldsymbol{W}^{\mathrm{T}}\boldsymbol{x})]$ 来得到。Fast ICA 的推导过程如下：

由 Kuhn-Tucker 条件可知，在 $E[(\boldsymbol{W}^{\mathrm{T}}\boldsymbol{x})^2]=\|\boldsymbol{W}\|^2=1$ 的约束条件下，$E[f(\boldsymbol{W}^{\mathrm{T}}\boldsymbol{x})]$ 的最佳值满足的条件为

$$E[\boldsymbol{x}f'(\boldsymbol{W}^{\mathrm{T}}\boldsymbol{x})]+\beta\boldsymbol{W}=0 \tag{6-8-3}$$

式中，β 是一个恒定值，且 $\beta=E[\boldsymbol{W}_0^{\mathrm{T}}\boldsymbol{x}f'(\boldsymbol{W}_0^{\mathrm{T}}\boldsymbol{x})]$，$\boldsymbol{W}_0$ 是优化后的 $\boldsymbol{W}$ 值。现采用牛顿迭代法，解式(6-8-3)。用 F 表示式(6-8-3)左边的函数，则 F 的雅可比矩阵为

$$JF(\boldsymbol{W})=E[\boldsymbol{x}\boldsymbol{x}^{\mathrm{T}}f'(\boldsymbol{W}^{\mathrm{T}}\boldsymbol{x})]-\beta\boldsymbol{I} \tag{6-8-4}$$

由于数据被球化，也即 $E(\boldsymbol{x}\boldsymbol{x}^{\mathrm{T}})=\boldsymbol{I}$，那么式(6-8-4)中的右边第一项可以表示为

$$E[\boldsymbol{x}\boldsymbol{x}^{\mathrm{T}}f'(\boldsymbol{W}^{\mathrm{T}}\boldsymbol{x})]\approx E(\boldsymbol{x}\boldsymbol{x}^{\mathrm{T}})\cdot E[f'(\boldsymbol{W}^{\mathrm{T}}\boldsymbol{x})]=E[f'(\boldsymbol{W}^{\mathrm{T}}\boldsymbol{x})]\boldsymbol{I} \tag{6-8-5}$$

此时，雅可比矩阵变为对角阵，而且容易求逆。因此，近似的牛顿迭代公式为

$$\boldsymbol{W}^*\leftarrow\boldsymbol{W}-\{E[\boldsymbol{x}f(\boldsymbol{W}^{\mathrm{T}}\boldsymbol{x})]-\beta\boldsymbol{W}\}/\{E[f'(\boldsymbol{W}^{\mathrm{T}}\boldsymbol{x})]+\beta\} \tag{6-8-6}$$

式中，$\boldsymbol{W}^*$ 为 $\boldsymbol{W}$ 的更新值，式(6-8-6)两边乘上因子 $\{E[f'(\boldsymbol{W}^{\mathrm{T}}\boldsymbol{x})]+\beta\}$ 后，可得 Fast ICA 的迭代公式为

$$\boldsymbol{W}^*\leftarrow E[\boldsymbol{x}f(\boldsymbol{W}^{\mathrm{T}}\boldsymbol{x})]-E[f'(\boldsymbol{W}^{\mathrm{T}}\boldsymbol{x})]\boldsymbol{W} \tag{6-8-7}$$

将分离矩阵归一化后，可以提高分离矩阵的稳定性，因此 Fast ICA 算法的迭代公式为

$$\begin{aligned} \boldsymbol{W}^{*} &= E[\boldsymbol{x}f(\boldsymbol{W}^{\mathrm{T}}\boldsymbol{x})] - E[f'(\boldsymbol{W}^{\mathrm{T}}\boldsymbol{x})]\boldsymbol{W} \\ \boldsymbol{W} &= \boldsymbol{W}^{*} / \| \boldsymbol{W}^{*} \| \end{aligned} \tag{6-8-8}$$

实际上，在 Fast ICA 算法中，可以用期望估计值来代替期望值。而求期望估计值的最好方法是对相对应的样本进行求平均运算。在理想情况下，对所有样本数据进行求均值运算，会明显降低计算速度。因此，常用的办法就是采用一部分样本求平均值得到期望估计值，这表明样本数目的多少会影响期望估计值的精确度。为了获取预期收敛效果，就必须增加样本的数量。

为了更加清楚地说明基于 Fast ICA 算法的盲源分离算法进行信号分离过程，给出算法实现步骤如下：

步骤 1：对观测数据 $\boldsymbol{x}$ 进行中心化，使它的均值为 0；

步骤 2：对数据进行白化，$\boldsymbol{x} \rightarrow \boldsymbol{z}$；

步骤 3：选择需要估计的分量的个数 m；

步骤 4：随机选择一个初始权向量 $\boldsymbol{W}$，并对其进行归一化；

步骤 5：令 $\boldsymbol{W}^{*} \leftarrow E[\boldsymbol{x}f(\boldsymbol{W}^{\mathrm{T}}\boldsymbol{x})] - E[f'(\boldsymbol{W}^{\mathrm{T}}\boldsymbol{x})]\boldsymbol{W}$ 并进行更新迭代；

步骤 6：对分离矩阵进行对称正交化，也即 $\boldsymbol{W} \leftarrow (\boldsymbol{W}\boldsymbol{W}^{\mathrm{T}})^{-\frac{1}{2}}\boldsymbol{W}$；

步骤 7：令 $\boldsymbol{W} = \boldsymbol{W}^{*} / \| \boldsymbol{W}^{*} \|$；

步骤 8：判断 $\boldsymbol{W}$ 是否收敛，如果收敛就执行步骤 9，否则返回步骤 5；

步骤 9：提取混合信号中各源信号。

2. 基于改进 Fast ICA 算法的盲源分离算法

在基于负熵的 Fast ICA 算法中，常采用二阶牛顿迭代公式。为了提高收敛速度，可采用高阶的牛顿迭代公式。本节采用三阶的牛顿迭代公式。三阶的牛顿迭代公式[96]为

$$\begin{aligned} x^{*}(k+1) &= x(k) - [f(x(k))/2f'(x(k))] \\ x(k+1) &= x(k) - [2f(x(k))/(f'(x(k)) + f'(x(k+1)))] \end{aligned} \tag{6-8-9}$$

式中，$f(x(k))$ 为所求的目标函数，$x(k+1)$ 是问题所求的解。将盲源分离算法中的目标函数代入式(6-8-9)，得修正的 Fast ICA 算法的迭代公式为

$$\begin{aligned} \boldsymbol{W}^{\#} &= E[\boldsymbol{x}f(\boldsymbol{W}^{\mathrm{T}}\boldsymbol{x})] - E[f'(\boldsymbol{W}^{\mathrm{T}}\boldsymbol{x})]\boldsymbol{W} \\ \boldsymbol{W}^{*} &= 2E[\boldsymbol{x}f(\boldsymbol{W}^{\mathrm{T}}\boldsymbol{x})] - \{E[f'(\boldsymbol{W}^{\mathrm{T}}\boldsymbol{x})] + E[f'(\boldsymbol{W}^{\#\mathrm{T}}\boldsymbol{x})]\}\boldsymbol{W} \\ \boldsymbol{W} &= \boldsymbol{W}^{*} / \| \boldsymbol{W}^{*} \| \end{aligned} \tag{6-8-10}$$

3. 仿真实验与结果分析

为了验证基于改进 Fast ICA 算法的盲源分离算法性能，采用 Matlab 程序做 5 次仿真实验。实验中，使用外置声卡 ESU1808 作为采集器，通过自制的 BNC 接口的导线将麦克风与外置声卡的 ANALOG INPUTS 端相连接，使用音频软件 CUBASE 来控制该设备，将采集的三路相互独立的语音信号作为源信号，采样点为 14000，采样频率为 16000 Hz，并且使用一个 3×3 随机矩阵作为混合矩阵。实验中，源始信号、混合信号、基于 Fast ICA 算法的盲源

分离算法分离信号及基于改进 Fast ICA 算法的盲源分离算法分离信号，如图 6－32 ～ 图 6－35 所示。

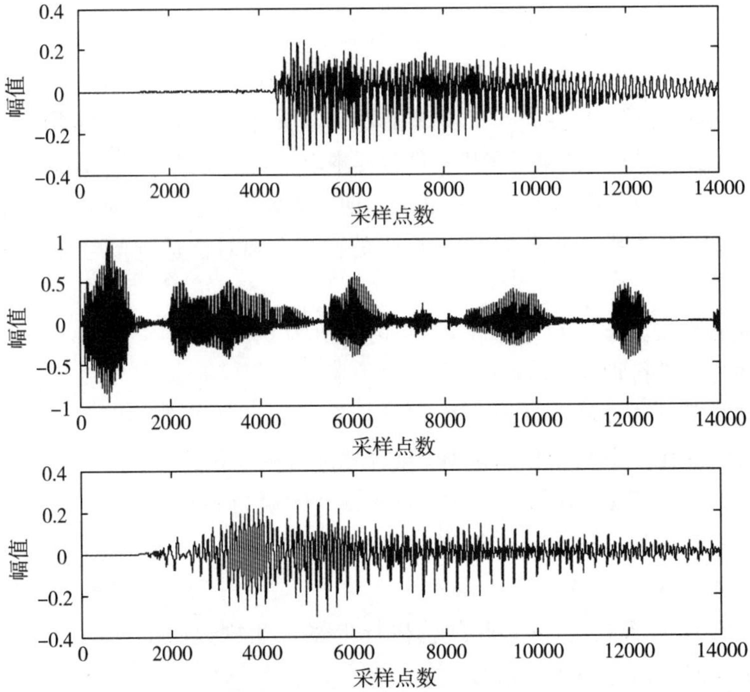

图 6－32　源信号

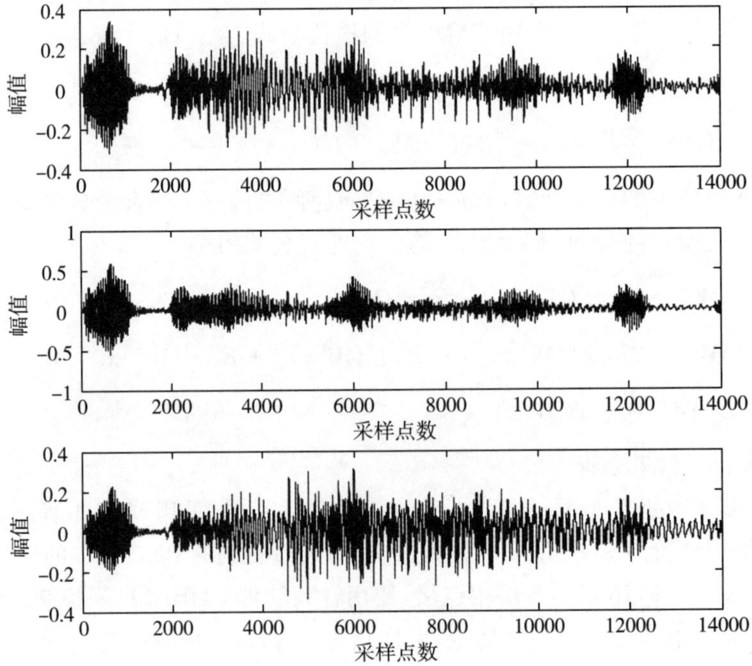

图 6－33　混合信号

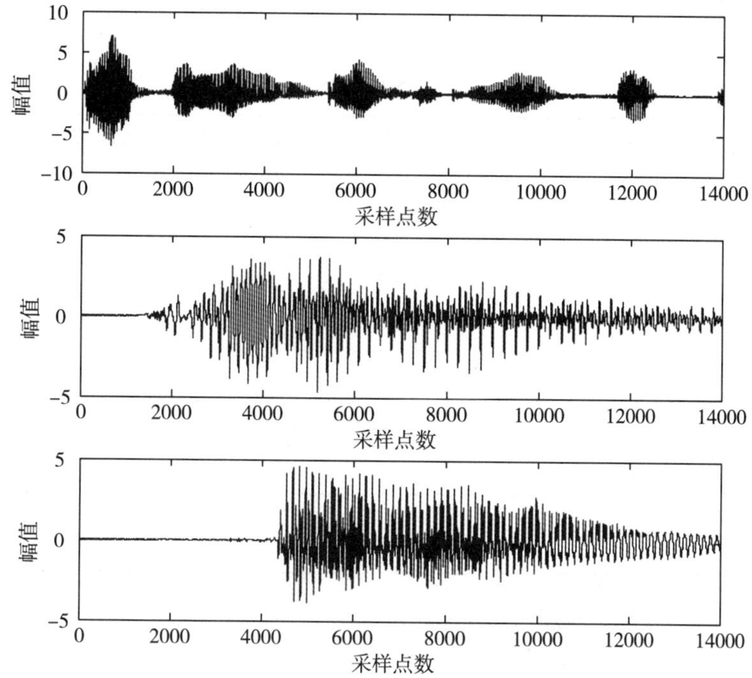

图 6－34　基于 Fast ICA 算法的盲源分离算法分离信号

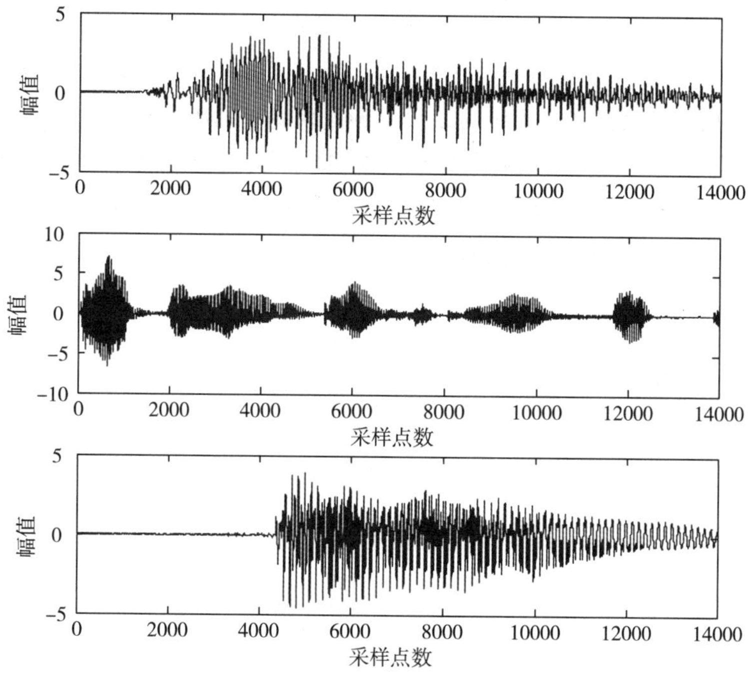

图 6－35　基于改进 Fast ICA 算法的盲源分离算法分离信号

图 6-34 和图 6-35 表明，无论采用二阶、三阶的牛顿迭代算法，都能对混合信号进行有效分离收敛速度及评判标准，见表 6-1 和表 6-2 所列。

表 6-1　分离速度的评判标准

序　号	基于传统 Fast ICA 算法的盲源分离算法				基于改进 Fast ICA 算法的盲源分离算法			
	*X*1	*X*2	*X*3	总次数	*X*1	*X*2	*X*3	总次数
1	7	14	2	23	5	7	2	14
2	18	5	2	25	4	6	2	12
3	7	11	2	20	4	7	2	13
4	19	7	2	28	7	5	2	14
5	6	14	2	22	4	7	2	13
平均次数	9.4	10.2	2	23.6	4.8	6.4	2	13.2

表 6-2　分离性能的评判标准

序　号	1	2	3	4	5
基于传统 Fast ICA 算法的盲源分离算法	0.0912	0.0703	0.0826	0.0913	0.0703
基于改进的 Fast ICA 算法的盲源分离算法	0.0649	0.0648	0.0648	0.0789	0.0649

表 6-1 表明，二阶牛顿迭代的基于 Fast ICA 算法的盲源分离算法分离次数分别为 23、25、20、28、22 次，平均次数为 23.6 次，而三阶牛顿迭代的基于 Fast ICA 算法的盲源分离算法分离次数分别为 14、12、13、14、13 次，平均次数为 13.2 次。可见，三阶牛顿迭代算法比二阶牛顿迭代算法的收敛速度有较大提高。传统的二阶牛顿迭代算法的串音误差 *PI* 值分别为 0.0912、0.0703、0.0823、0.0913、0.0703；三阶牛顿迭代算法的 *PI* 值分别为 0.0649、0.0648、0.0648、0.0789、0.0649。可见，三阶牛顿迭代算法的分离性能比二阶的分离性能也好。

6.8.2　时域卷积混合信号分离算法

1. 算法原理

前面详细分析了基于卷积混合模型的盲源分离算法中信号混合及分离方式，现在讨论经过卷积混合模式的混合信号时域分离算法。其基本思想是：首先对混合信号进行一系列的变换，将卷积模型在时域中进行变换[58]，然后对基于变换后的信号由 Fast ICA 算法进行分离。

下面给出卷积混合模型在时域中的变换过程。根据参考文献[97]，将线性卷积混合的观测信号的分离过程表示为

$$y(t)=\sum_{p=1}^{M}k_p(t)\otimes x_p(t)=\sum_{p=1}^{M}\sum_{\tau=-R}^{R}k_p(\tau)x_p(t-\tau),p=1,2,\cdots,M \quad (6-8-11)$$

式中，$\otimes$ 表示卷积，$k_p(t)$ 是一个非因果的 FIR 滤波器。要在时域中分离混合信号，需将卷积混合的观察信号进行预处理，如去均值与瞬时混合等。然而，卷积信号在白化之前，需要做一些变换。

首先将观测信号进行变换，令

$$\tilde{\boldsymbol{x}}(t)=[x_1(t+R),\cdots,x_1(t-R),\cdots,x_M(t+R)\cdots,x_M(t-R)]^{\mathrm{T}} \quad (6-8-12)$$

式中，$\tilde{\boldsymbol{x}}(t)$ 共有$(2R+1)M$项，令 $M=(2R+1)m$，则变换公式为

$$\boldsymbol{x}'(t)=\boldsymbol{B}\tilde{\boldsymbol{x}}(t) \quad (6-8-13)$$

式中，$\boldsymbol{x}'(t)=[x'_1(t),x'_2(t),\cdots,x'_M(t)]^{\mathrm{T}}$，$\boldsymbol{B}$ 是一个 $M\times M$ 的矩阵。利用该矩阵进行变换，得

$$E[\boldsymbol{x}'_i(t)x'_j(t)]=\delta_{ij},\ \forall\, i,j\in\{1,2,\cdots,M\} \quad (6-8-14)$$

事实上，式(6－8－12)和式(6－8－13)就是对卷积信号进行白化处理的过程；而式(6－8－14)表明，信号 $x'_i(t)$ 具有单位方差并且彼此之间不相关。这说明，经过变换，原来通过卷积混合的观察信号在时域中被白化和归一化。因此，通过变换后的信号 $\boldsymbol{x}'(t)$ 可进行分离信号。被分离信号可以写为

$$y(t)=\boldsymbol{W}\boldsymbol{x}'(t)=\sum_{a=1}^{M}W_a x_a \quad (6-8-15)$$

式中，$\boldsymbol{W}$ 就是一个具有M项拓展的分离矩阵系数的分离列向量，结合式(6－8－11)可以对卷积混合后的信号进行分离。式(6－8－14)表明，信号不相关并且是归一化的，为了达到这一效果，必须对信号 $x'_i(t)$ 做一些限制，使 $\|\boldsymbol{W}\|=1$。因此，利用基于负熵最大的Fast ICA算法和三阶牛顿迭代算法，由式(6－8－15)可对卷积混合的观测信号进行分离。在分离信号时，需要有一个初始的分离矩阵。本节利用分离矩阵与式(6－8－11)的关系，式(6－8－13)中白化矩阵 $\boldsymbol{B}$ 的一行分离向量为

$$\boldsymbol{B}=[b_1^{-R},\cdots,b_1^{+R},\cdots,b_m^{-R},\cdots,b_m^{+R}] \quad (6-8-16)$$

由式(6－8－13)和式(6－8－15)，得

$$y(t)=\boldsymbol{W}\boldsymbol{x}'(t)=\boldsymbol{W}\boldsymbol{B}\tilde{\boldsymbol{x}}(t)=\boldsymbol{W}\sum_{p=1}^{m}\sum_{\tau=-R}^{R}b_p(\tau)x_p(t-\tau) \quad (6-8-17)$$

由式(6－8－11)和式(6－8－17)，得 $k_p(\tau)=\boldsymbol{W}b_p(\tau)$，故有

$$\boldsymbol{K}=\boldsymbol{W}\boldsymbol{B} \quad (6-8-18)$$

式中，$\boldsymbol{K}$是一个$M\times M$矩阵，其行向量表示滤波器 $k_1(\tau)$ 到 $k_m(\tau)$ 的脉冲响应系数，通常使这些滤波器系数归一化，就可以将 $\boldsymbol{K}$ 的初始向量表示为

$$\boldsymbol{K}_0=[\underbrace{0,\cdots,0,1,0,\cdots,0}_{k_1},\cdots\cdots\underbrace{0,\cdots,0,1,0,\cdots,0}_{k_m}] \quad (6-8-19)$$

对式(6－8－18)求逆，就能得到分离矩阵的初始矩阵$\boldsymbol{W}_0=\boldsymbol{K}_0\boldsymbol{B}^{-1}$。

2. 分离信号的步骤

为了更好地说明卷积混合的观测信号的在时域分离过程，给出基于Fast ICA算法的分离信号实现步骤如下。

步骤 1：对观测信号 x 进行中心化，使它的均值为 0；

步骤 2：对观测信号混合信号进行白化，使 $\boldsymbol{x}(t) \rightarrow \boldsymbol{x}'(t)$；

步骤 3：选择要估计的源信号个数 m，并设定一个参考值 ε；

步骤 4：选择一个列向量$\boldsymbol{W}_0^{\mathrm{T}}$ 作为其中一路信号的初始分离向量；

步骤 5：给出基于负熵最大并且具有三阶牛顿迭代算法的 Fast ICA 算法的迭代公式，即

$$\boldsymbol{W}^{\#} = E[\boldsymbol{x}f(\boldsymbol{W}^{\mathrm{T}}\boldsymbol{x})] - E[f'(\boldsymbol{W}^{\mathrm{T}}\boldsymbol{x})]\boldsymbol{W}$$

$$\boldsymbol{W}^{*} = 2E[\boldsymbol{x}f(\boldsymbol{W}^{\mathrm{T}}\boldsymbol{x})] - \{E[f'(\boldsymbol{W}^{\mathrm{T}}\boldsymbol{x})] + E[f'(\boldsymbol{W}^{\# T}\boldsymbol{x})]\}\boldsymbol{W};$$

$$\boldsymbol{W} = \boldsymbol{W}^{*} / \| \boldsymbol{W}^{*} \|$$

步骤 6：判断 $\boldsymbol{W}$ 是否收敛，如果收敛进入步骤 7，否则返回步骤 4；

步骤 7：根据 $y(t) = \boldsymbol{W}\boldsymbol{x}'(t)$，将其 $\boldsymbol{x}'(t)$ 中的一路信号从观测信号中提取出来；

步骤 8：将分离出来的信号在观测信号中去除，使源信号数为 $m-1$；

步骤 9：重复步骤 4 以及步骤 5，直到 $m=1$，分离完成。

6.8.3 仿真实验及结果分析

为了验证该时域卷积混合信号分离算法的有效性，使用 Matlab 程序进行仿真实验。实验中，使用外置声卡 ESU1808 作为采集器，通过自制的 BNC 接口的导线将麦克风与外置声卡的 ANALOG INPUTS 端相连接，最后由音频软件 CUBASE 控制采集器采集的两路相互独立的语音信号作为源信号，采样点为 100000，采样频率为 16000 Hz，卷积混合的方式在提供的房间模型中进行，源信号以及经由房间模型的混合信号，如图 6－36 和图 6－37 所示。

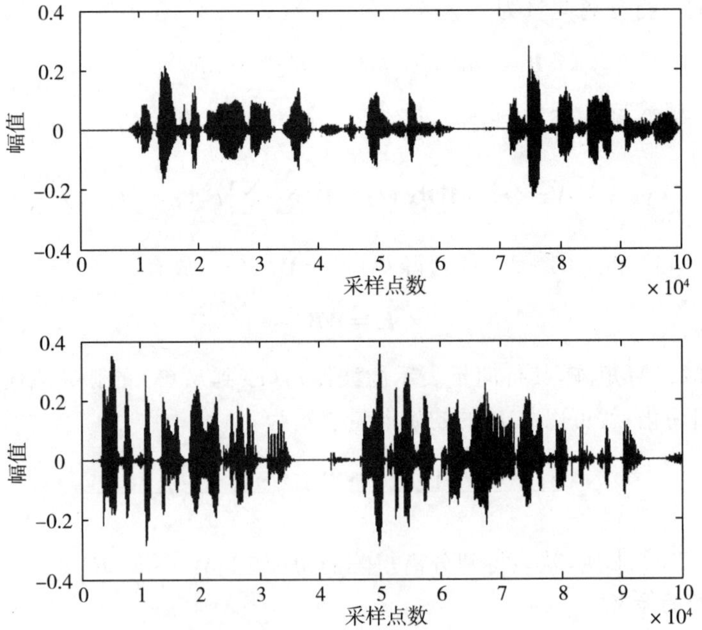

图 6－36　源信号

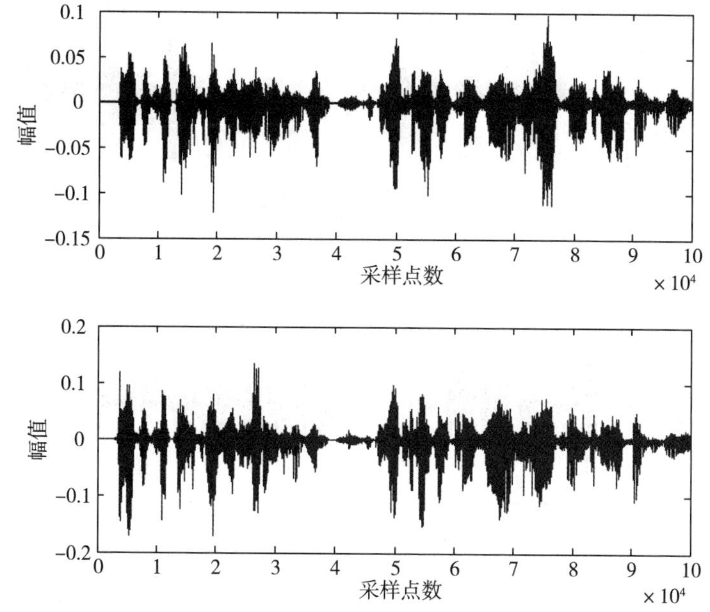

图 6-37　径由房间模型的混合信号

为了验证改进的 Fast ICA 在卷积条件下是否有效，对卷积混合的信号进行分离。图 6-38 和图 6-39 分别是采用二阶牛顿迭代算法及三阶牛顿迭代算法的分离信号图。在这两种分离方式下，收敛速度与分离信号性能见表 6-3 及表 6-4 所列。

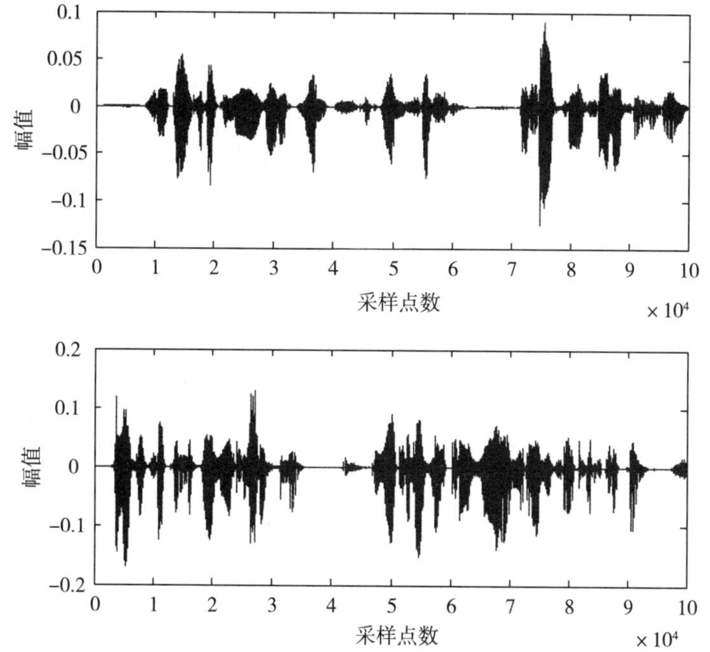

图 6-38　采用 Fast ICA 算法的盲源分离算法分离信号

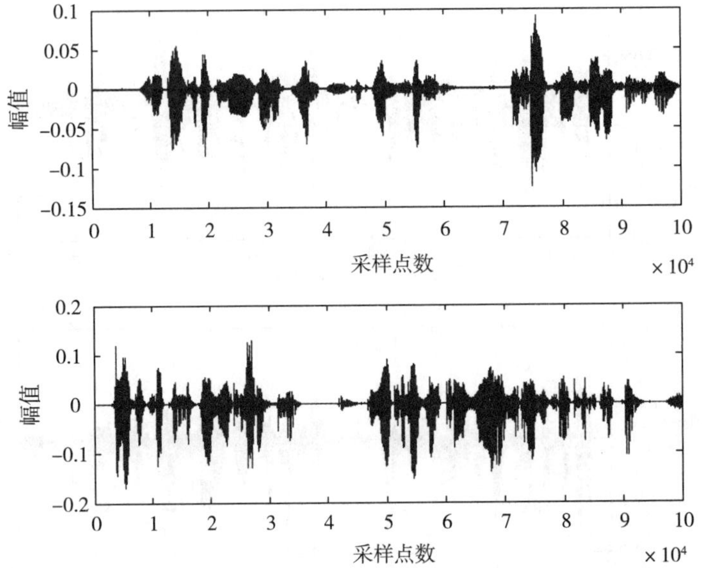

图 6-39　采用改进 Fast ICA 算法的盲源分离算法分离信号

表 6-3　分离速度的评判标准

序　号	1	2	3	4	5	平均次数
基于传统 Fast ICA 算法的盲源分离算法	128	208	149	145	122	150.4
基于改进 Fast ICA 算法的盲源分离算法	115	199	99	102	103	123.6

表 6-4　分离性能的评判标准

序　号	基于传统 Fast ICA 算法的盲源分离算法的信噪比 / dB		基于改进 Fast ICA 算法的盲源分离算法的信噪比 / dB	
	S1	S2	S1	S2
1	16.6768	15.5057	19.4655	17.5791
2	16.6840	14.2338	20.4575	16.8686
3	14.7504	9.9991	18.9671	14.2158
4	18.0929	16.0403	18.6711	17.5718
5	17.4885	16.6789	20.7799	18.8790

表 6-3 表明，在卷积混合条件下，对观测信号采用二阶牛顿迭代算法的分离信号的平

均迭代次数为 150.4，而三阶牛顿迭代算法的分离信号的平均迭代次数只需要 123.6，基于三阶牛顿迭代的 Fast ICA 算法的盲源分离算法比基于二阶牛顿迭代算法的盲源分离算法能够更快地分离信号。表 6-4 表明，在二阶牛顿迭代算法时，无论是第一路信号的信噪比还是第二路信号的信噪比均比在采用三阶牛顿迭代算法时的信噪比要小。这表明，基于三阶牛顿迭代的改进 Fast ICA 算法的盲源分离算法分离性能更好；也表明，在瞬时环境下该算法在卷积混合环境中同样适用。

第7章　自适应阵列信号处理

【内容导引】 本章在阵列原理的基础上，分析了波束响应与波束模式、波束形成器增益、空间匹配滤波器和最佳阵列处理方法；讨论了自适应天线阵列权向量更新算法、基于最速下降常数模算法和最小二乘常数模算法的阵列信号处理算法，分析了基于样本矩阵求逆法的分快自适应波束形成；最后，在自适应噪声对消原理的基础上，分析了恒模阵列、恒模阵列与对消器组合器及其级结构的工作原理；研究了近场线性约束最小方差自适应频率不变波束形成算法和基于混响环境下麦克风阵列分频波束形成算法。

阵列处理讨论从一个传感器阵列所收集的信号中提取信息。这些信号通过媒介，如空气和水，由此产生的波阵面被传感器阵列采样。在信号中的信息既可以是信号本身的内容(通信)，也可以是产生信号的源(雷达和声呐)或反映的位置。无论哪一种情况，传感器阵列数据都必须进行处理，提取有用的信息，以便在各种通信系统中提高通信系统对信号进行处理的效率。为了在通信系统中更好地应用传感器阵列，本章在阵列处理和最佳波束形成方法的基础上，分析基于常数模算法的阵列信号处理算法、基于样本矩阵求逆法的分快自适应波束形成及基于常数模算法的自适应噪声对消原理；研究近场线性约束最小方差自适应频率不变波束形成算法和混响环境下麦克风阵列分频波束形成算法。

7.1　阵列原理

包含在空间传播信号中的信息可以是信号源的位置，也可以是信号本身的内容。如果想获得这个信息，通常必须去除其他不想要的信号。与用频率选择滤波器加强某个频率的信号一样，可以选择集中考虑从一个特定方向来的信号，这个任务可以用一个单独传感器完成，只要它有空间检测的能力，也就是让某个方向上的信号通过而过滤其他方向上的信号，这样的阵列可以认为是空域滤波器。

单一传感器系统中的信号是在一个连续的空间范围或孔径内，使用一个抛物线反射面来收集[如图7-1(a)所示]，在同一时间它只能提取和跟踪一个方向上的信号，不能同时识别几个方向上的信号。这种传感器系统的响应是固定不变的，不能改变它的响应，要改变它的响应，就在物理上改变孔径，以滤掉可能干扰有用信号提取强干扰源。

为克服单一传感器的这些缺点，可采用图7-1(b)所示的传感器阵列。传感器阵列能使信号能量尽可能集中在特定方向上。然而，阵列聚焦或所指的方向几乎与阵列的方位无关。因此，传感器能以各种不同的方式结合以使信号能量在不同的方向集中，而所有这些方向都可能包含有用信号。由于传感器的各种加权求和相当于以不同方式处理相同数据，所以多个方向的源可以被同时提取。阵列也有能力调整在特定方向上的总的抑制电平，以克服强干扰源。

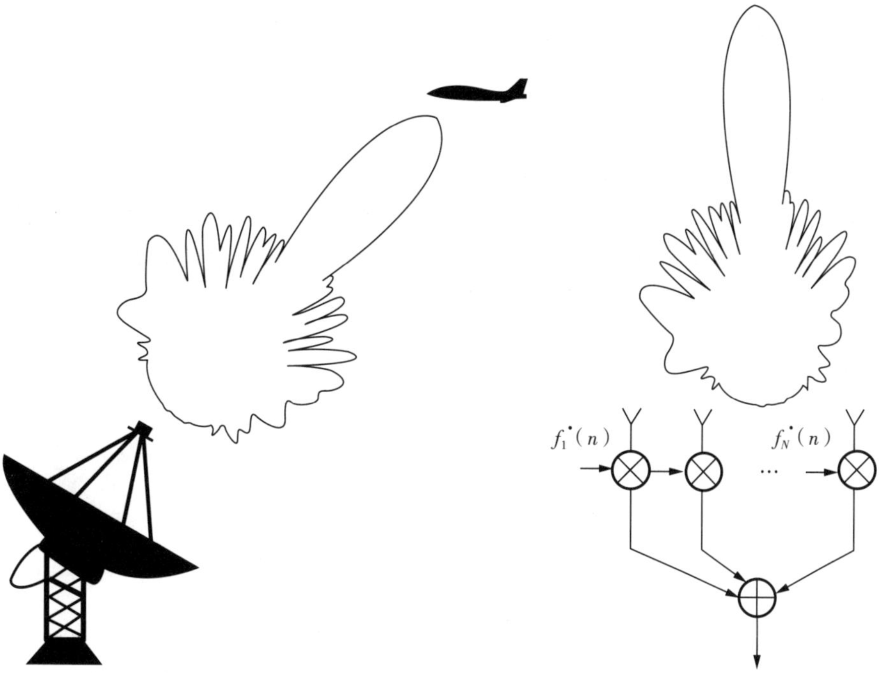

（a）抛物面碟型天线（连续孔径）　　（b）阵列天线（离散空间孔径）

图 7－1　连续孔径与离散孔径天线

7.1.1　空间信号

大多数情况下，空间信号是通过空间传播的信号，也就是信号源发出的信号通过传播媒介（空气或水）传播到对波形采样的传感器阵列。处理器利用由传感器阵列收集的数据，根据传播波形的某些特性来提取有关源的信息。在三维空间中的空间信号既可以用笛卡尔坐标 (x,y,z) 表示，也可以用球坐标 (r,θ,φ) 表示，如图 7－2 所示。这里，$r=|\boldsymbol{r}|$ 代表向量顶点距原点的距离，φ 和 θ 分别是方位角和俯仰角。

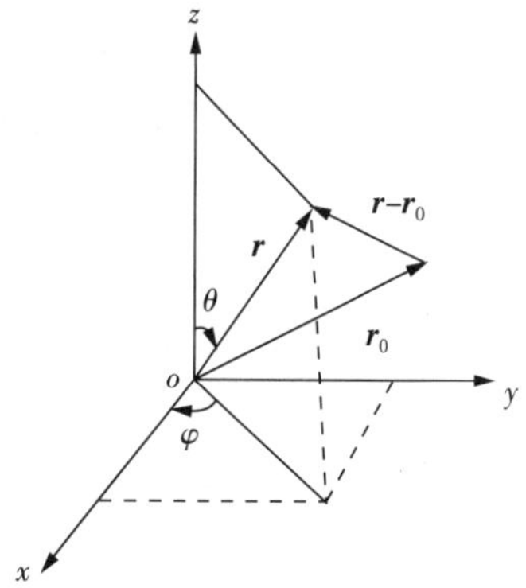

图 7－2　三维空间中的空间信号

在图 7－2 中，信号源位于 $\boldsymbol{r}_0$ 处，场点位置为 $\boldsymbol{r}$。空间信号可以是电磁场传播信号，也可以是声波信号。t 时刻 $\boldsymbol{r}$ 处的空间信号为

$$s(t,\boldsymbol{r})=\frac{A}{|\boldsymbol{r}-\boldsymbol{r}_0|}\mathrm{e}^{j\omega_c\left(t-\frac{|\boldsymbol{r}-\boldsymbol{r}_0|}{c}\right)} \tag{7-1-1}$$

式中，A 是复数振幅，ω_c 是载波角频率，c 是波的传播速度，由波的类型(电磁的或声学的)和传播媒介决定。在讨论中，忽略在源(原点)处的奇异性，即 $s(t,\boldsymbol{r}_0)=\infty$。由于波从源呈放射状向外传播，此方程不存在对 θ 和 φ 的依赖。在空间的任何点上，波都有瞬时角频率 ω_c。在式(7-1-1)和本章剩余部分，假定传播媒介是无损耗、非色散、传播速度均匀。色散媒介会使波的传播依赖于频率。空间信号波长定义为

$$\lambda=\frac{2\pi c}{\omega_c} \tag{7-1-2}$$

它是一个时间周期内波传播的距离。

为了讨论方便，假设：① 信号由一个点源产生，即源的大小与源到天线阵列的间距相比很小；② 源位于远场，即离天线阵列很远，以至于球面波可以合理地近似为平面波，这个近似要求源远离阵列以至于穿过阵列的波的曲率可以忽略，如图 7-3 所示。

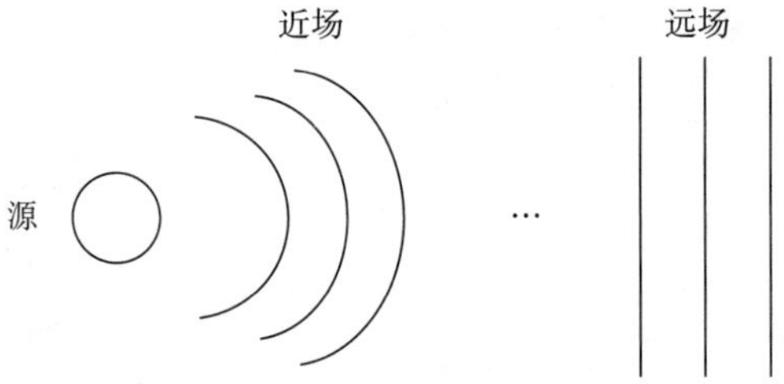

图 7-3 空间远场球面波近似为平面波

7.1.2 调制解调

信号可由传播速度 c 和中心角频率 ω_c 按式(7-1-1)来描述。对于通常类型的信号，有用的信号 $s_0(t)$ 有一个与中心角频率相比很小的带宽且被调制到中心角频率。由于波以时间信号的形式把一定的信息传达到接收点，ω_c 通常被称为载波角频率。为了传达信息，由信号 $s_0(t)$ 与载波 $\cos\omega_c t$ 混合而产生信号 $\tilde{s}_0(t)$，这一过程称为调制。传播的信号由高增益的发射机产生，信号通过空间传播，到达接收天线。于是接收信号可表示为

$$\tilde{s}_0(t)=s_0(t)\cos\omega_c t=\frac{1}{2}s_0(t)(e^{j\omega_c t}+e^{-j\omega_c t}) \tag{7-1-3}$$

可以说，信号 $s_0(t)$ 被传播波形 $\cos\omega_c t$ 运载。$\tilde{s}_0(t)$ 的频谱由两部分构成：被搬移到 ω_c 的信号 $s_0(t)$ 的频谱和被搬移到 $-\omega_c$ 以及关于 $-\omega_c$ 反射的信号 $s_0(t)$ 的频谱。频谱 $\tilde{S}_0(\omega)$，如图 7-4 所示。这里信号 $s_0(t)$ 带宽为 B_s。由于传播媒介对于角频率 ω_c 有不对称的频谱响应，基带信号 $s_0(t)$ 作为一个真实信号在调制前有一个不对称的频谱。然而信号 $\tilde{s}_0(t)$ 是实值的，即它的频谱关于 $\omega=0$ 偶对称。这种情况与实际的物理信号一致，当这些信号被接收天线接收并测量时，它是实值的。

天线接收到空间传播信号后的解调过程，如图 7-5 所示。解调过程包括分别用 $\cos\omega_c t$ 和 $-\sin\omega_c t$ 乘以接收信号以形成同相和正交信号，这两个正交分量与同相分量相差 90° 相位。解调之后，每个信道的信号都要通过一个低通滤波器以滤除高频分量(低通滤波器的

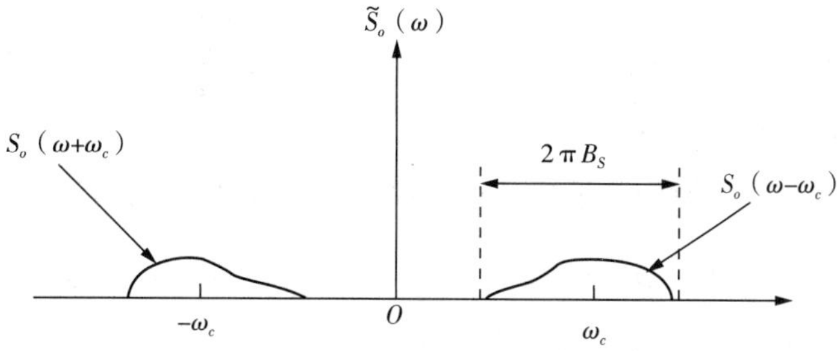

图 7－4　带通信号的频谱

截止频率决定接收机的带宽)，得到基带模拟信号 $s(k)+s_{\mathrm{Re}}(k)+js_{\mathrm{Im}}(k)$，最后经过数模转换，得到基带数字信号，即

$$s(k)=s_{\mathrm{Re}}(k)+js_{\mathrm{Im}}(k) \tag{7-1-4}$$

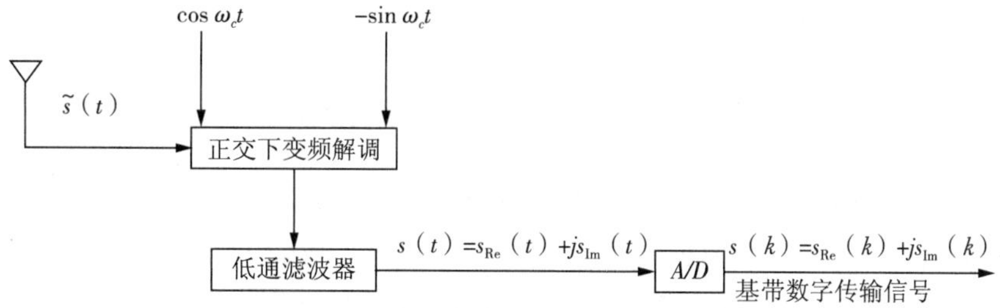

图 7－5　信号解调

7.1.3　阵列信号模型

设在空间有 N 个阵元组成阵列，将阵元从 k 到 N 编号，并设阵元 k 作为基准参考点，如图 7－6 所示。设各阵元无方向性，相对于基准点的位置向量分别为 $\boldsymbol{r}_i(i=1,\cdots,N,\boldsymbol{r}_1=0)$。设基准点处的接收信号为 $s_0(t)\mathrm{e}^{j\omega_c t}$，则第 i 个阵元上的接收信号为

$$\tilde{s}_i(t)=s(t-\frac{1}{c}\boldsymbol{r}_i^{\mathrm{T}}\boldsymbol{\alpha})\exp[j(\omega_c t-\boldsymbol{r}_i^{\mathrm{T}}\boldsymbol{k})] \tag{7-1-5}$$

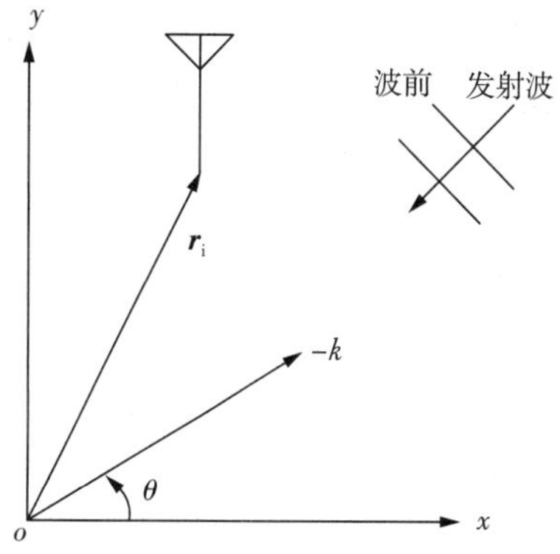

图 7－6　阵元接收信号与位置关系

式中，$\boldsymbol{k}$ 为波数向量；$\boldsymbol{\alpha}=\boldsymbol{k}/|\boldsymbol{k}|$ 为波传播方向的单位向量；$|\boldsymbol{k}|=\omega_c/c=2\pi/\lambda$ 为波数(弧度／长度)，$\frac{1}{c}\boldsymbol{r}_i^{\mathrm{T}}\boldsymbol{\alpha}$ 为信号相对于基准点的延迟时间；$\boldsymbol{r}_i^{\mathrm{T}}\boldsymbol{k}$ 为波传播到离基准点 $\boldsymbol{r}_i$ 处的阵元相对于电波传播到基准点的滞后相位(弧度)。若 θ 为电波传播方向角，则波数向量为

$$\boldsymbol{k}=|\boldsymbol{k}|[\cos\theta,\sin\theta] \tag{7-1-6}$$

在天线阵列里，信号的带宽 B_s 一般比载波频率值 $\omega_c/2\pi$ 小得多，所以基带信号 $s(t)$ 的变化相对缓慢，延时 $\frac{1}{c}\boldsymbol{r}_i^{\mathrm{T}}\boldsymbol{\alpha} \leqslant \frac{1}{B_S}$，故有 $s(t-\frac{1}{c}\boldsymbol{r}_i^{\mathrm{T}}\boldsymbol{\alpha}) \approx s(t)$，即基带信号包络在各阵元上的差异可以忽略不计，称为窄带信号。

此外，阵列信号总是变换到基带后进行处理，因而阵列信号的向量形式为

$$\boldsymbol{s}(t)=[s_1(t),s_2(t),\cdots,s_N(t)]^{\mathrm{T}}=s(t)\,[\mathrm{e}^{-jr_1^{\mathrm{T}}k},\mathrm{e}^{-jr_2^{\mathrm{T}}k},\cdots,\mathrm{e}^{-jr_N^{\mathrm{T}}k}]^{\mathrm{T}} \tag{7-1-7}$$

式中，向量部分称为方向向量，因为当波长和阵列的几何结构确定时，该向量只与到达波的空间角向量 $\boldsymbol{\theta}$ 有关。方向向量与基准点的位置无关，若选阵列的第一个阵元为基准点，则方向向量为

$$\boldsymbol{a}(\boldsymbol{\theta})=[1,\mathrm{e}^{-j\Delta r_2^{\mathrm{T}}k},\cdots,\mathrm{e}^{-j\Delta r_N^{\mathrm{T}}k}]^{\mathrm{T}} \tag{7-1-8a}$$

式中，$\Delta\boldsymbol{r}_i=\boldsymbol{r}_i-\boldsymbol{r}_1(i=2,\cdots,N)$。

在数学上，常用 $1/\sqrt{N}$ 进行归一化，这时式(7-1-8a)可写为

$$\boldsymbol{a}(\boldsymbol{\theta})=\frac{1}{\sqrt{N}}[1,\mathrm{e}^{-j\Delta r_2^{\mathrm{T}}k},\cdots,\mathrm{e}^{-j\Delta r_N^{\mathrm{T}}k}]^{\mathrm{T}} \tag{7-1-8b}$$

当有 P 个信号源时，到达波的方向向量分别为 $\boldsymbol{a}(\theta_1),\boldsymbol{a}(\theta_2),\cdots,\boldsymbol{a}(\theta_P)$。这 k 个方向向量组成的矩阵 $\mathbf{A}=[\boldsymbol{a}(\theta_1),\cdots,\boldsymbol{a}(\theta_P)]$ 称为阵列的方向矩阵或响应矩阵。改变空间角 $\boldsymbol{\theta}$，使方向向量 $\boldsymbol{a}(\boldsymbol{\theta})$ 在 N 维空间内扫描，所形成的曲面称为阵列流形，可以表示为

$$\mathbf{A}=[\boldsymbol{a}(\theta)\mid\theta\in\Theta] \tag{7-1-9}$$

式中，$\Theta=[0,2\pi]$ 是波达方向角 θ 所有可能取值的集合。阵列流形 $\mathbf{A}$ 反映了阵列相对的空间结构，包含空间波前的信息。它不仅有助于阵列分析，而且在波束形成以及阵列操作等其他方面也起着十分重要的作用。

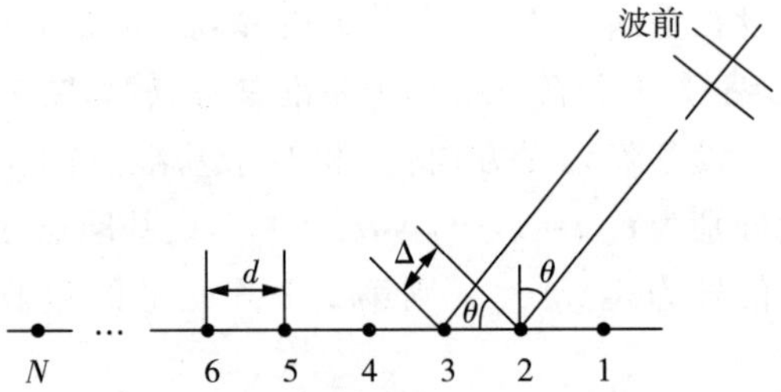

图 7-7　均匀线性阵的几何结构

以上介绍的是任意形状的阵列，现以均匀线阵为例，进行说明。均匀线性阵（uniform linear array，ULA）的几何结构如图 7-7 所示。N 个阵元等距离排列成一条直线，阵元间距为 d。假定信源位于远场，其信号到达各阵元的波前为平面波。设信源从 (θ,φ) 方向角入射，则到达第 i 个阵元与原点参考阵元的信号间的相位差为

$$\Delta\varphi_i=|\boldsymbol{k}|(x_i\cos\varphi\sin\theta+y_i\sin\varphi\cos\theta+z_i\cos\theta) \tag{7-1-10}$$

在二维平面上，波达方向（direction of arrival，DOA）定义为入射方向与阵列法线的夹角 θ。于是，均匀线性阵列的方向向量为

$$\boldsymbol{a}_{ULA}(\theta)=\frac{1}{\sqrt{N}}\left[1,\mathrm{e}^{-j|\boldsymbol{k}|d\sin\theta},\cdots,\mathrm{e}^{-j|\boldsymbol{k}|(N-1)d\sin\theta}\right]^{\mathrm{T}}$$
$$=\frac{1}{\sqrt{N}}\left[1,\mathrm{e}^{-j\frac{2\pi}{\lambda}d\sin\theta},\mathrm{e}^{-j\frac{2\pi}{\lambda}2d\sin\theta},\cdots,\mathrm{e}^{-j\frac{2\pi}{\lambda}(N-1)d\sin\theta}\right]^{\mathrm{T}} \quad (7-1-11)$$

需要指出，信源定位(如雷达、声呐中的很多应用）需要确定波达方向和方位角，而信源分离(如在通信中的大多数应用）一般只需要确定波达方向。

当有 P 个信源时，其波达方向分别为 $\theta_i(i=1,2,\cdots,P)$，则方向矩阵（又称 Vandermode 矩阵）为

$$\boldsymbol{A}=[\boldsymbol{a}(\theta_1),\boldsymbol{a}(\theta_2),\cdots,\boldsymbol{a}(\theta_P)]$$
$$=\frac{1}{\sqrt{N}}\begin{bmatrix}1 & 1 & \cdots & 1\\ \mathrm{e}^{-j\frac{2\pi}{\lambda}d\sin\theta_1} & \mathrm{e}^{-j\frac{2\pi}{\lambda}d\sin\theta_2} & \cdots & \mathrm{e}^{-j\frac{2\pi}{\lambda}d\sin\theta_p}\\ \vdots & \vdots & & \vdots\\ \mathrm{e}^{-j\frac{2\pi}{\lambda}(N-1)d\sin\theta_1} & \mathrm{e}^{-j\frac{2\pi}{\lambda}(N-1)d\sin\theta_2} & \cdots & \mathrm{e}^{-j\frac{2\pi}{\lambda}(N-1)d\sin\theta_P}\end{bmatrix} \quad (7-1-12)$$

实际使用的阵列结构要求方向向量必须与空间角一一对应，不能出现模糊现象。对于均匀线性阵列而言，其阵元间距不能大于 $\lambda/2$，以保证方向矩阵的各个列向量线性独立。

如果平面波入射到 ULA 上，在整个三维空间从 ULA 的一个锥面上到达的信号有相同的时延，如图 7－8 所示。对于任何在此表面上到达的信号，阵元间都有一组相同的时延，因此，在三维空间里一个线性阵列只能确定信号源的一个位置参数。

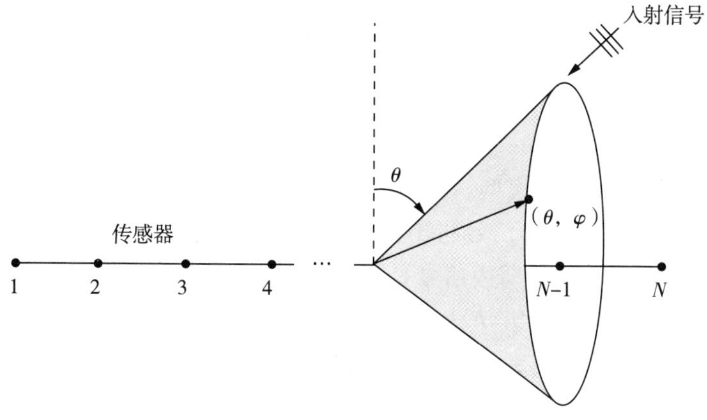

图 7－8　适用于均匀线性的圆锥角模糊表面

7.1.4　阵列天线接收信号向量

参照图 7－2，窄带信号源发送的平面波以 (θ,φ) 方向入射到由 N 个全向阵元组成的天线阵列上，基准点处的接收信号为 $s(t)\mathrm{e}^{j\omega t}$，则整个阵列接收到的信号向量为

$$\boldsymbol{x}_s(t)=[s_1(t),s_2(t),\cdots,s_N(t)]^{\mathrm{T}}=\boldsymbol{s}(t)\boldsymbol{a}(\theta,\varphi) \quad (7-1-13)$$

通常阵列信号处理需要获取许多次快拍的观测数据，则式(7-1-13)第k次快拍的采样值为

$$\boldsymbol{x}_s(k)=\boldsymbol{s}(k)\boldsymbol{a}(\theta,\varphi) \tag{7-1-14}$$

式中，$\boldsymbol{a}(\theta,\varphi)$代表阵列对信号源的方向向量，如果研究对象是二维平面的均匀线性阵，则可以用式(7-1-8)表示。

若有P个平面波以入射角$(\theta_i,\varphi_i)(i=1,\cdots,P)$入射到阵列上，且在基准点的入射信号分别为$s_i(t)e^{j\omega t}(i=1,\cdots,P)$，则阵列接收信号向量为

$$\begin{aligned}\boldsymbol{x}_s(k)&=\sum_{i=1}^{P}s_i(k)\boldsymbol{a}(\theta_i,\varphi_i)\\&=[\boldsymbol{a}(\theta_1,\varphi_1),\boldsymbol{a}(\theta_2,\varphi_2),\cdots,\boldsymbol{a}(\theta_P,\varphi_P)]\begin{bmatrix}s_1(k)\\ \vdots\\ s_P(k)\end{bmatrix}=\boldsymbol{As}(k)\end{aligned} \tag{7-1-15}$$

式中，

$$\boldsymbol{A}=[\boldsymbol{a}(\theta_1,\varphi_1),\boldsymbol{a}(\theta_2,\varphi_2)\cdots,\boldsymbol{a}(\theta_P,\varphi_P)] \tag{7-1-16}$$

$$\boldsymbol{s}(k)=[s_1(k),s_2(k)\cdots,s_P(k)]^{\mathrm{T}} \tag{7-1-17}$$

分别称为阵列对信号的方向矩阵和信号向量。

考虑输入阵列的噪声及各阵元通道的噪声，阵列接收信号的向量可写为

$$\boldsymbol{x}(k)=\boldsymbol{x}_s(k)+\boldsymbol{n}(k)=\boldsymbol{As}(k)+\boldsymbol{n}(k) \tag{7-1-18}$$

式中，

$$\boldsymbol{n}(k)=[n_1(k),n_2(k),\cdots,n_N(k)]^{\mathrm{T}} \tag{7-1-19}$$

这里，假定$n_i(k)(i=1,2,\cdots,N)$是均值为0、方差为σ_n^2的相互独立的白噪声。式(7-1-19)就是阵列信号统计处理模型。

需要指出的是，这里讨论的信号指不同于各相同性噪声的定向信号，包括期望信号和干扰信号。例如，阵列接收端的期望信号是$s_1(k)$，则$s_2(k),\cdots,s_P(k)$均为定向干扰信号。

令$J_1(k)=s_2(k),J_2(k)=S_3(k),\cdots,J_{P-1}(k)=s_P(k)$，则式(7-1-19)变为

$$\boldsymbol{x}(k)=\boldsymbol{a}_1\boldsymbol{s}_1(k)+\boldsymbol{A}_J\boldsymbol{J}(k)+\boldsymbol{n}(k) \tag{7-1-20}$$

式中，

$$\boldsymbol{a}_1=\boldsymbol{a}(\theta_1,\varphi_1) \tag{7-1-21}$$

$$\boldsymbol{A}_J=[\boldsymbol{a}(\theta_2,\varphi_2),\cdots,\boldsymbol{a}(\theta_P,\varphi_P)] \tag{7-1-22}$$

$$\boldsymbol{J}(k)=[J_1(k),J_2(k),\cdots,J_{P-1}(k)]^{\mathrm{T}} \tag{7-1-23}$$

可见，对于阵列天线系统而言，外部的环境，即外部的信号、干扰和噪声主要是通过其

接收信号向量表现出来的，因而对外部环境的分析就在于对接收信号向量进行分析。到目前为止，接收信号向量的二阶统计特性是最常用的处理和分析手段，其中接收信号向量的自相关矩阵尤为重要。将阵列接收信号向量 $\boldsymbol{x}(k)$ 的自相关矩阵定义为

$$\boldsymbol{R}_{xx}=E\{\boldsymbol{x}(k)\,\boldsymbol{x}^{H}(k)\} \tag{7-1-24}$$

式中，H 表示共轭转置运算。

自相关矩阵（也称为协方差矩阵）$\boldsymbol{R}_{xx}$ 在阵列信号处理上有重要的意义，它反映了信号环境、阵列结构等重要性质，构成了优化加权的唯一依据，也决定了全部信号的频谱结构和空间谱结构。如果 $s(k)$ 和 $n(k)$ 相互独立，则

$$\boldsymbol{R}_{xx}=\boldsymbol{A}\boldsymbol{R}_{ss}\boldsymbol{A}^{H}+\boldsymbol{R}_{ww}=\boldsymbol{A}\boldsymbol{R}_{ss}\boldsymbol{A}^{H}+\sigma_{w}^{2}\boldsymbol{I}$$

式中，$\boldsymbol{R}_{ss}=E\{\boldsymbol{s}(k)\,\boldsymbol{s}^{H}(k)\}$ 是信号源的协方差矩阵，$\boldsymbol{R}_{nn}=E\{\boldsymbol{n}(k)\,\boldsymbol{n}^{H}(k)\}=\sigma_{n}^{2}\boldsymbol{I}$ 是阵列噪声协方差矩阵。如果信号源是互不相关的，则$\boldsymbol{R}_{xx}$ 是满秩的。

7.1.5　空间采样

通常，可以将天线阵列当作一个用来进行空间采样，并以一定载频传播的波锋面的装置。与时间采样相似，只要满足一定的条件，天线阵列可以提供离散（空间采样）数据使用，而不会有信息损失。也就是说，采样频率必须足够高才不会引起空间模糊，或者说，避免空间混叠。在信号空间处理的情况下，使用一个阵列的空间采样提供了改变离散空间滤波器性能的能力，这对一个连续的空间孔径是不可能的。

一个任意的阵列在多维空间中沿着不均匀的网络进行采样，以至于很难与离散时间采样比较。然而，对图 7－7 所示的 ULA 在空间的一条线轴上均匀采样，它直接对应均匀规则的时间采样。这样，对于 ULA，空间采样频率定义为

$$U_{s}=\frac{1}{d} \tag{7-1-25}$$

式中，阵元间隔 d 决定了空间采样周期，且采样周期单位为每单位长度（米）的周期数。由式（7－1－11）可见，用 ULA 对窄带信号的测量相当于相位沿天线间向前移动，移动情况由到达信号的角度决定。对于时间信号，均匀采样的相位移动是频率的函数，即同一信号的相邻采样的差别仅为一个 $\mathrm{e}^{j\omega_C}$ 相移。在空间传播信号的情况下，此频率为

$$U=\frac{\sin\theta}{\lambda} \tag{7-1-26}$$

它可以视为空间频率。归一化的空间频率定义为

$$u\triangleq\frac{U}{U_{s}}=\frac{d\sin\theta}{\lambda} \tag{7-1-27}$$

由式（7－1－11），将归一化的空间频率重写为

$$\boldsymbol{a}(\theta)=\boldsymbol{a}(u)=\frac{1}{\sqrt{N}}[1,\mathrm{e}^{-j2\pi u},\cdots,\mathrm{e}^{-j2\pi u(N-1)}] \tag{7-1-28}$$

它就是一个 Vandermonde 向量，即向量的逐个阵元是同一数的连续的整数幂 $e^{-j2\pi u}$。

阵元间隔 d 是空间采样频率的倒数。为避免重叠而对空间采样频率有一定的要求，对归一化频率，当 $-\frac{1}{2}\leqslant u\leqslant\frac{1}{2}$ 时，采样是清晰的，则角度清晰的整个范围是 $-90°\leqslant\theta\leqslant 90°$，避免空间重叠的天线阵元间隔应该为

$$d\leqslant\frac{\lambda}{2} \tag{7-1-29}$$

由于将阵列间隔降低到上限之下仅仅提供多余的信息，且直接与在传感器数量固定的情况下有尽可能大的孔径的期望相抵触，所以通常设定 $d=\frac{\lambda}{2}$。这一权衡会在波束模式中进一步探讨。

7.2 波束形成

在许多应用中，从天线阵列里提取的有用信息是从一定方向上到达的空间传播信号的内容。这个内容可能是信号中包含的消息（如在通信应用中），或者仅仅是信号的存在（如雷达和声呐中）。为此目的，想要将所有天线阵元上的信号通过一定的加权，以检测从一个特定角度到达的信号，称为波束形成，如图 7-9 所示。

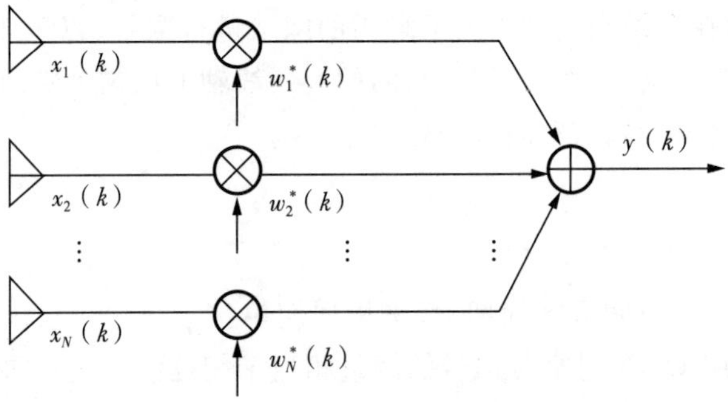

图 7-9　波束形成过程

由于加权过程加重一个特定方向的信号，而削弱其他方向的信号，因而可被认为是构造或形成一个波束。在这种意义上，波束形成是一个空间滤波器。

最常见的情况下，波束形成器借助于将从阵列的 N 个阵元来的信号形成一个加权的组合来产生输出，即

$$y(k)=\sum_{i=1}^{N}w_i{}^*(k)x(k-i)=\boldsymbol{w}^H\boldsymbol{x}(k) \tag{7-2-1}$$

式中，$x_i(k)=x(k-i)$ 为第 i 个阵元接收信号，即

$$x_i(k)=\sqrt{N}a_i(\theta)s(k)+n_i(k) \tag{7-2-2}$$

$$\boldsymbol{w}(k)=[\boldsymbol{w}_1(k),w_2(k),\cdots,w_N(k)]^{\mathrm{T}} \tag{7-2-3}$$

是波束形成加权的列向量。

7.2.1　波束响应与波束模式

波束形成器对一个给定的加权向量$\boldsymbol{w}$ 的响应，称为波束响应，它是角度 θ 的函数，定义为

$$F(\theta)=\boldsymbol{w}^{H}\boldsymbol{a}(\theta) \tag{7-2-4}$$

式中，$-\pi/2\leqslant\theta\leqslant\pi/2$。在波束形成估计时，称 $|F(\theta)|^2$ 为波束模式。换句话说，波束模式可以作为式(7-1-27)中的标准空间频率$[w_i(k)=1/\sqrt{N},i=1,2,\cdots,N]$的函数来计算。为了计算波束模式的相应角度，可以将空间频率换为角度，即

$$\theta=\arcsin\frac{\lambda}{d}u \tag{7-2-5}$$

对于一个 16 个阵元的均匀阵列，使用均匀加权$[w_i(k)=1/\sqrt{N},i=1,2,\cdots,N]$的采样方向性，如图 7-10 所示。

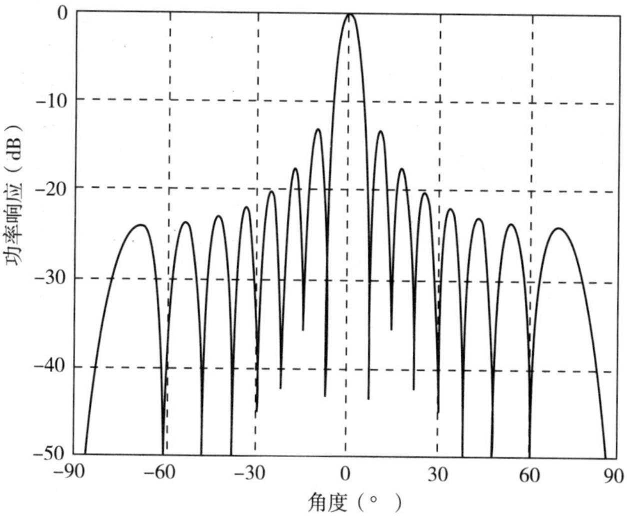

图 7-10　一个空间匹配滤波器的波束模型($\theta=0°,N=16,d=\lambda/2$)

该图表明，大的主瓣位于中心 $\theta=0°$ 处，阵列定向在此方向上；在远离垂射($\theta=0°$)的角度上的不寻常的旁瓣结构，是由式(7-2-4)中角度和空间频率的非线性关系产生的。该图还表明了两个特征：第一，中心位于 $\theta=0°$ 的大瓣，称为大瓣或主波束，其余小一点的峰叫旁瓣。旁瓣决定波束形成器是否滤去不从观察方向来的信号。第二，波束宽度，即主瓣的角宽范围。波束形成器的分辨率由主瓣宽度决定，波束宽度越小，角度分辨率越高。通常从半功率(－3 dB)点 $\Delta\theta_{3\,\mathrm{dB}}$ 或从角零点到零点的主瓣宽度来计算波束宽度。

波束模式是一个给定的波束形成器的空间频率响应，它不能和定向响应混淆，定向响

应是当定向阵列到所有可能的角度，是阵列对某组进入阵列的信号的响应。

现在放松了空间采样分析中，为避免空间重叠，阵元间隔必须受 $d \leqslant \lambda/2$ 的条件限制，观察阵元间隔分别为 $\lambda/4$，$\lambda/2$，λ，2λ（孔径都是 10λ，阵元个数分别为 40，20，10 和 5）的 ULA 的空间匹配滤波器模式，如图 7－11 所示。

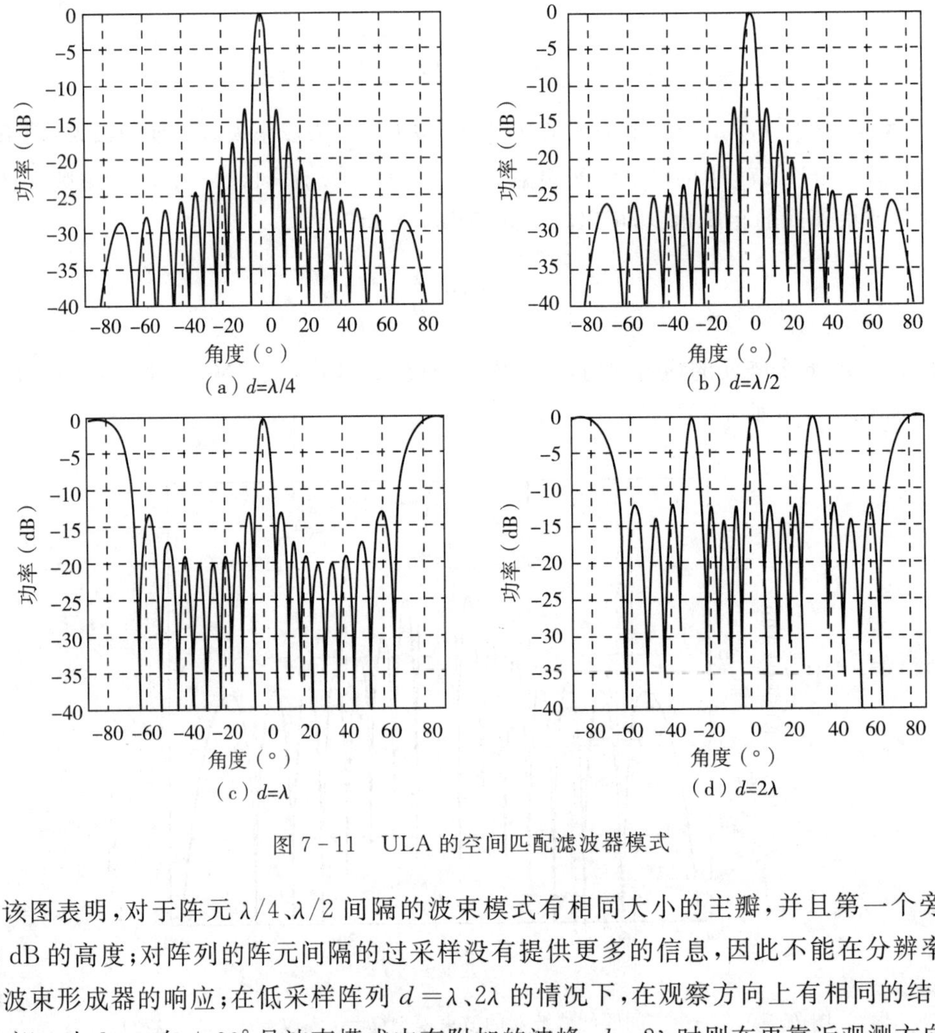

（a）$d=\lambda/4$　（b）$d=\lambda/2$　（c）$d=\lambda$　（d）$d=2\lambda$

图 7－11　ULA 的空间匹配滤波器模式

该图表明，对于阵元 $\lambda/4$、$\lambda/2$ 间隔的波束模式有相同大小的主瓣，并且第一个旁瓣有 －13 dB 的高度；对阵列的阵元间隔的过采样没有提供更多的信息，因此不能在分辨率方面改善波束形成器的响应；在低采样阵列 $d=\lambda$、2λ 的情况下，在观察方向上有相同的结构（波束宽度），对 $d=\lambda$ 在 $\pm 90^\circ$ 是波束模式中有附加的波峰，$d=2\lambda$ 时则在更靠近观测方向处出现。波束模式中这些附加的瓣称为栅瓣。栅瓣会产生空间模糊性，即从与栅瓣对应的方向传播到阵列的信号，看起来像从有用方向来的信号。波束形成器无法区分各个方向上来的信号。在某些应用中，如果栅瓣是确定的，有可能允许其存在，即从这些角度收到回波是不可能的或是可能性很小的；更大的阵元间隔的好处是，由此产生的阵列有更大的孔径和更高的分辨率。阵元间隔大于 $\lambda/2$ 的大孔径问题通常称为稀疏（孔径）阵列。

7.2.2　波束形成器增益

波束形成器增益是波束形成器输出信噪比（SNR）与每个阵元 SNR 间的比值。对 ULA

的信号模型，它由以角度 θ 到达的有用信号和阵列热噪声 $n(k)$ 组成。波束形成器的输出信号为

$$y(k)=\boldsymbol{w}^{H}\boldsymbol{x}(k)=\sqrt{N}\,\boldsymbol{w}^{H}\boldsymbol{a}(\theta)\boldsymbol{s}(k)+\bar{\boldsymbol{n}}(k) \tag{7-2-6}$$

式中，$\bar{\boldsymbol{n}}(n)=\boldsymbol{w}^{H}\boldsymbol{n}(k)$ 是波束形成器输出的噪声，与时间不相关。波束形成器的输出功率为

$$P_{y}=E\{|y(k)|^{2}\}=\boldsymbol{w}^{H}\boldsymbol{R}_{xx}\boldsymbol{w} \tag{7-2-7}$$

式中，

$$\boldsymbol{R}_{xx}=E\{\boldsymbol{x}(k)\boldsymbol{x}^{H}(k)\} \tag{7-2-8}$$

由式(7-1-28)和式(7-1-2)可知，第 i 个阵元接收信号为

$$x_{i}(k)=\mathrm{e}^{-j2\pi(i-1)u_{s}}s(k)+n_{i}(k) \tag{7-2-9}$$

式中，u_s 是 $s(k)$ 产生的阵列信号的归一化空间频率。每个阵元的信噪比定义为

$$SNR_{\text{elem}}\triangleq\frac{\sigma_{s}^{2}}{\sigma_{n}^{2}}=\frac{|\mathrm{e}^{-j2\pi(i-1)u_{s}}s(k)|}{E\{|\boldsymbol{n}_{i}(k)|^{2}\}} \tag{7-2-10}$$

式中，$\sigma_s^2=E\{|s(k)|^2\}$ 和 $\sigma_n^2=E\{|\boldsymbol{n}_i(k)|^2\}$ 分别是阵元水平信号和噪声的功率。由于信号 $s(n)$ 有一个确定的幅度和随机的相位，当所有阵元都有相同的噪声功率 σ_n^2 时，对所有阵元 SNR 不变。这个 SNR_{elem} 通常称为阵元水平 SNR 或每个阵元的 SNR。现在如果波束形成器的输出信号和噪声的功率分别为

$$P_{s}=E\{|\sqrt{N}[\boldsymbol{w}^{H}\boldsymbol{a}(\theta)]\boldsymbol{s}(k)|^{2}\}=N\sigma_{s}^{2}|\boldsymbol{w}^{H}\boldsymbol{a}(\theta)|^{2} \tag{7-2-11}$$

$$P_{n}=E\{|\boldsymbol{w}^{H}\boldsymbol{n}(k)|^{2}\}=\boldsymbol{w}^{H}\boldsymbol{R}_{WW}\boldsymbol{w}=|\boldsymbol{w}|^{2}\sigma_{w}^{2} \tag{7-2-12}$$

因此，在波束形成器输出中产生的 N(称作阵列 N) 为

$$\text{SNR}_{array}=\frac{P_{s}}{P_{n}}=\frac{N|\boldsymbol{w}^{H}\boldsymbol{a}(\theta)|^{2}}{|\boldsymbol{w}|^{2}}\frac{\sigma_{s}^{2}}{\sigma_{n}^{2}}=\frac{|\boldsymbol{w}^{H}\boldsymbol{a}(\theta)|^{2}}{|\boldsymbol{w}|^{2}}\cdot\mathrm{N}\cdot\text{SNR}_{elem} \tag{7-2-13}$$

它仅仅是波束形成增益和阵元的乘积。这样，波束形成增益为

$$G_{bf}=\frac{\text{SNR}_{\text{array}}}{\text{SNR}_{\text{elem}}}=\frac{|\boldsymbol{w}^{H}\boldsymbol{a}(\theta)|^{2}}{|\boldsymbol{w}|^{2}}N \tag{7-2-14}$$

波束形成增益是期望信号到达角 N、波束形成加权向量 $\boldsymbol{w}$ 和阵元 N 的函数。

7.2.3　空间匹配滤波器

对于单个信号的阵列信号模型，它以方向 θ_s 到达阵列且阵列热噪声为 $\boldsymbol{n}(k)$，则

$$\begin{aligned}\boldsymbol{x}(k)&=\sqrt{N}\boldsymbol{a}(\theta)\boldsymbol{s}(k)+\boldsymbol{n}(k)\\&=[s(k)\mathrm{e}^{-j2\pi u_{s}}s(k),\cdots,\mathrm{e}^{-j2\pi(N-1)u_{s}}s(k)]+\boldsymbol{n}(k)\end{aligned} \tag{7-2-15}$$

式中，噪声向量 $\boldsymbol{n}(k)$ 分量不相关功率为 σ_n^2，即 $E\{\boldsymbol{n}(k)\boldsymbol{n}^H(k)\}=\sigma_n^2\boldsymbol{I}$。

每一个阵列阵元包含相同的信号 $s(k)$ 和相应于阵元间传播时间差异引起的不同相

移。理想情况下，从阵列来的信号被相关地加起来，这要求在求和这一点上每个相对相移为零，即用 $s(k)$ 和它自身的一个复制品相加。这样必须有一组复数权，将所有阵列信号的相位很好地排列起来。波束形成加权向量在各阵元处排列从方向 θ_s 来的信号相位是定向向量。简单地讲，就是在那个方向上的阵列响应向量，即

$$\boldsymbol{w}_{\mathrm{mf}}(\theta_s)=\boldsymbol{a}(\theta_s) \tag{7-2-16}$$

由于这个定向向量与从一个角度 θ_s 到达阵列信号的阵列响应匹配，所以这个定向向量波束形成器也叫作空间匹配滤波器，θ_s 被称为观察方向。空间匹配滤波器的使用通常称为常规的波束形成。

空间匹配滤波器的输出为

$$\begin{aligned}
y(k)&=\boldsymbol{w}_{\mathrm{mf}}^H(\theta_s)x(k)=\boldsymbol{a}^H(\theta_s)x(k)\\
&=\frac{1}{\sqrt{N}}[1,\mathrm{e}^{j2\pi u_s},\cdots,\mathrm{e}^{j2\pi(N-1)u_s}]\\
&\quad\times\left\{\begin{bmatrix} s(k)\\ e^{-j2\pi f_s}s(k)\\ \vdots\\ e^{-j2\pi(M-1)f_s}s(k)\end{bmatrix}+\boldsymbol{n}(k)\right\}\\
&=\frac{1}{\sqrt{N}}[\underbrace{s(k)+s(k)+\cdots+s(k)}_{QN\text{个}}]+\bar{n}(k)\\
&=\sqrt{N}\boldsymbol{s}(k)+\bar{\boldsymbol{n}}(k)
\end{aligned} \tag{7-2-17}$$

式中，$\bar{\boldsymbol{n}}(k)=\boldsymbol{w}_{\mathrm{mf}}^H(\theta_s)n(k)$ 为波束形成器输出噪声。检测空间匹配滤波器输出的阵列 SNR，则得到

$$\begin{aligned}
\mathrm{SNR}_{\mathrm{array}}&=\frac{P_s}{P_n}=\frac{N\sigma_s^2}{E\{|\boldsymbol{a}^H(\theta_s)\boldsymbol{n}(k)^2|\}}\\
&=\frac{N\sigma_s^2}{\boldsymbol{a}^H(\theta_s)\boldsymbol{R}_{nn}\boldsymbol{a}(\theta_s)}=N\frac{\sigma_s^2}{\sigma_n^2}=\mathrm{N}\cdot\mathrm{SNR}_{\mathrm{elem}}
\end{aligned} \tag{7-2-18}$$

因为 $P_s=N\sigma_s^2$ 和 $\boldsymbol{R}_{nn}=\sigma_n^2\boldsymbol{I}$。因此，波束形成增益为

$$G_{bf}=N \tag{7-2-19}$$

在空间噪声的情况下，在波束形成器输出 SNR 最大化的意义上，空间匹配滤波器是最佳的。这样，空间匹配滤波器的波束形成增益被称为阵列增益，因而对于给定阵列，它是关于阵列热噪声最大可能的信号增益。阵列阵元越多，波束形成增益越大。然而，实际的物

理现实限制了可使用的阵元数量。由于每个阵元信号在它们组合前相关地排列了，所以空间匹配滤波器最大化 SNR。

7.2.4　阵列孔径和波束形成分辨率

孔径是天线阵列收集空间能量的有限区域。对于 ULA，孔径是第一个和最后一个阵元之间的距离。孔径越大，阵列的分辨率越高，即越能够区分间隔很近的源。天线阵列的角度分辨率用波束宽度 $\Delta\theta$ 来衡量，它通常被定义为主波束的两个零点之间的角度跨度或主波束的半功率 N 点之间的角度范围 $\Delta\theta_{3dB}$。通常，孔径长为 N 的阵列的 N 波束宽度，以弧度为单位，定义为

$$\Delta\theta_{3dB} \approx \frac{\lambda}{L} \tag{7-2-20}$$

由于分辨率依赖于载波角频率 ω_c 或（等价地）依赖于波长 λ，所以孔径通常用波长而不用绝对长度（米）来计算。图 7-12 显示了 $N=4,8,16,32$ 且阵元间隔固定在 $d=\lambda/2$（无混叠条件）下的波束模式。用波长来计算时，相应的孔径分别为 $L=2\lambda,4\lambda,8\lambda,16\lambda$。增加孔径会提高分辨率，随着对孔径长度连续地乘上一个因子 2，分辨率有 2 倍的改进。第一个旁瓣的水平总是低于主瓣峰值约 -13 dB。

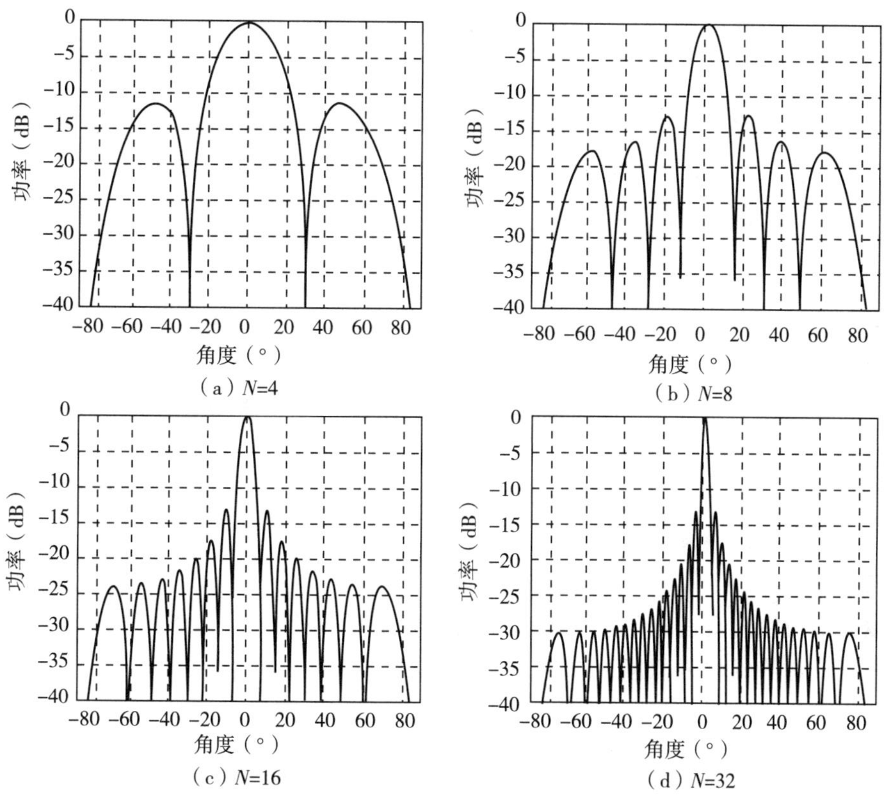

图 7-12　$N=4,8,16,32$ 且阵元间隔固定在 $d=\lambda/2$（无混叠条件）下的波束模式

7.2.5 锥化截取波束形成

在波束形成过程中，阵列除了接收到期望信号外，还会接收到各种各样的干扰无线噪声及阵元自身噪声。除期望信号外，与期望信号同频率的在空间传播的信号称为干扰。在这种复杂干扰情况下，空间匹配滤波器不再具有足够的提取期望信号的能力，可能因为旁瓣的泄漏，很难从输出端检测到期望信号。解决这个问题的方法之一是锥化截取方法(非自适应)。在式(7-2-15)所示的ULA信号模型中，考虑在包括一个由 N 个干扰源构成的干扰信号 $\boldsymbol{i}(k)$ 后

$$\boldsymbol{x}(k)=\boldsymbol{s}(k)+\boldsymbol{i}(k)+\boldsymbol{n}(k)=\sqrt{N}\boldsymbol{a}(\theta_s)\boldsymbol{s}(k)+\sqrt{N}\sum_{p=1}^{p}\boldsymbol{a}(\theta_p)\boldsymbol{i}_p(k)+\boldsymbol{n}(k) \tag{7-2-21}$$

式中，$\boldsymbol{a}(\theta_p)$ 和 $\boldsymbol{i}_p(k)$ 分别是阵列响应向量和与第 p 个干扰有关的实际信号。如果干扰足够强，就可以通过波束形成器，妨碍观测期望信号。

1. 锥化截取波束形成

对空间匹配滤波器进行加窗抑制旁瓣的目的方法称为锥化截取波束形成。设锥化截取向量为 $\boldsymbol{t}$，空间匹配滤波器为 $\boldsymbol{a}(\theta_s)$，则锥化截取波束形成器为

$$\boldsymbol{w}_{\mathrm{tbf}}(\theta_s)=\boldsymbol{t}\odot\boldsymbol{w}_{\mathrm{mf}}(\theta_s) \tag{7-2-22}$$

式中，N 表示向量点积。

截取器的确定可以被当作期望的波束形成器设计，这里，$\boldsymbol{w}_{\mathrm{mf}}$仅仅确定期望信号的角度 θ_s。式(7-2-16)中空间匹配滤波器的加权向量的模为单位形式，即$\boldsymbol{w}_{\mathrm{mf}}^{H}\boldsymbol{w}_{\mathrm{mf}}=1$。类似地，锥化截取波束形成器$\boldsymbol{w}_{\mathrm{tbf}}$也被归一化，即

$$\boldsymbol{w}_{\mathrm{tbf}}^{H}(\theta_s)\boldsymbol{w}_{\mathrm{tbf}}(\theta_s)=1 \tag{7-2-23}$$

此截取器产生一个恒定的旁瓣电平，是波束形成器的一个期望属性。可根据实际应用选择最佳的截取器，截取器可以是矩形窗、Hanning窗、Hamming窗、Kaiser窗和Dolph-Chebyshev窗等。一个 N 的ULA的空间匹配滤波器经截取器Dolph-Chebyshev锥化截取后的效果，如图7-13所示。

截取器的旁瓣电平选择在-50 dB和-70 dB。这样，40 dB的干扰在波束形成器的输出会减少为-10 dB和-30 dB。

2. 锥化截取损失

截取器的应用不会没有代价。波束模式的峰值不再是 N。这个在当前观察方向上增益的损失通常称为**锥化截取损失**，即在 θ_s 处波束模式为

$$L_{\mathrm{taper}}=|F_{\mathrm{tbf}}(\theta_s)|^2=|\boldsymbol{w}_{\mathrm{tbf}}^{H}(\theta_s)\boldsymbol{a}(\theta_s)|^2 \tag{7-2-24}$$

由于锥化截取向量在式(7-2-23)中被归一化，锥化截取损失的范围是$0\leqslant L_{\mathrm{taper}}\leqslant 1$，无损失(非锥化截取空间匹配滤波器)时，$L_{\mathrm{taper}}=1$。锥化截取损失是波束形成器输出的期望信号SNR的损失，不能被恢复。

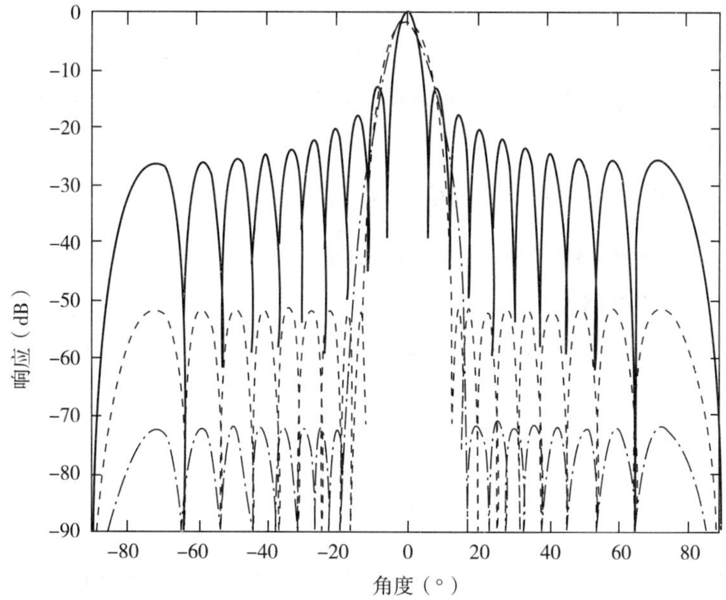

图 7-13　$N=20$ 波束形成器的波束模式：无锥化截取器（实线）、-50 dB 锥化截取器（虚线）、-70 dB 锥化截取器（点虚线）

7.3　最佳阵列处理方法

锥化截取波束形成器的加权独立于阵列接收数据的情况。如何依据阵列接收数据调整波束形成的加权向量呢？这就要使用阵列信号处理的统计模型，根据统计学理论，基于一定的最佳化准则产生最佳波束形成器的空间响应。在最佳化中未知的是阵列数据的真实统计特性的先验知识，只能从数据中估计未知统计特性。

考虑一个阵列信号，由期望信号 $\boldsymbol{s}(k)$、干扰信号 $\boldsymbol{i}(k)$ 以及阵列热噪声 $\boldsymbol{n}(k)$ 构成，即

$$\boldsymbol{x}(k)=\boldsymbol{s}(k)+\boldsymbol{i}(k)+\boldsymbol{n}(k)=\sqrt{N}\boldsymbol{a}(\theta_s)\boldsymbol{s}(k)+\boldsymbol{i}(k)+\boldsymbol{n}(k) \tag{7-3-1}$$

式中，$\boldsymbol{s}(k)$ 是一个有确定的振幅 σ_s 和均匀分布的随机相位信号。阵列信号的干扰加噪声分量为

$$\boldsymbol{x}_{i+n}(k)=\boldsymbol{i}(k)+\boldsymbol{n}(k) \tag{7-3-2}$$

它们均被视为零均值的随机过程。干扰按照有作用的干扰源的角度具有空间相关性，而热噪声是空间不相关的。信号的干扰部分可以由几个源构成，即式(7-3-1)可写为

$$\boldsymbol{x}(k)=\boldsymbol{s}(k)+\boldsymbol{i}(k)+\boldsymbol{n}(k)=\sqrt{N}\boldsymbol{a}(\theta_s)\boldsymbol{s}(k)+\sqrt{N}\sum_{p=i}^{p}\boldsymbol{a}(\theta_p)\boldsymbol{i}_p(k)+\boldsymbol{n}(k) \tag{7-3-3}$$

式中，N 为干扰源的个数。

假定阵列热噪声的功率为 σ_n^2 且阵元间热噪声是不相关的。这样，阵列相关矩阵为

$$\boldsymbol{R}_{XX}=E\{\boldsymbol{x}(k)\boldsymbol{x}^H(k)\}=N\sigma_s^2\boldsymbol{a}(\theta_s)\boldsymbol{a}^H(\theta_s)+\boldsymbol{R}_{ii}+\boldsymbol{R}_{nn} \tag{7-3-4}$$

式中，N 是有用信号的功率，$\boldsymbol{R}_{ii}$ 和 $\boldsymbol{R}_{nn}$ 分别是干扰和噪声相关矩阵。干扰加噪声相关矩阵是后两个矩阵的和，即

$$\boldsymbol{R}_{i+n}=\boldsymbol{R}_{ii}+\sigma_n^2\boldsymbol{I} \tag{7-3-5}$$

式中，$\boldsymbol{R}_{nn}=\sigma_n^2\boldsymbol{I}$，因为阵列热噪声是空间不相关的。

7.3.1 最佳波束形成器

最佳波束形成器就是最大化信号干扰加噪声比(SINR) 波束形成器，现讨论最佳波束形成器原理。

在阵列的输入中，即对每一个阵元，SINR 定义为

$$\mathrm{SINR}_{elem}=\frac{\sigma_s^2}{\sigma_i^2+\sigma_n^2} \tag{7-3-6}$$

式中，σ_s^2，σ_i^2 和 σ_n^2 分别是每一个阵元的信号、干扰和热噪声功率。应用波束形成加权向量$\boldsymbol{w}$后，波束形成器输出的 SINR 为

$$\mathrm{SINR}_{\mathrm{out}}=\frac{|\boldsymbol{w}^H\boldsymbol{s}(k)|^2}{E\{|\boldsymbol{w}^Hx_{i+n}(k)|^2\}}=\frac{N\sigma_s^2|\boldsymbol{w}^H\boldsymbol{a}(\theta_2)|^2}{\boldsymbol{w}^H\boldsymbol{R}_{i+n}\boldsymbol{w}} \tag{7-3-7}$$

为了最大化阵列输出 SINR，将干扰加噪声相关矩阵分解为

$$\boldsymbol{R}_{i+n}=\boldsymbol{L}_{i+n}\boldsymbol{L}_{i+n}^H \tag{7-3-8}$$

式中，$\boldsymbol{L}_{i+n}$ 是相关矩阵的 Cholesky 因子。令

$$\begin{cases}\tilde{\boldsymbol{w}}=\boldsymbol{L}_{i+n}^H\boldsymbol{w}\\ \tilde{\boldsymbol{a}}(\theta_s)=\boldsymbol{L}_{i+n}^{-1}\boldsymbol{a}(\theta_s)\end{cases} \tag{7-3-9}$$

式(7-3-7) 重写为

$$\mathrm{SINR}_{\mathrm{out}}=\frac{N\sigma_s^2|\tilde{\boldsymbol{w}}^H\tilde{\boldsymbol{a}}(\theta_s)|^2}{\tilde{\boldsymbol{w}}^H\tilde{\boldsymbol{w}}} \tag{7-3-10}$$

由 Schwartz 不等式则

$$\tilde{\boldsymbol{w}}^H\tilde{\boldsymbol{a}}(\theta_s)\leqslant|\tilde{\boldsymbol{w}}\|\tilde{\boldsymbol{a}}(\theta_s)| \tag{7-3-11}$$

将式(7-3-11) 代入式(7-3-10)，得

$$\mathrm{SINR}_{\mathrm{out}}\leqslant N\sigma_s^2\tilde{\boldsymbol{a}}^H(\theta_s)\tilde{\boldsymbol{a}}(\theta_s)=N\sigma_s^2[\boldsymbol{a}^H(\theta_s)R_{i+n}^{-1}\boldsymbol{a}(\theta_s)] \tag{7-3-12}$$

这样，SINR 的最大值为

$$\mathrm{SINR}_{\mathrm{out}}^{\max}=N\sigma_s^2[\boldsymbol{a}^H(\theta_s)R_{i+n}^{-1}\boldsymbol{a}(\theta_s)] \tag{7-3-13}$$

式(7-3-13) 表明，如果设$\tilde{\boldsymbol{w}}=\alpha\tilde{\boldsymbol{a}}(\theta_s)$，其中 N 是任意常数，可以得到相同的最大的

SINR。换句话说，当这两个向量相互平行时，这个SINR就是最大的。因此，由式(7-3-9)求出的最佳加权向量为

$$\boldsymbol{w}^{\text{opt}}=\alpha\boldsymbol{L}_{i+n}^{-1}\tilde{\boldsymbol{a}}(\theta_s)=\alpha\boldsymbol{R}_{i+n}^{-1}\boldsymbol{a}(\theta_s) \tag{7-3-14}$$

式中，N是一个任意常数，可以用各种方法设定。这样，最佳波束形成加权向量是与$\boldsymbol{R}_{i+n}^{-1}\boldsymbol{a}(\theta_s)$成比例的。通过对最佳波束形成器归一化，也就是说最佳波束形成器在观测方向上有单位增益，即$\boldsymbol{w}^{\text{opt}\,H}\boldsymbol{a}(\theta_s)=1$。因此

$$\boldsymbol{w}^{\text{opt}\,H}\boldsymbol{a}(\theta_s)=\alpha\left[\boldsymbol{R}_{i+n}^{-1}\boldsymbol{a}(\theta_s)\right]^H\boldsymbol{a}(\theta_s)=1 \tag{7-3-15}$$

并且最终的最佳波束形成器为

$$\boldsymbol{w}^{\text{opt}}=\frac{\boldsymbol{R}_{i+n}^{-1}\boldsymbol{a}(\theta_s)}{\boldsymbol{a}^H(\theta_s)\boldsymbol{R}_{i+n}^{-1}\boldsymbol{a}(\theta_s)} \tag{7-3-16}$$

总之，最佳波束形成器的归一化是任意的，由输出的用法决定。例如，测量残留的干扰功率或检测。在任何情况下，SINR的最大化独立于归一化。

另外，通过解下列约束的最优化问题可以推导出最佳波束形成器。最小化波束形成器输出中的干扰加噪声功率为

$$P_{i+n}=E\{|\boldsymbol{w}^H\boldsymbol{x}_{i+n}(k)|^2\}=\boldsymbol{w}^H\boldsymbol{R}_{i+n}\boldsymbol{w} \tag{7-3-17}$$

求P_{i+n}的最小值，需使用约束条件

$$\boldsymbol{w}^H\boldsymbol{a}(\theta_s)=1 \tag{7-3-18}$$

利用拉格朗日乘子法，可以求出与式(7-3-16)相同的最佳权向量(推导过程省略)。

上面的讨论都是考虑了干扰的情况存在，对于无干扰情况

$$\boldsymbol{x}(k)=\boldsymbol{s}(k)+\boldsymbol{n}(k) \tag{7-3-19}$$

设有干扰存在时阵列输出信噪比为SNR_0，用该信噪比归一化SINR，得SINR损耗，而

$$L_{\text{SINR}}(\theta_s)=\frac{SINR(\theta_s)}{SNR_0}=\sigma_s^2\boldsymbol{a}^H(\theta_s)R_{i+n}^{-1}\boldsymbol{a}(\theta_s) \tag{7-3-20}$$

式中，$0<L_{\text{SINR}}\leqslant 1$。当无干扰情况下，$L_{\text{SINR}}=1$。

7.3.2　最佳波束形成器的特征根分析

在许多情况下，用干扰加噪声相关矩阵

$$\boldsymbol{R}_{i+n}=\sum_{m=1}^{N}\lambda_m\boldsymbol{q}(k)\boldsymbol{q}^H(m) \tag{7-3-21}$$

的特征值和特征向量来研究最佳波束形成器可以获得有意义的理解。这里，特征值从最大到最小排列，即N。如果干扰源个数是N，则$\lambda_m=\sigma_n^2$，也就是特征值的剩余部分等于热噪声功率。特征向量是正交的($\boldsymbol{q}^H(m)\boldsymbol{q}(k)=0, k\neq m, \boldsymbol{q}(m)\boldsymbol{q}(m)=1$)，并且形成干扰加噪声子空间的一个基，此子空间可以分成干扰和噪声子空间。

干扰子空间为

$$S=\{\boldsymbol{q}(m),1\leqslant m\leqslant p\} \tag{7-3-22a}$$

噪声子空间为

$$G=\{\boldsymbol{q}(m),p\leqslant m\leqslant N\} \tag{7-3-22b}$$

$\boldsymbol{R}_{i+n}$ 的逆矩阵可以由相关矩阵 $\boldsymbol{R}_{i+n}$ 的特征值和特征向量 λ_m、$\boldsymbol{q}(m)$ 得到，即

$$\boldsymbol{R}_{i+n}^{-1}=\sum_{m=1}^{N}\frac{1}{\lambda_m}\boldsymbol{q}(m)\boldsymbol{q}^H(m) \tag{7-3-23}$$

当干扰阶数小于阵列数量，即 N 时，$\boldsymbol{R}_{i+n}$ 最小的特征值是噪声特征值并且对于 N，$\lambda_m=\sigma_n^2$，即等于热噪声功率。把式(7-3-23)代入式(7-3-16)，有

$$\begin{aligned}\boldsymbol{w}^{\text{opt}}&=\alpha\boldsymbol{R}_{i+n}^{-1}\boldsymbol{a}(\theta_s)=\alpha\sum_{m=1}^{N}\frac{1}{\lambda_m}\boldsymbol{q}(m)\boldsymbol{q}^H(m)\boldsymbol{a}(\theta_s)\\&=\alpha\left[\frac{1}{\sigma_n^2}\boldsymbol{a}(\theta_s)-\frac{1}{\sigma_n^2}\boldsymbol{a}(\theta_s)+\sum_{m=1}^{N}\frac{\boldsymbol{q}^H(m)\boldsymbol{a}(\theta_s)}{\lambda_m}\boldsymbol{q}(m)\right]\\&=\frac{\alpha}{\sigma_n^2}\left\{\boldsymbol{a}(\theta_s)-\sum_{m=1}^{N}\frac{\lambda_m-\sigma_n^2}{\lambda_m}\{\boldsymbol{q}(m)\boldsymbol{a}(\theta_s)\}\boldsymbol{q}(m)\right\}\end{aligned} \tag{7-3-24}$$

式中，$\alpha=[\boldsymbol{a}(\theta_s)^H\boldsymbol{R}_{i+w}^{-1}\boldsymbol{a}(\theta_s)]^{-1}$，因此产生的波束响应为

$$\boldsymbol{F}^{\text{opt}}(\theta)=\frac{\alpha}{\sigma_n^2}\left\{\boldsymbol{F}_q(\theta)-\sum_{m=1}^{N}\frac{\lambda_m-\sigma_n^2}{\lambda_m}\{\boldsymbol{q}^H(m)\boldsymbol{a}(\theta_s)\}\boldsymbol{F}_m(\theta)\right\} \tag{7-3-25}$$

式中，

$$\boldsymbol{F}_q(\theta)=\boldsymbol{a}^H(\theta_s)\boldsymbol{a}(\theta)=\boldsymbol{w}_{\text{mf}}^H\boldsymbol{a}(\theta)=\boldsymbol{w}_{\text{mf}}(\theta) \tag{7-3-26}$$

为空间匹配滤波器 $\boldsymbol{F}_{\text{mf}}(\theta_s)=\boldsymbol{a}(\theta_s)$ 的响应，称为最佳波束形成器的静态响应。而

$$\boldsymbol{F}_m(\theta)=\boldsymbol{q}^H(m)\boldsymbol{a}(\theta) \tag{7-3-27}$$

为第 N 个特征向量的波束响应，称为特征波束。这样，最佳波束形成器响应由静态响应中减去加权的特征波束组成。特征波束的加权有相应的特征值，噪声功率和观察方向定向向量与各自特征向量的叉乘积确定。对于强干扰 $\lambda_m\geqslant\sigma_n^2$ 和 $(\lambda_m-\sigma_n^2)/\lambda_m\approx 1$，从静态响应中减去被 $\boldsymbol{q}^H(m)\boldsymbol{a}(\theta)$ 加权的特征波束。减去适当加权的干扰特征向量相当于在干扰源方向上置零。式(7-3-25)中的项 $\boldsymbol{q}^H(m)\boldsymbol{a}(\theta_S)$ 依据相应干扰源方向上的空间匹配滤波器的静态响应来标定干扰特征波束。这样，一个干扰源的波束模式 $|\boldsymbol{F}^{\text{opt}}(\theta)|^2$ 的零点深度由相对于静态响应的特征波束响应和相对于噪声水平的干扰源强度决定。然而对噪声，特征值 $\lambda_m=\sigma_n^2$，且 $(\lambda_m-\sigma_n^2)/\lambda_m=0$。因此，噪声特征向量对最佳波束形成器没有影响。更有趣的是，对于仅有噪声和所有特征值为噪声特征值，即无噪声存在的情况，最佳波束形成器就是空间匹配滤波器 $\boldsymbol{w}^{\text{opt}}(\theta_s)=\boldsymbol{w}_{\text{mf}}(\theta_s)=\boldsymbol{a}(\theta_s)$，这是最大化 SNR 的波束形成器。

7.3.3 干扰消除性能

通过检测在干扰源角度的波束响应，可以确定最佳波束形成器的干扰消除性能。这些角度的波束响应表示最佳波束形成器放置在干扰源上的陷零的深度。由式(7-3-16)表示的最佳波束形成器，在定向到方向角 S 的最佳波束形成器的一个干扰角 P 方向上的响应为

$$\boldsymbol{F}^{\text{opt}}(\theta_p)=\boldsymbol{w}^{\text{opt}\,H}\boldsymbol{a}(\theta_p)=\alpha\boldsymbol{a}^H(\theta_s)\boldsymbol{R}_{i+n}^{-1}a(\theta_p) \tag{7-3-28}$$

式中，P 是第 P 个干扰的方位角，且 $\alpha=[\boldsymbol{a}^H(\theta_s)\boldsymbol{R}_{i+n}^{-1}\boldsymbol{a}(\theta_s)]^{-1}$。将 $\boldsymbol{R}_{i+n}$ 分解成一个与第 P 个干扰有关的部分和剩余的干扰加噪声相关矩阵 $\boldsymbol{Q}_{i+n}$，即

$$\boldsymbol{R}_{i+n}=\boldsymbol{Q}_{i+n}+N\sigma_p^2\boldsymbol{a}(\theta_p)\boldsymbol{a}^H(\theta_p) \tag{7-3-29}$$

式中，Q_P^2 是第 P 个干扰源在单一阵元中的干扰功率。由逆矩阵定理，得

$$\boldsymbol{R}_{i+n}^{-1}=\boldsymbol{Q}_{i+n}^{-1}-N\sigma_p^2\,\frac{\boldsymbol{Q}_{i+n}^{-1}\boldsymbol{a}(\theta_p)\boldsymbol{a}^H(\theta_p)\boldsymbol{Q}_{i+n}^{-1}}{1+N\sigma_p^2\boldsymbol{a}^H(\theta_p)\boldsymbol{R}_{i+n}^{-1}\boldsymbol{a}(\theta_p)} \tag{7-3-30}$$

将式(7-3-30)代入式(7-3-26)，得最佳波束形成器响应为

$$\begin{aligned}F^{\text{opt}}(\theta_p)&=\alpha\boldsymbol{a}^H(\theta_S)\boldsymbol{R}_{i+n}^{-1}\boldsymbol{a}(\theta_p)\\&=\alpha\boldsymbol{a}^H(\theta_s)\boldsymbol{Q}_{i+n}^{-1}\boldsymbol{a}(\theta_p)-\alpha\boldsymbol{a}^H(\theta_s)\boldsymbol{Q}_{i+n}^{-1}\boldsymbol{a}(\theta_p)\,\boldsymbol{v}^H(\theta_p)\boldsymbol{Q}_{i+n}^{-1}\boldsymbol{a}(\theta_p)\\&\quad\times\left[\frac{N\sigma_p^2}{1+N\sigma_p^2\boldsymbol{a}^H(\theta_p)\boldsymbol{Q}_{i+n}^{-1}\boldsymbol{a}(\theta_p)}\right]\\&=\underbrace{\frac{\boldsymbol{a}(\theta_s)\boldsymbol{Q}_{i+n}^{-1}\boldsymbol{a}(\theta_p)}{\boldsymbol{a}^H(\theta_s)\boldsymbol{R}_{i+n}^{-1}\boldsymbol{a}(\theta_s)}}_{\text{第1项}}\underbrace{\frac{1}{1+N\sigma_p^2\boldsymbol{a}^H(\theta_p)\boldsymbol{Q}_{i+n}^{-1}\boldsymbol{a}(\theta_p)}}_{\text{第2项}}\end{aligned} \tag{7-3-31}$$

式(7-3-31)表明，最佳波束形成器响应由两项的乘积构成：第1项是定向到方向角 P 的最佳波束形成器，当不存在第 P 个干扰 Q_P^2 时，在角度 P 的响应，即最佳波束形成器的旁瓣电平使这一干扰不能出现。然而，干扰功率比这个旁瓣电平大许多倍，最佳波束形成器通过在干扰角上陷零消除了干扰。第2项在干扰角 P 上产生陷零，陷零的深度由干扰功率 Q_P^2 决定。显然，干扰功率越大，该项越小，并且最佳波束形成器在角度 N 的陷零的深度越大。因子 $\boldsymbol{a}^H(\theta_p)\boldsymbol{Q}_{i+n}^{-1}\boldsymbol{a}(\theta_p)$ 是从角度 P 接收到的能量不包括干扰，并且有与热噪声功能相等的下限。由于约束形成器功率响应是 $|\boldsymbol{F}^{\text{opt}}(\theta_p)|^2$，陷零深度以分贝为单位，与 $N^2Q_P^4$ 成比例，或2倍于在阵列输出中的干扰的功率。

7.3.4 锥化截取最佳波束形成

研究表明，最佳波束形成器的旁瓣电平与空间匹配滤波器(非自适应波束形成器)有相同的电平。为了降低旁瓣电平，可以用锥化截取向量 $\boldsymbol{t}$ 对最佳波束形成器进行截取，从而得到锥化截取最佳波束形成器。

在角度 S 上的锥形阵列响应向量定义为

$$\boldsymbol{a}_t(\theta_s)=\boldsymbol{w}_{\text{tbf}}(\theta_s)=t\odot\boldsymbol{w}_{\text{mf}}(\theta_s) \tag{7-3-32}$$

式中，$\boldsymbol{a}_t^H(\theta_s)\boldsymbol{a}_t(\theta_s)=1$。锥化截取波束形成器为

$$\boldsymbol{w}_t^{\text{opt}}=\frac{\boldsymbol{R}_{i+n}^{-1}\boldsymbol{a}_t(\theta_s)}{\boldsymbol{a}_t^H(\theta_s)\boldsymbol{R}_{i+n}^{-1}\boldsymbol{a}_t(\theta_s)} \tag{7-3-33}$$

若再次使用 Dolph - Chebyshev 锥化截取器，则无锥化截取器和锥化截取器的最佳波束形成器的波束模式如图 7 - 14 所示。

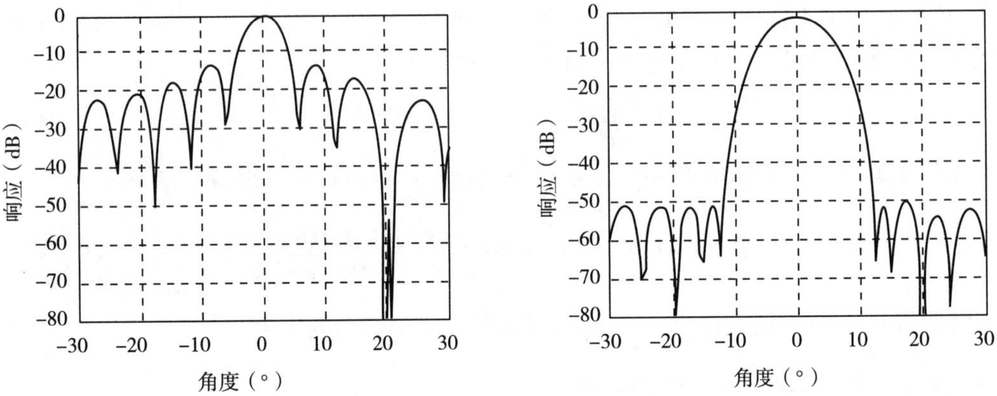

（a）最佳波束形成器（无锥化截取）　　（b）锥状最佳波束形成器（-50 dB锥化截取）

图 7 - 14　一个无锥化截取和有(— 50 dB Dolph - Chebyshev) 锥化截取的最佳波束形成器

图 7 - 14(a) 表明，无锥化截取最佳波束形成器，在 $\theta=20°$ 处有一个干扰，在 $\theta=-20°$ 处具有潜在的通过旁瓣的信号泄漏。图 7 - 14(b) 表明，在 $\theta=-20°$ 的潜在信号得到 — 50 dB 的衰减，旁瓣电平明显减少；而在 $\theta=20°$ 时对干扰的陷零保持不变。

然而，式(7 - 3 - 32) 中所示的波束形成器不再是最佳的[除非期望的信号与 $\boldsymbol{a}(\theta_s)$ 是空间匹配的]。在式(7 - 3 - 33) 中用 $\boldsymbol{R}_{i+n}^{-1}$ 来空间陷零，由此而得到的波束形成器仍然可以对不想要的干扰进行滤除。另外，波束模式的低旁瓣电平滤除不包括在干扰(这些干扰呈现在除观察方向 θ_s 以外的方向上) 中的信号。因此，锥化截取会在观察方向 θ_s 上产生锥化截取损耗。该损耗定义为

$$L_{\text{taper}}=|\boldsymbol{w}_t^{\text{opt}\,H}\boldsymbol{a}(\theta_s)|^2=\left|\frac{\boldsymbol{a}_t^H(\theta_s)\boldsymbol{R}_{i+n}^{-1}\boldsymbol{a}(\theta_s)}{\boldsymbol{a}_t^H(\theta_s)\boldsymbol{R}_{i+n}^{-1}\boldsymbol{a}_t(\theta_s)}\right|=\left|\frac{\boldsymbol{a}^H(\theta_s)\boldsymbol{R}_{i+n}^{-1}\boldsymbol{a}_t(\theta_s)}{\boldsymbol{a}_t^H(\theta_s)\boldsymbol{R}_{i+n}^{-1}\boldsymbol{a}_t(\theta_s)}\right| \tag{7-3-34}$$

这个锥化截取损耗表示了在真实信号和最佳波束形成器的约束之间的不匹配。

7.3.5　广义旁瓣消除器

最佳 MVDR(minimum variance distortionless response)波束形成器最大化 SINR，能公式化为一个有约束的最佳化问题，即

$$\min \boldsymbol{w}^H\boldsymbol{R}_{i+n}\boldsymbol{w}\ \text{当}\boldsymbol{w}^H\boldsymbol{a}(\theta_s)=1\ \text{时}\qquad \text{当}\boldsymbol{w}^H\boldsymbol{a}(\theta_s)=1\ \text{时} \tag{7-3-35}$$

它给出的 MVFDR 波束形成器加权向量为

$$\boldsymbol{w}^{\text{opt}}=\frac{\boldsymbol{R}_{i+n}^{-1}\boldsymbol{a}(\theta_s)}{\boldsymbol{a}^H(\theta_s)\boldsymbol{R}_{i+n}^{-1}\boldsymbol{a}(\theta_s)} \tag{7-3-36}$$

这个问题的公式可以分成有约束的和无约束的两部分，由此而产生的结构，称为广义的旁瓣消除器 (generalized sidelobe canceller，GSC)，它通过一个预处理将有约束的问题转化为无约束的最佳化问题。GSC 结构如图 7-15 所示。

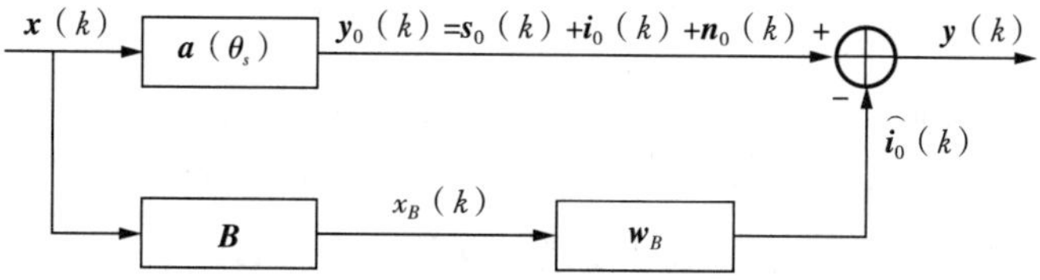

图 7-15　广义的旁瓣消除器结构

如果阵列信号 $\boldsymbol{x}(k)$ 由信号部分 $\boldsymbol{s}(k)$ 和干扰加噪声部分 $\boldsymbol{x}_{i+n}(k)$ 组成。现想要形成定向到角 S 的最佳波束形成器。

首先，在此方向上形成一个非自适应空间匹配滤波器 $\boldsymbol{w}_{\mathrm{mf}}=\boldsymbol{a}(\theta_s)$，因此产生的输出为主信道信号，即

$$y_o(k)=\boldsymbol{w}_{\mathrm{mf}}^H(\theta_s)\boldsymbol{x}(k)=\boldsymbol{a}^H(\theta_s)\boldsymbol{x}(k)=\boldsymbol{s}_o(k)+\boldsymbol{i}_o(k)+\boldsymbol{n}_o(k) \tag{7-3-37}$$

式(7-3-37) 构成 GSC 上面的分支。

其次，图 7-15 下面的分支由 N 个信道构成，且采用无约束的最优化。为了避免产生信号消除，必须确保 N 个信道中不包括从 $(N-1)\times N$ 方向来的任何信号。为此，需构造一个 N 信号分块矩阵 $\boldsymbol{B}$，它和观察方向约束 $\boldsymbol{a}(\theta_s)$ 正交，即

$$\boldsymbol{B}^H\boldsymbol{a}(\theta_s)=0 \tag{7-3-38}$$

该分块矩阵的输出为 $(N-1)\times 1$ 向量信号，即

$$\boldsymbol{x}_B(k)=\boldsymbol{B}^H\boldsymbol{x}(k) \tag{7-3-39}$$

这样，对分块矩阵存在几种不同选择，都可以实现向与 $\boldsymbol{a}(\theta_s)$ 正交的 $N-1$ 维子空间上的投影。一种选择是使用一组 $N-1$ 个波束，令每个波束都满足这一约束条件。ULA 对于方向角 S 的空间采样频率为

$$u_s=\frac{d}{\lambda}\sin\theta_s \tag{7-3-40}$$

相对于 u_1，在空间频率

$$u_m=u_s+\frac{m}{N},(m=1,2,\cdots,N-1) \tag{7-3-41}$$

处，$N-1$ 个空间匹配滤波器相互正交并且和 $\boldsymbol{a}(\theta_s)$ 正交，即

$$\boldsymbol{a}^H(\theta_m)\boldsymbol{a}(\theta_s)=0 \tag{7-3-42}$$

式中，θ_m 对应于式(7-3-41) 给出的空间频率 u_m 的角度。这样，可由 $N-1$ 个定向向量构造一个波束空间信号分块矩阵

$$\boldsymbol{B}=[\boldsymbol{a}(u_1),\boldsymbol{a}(u_2),\cdots,\boldsymbol{a}(u_{N-1})] \tag{7-3-43}$$

图 7-15 下面的分支是来自 θ_s 方向的干扰信号，从上面的分支中清除 θ_s 方向的干扰信号就得到 θ_s 方向上的期望信号，所以 GSC 的输出为

$$y(k)=y_o(k)-\hat{i}_o(k) \tag{7-3-44}$$

式中，$\hat{i}_o(k)$ 是对于干扰信号的估计，当 $\hat{i}_o(k)$ 是对于干扰信号的最佳估计时，GSC 能达到与最佳波束形成器一致的性能。对于 $\hat{i}_o(k)$ 的估计是通过对 $\boldsymbol{x}_B(k)$ 的每一个分量进行加权来实现的。加权向量的最优解就是 MMSE 问题，由 Wiener-Hopf 方程决定，即

$$\boldsymbol{w}_B=\boldsymbol{R}_{X_BX_B}^{-1}\boldsymbol{R}_{X_By_0} \tag{7-3-45}$$

式中，$\boldsymbol{R}_{X_BX_B}=E\{\boldsymbol{x}_B(k)\boldsymbol{x}_B^H(k)\}$ 是下面分支的相关矩阵，$\boldsymbol{R}_{X_By_o}=E\{\boldsymbol{x}_B(k)y_o^*(k)\}$ 是上面分支和下面分支信号之间的互相关向量。由此而产生的上面分支干扰信号的估计值为

$$\hat{i}_o(k)=\boldsymbol{w}_B^H\boldsymbol{x}_B(k) \tag{7-3-46}$$

7.4 自适应天线系统

本节将讨论自适应阵列的有关算法。

7.4.1 自适应阵列的最佳权向量

图 7-16 画出了由 N 个阵元组成的自适应阵列结构。

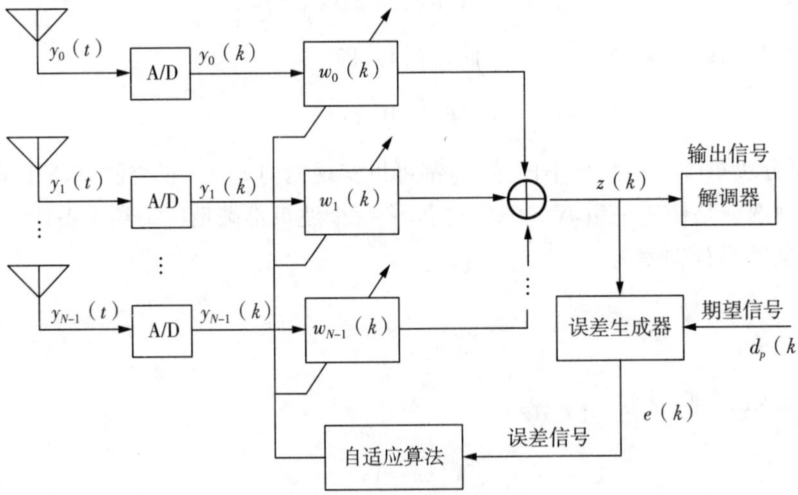

图 7-16　由 N 个阵元组成的自适应阵列结构

图 7-16 中，假定第 i 个阵元的输出为连续基带信号 $y_i(t)$，经过 A/D 转换后，变成离散信号 $y_i(k)(i=0,1,\cdots N-1)$，以阵元 0 为参考点。另外，假设有 P 个源存在，$\boldsymbol{w}_p(k)$ 表示在时刻 k 对第 p 个信号解调所需的权向量($p=1,2,\cdots,P$)。权向量由某种准则确定，以使得解调处理的第 p 个信号在某种意义下最佳。

在最小均方误差准则下，可以导出通信系统中最广泛使用的两种算法，即最小均方误差算法（MMSE）和最小二乘（LS）算法。通过这两种算法，可以求得适当的权向量$\boldsymbol{w}_p$，使得阵列输出 $\boldsymbol{z}(k)=\boldsymbol{w}_p^H\boldsymbol{y}(k)$ 和期望信号 $d(k)$ 之间的差最小。

1. MMSE 算法

MMSE 算法就是使估计误差 $z(k)-d(k)$ 的均方值最小化，即代价函数为

$$J(\boldsymbol{w}_p)=E\{|\boldsymbol{w}_p^H\boldsymbol{y}(k)-d_p(k)|^2\} \tag{7-4-1}$$

式中，$\boldsymbol{y}(t)=[y_0(t),y_1(t),\cdots,y_{N-1}(t)]^{\mathrm{T}}$。该代价函数为第 p 个信号的阵列输出与该信号在时刻 k 的期望形成之间的平方误差的数学期望值。把式（7－4－1）展开为

$$\begin{aligned}J(\boldsymbol{w}_p)=&\boldsymbol{w}_p^HE\{\boldsymbol{y}(k)\boldsymbol{y}^H(k)\}\boldsymbol{w}_p-E\{d_p(k)\boldsymbol{y}^H(k)\}\boldsymbol{w}_p\\&-\boldsymbol{w}_p^HE\{\boldsymbol{y}(k)d_p^*(k)\}+E\{d_p(k)d_p^*(k)\}\end{aligned} \tag{7-4-2}$$

由式（7－4－2），得

$$\frac{\partial J(\boldsymbol{w}_p)}{\partial\boldsymbol{w}_p}=2E\{\boldsymbol{y}(k)\boldsymbol{y}^H(k)\}\boldsymbol{w}_p-2E\{\boldsymbol{y}(k)d_p^*(k)\}=2\boldsymbol{R}_{yy}\boldsymbol{w}_p-2\boldsymbol{R}_{yd} \tag{7-4-3}$$

式中，$\boldsymbol{R}_{yy}$ 是阵列接收数据向量 $\boldsymbol{y}(k)$ 的自相关矩阵，即$\boldsymbol{R}_{yy}=E\{\boldsymbol{y}(k)\boldsymbol{y}^H(k)\}$。而$\boldsymbol{R}_{yd}$ 是数据向量 $\boldsymbol{y}(k)$ 与期望信号 $d_p(k)$ 的互相关向量，即

$$\boldsymbol{R}_{yd}=E\{\boldsymbol{y}(k)d_p(k)\}$$

令$\dfrac{\partial(\boldsymbol{w}_p)}{\partial\boldsymbol{w}_p}=0$，得

$$\boldsymbol{w}_p^{\mathrm{opt}}=\boldsymbol{R}_{yy}^{-1}\boldsymbol{R}_{yd} \tag{7-4-4}$$

这就是最小均方意义下的天线阵列最佳权向量，也是维纳滤波理论中最佳滤波器的标准形式。在计算最佳天线阵列权向量时，需要已知期望信号 $d_p(k)$。

2. 最小二乘算法

在 MMSE 算法中，代价函数定义为输出与第 p 个信号期望响应之间误差平方的总体平均。然而，实际数据向量是有限的，如果直接定义代价函数为其误差平方，就得到最小二乘（least square，LS）算法。

假定有 N 个快拍的数据向量 $\boldsymbol{y}(k)(k=1,2,\cdots,N)$，代价函数定义为

$$\begin{aligned}\boldsymbol{J}(\boldsymbol{w}_p)&=\sum_{k=1}^{N}|\boldsymbol{w}_p^H\boldsymbol{y}(k)-d_p^*(k)|^2\\&=\sum_{k=1}^{N}[\boldsymbol{w}_p^H\boldsymbol{y}(k)-d_p^*(k)][\boldsymbol{w}_p^H\boldsymbol{y}(k)-d_p^*(k)]^*\\&=\sum_{k=1}^{N}[\boldsymbol{w}_p^H\boldsymbol{y}(k)y^H(k)\boldsymbol{w}_p-d_p^*(k)\boldsymbol{y}^H(k)\boldsymbol{w}_p-d_p(k)\boldsymbol{w}_p\boldsymbol{y}(k)+|d_p(k)|^2]\end{aligned} \tag{7-4-5}$$

其梯度为

$$\frac{\partial J(\boldsymbol{w}_p)}{\partial \boldsymbol{w}_p}=2\sum_{k=1}^{N}[\boldsymbol{y}(k)\boldsymbol{y}^H(k)\boldsymbol{w}_p-\boldsymbol{y}(k)d_p(k)] \tag{7-4-6}$$

令梯度等于零，得

$$\boldsymbol{w}_p^{\text{opt}}=(\boldsymbol{Y}^H\boldsymbol{Y})^{-1}\boldsymbol{Y}^H\boldsymbol{d}_p \tag{7-4-7}$$

式中，

$$\boldsymbol{Y}=[\boldsymbol{y}(1),\boldsymbol{y}(2),\cdots,\boldsymbol{y}(N)]$$

$$d_p=[d_p(1),d_p(2),\cdots,d_p(N)]^{\mathrm{T}} \tag{7-4-8}$$

这就是最小二乘意义下最佳天线阵列第 p 个权向量，计算这个权向量也需要预先已知期望信号$\boldsymbol{d}_p(k)$。

MMSE 算法和 LS 算法在完成对 p 个信号解调时，都需要在接收端使用该用户的期望信号。为了提供这一期望响应，就必须周期性地发送对发射机和接收机二者皆为已知的训练序列。由于训练序列占用了通信系统宝贵的频谱资源，因此这是 MMSE 算法和 LS 算法共同的主要缺陷。

MMSE 算法和 LS 算法都以批处理的形式计算天线阵列的最佳权向量。然而，在移动通信中，用户总是处于运动中的，无线信道和信号源的波达方向均是时变的，因此，希望天线阵列的权向量能自适应地不断更新，以适应环境的变化。

7.4.2 自适应算法

在时变环境中，权向量的自适应更新既可以是迭代方式的，也可以是分块方式的。所谓迭代方式，就是在每一个时刻k的权向量$\boldsymbol{w}(k)$加上一个修正量后，组成$k+1$时刻的权向量$\boldsymbol{w}(k+1)$，使得$\boldsymbol{w}(k+1)$逼近最佳权向量$\boldsymbol{w}^{\text{opt}}$。所谓分块方式的自适应，就是权向量不是在每个时刻都更新，而是每一定时间周期才能更新；每次更新对应一个数据块而不是一个数据点，这种更新又称为分块更新。

基于 MMSE 准则的权向量更新公式为

$$\boldsymbol{w}_p(k+1)=\boldsymbol{w}_p(k)-\mu\nabla_w J \tag{7-4-9}$$

式中，$\nabla_w J=\dfrac{\partial J(\boldsymbol{w}_p)}{\partial \boldsymbol{w}_p(k)}$，$\mu$ 称为收敛因子，它控制自适应算法的收敛速度。根据式(7-4-1)，代价函数的梯度表示为

$$\nabla_w J=2E\{\boldsymbol{y}(k)\boldsymbol{y}^H(k)\}\boldsymbol{w}_p-2E\{\boldsymbol{y}(k)d_p^*(k)\} \tag{7-4-10}$$

如果式(7-1-10)中的数学期望用瞬时值代替，即得到 k 时刻的梯度瞬时估计

$$\hat{\nabla}_w J=\boldsymbol{y}(k)[\boldsymbol{y}^H(k)\boldsymbol{w}_p-d_p^*(k)]=\boldsymbol{y}(k)e_p^*(k) \tag{7-4-11}$$

式中，$e_p^*(k)=\boldsymbol{y}^H\boldsymbol{w}_p(k)-d_p^*(k)$ 表示阵列输出与第 p 个期望信号响应 $d_p(k)$ 之间的瞬时误差。可以证明，梯度估计 $\hat{\nabla}_w J$ 是真实梯度 $\nabla_w J$ 的无偏估计。将式(7-4-11)代入式(7-4-9)，得 LMS 自适应算法权向量迭代公式为

$$\boldsymbol{w}_p(k+1)=\boldsymbol{w}_p(k)-2\mu\boldsymbol{y}(k)e_p^*(k) \tag{7-4-12}$$

MMSE 算法可以用 LMS 算法来实现，而 LS 算法的自适应算法为递推最小二乘(RLS)算法。

7.5　基于常数模算法的阵列波束形成算法

数字调制通信信号(如 BPSK 信号和 FSK 信号等)具有常数模特性，利用这一特性在通信系统中，可构造盲自适应信号恢复算法。把常数模算法和天线阵列结合起来，即得到常数模阵列。常数模阵列是一种盲自适应波束形成器，无须训练序列就可认分离和估计同信道信号。

7.5.1　最速下降常数模算法

在基于 LMS 算法的自适应阵列中，关键是如何获得期望信号 $d_p(k)$。在 Bussgang 算法中，期望信号由 $d(k)=g[z(k)]$ 给出，它表示非线性的无记忆估计值 $g(\cdot)$ 对阵列输出信号 $z(k)$ 的作用结果。于是，Bussgang 算法的权向量迭代公式为

$$\boldsymbol{w}(k+1)=\boldsymbol{w}(k)+\mu\boldsymbol{y}(k)e^*(k) \tag{7-5-1}$$

式中，$e(k)$ 为误差信号，定义为

$$e(k)=g(z(k))-z(k) \tag{7-5-2}$$

式中，

$$z(k)=\boldsymbol{w}^H(k)\boldsymbol{y}(k) \tag{7-5-3}$$

如果利用信号的常数模性质，就可从阵列接收信号中用 LMS 算法解调期望信号。当发射信号具有恒定的包络(常数模值)时，则代价函数定义为

$$J=E\{\parallel \boldsymbol{w}^H(k)\boldsymbol{y}(k)\mid^p-R^p\mid^q\} \tag{7-5-4}$$

使用恒模代价函数的自适应阵列将试图使阵列输出端的信号具有常数模包络。指数 p 和 q 等于 1 或 2，利用不同的 p 和 q，即可以构成不同的最速下降常数模算法，它们具有不同的收敛特性和计算复杂度。

当 $p=1$ 和 $q=2$ 时，称为 CMA1-2 型常数模算法。若令 $R=1$，就是最速下降常数模算法，即

$$z(k)=\boldsymbol{w}^H(k)\boldsymbol{y}(k) \tag{7-5-5}$$

$$e(k)=2\left[z(k)-\frac{z(k)}{|z(k)|}\right] \tag{7-5-6}$$

$$\boldsymbol{w}(k+1)=\boldsymbol{w}(k)-\mu\boldsymbol{y}(k)e^{*}(k) \tag{7-5-7}$$

选择不同的 p 和 q，就得到不同的误差函数 $e(k)$，进而得到不同的常数模算法为

$$\text{CMA1-1 型}\quad (p=1,q=1)\quad e(k)=\frac{z(k)}{|z(k)|}\text{sgn}(|z(k)-1|) \tag{7-5-8}$$

$$\text{CMA2-1 型}\quad (p=2,q=1)\quad e(k)=2z(k)\text{sgn}(|z(k)^2-1|) \tag{7-5-9}$$

$$\text{CMA2-2 型}\quad (p=2,q=2)\quad e(k)=4z(k)\text{sgn}(|z(k)^2-1|) \tag{7-5-10}$$

以上的常数模算法的更新公式与LMS自适应算法的更新公式完全一样，只是期望信号不同。在LMS算法中，期望信号通过发射训练序列获得；而在常数模算法中，利用信号的恒模特性，把期望信号直接取为 $z(k)/|z(k)|$，这样就不再需要训练序列了。

现给出最速下降常数模算法实现波束形成实例：一个由 $N=10$ 个阵元组成的均匀线性阵列，阵列间隔为半波长。有 $L=2$ 个远场的常数模信号源，分别从 $\theta_1=30°$ 和 $\theta_2=45°$ 两个方向入射到阵列上。假设阵列接收到这两个信号的功率相等，从阵列接收信号得到基带信号，共 500 个快拍级，试画出阵列增益曲线并进行分析。

解：首先，对权向量进行初始化，不妨设

$$\boldsymbol{w}(0)=\mu_1\frac{\boldsymbol{a}(\theta_1)}{N}+\mu_2\frac{\boldsymbol{a}(\theta_2)}{N}$$

式中，$\boldsymbol{a}(\theta_1)$ 和 $\boldsymbol{a}(\theta_2)$ 分别为两个信号的方向向量分别为

$$\boldsymbol{a}^H(\theta_1)\boldsymbol{w}(0)=\mu_1\frac{\boldsymbol{a}^H(\theta_1)\boldsymbol{a}(\theta_1)}{\boldsymbol{N}}+\mu_2\frac{\boldsymbol{a}^H(\theta_1)\boldsymbol{a}(\theta_2)}{\boldsymbol{N}}\approx\mu_1$$

$$\boldsymbol{a}^H(\theta_2)\boldsymbol{w}(0)=\mu_1\frac{\boldsymbol{a}^H(\theta_2)\boldsymbol{a}(\theta_1)}{\boldsymbol{N}}+\mu_2\frac{\boldsymbol{a}^H(\theta_2)\boldsymbol{a}(\theta_2)}{\boldsymbol{N}}\approx\mu_2$$

其次，按照式(7-2-3)计算权向量 $\boldsymbol{w}(k)(k=1,2,\cdots,500)$，并使之收敛。

再次，将波形成器对信号的增益过程表示为

$$g_1(k)=\boldsymbol{a}^H(\theta_1)\boldsymbol{w}(k)$$

$$g_2(k)=\boldsymbol{a}^H(\theta_2)\boldsymbol{w}(k)$$

在计算中，取 $\mu_1=1.1$ 和 $\mu_2=0.9$，则增益过程 $g_1(k)$ 和 $g_2(k)(k=1,2,\cdots,500)$ 如图 7-17 所示。

图 7-17 表明，随着迭代的进行，信号 1 的增益先降低后逐渐增加，信号 2 的增益持续降低，增益最后下降到零。也就是说，波束形成器最后将主波束指向了信号 1，而在信号 2 的方向上形成了陷零。可见，虽然阵列接收到这两个信号的功率相同，但是选择不同的初始增

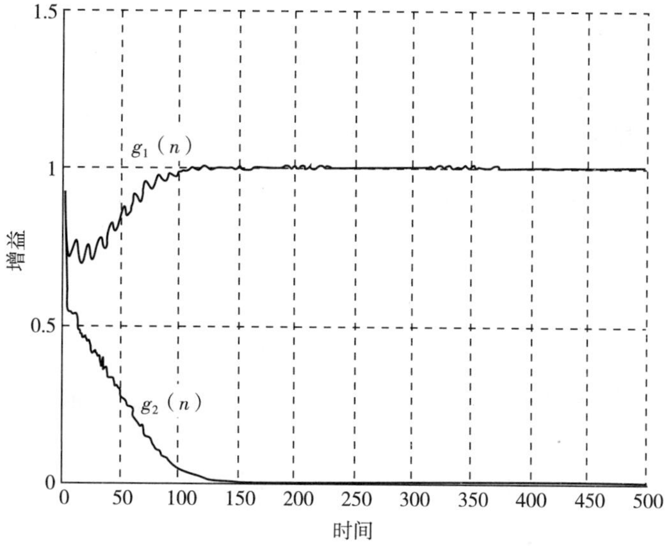

图 7－17　最速下降常数模算法的增益

益会影响波束形成器捕获不同的信号。这可以进一步证明：如果阵列接收到两个功率相同的常数模信号，当选择 $\mu_1 > \mu_2$ 时，则波束形成器捕获信号 1；当选择 $\mu_1 < \mu_2$ 时，则波束形成器捕获信号 2。

7.5.2　最小二乘常数模算法

在最小二乘恒模算法中，代价函数定义为

$$J(\boldsymbol{w}) = \sum_{n=1}^{N} |g_n(\boldsymbol{w})|^2 = \| g(\boldsymbol{w}) \|_2^2 \tag{7-5-11}$$

式中，$g_n(\boldsymbol{w})$ 为第 k 个信号的非线性函数，$k=1,\cdots,N$，$g(\boldsymbol{w}) = [g_1(\boldsymbol{w}), g_2(\boldsymbol{w}), \cdots, g_N(\boldsymbol{w})]^{\mathrm{T}}$。式(7－5－11)具有部分 Taylor 级数展开的平方和形式，即

$$J(\boldsymbol{w}+\boldsymbol{d}) = \| g(\boldsymbol{w}) + \boldsymbol{D}^H(\boldsymbol{w})\boldsymbol{d} \|_2^2 \tag{7-5-12}$$

式中，$\boldsymbol{d}$ 是偏差向量，且 $\boldsymbol{D}(\boldsymbol{w}) = \{\nabla[g_1(\boldsymbol{w})], \nabla[g_2(\boldsymbol{w})], \cdots, \nabla[g_N(\boldsymbol{w})]\}^{\mathrm{T}}$。于是，代价函数 $J(\boldsymbol{w}+\boldsymbol{d})$ 相对于偏差向量 $\boldsymbol{d}$ 的梯度为

$$\begin{aligned}
\nabla_d[J(\boldsymbol{w}+\boldsymbol{d})] &= \frac{\partial J(\boldsymbol{w}+\boldsymbol{d})}{\partial \boldsymbol{d}^*} \\
&= 2\,\frac{\partial\{[g(\boldsymbol{w}) + \boldsymbol{D}^H(\boldsymbol{w})\boldsymbol{d}]^H[g(\boldsymbol{w}) + \boldsymbol{D}^H(\boldsymbol{w})\boldsymbol{d}]\}}{\partial d^*} \\
&= 2\,\frac{\partial\{[\| g(\boldsymbol{w}) \|_2^2 + g^H(\boldsymbol{w})\boldsymbol{D}^H(\boldsymbol{w})\boldsymbol{d} + d^H\boldsymbol{D}(\boldsymbol{w})g(\boldsymbol{w}) + \boldsymbol{d}^H\boldsymbol{D}(\boldsymbol{w})D^H\boldsymbol{w}(\boldsymbol{d})]\}}{\partial \boldsymbol{d}^*} \\
&= 2[\boldsymbol{D}(\boldsymbol{w})g(\boldsymbol{w}) + \boldsymbol{D}(\boldsymbol{w})D^H(\boldsymbol{w})\boldsymbol{d}]
\end{aligned} \tag{7-5-13}$$

令 $\nabla_d(J(\boldsymbol{w}+\boldsymbol{d}))$ 等于零，则使代价函数 $J(\boldsymbol{w}+\boldsymbol{d})$ 最小的偏差向量为

$$\boldsymbol{d}=-[\boldsymbol{D}(\boldsymbol{w})\boldsymbol{D}^H(\boldsymbol{w})]^{-1}\boldsymbol{D}(\boldsymbol{w})g(\boldsymbol{w}) \tag{7-5-14}$$

这样，权向量的更新公式为

$$\boldsymbol{w}(k+1)=\boldsymbol{w}(k)-[\boldsymbol{D}(\boldsymbol{w}(k))\boldsymbol{D}^H(\boldsymbol{w}(k))]^{-1}\boldsymbol{D}(\boldsymbol{w}(k))g(\boldsymbol{w}(k)) \tag{7-5-15}$$

若令

$$g_k(\boldsymbol{w})=|z(k)|-1=|\boldsymbol{w}^H\boldsymbol{y}(k)|-1 \tag{7-5-16}$$

代价函数式(7-5-11)就成为有限数据条件下的常数模代价函数，即

$$J(\boldsymbol{w})=\sum_{k=1}^{N}\| z(k)|-1|^2=\sum_{k=1}^{N}\| \boldsymbol{w}^H\boldsymbol{y}(k)|-1|^2 \tag{7-5-17}$$

$g_k(\boldsymbol{w})$ 的梯度为

$$\nabla g_k(\boldsymbol{w})=\frac{\partial g_k(\boldsymbol{w})}{\partial \boldsymbol{w}^*}=\boldsymbol{y}(k)\frac{z^*(k)}{|z(k)|} \tag{7-5-18}$$

于是，得

$$\begin{aligned}\boldsymbol{D}(\boldsymbol{w})&=[\nabla(g_1(\boldsymbol{w})),\nabla(g_2(\boldsymbol{w})),\cdots,\nabla g_N(w)]^{\mathrm{T}}\\&=\left[\boldsymbol{y}(1)\frac{z^*(1)}{|z(1)|},\boldsymbol{y}(2)\frac{z^*(2)}{|z(2)|},\cdots,\boldsymbol{y}(N)\frac{z^*(N)}{|z(N)|}\right]=\boldsymbol{YZ}_{CM}\end{aligned} \tag{7-5-19}$$

式中，

$$\boldsymbol{Y}=[\boldsymbol{y}(1),\boldsymbol{y}(2),\cdots,\boldsymbol{y}(N)]^{\mathrm{T}} \tag{7-5-20}$$

$$\boldsymbol{Z}_{CM}=\begin{bmatrix}\frac{z^*(1)}{|z(1)|} & 0 & \cdots & 0\\ 0 & \frac{z^*(2)}{|z(2)|} & \cdots & 0\\ \cdots & & \ddots & \\ 0 & 0 & \cdots & \frac{z^*(N)}{|z(N)|}\end{bmatrix} \tag{7-5-21}$$

于是

$$\boldsymbol{D}(\boldsymbol{w})\boldsymbol{D}^H(\boldsymbol{w})=\boldsymbol{YZ}_{CM}(\boldsymbol{YZ}_{CM})^H=\boldsymbol{YY}^H \tag{7-5-22}$$

$$\boldsymbol{D}(\boldsymbol{w})g(\boldsymbol{w})=\boldsymbol{Y}\boldsymbol{Z}_{CM}\begin{bmatrix}|z(1)|-1\\|z(2)|-1\\\vdots\\|z(N)|-1\end{bmatrix}=\begin{bmatrix}z^*(1)-\dfrac{z^*(1)}{|z(1)|}\\z^*(2)-\dfrac{z^*(2)}{|z(2)|}\\\vdots\\z^*(N)-\dfrac{z^*(N)}{|z(N)|}\end{bmatrix} \tag{7-5-23}$$

令

$$\boldsymbol{z}=[z(1),z(2),\cdots,z(N)]^{\mathrm{T}} \tag{7-5-24}$$

$$\boldsymbol{r}=\left[\frac{z(1)}{|z(1)|},\frac{z(2)}{|z(2)|},\cdots,\frac{z(N)}{|z(N)|}\right]^{\mathrm{T}}=\boldsymbol{L}(z) \tag{7-5-25}$$

式中，$\boldsymbol{L}(z)$ 表示向量 z 的硬限幅运算。这时式(7-5-23)可简写为

$$\boldsymbol{D}(\boldsymbol{w})g(\boldsymbol{w})=\boldsymbol{Y}(z-\boldsymbol{r})^* \tag{7-5-26}$$

分别把以上各式代入式(7-5-15)中，得

$$\begin{aligned}\boldsymbol{w}(k+1)&=\boldsymbol{w}(k)-(\boldsymbol{Y}\boldsymbol{Y}^H)^{-1}\boldsymbol{Y}[z(k)-\boldsymbol{r}(k)]^*\\&=\boldsymbol{w}(k)-(\boldsymbol{Y}\boldsymbol{Y}^H)^{-1}\boldsymbol{Y}\boldsymbol{Y}^H\boldsymbol{w}(k)+(\boldsymbol{Y}\boldsymbol{Y}^H)^{-1}\boldsymbol{Y}\boldsymbol{r}^*(k)\\&=(\boldsymbol{Y}\boldsymbol{Y}^H)^{-1}\boldsymbol{Y}\boldsymbol{r}^*(k)\end{aligned} \tag{7-5-27}$$

式中，

$$\boldsymbol{z}(k)=[\boldsymbol{w}^H(k)\boldsymbol{Y}]^{\mathrm{T}} \tag{7-5-28}$$

$$\boldsymbol{r}(k)=\boldsymbol{L}(\boldsymbol{z}(k)) \tag{7-5-29}$$

式(7-5-20)是最小二乘常数模算法，仅使用 N 个数据块$\{y(k)\}$，并在这个数据块内进行迭代。除了静态算法外，还有动态的最小二乘常数模算法(动态 LS-CMA)，它每隔 N 个样本进行一次更新。

对于动态 LS-CMA，采用输入快拍向量序列的最后 N 个快拍进行计算，并每隔 N 个快拍对权向量进行更新，即

$$\boldsymbol{Y}(k)=[y(1+kN),y(2+kN),\cdots,y(N+kN)] \tag{7-5-30}$$

$$\boldsymbol{z}(k)=[\boldsymbol{w}^H(k)\boldsymbol{Y}(k)]=[z(1+kN),z(2+kN),\cdots,z(N+kN)]^{\mathrm{T}} \tag{7-5-31}$$

$$\boldsymbol{r}(k)=\left[\frac{z(1+kN)}{|z(1+kN)|},\frac{z(2+kN)}{|z(2+kN)|},\cdots,\frac{z(N+kN)}{|z(N+kN)|}\right]^{\mathrm{T}} \tag{7-5-32}$$

$$\boldsymbol{w}(k+1)=[\boldsymbol{Y}(k)\boldsymbol{Y}^H(k)]^{-1}\boldsymbol{Y}(k)\boldsymbol{r}^*(k) \tag{7-5-33}$$

现给出静态最小二乘常模算法波束形成实例：一个由 $N=10$ 个阵元的均匀线性阵列，

阵列间隔为半波长。存在$L=2$个远场的常数模信号源，分别从$\theta_1=60°$和$\theta_2=45°$两个方向入射到阵列上。阵列接收到这两个信号的功率相等，得到100个快拍数，试画出阵列增益曲线。

解：权向量的初始化方式同前一个实例，最小二乘常数模波束形成器的方向图和增益过程如图7-18所示。

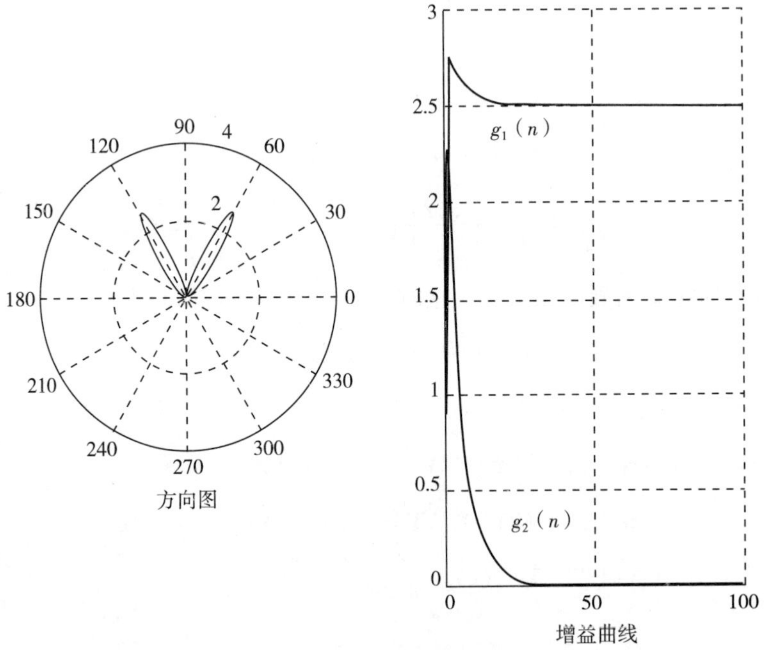

图7-18　LS常数模波束形成器的方向图和增益曲线

对于均匀线性阵列，波束形成器的方向图是对称的，且在120°也会有一个波束。同时可见，最小二乘常数模算法的收敛速度比最速下降的常模算法快得多，通常只需要几十次就收敛了。

7.6　样本矩阵求逆自适应波束形成算法

在讨论最佳波束形成器中，认为阵列上的干扰加噪声相关矩阵$\boldsymbol{R}_{i+n}$是已知的，但在实际中，并不知道$\boldsymbol{R}_{i+n}$，必须以收集的数据为基础，从这些数据中估计相关矩阵。这就是使用块数据来估计自适应波束形成的加权向量，称为样本矩阵求逆（sampling maxtric inversion，SMI）算法。

7.6.1　样本矩阵求逆

1. 样本矩阵倒置自适应波束形成器

设$\boldsymbol{x}_{i+n}(k)$是阵列上的干扰加噪声信号向量，其自相关矩阵为$\boldsymbol{R}_{i+n}$。用最大似然(ML)估计法估计的相关矩阵为

$$\hat{\boldsymbol{R}}_{i+n}=\frac{1}{K}\sum_{l=1}^{K}\boldsymbol{x}_{i+n}(l)\,\boldsymbol{x}_{i+n}^{H}(l) \tag{7-6-1}$$

式中，$\boldsymbol{x}_{i+n}(l)$ 是 $\boldsymbol{x}_{i+n}(l)(1\leqslant k\leqslant N)$ 的 l 个采样。相关矩阵的 ML 估计意味着：当 $l\rightarrow\infty$ 时，$\hat{\boldsymbol{R}}_{i+n}\rightarrow\boldsymbol{R}_{i+n}$；这一估计被称为样本相关矩阵估计。用于计算样本相关矩阵的快拍数 K 称为样本支撑。对平稳数据，样本支撑越大，相关矩阵的估计 $\hat{\boldsymbol{R}}_{i+n}$ 越好。基于式(7-6-1)所示的样本相关矩阵自适应波束形成器的权向量为

$$\boldsymbol{w}_{\mathrm{SMI}}=\frac{\hat{\boldsymbol{R}}_{i+n}^{-1}\boldsymbol{a}(\theta_s)}{\boldsymbol{a}^{H}(\theta_s)\hat{\boldsymbol{R}}_{i+n}^{-1}\boldsymbol{a}(\theta_s)} \tag{7-6-2}$$

式(7-6-2)称为相关矩阵倒置自适应波束形成器。对于最佳波束形成器，通过锥化截取可实现具有低旁瓣控制的 SMI 自适应波束形成器。用在角度 θ_s 上的锥形阵列响应向量 $\boldsymbol{a}_t(\theta_s)=\boldsymbol{n}_{\mathrm{lbf}}(\theta_s)=\boldsymbol{t}\odot\boldsymbol{n}_{\mathrm{mf}}(\theta_s)$ 替换式(7-6-2)中的 $a(\theta_s)$，得

$$\boldsymbol{n}_{t\mathrm{SMI}}=\frac{\hat{\boldsymbol{R}}_{i+n}^{-1}\,\boldsymbol{a}_t(\theta_s)}{\boldsymbol{a}_t^{H}(\theta_s)\hat{\boldsymbol{R}}_{i+n}^{-1}\,\boldsymbol{a}_t(\theta_s)} \tag{7-6-3}$$

由于用 $\hat{\boldsymbol{R}}_{i+n}(l)$ 代替了 $\boldsymbol{R}_{i+n}(l)$，所以波束形成器的性能会有相应的损失。SMI 自适应波束形成器的 SINR 为

$$\begin{aligned}\mathrm{SINR}_{\mathrm{SMI}}&=\frac{N\sigma_s^2\,|\,\boldsymbol{n}_{\mathrm{SMI}}^{H}\boldsymbol{a}(\theta_s)\,|^2}{E\{|\,\boldsymbol{n}_{\mathrm{SMI}}^{H}\,\boldsymbol{x}_{i+n}(k)\,|^2\}}=\frac{N\sigma_s^2\,|\,\boldsymbol{n}_{\mathrm{SMI}}^{H}\boldsymbol{a}(\theta_s)\,|^2}{\boldsymbol{n}_{\mathrm{SMI}}^{H}\,\boldsymbol{R}_{i+n}n_{\mathrm{SMI}}}\\&=N\sigma_s^2\,\frac{[\boldsymbol{a}^{H}(\theta_s)\hat{\boldsymbol{R}}_{i+n}^{-1}\boldsymbol{a}(\theta_s)]^2}{\boldsymbol{a}^{H}(\theta_s)\hat{\boldsymbol{R}}_{i+n}^{-1}\boldsymbol{R}_{i+n}\hat{\boldsymbol{R}}_{i+n}^{-1}\,\boldsymbol{a}^{H}(\theta_s)}\end{aligned} \tag{7-6-4}$$

而最佳波束形成器的 SINR 为

$$\mathrm{SINR}_{\mathrm{out}}^{\max}=N\theta_s^2[\boldsymbol{a}^{H}(\theta_s)\boldsymbol{R}_{i+n}^{-1}\boldsymbol{a}(\theta_s)] \tag{7-6-5}$$

式中，N 为阵元数量，θ_s^2 为阵元信号 $\boldsymbol{s}(t)$ 的方差。

以 SMI 自适应波束形成器和最佳波束形成器的 SINR 之比作为损耗的指标，即

$$L_{\mathrm{SMI}}=\frac{\mathrm{SINR}_{\mathrm{SMI}}}{\mathrm{SINR}_0}=\frac{[\boldsymbol{a}^{H}(\theta_s)\hat{\boldsymbol{R}}_{i+n}^{-1}\boldsymbol{a}(\theta_s)]^2}{[\boldsymbol{a}^{H}(\theta_s)\hat{\boldsymbol{R}}_{i+n}^{-1}\boldsymbol{R}_{i+n}\hat{R}_{i+n}^{-1}\boldsymbol{a}(\theta_s)][\boldsymbol{a}^{H}(\theta_s)\hat{\boldsymbol{R}}_{i+n}^{-1}\boldsymbol{a}(\theta_s)]} \tag{7-6-6}$$

式中，L_{SMI} 依赖于计算 $\hat{\boldsymbol{R}}_{i+n}^{-1}$ 的阵列数据，这意味着 L_{SMI} 是一个随机变量。可以证明，L_{SMI} 服从一个 Bata 分布，即

$$p_{\beta}(L_{\mathrm{SMI}})=\frac{K!}{(N-2)!\,(K+1-N)!}(1-L_{\mathrm{SMI}})^{N-2}(L_{\mathrm{SMI}})^{K+1-N} \tag{7-6-7}$$

式中，N 是阵元的数量，K 是估计相关矩阵的快拍数。当阵列热噪声和干扰信号是一个复数高斯分布时，L_{SMI} 的数学期望为

$$E[L_{\mathrm{SMI}}]=\frac{K+2-N}{K+1} \tag{7-6-8}$$

它被用来确定需要的样本支撑，使得相关矩阵估计带来的损耗限制在一个可以接受的

程度内。从式(7－6－7)可以推断，当 $K=2N$ 时，SMI 损耗大约是 －3 dB；当 $K=5N$，大约是 －1 dB。

2. SMI 自适应波束形成器的旁瓣电平

θ_s 是波束形成器的期望方向，即在方向 θ_s 上的电平是主瓣电平，而在其他方向上的电平就是旁瓣电平。用 θ_u 表示 θ_s 以外的方向，该方向上的旁瓣电平(SLL) 为

$$SLL_0=|F^{\text{opt}}(\theta_u)|^2=\frac{|\boldsymbol{a}^H(\theta_s)\boldsymbol{R}_{i+n}^{-1}\boldsymbol{a}(\theta_u)|^2}{|\boldsymbol{a}^H(\theta_s)\boldsymbol{R}_{i+n}^{-1}\boldsymbol{a}(\theta_s)|^2} \tag{7-6-9}$$

信号 $\boldsymbol{s}(k)=\sigma_u\boldsymbol{a}(\theta_u)$ 是从定向到 θ_s 的最佳波束形成器的旁瓣上接收到的从方向 θ_u 到达的信号，其信干噪比 SINR 为

$$\begin{aligned}\text{SINR}_0(\theta_s,\theta_u)&=\frac{|(\boldsymbol{w}^{\text{opt}})^H(\theta_s)\boldsymbol{s}(k)|^2}{E\{|(\boldsymbol{w}^{\text{opt}})^H(\theta_s)\boldsymbol{x}_{i+n}(k)|^2\}}=\frac{\sigma_u^2|\boldsymbol{a}^H(\theta_s)\boldsymbol{R}_{i+n}^{-1}\boldsymbol{a}(\theta_u)|^2}{\boldsymbol{a}^H(\theta_s)\boldsymbol{R}_{i+n}^{-1}\boldsymbol{a}(\theta_s)}\\&=\frac{\text{SINR}_0(\theta_u,\theta_u)|\boldsymbol{a}^H(\theta_s)\boldsymbol{R}_{i+n}^{-1}\boldsymbol{a}(\theta_u)|^2}{[\boldsymbol{a}^H(\theta_s)\boldsymbol{R}_{i+n}^{-1}\boldsymbol{a}(\theta_s)][\boldsymbol{a}^H(\theta_u)\boldsymbol{R}_{i+n}^{-1}\boldsymbol{a}(\theta_u)]}\\&=\text{SINR}_0(\theta_u,\theta_u)\cos^2(\boldsymbol{a}(\theta_s),\boldsymbol{a}(\theta_u);\boldsymbol{R}_{i+n}^{-1})\end{aligned} \tag{7-6-10}$$

式中，$\text{SINR}_0(\theta_u,\theta_u)=\sigma_u^2\boldsymbol{a}^H(\theta_u)\boldsymbol{R}_{i+n}^{-1}\boldsymbol{a}(\theta_u)$，它是对在角度 θ_u 上信号的最大输出 SINR，即最佳波束形成器已被适当地定向到这个方向的 SINR，其中

$$\begin{aligned}\cos(\boldsymbol{a}(\theta_s),\boldsymbol{a}(\theta_u);\boldsymbol{R}_{i+n}^{-1})&=\frac{\boldsymbol{a}^H(\theta_s)\boldsymbol{R}_{i+n}^{-1}\boldsymbol{a}(\theta_u)}{[\boldsymbol{a}^H(\theta_s)\boldsymbol{R}_{i+n}^{-1}\boldsymbol{a}(\theta_s)]^{1/2}[\boldsymbol{a}^H(\theta_u)\boldsymbol{R}_{i+n}^{-1}\boldsymbol{a}(\theta_u)]^{1/2}}\\&=\frac{\tilde{\boldsymbol{a}}^H(\theta_s)\tilde{\boldsymbol{a}}(\theta_u)}{[\tilde{\boldsymbol{a}}^H(\theta_s)\tilde{\boldsymbol{a}}(\theta_s)]^{1/2}[\tilde{\boldsymbol{a}}^H(\theta_u)\tilde{\boldsymbol{a}}(\theta_u)]^{1/2}}\end{aligned} \tag{7-6-11}$$

式中，

$$\tilde{\boldsymbol{a}}(\theta)=\boldsymbol{L}_{i+n}^{-1}\boldsymbol{a}(\theta) \tag{7-6-12}$$

$$\boldsymbol{R}_{i+n}=\boldsymbol{L}_{i+n}\boldsymbol{L}_{i+n}^H \tag{7-6-13}$$

由式(7－6－10)，式(7－6－9) 可写为

$$\text{SLL}_0=\frac{\text{SINR}_0(\theta_s,\theta_u)}{\text{SINR}_0(\theta_s,\theta_s)} \tag{7-6-14}$$

由式(7－6－10)，得

$$\cos^2(\boldsymbol{a}(\theta_s),\boldsymbol{a}(\theta_u);\boldsymbol{R}_{i+n}^{-1})=\frac{\text{SINR}_0(\theta_s,\theta_u)}{\text{SINR}_0(\theta_u,\theta_u)} \tag{7-6-15}$$

式(7－6－5) 是一个最佳波束形成器定向到方向 θ_s 上的 SINR(相对于定向的到方向 θ_u 时的最大 SINR) 衰减的度量。这样，$\cos^2(\boldsymbol{a}(\theta_s),\boldsymbol{a}(\theta_u);\boldsymbol{R}_{i+n}^{-1})$ 可以被看作一个在方向 θ_u 上没有干扰时定向到方向 θ_s 的最佳波束形成器在方向 θ_u 上的旁瓣电平。因此，此项可作为旁瓣电平的上限。

至于 SMI 自适应波束形成器的 SINR，计算步骤如下：

首先计算当定向到方向 θ_s 时，从方向 θ_u 接收到的一个信号的波束形成器输出 SINR。

$$\begin{aligned}\mathrm{SINR}_{\mathrm{SMI}}(\theta_s,\theta_u) &= \frac{|\boldsymbol{n}_{\mathrm{SMI}}^H(\theta_s)\boldsymbol{s}(k)|^2}{E\{|\boldsymbol{n}_{\mathrm{SMI}}^H(\theta_s)\boldsymbol{x}_{i+n}(k)|^2\}} \\ &= \frac{\sigma_u^2|\boldsymbol{a}^H(\theta_s)\hat{\boldsymbol{R}}_{i+n}^{-1}\boldsymbol{a}(\theta_u)|^2}{\boldsymbol{a}^H(\theta_s)\hat{\boldsymbol{R}}_{i+n}^{-1}\boldsymbol{R}_{i+n}\hat{\boldsymbol{R}}_{i+n}^{-1}\boldsymbol{a}(\theta_s)} \\ &= \mathrm{SINR}_0(\theta_u,\theta_u)\times\frac{|\boldsymbol{a}^H(\theta_s)\hat{\boldsymbol{R}}_{i+n}^{-1}\boldsymbol{a}(\theta_u)|^2}{[\boldsymbol{a}^H(\theta_s)\boldsymbol{R}_{i+n}^{-1}\boldsymbol{R}_{i+n}\hat{\boldsymbol{R}}_{i+n}^{-1}\boldsymbol{a}(\theta_s)][\boldsymbol{a}^H(\theta_u)\boldsymbol{R}_{i+n}^{-1}\boldsymbol{a}(\theta_u)]} \\ &= \mathrm{SINR}_0(\theta_u,\theta_u)L(\theta_s,\theta_u)\end{aligned} \tag{7-6-16}$$

式中，

$$\begin{aligned}L(\theta_s,\theta_u) &= \frac{\mathrm{SINR}_{\mathrm{SMI}}(\theta_s,\theta_u)}{\mathrm{SINR}_0(\theta_u,\theta_u)} \\ &= \frac{|\boldsymbol{a}^H(\theta_s)\hat{\boldsymbol{R}}_{i+n}^{-1}\boldsymbol{a}(\theta_u)|^2}{[\boldsymbol{a}^H(\theta_s)\hat{\boldsymbol{R}}_{i+n}^{-1}\boldsymbol{R}_{i+n}\hat{\boldsymbol{R}}_{i+n}^{-1}\boldsymbol{a}(\theta_s)][\boldsymbol{a}^H(\theta_u)\boldsymbol{R}_{i+n}^{-1}\boldsymbol{a}(\theta_u)]}\end{aligned} \tag{7-6-17}$$

式中，$0<L(\theta_s,\theta_u)<1$，可以认为是信号的相对损耗。这个信号是从旁瓣角 θ_u 收到的，被一个定向到方向 θ_s 的 SMI 自适应波束形成器处理。这一相对损耗是信号的损耗相对于其最大 SINR 的损耗。式(7－6－17)中的分母项是最佳的、非 SMI 自适应波束形成器的 SINR。由式(7－6－17)知，当阵列快拍数 $K\to\infty$ 时，$\hat{\boldsymbol{R}}_{i+n}\to\boldsymbol{R}_{i+n}$，$L(\theta_s,\theta_u)\to\cos^2(\boldsymbol{a}(\theta_s),\boldsymbol{a}(\theta_u);\boldsymbol{R}_{i+n}^{-1})$。SMI 自适应波束形成器的旁瓣电平为

$$SLL_{\mathrm{SMI}}=|F_{\mathrm{SMI}}(\theta_u)|^2=\frac{|\boldsymbol{a}^H(\theta_s)\hat{\boldsymbol{R}}_{i+n}^{-1}\boldsymbol{a}(\theta_u)|^2}{|\boldsymbol{a}^H(\theta_s)\hat{\boldsymbol{R}}_{i+n}^{-1}\boldsymbol{a}(\theta_s)|^2} \tag{7-6-18}$$

旁瓣信号的 SINR 损耗 $L(\theta_s,\theta_u)$ 是一个随机变量，其概率分布为

$$\begin{aligned}p(L,\Theta) &= \sum_{j=0}^{J}\begin{pmatrix}J\\ j\end{pmatrix}\cos^2(\boldsymbol{a}(\theta_s),\boldsymbol{a}(\theta_u);\boldsymbol{R}_{i+n}^{-1})^{J-j} \\ &\quad\times\sin^2(\boldsymbol{a}(\theta_s),\boldsymbol{a}(\theta_u);\boldsymbol{R}_{i+n})^{j}p_{\beta}(L,J+1,N-1)\end{aligned} \tag{7-6-19}$$

式中，$\sin^2(\boldsymbol{a}(\theta_s),\boldsymbol{a}(\theta_u);\boldsymbol{R}_{i+n})=1-\cos^2(\boldsymbol{a}(\theta_s),\boldsymbol{a}(\theta_u);\boldsymbol{R}_{i+n}^{-1})$

$$J=K+1-N \tag{7-6-20}$$

$$p_{\beta}(L,J+1,N-1)=\frac{(J+N-1)!}{J!\,(N-2)!}L^J(1-L)^{N-2} \tag{7-6-21}$$

SMI 自适应波束形成器的旁瓣收到的信号损耗的期望值为

$$E\{L(\theta_s,\theta_u)\}=\frac{1}{K+1}[1+(K+1-N)\cos^2(\boldsymbol{a}(\theta_s),\boldsymbol{a}(\theta_u);\boldsymbol{R}_{i+n}^{-1})] \tag{7-6-22}$$

当 $\theta_s=\theta_u$ 时，式(7－6－22)中 $\cos^2(\cdot)=1$ 和 $E\{L(\theta_s,\theta_u)\}=L_{\mathrm{SMI}}=(K+2-N)/(K+1)$，

式(7-6-22)用来计算在方向 θ_s 上的 SINR 损耗,它是标准 SMI SINR 损耗。相反,如果 θ_u 是在相应的最佳波束形成器中的陷零角度,那么$\cos^2(\cdot)=0$,则

$$E\{L(\theta_s,\theta_u)\}=\frac{1}{K+1} \tag{7-6-23}$$

这个损耗的期望值可以认为是旁瓣电平界限,且在方向 θ_u 处没有干扰源存在。此方程与用 SMI 自适应波束形成器获得的旁瓣电平的下限有关。只要将上述相关公式中的 $\boldsymbol{a}(\theta_s)$ 用 $\boldsymbol{a}_t(\theta_s)$ 替换,就得到锥化截取 SMI 自适应波束形成器。

7.6.2 SMI 波束形成器的对角线加载

SMI 自适应波束形成器能否获得所期望的旁瓣电平,依赖于是否得到足够的样本支撑 K。当只能在有限数据支撑的情况下,根据式(7-3-24)及 7.1 节讨论,得

$$\boldsymbol{F}_{\mathrm{SMI}}(\theta)=\frac{\alpha}{\hat{\lambda}_{\min}}\left\{\boldsymbol{F}_{\boldsymbol{q}}(\theta)-\sum_{m=1}^{N}\frac{\hat{\lambda}_m-\hat{\lambda}_{\min}}{\hat{\lambda}_m}[\boldsymbol{q}^H(m)\boldsymbol{a}(\theta_s)]\hat{Q}_m(\theta)\right\} \tag{7-6-24}$$

式中,$\hat{\lambda}$ 和 $\hat{q}(m)$ 分别是 $\hat{\boldsymbol{R}}_{i+n}$ 的特征值和特征向量。$\boldsymbol{F}_q(\theta)$ 和 $\hat{Q}_m(\theta)$ 分别是静态加权向量和第 m 个特征向量的波束模式,称为特征波束。因此,$\boldsymbol{F}_{\mathrm{SMI}}(\theta)$ 仅仅是$\boldsymbol{F}_q(\theta)$ 减去加权的特征波束,在干扰方向上陷零。在特征波束上的加权由比值$(\hat{\lambda}_m-\hat{\lambda}_{\min})/\hat{\lambda}_m$ 决定。选择噪声特征向量来填充干扰加噪声空间中不被干扰占用的剩余部分。理想情况下,这些特征向量应该对波束响应没有影响,因为 $m>P$ 时,$\lambda_m=\lambda_{\min}=\sigma_n^2$。然而,对样本相关矩阵,这种关系不成立,样本相关矩阵的特征值围绕噪声功率 σ_n^2 变化,并且对于增加的样本支撑,渐近地趋向于期望值。因此,特征波束以其与噪声功率 σ_n^2 的偏离所决定的一种方式影响波束响应。与在样本相关矩阵情况下一样,由于有些特征值是随机变量,它们随样本支撑 K 而变化,波束响应受附加的随机加权特征波束的影响,结果是自适应波束模式中旁瓣电平增高。

减少特征值方差的一个方法是,把一个加权单位矩阵加到样本相关矩阵中,即

$$\hat{\boldsymbol{R}}_1=\hat{\boldsymbol{R}}_{i+n}+\sigma_1^2\boldsymbol{I} \tag{7-6-25}$$

这一技术称为对角线加载。相关矩阵对角线加载的结果是对特征值产生位移,以减小特征值的方差。为了得到对角线加载的 SMI 自适应波束形成器,仅需把 $\hat{\boldsymbol{R}}_1$ 代入式(7-6-2),得

$$\boldsymbol{w}_{1\mathrm{SMI}}=\frac{\hat{\boldsymbol{R}}_1^{-1}\boldsymbol{a}(\theta_s)}{\boldsymbol{a}^H(\theta_s)\hat{\boldsymbol{R}}_1^{-1}\boldsymbol{a}(\theta_s)} \tag{7-6-26}$$

特征值中的位移在自适应加权产生一个微小的位移,从而减少了输出 SINR。

推荐的加载水平是 $\sigma_n^2\leqslant\sigma_1^2\leqslant\sigma_m^2$。最大的加载水平依赖于具体的应用,但为了获得基本的改善,最小的加载水平应该至少等于噪声功率。加载引起微弱干扰陷零的减少,即功率相对接近噪声功率的干扰。由于加载使强干扰的特征值仅会很小地增加,它对强干扰的影响是微小的。对角线加载的另一好处是,它对信号失配提供了健壮性。

对于一个 $N=40$ 个阵元的均匀线性阵列,噪声具有单位功率($\sigma_n^2=1$)。对角线加载设为高于热噪声功率 5 dB,即$\sigma_1^2=10^{0.5}$,样本支撑 $K=100$。波束形成的方向角如图 7-19 所示。

对角加载的旁瓣电平接近于一个已知相关矩阵的最佳波束形成器的旁瓣电平。$\boldsymbol{R}_{i+n}$ 的特征值明显地不同于$\hat{\boldsymbol{R}}_{i+n}$ 的特征值,在某些情况下差别大于 10 dB,如图 7－20 所示。

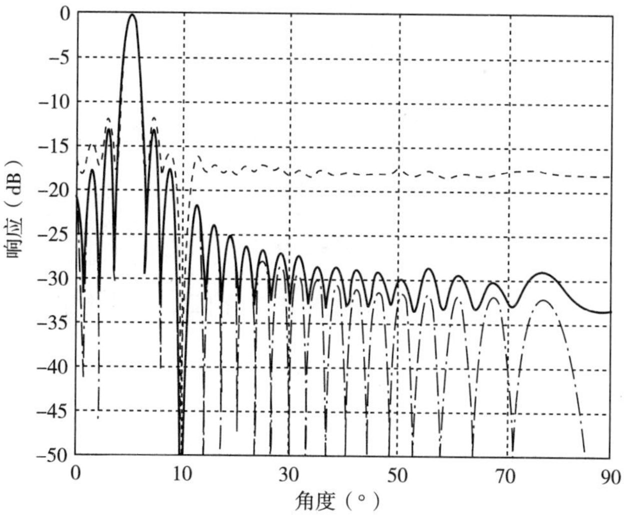

图 7－19　$K=100$ 无对角线加载(虚线)的 SMI 自适应波束形成器的波束模式和 $\sigma_1^2=5$ dB 的对角线加载(实线),最佳波束形成器的波束模型也用虚线表示

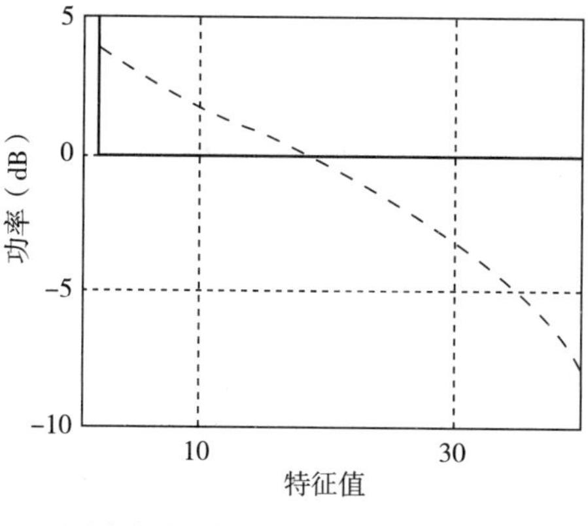

图 7－20　无对角加载 $\sigma_w^2=1$(虚线)SMI 自适应波束形成器和最佳波束形成器(实线)的噪声特征值

7.6.3　基于最小二乘法的 SMI 波束形成算法

现以最小二乘的块自适应技术来实现式(7－6－3)和式(7－6－26)。

SMI 波束形成器以式(7－6－1)所示的估计相关矩阵为基础,这个样本相关矩阵可以等价为

$$\hat{\boldsymbol{R}}_{i+n}=\frac{1}{K}\sum_{k=1}^{K}\boldsymbol{x}_{i+n}(k)\,\boldsymbol{x}_{i+n}^{H}(k)=\frac{1}{K}\boldsymbol{X}^{H}\boldsymbol{X} \tag{7-6-27}$$

式中,

$$\boldsymbol{X}^H = [x_{i+n}(1), x_{i+n}(2)\cdots, x_{i+n}(k)] \tag{7-6-28}$$

$$= \begin{bmatrix} x_1(1) & x_1(2) & \cdots & x_1(k) \\ x_2(1) & x_2(2) & \cdots & x_2(k) \\ \vdots & \vdots & \ddots & \vdots \\ x_N(1) & x_N(2) & \cdots & x_N(K) \end{bmatrix} \tag{7-6-29}$$

将数据矩阵 $\boldsymbol{X}$ 进行正交分解，得到上三角矩阵，即

$$\boldsymbol{X} = \boldsymbol{Q}\boldsymbol{P}_x \tag{7-6-30}$$

式中，$\boldsymbol{Q}$ 是一个 $K \times N$ 正交矩阵，$\boldsymbol{P}_{\mathrm{x}}$ 是 $N \times N$ 上三角阵。如果将下三角阵定义为

$$\boldsymbol{L}_{\mathrm{x}} = \frac{1}{\sqrt{K}}\boldsymbol{P}_{\mathrm{x}}^H \tag{7-6-31}$$

样本相关矩阵可以写为

$$\hat{\boldsymbol{R}}_{i+w} = \frac{1}{K}\boldsymbol{X}^H\boldsymbol{X} = \frac{1}{K}\boldsymbol{P}_{\mathrm{x}}^H\boldsymbol{P}_{\mathrm{x}} = \boldsymbol{L}_{\mathrm{x}}\boldsymbol{L}_{\mathrm{x}}^H \tag{7-6-32}$$

由于 $\boldsymbol{Q}^H\boldsymbol{Q} = \boldsymbol{I}$，根据式(7-6-3)，SMI 自适应加权向量为

$$\boldsymbol{w}_{\mathrm{SMI}} = \frac{\hat{\boldsymbol{R}}_{i+n}^{-1}\boldsymbol{a}(\theta_s)}{\boldsymbol{a}^H(\theta_s)\hat{\boldsymbol{R}}_{i+n}^{-1}\boldsymbol{a}(\theta_s)} = \frac{(\boldsymbol{L}_{\mathrm{x}}^{-1})^H\boldsymbol{L}_{\mathrm{x}}^{-1}\boldsymbol{a}(\theta_s)}{|\boldsymbol{L}_{\mathrm{x}}^{-1}\boldsymbol{a}(\theta_s)|} \tag{7-6-33}$$

对 SMI 自适应波束形成器对角线加载的实现，按式(7-6-25)，对角线加载矩阵为

$$\boldsymbol{w}_{\mathrm{SMI}} = \frac{\hat{\boldsymbol{R}}_1^{-1}\boldsymbol{a}(\theta_s)}{\boldsymbol{a}^H(\theta_s)\hat{\boldsymbol{R}}_1^{-1}\boldsymbol{a}(\theta_s)} = \frac{(\boldsymbol{L}_{\mathrm{x}}^{-1})^H\boldsymbol{L}_{\mathrm{x}}^{-1}\boldsymbol{a}(\theta_s)}{|\boldsymbol{L}_{\mathrm{x}}^{-1}\boldsymbol{a}(\theta_s)|^2} \tag{7-6-34}$$

式中，$\boldsymbol{X}_1$ 为对角线加载的数据矩阵。当然，数据矩阵 $\boldsymbol{X}$ 不是一个方阵，所以它不是实际的对角线加载。用加载矩阵的平方根添加到数据矩阵，则

$$\boldsymbol{X}_1^H = \boldsymbol{X}^H\sqrt{K}\sigma_1\boldsymbol{I} \tag{7-6-35}$$

这时对角线加载的 SMI 自适应加权向量为

$$\boldsymbol{w}_{1\mathrm{SMI}} = \frac{(\boldsymbol{L}_{x_1}^{-1})^H\boldsymbol{L}_{x_1}^{-1}\boldsymbol{a}(\theta_{\mathrm{S}})}{|\boldsymbol{L}_{x_1}^{-1}\boldsymbol{a}(\theta_{\mathrm{S}})|^2} \tag{7-6-36}$$

SMI 自适应波束形成器的实际实现步骤如下。

步骤 1：计算数据矩阵的 *QR* 因式分解 $\boldsymbol{X} = \boldsymbol{Q}\boldsymbol{P}_{\mathrm{x}}$。

步骤 2：通过归一化上三角阵 $\boldsymbol{L}_{\mathrm{x}} = (1/\sqrt{K}\boldsymbol{P}_{\mathrm{x}}^H)$，求出 Cholesky 因子。

步骤 3：从 $\boldsymbol{L}_{\mathrm{x}}z_1 = \boldsymbol{v}(\theta_s)$ 中，求解 z_1。

步骤 4：从 $\boldsymbol{L}_{\mathrm{x}}^H z_2 = z_1$ 中，求解 z_2。

步骤 5：由 $\boldsymbol{n}_{\mathrm{SMI}} = z_2/\|z_1\|^2$，给出 SMI 自适应加权向量。

7.7 恒模阵列

通常把基于常数模算法的自适应阵列称为常数模阵列或恒模阵列。实际上，恒模阵列是一种盲自适应波束形成器，把恒模阵列与自适应信号对消器联合使用后，可以有效分离和估计同信道信源，而不需要训练信号或导引信号。因此，这在同信道干扰的蜂窝系统中具有很好的应用价值。

7.7.1 自适应噪声对消

自适应噪声对消器的结构如图 7-21 所示。主通道接收从信号源发来的信号 $s(k)$，但是受到噪声源的干扰，这使得主通道不但收到信号 $s(k)$，也收到噪声 $n_0(k)$。参考通道的作用就在于检测噪声，并通过自适应滤波调整输出 $y(k)$，使 $y(k)$ 在最小均方误差意义下最接近主通道噪声。这样，通过减法器，将主通道的噪声分量 $n_0(k)$ 对消掉。设参考通道收到的干扰为 $n_1(k)$。由于传送路径不同，$n_0(k)$ 和 $n_1(k)$ 是不同的，但因两者均来自同样的噪声源，所以它们是相关的。先假设参考通道收到的有用信号为零，并设信号和噪声相互独立，即 $s(k)$ 和 $n_0(k)$ 及 $n_1(k)$ 不相关。在图 7-21 中，主通道的输入 $s(k)+n_0(k)$ 成为自适应滤波器的期望信号。

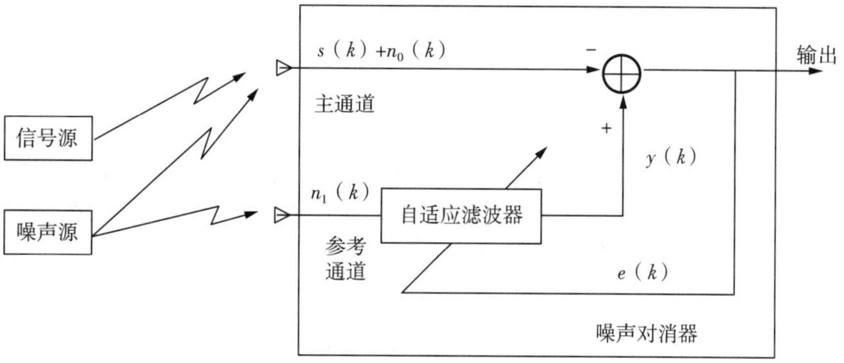

图 7-21　自适应噪声对消器的结构

系统输出为自误差信号，即

$$e(k)=d(k)-y(k)=s(k)+n_0(k)-y(k) \tag{7-7-1}$$

代价函数为

$$\begin{aligned}J&=E[e^2(k)]=E\{[s(k)+n_0(k)-y(k)]^2\}\\&=E[s^2(k)]+E\{[n_0(k)-y(k)]^2\}+2E\{s(k)[n_0(k)-y(k)]\}\end{aligned} \tag{7-7-2}$$

由于 $s(k)$ 和 $n_0(k)$、$n_1(k)$ 不相关，所以 $s(k)$ 和 $n_0(k)$、$y(k)$ 也不相关，并设噪声均值为 0，则

$$E\{s(k)[n_0(k)-y(k)]\}=0 \tag{7-7-3}$$

这样，式(7-7-2)可写为

$$J=E[e^2(k)]=E[s^2(k)]+E\{[n_0(k)-y(k)]^2\} \tag{7-7-4}$$

自适应滤波器通过调整加权向量，使$E[e^2(k)]$最小。因为$s(k)$不在自适应滤波器通道内，所以这种最小化为

$$J_{\min}=\min[e^2(k)]=E[s^2(k)]+\min E\{[n_0(k)-y(k)]^2\} \tag{7-7-5}$$

从而自适应滤波器调整的结果，在均方误差最小的意义下，将使$y(k)$最接近主通道噪声分量$n_0(k)$，因而使系统输出中的噪声大大降低。由式(7-7-1)，得

$$e(k)-s(k)=n_0(k)-y(k) \tag{7-7-6}$$

所以

$$\min E\{[n_0(k)-y(k)]^2\}=\min E\{[e(k)-s(k)]^2\} \tag{7-7-7}$$

式(7-7-7)表明，在最小均方误差意义下，$y(k)$最接近$n_0(k)$等效于$e(k)$(系统输出)最接近$s(k)$。所以，在噪声对消器的输出端极大地提高了信噪比。

若参考通道除检测到噪声$n_1(k)$外，还收到信号分量$s_1(k)$(图7-22)，则自适应滤波器的输出$y(k)$将包含信号分量，从而使噪声对消效果变差，可以证明

$$\left(\frac{\sigma_s^2}{\sigma_n^2}\right)_{\text{out}}\approx\left(\frac{\sigma_s^2}{\sigma_n^2}\right)_{\text{ref}}^{-1} \tag{7-7-8}$$

式中，$(\sigma_s^2/\sigma_n^2)_{\text{out}}$为噪声对消器的输出信噪比，而$(\sigma_s^2/\sigma_n^2)_{\text{ref}}$为参考通道的输入信噪比。这就是说，参考信道的输入信噪比越高，噪声对消器输出信噪比越低。为了获得好的噪声对消性能，应使参考通道检测到的信号尽可能小。

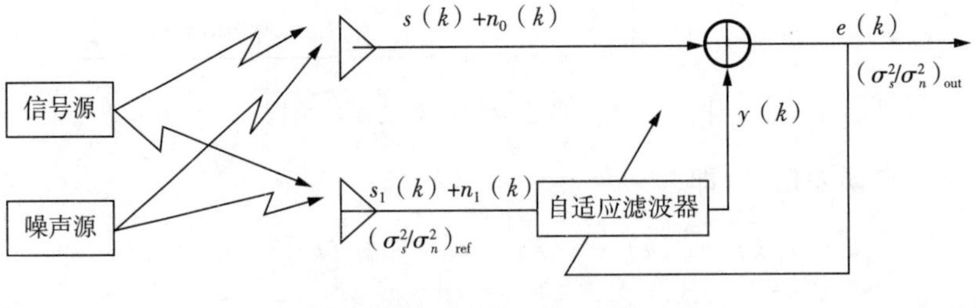

图7-22　参考通道有信号分量的情况

7.7.2　恒模阵列与对消器的组合

恒模阵列与自适应信号对消器联合使用原理如图7-23所示。假设有L个源信号入射到N个阵元组成的均匀线性阵列上，则阵列的输出信号向量$\boldsymbol{y}(k)$就构成了恒模阵列的输入信号向量。

根据阵列信号处理的统计模型，第i个阵元的输出信号为

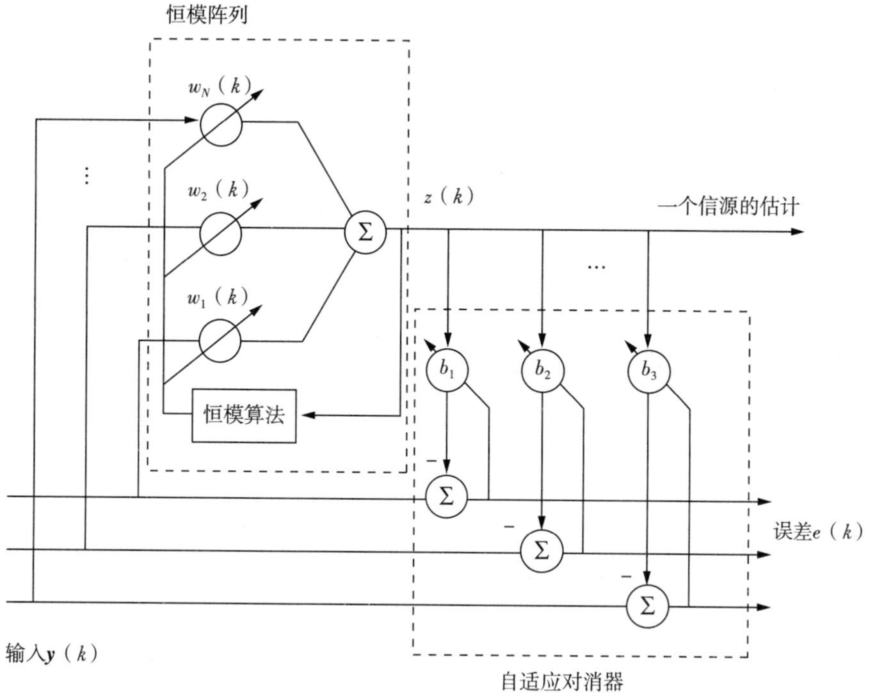

图 7-23　恒模阵列与自适应信号对消器联合使用原理

$$y_i(k)=\sum_{l=1}^{L}s_l(t)\mathrm{e}^{-j\varphi_l(i)}+n_i(k),i=1,2,\cdots,N \tag{7-7-9}$$

式中，$\{s_l(k)\}(l=1,2,\cdots,L)$ 代表 L 个信源；$n_i(k)$ 为第 i 阵元上的加性噪声，既包含阵元自身的热噪声，也包含阵元接收到无线信道内的噪声。

阵列输出的信号经过离散采样后，式(7-7-9) 的矩阵形式为

$$\boldsymbol{y}(k)=\boldsymbol{A}\boldsymbol{s}(k)+\boldsymbol{n}(k) \tag{7-7-10}$$

式中，

$$\boldsymbol{y}(k)=[y_1(k),y_2(k),\cdots,y_N(k)]^{\mathrm{T}} \tag{7-7-11}$$

$$\boldsymbol{s}(k)=[s_1(k),s_2(k),\cdots,s_N(k)]^{\mathrm{T}} \tag{7-7-12}$$

$$\boldsymbol{A}=\begin{bmatrix}1 & \cdots & 1\\ \mathrm{e}^{-j\varphi_1} & \cdots & \mathrm{e}^{-j\varphi_L}\\ \mathrm{e}^{-j(N-1)\varphi_1} & \cdots & \mathrm{e}^{-j(N-1)\varphi_L}\end{bmatrix} \tag{7-7-13}$$

式中，矩阵 $\boldsymbol{A}$ 的第 i 列向量是第 i 个信号的方向向量，该式对任意结构阵列都适用。

$$\boldsymbol{z}(k)=\boldsymbol{w}^H(k)\boldsymbol{y}(k) \tag{7-7-14}$$

式中，$\boldsymbol{w}(n)=[w_1(k),w_2(k),\cdots,w_N(k)]^{\mathrm{T}}$ 为自适应权向量，并由恒模算法更新

$$\boldsymbol{w}_1(k+1)=\boldsymbol{w}_1(k)+2\mu_{\mathrm{CMA}}\boldsymbol{y}(k)e^*(k) \tag{7-7-15}$$

式中，μ_{CMA} 是更新步长；$e(k)$ 为修正误差项，且

$$e(k)=\frac{z(k)}{|z(k)|}-z(k) \tag{7-7-16}$$

由图 7-23 的结构，恒模阵列的输入向量 $\boldsymbol{y}(k)$ 经过自适应更新的权向量$\boldsymbol{w}(k)$ 加权求和，就得到波束形成器的输出。该修正项采用了 CMA1-2。当然，该修正项也可以采用其他型恒模算法，这样，恒模阵列的收敛速度及对噪声的抑制能力也不同。由图 7-10 知，信号对消器是借助权向量 $\boldsymbol{b}(k)=[b_1(k),b_2(k),\cdots,b_N(k)]^{\mathrm{T}}$ 对恒模阵列输出 $z(k)$ 进行加权的，然后从数据向量 $\boldsymbol{y}(k)$ 中减去这一处理结果，其误差向量表示为

$$e(k)=y(k)-\boldsymbol{b}(k)\boldsymbol{z}(k) \tag{7-7-17}$$

对消器的权向量用 LMS 算法更新，即

$$\boldsymbol{b}(k+1)=\boldsymbol{b}(k)+2\mu_{\mathrm{LMS}}\boldsymbol{z}^*(k)e(k) \tag{7-7-18}$$

式中，μ_{LMS} 为更新步长。

7.7.3 恒模阵列的性能分析

1. 恒模阵列的最佳权向量

假定恒模阵列捕获第 i 个信号源 $s_i(k)$，则在理想情况下阵列输出 $z(k)$ 应该与 $s_i(k)$ 一致。所以，估计误差表示为$e_i(k)=s_i(k)-z(k)$。根据均方估计理论，当权向量收敛时，估计误差与数据正交，即 $E[y(k)e_i^*(k)]=0$。以均方误差为代价函数，即

$$\begin{aligned}J&=E[|s_i(k)-z(k)|^2]=E\{[s_i(k)-\boldsymbol{w}^H\boldsymbol{y}(k)][s_i(k)-\boldsymbol{w}^H\boldsymbol{y}(k)]^*\}\\&=E[s_i(k)s_i^*(k)]-2E\{[s_i^*(k)\boldsymbol{w}^H\boldsymbol{y}(k)]\}+E[\boldsymbol{w}^H\boldsymbol{y}(k)\boldsymbol{w}^H y(k)]\end{aligned} \tag{7-7-19}$$

该代价函数 J 关于权向量$\boldsymbol{w}$ 的梯度表示为

$$\nabla_f J=\frac{\partial J(\boldsymbol{w})}{\partial\boldsymbol{w}}=-2E\{\boldsymbol{y}(k)s_i^*(k)\}+2E\{\boldsymbol{y}(k)\boldsymbol{y}^H(k)\}\boldsymbol{w} \tag{7-7-20}$$

最小均方误差(MMSE 准则)的最佳权向量为

$$\boldsymbol{w}^{\mathrm{opt}}=\boldsymbol{R}_{yy}^{-1}\boldsymbol{R}_{s_iy} \tag{7-7-21}$$

式中，

$$\boldsymbol{R}_{yy}=E[\boldsymbol{y}(k)\boldsymbol{y}^H(k)] \tag{7-7-22}$$

$$\boldsymbol{R}_{s_iy}=E\{s_i^*(k)\boldsymbol{y}(k)\} \tag{7-7-23}$$

将 $\boldsymbol{y}(k)=\boldsymbol{A}\boldsymbol{s}(k)+\boldsymbol{n}(k)$ 代入式(7-7-23)，得

$$\boldsymbol{R}_{s_i y}=E\left\{s_i^*(k)\left\{[\boldsymbol{a}_1,\cdots \boldsymbol{a}_i,\cdots,\boldsymbol{a}_L]\begin{bmatrix}s_1(k)\\ \vdots\\ s_i(k)\\ \vdots\\ s_L(k)\end{bmatrix}+\boldsymbol{n}(k)\right\}\right\}$$

$$=E\{s_i^*(k)s_i(k)\,\boldsymbol{a}_i(k)=E[\sigma_{s_i}^2\,\boldsymbol{a}_i] \qquad (7-7-24)$$

式(7-7-24)的推导中应用了信号 $s_i{}^*(k)$ 与 $\omega_i(k)$ 不相关。于是，式(7-7-21)可以表示为

$$\boldsymbol{w}^{\text{opt}}=\sigma_{s_i}^2 2\,\boldsymbol{R}_{yy}^{-1}\,\boldsymbol{a}_i \qquad (7-7-25)$$

式中，$\boldsymbol{a}_i$ 是阵列响应矩阵 $\boldsymbol{A}$ 的第 i 列，它是第 i 个信源的方向向量。阵列收敛以后，恒模阵列输出的功率为

$$\sigma_{z_o}^2=E\{|\,\boldsymbol{z}(k)\,|^2\}=E\{\boldsymbol{z}(k)\,\boldsymbol{z}^H(k)\}=E\{\boldsymbol{w}^{\text{opt}\,H}\boldsymbol{y}\boldsymbol{y}^H\,\boldsymbol{w}^{\text{opt}}\}=\boldsymbol{w}^{\text{opt}\,H}\,\boldsymbol{R}_{yy}\,\boldsymbol{w}^{\text{opt}}$$

$$(7-7-26)$$

2. 信号对消器的最佳权向量

由信号对消器得误差向量 $\boldsymbol{e}(k)$ 的表达式，得到均方误差为

$$\begin{aligned}J(\boldsymbol{b})&=E[\boldsymbol{e}(k)\,\boldsymbol{e}^H(k)]\\&=E\{[\boldsymbol{y}^H(k)-\boldsymbol{b}^H(k)\boldsymbol{z}^*(k)][\boldsymbol{y}(k)-\boldsymbol{b}(k)\boldsymbol{z}(k)]\}\\&=E[\boldsymbol{y}(k)\,\boldsymbol{y}^H(k)]-2E[\boldsymbol{b}^H(k)\boldsymbol{z}^*(k)+\boldsymbol{b}^H(k)\boldsymbol{z}^*(k)\boldsymbol{z}(k)\boldsymbol{b}(k)]\end{aligned} \qquad (7-7-27)$$

对式(7-7-26)求梯度，并令梯度等于零，得

$$\frac{\partial J}{\partial \boldsymbol{b}}=-2E[\boldsymbol{y}(k)\boldsymbol{z}^*(k)]+2E[|\,\boldsymbol{z}(k)\,|^2]\boldsymbol{b}=0 \qquad (7-7-28)$$

于是，在 MMSE 意义下信号对消器最佳权向量满足的关系为

$$E[|\,\boldsymbol{z}(k)\,|^2]\,\boldsymbol{b}^{\text{opt}}=E[\boldsymbol{y}(k)\boldsymbol{z}^*(k)] \qquad (7-7-29)$$

由于 $\sigma_{z_0}^2=E[|\,\boldsymbol{z}(k)\,|^2]$ 且 $E[\boldsymbol{y}(k)\boldsymbol{z}^*(k)]=E[\boldsymbol{y}(k)\,\boldsymbol{y}^H(k)]\,\boldsymbol{w}^{\text{opt}}$（这里假定恒模阵列达到了最佳权向量），所以，信号对消器的最佳权向量可以表示为

$$\boldsymbol{b}^{\text{opt}}=\frac{\boldsymbol{R}_{yy}\,\boldsymbol{w}^{\text{opt}}}{\sigma_{z_0}^2}\,\boldsymbol{a}_i \qquad (7-7-30)$$

将恒模波束形成器的最佳权向量式(7-7-25)代入式(7-7-30)，得

$$\boldsymbol{b}^{\text{opt}}=\frac{\sigma_{s_i}^2}{\sigma_{z_0}^2}\,\boldsymbol{a}_i \qquad (7-7-31)$$

式(7-7-31)表明,当信号对消器达到稳定(即权向量收敛)时,MMSE 意义下的最佳权向量$\boldsymbol{b}^{\text{opt}}$与第$i$个信源方向向量$\boldsymbol{a}_i$成正比。这意味着,可以通过估计$\boldsymbol{b}^{\text{opt}}$来估计$\boldsymbol{a}_i$。如果已知阵列结构,还可以根据$\boldsymbol{a}_i$来估计出信号的波达方向$\theta_i$。

7.7.4 级联的恒模阵列与对消器组合

采用恒模阵列和自适应对消组合器的级联结构,则可以把信号依次分离出来,如图7-24所示。具体地讲,每一级由两个部件组成:变加权的波束形成器,它由恒模算法更新;自适应对消器,它由LMS算法更新。

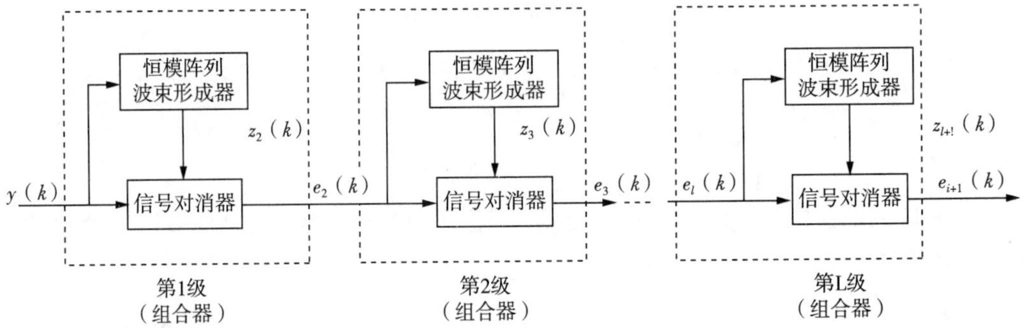

图 7-24 波束形成组合器的级联结构

为了方便分析,仍然假定阵列为均匀线性阵列,并且阵列的输入信号表示为$\boldsymbol{y}(k)=\boldsymbol{A}\boldsymbol{s}(k)+\boldsymbol{n}(k)$。$\boldsymbol{s}(k)=[s_1(k),s_2(k),\cdots,s_L(k)]^{\mathrm{T}}$为同信道的信源向量,都是恒模信源。假设:① 信源间是不相关联的,即$E\{\boldsymbol{s}(k)\ \boldsymbol{s}^H(k)\}=\boldsymbol{\Lambda}_{ss}$为对角阵;②$\boldsymbol{n}(k)=[n_1(k),n_2(k),\cdots,n_N(k)]^{\mathrm{T}}$为零均直的高斯白噪声,且$N\geqslant L$;③ 噪声和信源不相关,且噪声向量的自相关矩阵表示为$E\{\boldsymbol{n}(k)\boldsymbol{n}^H(k)\}=\sigma_n^2\boldsymbol{I}$。因此,数据向量的互相关矩阵表示为

$$E\{\boldsymbol{s}(k)\ \boldsymbol{s}^H(k)\}=\boldsymbol{A}\boldsymbol{\Lambda}_{ss}\boldsymbol{A}^H+\boldsymbol{\sigma}_n^2\boldsymbol{I} \tag{7-7-32}$$

对消器把恒模阵列捕获的信号从数据向量$\boldsymbol{y}(k)$中消除,第1级的输出表示为

$$\boldsymbol{e}(k)=\boldsymbol{y}(k)-\boldsymbol{b}(k)\boldsymbol{z}(k)=\boldsymbol{y}(k)-\boldsymbol{b}(k)\ \boldsymbol{w}^H(k)\boldsymbol{y}(k)=\boldsymbol{T}(k)\boldsymbol{y}(k) \tag{7-7-33}$$

式中,$\boldsymbol{T}(k)=\boldsymbol{I}-\boldsymbol{b}(k)\ \boldsymbol{w}^H(k)$为稳态信号的传递矩阵。该式表明向量$\boldsymbol{y}(k)$经过第1级后输出为$\boldsymbol{e}(k)$,相当于$\boldsymbol{T}(k)$对$\boldsymbol{y}(k)$进行了一次变换。第1级的输出$\boldsymbol{e}(k)$再作为第2级的输入,依次向前推进。

第2级输入$\boldsymbol{e}(k)$的自相关矩阵表示为

$$\boldsymbol{R}_{ee}=E[\boldsymbol{e}(k)\ \boldsymbol{e}^H(k)]=\boldsymbol{T}_0\ \boldsymbol{R}_{yy}\ \boldsymbol{T}_0^H \tag{7-7-34}$$

$\boldsymbol{e}(k)$还可以进一步写为

$$\boldsymbol{e}(k)=\boldsymbol{T}_0(k)\boldsymbol{y}(k)=\boldsymbol{T}_0\boldsymbol{A}\boldsymbol{S}(k)+\boldsymbol{T}_0\boldsymbol{n}(k)=\boldsymbol{A}_e\boldsymbol{s}(k)+\boldsymbol{n}_e(k) \tag{7-7-35}$$

式中,$\boldsymbol{A}_e=\boldsymbol{T}_0\boldsymbol{A}$为有效响应矩阵,第2级噪声向量$\boldsymbol{n}_e(k)=\boldsymbol{T}_0\boldsymbol{n}(k)$。可见,误差信号的模型式(7-7-35)与输入信号的模型之间是相似的。

假定信号 $s_1(k)$ 被第 1 级捕获，根据恒模阵列的性能分析，有

$$\begin{aligned} \boldsymbol{w}^{\text{opt}} &= \sigma_{s_1}^2 \boldsymbol{R}_{yy}^{-1} \boldsymbol{a}_1 \\ \boldsymbol{b}^{\text{opt}} &= \frac{\sigma_{s_1}^2}{\sigma_{z_0}^2} \boldsymbol{a}_1 \end{aligned} \tag{7-7-36}$$

式中，$\sigma_{z_0}^2 = E\{|z(k)|^2\}$ 表示第1级波束形成器的输出功率；$\boldsymbol{a}_1$ 是阵列响应矩阵 $\mathbf{A}$ 的第1列，它与信号源 $s_1(k)$ 的方向向量对应。

有效阵列响应 $\mathbf{A}_e$ 的秩等于 $L-1$，且

$$\mathbf{A}_e = [0, \boldsymbol{a}_2 - \beta_{1,2}\boldsymbol{a}_1, \cdots, \boldsymbol{a}_L - \beta_{1,L}\boldsymbol{a}_1] \tag{7-7-37}$$

式中，$\beta_{i,j} = (\boldsymbol{a}_i^H \boldsymbol{R}_{yy}^{-1} \boldsymbol{a}_j)/(\boldsymbol{a}_i^H \boldsymbol{R}_{yy}^{-1} \boldsymbol{a}_i)$，矩阵 $\mathbf{A}_e$ 的第1列为零向量。这表明，对消器准确地除去了被捕获的信号源 $s_1(k)$。

7.7.5　输出信干噪比和信噪比

当恒模阵列收敛时，其输出由 $z(k) = (\boldsymbol{w}^{\text{opt}})^H \boldsymbol{y}(k)$ 给出。将最佳权向量 $(\boldsymbol{w}^{\text{opt}})^H$ 和观测信号 $\boldsymbol{y}(k)$ 代入，恒模阵列的输出可以重写为

$$z(k) = \sigma_{s_i}^2 \boldsymbol{a}_i^H \boldsymbol{R}_{yy}^{-1} \boldsymbol{A}\boldsymbol{s}(k) + \sigma_{s_i}^2 \boldsymbol{a}_i^H \boldsymbol{R}_{yy}^{-1} \boldsymbol{n}(k) \tag{7-7-38}$$

把阵列响应矩阵写为 $\boldsymbol{A} = [\boldsymbol{a}_1, \cdots, \boldsymbol{a}_L]$，并令 $\alpha_{i,j} = \boldsymbol{a}_i^H \boldsymbol{R}_{yy}^{-1} \boldsymbol{a}_j$，于是式(7-8-38)可写为

$$\begin{aligned} z(k) &= \sigma_{s_i}^2 \sum_{j=1}^{L} \alpha_{i,j} s_j(k) + \sigma_{s_i}^2 \boldsymbol{a}_i^H \boldsymbol{R}_{yy}^{-1} \boldsymbol{n}(k) \\ &= \sigma_{s_i}^2 \alpha_{i,i} s_i(k) + \sigma_{s_i}^2 \sum_{j=1, j\neq i}^{L} \alpha_{i,j} s_j(k) + \sigma_{s_i}^2 \boldsymbol{a}_i^H \boldsymbol{R}_{yy}^{-1} \boldsymbol{n}(k) \\ &= \bar{s}(k) + i(k) + \bar{n}(k) \end{aligned} \tag{7-7-39}$$

式中，$\bar{s}(k)$ 为恒模阵列输出端被捕获的源信号（与期望信号相差一常数因子）；$i(k)$ 表示同信道干扰；$\bar{n}(k)$ 为噪声项。

当信源和噪声不相关时，输出信干噪比 SINR_{out} 定义为

$$\text{SINR}_{\text{out}} = \frac{E\{|\bar{s}(k)|^2\}}{E\{|i(k)|^2\} + E\{|\bar{n}(k)|^2\}} \tag{7-7-40}$$

将式(7-7-39)代入式(7-7-40)，并消去公共的 $\sigma_{s_i}^2$，得

$$\text{SINR}_{\text{out}} = \frac{\sigma_{s_i}^2 \alpha_{i,j}^2}{\sum\limits_{j=1, j\neq i}^{L} |\alpha_{i,j}|^2 \sigma_{s_j}^2 + \sigma_n^2 \boldsymbol{a}_i^H \boldsymbol{R}_{yy}^{-2} \boldsymbol{\alpha}_i} \tag{7-7-41}$$

忽略式(7-7-40)分母中的同信道干扰项，则输出信噪比为

$$\text{SNR}_{\text{out}} = \frac{\sigma_{s_i}^2}{\sigma_n^2} \cdot \frac{\boldsymbol{\alpha}_{i,i}^2}{\alpha_i^H \boldsymbol{R}_{yy}^{-2} \boldsymbol{a}_i} = SNR_{\text{in}} \frac{(\boldsymbol{a}_i^H \boldsymbol{R}_{yy}^{-1} \boldsymbol{a}_i)^2}{\boldsymbol{\alpha}_i^H \boldsymbol{R}_{yy}^{-2} \boldsymbol{a}_i} \tag{7-7-42}$$

7.8 近场线性约束最小方差自适应频率不变波束形成

传统的线性约束最小方差波束形成算法是使阵列天线方向图的主瓣指向期望信号方向，而且使其零陷对准干扰信号方向，以提高阵列输出所需信号的强度并减小干扰信号的强度，从而提高阵列的输出性能[98,99]。然而，该算法主要是用来设计窄带天线波束形成算法权向量的，不适合设计麦克风阵列宽带波束形成算法权向量。如果用传统的线性约束最小方差波束形成算法来处理麦克风阵列宽带波束形成问题，会造成波束形成所得到的波束主瓣随频率的不同而发生畸变，也就是说，不同频率的波束形状是不一样的，不具有宽带频率不变性。为了实现宽带频率不变波束形成，研究人员利用二阶锥规划算法可用来实现麦克风均匀线性阵列的远场宽带频率不变波束形成[100−102]，但权向量的求解没有闭式解，获得优化权向量所需迭代的次数多、计算量大。对于远场，麦克风阵列接收的单源声波是平面波；对于近场，麦克风阵列接收的单源声波是球面波。如果用远场宽带波束形成方法[103−109]来处理近场波束形成问题会带来严重的波束性能损失，这是必须避免的。因此，很有必要研究近场条件下球面声波的宽带频率不变波束形成问题。

为此，本节提出了近场线性约束最小方差自适应加权频率不变波束形成算法。该算法首先是在近场球面波的模型下采用线性约束最小方差准则来设计宽带波束形器；然后通过对麦克风阵列空间响应函数在指定的宽带频段和位置范围施加约束，以控制近场阵列响应的频率不变特性。

7.8.1 问题描述

1. 阵列模型

考虑由 M 个相同全向性麦克风组成的宽带线性阵列，近场宽带自适应波束形成器结构如图7-25所示，其中每个麦克风通道的抽头长度为 L，z^{-1} 表示延时一个单位；k 表示时间序列，则图 7-25 中麦克风阵列的接收信号 $\boldsymbol{x}(k)$ 经过宽带自适应波束形成算法处理得到的输出信号 $\boldsymbol{y}(k)$ 为

$$\boldsymbol{y}(k)=\boldsymbol{w}^{H}\boldsymbol{x}(k) \tag{7-8-1}$$

式中，

$$\boldsymbol{x}(k)=[x_{11}(k),\cdots,x_{M1}(k),\cdots,x_{1L}(k),\cdots,x_{ML}(k)]^{\mathrm{T}} \tag{7-8-2}$$

$$\boldsymbol{w}(k)=[\boldsymbol{w}_{11}(k),\cdots,\boldsymbol{w}_{M1}(k),\cdots,\boldsymbol{w}_{1L}(k),\cdots,\boldsymbol{w}_{ML}(k)]^{\mathrm{T}} \tag{7-8-3}$$

式中，$(\cdot)^{\mathrm{T}}$ 代表矩阵转置；$(\cdot)^{H}$ 表示复数共轭；$\boldsymbol{x}(k)$ 为 $ML\times 1$ 维数的阵列接收信号；$\boldsymbol{w}$ 为 $ML\times 1$ 维权向量。近场中场点距离为 r、频率为 f_n 处的阵列响应函数为

$$H(r,f_n)=\sum_{m=1}^{M}\sum_{l=1}^{L}w_{ml}\frac{A_m(r,f_n)}{\|\boldsymbol{r}_m-\boldsymbol{r}_s\|}\mathrm{e}^{(-\mathrm{j}2\pi f_n(\|\boldsymbol{r}_m-\boldsymbol{r}_s\|/c)+(l-1)/f_s)} \tag{7-8-4}$$

式中，$\mathrm{j}=\sqrt{-1}$；f_n 是接收信号的第n 个频率，f_s 是信号的采样频率，c 是空气声速；声源位置

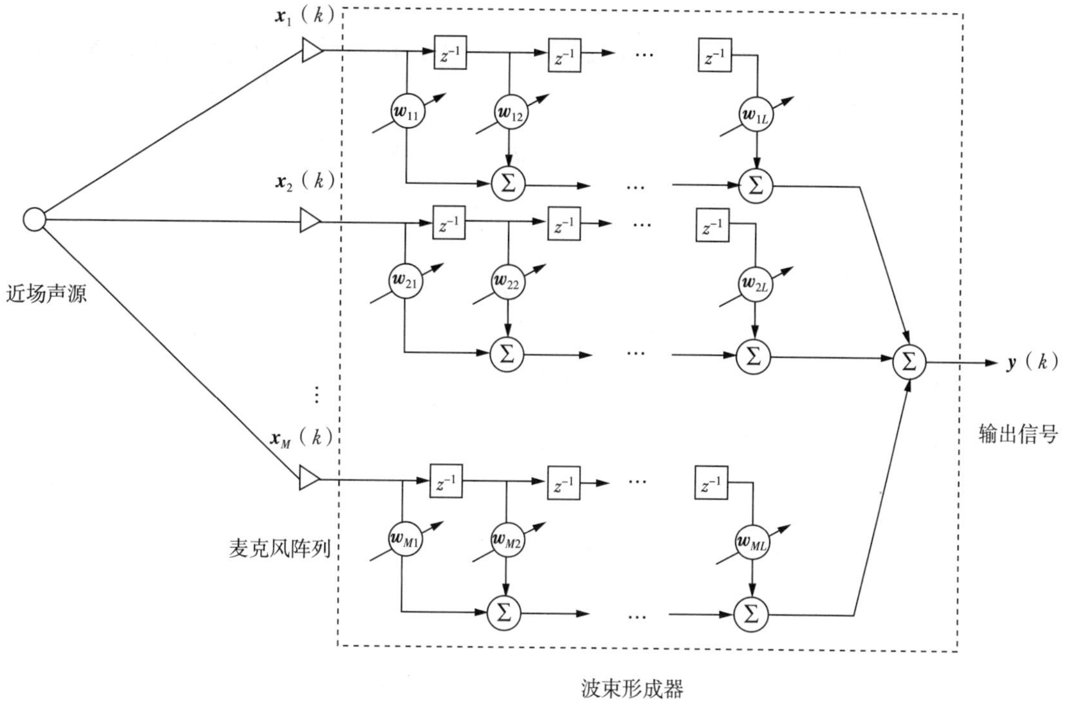

图 7-25 麦克风阵列近场宽带波束形成算法原理

$\boldsymbol{r}_s=(x_s,y_s,z_s)$，第 m 个麦克风的位置向量 $\boldsymbol{r}_m=(x_m,y_m,z_m)$，$\|\boldsymbol{r}_m-\boldsymbol{r}_s\|/c$ 表示信号到达第 m 个麦克风的时间延迟，$A_m(r,f_n)$ 是麦克风阵元的特性函数；$\|\cdot\|$ 表示欧几里得范数，$H(r,f_n)$ 的向量式为

$$\boldsymbol{H}(r,f_n)=\boldsymbol{w}^{\mathrm{T}}\boldsymbol{d}_n(r,f_n) \tag{7-8-5}$$

$$\boldsymbol{d}_n(r,f_n)=\boldsymbol{a}(r,f_n)\otimes\boldsymbol{D}_0(f_n) \tag{7-8-6}$$

式中，$\otimes$ 表示笛卡尔乘积，且

$$\boldsymbol{a}(r,f_n)=[a_1(r,f_n),a_2(r,f_n),\cdots,a_M(r,f_n)]^{\mathrm{T}} \tag{7-8-7}$$

$$a_m(r,f_n)=\frac{A_m(r,f_n)}{\|\boldsymbol{r}_m-\boldsymbol{r}_s\|}\exp(-j2\pi f_n\|\boldsymbol{r}_m-\boldsymbol{r}_s\|/c) \tag{7-8-8}$$

$$\boldsymbol{D}_0(f_n)=[1,\mathrm{e}^{-\mathrm{j}2\pi f_n/f_s},\cdots,\mathrm{e}^{-\mathrm{j}2\pi f_n(L-1)/f_s}]^{\mathrm{T}} \tag{7-8-9}$$

式中，$a_m(r,f_n)$ 为频率 f_n 时场点距离 r 处到第 m 个麦克风的球面波空时二维导向函数；$\boldsymbol{d}_n(r,f_n)$ 表示近场中场点距离为 r、频率为 f_n 时的麦克风阵列响应向量，$\boldsymbol{a}(r,f_n)$ 表示近场中场点距离为 r、频率为 f_n 时的空时二维导向向量，$\boldsymbol{D}_0(f_n)$ 表示频率为 f_n 时麦克风阵列的延迟函数向量；f_s 是采样频率。

2. 近场线性约束最小方差自适应波束形成

近场线性约束最小方差自适应波束形成问题可以表示为

$$\min_{w} n^{H}\boldsymbol{R}_{xx}\boldsymbol{w}\ s.t.\ \boldsymbol{C}^{H}\boldsymbol{w}=\boldsymbol{F} \tag{7-8-10}$$

式中，min 表示取最小值；$s.t.$ 表示约束条件，$\boldsymbol{R}_{xx}=E[\boldsymbol{x}(k)\boldsymbol{x}^{\mathrm{T}}(k)]$ 为麦克风阵列接收信号 $\boldsymbol{x}(k)$ 的自相关矩阵，$\boldsymbol{C}$ 为 $ML\times N$ 维约束矩阵，且

$$\boldsymbol{C}=[\boldsymbol{d}_0(r,f_0),\boldsymbol{d}_1(r,f_1),\cdots,\boldsymbol{d}_n(r,f_n),\cdots,\boldsymbol{d}_{N-1}(r,f_{N-1})] \tag{7-8-11}$$

$\boldsymbol{F}$ 为 $N\times 1$ 维约束值向量，且

$$\boldsymbol{F}=[\mathrm{e}^{-\mathrm{j}\pi f_0(L-1)/f_s},\cdots,\mathrm{e}^{-\mathrm{j}\pi f_n(L-1)/f_s},\cdots,\mathrm{e}^{-\mathrm{j}\pi f_{N-1}(L-1)/f_s}] \tag{7-8-12}$$

根据式(7-8-10)，将近场线性约束最小方差波束形成算法的目标函数定义为

$$L(\boldsymbol{w})=\boldsymbol{w}^{H}\boldsymbol{R}_{xx}\boldsymbol{w}+\lambda(\boldsymbol{C}^{H}\boldsymbol{n}-\boldsymbol{F}) \tag{7-8-13}$$

式中，λ 为拉格朗日乘子向量，是 $1\times N$ 维的；当 $\partial L(\boldsymbol{w})/\partial\boldsymbol{w}=0$ 时，得到近场线性约束最小方差波束形成算法的最佳权向量为

$$\boldsymbol{w}^{\mathrm{opt}}=\boldsymbol{R}_{xx}^{-1}\boldsymbol{C}(\boldsymbol{C}^{H}\boldsymbol{R}_{xx}^{-1}\boldsymbol{C})^{-1}\boldsymbol{F} \tag{7-8-14}$$

式中，$\boldsymbol{R}_{xx}^{-1}$ 表示 $\boldsymbol{R}_{xx}$ 的逆矩阵。

3. 空间响应偏差函数模型

麦克风阵列接收的信号是宽带语音信号，宽带语音信号的无失真传输尤其重要。为了实现宽带语音信号的无失真传输、具有宽带频率不变性，本节将空间响应偏差函数 SRV (spatial response variation) 引入近场线性约束最小方差波束形成算法中。空间响应偏差函数定义为

$$\mathrm{SRV}=\sum_{\Omega_n\in\Omega}\sum_{r_q\in r_{FI}}|\boldsymbol{w}^{H}\boldsymbol{d}_n(r_q,\Omega_n)-\boldsymbol{w}^{H}\boldsymbol{d}(r_q,\Omega_{\mathrm{ref}})|^2 \tag{7-8-15}$$

式中，$0\leqslant q\leqslant Q-1$，$Q$ 表示近场中选取的场点数；$\Omega_n=f_n/f_s$ 为归一化的第 n 个频率，Ω_{ref} 表示参考频率；r_q 是近场中第 q 个场点到坐标原点的距离，称为场点距离；r_{FI} 表示频率不变的空间位置范围；SRV 是表示近场中场点距离为 r_q、归一化频率为 Ω_n 时的阵列响应向量 $\boldsymbol{d}_n(r_q,\Omega_n)$ 与近场中场点距离为 r_q、参考频率为 Ω_{ref} 时的参考阵列响应向量 $\boldsymbol{d}(r_q,\Omega_n)$ 间偏差向量的平方；当波束形成具有频率不变的空时二维响应时，SRV 为零，此时信号能够无失真输出。

在通带内，式(7-8-15) 所示的空间响应偏差函数为

$$\mathrm{SRV}_P=\sum_{\Omega_n\in\Omega}\sum_{r_q\in r_P}|\boldsymbol{w}^{H}\boldsymbol{d}_n(r_q,\Omega_n)-\boldsymbol{w}^{H}\boldsymbol{d}(r_q,\Omega_{\mathrm{ref}})|^2 \tag{7-8-16}$$

式中，r_p 为通带内场点位置范围。SRV_P 的二次项函数形式为

$$\mathrm{SRV}_P=\boldsymbol{w}^{H}\boldsymbol{R}_P\boldsymbol{w} \tag{7-8-17}$$

式中，$\boldsymbol{R}_P$ 为距离为 r_q、归一化频率为 Ω_n 时的阵列响应向量 $\boldsymbol{d}_n(r_q,\Omega_n)$ 与距离为 r_q、参考频率为 Ω_{ref} 时的参考阵列响应向量 $\boldsymbol{d}(r_q,\Omega_n)$ 间偏差向量的矩阵，即

$$\boldsymbol{R}_P=(\boldsymbol{d}(r_q,\Omega_n)-\boldsymbol{d}(r_q,\Omega_{\text{ref}}))^H(\boldsymbol{d}(r_q,\Omega_n)-\boldsymbol{d}(r_q,\Omega_{\text{ref}})) \tag{7-8-18}$$

在阻带内，式(7－8－15)所示的空间响应偏差函数为

$$\text{SRV}_S=\sum_{r_q\in r_{Stop}}\left|\boldsymbol{w}^H\boldsymbol{d}(r_q,\Omega_{\text{ref}})\right|^2 \tag{7-8-19}$$

SRV_S 的二次项函数形式为

$$\text{SRV}_S=\boldsymbol{w}^H\boldsymbol{R}_S\boldsymbol{w} \tag{7-8-20}$$

式中，$\boldsymbol{R}_S$ 是场点距离为 r_q、参考频率 Ω_{ref} 时的参考阵列响应向量 $\boldsymbol{d}(r_q,\Omega_{\text{ref}})$ 的矩阵，且

$$\boldsymbol{R}_S=\boldsymbol{d}^H(r_q,\Omega_{\text{ref}})\boldsymbol{d}(r_q,\Omega_{\text{ref}}) \tag{7-8-21}$$

由式(7－8－17)和式(7－8－20)，将全频带空间响应偏差函数的二项函数形式为

$$\text{SRV}=\boldsymbol{w}^H\boldsymbol{R}_{PS}\boldsymbol{w} \tag{7-8-22}$$

式中，$\boldsymbol{R}_{PS}$ 是阵列空间响应偏差函数的平衡矩阵，且

$$\boldsymbol{R}_{PS}=(1-\beta)\boldsymbol{R}_P+\beta\boldsymbol{R}_S \tag{7-8-23}$$

式中，$0<\beta<1$。

7.8.2　加权频率不变波束形成算法

将空间响应偏差函数式(7－8－17)和式(7－8－20)引入近场线性约束最小方差波束形成问题式(7－8－10)中，得到的近场线性约束最小方差频率不变波束形成问题为

$$\min_{\boldsymbol{n}} n^H(\boldsymbol{R}_{xx}+\alpha\boldsymbol{R}_{PS})\boldsymbol{w}\ s.t.\ \boldsymbol{C}^H\boldsymbol{w}=\boldsymbol{F} \tag{7-8-24}$$

由式(7－8－24)，将近场线性约束最小方差加权频率不变波束形成算法的目标函数定义为

$$L_W(\boldsymbol{n})=\boldsymbol{w}^H(\boldsymbol{R}_{xx}+\alpha\boldsymbol{R}_{PS})\boldsymbol{w}+\lambda(\boldsymbol{C}^H\boldsymbol{w}-\boldsymbol{F}) \tag{7-8-25}$$

式中，α 是矩阵加权系数，是正常数；当 $\partial L_W(\boldsymbol{w})/\partial\boldsymbol{w}=0$ 时，得近场线性约束最小方差加权频率不变波束形成算法的最优权向量为

$$\boldsymbol{w}_2^{\text{opt}}=(\boldsymbol{R}_{xx}+\alpha\boldsymbol{R}_{PS})^{-1}\boldsymbol{C}(\boldsymbol{C}^H(\boldsymbol{R}_{xx}+\alpha\boldsymbol{R}_{PS})^{-1}\boldsymbol{C})^{-1}\boldsymbol{F} \tag{7-8-26}$$

7.8.3　自适应加权频率不变波束形成算法

在近场线性约束最小方差加权频率不变波束形成算法中，式(7－8－24)至式(7－8－26)中的 α 是正常数，为固定值，无自适应性，不能随空间位置和频率的变化而自动调整，环境适应性仍较差。为了克服这一不足，将矩阵加权系数 α 修改为随近场中场点距离为 r_q、频率为 Ω_n 变化的动态权系数 $\alpha(r_q,\Omega_n)$，这样得到的近场线性约束最小方差自适应加权频率不变波束形成算法的目标函数为

$$L_{AW}(\boldsymbol{w})=\boldsymbol{w}^H(\boldsymbol{R}_{xx}+\alpha(r_q,\Omega_n)\boldsymbol{R}_{PS})\boldsymbol{w}+\lambda(\boldsymbol{C}^H\boldsymbol{w}-\boldsymbol{F}) \tag{7-8-27}$$

式中，动态权系数 $\alpha(r_q,\Omega_n)$ 的更新公式为

$$\alpha^{i+1}(r_q,\Omega_n)=\max\{G_s\times[\sum_{\Omega_n}\sum_{r_q}|\boldsymbol{w}^{(i)H}\boldsymbol{d}_n(r_q,\Omega_n)-\boldsymbol{w}^{(i)H}\boldsymbol{d}(r_q,\Omega_{\text{ref}})|^2-SE_{\min}^{(i)}]+\alpha^{(i)}(r_q,\Omega_n),0\} \quad (7-8-28)$$

式中，max 表示取最大值；G_5 为空间响应函数的迭代增益；$\boldsymbol{w}^{(i)}$ 为第 i 次迭代的权向量，$SE_{\min}^{(i)}=\min\{\sum_{r_q\in r_{stop}}|\boldsymbol{w}^{(i)H}\boldsymbol{d}(r_k,\Omega_n)|^2\}$ 为全频带范围内不同空间位置中最小的频谱能量，其中 r_{stop} 为阻带区域的位置范围。

通过式(7-8-28)能获得动态权系数 N 的最优值 α^{opt} 并由 $\partial L_W(\boldsymbol{n})/\partial\boldsymbol{n}=0$，得近场线性约束最小方差自适应加权宽带频率不变波束形成算法的最优权矢量为

$$\boldsymbol{w}^{\text{opt}}=(\boldsymbol{R}_{xx}+\alpha^{\text{opt}}\boldsymbol{R}_{PS})^{-1}\boldsymbol{C}(\boldsymbol{C}^H(\boldsymbol{R}_{xx}+\alpha^{\text{opt}}\boldsymbol{R}_{PS})^{-1}\boldsymbol{C})^{-1}\boldsymbol{F} \quad (7-8-29)$$

与目前文献中已有的频率不变波束形成算法相比，本节所提出方法的优点有以下几点。

(1) 充分考虑了麦克风阵列近场球面波的数学模型；

(2) 对阵列的结构没有限制，适用于任意结构的麦克风阵列；

(3) 在代价函数中的期望响应选择上没有采用通常的近场期望响应值，而是将近场参考频率、参考位置上的阵列响应作为其期望响应，获得了良好的近场宽带频率不变性。

7.8.4 实验与结果分析

图 7-26 为麦克风的均匀线阵区域示意图，麦克风个数 $M=7$，麦克风间距 $d=5$ cm，且线阵中心位置为坐标原点，7 个麦克风的位置坐标分别为(−0.15,0,0)m，(−0.1,0,0)m，(−0.05,0,0)m，(0,0,0)m，(0.05,0,0)m，(0.1,0,0)m，(0.15,0,0)m。麦克风阵元的特性函数 $A_m(r,f)=1$；声源位置坐标为(0,1,0)m；声速 $c=340$ m/s；频率范围为[300,3600] Hz，采样频率 $f_s=8000$ Hz；每个麦克风通道的权系数个数 $L=20$；噪声方差和干扰方差均为 0.01。

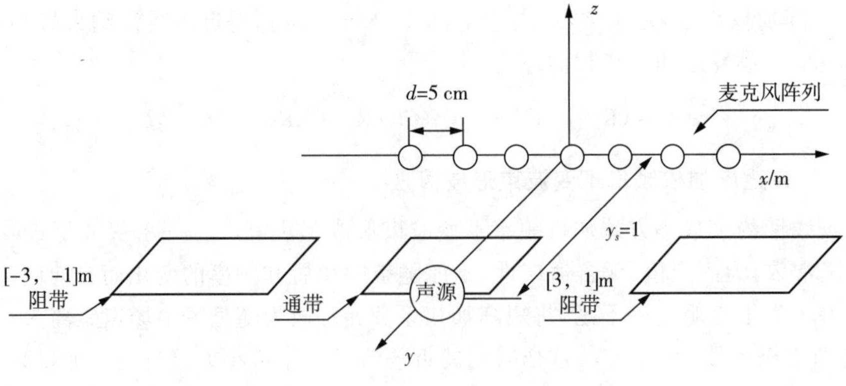

图 7-26 麦克风均匀线阵区域示意

通带范围：$\{(r,f)\mid -0.5\leqslant r\leqslant 0.5, 300\leqslant f\leqslant 3600\}$；

阻带范围：$\{(r,f)\mid -3\leqslant r\leqslant -1, 0\leqslant f\leqslant 4000\}\{(r,f)\mid 1\leqslant r\leqslant 3, 0\leqslant f\leqslant 4000\}$；

式中，f 的单位是 Hz，r 的单位是 m。

图 7-27 是近场线性约束最小方差波束形成算法的阵列响应。图 7-27 表明，近场线性约束最小方差波束形成算法在低频时的空域滤波效果最差，而在高频时主瓣相对较窄，具有良好的空域滤波性能。图 7-27(a) 表明，在不同空间距离范围内不同频率的阵列响应幅度衰减程度是不同的；图 7-27(b) 表明，在阻带内阵列响应的幅度很大、对期望信号的干扰很强，零陷深度约为 −55 dB。

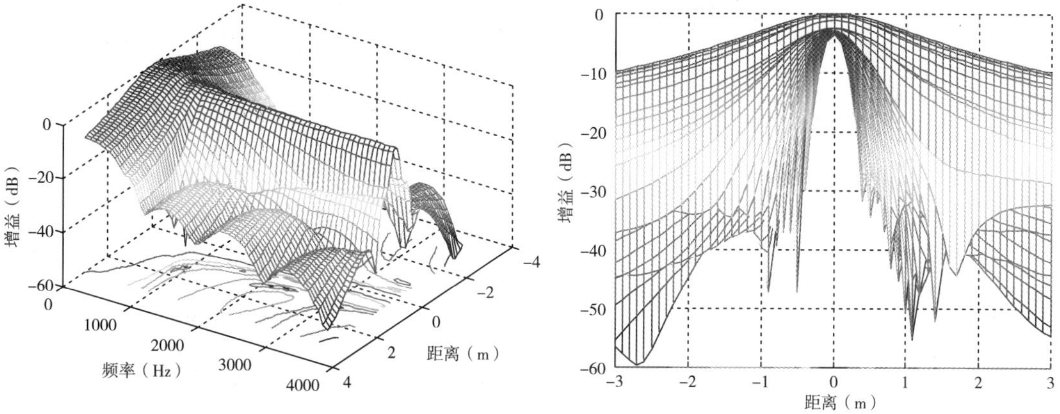

（a）三维图　　（b）侧视图

图 7-27　近场线性约束最小方差波束形成算法的阵列响应

图 7-28 是近场线性约束最小方差频率不变波束形成算法的阵列响应。与图 7-27 相比，图 7-28 所示的近场线性约束最小方差频率不变波束形成算法的空域滤波效果好于近场线性约束最小方差波束形成算法：在整个频率范围内的阵列响应保持了良好的不变性；而且阻带范围内，阵列响应的增益小于 −30 dB，零陷最大深度约为 −70 dB。

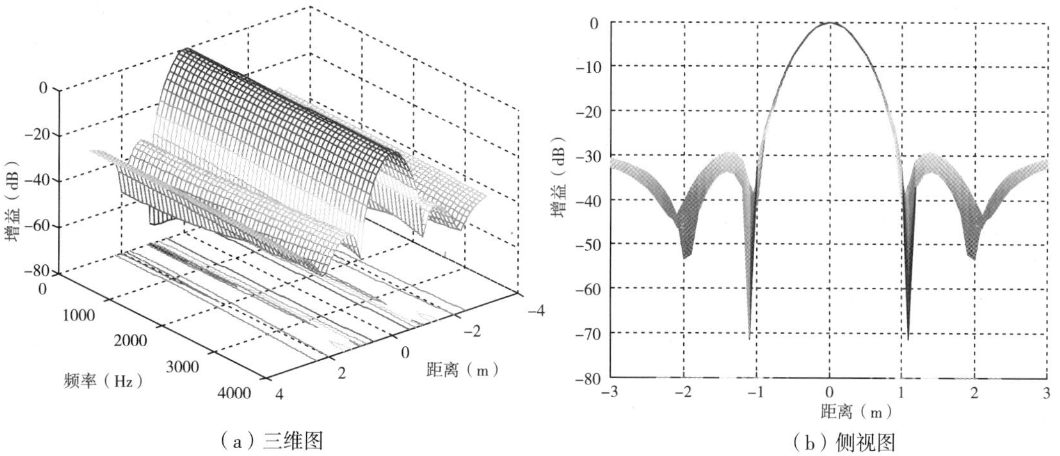

（a）三维图　　（b）侧视图

图 7-28　近场线性约束最小方差频率不变波束形成算法的阵列响应

图 7-29 是本节近场线性约束最小方差自适应加权频率不变波束形成算法的阵列响

应。与图 7-28 相比，图 7-29 表明了本节算法的空域滤波效果好于近场线性约束最小方差频率不变波束形成算法：在整个频率范围内的阵列响应保持了很好的不变性；而且阻带范围内，阵列响应的增益小于 −32 dB，零陷最大深度约为 −80 dB。可见，本节算法的性能最优。

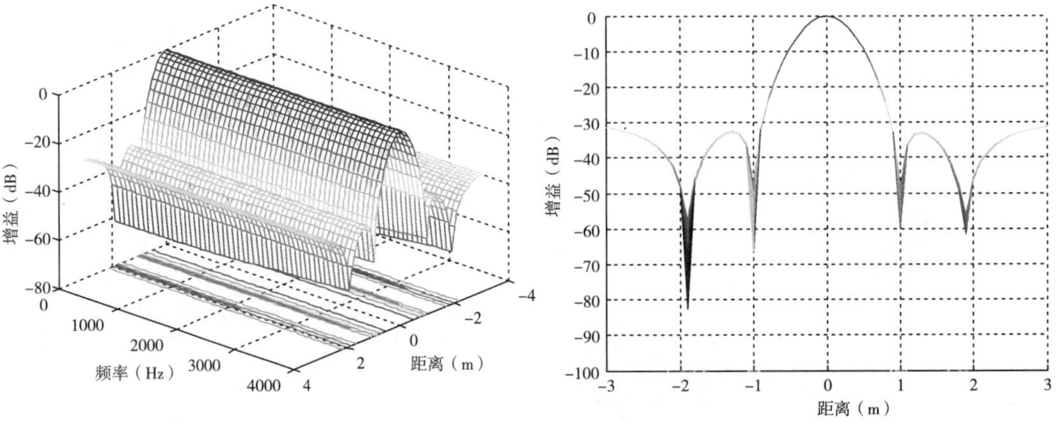

（a）三维图　　　　（b）侧视图

图 7-29　本节近场线性约束最小方差自适应加权频率不变波束形成算法的阵列响应

本节提出了一种基于空间响应函数的线性约束最小方差的近场频率不变波束形成算法。理论和仿真结果表明，该算法是有效的，同时与目前已有的 FIB 算法比较，具有以下优点：考虑到麦克风阵列接收到的信号是近场球面波信号；适用于任意几何结构的阵列；具有闭式解，无须迭代运算，不存在收敛性等问题，算法的复杂度低。

7.9　基于混响环境下麦克风阵列分频波束形成算法

波束成形技术已经在语音通信系统、电话会议、语音识别和助听器等方面有着广泛应用[110]。波束成形器作为空间滤波器，从由一组麦克风接收的混合信号中提取目标信号。目前，波束形成器有固定波束形成、最小方差无失真响应（minimum variance distortionless response，MVDR）等[111] 经典的宽带波束形成器[112]，存在阵列响应频率不变性较差、主瓣宽度因频率增大而减小、信号畸变等现象。最小二乘算法[113]、凸优化算法[114]、特殊阵列结构算法[115]、空间响应约束算法[116] 等虽然改善了频率不变性，但是在混响环境下[117-122] 并不能满足要求。

为了解决上述问题，本节从空域滤波角度出发将自由场推广到混响场，房间脉冲响应（room impulse responses，RIRs）作为一个参量被引入推导中，使用麦克风阵列线性约束最小方差波束形成算法（linear constrained minimum variance beamformer，LCMV）并由拉格朗日乘子法计算权向量，从混响语音中分离语音直达信号。

7.9.1　麦克风阵列波束形成算法

1. 混响环境下的麦克风阵列模型

考虑由 N 个相同的全向性麦克风组成均匀线阵，有 M 个语音信号（$N>M$），位置为 r_m，

$m=0,1,\cdots,M-1$，其中目标语音信号位置为 r_0，其他位置为干扰信号。假设在封闭的室内环境下，第 n 个麦克风接收到的信号为

$$x_n(t)=\sum_{m=0}^{M-1}\sum_{l=0}^{L-1}H_{nm,l}s_m(t)+v_n(t), \tag{7-9-1}$$

式中，$H_{nm,l}$ 是第 m 个语音到第 n 个麦克风、长度为 l 的房间冲激响应，且 $n=0,1,\cdots,N-1$；$l=0,\cdots,L-1$。由于语音信号的动态非平稳特性，因此对式(7-9-1)进行短时傅里叶变换，得

$$x_n(\omega,k)=\sum_{m=0}^{M-1}\sum_{l=0}^{L-1}H_{nm,l}s_m(\omega,k)+v_n(\omega,k) \tag{7-9-2}$$

式中，$s_m(\omega,k)$ 和 $v_n(\omega,k)$ 分别表示 $s_m(t)$，$v_n(t)$ 所对应的第 k 帧信号短时谱，用矩阵表示为

$$\boldsymbol{x}(\omega)=\boldsymbol{Hs}(\omega)+\boldsymbol{v}(\omega) \tag{7-9-3}$$

式中，

$$\boldsymbol{H}=\begin{bmatrix} h_{0m,0} & h_{0m,1} & \cdots & h_{0m,L-1} \\ h_{1m,0} & h_{1m,1} & \cdots & h_{1m,L-1} \\ \vdots & \vdots & \cdots & \vdots \\ h_{(N-1)m,0} & h_{(N-1)m,1} & \cdots & h_{(N-1)m,L-1} \end{bmatrix} \tag{7-9-4}$$

$$\boldsymbol{x}(\omega)=[x_0(\omega),\cdots,x_n(\omega),\cdots x_{N-1}(\omega)] \tag{7-9-5}$$

$$\boldsymbol{s}(\omega)=[s_0(\omega),\cdots,s_m(\omega),\cdots s_{M-1}(\omega)] \tag{7-9-6}$$

$$\boldsymbol{v}(\omega)=[v_0(\omega),\cdots,v_n(\omega),\cdots v_{N-1}(\omega)] \tag{7-9-7}$$

麦克风阵列波束形成器输出信号为

$$Y(\omega)=\sum_{n=1}^{N}W_n(\omega)x_n(\omega)=\boldsymbol{W}^H(\omega)\boldsymbol{x}(\omega) \tag{7-9-8}$$

式中，

$$W_n(\omega)=w_n^{\mathrm{T}}d_0(\omega) \tag{7-9-9}$$

$$\boldsymbol{d}_0(\omega)=[\mathrm{e}^{(-j\omega/f_s)(-\tau_L)},\mathrm{e}^{(-j\omega/f_s)(1-\tau_L)},\cdots\mathrm{e}^{(-j\omega/f_s)(L-1-\tau_L)}]^{\mathrm{T}} \tag{7-9-10}$$

根据第 n 个麦克风所接收的语音信号 $x_n(\omega)$，麦克风阵列波束形成器输出为

$$\begin{aligned} Y(\omega)&=\sum_{n=0}^{N-1}W_n(\omega)x_n(\omega)=\sum_{n=0}^{N-1}\sum_{m=0}^{M-1}\sum_{l=0}^{L-1}W_n(\omega)(H_{nm,l}s_m(\omega)+v_n(\omega)) \\ &=\sum_{n=0}^{N-1}\sum_{m=0}^{M-1}\sum_{l=0}^{L-1}W_n(\omega)H_{nm,l}s_m(\omega)+\sum_{n=0}^{N-1}W_n(\omega)v_n(\omega) \end{aligned} \tag{7-9-11}$$

式中，第一部分为重建感兴趣的目标语音信号，第二部分是抑制干扰和噪声。

2. 混响环境下基于维纳滤波的 LCMV 波束形成算法

在封闭环境内，麦克风阵列采集到的语音信号不仅仅包含直达路径传播的信号，而且包含由于房间反射而产生的延迟衰减信号，这种多径传播效应在接收信号中引入导致谱失真，称为混响。

本节对麦克风阵列接收到的信号进行分帧加窗的短时傅里叶变换之后，计算接收信号的自功率谱和互功率谱，由这些短时功率谱估计得到维纳滤波系数，最后将接收到的麦克风阵列信号输入各个通道维纳滤波器中进行频域处理，如图 7-30 所示。由维纳滤波器理论可知，最佳滤波器系数[17] $W_1(\omega_i)$ 为

$$W_1(\omega_i)=\frac{G_{ss}(\omega_i)}{G_{xx}(\omega_i)}, \tag{7-9-12}$$

式中，$G_{ss}(\omega_i)$ 为目标语音信号的功率谱，$G_{xx}(\omega_i)$ 为麦克风阵列接收信号的功率谱，$i=0,1,\cdots,I-1$；且

$$G_{xx}(\omega_i)=\frac{1}{N}\sum_{n=0}^{N-1}|x_n(\omega_i,k)|^2 \tag{7-9-13}$$

$$G_{ss}(\omega_i)=\frac{1}{N}\sum_{n=0}^{N-1}|s_n(\omega,k)|^2 \tag{7-9-14}$$

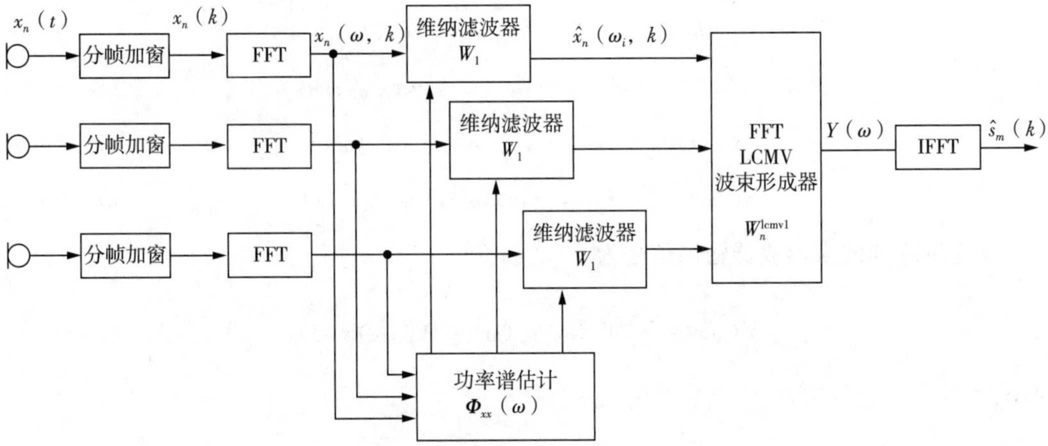

图 7-30　基于全频维纳滤波器的 LCMV 波束形成结构

在麦克风阵列各个通道信号经过维纳滤波器输出增强信号 $\hat{x}_n(\omega_i,k)=W_1(\omega_i)x_n(\omega,k)$，这时各个通道内的混响得到一定程度的衰减，为了达到在室内干扰抑制和降噪的理想性能，则波束形成器全频带响应应满足的条件为

$$\sum_{n=0}^{N-1}\sum_{l=0}^{L-1}W_n^{\mathrm{lcmv}}(\omega)H_{0n,l}=H_D(\omega) \tag{7-9-15}$$

$$\sum_{n=0}^{N-1}\sum_{l=0}^{L-1}W_n^{\mathrm{lcmv}}(\omega)H_{nm,l}=0 \tag{7-9-16}$$

$$\sum_{n=0}^{N-1} W_n^{\mathrm{lcmv}}(\omega) v_n(\omega) = 0 \tag{7-9-17}$$

因此，波束形成器输出转换为最优权向量 $\boldsymbol{W}_n^{\mathrm{lcmv,opt}}(\omega)$ 的求解。其中，$H_D(\omega)$ 表示从目标语音信号点到波束形成器输出的参考点的直达路径传递函数。在线性约束最小方差波束形成算法(LCMV)中，频率响应权向量 $\boldsymbol{W}_n^{\mathrm{lcmv}}(\omega)$ 能够根据麦克风阵列测量的信号统计调节，则麦克风阵列接收信号的功率谱 $\boldsymbol{G}_{\hat{x}\hat{x}}(\omega)$ 为

$$\boldsymbol{G}_{\hat{x}\hat{x}}(\omega) = \boldsymbol{H}^d G_{s^d s^d} (\boldsymbol{H}^d)^H + H^i \boldsymbol{G}_{s^i s^i} (\boldsymbol{H}^i)^H + \boldsymbol{H}^n \boldsymbol{G}_{s^n s^n} (\boldsymbol{H}^n)^H + \boldsymbol{G}_{nn} \tag{7-9-18}$$

式中，$\boldsymbol{G}_{s^d s^d}$ 为目标语音信号的功率谱，$\boldsymbol{G}_{s^i s^i}$ 为干扰信号的功率谱，$\boldsymbol{G}_{s^n s^n}$ 为噪声信号的功率谱，$\boldsymbol{G}_{nn}$ 为高斯白噪声的功率谱；令 $\boldsymbol{W}(\omega) = \boldsymbol{W}_n^{\mathrm{lcmv}}(\omega)$，根据 LCMV 准则得最小输出功率为

$$E\{|\boldsymbol{Y}(\omega)|^2\} = \{\boldsymbol{W}^H(\omega)\hat{\boldsymbol{x}}\hat{\boldsymbol{x}}^H\boldsymbol{W}(\omega)\} = \boldsymbol{W}^H(\omega)\boldsymbol{G}_{\hat{x}\hat{x}}(\omega)\boldsymbol{W}(\omega) \tag{7-9-19}$$

式中，$\boldsymbol{G}_{\hat{x}\hat{x}}(\omega)$ 是麦克风阵列接收信号的功率谱密度。将室内环境下的干扰抑制作为约束条件，则在 LCMV 波束成形器设计的问题描述为

$$\begin{aligned} &\min_{\boldsymbol{W}(\omega)\in C^M} \quad W^H(\omega)\boldsymbol{G}_{\hat{x}\hat{x}}(\omega)\boldsymbol{W}(\omega) \\ &s.t. \quad \boldsymbol{C}^H(\omega)\boldsymbol{W}(\omega) = \boldsymbol{H}(\omega) \end{aligned} \tag{7-9-20}$$

式中，目标语音信号响应 $\boldsymbol{C}(\omega) = [\boldsymbol{C}_R(\omega) \quad \boldsymbol{C}_I(\omega)]$，$\boldsymbol{C}_R(\omega)$ 为目标语音信号响应的实部，$\boldsymbol{C}_I(\omega)$ 为目标语音信号响应的虚部；$\boldsymbol{H}(\omega) = [H_D(\omega) \quad 0]^{\mathrm{T}}$ 是响应向量。现采用拉格朗日乘子法，则目标函数为

$$L(\boldsymbol{W}) = \boldsymbol{W}^H(\omega)\boldsymbol{G}_{\hat{x}\hat{x}}(\omega)\boldsymbol{W}(\omega) + \lambda(\boldsymbol{C}^H(\omega)\boldsymbol{W}(\omega) - \boldsymbol{H}(\omega)) \tag{7-9-21}$$

式中，λ 为多维拉格朗日乘子向量；对目标函数求对 $\boldsymbol{W}(\omega)$ 的梯度并令之为零，即 $\dfrac{\partial L(\boldsymbol{W})}{\partial \boldsymbol{W}} = 0$。因此，最佳权向量为

$$(\boldsymbol{W}_n^{\mathrm{lcmv}})^{\mathrm{opt}}(\omega) = (\boldsymbol{G}_{\hat{x}\hat{x}})^{-1}\boldsymbol{C}(\boldsymbol{C}^H(\boldsymbol{G}_{\hat{x}\hat{x}})^{-1}\boldsymbol{C})^{-1}\boldsymbol{H} \tag{7-9-22}$$

7.9.2　基于混响环境下分频维纳滤波器的 LCMV 波束形成算法

由于混响是直达声的时间延迟和能量衰减造成的，因此从频谱上看混响部分的语音信号与直达语音信号是混合在一起的，但是不同频率的语音信号产生的混响是有一定差异的，因此采用分频处理方法对去混响是很有必要的，一种改进的基于分频维纳滤波器的 LCMV 波束形成的结构如图 7－31 所示，则波束形成器分频响应应满足的条件如下：

$$\begin{cases} \displaystyle\sum_{n=0}^{N-1}\sum_{l=0}^{L-1} W_n^{\mathrm{lcmv1}}(\omega) H_{0n,l} = H_{D1}(\omega) \\ \displaystyle\sum_{n=0}^{N-1}\sum_{l=0}^{L-1} W_n^{\mathrm{lcmv2}}(\omega) H_{0n,l} = H_{D2}(\omega) \end{cases} \tag{7-9-23}$$

$$\begin{cases}\sum_{n=0}^{N-1}\sum_{l=0}^{L-1}W_n^{\mathrm{lcmv1}}(\omega)H_{nm,l}=0\\ \sum_{n=0}^{N-1}\sum_{l=0}^{L-1}W_n^{\mathrm{lcmv2}}(\omega)H_{nm,l}=0\end{cases} \tag{7-9-24}$$

$$\begin{cases}\sum_{n=0}^{N-1}W_n^{\mathrm{lcmv1}}(\omega)v_n(\omega)=0\\ \sum_{n=0}^{N-1}W_n^{\mathrm{lcmv2}}(\omega)v_n(\omega)=0\end{cases} \tag{7-9-25}$$

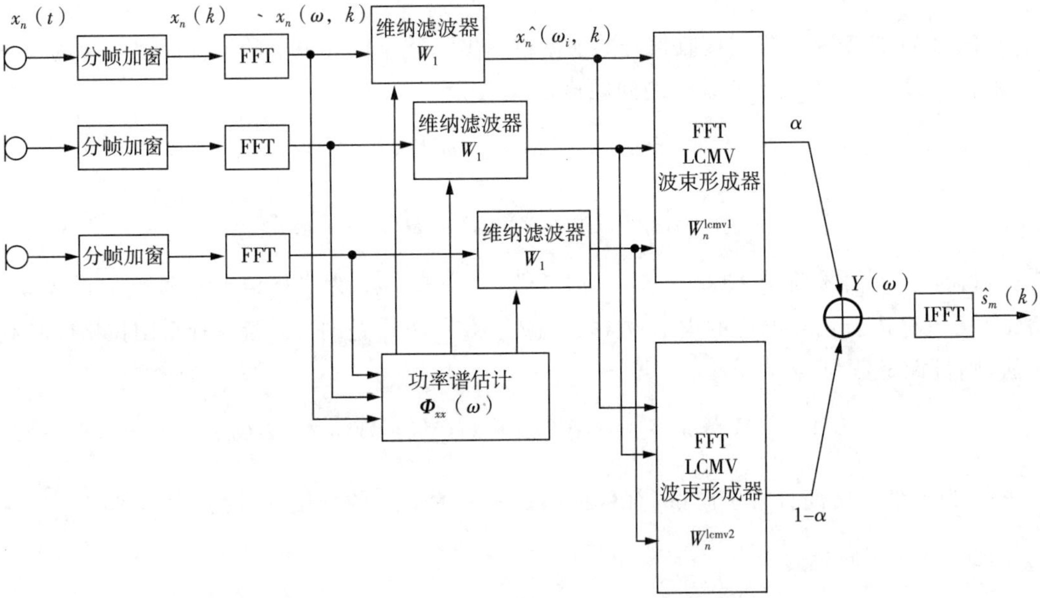

图 7-31　基于分频维纳滤波器的 LCMV 波束形成的结构

式中，根据 LCMV 准则式(7-9-20)～式(7-9-22)，通过维纳滤波器输出语音信号的频域信息分别计算出高频段的$\boldsymbol{W}_n^{\mathrm{lcmv1}}(\omega)$和低频段$\boldsymbol{W}_n^{\mathrm{lcmv2}}(\omega)$最佳权值，即

$$\boldsymbol{W}_n^{\mathrm{lcmv1}}(\omega)=\mathrm{LCMV}(\boldsymbol{x},\boldsymbol{C},\boldsymbol{H}_{D1}) \tag{7-9-26}$$

$$\boldsymbol{W}_n^{\mathrm{lcmv2}}(\omega)=\mathrm{LCMV}(\boldsymbol{x},\boldsymbol{C},\boldsymbol{H}_{D2}) \tag{7-9-27}$$

式中，$\boldsymbol{H}_{D1}$ 为低频传递函数，$\boldsymbol{H}_{D2}$ 为高频传递函数；通过对比全频带的波束形成器的响应，则

$$\boldsymbol{W}_{n,opt}^{\mathrm{lcmv}}(\omega)=\alpha\,\boldsymbol{W}_n^{\mathrm{lcmv1}}(\omega)+(1-\alpha)\,\boldsymbol{W}_n^{\mathrm{lcmv2}}(\omega) \tag{7-9-28}$$

式中，α 是矩阵加权系数，是正常数，由维纳滤波器理论知，最佳滤波器系数[17]$\boldsymbol{W}_1(\omega_i)$，$\boldsymbol{W}_{n,opt}^{\mathrm{lcmv}}(\omega)$ 是 LCMV 分频波束形成的最佳权向量。图 7-31 全频带的处理权值为

$$\boldsymbol{W}^{1\text{opt}}(\omega)=\frac{G_{ss}(\omega_i)}{G_{xx}(\omega_i)}(\boldsymbol{W}_n^{\text{lcmv}})^{\text{opt}}(\omega) \tag{7-9-29}$$

那么通过对比图 7-30 全频带的处理权值，则图 7-31 基于分频维纳滤波器的 LCMV 波束形成的最佳权向量是

$$\boldsymbol{W}^{2\text{opt}}(\omega)=\frac{G_{ss}(\omega_i)}{G_{xx}(\omega_i)}(\alpha\,\boldsymbol{W}_n^{\text{lcmv1}}(\omega)+(1-\alpha)\,\boldsymbol{W}_n^{\text{lcmv2}}(\omega)) \tag{7-9-30}$$

7.9.3　性能评价指标

采用分段信噪比（SNRseg）和语音质量评估（perceptual evaluation of speech quality，PESQ），用于评估语音去混响的性能。分段信噪比定义为

$$\text{SNRseg}=\frac{10}{K}\sum_{k=0}^{K-1}\log_{10}\frac{\|s(k)\|^2}{\|s(k)-\hat{s}(k)\|^2}\quad k=0,1,\cdots,K-1 \tag{7-9-31}$$

式中，$s(k)$ 是第 k 个时间帧无混响的直达目标语音信号，$\hat{s}(k)$ 分别是第 k 个时间帧增强的目标语音信号。

对于 PESQ 分数，它是由 ITU-T 为 3.2G Hz 的手机电话和窄带语音编解码器（ITU，2000，2003）的语音质量评估的建议。它是由平均干扰值 D_{ind} 和平均的线性组合获得的对称干扰值 A_{ind}，则 PESQ 定义为

$$\text{PESQ}=4.5-0.1D_{\text{ind}}-0.0309A_{\text{ind}} \tag{7-9-32}$$

7.9.4　实验与结果分析

通过实例验证本节算法的有效性。实验环境的布局设置如图 7-32 所示，采用了一个由 7 个全向麦克风组成的线阵，其位置分别为（2.0，3.0，1.4），（2.1，3.0，1.4），（2.2，3.0，1.4），（2.3，3.0，1.4），（2.4，3.0，1.4），（2.5，3.0，1.4），（2.6，3.0，1.4）（坐标值的测量单位

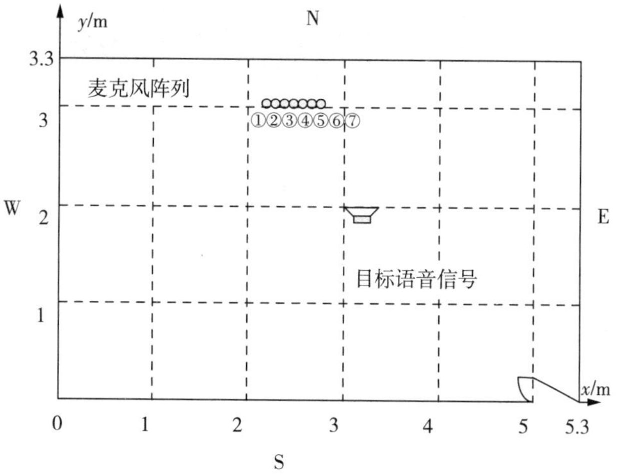

图 7-32　消声室内的实验环境的布局设置

是米，m）。为了模拟目标语音，在位置（3.7，2.0，1.4）m 处放置一个人工嘴，播放一段事先录制好的男声语音信号，如图 7-33 中所示的单个目标语音信号 s^d。从 s^d 到达每个麦克风的采集按照 44.1 kHz 测得，然后采样降至 8 kHz。

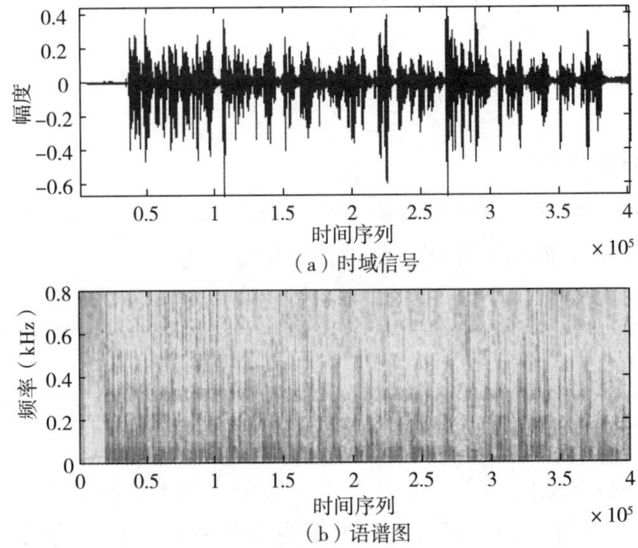

图 7-33　目标语音信号

本节的含混响语音是通过消声室中测得标准方向目标语音和实际会场测得房间脉冲响应做卷积得到混响信号，采样率为 8 kHz，实际会场总的混响时间为 2 s。将待处理的含混响语音信号分帧变成频域，通过维纳滤波器得到高低频段语音信号；然后再将高低频段的语音信号输入 LCMV 滤波器中进行分频段去混响。图 7-34 是麦克风阵列通道 1 接收含混响的语音信号。

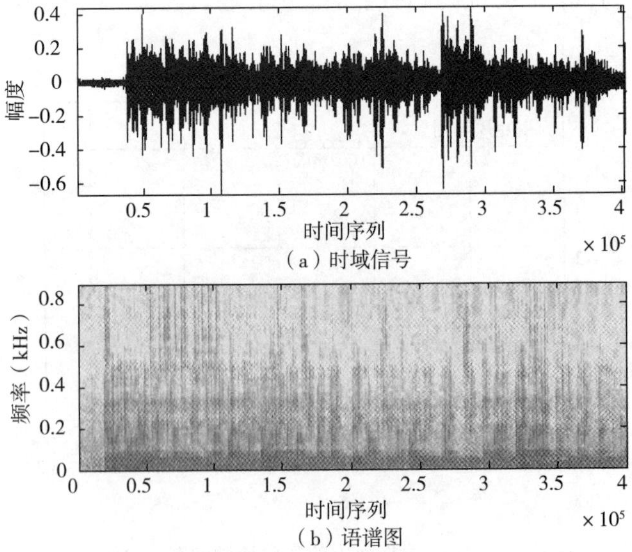

图 7-34　麦克风阵列通道 1 接收

图 7－35 和图 7－36 的波形时域图表明，混响信号比原先干净信号多出了很多部分，根据混响的定义，多出的部分是叠加在原始干净语音信号上的混响部分。图 7－35 是全频带算法处理的效果，图 7－36 是本节算法处理后的效果，波形时域图的波峰波谷和原始干净语音信号相比更加明显，显然混响的效果更好。

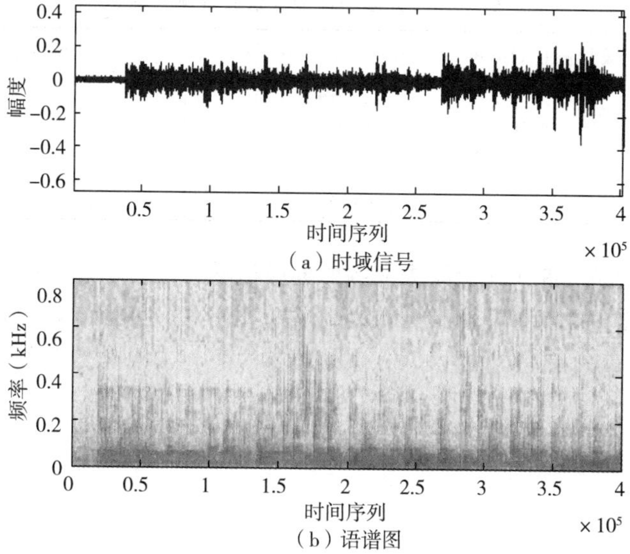

（a）时域信号
（b）语谱图

图 7－35　全频带算法波束输出

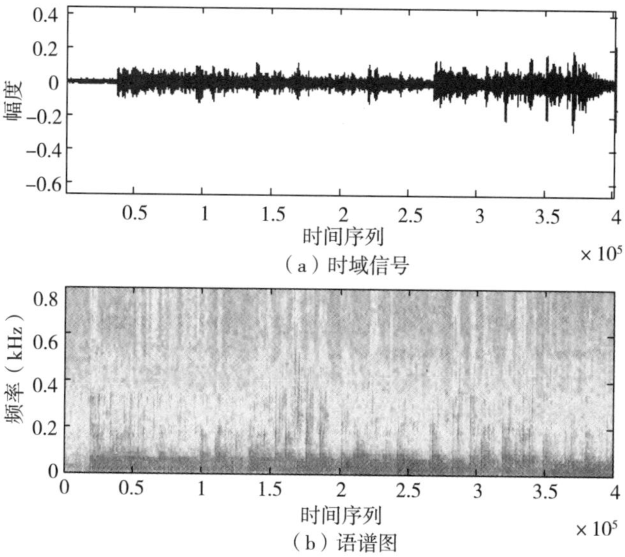

（a）时域信号
（b）语谱图

图 7－36　本节算法波束输出

由图 7－35 和图 7－36 的语谱图知，图 7－35 含混响语谱图的深色重叠区域较多，特别是低频部分前后覆盖严重不利于语音识别应用。图 7－35(b) 是全频带算法处理的语谱图，图

7-36(b)是本节去混响效果的语谱图。与图7-35相比,图7-36颜色变浅、能量降低,且原始语音信号的语谱图相似度较高,表明去混响的效果比较好。

下面采用两者评价标准,即分段信噪比和语音质量评估,来定量评价目标语音去混响的性能,见表7-1所列。

表7-1　分频和全频算法去混响性能

分段信噪比(SNRseg/dB)		语音质量评估(PESQ)
含混响语音	−0.7699	1.2537
全频去混响	0.2268	1.4628
分频去混响	3.4833	1.4682

表7-1表明,分频去混响比全频去混响的分段信噪比提高3.2 dB;语音质量评估的得分两者相当,但是对比含混响目标语音分数提高了0.2左右。实验结果表明,不同频率的声音信号产生的混响是有一定差异的,因此分频处理方法对于去混响是很有必要的。

第 8 章　卷积神经网络磁共振成像算法

【内容导引】 为了加速磁共振成像并提升 MR 图像重建质量，在分析压缩感知 MRI 和卷积神经网络的基础上，本章研究了一种新的多尺度扩张残差网络进行压缩感知磁共振图像重建算法。为了进一步提高 MR 图像重建的质量，本章提出一种基于图像域和梯度域卷积神经网络的压缩感知磁共振图像重建算法。为了丰富 MR 图像重建的图像细节，本章提出了一种图像域和梯度域特征融合算法。

磁共振成像（magnetic resonance imaging，MRI）技术的物理基础是核磁共振（nuclear magnetic resonance，NMR）理论。使用不同的射频（radio frequency，RF）脉冲序列对生物组织进行激励使其共振可产生磁共振信号，再利用线性梯度场对组织信号进行空间定位，并利用接收线圈检测组织的弛豫时间和质子密度等信息，就形成了磁共振成像技术。在医学方面，MRI 没有辐射暴露的危险，所获得图像非常清晰，可以对人体部位多方位成像且具有很高的分辨力，MRI 的这些优点使之为疾病的诊疗提供了巨大的临床参考价值，也促进了医学诊断技术的发展。图 8-1 是脑部肿瘤的磁共振成像。

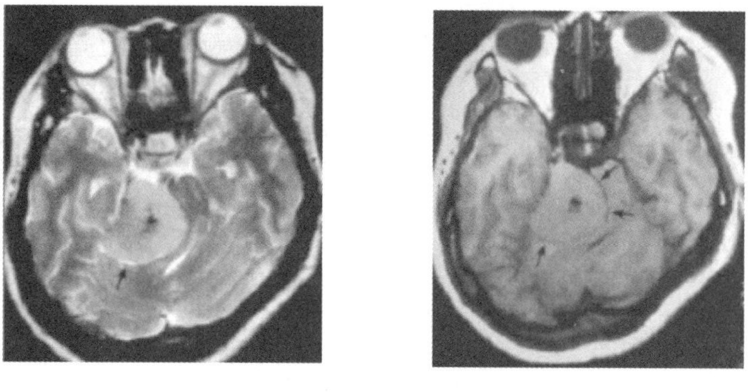

图 8-1　脑部肿瘤的磁共振成像图

然而，核磁共振在临床应用中还存在一些问题：MRI 设备和检查费用较为昂贵，在一定程度上限制了它的普及和应用。而且 MRI 扫描过程中的数据采集和采集数据的重构时间较长，对一个部位长达数十分钟甚至 1～2 小时的检查时间，让病人难以忍受。MRI 机房内不能使用监护和抢救设备，加之 MRI 对病人体动敏感，易产生伪影，不适于对急诊和危重病人进行检查。另外，妊娠 3 个月内的、体内有金属植入物或金属异物的病人，也是慎用 MRI 检查的。

过长的扫描时间成为MRI技术研发人员必须要克服的困难，一方面人们可以通过特殊手段来提高数据的采集速度，另一方面可以改进数据重构算法，使用稀疏少量的采样数据获得比较精确的重构图像。

本章在压缩感知和机器学习理论的基础上，首先提出提高压缩感知 MRI (compressed sensing for MRI, CSMRI) 的成像速度和成像质量算法，并验证算法的稳定性和有效性。其次，将算法运用于梯度域中，并融合图像域的信息，进一步提升成像质量。再次，探索MR图像的超分辨率重构，试图模拟从低分辨率 MR 图像重建获取高分辨率图像。

8.1 压缩感知 MRI

完整的 MRI 过程是指从采集病人数据开始，到算法利用采集到的数据重建出图像结束。如果使用全采样的方式，会导致成像时间太长，影响对病人的辅助诊断。压缩感知 (compressed sensing, CS) 理论能对信号进行稀疏采样，并对稀疏采样后的 MR 图像数据进行重建，可以大大提高 MR 图像重建的速度。与迭代优化算法相比，使用卷积神经网络训练"线下"模型，可以使重建时间大大减少。

8.1.1 压缩感知理论

奈奎斯特定律[123] 一直是信号处理领域的重要定律，然而 Candes 和 Donoho 等人采用非等间距采样也就是随机采样的方式，突破了采样频率不低于信号最高频率的两倍这一限制，从而提出了压缩感知理论。简单来说，就是"在采样过程中压缩获得的数据"。压缩感知理论由三个主要部分组成：信号的稀疏表示、观测矩阵的设计和信号重建算法。压缩感知的系统框架如图 8-2 所示。

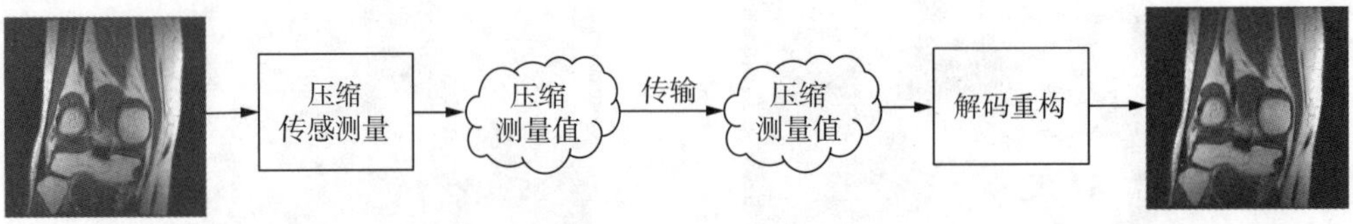

图 8-2　压缩感知的系统框架

1. 稀疏表示

信号的稀疏性可以理解为信号中含有较少的非零元素，或大多数元素的系数为零。真实信号一般并不是绝对稀疏的，只是在某个变换域下近似稀疏，也可称之为可压缩信号，当找到与信号相应的稀疏表示空间时，就能对这些自然信号进行有效压缩。信号的稀疏性是压缩感知的重要前提和理论基础，并且能作为先验信息在重建过程中约束模型。

所谓稀疏就是指一个实值有有限长的 N 维离散信号 $\boldsymbol{x} \in R^{N\times 1}$，可以用一个标准正交基

$$\boldsymbol{\psi}^{\mathrm{T}} = [\psi_1, \psi_2, \cdots, \psi_k, \cdots, \psi_K] \tag{8-1-1}$$

的线性组合来表示，其中 $\boldsymbol{\psi}^{\mathrm{T}}$ 表示矩阵 $\boldsymbol{\psi}$ 的转置，且

$$\boldsymbol{x}=\sum_{k=1}^{N}\psi_k\alpha_k=\boldsymbol{\psi\alpha} \tag{8-1-2}$$

式中，$\alpha_k=<\boldsymbol{x},\psi_K>$，若 $\boldsymbol{x}$ 在基 $\boldsymbol{\psi}$ 上仅有 $K<K\ll N>$ 个非零系数 α_k，称 $\boldsymbol{\psi}$ 为信号 x 的稀疏基，x 是 K 稀疏（K - Sparsity）的。

信号在某种表示方式下的稀疏性是压缩感知的理论基础。经典的稀疏化方法有离散余弦变换[124]（discrete cosine transform，DCT）、快速傅里叶变换[125]（fast fourier transform，FFT）、离散小波变换[126]（discrete wavelet transform，DWT）等。目前，对稀疏表示研究主要有两个方面：①寻找一个正交基使信号表示的稀疏系数尽可能得少，常见的正交基有高斯矩阵、小波基、正（余）弦基等，这一类方法在 Sparse MRI 中被仔细研究。②使用冗余字典，用冗余函数来替代基函数。使用字典的目的是从中找到具有最佳线性组合的 K 项原子来逼近表示一个信号，这种方式称为信号的稀疏逼近或高度非线性逼近。构建适合特定信号的冗余字典和设计快速有效的稀疏分解算法是这种方法的研究目标。

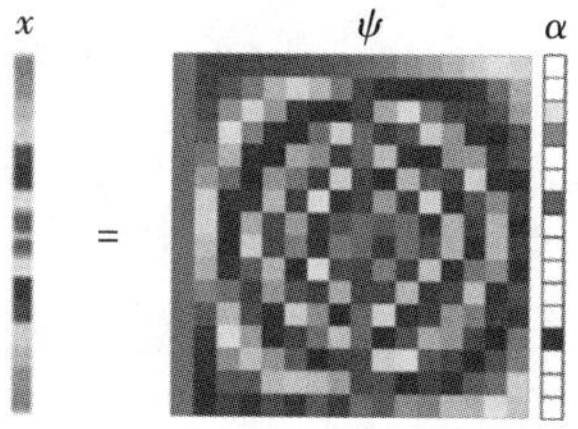

图 8 - 3　压缩感知投影测量

2. 设计观测矩阵

观测器的目的是采样得到 M 个观测值，并保证从中能够重建原来长度为 N 的信号 $\boldsymbol{x}$ 或者稀疏基下的系数向量 $\boldsymbol{\alpha}$。而观测过程就是利用 $M\times N$ 维观测矩阵 $\boldsymbol{\varphi}$ 的 M 个行向量对稀疏系数向量进行投影，得到观测向量 $\boldsymbol{Y}$ 为

$$\boldsymbol{Y}=\boldsymbol{\varphi\alpha} \tag{8-1-3}$$

式中，$\boldsymbol{\alpha}=\boldsymbol{\psi}^{\mathrm{T}}\boldsymbol{x}$。假设信号是稀疏的，那么方程就可以写为

$$\boldsymbol{Y}=\boldsymbol{\varphi x} \tag{8-1-4}$$

现利用最优化方法从观测值 $\boldsymbol{Y}$ 中高概率重建 $\boldsymbol{x}$。为了保证能够从观测值准确重建信号，其需要满足一定的限制：观测基矩阵与稀疏基矩阵的乘积满足 RIP 性质（有限等距性质）。这个性质保证了观测矩阵不会将两个不同的 K 稀疏信号映射到同一个集合中（保证原空间到稀疏空间的映射关系）。如果稀疏基和观测基不相关，则很大程度上保证了 RIP 性。Candes 和 Donoho 等人证明了：同分布的高斯随机测量矩阵可以成为普适的压缩感知测量矩阵。所以，一般用随机高斯矩阵作为观测矩阵。目前，常用的观测矩阵还有贝努利矩阵、部分正交矩阵、稀疏随机矩阵等。

3. 信号重构

当观测矩阵 $\boldsymbol{\varphi}$ 满足 RIP 准则时，压缩感知理论能够通过对式（8 - 1 - 3）先求解稀疏系数 $\boldsymbol{\alpha}$，然后从观测投影值 $\boldsymbol{Y}$ 中将稀疏度为 K 的信号 $\boldsymbol{x}$ 正确恢复出来。解码的最直接方法是通过 l_0 范数（0 -范数，也就是向量中非零元素的个数）下求解的最优化问题：

$$\min \|\boldsymbol{\psi}^{\mathrm{T}}\boldsymbol{x}\|_0 \quad s.t.\ Y=\boldsymbol{\varphi\psi}^{\mathrm{T}}\boldsymbol{x} \tag{8-1-5}$$

该优化问题需满足的条件为 $\boldsymbol{Y}=\boldsymbol{\varphi\psi}^{\mathrm{T}}\boldsymbol{x}$。而且，0 -范数问题的求解是一个 NP 问题，在实

际应用中很难获得问题的可行解。因此,寻求式(8-1-5)所示问题的松弛以获得理想的逼近解,已成为稀疏信号重建的重要手段。这里,使用 p-范数优化问题($0<p\leqslant 1$)的模型来代替 0-范数,即

$$\min \| Y-\boldsymbol{\varphi}\boldsymbol{\psi}^{\mathrm{T}}\boldsymbol{x} \|_2+\lambda \| \boldsymbol{\psi}^{\mathrm{T}}\boldsymbol{x} \|_p^p \qquad (8-1-6)$$

式中,$\| Y-\boldsymbol{\varphi}\boldsymbol{\psi}^{\mathrm{T}}\boldsymbol{x} \|_2$ 为数据保真项,$\| \boldsymbol{\psi}^{\mathrm{T}}\boldsymbol{x} \|_p^p$ 为稀疏约束项,λ 为约束项的系数。求解式(8-1-6)所示的最优化问题,得到稀疏域的系数,然后逆变换就可以得到时域信号。在压缩感知重建模型基础上,嵌入了神经网络所重建的图像信息约束项。

8.1.2 K 空间、采样模板和数据预处理

1. *K* 空间数据

磁共振的每一个信号都含有全层的信息,因此需要对磁共振信号进行空间定位编码,即频率编码和相位编码。接收线圈采集的 MR 信号实际是带有空间编码信息的无线电波,属于模拟信号而非数字信号,需要经过模数转换(ADC)变成数字信息,后者被填充到 *K* 空间,称为数字点阵。

K 空间也称傅里叶空间,*K* 本身没有特别的意义,*K* 空间是带有空间定位编码信息的 MR 信号原始数字数据的填充空间,每一幅 MR 图像都有其相应的 *K* 空间数据点阵。对 *K* 空间的数据进行傅里叶变换,就能对原始数字数据中的空间定位编码信息进行解码,分解出不同频率、相位和幅度的 MR 信号,不同的频率和相位代表不同的空间位置,而幅度代表 MR 信号强度。把不同频率、相位及信号强度的 MR 数字信号分配到相应的像素中,就得到了 MR 图像数据,即重建 MR 图像。

在二维图像 MR 信号采集过程中,每个 MR 信号的频率编码梯度场的大小和方向保持不变,而相位编码梯度场的方向和强度以一定的步级发生变化,每个 MR 信号的相位编码变化一次,采集的 MR 信号填充 *K* 空间方向的一条线,因此,把带有空间信息的 MR 信号称为相位编码线,也叫 *K* 空间线或傅里叶线。简单来说,填充 *K* 空间中央区域的相位编码线(零傅里叶线)主要决定图像的对比度,而周边区域的相位编码线主要决定图像的解剖细节。零傅里叶线两边的相位编码线镜像对称,*K* 空间在频率编码方向上也镜像对称,而且中心区域信息对图像的对比度有绝对性的影响。

我们对采集到的 *K* 空间数据进行傅里叶逆变换就能得到重建图像,*K* 空间的中心区域对应于图像数据的低频信息,四周区域对应于图像数据的高频信息,这两个区域的信息各自对应于图像对比度和图像细节。在实际中,可以利用这一特性提高 MR 图像重建速度或者去除伪影。

2. 采样矩阵

在 MR 图像重建过程中,*K* 空间的采样轨迹(矩阵)与观测矩阵是相对应的。研究人员常用的采样方法有随机(Random)采样法[127]、笛卡尔(Cartesian)采样(一维随机下采样)[128]、螺旋(Spiral)采样法[129]、放射状(Radial)采样法[130]等。这里,有 Random 采样、Cartesian 采样和 Radial 采样三种方式,如图 8-4 所示。

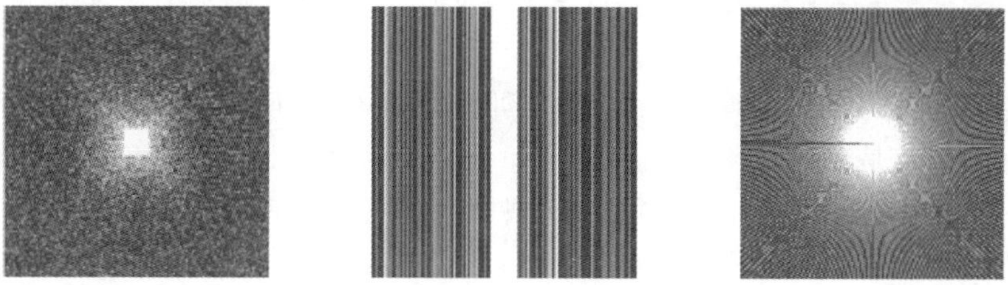

（a）Random采样　（b）Cartesian采样　（c）Radial采样

图 8-4　三种采样矩阵

图 8-4 表明，这三种采样矩阵对 K 空间数据的中心区域（低频信息）几乎做了全采样操作，有利于恢复图像细节。在实验过程中，可采用不同采样率的采样矩阵进行 MR 图像重建，以展现方法的有效性。

3. 数据集扩充

现在人脑数据基础上，对获得的图像数据进行稀疏采样，然后进行 MR 图像重建，恢复高质量图像。本节的基础数据是由塞浦路斯大学的计算机系所公布的 MR 图像数据，这些数据采集于 38 位病人的大脑，现从其中筛选出 450 张 T2-MR 大脑图。然而，这些数据作为深度学习所需数据集是远远不够的，所以本节采用翻转（上下翻转、左右翻转和 180° 翻转）方法来扩充现有数据集，以达到所需要的数据集规模，具体效果如图 8-5 所示。

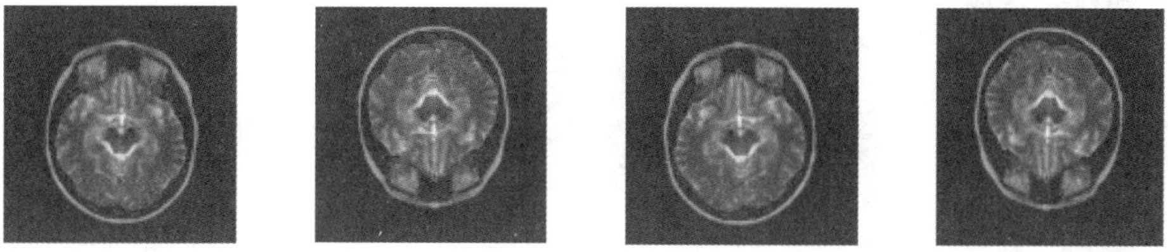

（a）原始图像　（b）上下翻转　（c）左右翻转　（d）180度翻转

图 8-5　数据集扩充方式

将数据集扩充之后，选取 1534 张大脑实数图像作为训练数据集，选取 50 张大脑实数图像作为测试数据集。然而，在实际应用中，磁共振仪器所采取到病人器官的图像数据大多数是复数图像，考虑到实验的完整性和实际需要，又仿真出 800 张复数图像作为训练数据集，80 张复数图像作为测试数据集。将上述两种数据集都运用于所提出算法的 CSMRI 中，以验证本节算法的稳定性。

8.1.3　CSMRI 成像过程

1. CSMRI 模型

在上一节阐述了压缩感知的信号重构问题，Lustig 等人通过相关实验表明压缩感知应用于 MR 图像重建是可行性和有效性的。基于 CSMRI 的重建模型为

$$\hat{\boldsymbol{x}}=\underset{x}{\arg\min}\ \frac{1}{2}\ \|\boldsymbol{F}_u\boldsymbol{x}-\boldsymbol{y}\|_2^2+\sum_i\beta_i R_i(x) \tag{8-1-7}$$

式中，$\boldsymbol{x}$ 表示需要重建出的图像，$\boldsymbol{y}$ 表示 K 空间数据，$\boldsymbol{F}_u$ 表示下采样的傅里叶编码矩阵。第一项 $\|\boldsymbol{F}_u\boldsymbol{x}-\boldsymbol{y}\|_2^2$ 是数据保真项，可以保持重建图像与观测数据的傅里叶系数的一致性；第二项 R_i 是一个稀疏约束项，β_i 是一个用于平衡数据保真项和稀疏约束项的系数。通过对欠采样的 K 空间数据进行傅里叶逆变换，可以生成 MR 图像（降质图像）。然而，在变换域中，欠采样 K 空间的不相干性，会产生类似噪声的混叠伪影，如图 8-6 所示。

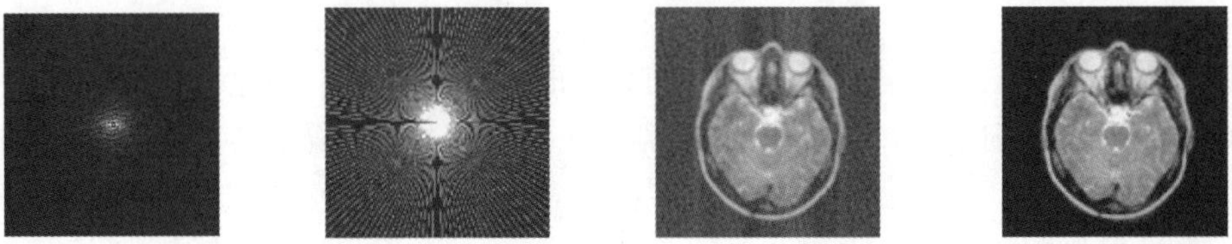

（a）K空间数据　（b）20%的radial采样　（c）降质图像　（d）算法重建图像

图 8-6　K 空间数据经过采样后的零填充图像

2. 成像过程

完整的 CSMRI 成像过程需要结合具体算法求出模型的最优解，如图 8-7 所示。

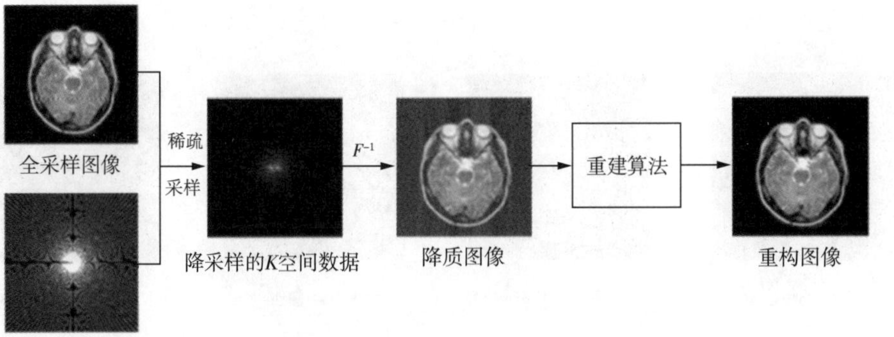

图 8-7　基于 CS 理论的 MR 图像重建过程

现对获取的 K 空间数据进行稀疏采样，得到欠采样的 K 空间数据，再对做傅里叶逆变换，从而得到降质图像。图 8-7 表明，降质图像中出现了不理想的伪影和噪声，消除这些伪影和噪声是保证图像重建质量的关键；结合数据保真项和约束项（卷积神经网络重建的图像信息）求解重建模型的最优解后，重建理想的 MR 图像。在实际应用中，机器扫描获取的 K 空间数据都是欠采样后的稀疏数据。另外，采样率的大小对 MR 图像重建的速度和质量都有影响，采样率低能加快获取数据的速度和图像重建过程，但会导致数据太过稀疏而降低重建质量。相反，采样率越高，图像重建过程越慢，成像质量越高。

8.2　卷积神经网络

近几年来，深度学习 (deep learning)算法在医学图像领域的应用飞速发展，卷积神经网络[131] (convolutional neural network，CNN)、循环神经网络[132] (recurrent neural networks，RNN)、生成对抗网络[133] (generative adversarial network，GAN)、图神经网络[134] (graph neural network，GNN) 等在医学图像处理方面得到较好应用。其中，CNN 是一种前馈型神经网络，其本质是学习多个提取数据特征的滤波器，并通过这些滤波器与输入数据进行逐层卷积操作(激活函数、池化等)，逐级提取隐藏在数据中的拓扑结构特征。与其他神经网络相比，CNN 的优点在于网络学习过程中所需要的参数相对较少。CNN 在医学图像重建、分割和诊断等领域有着广泛应用。

8.2.1　卷积运算

卷积层使用卷积核对输入样本进行卷积运算，卷积核可视为滤波器。具体的卷积操作，如图 8-8 所示。图中使用 3×3 的卷积核对同样大小的原始像素进行卷积运算，得到一个目标像素值，如果想要控制目标特征的尺寸大小，可以对原始特征进行“填零” 操作或者控制卷积核滑动的步长 (Stride) 。采用相同卷积核得到的样本局部特征是相同的；若采用不同的卷积核，提取的特征映射则不同，最终得到的样本特征图谱也不相同。

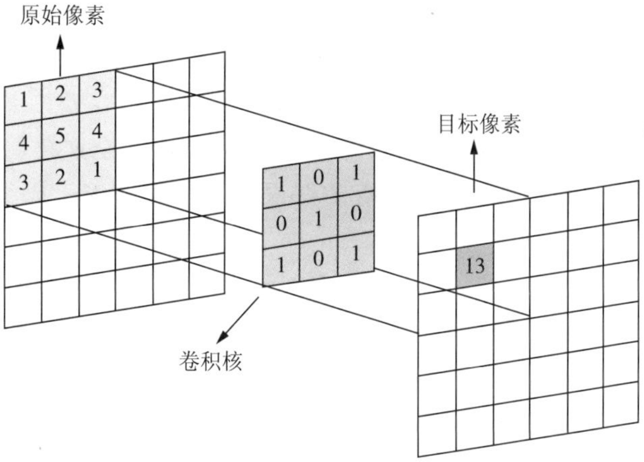

图 8-8　卷积层运算

为了减小训练的参数，在 CNN 卷积层中，卷积核在不同位置所对应的权值是相同的。由于人类对外部事物的感受通常是从部分到整体，常规的神经网络所输入样本的所有参数都连接到每一个神经元中，而卷积神经网络只是将每一个隐藏节点连接到输入样本的某个局部区域，以减少参数的训练量，这是卷积神经网络中局部感受野的概念。

8.2.2　卷积神经网络结构和训练流程

卷积神经网络由输入层、卷积层、激活函数、池化层和全连接层构成。输入数据通过卷积层提取特征，接着通过池化层降低卷积层输出的样本维度，最后通过全连接层输出。

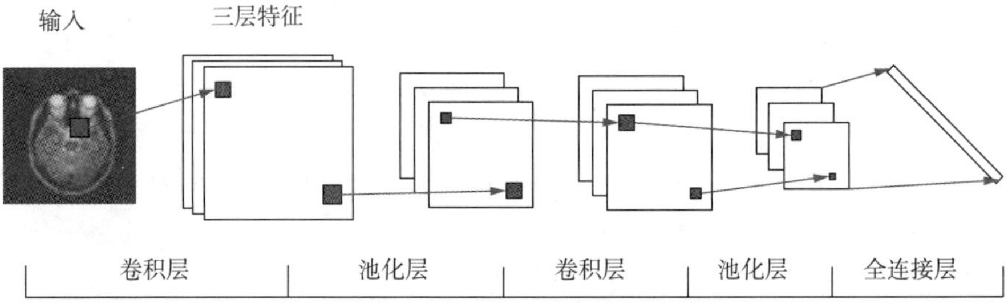

图 8－9　CNN 的基础结构

图 8－9 中，池化层是在对输入样本进行卷积操作之后，利用降采样处理来降低数据量。利用压缩数据稀疏采样，避免了过大的输入导致网络对无效特征的处理。池化层对输入样本进行降采样处理，降低了网络运算的参数量、减小了特征提取所需数据集规模。是否对所有大规模数据集进行池化层操作，需要在实际的训练过程中进行试验。图 8－9 表明，卷积层所提取的是图像的局部特征，全连接层是将所有的局部特征输出为完整的图像，它使用了权值矩阵来组装图像。与池化层一样，全连接层也并不适用所有的卷积神经网络和数据集。

卷积神经网络的训练流程如下。

步骤 1：将网络的权值参数进行初始化。

步骤 2：网络的输入值经过卷积层、下采样层、全连接层的前向传播得到输出值。

步骤 3：根据选定的损失函数，计算输出值与标签值相差的误差。

步骤 4：如果误差大于理想值，将误差传回网络中，依次求全连接层、下采样层、卷积层的误差。各层的误差可以理解为对于网络的总误差。当误差等于或小于设定值时，结束训练。

针对磁共振图像的重建算法，在 CS 模型基础上结合卷积神经网络，不仅可以利用稀疏采样减少数据采集的时间，还可以充分发挥深度学习的优势，减少 MR 数据重建的时间，从而加速 MR 图像重建。另外，利用神经网络良好的泛化性，无须手动调参也能获取实时性的重建图像，并能保证重建图像的稳定性。

8.3　基于多尺度扩张残差网络的 CSMRI 算法

压缩感知模型能对数据进行稀疏采样并重建，现在 CS 的模型上结合深度 CNN 重建 MR 图像。一方面，能更好地应对庞大复杂的数据集，对结构多样性的人体影像数据进行特征提取，从而恢复重建高质量的 MR 图像，加强算法的泛化性；另一方面，采用训练好的离线模型直接在 CS 模型上重建图像，加速成像，提高算法的实时性。深度学习模型需要庞大的训练数据集，与自然图像数据集相比，磁共振图像的数据集是比较稀缺的，所以采用合适的数据集扩充方法扩充数据集是一项必要而重要的工作。

8.3.1　基于深度卷积神经网络的 CSMRI 模型

与传统的优化算法不同，深度学习可以训练一个直接适用于 MRI 的重建模型，这个模型的泛化性和重建质量取决于训练集的质量和数量。与大部分图像处理问题一样，基于深度学习的 CSMRI 算法也是训练迭代反向传播，通过损失函数（loss function）可获得较优或最佳参数。这种优化问题可描述为

$$\hat{\boldsymbol{x}} = \arg\min_{x} \frac{1}{2} \| \boldsymbol{F}_u \boldsymbol{x} - \boldsymbol{y} \|_2^2 + \xi \| \boldsymbol{x} - \boldsymbol{f}_{\text{CNN}}(\boldsymbol{x}_u \mid \hat{\boldsymbol{\theta}}) \|_2^2 \tag{8-3-1}$$

式中，$\boldsymbol{x}$ 是待重建的图像，$\boldsymbol{y}$ 是观测到的 K 空间数据。$\boldsymbol{f}_{\text{CNN}}$ 一个以 θ 为参数集合，参数 θ 包含了大量的网络权值；ξ 是一个正则化因子，$x_u = \boldsymbol{F}_u \boldsymbol{x}$ 是从欠采样的 K 空间直接傅里叶逆变换得到的零填充图像数据，也就是降质图像；$\hat{\theta}$ 是网络训练达到较优解时理想参数的集合。与迭代优化的 CSMRI 算法不同，基于深度学习的 CSMRI 算法的正则项是神经网络学习大量 MR 数据所重建的图像信息。

8.3.2　多尺度扩张残差网络

多尺度扩张残差网络模型由扩张卷积、残差网络和级联层组成。采用扩张卷积增大卷积核的感受野减小网络参数，并提取多尺度信息；采用全局残差，补全原始特征信息；采用局部残差，提取更多的细节特征；采用级联层，加速融合多尺度特征，保持图像结构的丰富性，同时加速成像。整体网络模型可以在网络参数并不冗余的情况之下，保证重建图像质量，同时具有较快的成像速度。

1. 扩张卷积

扩张卷积（dilated convolution，DC）首先被运用于图像分割领域[135]，由于图像分割预测是 pixel－wise 的输出，所以要将池化（pooling）后较小的图像尺寸上采样（upsampling）到原始的图像尺寸进行预测，池化减小了图像尺寸、增大了感受野（receptive field，RF），上采样扩大了图像尺寸。在这一过程中，有一些信息被损失，而用扩张卷积替代池化，既不会损失图像信息也可以增大感受野并获得更多信息。

扩张卷积也被称为空洞卷积或者膨胀卷积，是在标准卷积核中注入空洞，以此来增加感受野。与正常卷积操作相比，扩张卷积多了一个超参数 —— 扩张系数（dilated factor，DF），常规的卷积操作 DF 为 1。三种扩张系数对应的扩张卷积核如图 8－10 所示。

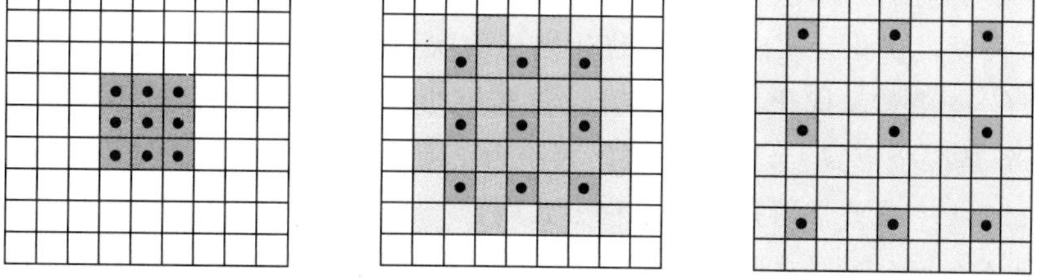

（a）DF=1　（b）DF=2　（c）DF=3

图 8－10　三种扩张系数对应的扩张卷积核

图 8-10(a) 是基本的 3×3 卷积核，扩张卷积就是在这个基本卷积核加入间隔。图 8-10(b) 对应 DF 为 2 的 3×3 卷积核，其感受野相当于 7×7 的图像块，可以理解为卷积核尺寸变为 5×5，但是该卷积核只有 9 个点有参数，其余位置参数都是 0，与输入特征图对应位置的像素进行卷积计算，其余的位置都略过。图 8-10(c) 与图 8-10(b) 类似，DF 为 3 的 3×3 卷积核对应于 7×7 卷积核的感受野。

感受野是指当前特征图的一个特征点在输入空间影响的区域，该点的值被输入空间的这个区域影响，与其他区域无关。通常有两种方法计算感受野：从前往后计算和从后往前计算。一般采用从前往后计算的方式来计算感受野，计算的递推公式为

$$l_k = l_{k-1} + (f_k - 1) \times \prod_{i-1}^{k-1} s_i \tag{8-3-2}$$

式中，l_k 是第 k 层的每个点的感受野，f_k 是第 k 层卷积核的大小（宽或高，假设宽高相等），s_i 是第 i 层卷积的步长（stride），卷积核在第 k 层的感受野比第 $k-1$ 层的感受野大。在相同感受野下，扩张卷积核与基本卷积核大小的换算公式为

$$f'_k = (f_k - 1)\,DF + 1 \tag{8-3-3}$$

f'_k 代表相应等价的基本卷积核大小，DF 为扩张系数。与拥有相同感受野的基本卷积核相比，扩张卷积在提取图像丰富特征的同时，大大降低了卷积核的参数数量，从而减轻了网络负担、加速模了型的训练。

2. *残差学习*

CNN 能够提取低、中、高级的不同特征，网络层数越多，所提取的信息特征越丰富。并且，网络越深提取的特征越抽象，越具有语义信息。然而，如果只简单增加网络层数，就会导致梯度弥散或梯度爆炸。梯度爆炸问题的解决方法是采用正则化技术、梯度剪裁和自动微分技术。这样可以使网络深度达到几十层[136]，但会出现网络退化问题。当网络层数增加过多时，会导致训练集上的准确率饱和甚至会下降，因为采用随机梯度下降策略训练网络，往往得到的是局部的最优解。然而，深层网络解空间更复杂，导致了网络退化问题。针对这个问题，研究人员就引入了深度残差网络。

如果深层网络的后面那些层是恒等映射，模型就退化为一个浅层网络。这时，不再用多个堆叠层直接拟合期望的特征映射，而是用它们拟合一个残差映射，如图 8-11 所示。假设期望的特征映射为 $H(x)$，x 为输入数据，那么堆叠的非线性层拟合映射为 $F(x)=H(x)-x$。假设最优化残差映射比最优化期望的映射更容易，也就是说，$F(x)=H(x)-x$ 比 $F(x)=H(x)$ 更容易优化，在极端情况下，期望的映射要拟合的是恒等映射，此时残差网络的主要任务是拟合 $F(x)=0$，普通网络要拟合的是 $F(x)=x$，明显前者更容易优化。

图 8-11(a) 中残差学习采用了一种方式叫作“shortcut connection”，一般使用同等维度的映射，就不会产生额外的参数，也不会增加计算复杂度，而且整个网络依旧可以通过端到端的反向传播进行训练。残差结构可以简单地描述为

$$x_{l+1} = F(x_l, W_l) + x_l \tag{8-3-4}$$

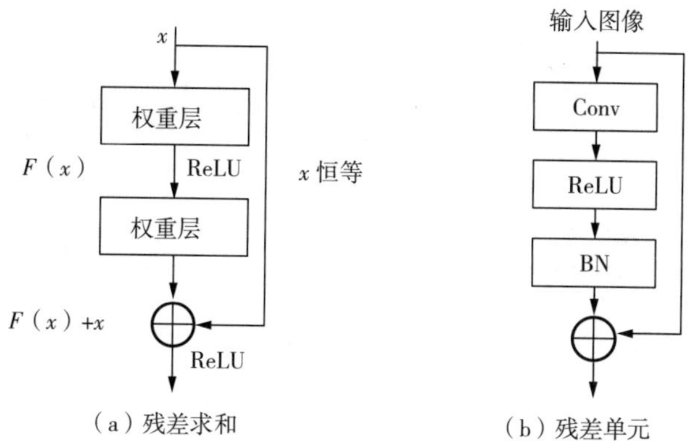

图 8-11　残差学习

通过递归，得到任意深层单元 L 特征为

$$x_L = x_l + \sum_{i=l}^{L-1} F(x_l, W_l) \qquad (8-3-5)$$

式中，l 表示网络层数，x_l 表示第 l 层网络的输入，W_l 指第 l 层残差网络的权值参数，$F(x_l, W_l)$ 是需要学习的残差映射。图 8-11(b) 是原始的残差单元，将输入图像数据依次送入卷积层（conv），非线性的激活函数层（relu）以及批标准化层（batch normalization，BN），再将处理后的特征映射送入残差单元进行求和，最后得到输出。

残差网络与普通网络不同之处在于引入了跳跃连接，使上一个残差块的信息没有阻碍地流入下一个残差块，因为随着网络的加深，卷积层提取的特征就会越抽象越精细，会损失掉图像的全局信息结构，这时就可以通过残差学习补充初始图像特征，加快网络图像信息的流通，同时避免网络过深所引起的梯度消失问题和性能退化问题。残差网络在水下图像增强[137]、遥感影像目标识别[138]、医学影像分割[139] 和重建[140] 等方面都有广泛应用。

3. 级联层

级联层（concatenation，Concat）的作用是将两个及以上的特征图，按照在通道（channel）或 minibatch 的数目（num）维度上进行拼接，一般都是在通道维度上进行拼接，并不是残差学习特征图相加的方式。两个不同通道数的特征图拼接成新的特征图可表示为 $N_i \times (K_1 + K_2) \times H \times W$。其中，$N_i$ 表示图像块的个数，K_1 和 K_2 分别表示两个特征图的通道数，H 和 W 分别代表输出特征矩阵的高度和宽度。除了通道维度不一样，这两个特征图谱的其他维度必须一致才能完成拼接。

如图 8-12 所示，concat 是通道数的相加来融合特征，而残差学习中 add 是特征图相加，通道数并没有变。concat 拼接原始特征，让网络去学习如何融合特征，不仅不会损失信息，而且使同一个大小的特征图有更多的特征表示，能提高网络的性能。如果不采用 concat 方式，只是单纯增加原有卷积层的通道数来丰富特征信息，会导致计算机显存占用增加，速度下降。相较而言，concat 方式在不失速度的前提下，还能提高网络的精度。concat 层在超分辨率[141]、目标检测[142] 和场景分类[143] 中有广泛应用。

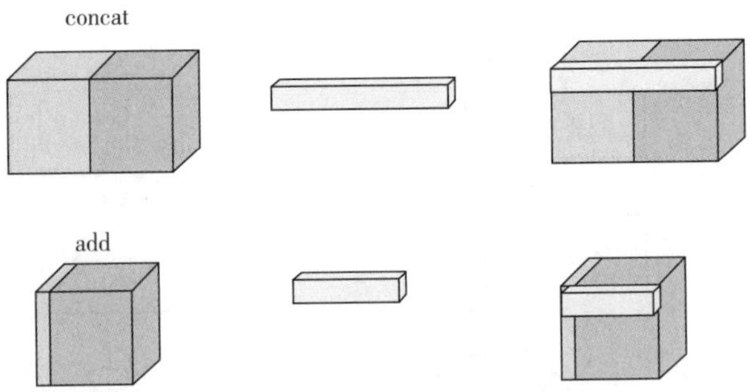

图 8-12　concat 和 add 特征融合的示意

4. 多尺度扩张残差网络

图 8-13 给出了一个新的多尺度扩张残差网络模型(简称为 MDN),用扩张卷积来扩大卷积核的感受野,在减小网络参数的同时,提取图像特征的多尺度信息。采用全局残差(global residual learning,GRL)和局部残差(local residual learnings,LRLs)来补充深度网络所需的特征信息、提高图像信息的流通性。另外,使用 concat 层可以快速融合网络所提取的多尺度特征,还可以降低计算机的内存负载、提高网络训练的精度。

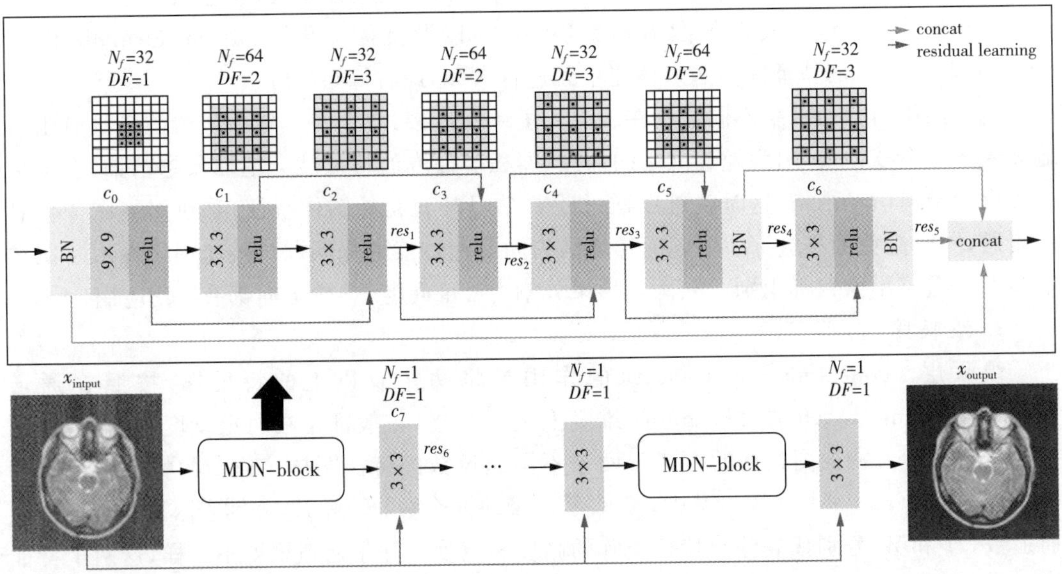

图 8-13　MDN 模块的结构

在图 8-13 中,每一个模块(block) 有七层卷积层,每一个卷积层后面都紧跟一个 relu 激活函数。为了尽可能多地提取输入图像特征的初始有效信息,将每一个 block 的第一层卷积层大小设置为,剩下的卷积层采用常规的 3×3 大小。图 8-13 中 *DF* 指扩张卷积系数,N_f 为卷积核的个数,也就是特征通道数。

为了均衡网络负担和重建模型的性能,同时也为了能够融合多尺度的特征,对扩张系数比较大的卷积层，设置较少的特征通道数（DF 为 3 时，通道数为 32）；针对扩张系数较小的卷积层，设置较多的特征通道数（DF 为 2 时，通道数为 64）。在本节实验部分，通过实验对比，说明了如何寻找到适合的 DF 和 N_f 的尺寸。

由于残差网络是恒等映射，所以在模块内部使用局部残差时，只将特征通道数相同的卷积层输出进行残差求和。

如图 8-13 所示，在一个 block 中，虚线表示残差求和，一共有五次局部残差求和，每个 block 与网络的初始输入做一次全局残差，残差公式为

$$\begin{aligned} res_1 &= c_0 + c_2, res_2 = c_1 + c_3 \\ res_3 &= res_1 + c_4, res_4 = res_2 + c_5 \\ res_5 &= res_3 + c_6, res_6 = I_{\text{input}} + c_7 \end{aligned} \tag{8-3-6}$$

式中，res_i 表示残差求和的输出，c_n 表示 block 里第 n 层的输出，I_{input} 表示网络输入的图像数据。在 block 中，频繁采用残差求和是为了图像信息的流通性，间隔采用不同的卷积通道数和相应的残差学习，一方面是为了均衡网络性能和网络参数，另一方面可以提取多尺度特征、保证网络所提取特征的丰富性。在对每个 block 的输出和原始输入数据进行残差求和，目的是补全在 block 进行特征提取后损失掉的一些图像初始信息。综合全局残差和局部残差，我们可以更好地提高网络所提取特征的质量，进一步提高 MR 图像重建质量。

在每个 block 的尾端，使用 concat 层进行多尺度特征的融合，图 8-13 一共有三种不同尺度的特征输入 concat 层里。另外，在每个输入前，都是用了 BN 层，不仅可以减小 concat 层输出融合特征的误差，而且可以提高网络精度，同时也能加速特征融合的过程。而在 concat 层之后使用一个 3×3 的卷积核，一方面是为了改变通道数与输入图像数据进行残差求和，另一方面也是为了加快收敛、提高训练速度。整体网络采用串联重复 block 的方式，在每个 block 的输入补全初始的图像数据，然后根据数据集的大小和硬件设备调整自己 block 的数量，以达到性能和训练时间的协调。

8.3.3　仿真实验与结果分析

1. 评价指标和网络实施细节

为了评价算法重建效果，采用主观和客观两种评价方法。

主观评价主要是使用肉眼判断重建图像中存在伪影的多或少，另外采用重建结果和 Ground Truth 的残差图结果作为评判依据，这种残差图一目了然，可以清楚地判断伪影的多或少。

客观评价指标方面，采用峰值信噪比[144]（peak signal to noise ratio，PSNR）和结构相似度[145-146]（structural similarity index，SSIM）。

$PSNR$ 是最普遍和使用最为广泛的一种图像客观评价指标，基于对应像素点间的误差，即基于误差敏感的图像质量评价。其数学公式为

$$PSNR = 10 \cdot \log_{10}\left(\frac{MAX_I^2}{\mathrm{MSE}}\right) = 20 \cdot \log_{10}\left(\frac{MAX_I}{\sqrt{\mathrm{MSE}}}\right) \tag{8-3-7}$$

式中，MAX_I 表示图像颜色的最大数值，MSE 是指均方差（mean square error），是原图像与处理图像之间的均方根误差，且

$$\mathrm{MSE} = \frac{1}{H \times W}\sum_{i=1}^{H}\sum_{j=1}^{W} \| X(i,j) - Y(i,j) \|^2 \tag{8-3-8}$$

式中，X 表示当前图像，Y 表示参考图像，H、W 分别为图像高度和宽度，i 和 j 分别为图像纵向和横向的像素值。PSNR 的单位为 dB，数值越大表示图像失真越小。由于 PSNR 并未考虑到人眼的视觉特性（人眼对一个区域的感知结果会受到其周围邻近区域的影响等），经常出现评价结果与人的主观感觉不一致的情况。因此，我们又引入了 SSIM 指标。

SSIM 也是一种全参考的图像质量评价指标，它分别从亮度(l)、对比度(c)、结构(s)三方面度量图像的相似性，即

$$l(X,Y) = \frac{2\mu_X\mu_Y + o_1}{\mu_X^2 + \mu_Y^2 + o_1}$$

$$c(X,Y) = \frac{2\sigma_X\sigma_Y + o_2}{\sigma_X^2 + \sigma_Y^2 + o_2} \tag{8-3-9}$$

$$s(X,Y) = \frac{\sigma_{XY} + o_3}{\sigma_X\sigma_Y + o_3}$$

式中，o_1、o_2 和 o_3 为常数，μ_X 和 μ_Y 分别表示图像 X 和 Y 的均值，σ_X 和 σ_Y 分别表示图像 X 和 Y 的方差，σ_{XY} 表示图像 X 和 Y 的协方差，即

$$\mu_X = \frac{1}{H \times W}\sum_{i=1}^{H}\sum_{j=1}^{W} X(i,j)$$

$$\sigma_X^2 = \frac{1}{H \times W - 1}\sum_{i=1}^{H}\sum_{j=1}^{W} (X(i,j) - \mu_X)^2$$

$$\sigma_{XY} = \frac{1}{H \times W - 1}\sum_{i=1}^{H}\sum_{j=1}^{W} (X(i,j) - \mu_X)(Y(i,j) - \mu_Y) \tag{8-3-10}$$

综合亮度、对比度和结构，SSIM 的表达式为

$$\mathrm{SSIM}(X,Y) = l(X,Y) \times c(X,Y) \times s(X,Y) \tag{8-3-11}$$

SSIM 的取值范围是[0,1]，SSIM 值越大，表示图像失真越小。在实验中，也会计算 PSNR 和 SSIM 在测试集中的标准差，以评估算法的稳定性。

实验中，训练和测试的机器配置是 11 GB 内存的英伟达 GTX 1080Ti 的显卡，采用 Caffe 作为网络训练的工具，并使用 GPU 进行训练，使用 Matlab 完成数据集的预处理和 MR 图像重建。网络的最大迭代次数为 250000 次。Caffe 中 Sovler 的主要作用就是交替调用前向传导和反向传导(Forward & Backward)以更新神经网络的连接权值，从而达到最小化的 Loss 值，实际上就是迭代优化算法中的参数。Solver 使用的优化算法是 Adam，初始学习率为 0.001，用于防止过拟合的权重衰减项“weight_decay”设置为 0.0001。另外，使用“step”的学习率下降策略，与学习率相关的 gamma 系数设置为 0.1；而“step size”是指进入下一个“训练步骤”的频率(在某些迭代次数)，该值是正整数，将其设置为 50000。梯度更新的权重 momentum 设置为 0.9。如图 8-14 所示，在训练过程中，每 100 次迭代显示一次训练 Loss，每一次 epoch 显示一次测试 Loss，无论是训练和测试过程，即所提出算法(MDN)的收敛速度还是比较快的。网络训练所使用的 Loss 函数是欧式距离函数，即

$$\text{Loss}=\frac{1}{2M}\sum_{i=1}^{M}(\hat{x}_i-x_i)^2 \tag{8-3-12}$$

式中，x_i 表示全采样的图片，$\hat{x}_i$ 为网络的输出图像，M 为训练图像的数量。为了防止梯度爆炸的问题，采用一种叫作 clip-gradients 的方法：

首先，设置一个梯度阈值：clip_gradient；在后向传播中求出各参数的梯度，不直接使用梯度进行参数更新，求这些梯度的l_2范数；比较梯度的l_2范数 $\|g\|$ 与 clip_gradient 的大小；如果前者大，求缩放因子 clip_gradient/ $\|g\|$，由缩放因子可以看出梯度越大，则缩放因子越小，这样可以很好地控制梯度的范围。其次，将梯度乘上缩放因子得到最后所需的梯度。

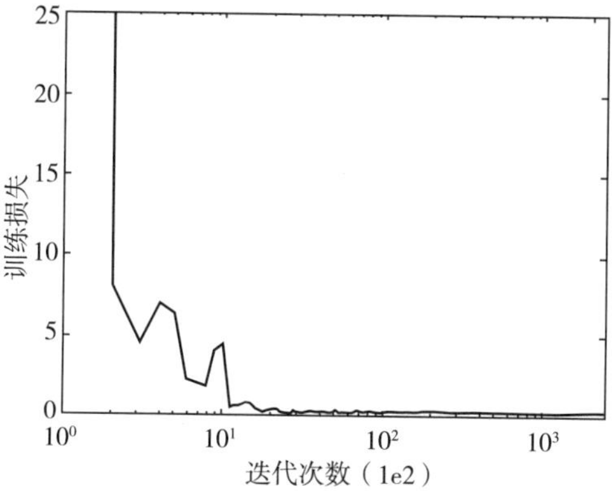

(a) 训练收敛曲线

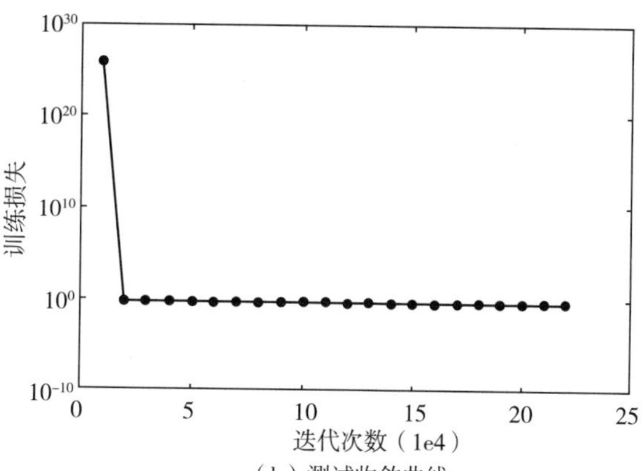

(b) 测试收敛曲线

图 8-14　MDN 网络的收敛曲线

2. 无噪声环境下重建

1) 网络尺寸讨论实验

先进行设计网络尺寸实验，图 8-13 中的 block 表明，固定第一层卷积层的通道数和扩

张系数($N_f=32$,$DF=1$),这样的设定是因为第一层的卷积核尺寸很大,所以将通道数和扩张系数都控制得比较小。剩下6个卷积层的通道数和扩张系数,大小间隔搭配,以此均衡网络训练的时间和重构的效果。表8-1给出了block中第二层卷积到第七层卷积不同通道数(N_f)和扩张系数(DF)所对应的PSNR、SSIM和训练时间。

表8-1 PSNR、SSIM与训练时间

N_f	DF	PSNR	SSIM	训练时间(分钟)
64×6	3-3-3-3-3-3	34.64	0.946	782.5
	2-2-2-2-2-2	34.98	0.940	720
	2-3-2-3-2-3	34.88	0.945	752.5
	3-2-3-2-3-2	34.97	0.937	752.5
32×6	3-3-3-3-3-3	34.85	0.940	685
	2-2-2-2-2-2	34.62	0.931	645
	2-3-2-3-2-3	34.83	0.930	662.5
	3-2-3-2-3-2	34.83	0.931	667.5
64-32-64-32-64-32	2-3-2-3-2-3	34.95	0.944	700

表8-1中,最后一行是MDN网络所使用的网络尺寸,重建效果评价指标PSNR和SSIM值。block设计的目的就是在获得高质量重建结果的前提下,减小网络计算复杂度、加速网络训练时间。通过不同网络尺寸的重建结果和训练时间对比实验可知,使用通道数和扩张系数大小互补的方式,能够满足网络设计的目的。

2)使用MDN在实数数据集上的重建图像

在重建结果的对比实验中,选取两种经典的MR图像重建优化算法:Sparse MRI[147]和DLMRI[127],以及三种深度学习MR图像重建算法:Single-scale Residual Learning[148](Single-scale),Local Residual Learnings(LRLs)和U-net[148]。其中,LRLs是基于MDN的变体网络,区别仅在于没有每一个block输入前需要加入的全局残差。另外,采用Random采样、Cartesian采样和Radial采样。五种不同采样率的稀疏采样:10%、15%、20%、25%和30%。多方位全面地验证本节算法性能的PSNR/SSIM值,见表8-2所列。图像重建结果如图8-15至图8-17所示。

表8-2 在三种采样方式、五种采样率下,不同算法重建结果的PSNR/SSIM值

采样方式	采样率	Sparse MRI	DLMRI	Single-scale	LRLs	U-net	MDN
Cartesian采样	10%	24.50/0.811	25.22/0.726	25.46/0.797	26.14/0.802	26.15/0.815	26.59/0.840
	15%	26.16/0.857	28.37/0.841	28.29/0.861	28.62/0.860	28.29/0.850	28.86/0.871
	20%	26.98/0.885	30.68/0.902	30.53/0.905	31.05/0.907	30.80/0.907	31.43/0.930
	25%	27.60/0.895	32.85/0.934	32.30/0.930	32.47/0.931	33.13/0.939	33.25/0.950
	30%	28.45/0.892	34.77/0.955	34.28/0.954	34.57/0.954	34.81/0.958	35.27/0.967

（续表）

采样方式	采样率	Sparse MRI	DLMRI	Single - scale	LRLs	U - net	MDN
Random 采样	10%	27.38/0.776	31.27/0.554	32.07/0.904	31.51/0.887	32.01/0.902	32.16/0.913
	15%	27.64/0.821	32.86/0.612	32.76/0.908	33.15/0.876	33.22/0.920	33.82/0.930
	20%	30.44/0.888	34.34/0.675	33.99/0.924	34.17/0.919	34.70/0.942	34.95/0.944
	25%	33.44/0.915	35.75/0.727	34.97/0.939	35.02/0.928	35.77/0.947	35.96/0.948
	30%	34.71/0.963	36.75/0.754	35.86/0.949	35.74/0.936	36.63/0.954	36.83/0.958
Radial 采样	10%	23.17/0.668	27.93/0.405	28.19/0.815	28.98/0.844	29.00/0.849	29.64/0.873
	15%	24.68/0.742	29.77/0.448	30.26/0.860	30.96/0.877	30.67/0.871	31.87/0.905
	20%	25.91/0.648	30.55/0.467	31.97/0.888	32.54/0.888	32.48/0.889	33.48/0.925
	25%	26.14/0.773	31.02/0.478	33.21/0.917	33.75/0.921	33.84/0.925	34.51/0.938
	30%	28.26/0.898	31.35/0.487	34.21/0.935	34.91/0.928	35.12/0.932	35.64/0.955

表 8-2 表明，本节所提出的网络模型在三种采样方式和五种采样率下都取得了较好重建结果。评价指标数据表明，基于深度学习的四种算法普遍优于另外两种迭代优化算法，但这并不意味着深度学习的重建质量总是优于优化算法。事实上，目前在 MR 图像重建方面，优化算法的质量普遍超过绝大多数深度学习，只不过在速度上深度学习模型占据了绝对优势。

图 8-15、图 8-16 和图 8-17 分别显示了三种采样方式下，某一种采样率的重建图像。图(a) 为原始图像，(b) 为零填充图像，也就是降质图像。图(c) 至图(h) 为六种算法的重建图像和区域放大图。图(i) 至图(n) 分别为六种算法的重建结果与原始图像的残差图以及区域放大图。结果表明，六种算法都在降质图像的基础上进行有效的图像重建，去除了很多伪影。在综合客观评价指标和主观视觉效果上，针对实数数据集，MDN 在伪影的去除和细节结构的恢复上都要优于其他算法。

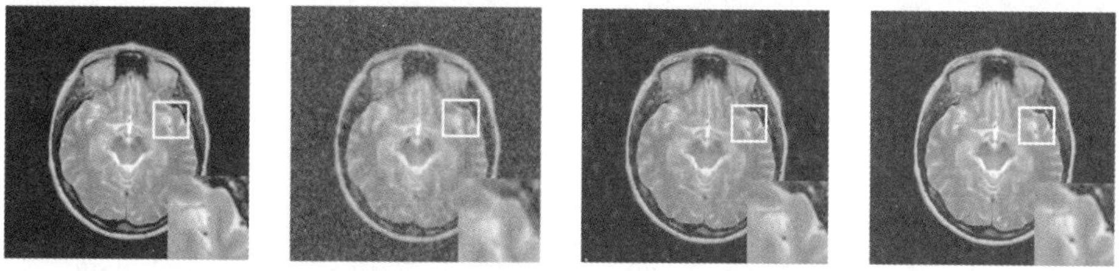

(a) Groundtruth　(b) Zero-filling　(c) SparseMRI　(d) DLMRI

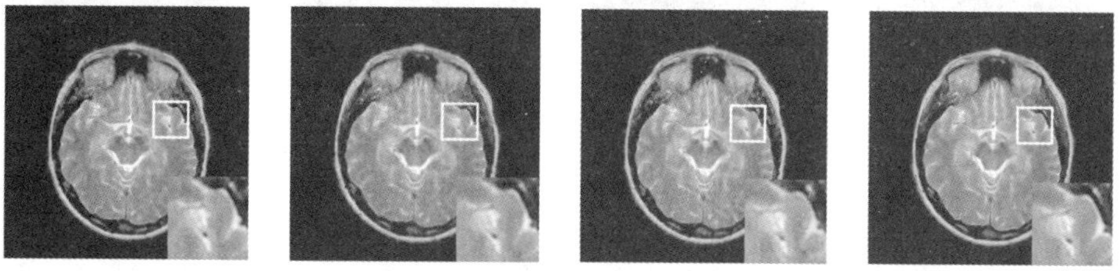

(e) Single-scale　(f) LRLs　(g) U-net　(h) MDN

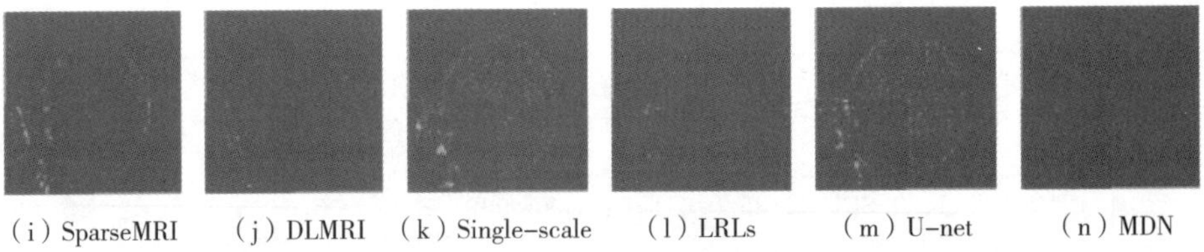

图 8-15　20% random 采样下的重建结果以及六种重建算法结果的残差图

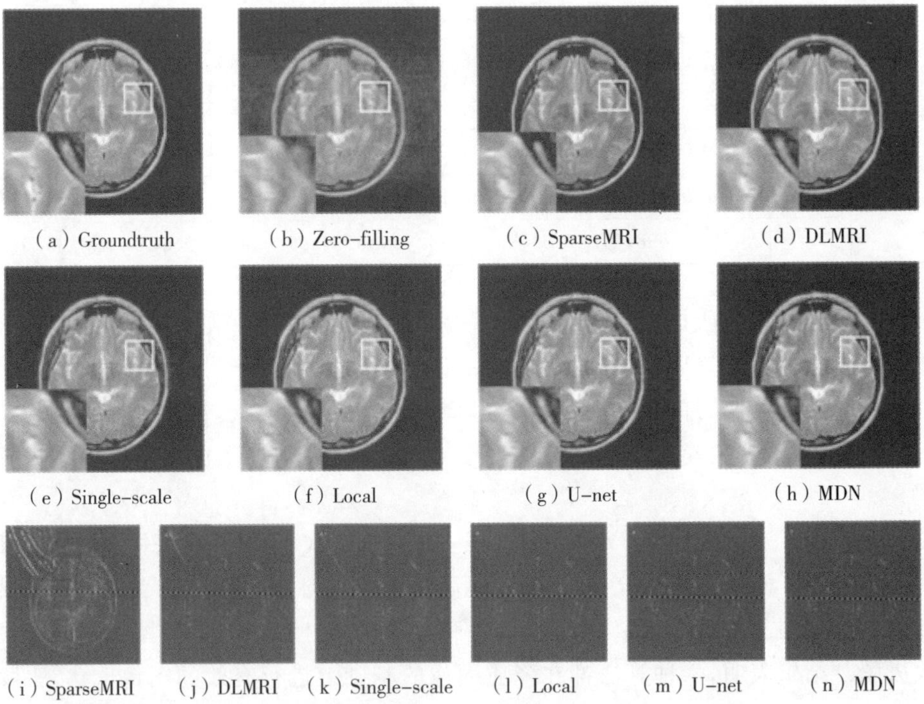

图 8-16　25% cartesian 采样下的重建结果以及六种重建算法结果的残差图

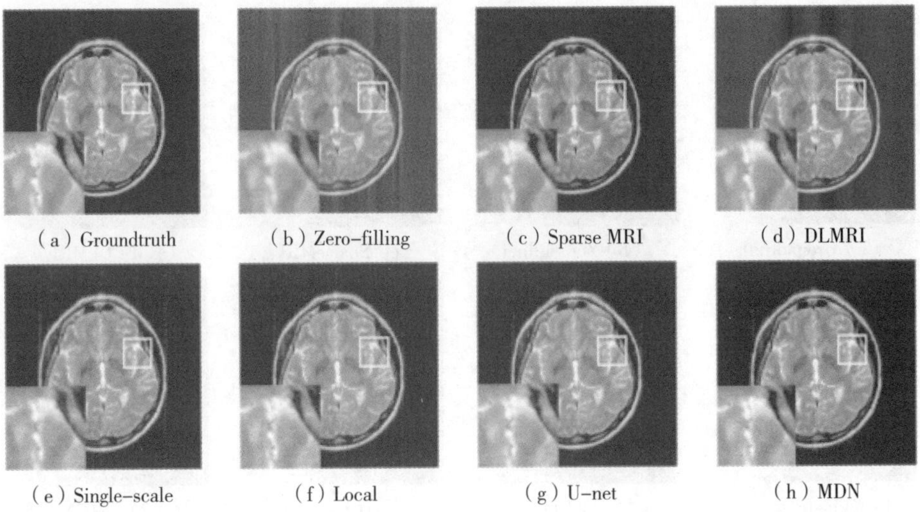

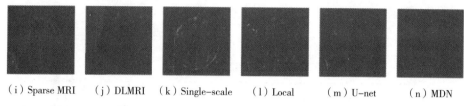

(i) Sparse MRI　(j) DLMRI　(k) Single-scale　(l) Local　(m) U-net　(n) MDN

图 8-17　30% radial 采样下的重建结果以及六种重建算法结果的残差图

3）使用 MDN 在复数数据集上的重建图像

针对更为复杂的复数数据集，除了客观评价指标和残差图，还计算出 80 张测试集图片结果 PSNR 的标准差，用以比较六种算法对不同图像重建的稳定性。

图 8-18 表明，无论是客观评价指标，还是主观的残差图，所提出的 MDN 算法在重建图像上具有很大的优势。另外，从六种算法重建测试集图片的标准差可以看出，基于深度学习的图像重建算法要比迭代优化算法更加稳定。

3. 噪声环境下重建

在临床中，磁共振成像不可能一直处于完美的无噪声环境之下，由于工作环境、设备的电路元件等影响，再加上一些病人本身无法保持静止的实际问题，所以成像过程中混入噪声是必然的。噪声的存在使医学图像具有斑驳、颗粒状、纹理或雪花的外观。磁共振设备采集到的原始数据是 K 空间数据，其中包含实部和虚部这两部分的信号，且两者之间的相位差为90°。实部和虚部分别带有均值为 0、方差相同且独立的加性高斯白噪声。对稀疏采样后的 K 空间数据进行傅里叶逆变换，得到图像数据。而傅里叶变换也不会改变噪声形式，因此得到的图像域数据是复数信号，定义为

$$x_c = (x_{\mathrm{Re}} + N_{\mathrm{Re}}) + \mathrm{j}(x_{\mathrm{Im}} + N_{\mathrm{Im}}) \tag{8-3-13}$$

式中，x_c 是带高斯噪声的重建图像，x_{Re} 和 x_{Im} 分别表示实部和虚部信号，j 指的是虚数单位，N_{Re} 和 N_{Im} 分别服从均值为 0、方差为 σ^2 的高斯分布。通常情况下，我们所观测到的图像是经过模运算得到的幅值图像，即

$$x = |x_c| = \sqrt{(x_{\mathrm{Re}} + N_{\mathrm{Re}})^2 + (x_{\mathrm{Im}} + N_{\mathrm{Im}})^2} \tag{8-3-14}$$

一般来说，重构图像中会存在与信号相关的莱斯噪声，这也是 K 空间数据混入噪声后重建图像存在的主要噪声。但也不能排除无噪声环境下获取的 K 空间数据，在傅里叶逆变换时混入了其他噪声的可能。

现进行噪声环境下的重建，采用多尺度扩张残差网络作为压缩感知模型的重建算法，并且只考虑在图像域重建，并不融合梯度域图像信息。因为无论是高斯噪声还是莱斯噪声，密密麻麻的噪点会严重影响梯度域图像的轮廓边缘和锐利特征。所以，为防止梯度域图像特征里混入过多的干扰噪声，现只在图像域上重建 MR 图像，且用五个重复的 MDN 模块，加大网络深度以提取更深层的特征，并尽可能地过滤掉图像特征里的噪点。将训练的迭代次数设置为 250000 次，以减少噪声的干扰、提高网络重建的精度。采用压缩感知模型的重建方法（零填充重建）和 LRLs 作为对比算法，以验证所选 MDN 网络降噪效果优越性。

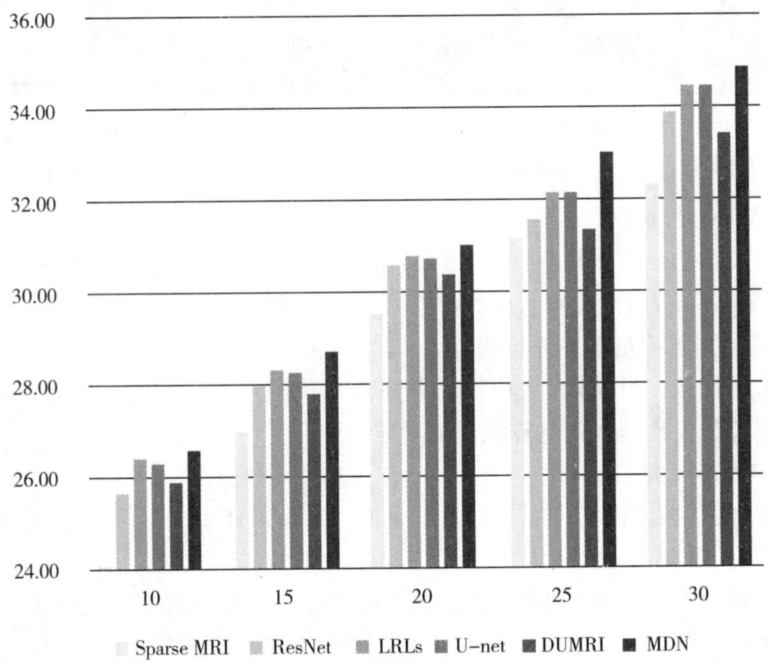

（a）cartesian采样

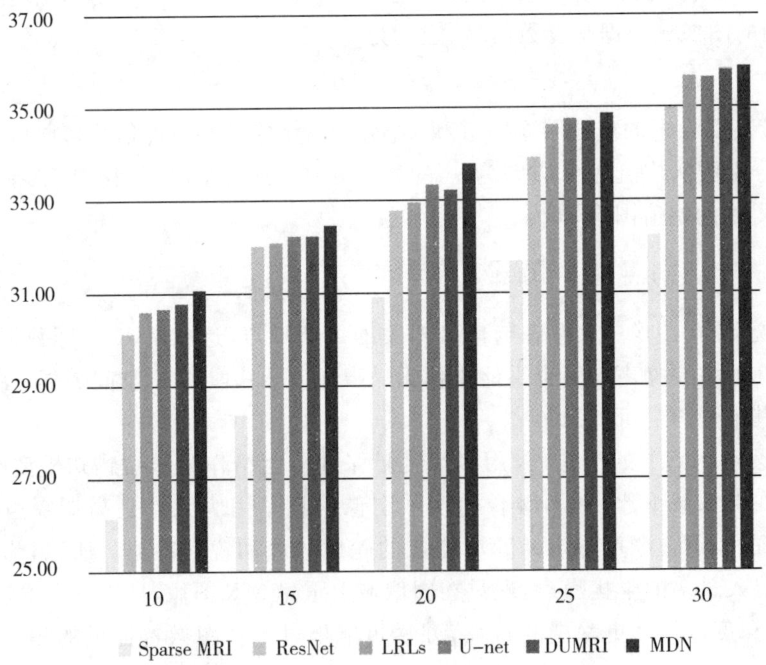

（b）random采样

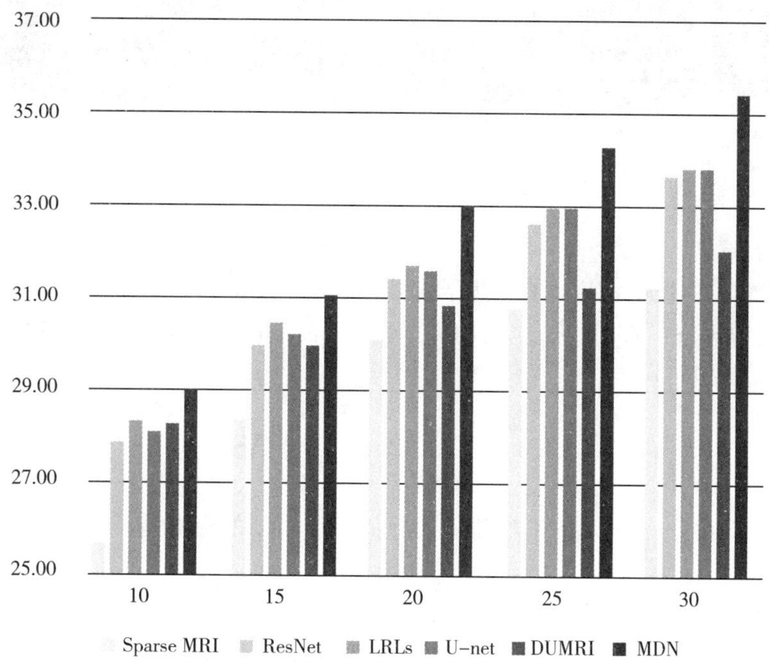

（c）radial采样

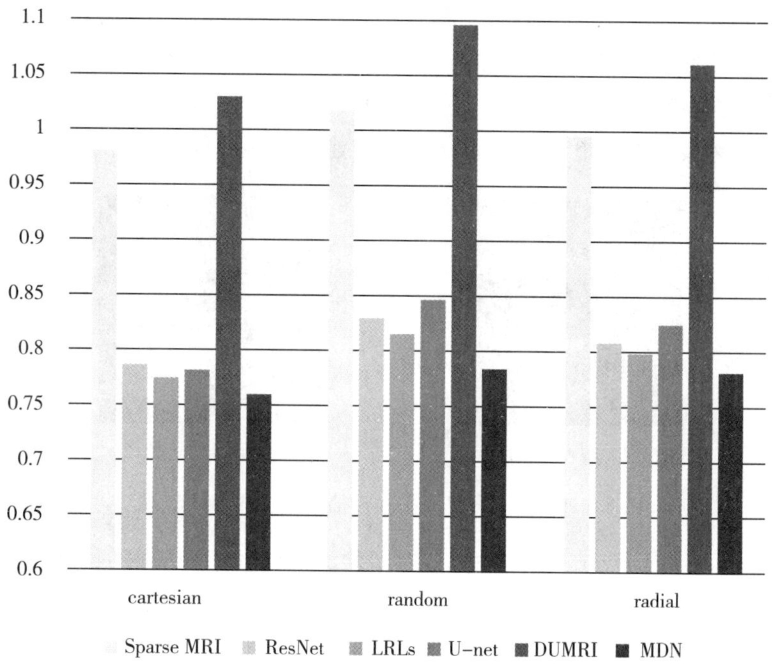

（d）标准差

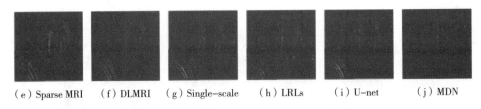

(e) Sparse MRI　(f) DLMRI　(g) Single-scale　(h) LRLs　(i) U-net　(j) MDN

图 8-18　30% 采样下,复数数据集重建的客观指标和主观残差图

1) 高斯噪声

高斯噪声[146] 的概率密度函数服从高斯分布(即正态分布),如果噪声的幅度分布服从高斯分布又是均匀分布的,则称它为高斯白噪声。高斯噪声的概率密度函数 (probability density function,PDF) 为

$$p(x)=\frac{1}{\sqrt{2\pi}\,\sigma}\exp\left(-\frac{(x-\mu)^2}{2\sigma^2}\right) \tag{8-3-15}$$

式中,x 表示灰度值,μ 表示 x 的平均值或期望值,σ 表示 x 的标准差。标准差的平方 σ^2 表示 x 的方差。

图 8-19 表明,对 K 空间数据进行稀疏采样后再加入高斯噪声,使得重建后的 MR 图像上出现了很多的噪点,经过傅里叶逆变换后的图像质量与原始图像相比也下降了很多。不同的噪声水平对 MR 图像的降质效果不同,所以在实验中仿真了不同噪声水平的 MR 降质图像。在 k 空间数据逆变换过程中加入高斯噪声,所采集到的 k 空间数据是无噪声的,所以噪声图像中不含莱斯噪声,只有高斯噪声。在重建算法中使用深度学习固有的反向传播,矫正训练模型、重建无噪声图像。表 8-3 给出了不同噪声水平下 MR 高斯噪声图像的 PSNR 值。在相同实验条件下,LRLs 和 MDN 重建的降噪图像,如图 8-20 所示。

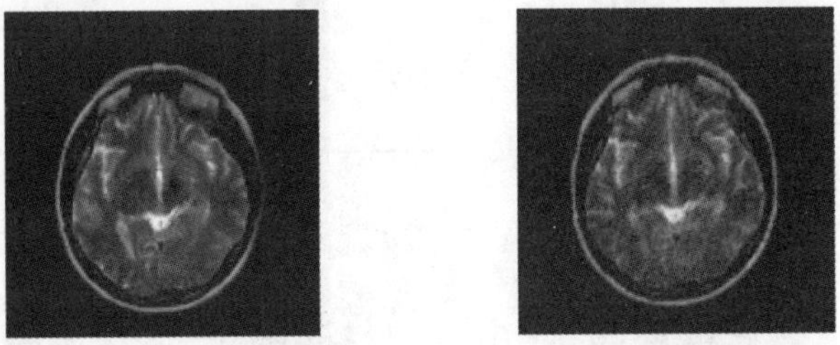

(a) 原始图像　(b) 高斯噪声图像

图 8-19　35% radial 采样后的 MR 高斯噪声图像

表 8-3 表明,在 35% random 采样下,对图像添加四种不同等级的高斯噪声(零填充 & 加噪),直接重建的 MR 图像质量很差。尤其是在噪声标准差 σ 为 0.03 时,PSNR 值降到了 16.81 dB,而当噪声标准差 σ 为 0 时,零填充的 MR 重建图像的 PSNR 值能达到 31.05 dB。可见,噪声环境对磁共振成像的影响有多大。表 8-3 也表明,两种深度学习算法都取得了较好的降噪效果,其中 MDN 的重建效果要优于 LRLs。图 8-20 表明,零填充重建图像中噪点比较密集,这会对临床诊断造成比较大的影响。另外,通过大量噪声样本训练深度学习

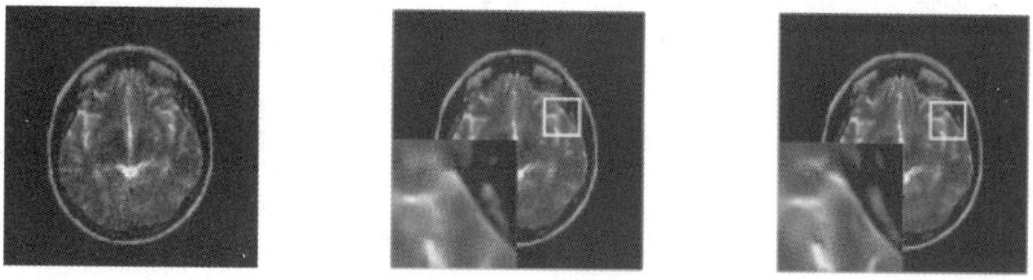

（a）零填充重建的图像　（b）LRLs重建的降噪图像　（c）MDN重建的降噪图像

图 8-20　两种深度学习算法重建的降噪图像（标准差 $\sigma=0.01$）

算法，确实可使重建的MR图像过滤掉绝大多数的噪声，不过降噪后的MR图像细节并没有无噪声环境下重建的图像细节丰富锐利。

表 8-3　在 35% random 采样下，不同噪声等级的 MR 高斯噪声图像的 PSNR 值

重建方法	$\sigma=0$	$\sigma=0.01$	$\sigma=0.02$	$\sigma=0.03$
零填充重建	31.50	20.88	18.34	16.81
LRLs	37.53	31.09	29.78	29.22
MDN	38.06	31.74	30.36	29.54

2）莱斯噪声

对 K 空间数据集的实部和虚部分别加入符合高斯分布的噪声，经过傅里叶逆变换所获得的幅值图像中已经不存在加性的高斯噪声，而是与图像数据有关的莱斯噪声[149]。

在优化算法基础上，研究人员一般使用方差稳定变换（VST）方法，将 MR 图像中的莱斯噪声转换为高斯分布，然后使用高斯滤波的算法去除噪声，经过方差稳定逆变换（IVST）后，最终得到了去噪后的MR图像。深度学习算法在降噪问题上具有特殊性：深度学习是任务驱动型的模型，设计它的网络结构，并不强烈依赖于噪声的概率分布，用大量数据训练的深度模型，降噪有很强的泛化性。莱斯噪声图像如图 8-21 所示。

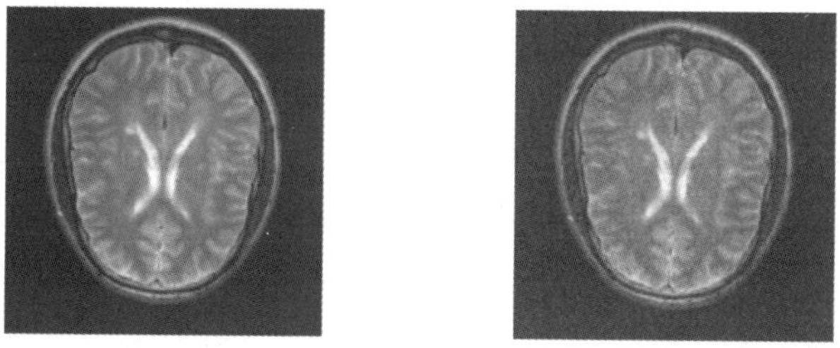

（a）原始图像　（b）莱斯噪声图像

图 8-21　35% cartesian 采样后的 MR 莱斯噪声图像

与高斯噪声图像类似，莱斯噪声图像中的噪点分布密集，在稀疏采样的基础上，噪声进一步降低了重建图像的质量，莱斯分布噪声是 MRI 中经常出现的噪声，它的概率密度函数为

$$p(x)=\frac{x}{\sigma^2}\exp\left[-\left(\frac{x^2+S^2}{2\sigma^2}\right)\right]I_0\left(\frac{xS}{\sigma^2}\right) \tag{8-3-16}$$

式中，S 为 MR 原始图像的幅值，I_0 为修正的零阶贝塞尔函数，σ^2 表示灰度值 x 的方差。莱斯分布常用参数 k 来描述，k 的定义是图像信号的功率和方差之比，即

$$k=\frac{S^2}{2\sigma^2} \tag{8-3-17}$$

由式(8-3-16)和式(8-3-17)知，在MR图像的高信噪比区域，莱斯分布会退化为高斯分布；而在 MR 图像的低信噪比区域，也就是当 S 趋向于 0 时，噪声将由莱斯分布退化为瑞利分布。也就是说，莱斯噪声在同一张 MR 图像上有不同的分布。瑞利分布的概率密度函数为

$$R(x)=\frac{x}{\sigma^2}\exp\left[-\left(\frac{x^2}{2\sigma^2}\right)\right] \tag{8-3-18}$$

与式(8-3-16)一样，σ^2 表示灰度值 x 的方差。在实际的磁共振成像过程中，噪声混入稀疏采样后 K 空间数据的实部和虚部，将实部和虚部信息转为幅值图像，经过傅里叶逆变换后得到含有莱斯噪声的降质图像，再经过重建算法得到降噪后的 MR 图像。不同噪声等级的 MR 莱斯噪声图像 PSNR 值见表 8-4 所列。

表 8-4　在 35% cartesian 采样下，不同噪声等级的 MR 莱斯噪声图像的 PSNR 值

重建方法	$\sigma=0$	$\sigma=0.01$	$\sigma=0.02$	$\sigma=0.03$
零填充重建	30.89	20.12	17.73	16.20
LRLs	37.14	31.10	29.58	29.04
MDN	37.80	31.35	30.00	29.39

与高斯噪声类似，莱斯噪声对 MR 图像重建的质量影响也比较大，当噪声的标准差 σ 为 0.03 时，零填充重建图像的 PSNR 值甚至只有 16.20 dB，这样会严重影响成像质量和诊断效果。经过 LRLs 和 MDN 这两种深度学习算法的降噪处理后，MR 图像质量提升很多。综合高斯噪声和莱斯噪声的降噪仿真实验可知，在不改变网络的模型和相应参数的情况下，基于深度学习的图像重建算法对不同噪声的处理有很强的鲁棒性。

4. 消融实验和参数对比实验

现进行消融实验来确定合适的初始学习率，以及全局残差和局部残差的性能。表 8-5 表明，在初始学习率一致的前提下，综合使用全局残差和局部残差能获得图像重建的最佳效果，因为全局残差补全了网络提取过程中损失掉的初始信息，而局部残差增加了图像信息的流通性，可以提高 MR 图像的重建质量。在使用同样残差学习方式的前提下，初始学习率设为 0.001 是比较合适的。

表 8-5　在不同学习率下，全局和局部残差的消融实验

初始学习率	0.0001	0.001	0.01
全局 √ 局部 √	34.95/0.935	34.95/0.944	34.31/0.939
全局 × 局部 √	34.15/0.912	34.17/0.919	33.74/0.924

（续表）

初始学习率	0.0001	0.001	0.01
全局 √ 局部 ×	34.31/0.905	34.52/0.902	31.61/0.702
全局 × 局部 ×	32.00/0.781	31.61/0.702	31.61/0.702

在三种采样方式下进行了 concat 层的消融实验结果见表 8－6 所列。表 8－6 表明，concat 层融合了多尺度特征，确实提高了 MR 图像的成像质量。

表 8－6　concat 层的消融实验结果

采样方式 & 采样率	Random 采样 &20%	Cartesian 采样 &25%	Radial 采样 &30%
无 concat 层	33.54/0.903	32.49/0.923	34.41/0.872
有 concat 层	34.95/0.944	33.25/0.950	35.64/0.955

在相同深度和卷积核感受野的网络基础上，采用扩张卷积与原始卷积时网络模块数与参数数量间的关系、不同神经网络的参数数量如图 8－22 所示。图 8－22(a) 表明，当网络深度和卷积核感受野相同时，使用扩张卷积的网络参数要明显比原始卷积的网络参数小，而扩张卷积网络的重建质量更高。另外，表 8－7 表明，扩张卷积网络在浅层网络的限制下，使用两个 block 是最合适的；在相同网络深度下，所提出的 MDN 网络拥有较小的网络参数，能提高网络的训练速度、加速成像。

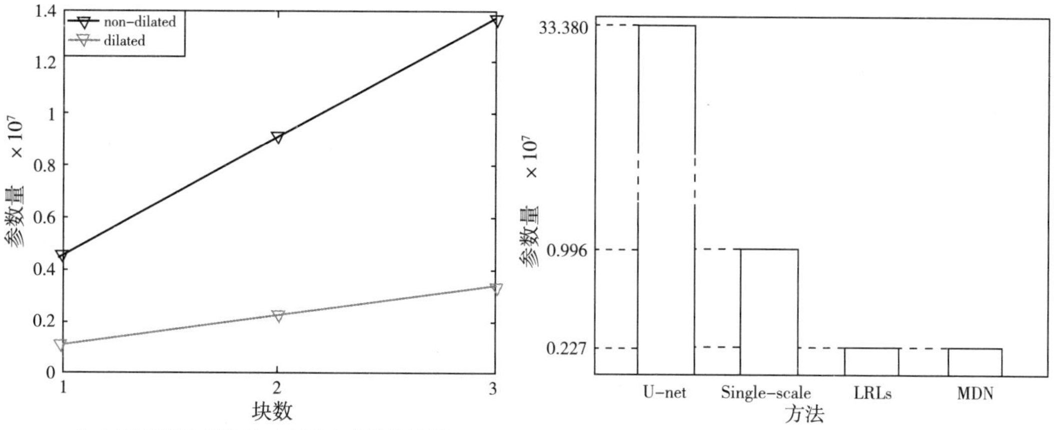

（a）网络模块的数量对应网络参数的数量　　（b）四种神经网络的参数数量对比

图 8－22　不同网络参数的参数数量

表 8－7　扩张卷积网络和原始卷积网络在不同数量 block 下的重建质量

block 数量	1	2	3
原始卷积网络	34.68/0.917	34.78/0.940	33.95/0.919
扩张卷积网络	34.85/0.930	34.95/0.944	34.98/0.934

综上,为了提高 CSMRI 的质量,并加速网络训练提高成像速度,提出的基于多尺度残差网络的深度学习算法,利用扩张卷积扩大卷积核的感受野,在减小网络参数的同时,提取了图像的多尺度信息,提升了所提取特征的质量;使用全局残差补充网络在提取特征的过程中损失掉的图像初始信息,使用局部残差来提高图像信息的流通性,两者相结合,保证了图像特征的丰富性、提高了成像质量;使用 concat 层融合多尺度特征,加快了网络的收敛、提高了网络的精度。

与优化算法(sparse MRI 和 DLMRI)以及深度学习算法(single - scale residual learning、local residual learnings 和 U - net)相比,MDN 算法在成像质量上有了较大幅度提升,在网络参数数量方面也有较大优势。与零填充重建算法和 local residual learnings (LRLs)算法相比,MDN 重建算法对噪声处理有很好的鲁棒性,不同噪声的处理也不需要进行参数调整,说明了 MDN 算法降噪的泛化性。

8.4 基于图像域和梯度域卷积神经网络的 CSMRI 算法

上一节在图像域上使用深度卷积神经网络提取特征信息,并将理想的图像信息嵌入压缩感知模型中,获得了较好的重建图像。研究表明,图像的梯度域包含更多图像边缘和锐利特征,而且这些边缘和特征能进一步增大图像的对比度[150—152]。现将图像域和梯度域图像相融合以提高 MR 图像重建质量,首先对图像像素值进行 X 和 Y 方向的求导,得到不同方向的梯度信息,然后使用卷积神经网络对这两个方向的梯度信息进行重建,最后与图像域重建的图像进行融合,得到重建后的 MR 图像。

8.4.1 梯度域

1. 图像梯度域

图像梯度可以将一个图像值变成一个向量,简单来说,就是对像素值在 X,Y 方向进行求导,从而得到图像在 X,Y 方向的梯度。梯度域的图像处理,就是利用梯度的性质,对图像梯度进行计算,从而达到某些特定的效果。有些难以在图像域中提取的图像边缘和细节特征,却可以比较容易地在梯度图像中获得,因此,使用合理的梯度分解方式和特征融合方式就可以提升重建图像的质量。

人像和风景这类自然图像,经过梯度分解后,图像的细节结构更加清晰突出,如图 8 - 23 所示。MR 图像分解后的 X 和 Y 方向的梯度图像,也存在明显的轮廓边缘。利用这些梯度信息,分解之后处理再融合的重建图像会有较大质量提升。

2. 梯度分解

梯度是一个向量,指向变化最大的地方,而梯度大小表示变化的幅度。以一个二元函数来讲,设一个二元函数 $f(X,Y)$,在某个点的梯度为

$$\mathrm{grad} f(X,Y) = \nabla f(X,Y) = f_X(X,Y)\,\boldsymbol{e}_x + f_Y(X,Y)\,\boldsymbol{e}_Y \tag{8-4-1}$$

$$\nabla f = \frac{\partial f}{\partial X}\boldsymbol{e}_x + \frac{\partial f}{\partial Y}\boldsymbol{e}_Y \tag{8-4-2}$$

（a）人像

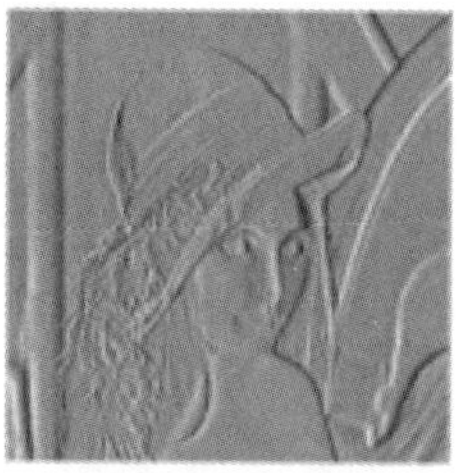

（b）梯度X方向

（c）梯度Y方向

（d）风景像

（e）梯度X方向

（f）梯度Y方向

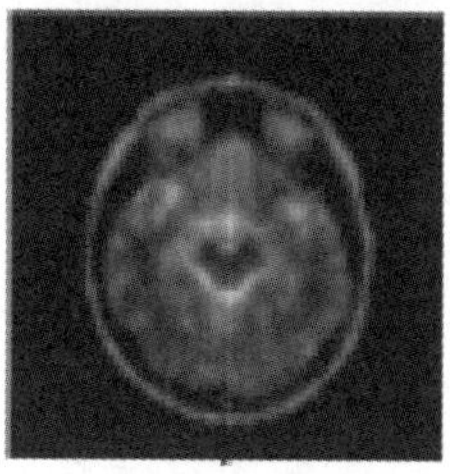

（g）MR图像

（h）梯度X方向

（i）梯度Y方向

图 8-23　人像、风景像和 MR 图像的梯度图

式中，∇f 称为向量微分算子，$\boldsymbol{e}_x$ 和$\boldsymbol{e}_Y$ 分别指图像 X 和 Y 方向的向量，梯度的方向是函数变化最快的方向，沿着梯度的方向能容易找到变化的最大值。在图像处理中，一些模糊图像尤其是干扰性的伪影较多的图像，没有比较强烈的图像边缘灰度变化，会导致层次感不强。而图像 $f(X,Y)$ 可以采用梯度来衡量图像灰度的变化率。

梯度图对应到图像中，就是相邻的灰度值有变化。如果相邻元素没有变化，那么梯度值就为0。如图 8-24 所示，把梯度值和对应的像素相加，灰度值没有变化的，像素就不会变化，图像的边缘特征就不明显。反之，灰度值有变化，像素值也会跟着变化，图像的边缘特征就会比较明显。

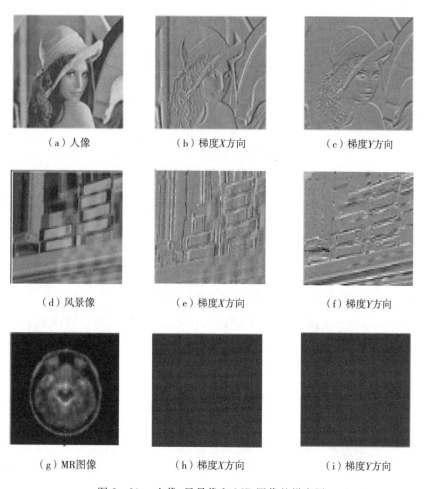

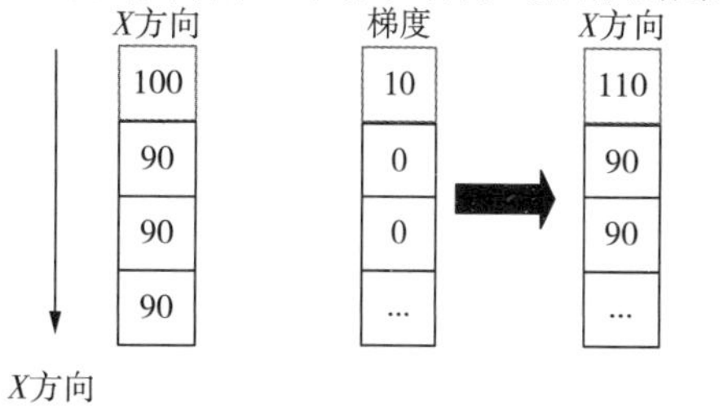

图 8-24　图像 X 方向的梯度

因此，采用梯度信息可以用来增强图像的细节结构、锐化图像的边缘特征。求图像

的梯度，梯度向量为

$$\nabla f(X,Y)=[G_X,G_Y]^{\mathrm{T}}=\left[\frac{\partial f}{\partial X},\frac{\partial f}{\partial Y}\right]^{\mathrm{T}} \tag{8-4-3}$$

式中，T 是转置运算，G_X 和 G_Y 表示图像 X 和 Y 方向的梯度，$\left[\frac{\partial f}{\partial X},\frac{\partial f}{\partial Y}\right]$ 是对图像的 X 和 Y 方向偏导运算后的向量结果。这个向量的幅度 $\mathrm{mag}(\nabla f)$ 和方向角 $\varphi(X,Y)$ 分别为

$$\mathrm{mag}(\nabla f)=g(X,Y)=\sqrt{\frac{\partial^2 f}{\partial X^2}+\frac{\partial^2 f}{\partial Y^2}} \tag{8-4-4}$$

$$\varphi(X,Y)=\arctan\left|\frac{\partial f}{\partial Y}\Big/\frac{\partial f}{\partial X}\right| \tag{8-4-5}$$

式(8-4-3)中，采用差分导数，得

$$G_X(X,Y)=H(X+1,Y)-H(X-1,Y) \tag{8-4-6}$$

$$G_Y(X,Y)=H(X,Y+1)-H(X,Y-1) \tag{8-4-7}$$

式中，$H(X,Y)$ 表示像素值，而 $G_X(X,Y)$ 表示 $H(X,Y)$ 对 X 求偏导，$G_Y(X,Y)$ 表示 $H(X,Y)$ 对 Y 求偏导。像素点 (X,Y) 处的梯度值 $G(X,Y)$ 和梯度方向 $\alpha(X,Y)$ 分别为

$$G(X,Y)=\sqrt{G_X(X,Y)^2+G_Y(X,Y)^2} \tag{8-4-8}$$

$$\alpha(X,Y)=\tan^{-1}\left(\frac{G_Y(X,Y)}{G_X(X,Y)}\right) \tag{8-4-9}$$

梯度的方向是函数变化最快的方向，当函数中存在边缘时，一定有较大的梯度值。相反，当图像中比较平滑的部分，其灰度值变化较小，相应的梯度也较小。经典的图像梯度算法是考虑图像中每个像素的某个邻域内的灰度变化，利用边缘邻近的一阶导致或二阶导数，对原始图像中像素的某个领域设置梯度算子。本节只采用了一阶导数求解梯度，一方面，保证 MR 图像重建质量的提高；另一方面，避免增加计算复杂度，确保成像速度不会变慢。

8.4.2 基于图像域和梯度域卷积神经网络的 CSMRI 算法

1. 成像过程

本节提出了图像域图像和梯度域图像融合算法，对图像域图像使用多尺度的扩张残差网络进行特征提取，对梯度域图像使用较为简单的扩张局部残差网络，提取梯度域中比较精细的特征结构。

如图 8-25 所示，对经过稀疏采样后的 K 空间数据进行傅里叶逆变换，得到带伪影的降质图像，将降质图像进行梯度分解，变成 X 方向和 Y 方向的梯度域图像。现分成三个部分进行处理：首先，使用多尺度扩张残差网络来处理图像域信息；然后，对 X 和 Y 方向的梯度域信息，在卷积神经网络中采用局部残差和扩张卷积来提取细节的梯度信息。将图像域和梯度域图像分别重建后，融合为新的重建图像。

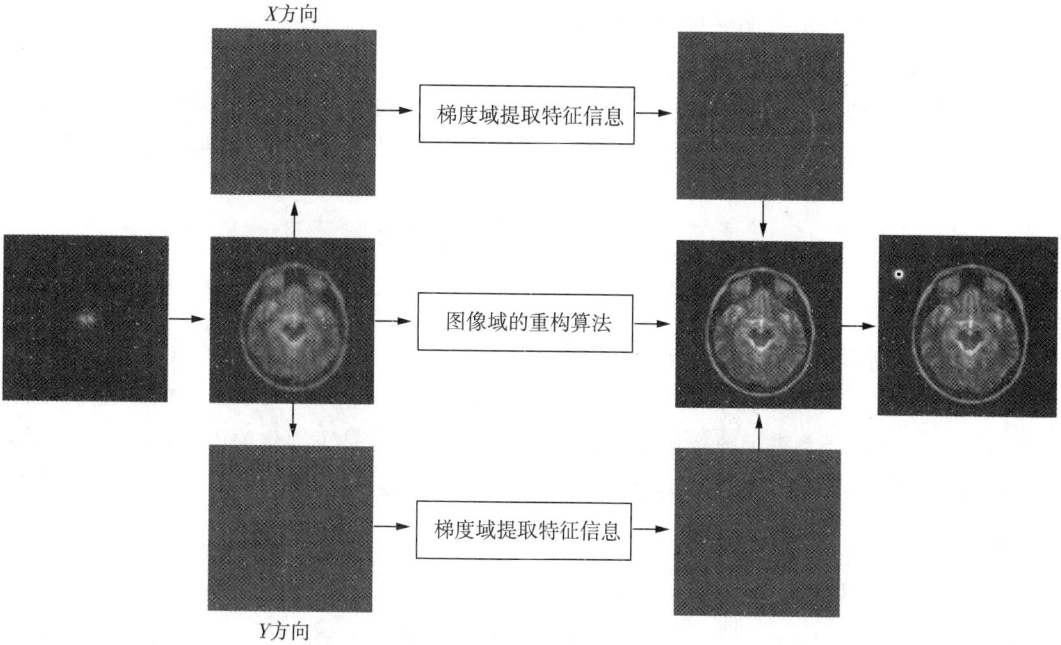

图 8-25　图像域和梯度域特征融合的算法流程

如图 8-26 所示，梯度域网络使用简单的 6 层扩张卷积层，每层卷积的卷积核大小都是 3×3，与 MDN 的扩张卷积层类似。

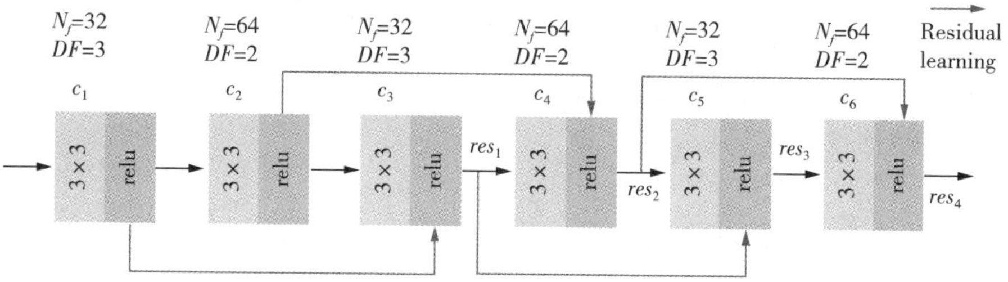

图 8-26　梯度域图像特征的提取网络

梯度域网络也采用通道数和扩张系数交替变化的方式，在不增加网络负担的前提下，提取图像的多尺度特征。图 8-26 中，残差学习公式为

$$
\begin{aligned}
res_1 &= c_1 + c_3 \\
res_2 &= c_2 + c_4 \\
res_3 &= res_1 + c_5 \\
res_4 &= res_2 + c_6
\end{aligned}
\tag{8-4-10}
$$

式中，res_i 为残差求和的输出，c_n 为第 n 层网络层的输出。本节算法的设计目的是，在使用梯度域的图像信息的同时，不增加太多的计算负担。经过分解，可以看出梯度域图像结构并不像图像域图像那么复杂，所以只需要设计浅层网络，减少初始梯度图像中伪影的混叠，使

用一般的局部残差网络就能够提取图像结构的边缘特征。

2. 梯度域和图像域融合方法

与图像域算法略有不同，梯度域图像信息在 X 和 Y 方向上都需要用深度学习网络提取并重建。在压缩感知模型的基础之上，融合梯度域信息和图像域信息，问题描述为

$$\hat{\boldsymbol{x}} = \arg\min_{x} \frac{1}{2} \| \boldsymbol{F}_u \boldsymbol{x} - \boldsymbol{y} \|_2^2 + \frac{\lambda_1}{2} \| \nabla \boldsymbol{x} - \nabla \boldsymbol{x}_{\mathrm{CNN}} \|_2^2 + \frac{\lambda_2}{2} \| \boldsymbol{x} - \boldsymbol{x}_{\mathrm{CNN}} \|_2^2 \tag{8-4-11}$$

式中，$\boldsymbol{x}$ 和 $\boldsymbol{y}$ 分别表示需要重建出的图像和 K 空间数据，$\boldsymbol{F}_u$ 为下采样的傅里叶编码矩阵。第一项 $\| \boldsymbol{F}_u \boldsymbol{x} - \boldsymbol{y} \|_2^2$ 为指数据保真项，第二项 $\lambda_1 \| \nabla \boldsymbol{x} - \nabla \boldsymbol{x}_{\mathrm{CNN}} \|_2^2$ 表示梯度域重建结果，第三项 $\lambda_2 \| \boldsymbol{x} - \boldsymbol{x}_{\mathrm{CNN}} \|_2^2$ 表示图像域重建结果。其中 λ_1 和 λ_2 是正则化的因子，$\nabla \boldsymbol{x}$ 和 $\nabla \boldsymbol{x}_{\mathrm{CNN}}$ 分别为梯度域图像和神经网络重建的梯度图像。由于这是一个最小二乘问题，x 有一个闭合形式的解为

$$(\boldsymbol{F}_u^H \boldsymbol{F}_u + \lambda_1 \nabla^{\mathrm{T}} \nabla + \lambda_2) \boldsymbol{x} = \boldsymbol{F}_u^H \boldsymbol{y} + \lambda_1 \nabla^{\mathrm{T}} \nabla \boldsymbol{x}_{\mathrm{CNN}} + \lambda_2 \boldsymbol{x}_{\mathrm{CNN}} \tag{8-4-12}$$

式中，∇^{T} 是梯度的转置形式，上标 H 表示厄米特转置运算。为了简化运算，在傅里叶域中，有

$$\boldsymbol{F}(\boldsymbol{F}_u^H \boldsymbol{F}_u + \lambda_1 \nabla^{\mathrm{T}} \nabla + \lambda_2) \boldsymbol{F}^H \boldsymbol{F} \boldsymbol{x} = \boldsymbol{F}(\boldsymbol{F}_u^H \boldsymbol{y}) + \lambda_1 \boldsymbol{F}(\nabla^{\mathrm{T}} \nabla \boldsymbol{x}_{\mathrm{CNN}}) + \lambda_2 \boldsymbol{F}(x_{\mathrm{CNN}}) \tag{8-4-13}$$

$$\boldsymbol{F}\boldsymbol{x} = \frac{\boldsymbol{F}(\boldsymbol{F}_u^H \boldsymbol{y}) + \lambda_1 \boldsymbol{F}(\nabla^{\mathrm{T}} \nabla \boldsymbol{x}_{\mathrm{CNN}}) + \lambda_2 \boldsymbol{F}(\boldsymbol{x}_{\mathrm{CNN}})}{\boldsymbol{F}(\boldsymbol{F}_u \boldsymbol{F}_u^H) \boldsymbol{F}^H + \lambda_1 \boldsymbol{F}(\nabla^{\mathrm{T}} \nabla) \boldsymbol{F}^H + \lambda_2 \boldsymbol{F} \boldsymbol{F}^H} \tag{8-4-14}$$

式中，$\boldsymbol{F}$ 为傅里叶编码矩阵。由于将图像的梯度分解分为 X 和 Y 方向，所以梯度图像和神经网络重建的梯度图像也分为两个方向，即

$$\boldsymbol{x} = \boldsymbol{F}^{-1} \left(\frac{\boldsymbol{F}\boldsymbol{F}_u^H y + \lambda_1 \boldsymbol{F}(\nabla_1^{\mathrm{T}} \nabla \boldsymbol{x}_{\mathrm{CNN-1}} + \nabla_2^{\mathrm{T}} \nabla \boldsymbol{x}_{\mathrm{CNN-2}}) + \lambda_2 \boldsymbol{F}\boldsymbol{x}_{\mathrm{CNN}}}{\boldsymbol{F}\boldsymbol{F}_u \boldsymbol{F}_u^H \boldsymbol{F}^H + \lambda_1 \boldsymbol{F}(\nabla_1^{\mathrm{T}} \nabla_1 + \nabla_2^{\mathrm{T}} \nabla_2) \boldsymbol{F}^H + \lambda_2} \right) \tag{8-4-15}$$

式中，∇_1 和 ∇_1 分别表示 X 方向上的梯度及其转置。∇_2 和 ∇_2^{T} 分别表示 Y 方向上的梯度及其转置，$\boldsymbol{F}^{-1}$ 表示傅里叶逆变换。向量 $\boldsymbol{F}\boldsymbol{F}_u^H \boldsymbol{y}$ 表示零填充的傅里叶测量值，$\boldsymbol{F}\boldsymbol{F}_u \boldsymbol{F}_u^H \boldsymbol{F}^H$ 是由 0 和 1 组成的对角矩阵。与 MDN 算法一样，$\boldsymbol{x}_{\mathrm{CNN}}$ 为神经网络所重建的图像信息，而 $\nabla \boldsymbol{x}_{\mathrm{CNN-1}}$ 和 $\nabla \boldsymbol{x}_{\mathrm{CNN-2}}$ 分别为 X 和 Y 方向上神经网络重建的图像信息。

无论是 X 方向还是 Y 方向，这里都使用欧式距离函数作为损失函数，即

$$Loss = \frac{1}{2M} \sum_{i=1}^{M} (\nabla \hat{x}_i - \nabla x_i)^2 \tag{8-4-16}$$

式中，∇x_i 表示全采样的图片进行梯度分解后的图像，保留了原有图片的所有边缘结构和锐利特征，$\nabla \hat{x}_i$ 为网络输出的梯度域图像，M 为训练图像的数量。

8.4.3 仿真实验与结果分析

为了验证本节算法的有效性，以 Single - scale Residual Learning[148] (Single - scale)、

U-net[148]、Local Residual Learnings[153]（LRLs）和 Multi-scale Dilated Residual Convolution Network[153]（MDN）等为比较对象。所使用的数据集依旧是塞浦路斯大学的计算机系所公布的 MR 图像数据，实验重新整理出 800 张 MR 实数图像作为训练集，50 张 MR 实数图像作为测试集。在梯度域网络的参数设置上，初始学习率设置为 0.001，权重衰减项设置为 0.0001，使用 step 的学习率下降策略，权值动量 momentum 设置为 0.9。与上一节实验细节不同的是训练的最大迭代次数和 step size 的大小，由图 8-14 中的训练和测试的收敛曲线可以判断，在训练和测试的中后期，扩张卷积网络已经趋于平稳，所以本节减少了网络训练的最大迭代次数和相应的“step size”值，分别设置为 150000 次和 30000 次。

1. 五种算法在实数集上重建

所使用的采样方式为 Cartesian 采样、Random 采样和 Radial 采样。对各种采样方式，五种不同的稀疏采样率为：10%、15%、20%、25%和 30%。采用峰值信噪比（PSNR）和结构相似度（SSIM）作为算法性能评价指标。五种深度学习算法的重建结果（*PSNR/SSIM*）见表 8-8 所列。

表 8-8　五种深度学习算法的重建结果（PSNR/SSIM）

采样方式	采样率	Single-scale	LRLs	U-net	MDN	融合
cartesian 采样	10%	28.01/0.815	28.98/0.842	29.11/0.855	30.05/0.864	31.89/0.901
	15%	31.10/0.884	32.21/0.899	32.24/0.901	32.98/0.909	33.10/0.920
	20%	32.01/0.926	32.89/0.931	33.65/0.934	34.10/0.940	34.32/0.951
	25%	33.28/0.940	34.01/0.945	34.15/0.947	35.12/0.954	35.20/0.959
	30%	34.19/0.952	35.18/0.958	35.02/0.960	35.30/0.967	35.51/0.970
random 采样	10%	35.11/0.882	36.56/0.895	37.20/0.903	37.49/0.910	38.24/0.922
	15%	36.25/0.900	36.98/0.912	38.10/0.919	38.37/0.925	39.15/0.939
	20%	38.06/0.915	38.15/0.928	39.01/0.931	39.23/0.941	40.34/0.950
	25%	39.20/0.933	39.64/0.940	39.64/0.943	40.14/0.954	41.11/0.956
	30%	40.13/0.949	41.01/0.948	40.98/0.951	41.12/0.958	42.05/0.964
radial 采样	10%	32.95/0.855	32.98/0.865	33.82/0.869	34.00/0.888	35.12/0.904
	15%	34.75/0.898	35.77/0.901	35.79/0.904	36.45/0.911	37.00/0.920
	20%	35.85/0.913	36.23/0.922	36.84/0.921	37.11/0.926	38.01/0.939
	25%	36.24/0.921	37.18/0.930	37.14/0.930	38.05/0.941	39.12/0.948
	30%	37.21/0.935	38.25/0.941	38.00/0.946	38.97/0.955	40.06/0.960

表 8-7 中，每一行加粗的数据表示这一行的最高指标数据。表 8-7 表明，在实数数据集中，图像域和梯度域特征融合的算法取得了比其他深度学习算法更好的重建质量。如果采用并行训练的方式，X 和 Y 方向梯度域的浅层网络并不会增加太多的训练时间，所提取的轮廓边缘和锐利特征有利于 MR 图像的重建。这些表明，本节所提出的融合算法在保证训练时间不增加的同时，还能够提高图像的重建质量，从而体现了算法的可行性

2. 消融实验

现通过实验检查 Single - scale、LRLs、U - net 和 MDN 等算法在融合梯度域图像信息后,重建结果的变化。四种深度学习算法中仍采用原始网络,而处理梯度域信息采用图 8 - 27 中的浅层网络,以进一步验证本节所提出算法的有效性。实验结果如图 8 - 28 所示。

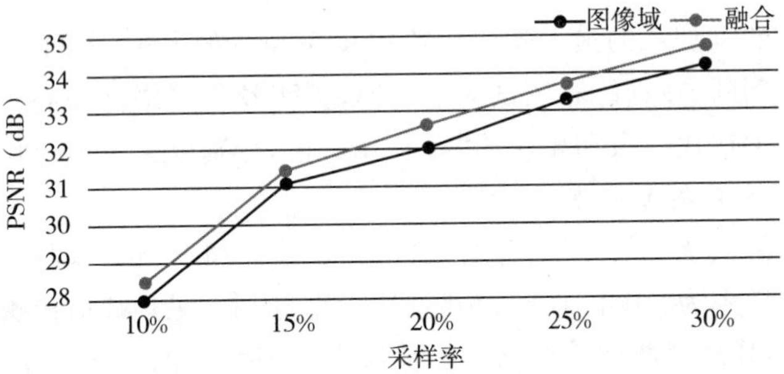

(a) Single-scale

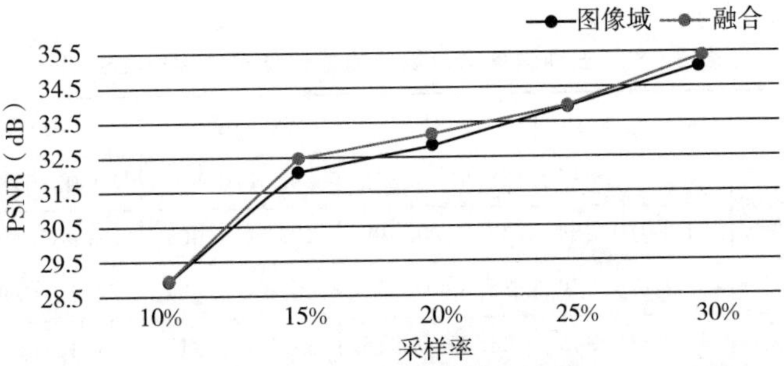

(b) LRLs

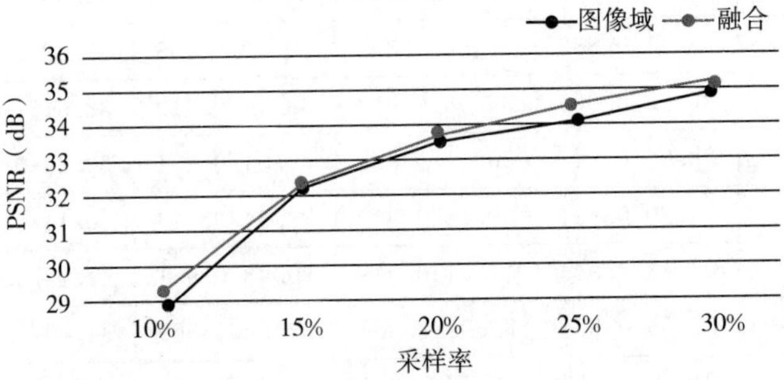

(c) U-net

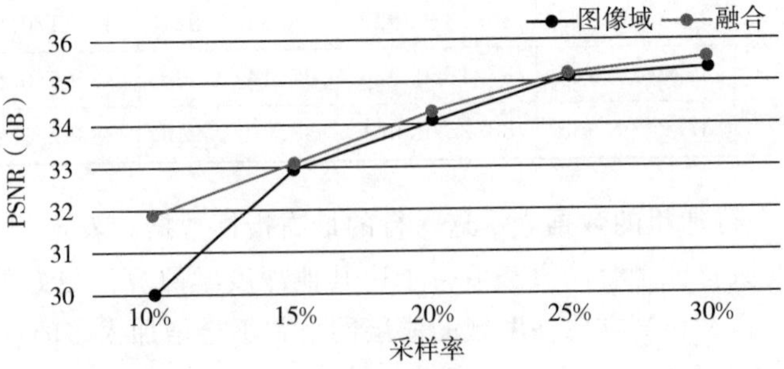

(d) MDN

图 8 - 27 cartesian 采样

图 8 - 27 ～ 图 8 - 29 表明，在大部分情况下，融合了梯度域信息的四种深度学习算法重建结果，均比只有图像域信息的重建图像质量高。梯度域网络所提取的边缘轮廓和锐利特征，丰富了图像质量及重建图像的图像结构。当然，这并不表明，梯度域信息对所有算法的重建图像质量都有提升，有些梯度域信息会造成图像信息的混叠，从而影响重建质量。

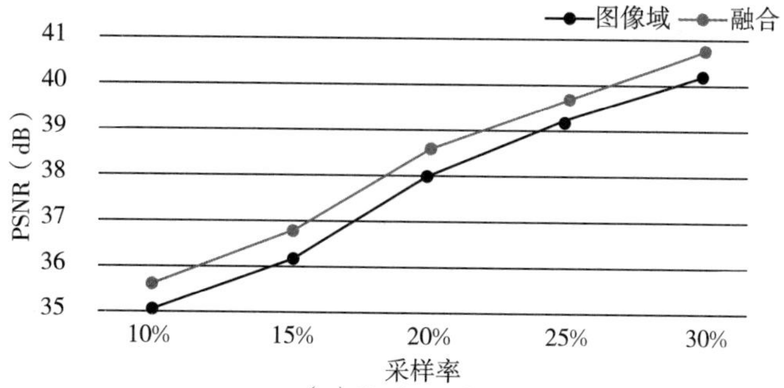

（a）Single-scale

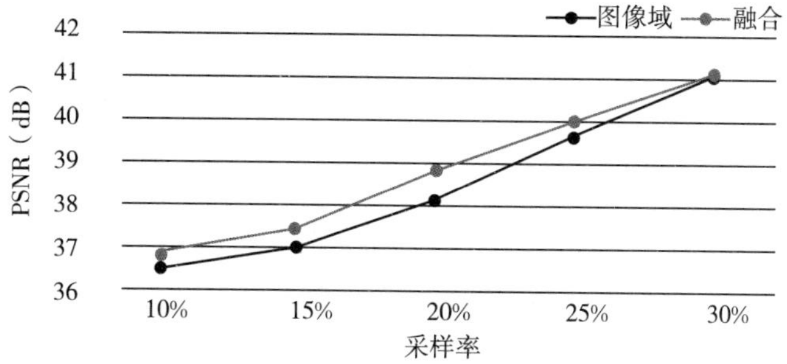

（b）LRLs

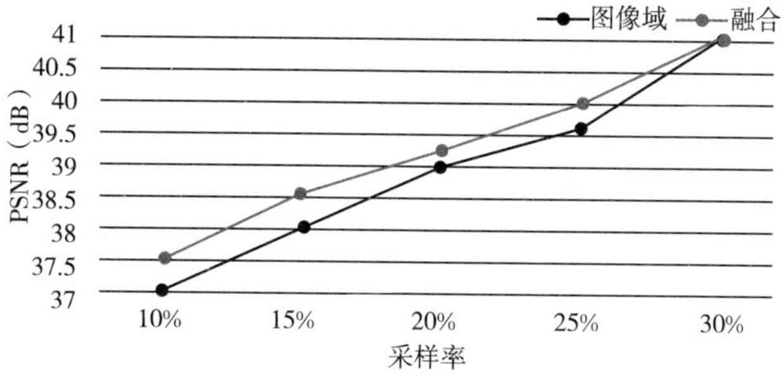

（c）U-net

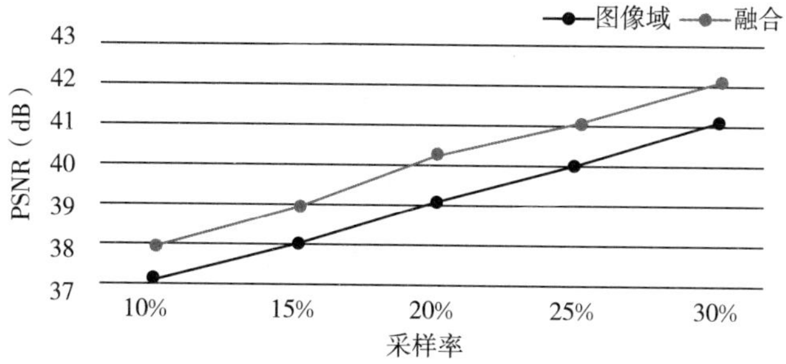

（d）MDN

图 8 - 28　random 采样

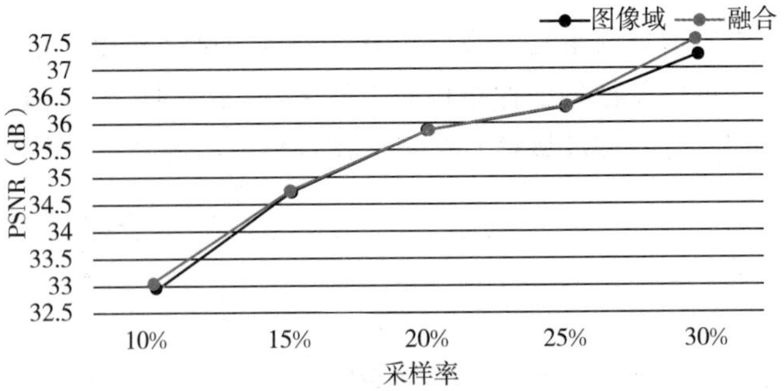

（a）Single-scale

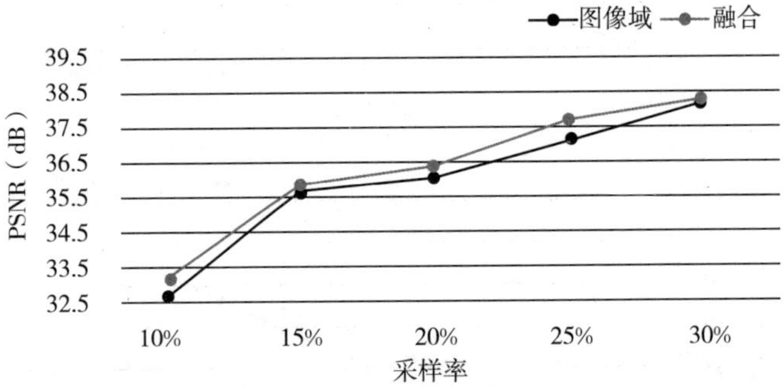

（b）LRLs

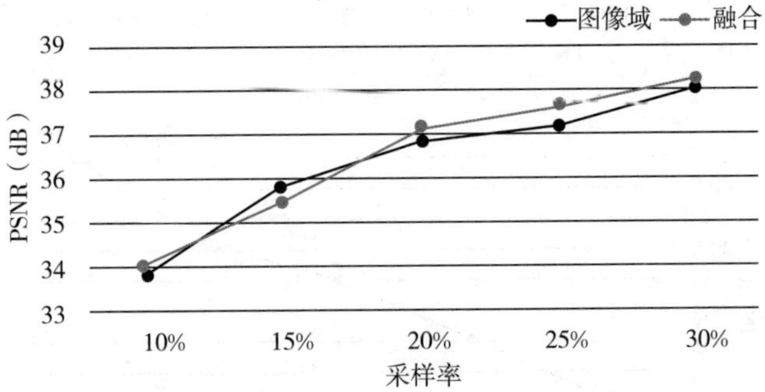

（c）U-net

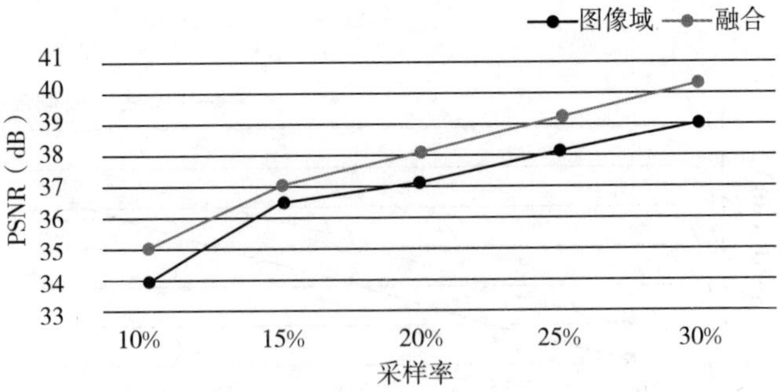

（d）MDN

图 8-29　radial 采样

结构越复杂的 MR 图像，梯度域提取的信息也就越丰富，融合到重建图像中，也会略有质量提升。反之，对于平滑的 MR 图像，所提取到的梯度域信息有时会成为混叠信息，不仅不会提高成像质量，反而会降低算法精度。因此，在使用图像域和梯度域特征融合前，需要对数据集进行细微的甄别，如拥有复杂结构的大脑 MR 图像，就可以使用融合算法；但结构比较简单的 MR 图像，如腿骨图像、颈椎图像等，这类算法是不太适合的。

3. 参数讨论

在融合图像域梯度域特征时，设置了两个正则化因子 λ_1 和 λ_2，以调节图像域信息和梯度域图像信息融合时各自的权重。本节采用控制变量法，通过实验找出三种采样方式所对应的权重参数 λ_1 和 λ_2，如图 8－30 至图 8－32 所示。

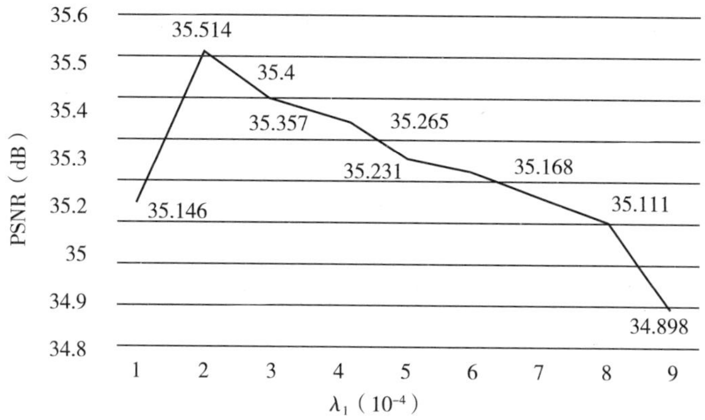

（a）λ_1参数实验

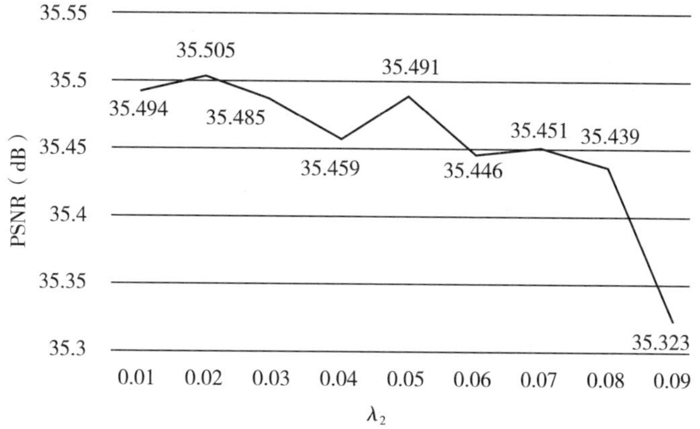

（b）λ_2参数实验

图 8－30　cartesian 采样下融合算法的参数

本节通过实验将 λ_1 的范围控制在 $[10^{-4}, 9\times10^{-4}]$，将 λ_2 的范围控制在 $[0.01, 0.09]$；再对这两个范围内的 λ_1 和 λ_2 进行了讨论。三种不同采样方式的参数实验结果表明，λ_1 值比较小时，MR 图像重建质量比较高，所以在使用融合算法时，梯度所提取的信息权重要小一点。相对于 λ_1、λ_2 的取值普遍要高，也就是说图像域信息占融合信息的绝大部分。通过实验，将梯度域的图像信息权重 λ_1 锁定在 $[10^{-4}, 3\times10^{-4}]$，将图像域的图像信息权重 λ_2 锁定在[0.02,0.04]。实验表明，在实际应用中，融合适量的梯度域信息对 MR 图像重建的质量有所益处，但是应该控制梯度域信息的比重，以防止其对图像域信息造成干扰混叠，从而影响到算法的精度。

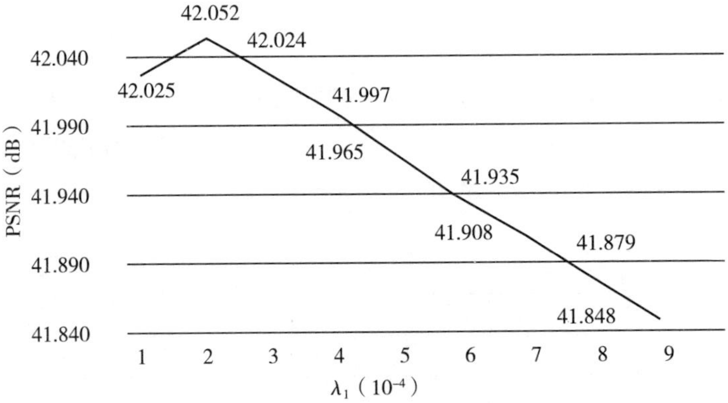

（a）λ_1参数实验

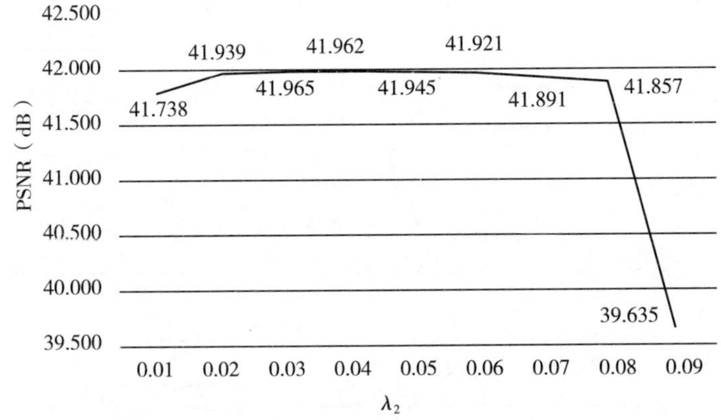

（b）λ_2参数实验

图 8-31　random 采样下融合算法的参数

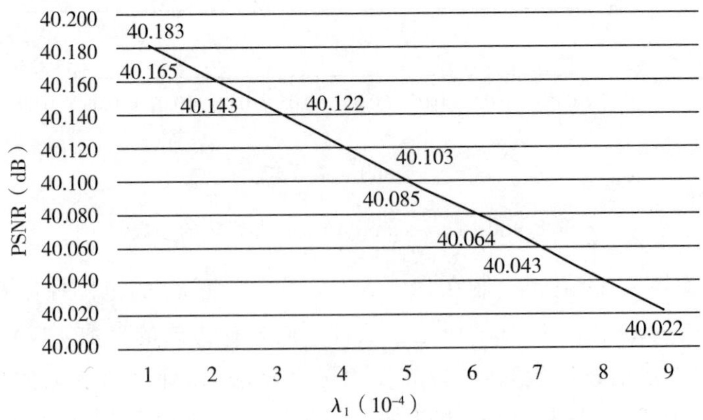

（a）λ_1参数实验

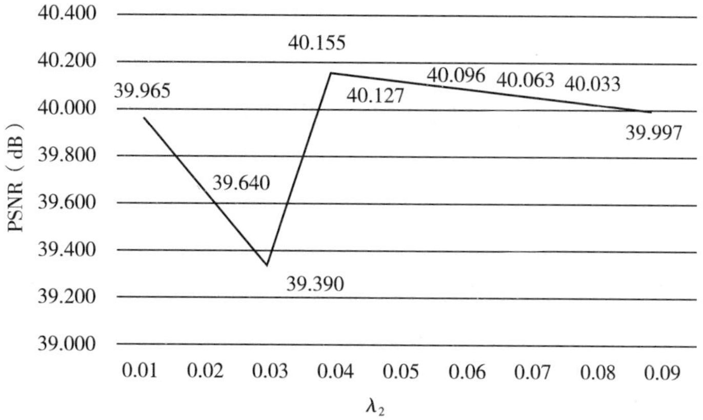

（b）λ_2参数实验

图 8－32　radial 采样下融合算法的参数

综上，为了丰富 MR 图像重建的图像细节，提出了图像域和梯度域特征融合算法，通过对 MR 图像像素值进行 X 和 Y 方向的求导得到梯度域图像，使用浅层的扩张残差网络进行特征提取，并重建出对应的梯度域图像，最后将两个方向的梯度域图像和图像与图像融合，得到新的 MR 图像重建。实验表明，融合了梯度域图像信息的 MR 图像重建质量比只有图像域图像的重建质量更高，恢复结构细节更完整，计算复杂度没有显著增加，成像速度没有明显下降。另外，使用适当的梯度域图像权重，对融合图像质量有所提升，所以梯度域信息的比重不宜过大，否则会造成图像信息的混叠，从而影响成像质量。

参考文献

[1] Bernard Window,Samuel D. Stearns. 自适应信号处理[M]. 王永德,龙宪惠,译. 北京:机械工业出版社,2008.

[2] G J Arenas, V A R Figueiras, A H M Sayed. Mean - square performance of a convex combination of two adaptive filters[J]. IEEE Transaction on Signal Process,2006, 54(3):1078 - 1090.

[3] R L A Azpicueta,V A R Figueiras,G J Arenas. Anormalized adaptation scheme for the convex combination of two adaptive filters[C]. IEEE International Conference on Acoustics,Speech and Signal Process. Lasvegas,NV,2008:3301 - 3304.

[4] V H Nascimento,R C de Lamare. A low - complexity strategy for speeding up the convergence of convex combinations of adaptive filters[C]. IEEE International Conference on Acoustics,Speech and Signal Process. Kyoto,2012:3553 - 3556.

[5] S S Kozat,A T Erdogan,A C Singer,et al. Transient Analysis of Adaptive Affine Combinations[J]. IEEE Transaction on Signal Process,2011,59(12):6227 - 6232.

[6] J C M Bermudez, N J Bershad, J Y Tourneret. Stochastic analysis of an error power ratio scheme applied to the affine combination of two LMS adaptive filters[J]. IEEE Transaction on Signal Process,2011,91(11):2615 - 2622.

[7] L D Rajib, K D Bijit C Mrityunjoy. Improve the performance of the LMS algorithm via cooperative learning[C]. National Conference Communication(NCC), New Delhi,2013:1 - 5.

[8] A M Kaleem, A I Tamboli. An affine combination of two time varying LMS adaptive filters[C]. International Conference on Communication, Information&Computing Technology(ICCICT),Mumbai,India,2012:1 - 4.

[9] S S Kozat, A T Erdogan, A C Singer, et al. Steady - state MSE performance analysis of mixture approaches to adaptive to adaptive filtering[J]. IEEE Trans. IEEE Transaction on Signal Process,2010,58(8):4050 - 4063.

[10] A T Erdogan,S S Kozat,A C Singer. Comparison of convex combination and affine combination of adaptive filters[C] IEEE International Conference on Acoustics, Speech and Signal Process,Taipei,Taiwan,R,O,C. ,2009:3089 - 3092.

[11] N J Bershad,J C M Bermudez,J A Tourneret. An affine combination of two LMS adaptive filters—Transient mean square analysis[J]. IEEE Transaction on Signal Process,

2008,56(5):1853 - 1864.

[12] J J Shynk. Adaptive IIR filtering[J]. IEEE Assp Magazine,1989,6(2): 4 - 21.

[13] C Burrus. Block implementation of digital filters[J]. IEEE Transactions on Circuit Theory,1971,18(6): 697 - 701.

[14] S Mitra,R Gnanasekaran. Block implementation of recursive digital filters - New structures and properties[J]. IEEE Transactions on Circuits and Systems, 1978,25(4): 200 - 207.

[15] M Dentino, J McCool, B Widrow. Adaptive filtering in the frequency domain [J]. Proceedings of the IEEE,1978,66(12): 1658 - 1659.

[16] A V S Oppenheim. RW: Digital signal processing[J]. Englewood Cliffs,1975.

[17] E Ferrara. Fast implementations of LMS adaptive filters[J]. IEEE Transactions on Acoustics,Speech,and Signal Processing,1980,28(4): 474 - 475.

[18] F Yang, G Enzner, J Yang. A unified approach to the statistical convergence analysis of frequency - domain adaptive filters [J]. IEEE Transactions on Signal Processing,2019,67(7): 1785 - 1796.

[19] B Lin,R He,X Wang,et al. The steady - state mean - square error analysis for least mean p - order algorithm [J]. IEEE Signal Processing Letters, 2009, 16 (3): 176 - 179.

[20] A H Sayed. Fundamentals of Adaptive Filtering[M]. John Wiley & Sons,2003.

[21] B Farhang - Boroujeny,K S Chan. Analysis of the frequency - domain block LMS algorithm[J]. IEEE Transactions on Signal Processing,2000,48(8): 2332 - 2342.

[22] K Shi,X Ma. A frequency domain step - size control method for LMS algorithms [J]. ieee signal processing letters,2009,17(2): 125 - 128.

[23] 王飞. 基于符号函数的自适应滤波器的稳态性能研究[D]. 大连:大连海事大学,2017.

[24] P C W Sommen. Frequency - Domain Adaptive Filter with an efficient window function [C]. ICC' 86; Proceedings of the International Conference on Communications. 1986,3: 1927 - 1931.

[25] 韩迎鸽,郭业才,李保坤,等. 引入动量项的正交小波变换盲均衡算法[J]. 系统仿真学报,2008,20(6): 1559 - 1563.

[26] Yang Chao,Guo Ye - cai,Zhu Jie. Super - exponential iterative blind equalization algorithm based on orthogonal wavelet packet transform [C]. ICSP2008 Proceedings. Beijing,2008:1830 - 1833.

[27] 韩迎鸽. 基于小波变换的盲均衡器设计与算法仿真研究[D]. 淮南:安徽理工大学,2007.

[28] 韩迎鸽,郭业才,李保坤,等. 基于正交小波变换的多模盲均衡器设计与算法仿真研究[J]. 仪器仪表学报,2008,29(7):1441 - 1445.

[29] P S Long. Dimensional finite wavelet Filters [J]. Journal of Computation Mathematics, 2003, 5: 595 - 602.

[30] 廖娟, 郭业才, 刘振兴, 等. 基于遗传优化的正交小波分数间隔盲均衡算法[J]. 兵工学报, 32(3): 268 - 273.

[31] S Attallah. The wavelet transform - domains LMS adaptive filter with partial subband coefficient updating[J]. IEEE Trans Circuits and Systems, 2006, 53(1): 8 - 12.

[32] Sun Jing, Guo yecai. Orthogonal wavelet transform sign decision dual - mode fixed - weight multi - modulus blind equalization algorithm [C]. 2011 International Conference on Aerospace Engineering and Information Technology, AEIT2011, May 5 - 6, 2011, Beijing, China, 2011: 78 - 83.

[33] Han Yingge, Li Baokun, Guo Yecai. Sign decision dual - mode blind equalization algorithm based on orthogonal wavelet transform[C]. 2010 International Conference on Measuring Technology and Mechatronics Automation, 2010: 342 - 346.

[34] Wei Rao, Yingge Han, Yecai Guo. A new family of combination blind equalization with a new constant modulus algorithm based on variable slope error function [C]. 2006 8th International Conference on Signal Processing, ICSP2006 Proceedings, Guilin, China, IEEE, 2006: 1 - 4.

[35] 郭业才. 基于统计特性均衡准则的线性符号判决反馈盲均衡算法[J]. 系统仿真学报, 2007, 19(11): 2413 - 2416.

[36] 杨超, 郭业才. 基于正交小波变换的判决引导联合盲均衡算法[J]. 兵工学报, 2010, 31(2): 199 - 203.

[37] 杨超. 基于小波变换的联合盲均衡算法[D]. 淮南: 安徽理工大学, 2009.

[38] S Stearns. Error surfaces of recursive adaptive filters[J]. IEEE Transactions on Circuits and Systems, 1981, 28(6): 603 - 606.

[39] T C Hsia. A simplified adaptive recursive filter design[J]. Proceedings of the IEEE, 1981, 69(9): 1153 - 1155.

[40] S A White. An adaptive recursive digital filter[C]. Annual Asilomar Conference on Circuits. 1976: 21 - 25.

[41] P L Feintuch. An adaptive recursive LMS filter[J]. Proceedings of the IEEE, 1976, 64(11): 1622 - 1624.

[42] R A David, Stearns S D. Adaptive IIR algorithms based on gradient search [R]. Sandia National Labs., Albuquerque, NM(USA), 1981.

[43] Larimore M, Treichler J, Johnson C. SHARF: An algorithm for adapting IIR digital filters[J]. IEEE Transactions on Acoustics, Speech, and Signal Processing, 1980, 28(4): 428 - 440.

[44] Li Tan, Haiyan Zhang, Jean Jiang. A Complex Adaptive Harmonic IIR Notch Filter[C]. 2015 IEEE International Conference on Electro/Information Technology(EIT),

Dekalb,IL,USA,IEEE,2015:107 - 112.

[45] Jorge Ivan Medina Martinez,Kazushi Nakano. Cascade lattice IIR adaptive filter structure using simultaneous perturbation method for self - adjusting SHARF algorithm [C]. 2008 SICE Annual Conference,Chofu,Japan,IEEE,2015:2156 - 2162.

[46] M G Larimore,J R Treichler,C R Johnson Jr. Multipath cancellation by adaptive recursive filtering[C]. 12th Annual Asilomar Conference on Circuits,Systems,and Computers. 1979: 219 - 223.

[47] D Parikh,N Ahmed,S Stearns. An adaptive lattice algorithm for recursive filters [J]. IEEE Transactions on Acoustics, Speech, and Signal Processing, 1980, 28(1): 110 - 111.

[48] J Makhoul, R Viswanathan. Adaptive lattice methods for linear prediction [C]. ICASSP'78. IEEE International Conference on Acoustics, Speech, and Signal Processing. IEEE,1978,3: 83 - 86.

[49] L Griffiths. An adaptive lattice structure for noise - cancelling applications [C]. ICASSP'78. IEEE International Conference on Acoustics, Speech, and Signal Processing,IEEE,1978,3: 87 - 90.

[50] A Gray, J Markel. Digital lattice and ladder filter synthesis [J]. IEEE Transactions on Audio and Electroacoustics,1973,21(6): 491 - 500.

[51] L Griffiths. A continuously - adaptive filter implemented as a lattice structure [C]. ICASSP'77. IEEE International Conference on Acoustics, Speech, and Signal Processing. IEEE,1977,2: 683 - 686.

[52] M Srinath,M Viswanathan. Sequential algorithm for identification of parameters of an autoregressive process[J]. IEEE Transactions on Automatic Control,1975,20(4): 542 - 546.

[53] S D Stearns,D R Hush. Digital signal analysis[D]. Englewood Cliffs,1990.

[54] B Widrow,J McCool,M Ball. The complex LMS algorithm[J]. Proceedings of the IEEE,1975,63(4): 719 - 720.

[55] L J Griffiths, R S Medaugh. Convergence properties of an adaptive noise cancelling lattice structure[C]. 1978 IEEE Conference on Decision and Control including the 17th Symposium on Adaptive Processes,IEEE,1979: 1357 - 1361.

[56] L J Griffiths, R S Medaugh. Convergence properties of an adaptive noise cancelling lattice structure[C]. 1978 IEEE Conference on Decision and Control including the 17th Symposium on Adaptive Processes,IEEE,1979: 1357 - 1361.

[57] G Alexandre,F Gerard,L B J Regine. Nonlinear acoustic echo ancellation based on volterra filters [J]. IEEE Transac tions on Sp eech and Audio Processing,2003,11(6): 672 - 683.

[58] A Zerguine, M Bettayeb, C F N Cown. Hybrid LMS - LMF algorithm for

adaptive echo cancellation [J]. IEE Proc. Vis. Image Signal Process., 1999, 146 (4): 173 - 180.

[59] 张秀梅,赵知劲,尚俊娜. 基于格型预处理的二阶自适应 Volterra 滤波器[J]. 现代电子技术,2009,32(9): 89 - 91.

[60] 张贤达. 时间序列分析——高阶统计量方法[M] 北京:清华大学出版社,1996.

[61] 刘岚,胡钋,韩进能. 一种改进的二阶沃尔特拉滤波器 LMS 算法[J]. 通信学报,2002,23(6): 122 - 128.

[62] 赵知劲,严平平,尚俊娜. 一种基于格型正交化的二阶 Volterra 自适应滤波算法[J]. 电路与系统学报,2012,17(5):104 - 109.

[63] S D Stearns,D R Hush. Digital signal analysis[M]. Englewood Cliffs,1990.

[64] S Stearns. Error surfaces of recursive adaptive filters[J]. IEEE Transactions on Circuits and Systems. 1981,28(6): 603 - 606.

[65] 西蒙·赫金. 自适应滤波器原理[M]. 郑宝玉,等,译. 四版. 北京:电子工业出版社,2003.

[66] 张家树,肖先赐. 基于 sigmoid 函数的 Volterra 自适应有源噪声对消器[J]. 电子与信息学报,2002,24(4): 461 - 466.

[67] Xuefei Ma,Qiao Gang,Chunhui Zhao. The OFDM Underwater Communication Frequency Equalization based on LMS Algorithm and Pilot Sequence [C]. The 5th international conference on wireless communications,networking and mobile computing, 2009,1(8):1310 - 1313.

[68] 韩金雨. OFDM 系统中信道均衡技术研究[D]. 长春:吉林大学,2012.

[69] Shi Qinghua, Liu Liang, Guan Yongliang, et al. Fractionally Spaced Frequency Domain MMSE Receiver for OFDM Systems [J]. IEEE transactions on vehicular technology,2010,59(8):4400 - 4407.

[70] 陈曲. 基于正交频分复用技术的水声信道均衡算法研究[D]. 南京:南京信息工程大学,2013.

[71] Yecai Guo,Qu Chen,Jun Guo,et al. Phase - Locked Loop Constant Modulus and Weighted Modified Constant Modulus Blind Equalization Based on Multi - Carrier System [J]. Journal of Convergence Information Technology. 2012,7(22):542 - 549.

[72] Yecai Guo, Qu Chen, Jun Guo. Fractionally Spaced Frequency Equalization Method for Orthogonal Frequency Division Multiplexing(OFDM) Jointing with Modified Pilot Sequence[J]. Applied Mechanics and Materials. 2012,198 - 199:1572.

[73] Yecai Guo,Qu Chen,Jun Guo. Constant Modulus Blind Equalization Algorithm for Multi - Carrier Combining of Digital Phase - Locked Loop and Pilot Sequence[C]. Lecture Notes in Electrical Engineering(LNEE),2012,207(IV):205 - 212.

[74] 马建仓,牛奕龙,陈海洋. 盲信号处理[M]. 北京:国防工业出版社,2006.

[75] 张华,冯大政,庞继勇. 卷积混叠语音信号的联合块对角化盲分离方法[J]. 声学

学报,2009,34(2):167－174.

[76] X R Cao, R W Liu. A general approach to blind soure separation[J]. IEEE Trans. Signal Processing. 1996,44: 562－571.

[77] Imseng D, Rasipuram R, Magimai－Doss M. Fast and flexible Kullback－Leibler divergence based acoustic modeling for non － native speech recognition [C]. IEEE Workshop on Automatic Speech Recognition and Understanding(ASRU). 2011:348－353.

[78] 马建芬. 语音信号盲分离与增强算法的研究[M]. 北京:电子工业出版社,2012.

[79] Cao Bin, Zhang Qinyu. Oblique Projectors－Based Blind Source Separation using Information Maximization Principle[C]. 2009 5th International Conference on Wireless Communications Networking, and Mobile Coputing (WiCOM 2009). Piscataway, NJ: IEEE,2009:1923－1927.

[80] Chen Yu,, Wen Xinling. Research and Simulation of EASI Blind Source Separation Algorithm Based on Gradient Method[J]. Advanced Science Letters. 2012,7(4):440－443.

[81] Ji Ce, Yu Peng, Yu Yang, et al. Blind Source Separation Based on Improved Natural Gradient Algorithm[C]. 2010 8th World Congress on Intelligent Control and Automation. Piscataway, NJ: IEEE 2010:6804－6807.

[82] Ye Jimin, Jin Haihong, Lou Shuntian, et al. An optimized EASI algorithm [J]. Signal Processing. 2009,89(3):333－338.

[83] Hsieh Shengta, Sun Tsungying, Lin Chunlin, et al. Effective learning rate adjustment of blind source separation based on an improved particle swarm optimizer [J]. IEEE Transaction on Evolutionarv Computation. 2008,12(2):242－251.

[84] OU Shifeng, Gao Ying, Jin Gang. Variable step size algorithm for blind source separation using a combination of two adaptive separation systems[J]. Natural Computation. 2009,3:649－652.

[85] 司锡才,柴娟芳,张雯雯,等. 一种新的盲源分离拟开关算法[J]. 哈尔滨工程大学学报,2009,30(6):703－707.

[86] Cardoso J. Infomax and maximum likelihood for blind source separation[J]. IEEE Trans on Signal Processing Letters. 1997,4(4): 112－114.

[87] 郭业才. 自适应盲均衡技术[M]. 合肥:合肥工业大学出版社,2007.

[88] 郭业才,张政. 基于改进人工蜂群算法的盲源分离算法[J]. 安徽大学学报(自然科学版). 2015,39(5):50－56.

[89] Yecai Guo, Zheng Zhang. Blind Source Separation Algorithm Based on Restructuring a New Separation Performance Index[C]. Advanced Materials Research, 1030－1032(2014),1676－1679.

[90] 张政. 基于独立分量分析的盲源分离算法优化研究[D]. 南京:南京信息工程大学,2015.

[91] 司锡才,柴娟芳,张雯雯,等.一种新的盲源分离拟开关算法[J]. 哈尔滨工程大学学报,2009,30(6):703 - 707.

[92] Yuan L X,Wang W W,Chambers A. Variable step - size sign natural gradient algorithm for sequential blind source separation[J]. IEEE Signal Processing Letters. 2005,12(8):589 - 592.

[93] 季策,杨坤,王艳茹,等. 基于符号算子的变步长不完整自然梯度算法[J]. 模式识别与人工智能. 2014,27(11):1026 - 1031.

[94] 林用满,林士胜. 加入动量项的改进盲源分离算法[J]. 华南理工大学学报,2006,34(1): 6 - 9.

[95] 韩迎鸽,郭业才,李宝坤,等. 引入动量项的正交小波盲均衡算法[J]. 系统仿真学报,2008,20(6),1559 - 1562.

[96] 王永涓. 基于改进 Fast ICA 算法的地震信号去噪研究[D]. 成都:成都理工大学,2012.

[97] J Tugnait. Identification and deconvolution of multichannel linear non - Gaussian processes using higher order statistics and inverse filter criteria[J]. IEEE Trans. Signal Process. 1997,45(3): 658 - 672.

[98] W Liu, Stephen Weiss. Wideband Beamforming Concepts and Techniques, Wiley,West Sussex,UK,PP 7 - 10,2010.

[99] W Liu. Adaptive wideband beamforming with sensor delay - lines[J]. Signal Processing(Elsevier). 2009,89(5):876 - 882.

[100] Y Liao,W Liu. Near - field beamformer design for circual MRI antenna arrays based on Min Max optimization[C]. Proceedings of 2nd International Conference on Signal Processing Systems(ICSPS),2010:325 - 330.

[101] N Lin, W Liu, R J Langley. Performance analysis of an adaptive broadband beamformer based on a two - element linear array with sensor delay - line processing [J]. Signal Processing,2020,90:269 - 281.

[102] Y Zhao, W Liu, R J Langly. Subband design of fixed wideband beamformers based on the least sequares approach[J]. Signal Processing. 2011,91:1060 - 1065.

[103] Zhao W Liu. Robust Wideband beamforming with frequency response variation constraint subject to arbitrary norm - bounded error[J]. IEEE Transactions on Antennas and Propagation. 2012,60: 2566 - 2571.

[104] L Landau, R C de Lamare, and M. Haardt. Robust adaptive beamforming algorithms using low - complexity mismatch estimation[C]. 2011 IEEE Statistical Signal Processing workshop,2011:445 - 448.

[105] Zhu liang Yu,Zheng hui Gu,Jian jiang Zhou. A robust adaptive beamformer based on worst - case semi - definite programming[J]. IEEE transactions on signal processing,2010,58(11): 5914 - 5919.

[106] H Chen, W Ser. Design of robust nearfield wideband beamformers with optimum subband constraints[J]. Signal Processing. 2012,92:189 - 197.

[107] E Fisher, B Rafaely. Near field spherical microphone array processing with radial filtering[J]. IEEE Trans. Audio,Speech,Language Process. 2011,19(2): 256 - 265.

[108] M R Islam,L C Godara,M S Hossain. A computationally efficient near field broadband beamformer[C] ,2011 IEEE Latin - American Conference on Communications (LATINCOM),Brazil,IEEE,2011:1 - 5.

[109] Peng Chen,Xiang Tian and Yaowu Chen. Optimization of the digital near - field beamforming for underwater 3 - D sonar imaging system[J]. IEEE Transactions on Instrumentation and Measurement. 2010,59(2):415 - 424.

[110] Z Li,K F C Yiu. Beamformer configuration design in reverberant environments [J]. Engineering Applications of Artificial Intelligence. 2016,47: 81 - 87.

[111] M Sharma,K K Sarma. GA - aided MVDR beamforming in wide band MISO wireless channel[C]. 2014 International Conference on. IEEE,2014: 775 - 779.

[112] W Liu, S Weiss. Wideband Beamforming: Concepts And Techniques[M]. Hoboken:John Wiley & Sons,2010.

[113] R L Ali,S A Khan,A Ali. A robust least mean square algorithm for adaptive array signal processing[J]. Wireless Personal Communications. 2013,68(4): 1449 - 1461.

[114] M B Hawes, W Liu. Sparse array design for wideband beamforming with reduced complexity in tapped delay - lines[J]. IEEE/ACM Transactions on Audio,Speech, and Language Processing. 2014,22(8): 1236 - 1247.

[115] P Hou P,C Xia. Optimized design of wideband beamformer using interpolation technique for vertical acoustic array [C] . 2012 IEEE 11th International Conference on. IEEE,2012,1: 368 - 372.

[116] W Q Wang,C C Liu,Y J Zhao,et al. Improved broadband frequency invariant beamforming algorithm with sensor delay lines[J]. Journal of Signal Processing(Xinhao Chuli). 2013,29(2): 194 - 200.

[117] Y Liu, Q Wan. A robust beamformer based on weighted sparse constraint [J]. Progress in Electromagnetics Research Letters. 2010,16: 53 - 60.

[118] W Liu. Adaptive wideband beamforming with sensor delay - lines[J]. Signal Processing. 2009,89(5): 876 - 882.

[119] A B Gershman,N D Sidiropoulos,S Shahbazpanahi S,et al. Convex optimization - based beamforming[J]. IEEE Signal Processing Magazine. 2010,27(3): 62 - 75.

[120] I Tashev, H S Malvar. A new beamformer design algorithm for microphone arrays[J]. IEEE International Conference on Acoustics, Speech, and Signal Processing, 2005,3:101 - 104.

[121] M Crocco,A Trucco. Stochastic and analytic optimization of sparse aperiodic

arrays and broadband beamformers with robust superdirective patterns[J]. Audio, Speech, and Language Processing, IEEE Transactions on, 2012, 20(9): 2433 - 2447.

[122] I I Papp I I, Z M Saric, S T Jovicic. Adaptive microphone array for unknown desired speaker's transfer function [J]. The Journal of the Acoustical Society of America. 2007, 122(2): 44 - 49.

[123] R Q Twiss. Nyquist's and Thevenin's theorems generalized for nonreciprocal linear networks[J]. Journal of Applied Physics. 1955, 26(5): 599 - 602.

[124] Ahmed, Nasir. Discrete cosine transform[J]. IEEE transactions on Computers, 1974, 100(1): 90 - 93.

[125] J Nussbaumer, Henri. The fast Fourier transform, fast Fourier transform and convolution algorithms[J]. Springer, Berlin, Heidelberg, 1981: 80 - 111.

[126] J Shensa, Mark. The discrete wavelet transform: wedding the a trous and Mallat algorithms [J]. IEEE Transactions on Signal Processing. 1992, 40 (10): 2464 - 2482.

[127] S Ravishankar, Y Bresler. MR image reconstruction from highly undersampled K - space data by dictionary learning[J]. IEEE Trans Med Imaging 2012, 30(7): 964 - 77.

[128] J Huang, S Zhang, D Metaxas. Effcient MR image reconstruction for compressed MR imaging[J]. Medical Image Analysis. 2011: 670 - 679.

[129] Yudilevich, Eitan, Henry Stark. Spiral sampling in magnetic resonance imaging - the effect of inhomogeneities[J]. IEEE transactions on medical imaging, 1987, 6(4): 337 - 345.

[130] J Yang, Y Zhang, W Yin. A fast alternating direction method for TVL1 - L2 signal reconstruction from partial Fourier data[J]. IEEE Journal of Selected Topics in Signal Processing. 2010: 288 - 297.

[131] Zhipeng Cui, Jie Yang, Yu Qiao. Brain MRI segmentation with patch - based CNN approach[C]. 2016 35th Chinese Control Conference(CCC), IEEE, 2016: 7026 - 7030.

[132] Puyang Wang. Pyramid convolutional RNN for MRI reconstruction[C]. arXiv preprint arXiv: 1912. 00543, 2019.

[133] Shupeng Chen, et al. U - Net - generated synthetic CT images for magnetic resonance imaging - only prostate intensity - modulated radiation therapy treatment planning[J]. Medical physics. 2018, 45(12): 5659 - 5665.

[134] Rana Fayyaz Ahmad, Aamir Saeed Malik, Nidal Kamel, et al. Simultaneous EEG - fMRI data acquisition during cognitive task[C]. 2014 5th International Conference on Intelligent and Advanced Systems (ICIAS), Kuala Lumpur, Malaysia, IEEE, 2014: 1 - 4.

[135] P Moeskops, J Pluim. Isointense infant brain MRI segmentation with a dilated convolutional neural network[C]. arXiv preprint arXiv: 1708. 02757, 2017.

[136] Ioffe Sergey, Christian Szegedy. Batch normalization: Accelerating deep

network training by reducing internal covariate shift [C]. arXiv preprint arXiv: 1502. 03167, 2015.

[137] Minjun Hou. Joint residual learning for underwater image enhancement [C]. 2018 25th IEEE International Conference on Image Processing (ICIP), IEEE, 2018: 4043 - 4048.

[138] C. C. Liu, Y. C. Zhang, et al. Clouds classification from sentinel - 2 imagery with deep residual learning and semantic image segmentation [J]. Remote Sensing. 2019, 11 (2): 119.

[139] H Chen, Q Dou. Voxresnet: Deep voxelwise residual networks for volumetric brain segmentation [C]. arXiv preprint arXiv: 1608. 05895, 2016.

[140] Han, Yo Seob. Deep residual learning for compressed sensing CT reconstruction via persistent homology analysis [C]. arXiv preprint arXiv: 1611. 06391, 2016.

[141] Jiu Xu, Yeongnam Chae, Björn Stenger, et al. Dense Bynet: Residual Dense Network for Image Super Resolution [C]. 2018 25th IEEE International Conference on Image Processing (ICIP), Athens, Greece, IEEE, 2018: 71 - 76.

[142] Tanvir Ahmad, Xiaona Chen, Ali Syed Saqlain, et al. EDF - SSD: An Improved Feature Fused SSD for Object Detection [C]. 2021 IEEE 6th International Conference on Cloud Computing and Big Data Analytics (ICCCBDA), Chengdu, China, IEEE, 2021: 469 - 474.

[143] J Hu, L Mou. FusioNet: a two - stream convolutional neural network for urban scene classification using PolSAR and hyperspectral data [C]. 2017 Joint Urban Remote Sensing Event (JURSE), IEEE, 2017: 1 - 4.

[144] Q Huynh Thu, M Ghanbari. Scope of validity of PSNR in image video quality assessment [J]. Electron. Lett. 2008, 44(13): 800 - 801.

[145] Z Wang, A Bovik. Image quality assessment: from error visibility to structural similarity [J]. IEEE transactions on image processing. 2004, 13(4): 600 - 612.

[146] Luisier, Florian, et al. Image denoising in mixed Poisson - Gaussian noise [J]. IEEE Transactions on image processing, 2010, 20(3): 696 - 708.

[147] Lustig, Michael. Sparse MRI: The application of compressed sensing for rapid MR imaging [J]. Magnetic Resonance in Medicine: An Official Journal of the International Society for Magnetic Resonance in Medicine. 2007, 58(6): 1182 - 1195.

[148] D Lee, J Yoo, J Ye. Deep residual learning for compressed sensing MRI [C]. 14th International Symposium on, IEEE, 2017: 15 - 18.

[149] D Nowak, Robert. Wavelet - based Rician noise removal for magnetic resonance imaging [J]. IEEE Transactions on Image Processing. 1999, 8(10): 1408 - 1419.

[150] S Petrovic, Vladimir. Gradient - based multiresolution image fusion [J]. IEEE Transactions on Image processing. 2004, 13(2): 228 - 237.

[151] Jian Sun, Zongben Xu, Heung - Yeung Shum. Image super - resolution using gradient profile prior [C]. 2008 IEEE Conference on Computer Vision and Pattern Recognition, IEEE, 2008: 1 - 8.

[152] J Timoner, Samson, M Dennis. Multi - image gradient - based algorithms for motion estimation[J]. Optical Engineering - Bellingham - International Society for Optical Engineering. 2001, 40(9): 2003 - 2016.

[153] Yuxiang Dai, Zhuang Peixian. Compressed sensing MRI via a multi - scale dilated residual convolution network[J]. Magnetic resonance imaging. 2019, 63: 93 - 104.